普通高等教育土建类系列教材

建筑设备工程

主　编　姜晨光

副主编　杨吉民　盖玉龙　蒋建彬　郭永民

参　编　陈凤军　陈家冬　承明秋　崔　专

　　　　方绪华　任　荣　王风芹　王进强

　　　　王　雷　王　磊　王世周　吴　亮

　　　　许金山　薛志荣

主　审　严伯铎

机 械 工 业 出 版 社

本书较系统、全面地介绍了现代建筑设备工程的基本理论、方法和技术，涵盖了建筑内部给水系统、建筑消防系统、建筑排水系统、热水供应系统、建筑供暖系统、建筑燃气供应系统、建筑通风系统、建筑空调系统、建筑电气系统、建筑智能化系统等内容，在基本理论的阐述上贯彻“简明扼要、深浅适中，以实用化为目的”的原则，加强了对工程应用环节相关内容介绍。本书依据我国现行的规范、标准编写，也借鉴了发达国家的标准、技术和经验，将“学以致用”贯穿始终，尽量采用通俗、大众化的语言来提高可读性与吸引力。

本书可作为普通全日制高等教育本科和高职高专土木工程、工程管理、建筑环境与能源应用工程、给排水科学与工程、建筑电气与智能化、城市地下空间工程、建筑学、城市规划、环境工程、交通运输工程、铁道工程、水利工程、水利水电工程、矿业工程等专业的教材，可作为网络高等教育、电视大学、高等教育自学考试以及国家执业资格考试用书，还可作为物业管理企业维保技术培训教材，家装工作者和爱好者的基础读物，以及建筑设备设计、施工、维护人员案头必备的简明工具书。

图书在版编目（CIP）数据

建筑设备工程/姜晨光主编. —北京：机械工业出版社，2019.5（2021.8 重印）

普通高等教育土建类系列教材

ISBN 978-7-111-66691-2

Ⅰ.①建…　Ⅱ.①姜…　Ⅲ.①房屋建筑设备-高等学校-教材　Ⅳ.①TU8

中国版本图书馆 CIP 数据核字（2020）第 186002 号

机械工业出版社（北京市百万庄大街 22 号　邮政编码 100037）
策划编辑：马军平　责任编辑：马军平　高凤春　刘丽敏
责任校对：张　薇　封面设计：张　静
责任印制：常天培
固安县铭成印刷有限公司印刷
2021 年 8 月第 1 版第 2 次印刷
184mm×260mm · 23.75 印张 · 587 千字
标准书号：ISBN 978-7-111-66691-2
定价：62.00 元

电话服务	网络服务
客服电话：010-88361066	机　工　官　网：www.cmpbook.com
010-88379833	机　工　官　博：weibo.com/cmp1952
010-68326294	金　书　网：www.golden-book.com
封底无防伪标均为盗版	机工教育服务网：www.cmpedu.com

前言

建筑设备是建筑工程结构的重要的、不可或缺的组成部分，被誉为“现代建筑工程结构的血管和神经”。随着社会的发展与科技的进步，建筑设备在建筑物中的地位和作用变得更加举足轻重，建筑设备的发展一日千里、日新月异，信息技术的快速发展推动着建筑设备技术不断向新的高度迈进，智能化、自动化已成为建筑设备发展的主旋律，及时了解与掌握国内外建筑设备技术方面的最新发展对建筑设备工程行业从业人员具有重要意义。建筑设备的内容非常繁杂，包括给水、排水、消防、供暖、燃气、通风、空调、供配电、照明、安全用电、防雷、建筑弱电、建筑智能化等方面。建筑设备技术飞速发展，建筑设备的教材也应该及时跟进、实时更新，编写一部实用的、紧跟时代发展步伐的《建筑设备工程》意义重大、势在必行。鉴于此，笔者不揣浅陋编写了本书。希望大土木专业的大学生们通过本书能对建筑设备工程技术有一个全面的、整体的认识，能以更开阔的思路来妥善解决土木工程实践活动中遇到的建筑设备问题。本书在基本理论的阐述上贯彻“简明扼要、深浅适中，以实用化为目的”的原则，强化了对工程应用环节的介绍。本书依据国家现行的规范、标准编写，将“学以致用”贯穿始终，尽量采用通俗的、大众化的语言来提高可读性与吸引力。

本书是编者从事教学、科研和工程实践活动的经验积累，也是编者 30 余年工程生涯中不断追踪科技发展脚步的部分收获。本书的撰写借鉴了当今国内外的最新研究成果和资料，吸收了许多前人及当代人的宝贵经验和认识，也尽最大可能地包含了当今最新的科技成就，希望本书的出版能有助于建筑设备工程知识的普及，对从事土木工程建设活动的人们有所帮助，对人与自然的和谐共处及协调发展有所贡献。

全书由江南大学姜晨光主笔完成，青岛农业大学杨吉民、盖玉龙、任荣、崔专，德州职业技术学院王雷，东营职业学院蒋建彬，烟台城乡建设学校郭永民，福州大学方绪华，无锡市建筑设计研究院有限责任公司承明秋，无锡水文工程地质勘察院薛志荣，江苏地基工程有限公司陈家冬，江苏中设集团股份有限公司陈凤军，无锡市大筑岩土技术有限公司吴亮，无锡太湖国家旅游度假区规划建设局许金山，无锡融创景运置业有限公司王进强，无锡绿城和风置业有限公司王磊，莱阳市环境卫生管理处王世周，江南大学王风芹等同志（排名不分先后）参与了相关章节的撰写工作。

初稿完成后，中国工程勘察大师严伯铎先生不顾耄耋之躯审阅了全书，提出了不少改进意见，为本书的最终定稿做出了重大贡献，谨此致谢！

限于水平、学识和时间关系，书中欠妥之处敬请读者批评指正。

编　者

目录

第1章 绪论

1.1 建筑设备工程学概述

1. 建筑设备工程学

建筑设备工程学是研究建筑设备设计制造理论以及相关安装、维护技术的工程技术科学。建筑设备是建筑的重要组成部分之一。

大家知道，建筑是由各种建筑材料堆砌而成的，要将这些建筑材料有序地堆砌起来就必须进行科学、合理的设计并给出相应的施工图。有了施工图，人们就可以借助测量技术对各个建筑构件的空间位置进行相关的施工定位。施工定位工作完成后，人们就可根据相应的施工工艺在设计位置加工完成各种建筑构件并使其相互连接形成建筑实体。建筑实体完成后应根据相应的工程量以及各种规定确定建筑实体的实际造价，然后，据以完成相关的金融交割工作。建筑实体投入运营后还应进行相应的维保及管理工作。建筑实体建造过程中应合理进行施工的组织与管理，应对市场环境进行科学预测和研判，应使人流、物流、资金流合理匹配、无缝衔接，应使整个施工过程效率最高、效益最佳。建筑实体光有土建主体是不够的，可以想象，如果一栋民居建筑只有土建主体，其内部既无水、又无电、更无网络，那么其宜居性就会大打折扣，水、电、网络的载体就是建筑设备，建筑设备在建筑实体中的地位和作用不言而喻。

建筑设备工程学属于工程技术科学，宏观而言，建筑设备工程学的基础理论是理论力学、材料力学、流体力学、热力学、电工电子学、信息科学等。其核心理论是流体力学、热力学、电工电子学，其关键性的依托技术是材料工程技术、机械工程技术、能源与动力工程技术、环境工程技术、网络信息技术等。其作用是解决建筑的舒适性和生活的便利性问题。目前，我国将流体力学、热力学作为建筑设备工程学的核心理论对待。

建筑设备工程学涉及的领域比较宽泛，主要包括建筑内部给水系统、建筑消防系统、建筑排水系统、热水供应系统、建筑采暖系统、建筑燃气供应系统、建筑通风系统、建筑空调系统、建筑电气系统、建筑智能化系统等。这些领域就构成了建筑设备工程学的二级学科。当然，随着人类文明的不断进步，建筑设备工程的学科领域会不断拓展，建筑设备的结构会不断翻新，因此，建筑设备改造技术也就成了建筑设备工程的永恒主题，当然，与建筑设备改造技术密切关联的还有建筑节能改造技术。

建筑通常包括建筑物和构筑物两大类，是工程技术和建筑艺术的综合创作。民用建筑物通常由基础、围护结构、卫生设备、采暖设备、通风空调设备、电气设备、室内外装修等基本构件组成。不同的建筑工程专业部门考虑与解决的问题是各不相同的，建筑设计考虑的是建筑的外形、层高、开间等；建筑工程技术考虑的是地基处理、基础做法、结构做法等；供热通风与空调工程技术考虑的是室内采暖、给水排水、通风空调等；建筑电气考虑的是建筑供配电、照明、弱电系统等；建筑装饰考虑的是室内装修、室外装修等；工程造价考虑的是对以上工程内容进行计价；工程管理考虑的是对以上工程过程进行管理。要完成一个建筑就必须使这些部门通力合作、紧密配合。无论在设计还是施工过程中，各个专业之间的配合是完成一个建筑产品的基本保证。"建筑设备工程"就是向非暖通专业的学生介绍暖通专业等方面的基本知识以期实现专业间密切配合的课程。暖通专业研究对象的特点有别于其他专业，其在研究方法上也与其他专业有很大差异。因此，本课程的学习有助于非暖通专业学生思路的开拓。通过本课程可使学生掌握大量的常识性的知识，比如结露、结霜等。目前，我国暖通专业开设的主要专业课、专业基础课主要有建筑电气、制图、建筑给水排水工程、环保概论、供热工程、建筑概论、通风与空调工程、机械基础、制冷技术与应用、流体力学、泵与风机、锅炉与锅炉房设备、热工学基础、暖通施工技术、热工仪表与自控、工程造价与施工管理、相关工艺实习、毕业设计、毕业实践等，非暖通专业的学生在相关工作中可以有选择性地学习。

2. 建筑设备工程的基本内容

建筑设备工程的基本内容主要包括基础理论知识、建筑给水排水系统、供热系统、通风与空调系统、燃气供应系统、建筑智能化、工程图识读等核心内容。基础理论知识主要有流体力学、泵与风机、热力学、传热学。建筑给水排水系统包括生活给水排水、消防给水、热水供应。供热系统包括热源、热网、室内供热系统。通风与空调系统包括通风、空调、建筑防排烟。燃气供应系统包括室内燃气供应、燃气计量表、燃气用具。工程图识读包括相关系统的施工图组成及其识读。

流体力学与热工学基础知识在建筑设备工程中具有举足轻重的作用。建筑设备工程中大量涉及、使用的工作介质是流体。如供暖工程中用到的热媒是热水或蒸汽，建筑给水排水工程中涉及的介质是液体，空调工程中的工作介质是空气及水，这些流体介质的性质、特点以及输送流体的机械——泵与风机的工作原理、构造组成，都是建筑设备工程要学习讨论的。另外，热能的利用、转移及传递问题也是日常生活中经常遇到的。热传递的基本方式，基本规律的研究属于传热学范围，热能的利用及转换则属于工程热力学讨论的内容，传热学与热力学统称为热工学。

建筑给水排水工程是建筑设备工程的重要组成部分。水是生活、生产、消防不可或缺的，是生命之源。随着人们生活质量的提高，人们对建筑给水系统的要求越来越高。以合理、经济、安全的方式向建筑物提供水质、水量、水压均满足要求的生活、生产、消防用水，安全有效地将各种污水、废水排出建筑物并进行适当处理，这些都将在本书中进行讨论。同时，本书还将介绍新的管材、新的卫生器具及设备。

供热工程也是建筑设备工程的重要组成部分。保护环境、减少能耗、消除污染，是目前人类遇到的最大挑战。我国北方地区冬季供暖耗煤量极大、能耗多，住房和城乡建设部要求全面实现供暖分户计量。以前的供暖系统与新的区域或集中分户热计量供暖系统有何区别、分户热源种类有哪些、各有何特点、怎样配合建筑特点选择供暖方式及散热设备、热负荷如何确定，这些问题都将在本书中得以讨论。

空气调节工程同样是建筑设备工程的重要组成部分。无论是舒适性空调，还是工艺性空调，都对由空调系统送入室内的空气的温度、速度、湿度、洁净度（四度）有一定的要求。使用什么方式，选择哪些设备，付出多大的代价来实现空调的目的，常用的空气处理过程有哪些都是本书所要讲授的内容。

暖卫工程施工图是建筑设备工程施工的基本依据。专业之间的默契配合源于相互之间的沟通与了解，作为工程语言，在初步学习了有关建筑设备工程的基本内容后，能够读懂有关的施工图，熟悉暖卫施工图的组成及识读要点，就是这部分内容的教学目的之所在。本书中浅显适用的例子有助于学生举一反三。

建筑设备与土建的密切配合在建筑施工中具有举足轻重的作用，见图 1-1-1 ~ 图 1-1-7。图 1-1-7 中消火栓箱孔洞预留时应在后砌墙上留洞，习惯上的做法，土建在砌筑时，由设备工程师为土建提供尺寸，土建负责预留。与电气专业的密切配合见图 1-1-8，当消防管道和电气专业的电缆线槽在同一个标高上时，电缆线槽一定要根据成本等因素综合考虑、相互避让。各个专业的互相配合见图 1-1-9，线槽不能从风口下部穿越，只能向上反弯。

图 1-1-1　套管预留

图 1-1-2　施工配合时套管的预留

图 1-1-3　预留风道

图 1-1-4　设备基础浇注及地脚螺栓孔洞预留

图 1-1-5　施工配合

图 1-1-6　穿墙刚性防水套管

图 1-1-7　消火栓箱孔洞预留

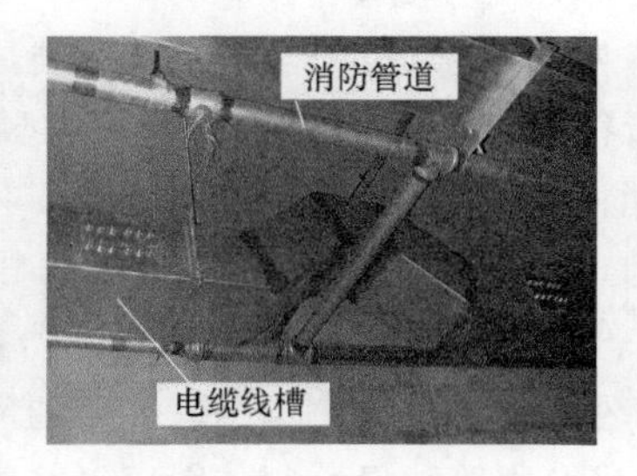

图 1-1-8　与电气专业的密切配合

图 1-1-9　各个专业的互相配合

1.2 工程流体力学

1. 流体力学

流体力学以流体（包括液体和气体）为研究对象，研究流体宏观的平衡和运动的规律，流体与固体壁面之间的相互作用规律，以及这些规律在工程实际中的应用。人们习惯将流体力学分为理论流体力学和工程流体力学两大板块，理论流体力学为连续介质力学、偏重于数理分析，工程流体力学属于工程力学的范畴且侧重于工程应用。

流体力学经历了漫长的发展历程，其萌芽于公元前人类治理江河的工程活动，比如我国的大禹治水、都江堰工程，埃及的尼罗河治理。伴随着人类江河治理水平的不断提高以及农田灌溉、给水及航海等各种与水有关的实践活动，到 17 世纪中叶已经积累起了相当多的关于流体的基本知识，其典型成就是阿基米德《论浮体》中的流体静力学定律。17 世纪中叶至 20 世纪初叶是流体力学初步形成和发展的时期，该时期的典型特点是逐步建立和发展了解决流体力学问题的理论与实验方法，其典型成就是牛顿的内摩擦定律、伯努利定理以及欧拉的流体运动方程。20 世纪初叶至 20 世纪中叶是流体力学迅猛发展的时期，该时期以航空航天领域为重，流体力学的理论与实验研究在各个领域都取得了极大的发展并形成了空气动力学和计算流体力学两个重要的分支学科。20 世纪 50 年代以后，流体力学逐渐成为一个相对比较完整的科学体系，一些基本的流体问题都得到了很好的解决，但一些较难、较复杂的问题仍不能利用现有的理论和知识进行解释，这些困难和复杂问题是湍流、旋涡动力学、非定常流等，这些困难和复杂问题是目前流体力学的主要研究方向。目前，各种交叉学科的出现正在不断拓展与助推流体力学的发展和进步。

2. 工程流体力学的研究方法及应用

目前，解决工程流体力学问题的研究方法主要有实验方法、分析方法及数值方法三种。

实验方法的主要步骤有四步，依次为：对所给定的问题选择适当的无量纲相似参数并确定其大小范围；根据前述相关选择准备实验条件，包括模型的设计制造以及设备仪器的选择使用等；制定实验方案并进行实验；整理和分析实验结果并与其他方法或其他研究者所得的结果进行比较等。实验方法的优点是能直接解决生产中的复杂问题，能发现流动中的新现象和新原理，其结果可作为检验其他方法正确性的依据。实验方法的缺点是须对不同情况做不同的实验，即所得结果的普适性较差。

分析方法的主要步骤有四步，依次为：建立简化的数学模型，即根据所给问题的特点做出一定的假定并据以简化一般的流体运动方程组和初始条件与边界条件；用分析方法获得简化后的初值问题或边值问题的分析解；选取适当的算例并利用分析解进行具体的数值计算；将所得算例结果与用其他方法所得的相应结果进行比较以检验简化模型的合理性。分析方法的优点是分析解可明确给出各种物理量与流动参量之间的变化关系，因而有较好的普适性。分析方法的缺点是数学处理上困难很大，能获得的分析解的数量有限。

数值方法的主要步骤有四步，依次为：对一般的流体运动方程、初始条件或边界条件进行必要的简化或改写；选用适当的数值方法对简化或改写的初值问题或边值问题进行离散化；编制程序、选取算例进行具体计算并将所得结果绘制成图表；将算例结果与实验或其他计算方法结果进行比较。数值方法的优点是可以解决许多用分析法无法求解的问题，并可获得这些问题的数值解，计算方法会随计算机计算速度与容量的不断提高而不断改进且其所起的作用也会越来越大。需要强调的是，数值方法仍是一种近似方法，其结果仍应与实验或其他方法的精确结果进行比较。数值方法的缺点是对复杂而又缺乏完善数学模型的问题无能为力。

工程流体力学在工程实践中的应用范围非常广。目前，工程流体力学已经渗透到生产生活的各个领域，比如，日常生活中的风扇、空调、自来水、供暖系统；机械工业中机械制造、锻压、轧钢、冶炼设备中液压与气压传动系统；水利工程中的水电站、水利枢纽工程；航空航天中的空气动力学；医学中的血液流动，即所谓的生物流体力学。目前，工程流体力学已形成了诸多的交叉学科，这些学科是计算流体力学、实验流体力学、生物流体力学、物理化学流体力学、多相流体力学等。

3. 流体

凡是没有固定形状且易于流动的物质叫作流体。常温常压下物质可以固体、液体和气体三种聚集状态存在，它们都具备物质的三个基本属性，即由大量分子组成；分子不断地作随机热运动；分子与分子之间有相互作用力。宏观上，相同体积内所包含的分子数目以固体为最多、液体次之、气体最少。在同样的分子间距条件下的分子相互作用力以固体为最大、液体次之、气体最小。气体分子的运动具有较大的自由程和随机性，液体次之，而固体分子则只能绕自身的位置做微小的振动。固体、液体和气体宏观的表象差异非常明显，固体有一定的体积也有一定的形状；液体有一定的体积而无一定的形状；气体既无一定的体积也无一定的形状。

固体、液体和气体力学性能上也存在很大的差异。固体可以承受拉力、压力和切应力。液体只能承受压力且几乎不能承受拉力，其在极小的切应力作用下就会出现连续的变形流动，它只呈现对变形运动的阻力且不能自行消除变形，这一特性称为流体的易流动性，这是流体区别于固体的根本标志。气体与液体性能相近，主要差别在于可压缩性的大小。气体在外力作用下会表现出很大的可压缩性，而液体则不然。常温下水所承受的压强由 0.1MPa 增加到 10MPa 时，其体积仅减少原来的 0.5%，而气体的体积与压强则按波义耳-马略特定律成反比关系。可见气体的可压缩性比液体大很多。

人们在研究流体问题时常采用连续介质假设，以流体质点为研究对象。所谓流体质点是指包含有大量流体分子并能保持其宏观力学性能的微小单元体。所谓连续介质是指在流体力学中把流体质点作为最小的研究对象，从而把流体看成是由无数连续分布、彼此无间隙地占有整个流体空间的流体质点所组成的介质。

连续介质模型的意义体现在以下两个方面：流体质点在微观上是充分大的，而在宏观上又是充分小的；流体质点在它所在的空间就是一个空间点，当我们所研究的对象是比粒子结构尺度大得多的流动现象时，就可以利用连续介质模型。流体宏观物理量是空间点及时间的函数，这样就可以顺利地运用连续函数和场论等数学工具研究流体平衡和运动的问题，这就是连续介质假设的重要意义。

流体具有质量和重力，流体的密度、重度、比体积与相对密度是流体最基本的物理量。在一定温度下，流体体积随压强升高而减少的性质称为流体的压缩性。流体流动时在流体内部产生阻碍运动的摩擦力的性质叫流体的黏性。黏性产生机理有两个：一个是流体分子之间的吸引力产生阻力；另一个是流体分子做不规则的热运动的动量交换产生阻力。牛顿经实验研究发现，流体运动产生的内摩擦力与沿接触面法线方向的速度变化（即速度梯度）成正比，与接触面的面积成正比，与流体的物理性质有关，而与接触面上的压强无关，这个关系式称为牛顿内摩擦定律。流体黏性的大小以黏度来表示和度量，黏度可分为动力黏度 μ、运动黏度 ν、恩氏黏度 E 三种类型。

4. 流体静力学、运动学和动力学

流体静力学是研究平衡流体的力学规律及其应用的科学。所谓平衡或者说“静止”是指流体宏观质点之间没有相对运动，达到了相对的平衡。因此流体处于静止状态包括了两种形式。第一种形式是流体对地球无相对运动，即所谓的“绝对静止”，也称为重力场中的流体平衡，如盛装在固定不动容器中的液体。第二种形式是流体整体对地球有相对运动，但流体对运动容器无相对运动，流体质点之间也无相对运动，这种静止称为“相对静止”或“流体的相对平衡”，如盛装在做等加速直线运动和做等角速度旋转运动的容器内的液体。作用于静止流体上的力主要为质量力和表面力。在静止或相对静止的流体中，单位面积上的内法向表面力称为压强。流体静压强有以下两个特性：流体静压强垂直于其作用面，其方向指向该作用面的内法线方向，可利用静止流体性质进行证明；静止流体中任意一点处流体静压强的大小与作用面的方位无关，即同一点各方向的流体静压强均相等。

流体静力学涉及静止流体的平衡微分方程、重力作用下静止流体中的压强分布规律、静压强的表示方法及其测量方法、流体的相对静止、静止流体对壁面作用力的计算等问题。

流体运动学主要研究流体的运动规律，即速度、加速度等各种运动参数的分布规律和变化规律。流体运动所应遵循的物理定律是建立流体运动基本方程组的依据，这些基本物理定律主要包括质量守恒定律、动量平衡定律、动量矩平衡定律、能量守恒定律（热力学第一定律）、热力学第二定律及状态方程、本构方程等。运动流体所充满的空间称为流场。研究流体运动的两种方法是拉格朗日（Lagrange）法和欧拉（Euler）法。

流体运动的描述包括定常流动与非定常流动、分维流动、迹线与流线、流管与流束、过流断面、流量和平均速度等。连续性方程式包括一维流动的连续性方程式、微分形式的连续性方程式。

流体动力学是研究流体在外力作用下的运动规律的科学，即研究流体动力学物理量和运动学物理量之间关系的科学。流体动力学的主要研究内容是流体运动的动量平衡问题、动量矩平衡问题和能量守恒问题，能量守恒问题以热力学第一定律为指针。其研究方法包括理想流体的运动微分方程、理想流体的伯努利方程、实际流体总流的伯努利方程。伯努利方程的应用包括比托管测速、文丘里流量计、孔板流量计、射流泵装置等。

流体在管路中的流动是工程实际当中最常见的一种流动情况。由于实际流体都是有黏性的，所以流体在管路中流动必然要产生能量损失。为了便于分析，通常主要讨论不可压缩流体在管路中的流动规律，包括流动状态分析、能量损失计算方法等，进而解决工程中常见的管路系统计算问题。英国物理学家雷诺（Reynolds）通过大量的实验研究发现，实际流体在管路中流动存在着两种不同的状态，并且测定了管路中的能量损失与不同的流动状态之间的关系，此即著名的雷诺实验。能量损失的两种形式是沿程能量损失和局部能量损失。流体在圆管中存在层流流动、湍流流动。管中流动沿程阻力系数应合理确定。管路计算方法应合理，包括串联管路、并联管路。

孔口出流是指流体流经孔口的流动现象。孔口出流在工程技术中有着广泛的应用，在许多领域都可以见到。比如，水利工程上的闸孔，水力采煤用的水枪，汽车发动机的汽化器，柴油机的喷嘴，以及液压技术中油液流经滑阀、锥阀、阻尼孔等都可归纳为孔口出流问题。液体孔口出流的核心问题是研究流体出流的特征，确定出流速度、流量和影响它们的因素。通过对这些问题的研究可进一步掌握流体流动基本规律的应用方法。

在机械设备中存在着充满油液的各种形式的配合间隙，这些尺寸不大的缝隙为液体流动提供了几何条件。只要缝隙两端存在压差或配合机件间发生相对运动，液体在缝隙中就会产生流动。缝隙流动有两种形式，其中由压差引起的流动通常称为压差流，而由配合机件间相对运动引起的流动通常称为剪切流。

气体动力学是研究可压缩气体运动规律及在工程实际中应用的一门学科。气体的一元流动是气体动力学中最基本的内容，它只研究气体流动参数在过流断面上的平均值的变化规律，而不研究气体流场的空间变化情况。气体的显著特点是它的易压缩性。但是当气体的流动速度小于70~100m/s时，气体的可压缩性很不明显，此时可把液体流动规律直接用到气体上。当气体的流动速度大于70~100m/s时，气体可压缩性将明显增加，此时必须考虑热效应，气体动力学与热力学有着密切的关系，因此气体状态参数要比液体运动状态参数多，一般有压强 p、流速 u、密度 ρ 及气体的绝对温度 T 四个。热效应也称为热变态。

1.3 传热学

传热学是研究热量传递规律的学科。物体内只要存在温差就有热量从物体的高温部分传向低温部分；物体之间存在温差时热量就会自发地从高温物体传向低温物体。根据物体温度与时间的关系，热量传递过程可分为稳态传热过程和非稳态传热过程两类。稳态传热过程也称为定常过程，凡是物体中各点温度不随时间而变的热传递过程均称为稳态传热过程。非稳态传热过程也称为非定常过程，凡是物体中各点温度随时间的变化而变化的热传递过程均称为非稳态传热过程。各种热力设备在持续不变的工况下运行时的热传递过程属于稳态传热过程；而在起动、停机、工况改变时的传热过程则属于非稳态传热过程。

传热学在生产技术领域中的应用十分广泛。传热学可以回答许多问题。比如，人体为恒温体，若房间里气体的温度在夏天和冬天都保持20℃，那么在冬天与夏天人在房间里所穿的衣服能否一样？为什么？；夏天人在同样温度的空气和水中的感觉不一样；北方寒冷地区建筑房屋都是双层玻璃以利保温，如何解释其道理？是不是越厚越好呢？

传热学涉及的领域非常广泛，在动力、化工、制冷、建筑、机械制造、新能源、微电子、核能、航空航天、微机电系统（MEMS）、新材料、军事科学与技术、生命科学与生物技术等领域均大量存在传热问题。航空航天领域的传热问题主要有高温叶片气膜冷却与发汗冷却，火箭推力室的再生冷却与发汗冷却，卫星与空间站热控制，空间飞行器重返大气层冷却，超高音速飞行器（10马赫）冷却，核热火箭、核电火箭，电火箭、化学火箭等微型火箭，太阳能高空无人飞机等。微电子领域的传热问题主要为电子芯片冷却。生物医学领域的传热问题主要有肿瘤高温热疗、生物芯片、组织与器官的冷冻保存等。军事领域的传热问题主要有飞机、坦克，激光武器，弹药贮存等。制冷领域的传热问题主要有跨临界二氧化碳汽车空调或热泵；高温水源热泵等。新能源领域的传热问题主要有太阳能、燃料电池等。

传热学是一门理论性、应用性极强的热工科学，在热量传递的理论分析中涉及很深的数学理论和方法，在生产技术领域应用十分广泛。从某种意义上说，传热学的发展促进了生产技术的进步。

传热学研究的对象是热量传递规律。传热学研究的是由微观粒子热运动所决定的宏观物理现象，而且主要用经验的方法寻求热量传递的规律，认为研究对象是个连续体，即各点的温度、密度、速度是坐标的连续函数，即将微观粒子的微观物理过程作为宏观现象处理。热力学的研究方法仍然如此，但热力学虽然能确定传热量（稳定流能量方程）但不能确定物体内温度分布。

热量传递的三种基本方式是导热、对流、热辐射。18 世纪 30 年代工业化革命促进了传热学的发展。在导热（Heat Conduction）研究领域，B. T. Rumford 在 1798 年进行了钻炮筒大量发热的实验，H. Davy 在 1799 年进行了两块冰摩擦生热化为水的实验，J. B. Biot 在 1804 年发现了导热热量和温差及壁厚的关系，J. B. J. Fourier 在 1822 年给出了 Fourier 导热定律，G. F. B. Riemann、H. S. Carslaw、J. C. Jaeger、M. Jakob 等都对导热现象的研究做出过重大贡献。在对流换热（Convection Heat Transfer）研究领域，M. Navier 在 1823 年给出了不可压缩流动方程，G. G. Stokes 在 1845 年给出了流体流动的 Navier-Stokes 基本方程，O. Reynolds 在 1880 年提出了雷诺数的概念，L. Lorentz 在 1881 年给出了自然对流的理论解，L. Graetz 在 1885 年给出了管内换热的理论解，W. Nusselt 在 1916 年给出了凝结换热理论解，W. Nusselt 在 1909 年和 1915 年给出了强制对流与自然对流无量纲数的原则关系，L. Prandtl 在 1904 年建立了流体边界层概念，E. Pohlhausen 在 1921 年建立了热边界层概念，L. Prandtl 在 1925 年建立了湍流计算模型，Th. Von Karman 在 1939 年、R. C. Martinelli 在 1947 年分别对湍流计算模型进来了改进和优化。

1.4 热力学

热力学是一门重要的技术性基础科学，它是研究热能和其他形式能量（特别是机械能）相互转换规律以及提高能量利用经济性的一门学科。主要内容包括能量转换的基本定律、工质的热力性质、热力过程与热力循环、以及该学科在工程上的应用等。工程热力学是热力学最先发展的一个分支，它主要研究热能与机械能和其他能量之间相互转换的规律及其应用，是机械工程的重要基础学科之一。

热力学涉及内能、功和热量等基本问题，其主要以准静态过程为研究途径。其通过热力学第一定律解决理想气体的摩尔定体热容、摩尔定压热容问题，并据以分析计算理想气体在等体、等压、等温和绝热过程中的功、热量和内能的改变量。热力学关注热循环的意义和循环过程中的能量转换关系，可确定卡诺循环和其他简单循环的效率。热力学第二定律具有重要的应用价值，其有两种表述方法和特定的意义。

热力学的研究主题包括准静态过程中的功与热量、内能与热力学第一定律、理想气体的等体和等压过程以及摩尔热容、理想气体的等温过程和绝热过程、循环过程与卡诺循环、热力学第二定律与卡诺定理等。

1.5 静电场的特点

静电场主要描述静电场的两个基本物理量——电场强度和电势的概念，电场强度 E 是矢量点的函数，而电势V则是标量点的函数。静电场有两条基本定理，即高斯定理和环路定理，静电场是有源场和保守场。可采用叠加法求电场强度和电势，导体静电平衡应满足相应的条件且具有特定的性质。

静电场的基本理论包括电荷的量子化与电荷守恒定律、库仑定律、电场强度、电场强度通量与高斯定理、静电场的环路定理与电势能、电势、静电场中的导体、电容与电容器。

1.6　建筑设备工程学的历史与发展

1.6.1　建筑设备工程学的发展历程

人类蛮荒文明早期土木工程活动能力非常微弱，只能过着“穴居巢处”的原始生活，也就是我国最早历史典籍里叙述的“有巢氏”和“防风氏”。火的出现使人类从蛮荒文明进入古代文明，火改变了人类的饮食习惯（于是我国最早历史典籍里又有了“燧人氏”的称谓），人类也用火来改造自然物（如烧制砖、瓦）或自然地形（如都江堰工程）以满足自己的需要并筑城及兴建大型土木建筑，土木工程结构物的类型也因而变得多姿多彩，从某种意义上讲简陋砖瓦的出现是引发土木工程科学第一次革命的导火索。电使人类从古代文明进入近代文明，为人类提供了动力，使人类改造自然的能力得到了飞跃性的提升。人们造出了水泥及各种金属材料，使土木工程结构物的性能（如承载能力、抗灾能力）得到了极大的提升，这一时期的土木工程科学发展迅速并逐渐成熟且出现了两次具有划时代意义的进步（即19世纪中叶钢材和钢筋混凝土在建筑营造中的应用引发的土木工程科学的第二次革命，20世纪中叶预应力混凝土的发明和广泛使用引发的土木工程科学的第三次革命）。网络信息技术使人类从近代文明进入现代文明，人们借助网络技术（特别是物联网技术）开始建设智能化土木工程结构物并关注人类生活与地球生态系统的协调问题（即营造所谓“绿色建筑”“生态建筑”“智能建筑”，可将其统称为“灵动建筑”），可以说灵动型土木工程结构物的出现引发了土木工程科学的第四次革命并标志着现代土木工程科学的开始。BIM技术的出现将土木工程引入了智慧集成建造的新时代。

在人们学会用火以后开始在房屋中修建做饭的灶台与烟囱，从而诞生了古典的建筑设备工程学，但由于生产力的低下，建筑设备工程学一直发展缓慢。电开启了人类近代文明之门后，建筑设备工程学才有了快速的发展，相关的理论也如雨后春笋般地快速形成。其中，热力学的发展对建筑设备工程学的进步起到了重要的助推作用。

人类很早就对热有所认识并加以应用。但将热力学当成一门科学并有定量的研究则是从17世纪末开始的，也就是在温度计制造技术成熟以后，才真正开始了对热力学的研究。17世纪时伽利略曾利用气体膨胀的性质制造气体温度计，波义耳（Robert Boyle）在1662年发现定温条件下定量气体的压力与体积成反比的现象；18世纪经由准确的实验建立了摄氏及华氏温标，其标准目前我们仍在使用；1781年查理发现了定压条件下气体体积会随温度改变的现象，但对于热本质的了解则等到了19世纪以后。焦耳自1843年起，经过一连串的实验证实了热是能量的另一种形式，并给出了热与功两种单位换算的比值，此能量守恒定律被称为热力学第一定律，自此人类对于热的本质才有了初步的了解。1850年凯尔文（William Thompson Baron Kelvin）和克劳修斯（Rudolf Julius Emmanuel Clausius）发现热机输出的功一定少于输出的热能，这被称为热力学第二定律。这两条定律再加上能斯特（Hermann Walter Nernst）在1906年所提出的热力学第三定律，即在有限次数的操作下无法达到绝对零度，构成了热力学的基本框架。热学在19世纪的另外一个发展方向是1850年前后，由焦耳及克劳修斯所推广的气体动力论，这个理论把热学的微观基础建立了起来。热力学第零定律阐述的是把两个物体放在一个绝热系统中，即在没有热量流入及流出的情况下，经过一段时间后，两个物体必然达到相同的状态，即热平衡状态。热力学第一定律是能量守恒定律，即能量既不会凭空消失，也不会凭空产生，只能从一种形式转化成另一种形式，或者从一个物体转移到另一个物体，而总量保持不变。热力学第二定律是方向定律，即单向不可逆过程，也即无法靠着环境的微小变化就能反向的过程，就是在系统历经刺激而朝着熵增加的方向变化的过程。熵是系统的状态函数，即与系统的状态有关，而与如何达到此状态的过程无关，虽然在封闭系统内的某个部分的熵也许会减少，但在系统另一部分的熵永远会增加相同的量或者更多，因此整个系统的熵绝不会减少，只会往最大的乱度方向进行。热力学第三定律阐述的是完美晶体在绝对零度时其熵为零。

宏观而言，所谓热力学发展史基本上就是热力学与统计力学的发展史，其大体可分成四个阶段。第一个阶段为17世纪末到19世纪中叶，该时期累积了大量的试验与观察的结果并制造出蒸汽机，还对“热”（Heat）的本质展开研究与争论，为热力学的理论建立做了铺垫。在19世纪前半叶首先出现了卡诺理论、热机理论和热功互换的原理，热机理论是热力学第二定律的前身，热功互换原理是热力学第一定律的基础。这一阶段的热力学还停留在描述热力学的现象上并未引进任何的数学算式。第二个阶段是19世纪中叶到19世纪70年代末，该阶段热力学第一定律和第二定律已经完全理论化。由于热功互换原理建立了热力学第一定律，由第一定律与卡诺循环的结合导致热力学第二定律的成熟。另一方面，以牛顿力学为基础的气体动力论也开始发展，但这时人们并不了解热力学与气体动力论之间的关联。第三个阶段是19世纪末到20世纪初，这个阶段首先由玻耳兹曼将热力学与分子动力学的理论结合而导致统计热力学的诞生，同时他也提出非平衡态的理论基础。至20世纪初吉布斯（Gibbs）提出系统理论建立统计力学的基础。第四个阶段为20世纪30年代至今，主要是量子力学的引进而建立了量子统计热力学，同时非平衡态理论更进一步发展，形成了近代理论与实验物理学中最重要的一环。

许多科学家为热力学的发展做出了不可磨灭的贡献。N. L. S. Carnot（1796—1832）1824年发表了著名的论文“火的动力的思考”，阐述了卡诺循环及卡诺定理。J. R. Mayer（1814—1878）1842年提出了能量转换定律。H. L. Helmholtz（1814—1878）1847年推导出能量转换定律。L. Kelvin（W. Thomson，1824—1907）1848年建立了热力学温标并在其著作中首次使用“Thermodynamic”一词。R. J. E. Clausius（1822—1888）1850年第一个阐述了两个基本规律，即热力学第一、第二定律，他还提出“热力学能”和“熵”的概念。W. J. M. Rankine（1820—1872）1853年提出“热效率”概念并于1854年提出p-v图，1859年出版第一本热力学教科书。N. A. Otto（1832—1891）1876年制造了使用Otto循环的内燃机。G. B. Brayton（1830—1892）1876年制造了使用Brayton循环的内燃机。J. W. Gibbs（1839—1903）1878年发表“相律”并建立了T-s图和多相系平衡的热力学分析方法。R. C. K. Diesel（1858—1913）1897年提出了实用的Diesel内燃机循环。Vander Waals（1837—1923）1873年提出了实际气体状态方程，并由此获得1901年诺贝尔物理学奖。

K. Onees（1853—1926）1908年液化了世界上最后一种气体氦，研究低温下物质的性质并发现超导现象，因此获得1913年诺贝尔物理学奖。J. C. Maxwell（1831—1879）完成巨著《电磁学通论》，建立了统一的经典电磁场理论和光的电磁理论，预言了电磁波的存在。Max Karl Ernst Ludwig Planck（1858—1947）提出量子论，于1918年荣获诺贝尔物理学奖。I. Prigogine（1917—2003）长期从事非平衡态热力学研究，提出最小熵产生原理。L. Onsager（1903—1976）因对不可逆过程热力学理论的贡献获得1968年诺贝尔化学奖。

工程热力学主要研究热能和其他形式能量间的相互转换以及能量与物质特性之间的关系。在化工装备和过程领域，采用经典热力学理论，即通过宏观研究方法，对大量宏观现象的直接观察和试验总结出普遍适用的规律。工程热力学的主线是研究热能与机械能之间相互转换的规律、方法，提高转化效率和热能利用经济性的途径。

供热工程起源于人类对火的应用，迄今已有约5000年的历史，真正意义的供热工程发端于蒸汽机的诞生。供燃气工程起源于天然气的发现及其工业化应用，迄今有近200年的历史。通风及空调工程起源于地下采矿，迄今已有近千年的历史，真正意义的通风及空调工程归功于风机的发明及制冷剂（氟利昂）的出现。

1.6.2 当代建筑设备工程学的发展状况及存在的问题

现代科技的突飞猛进导致建筑设备工程科学技术发展异常迅猛，几乎每隔几年就会有一个大的改变，其效能及自动化程度越来越高，智能化程度越来越强，舒适度也越来越好。建筑设备作为耗能较大的行业，在节能环保的大背景下，低碳环保的生活方式对行业影响深远。随着行业不断发展，产品布局正在悄然发生变化。低碳节能已经成为产品的基本诉求。建筑设备企业不断运用先进科技提高产品的能效等级、开发替代能源和利用再生能源、研制新制冷剂等。

据调查，近年来我国建筑使用能耗约占全社会能耗的28%（暖通又占其中的65%），建筑节能越来越受到国家各部门的重视，目前我国实施建筑节能65%的标准，暖通空调系统作为办公楼、住宅的耗能大户对整个建筑物的能耗有直接的影响，因此，暖通空调的发展备受各方关注，我国的散热器技术有了较大的进步，各种新型散热器得以开发，热计量与温控技术也已趋向智能化、自动化。国外（主要北欧国家）集中供热系统的调节与控制技术先进、调控手段完善、调控设备质量高，其采用钢制散热器并装有散热器恒温阀（用户可按需要设定室内温度），其地暖技术已实用化，置换通风技术得到了长足的发展。随着新能源利用技术（冷热源应用技术）的备受关注，太阳能、干空气能、风能、地热能已进入实用化阶段。近几年，我国正处在工业化和城市化进程中，各个相关城市的供热产业得到了迅猛发展，形成了“以热电联产为主、集中锅炉房为辅、其他方式为补充”的供热局面，这与我国节能减排的国家政策是相吻合的，也顺应了国际社会碳减排的长期使命，表明了我国走的确实是可持续发展之路，走的是环境友好型、资源节约型的发展之路。

充分利用太阳能、采用节能的建筑围护结构可减少供暖和空调的使用，根据自然通风原理设置风冷系统可使建筑有效利用夏季主导风向实现空调功能，推行智能开关可减少空调的能耗（用手机就可以控制家里的能源开关，房子里安装一个很小的智能测温装置，当太阳光正热时遮阳帘自动升起来，减少射入室内的阳光），变频式空调的应用可大大节省能源（较常规的非变频空调节能20%~30%），楼宇自动化管理系统（建筑设备监控系统）为节能提供了重要的技术支持（其可监控大厦内所有机电设备的能耗情况，比如冷热源机组、空调机组、新风机组、变风量末端装置、给水排水、送排风、变配电、照明、电梯等设备），太阳能光电、光热、地热、污水热能、风能、绿色照明、楼宇自控等综合应用大显神通、节能显著并使舒适、健康的生活环境得以构建，建筑内部不使用对人体有害的建筑材料和装修材料从而使室内空气清新且温、湿度适当（也使居住者感觉良好、身心健康），各地根据地理条件设置太阳能供暖、热水、发电及风力发电装置以充分利用环境提供的天然可再生能源达到了节能目的，高精度恒温恒湿空调综合技术的开发实现了空调技术的飞跃（其实现了空调负荷计算、系统布置、气流组织、空调设备、楼宇控制及智能仪表技术的集成）。

目前，供暖技术的核心仍集中在温度散热器供暖、地暖、电热膜等高效低耗技术的研发与实用化方面；通风则着力于对空气品质、温度送风、排风、除尘、防排烟等的改善；空气调节则聚焦在温度、湿度、洁净度、速度、噪声、压强风系统、水系统、冷热源系统的控制、开发、智能化和实用化方面。在建筑设备工程学集成应用领域地源热泵实现了冬暖夏凉，太阳能光伏发电系统硕果累累，生态型呼吸式遮阳幕墙令人咋舌（其实现了对建筑通风换气的全智能自动控制，使室内冬暖夏凉，极大地减少了空调制冷和取暖的耗能）。所谓呼吸式幕墙就是指在外层幕墙与楼面之间设置铝合金开窗，外侧幕墙上下两端分别设置通风口，上面为进风口、下面为出风口，在双层幕墙之间安装温度感应装置以便根据温度的变化让冷风和热风与室内空气进行交换以实现自然通风对流。有了这层呼吸式幕墙就可以利用室外自然风调节室内温度了。相信，随着人类环保节能意识的提高、科技的发展与融合，建筑设备工程科学技术必将以更低的能耗、更优越的性能、更好地造福于人类。

思考题与习题

1. 简述建筑设备工程学的特点与任务。
2. 简述工程流体力学的特点。
3. 简述传热学的特点。
4. 简述热力学的特点。
5. 简述静电场的特点。
6. 简述建筑设备工程学的发展历程，谈谈你对建筑设备工程学的认识。

建筑内部给水系统 第2章

2.1 流体的基本特征

1. 描述流体性质的几个物理量及流体特性

液体和气体统称为流体。

1）密度和重度。密度 $\rho=m/V$，密度大、惯性也大。重度 $\gamma=G/V$。密度与重度存在着一一对应关系，即 $\gamma=\rho g$。

2）压缩性与膨胀性。压缩性是指一定条件下流体受压、体积缩小而密度增加的性质。膨胀性是指一定条件下流体受热、体积增大而密度减小的性质。液体的压缩性和膨胀性很小，气体的压缩性和膨胀性很大。

3）黏滞性。黏滞性是指流体自身阻止其产生相对运动的性质。不同的流体其黏滞性的大小不同。同一种流体其黏滞性的大小随温度变化而变化。流体黏滞性大其产生的阻力也大。反映黏滞性的参数主要是运动黏度 ν（m^2/s）和动力黏度 μ（Pa·S），二者的关系为 $\nu=\mu/\rho$。

4）流体的基本特性。流体的最基本特性是流动性。流体抗压、不抗拉、不抗剪，固体则抗压、抗拉、抗剪。液体有相对固定的体积，但却没有固定的形状。气体既没有相对固定的体积，也没有固定的形状。

2. 流体的压强

1）流体压强的特征。垂直作用于单位面积上的流体压力称为流体的压强（单位 N/m^2 或 Pa），即 $p=P/A$。流体的压强分为静压强、动压强两类。大气压由大气重力产生，大气厚度不同其 p 也不同。标准大气压是指标准海平面上测得的平均大气压强，通常为 101325Pa。我国的标准海平面是青岛验潮站测得的黄海平均海平面。

2）流体静压强的表示方法及量度单位。流体静压强有三种表示方法，其中，绝对压强 p_j 是以完全真空为基准计算的压强值，$p_j\geqslant0$；相对压强 p_x 是以当地大气压强值作为基准点计算的压强值；真空度 p_v 是指 $p_j<B$ 时某点绝对压强不足一个大气压强的那部分数值，$p_v=|p_x|$，B 为当地大气压。绝对压强、相对压强、真空度的关系见图 2-1-1。

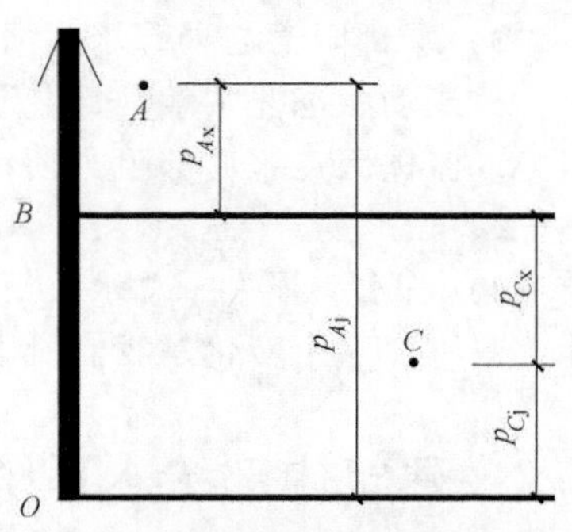

图 2-1-1 绝对压强、相对压强、真空度的关系

3）流体压强的单位。流体压强的单位可用其定义来表示，即 $1Pa=1N/m^2$、$1kPa=10^3Pa$、$1MPa=10^6Pa$。流体压强的单位也可用液体柱高来表示，如水柱高、汞柱高等，

相关关系式为 $1mH_2O=9807Pa$、$1mmHg=133.332Pa$。流体压强的单位还可用大气压的倍数表示，即 1 标准大气压 = 1atm = 101325Pa = $10.33mH_2O$、1 工程大气压 = 1at = $1kgf/cm^2$ = $98066.5Pa=10mH_2O$。

3. 流体静压强基本方程式

1）流体静压强特性。流体静压强特性可概括为以下两点：流体静压强方向垂直于作用面并指向作用面；静止流体中任意一点流体静压强的大小在各个方向上均相等。

2）流体静压强基本方程式。流体静压强基本方程式为 $p=p_0+\gamma h$，其中，p 为液体中某一点的压强；p_0 为液体的表面压强；γ 为液体的重度；h 为点的水深。

4. 过流断面、水力半径、流速、流量

1）过流断面与湿周。过流断面是指垂直于流体流速方向的流体截面，其面积用符号 A 表示、单位为 m^2。湿周是指过流断面上流动流体与壁面相接触的部分，用符号 x 表示、单位为 m。

2）水力半径。水力半径 R 可通过关系式 $R=A/x$ 表达，R 反映了固体边界对流体流速的约束力大小。单位 x 对应的 A 越大，即 R 越大则这种约束力就越弱、产生的阻力就越小、过水能力就越强。反之，R 越小则通水能力越差、阻力越大。水力半径 R 同于几何半径 r，二者的关系为 $R=r/2$。当量直径 $d_e=4R$。

3）流速。流速是指流体在单位时间内所流动的距离，工程中常用断面平均流速 v 表示、单位为 m/s，$v=Q/A$。

4）流量。流量是指单位时间通过流体过流断面 A 的流体的量，流量通常分为质量流量 M、重量流量 G、体积流量 Q 三种，M 的单位可为 kg/h 等，G 的单位可为 kN/s 等，Q 的单位可为 m^3/h、L/s 等。

5. 流体的水头及水头损失

1）水头。水头是指单位重量（1N）的流体所具有的机械能，建筑设备工程中其单位习惯用液体柱高表示，如 mH_2O。常用水头的种类主要有位置水头、压强水头、流速水头、总水头、测压管水头等。位置水头 Z 也称为位能；压强水头也称为压能，可通过 p/γ 换算；流速水头也称为动能，可通过 $v^2/(2g)$ 换算；总水头也称为总机械能；测压管水头也称为势能，其等于位能与压能之和，可通过（$Z+p/\gamma$）换算。

2）沿程阻力与沿程水头。流体流动时，由于流体内摩擦力及管壁粗糙度对流体产生的阻力称为沿程阻力，因此而造成的机械能损失称为沿程水头损失 h_f，h_f 的单位通常为 mH_2O，相关计算公式为 $h_f=\lambda(L/d)[v^2/(2g)]$、$h_f=iL$、$H_f=\Sigma h_f$。

3）局部阻力与局部水头损失。由于流体转向、能量转换等需通过质点间相互碰撞来完成，故流动状态非常紊乱且会形成旋涡。因而能量损失也较大，造成这种损失的力称为局部阻力。流体因克服局部阻力所引起的损失称为局部水头损失。局部水头损失的计算公式为 $H_j=\Sigma h_j=\Sigma[\xi v_i^2/(2g)]$、$H_j=10mH_2O-30\%H_f$。

4）总水头损失。总水头损失 h_w 为 $h_w=H_f+H_j$。需要说明的是，机械能损失转化成了热能，只不过这个转化是我们所不愿的，故称其为损失。

2.2 建筑内部给水系统概述

室外给水排水的基本框架主要由一个主干体系和若干个分支体系构成。主干体系是水源

→水厂→室外给水管网→室内给水设备→室内排水管网→室外排水设备→污水厂→排放。主要分支体系包括室外给水管网→市政用水（洒水、绿化、消防）；废水→室内排水管网→排放；雨水→室外雨水管网→排放等。

2.2.1　室外给水系统

（1）室外给水系统的组成　常见室外给水系统的组成见图 2-2-1 和图 2-2-2，系统组成会因水源不同而有所不同。

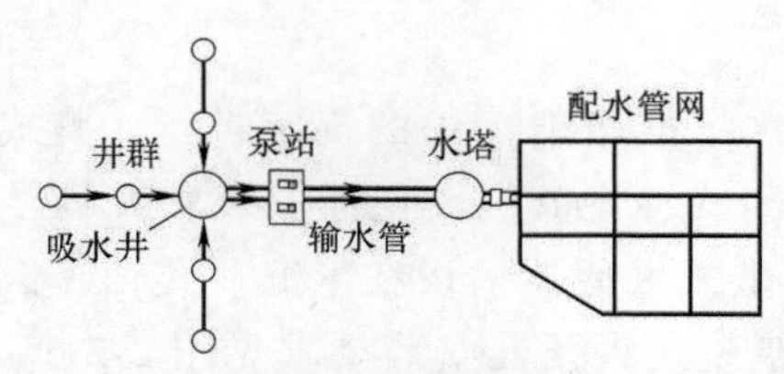

图 2-2-1　采用地下水水源的城市给水系统

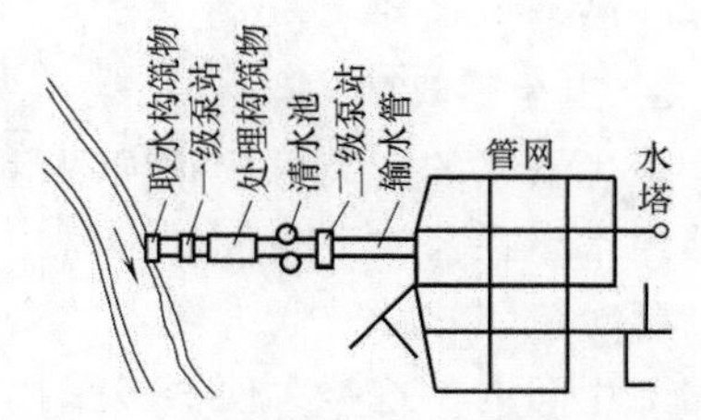

图 2-2-2　采用地表水水源的城市给水系统

（2）室外给水管网　常见室外给水管网的形式见图 2-2-3。管道布置应遵守相关规定，管道布置位置应合理，应沿道路或平行于建筑物布置，应布置在绿化带、人行道及慢车道下，应满足各种管线综合规划要求。埋设深度应合理，管顶最小覆土深度不得小于土壤冰冻线以下 0.15m，行车道下的管线覆土深度不宜小于 0.7m。管网的主干管应布置在两侧用水量较大的地区并应以最短的距离向最大的用水户给水。

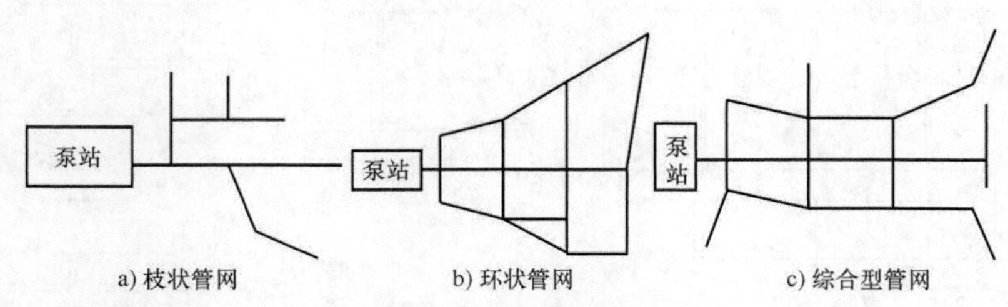

图 2-2-3　常见室外给水管网的形式

（3）附属构筑物　附属构筑物包括阀门井、室外消火栓、支墩等。阀门井的作用是安置阀门、放气阀、泄水阀、水表等设备，可为砖砌、混凝土或钢筋混凝土结构。北方地区阀门等设备应设于井内，南方地区可设在地面上。室外消火栓（见图 2-2-4）是供消防车从室外给水管网取水灭火用的设备，主要有地上式、地下式（井内）两类。

图 2-2-4　室外消火栓

（4）管网的压力　管网压力应符合要求，室外给水压力随时随地在变，离加压泵站、水塔越近，地势越低给水压力越大，用水高峰时建筑物外的水压力就会减小。

（5）管道材质及连接　室外给水多用有衬里的给水铸铁管，采用橡胶圈、膨胀水泥或石棉水泥接口。采用承插式预应力钢筋混凝土管和自应力钢筋混凝土管时采用橡胶圈接口。现在也有用塑料管及复合管的。

2.2.2 建筑卫生器具

1. 卫生器具的分类

卫生器具是用来满足日常生活中洗涤等卫生要求以及收集、排除生活与生产污水、废水的设备。常用的卫生器具按用途可分为便溺卫生器具、盥洗及沐浴用卫生器具、洗涤用卫生器具三大类。便溺卫生器具包括大便器、大便槽、小便器、小便槽等。盥洗及沐浴用卫生器具包括洗脸盆、盥洗槽、浴盆、淋浴器、妇女卫生盆等。洗涤用卫生器具包括洗涤盆、污水盆、化验盆、地漏等。

2. 卫生器具的安装

卫生器具的安装可按我国现行《全国通用给水排水标准图集》中的规定进行。蹲式大便器通常设在公共卫生间，冲洗方式现在多用延时自闭式冲洗阀，大便器安装在砖砌坑台中，延时自闭式冲洗阀大便器的安装要求见图 2-2-5。坐式大便器多设在家庭、宾馆、医院等的卫生间内，这类大便器多采用低水箱冲洗，低水箱坐式大便器安装要求见图 2-2-6。小便器通常设在公共男厕所中，多采用延时自闭式冲洗阀冲洗，有挂式和立式两种，每只小便器均设存水弯。挂式小便器悬挂在墙上，其安装要求见图 2-2-7。立式小便器靠墙竖立安装在地板并常成组设置，其安装要求见图 2-2-8。洗脸盆常装在卫生间、盥洗室和浴室中，大多采用带釉陶瓷制成，安装方式有架墙式、柱脚式和台式三种，住宅常采用台式洗脸盆，其安装要求见图 2-2-9。浴盆通常设在卫生间和浴室中供人们洗澡用，其外形呈长方形，一般

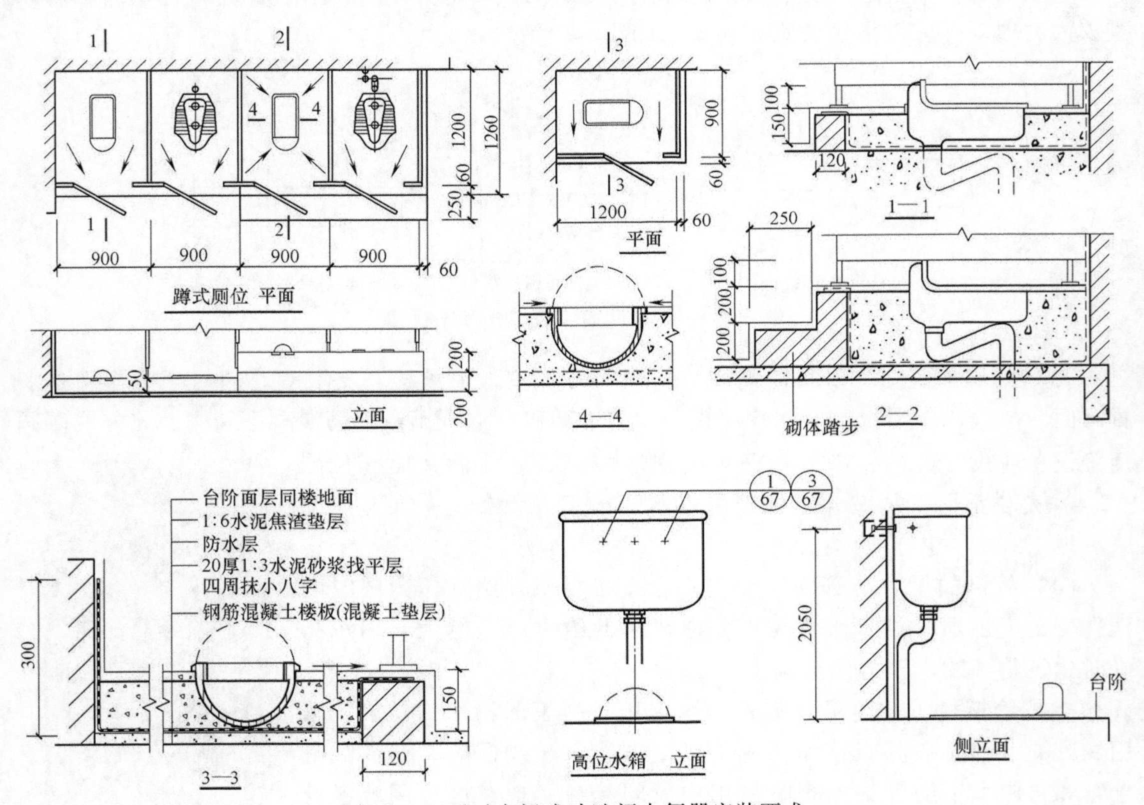

图 2-2-5 延时自闭式冲洗阀大便器安装要求

均设有冷、热水龙头或混合龙头，混合龙头浴盆安装要求见图 2-2-10。淋浴器与浴盆相比具有占地面积小、造价低和卫生等优点，因此淋浴器广泛应用于工厂生活间、机关及学校的浴室中，公共浴室宜采用单管脚踏式开关，其安装要求见图 2-2-11。污水池一般设在公共建筑的卫生间、盥洗室内供洗涤拖布及倒污水用，其安装要求见图 2-2-12。

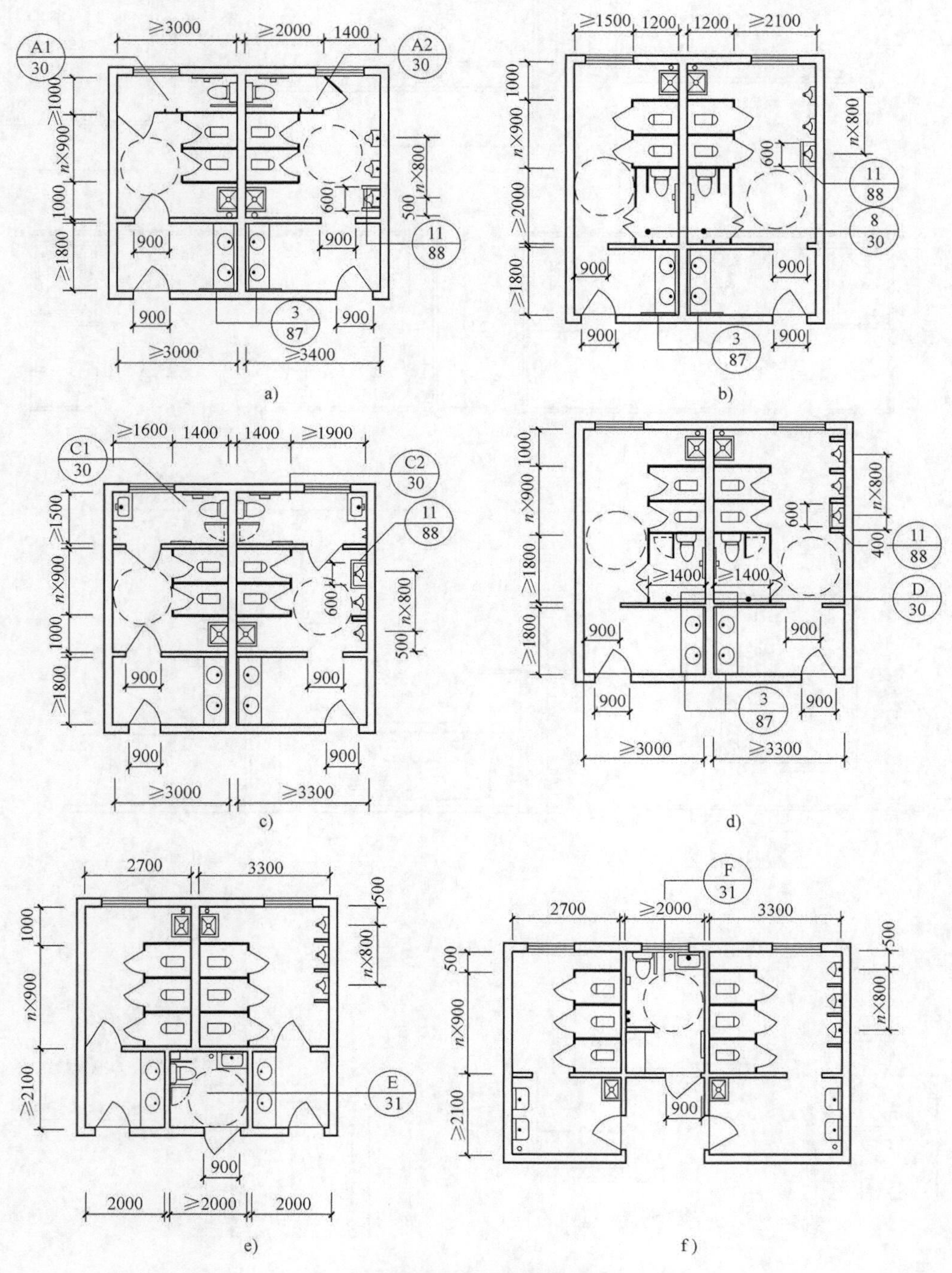

图 2-2-6　低水箱坐式大便器安装要求

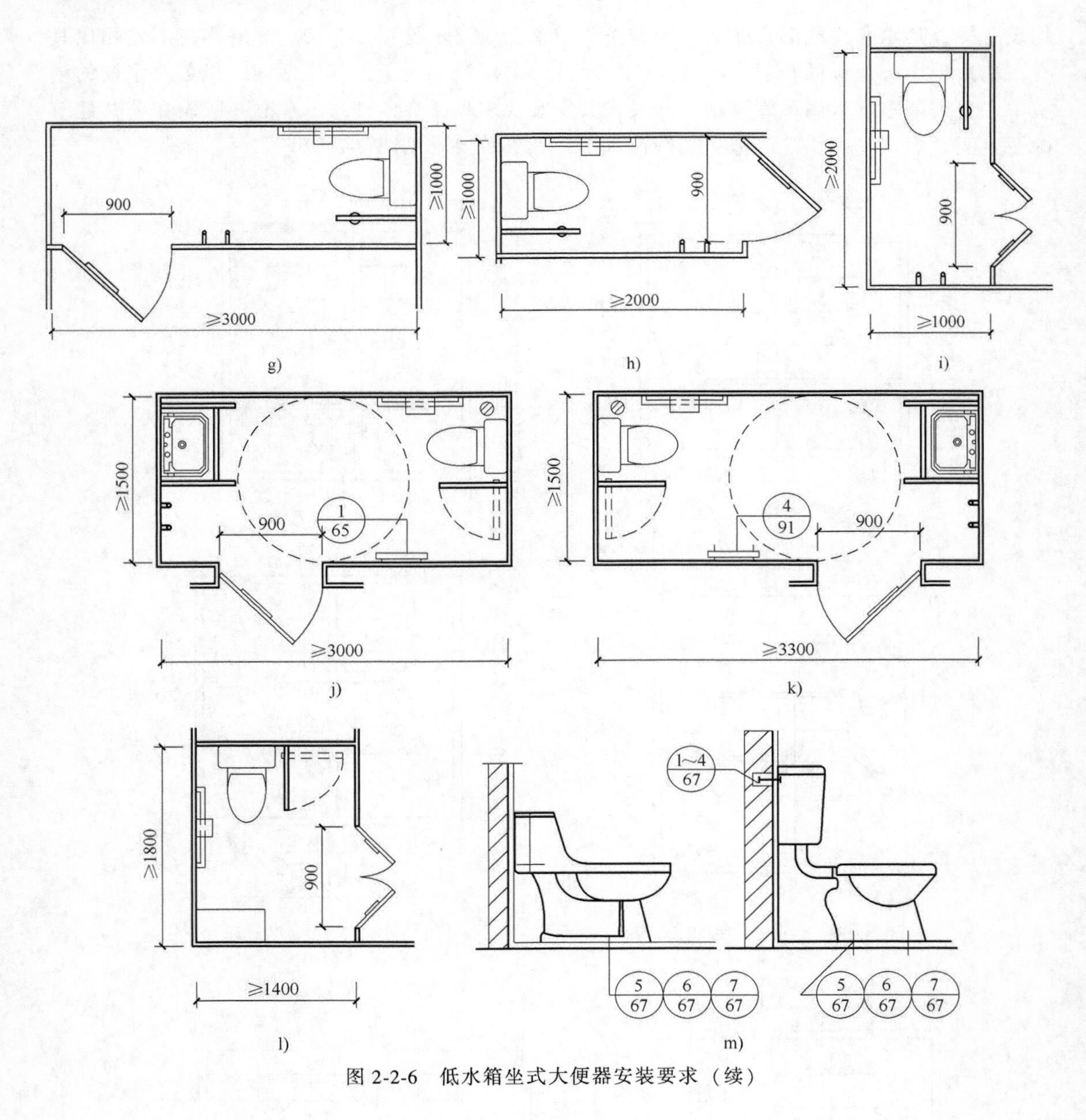

图 2-2-6 低水箱坐式大便器安装要求（续）

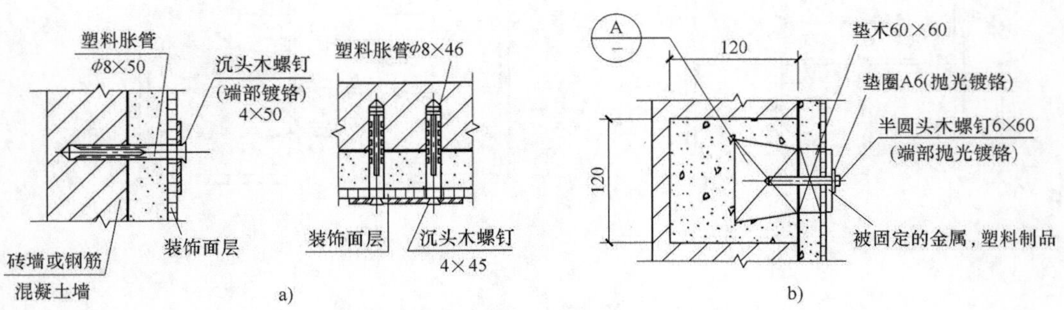

图 2-2-7 挂式小便器安装要求

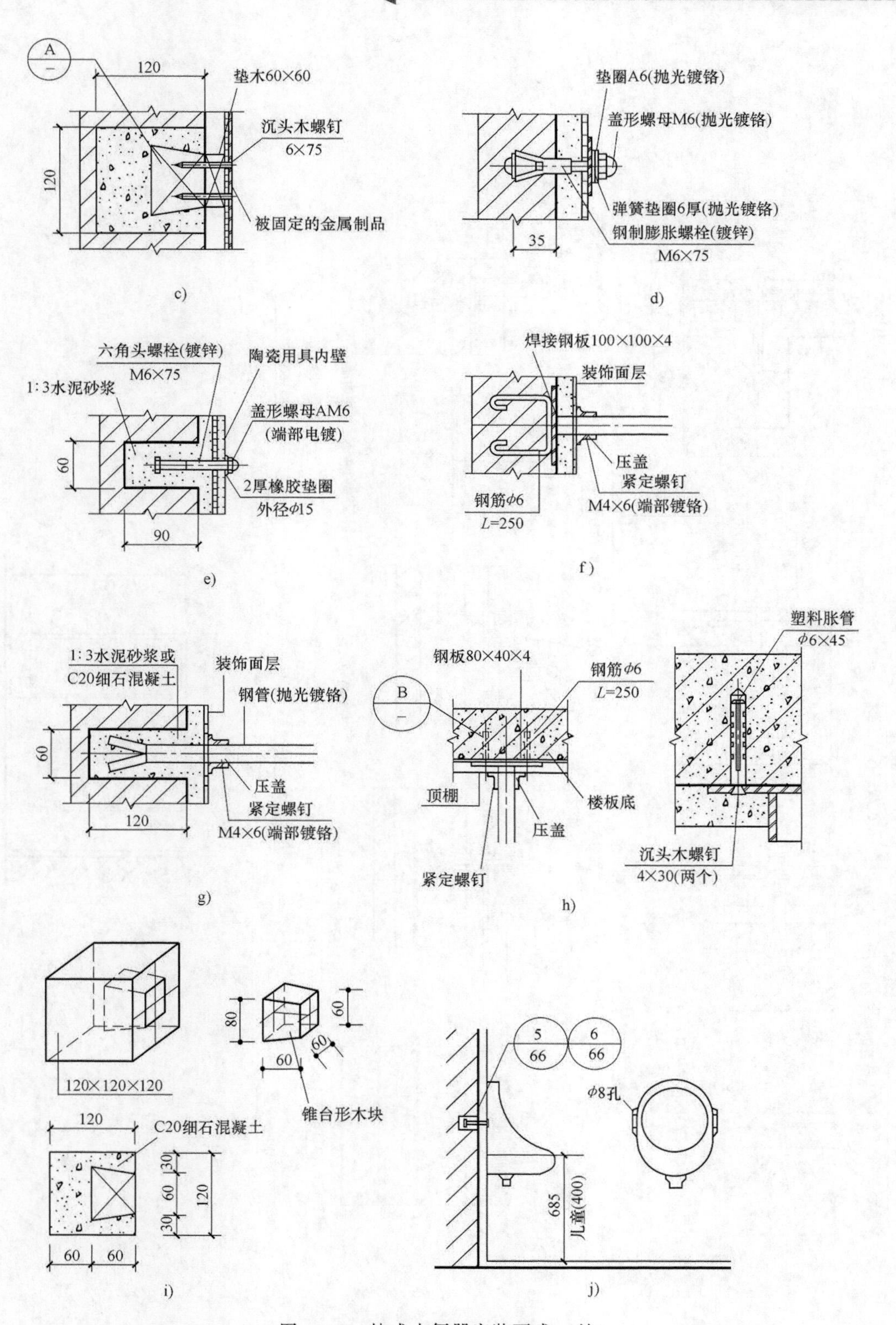

图 2-2-7　挂式小便器安装要求（续）

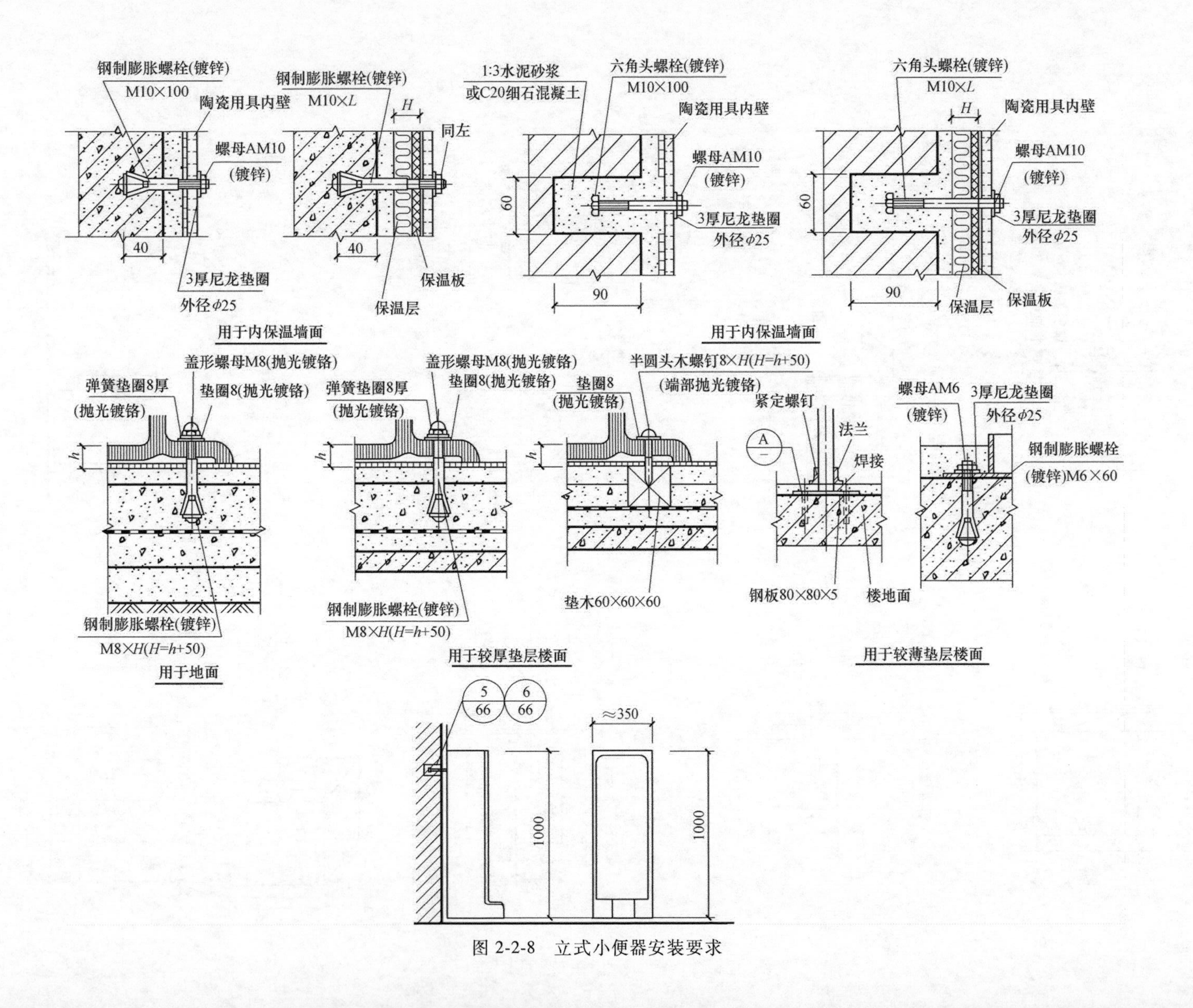

图 2-2-8 立式小便器安装要求

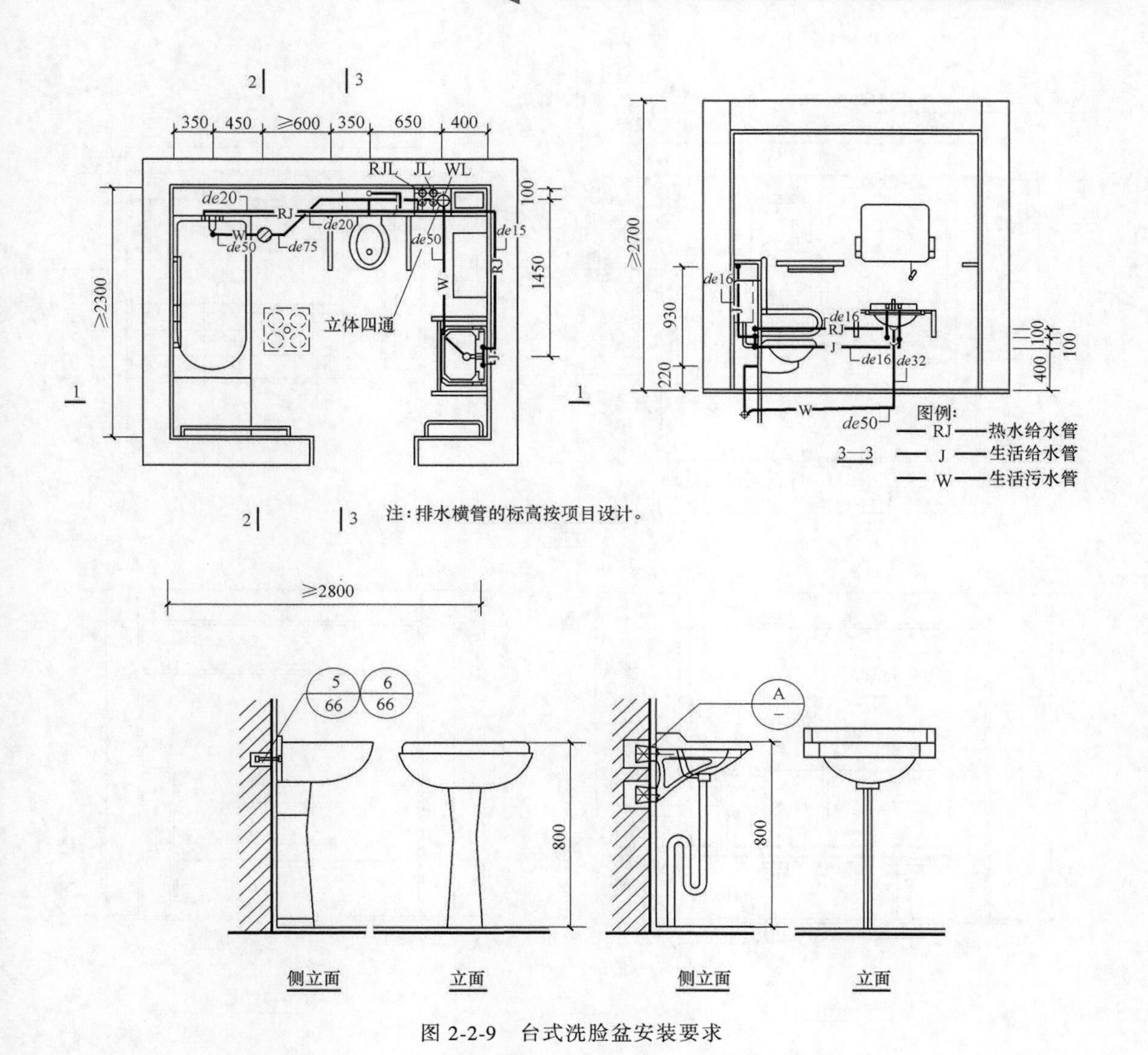

图 2-2-9　台式洗脸盆安装要求

图 2-2-10　混合龙头浴盆安装要求

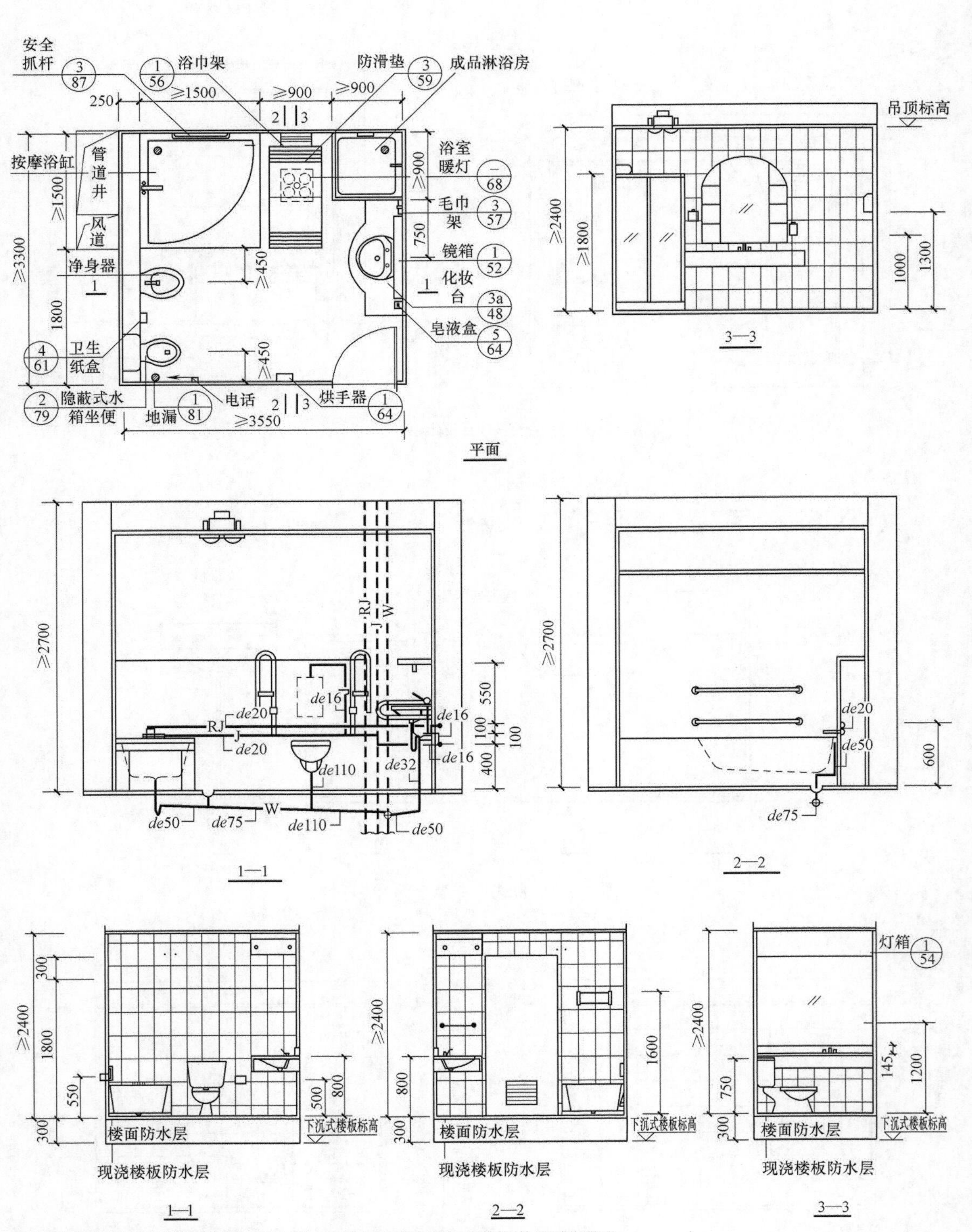

注：1.池身C20混凝土，钢筋采用HPB235，支座采用MU10砌体，M5砂浆砌筑，面层同池身。
2.浴盆采用铸铁、钢板或陶瓷成品浴盆，由项目设计定。采用钢板浴盆其底部填干砂。

图 2-2-10　混合龙头

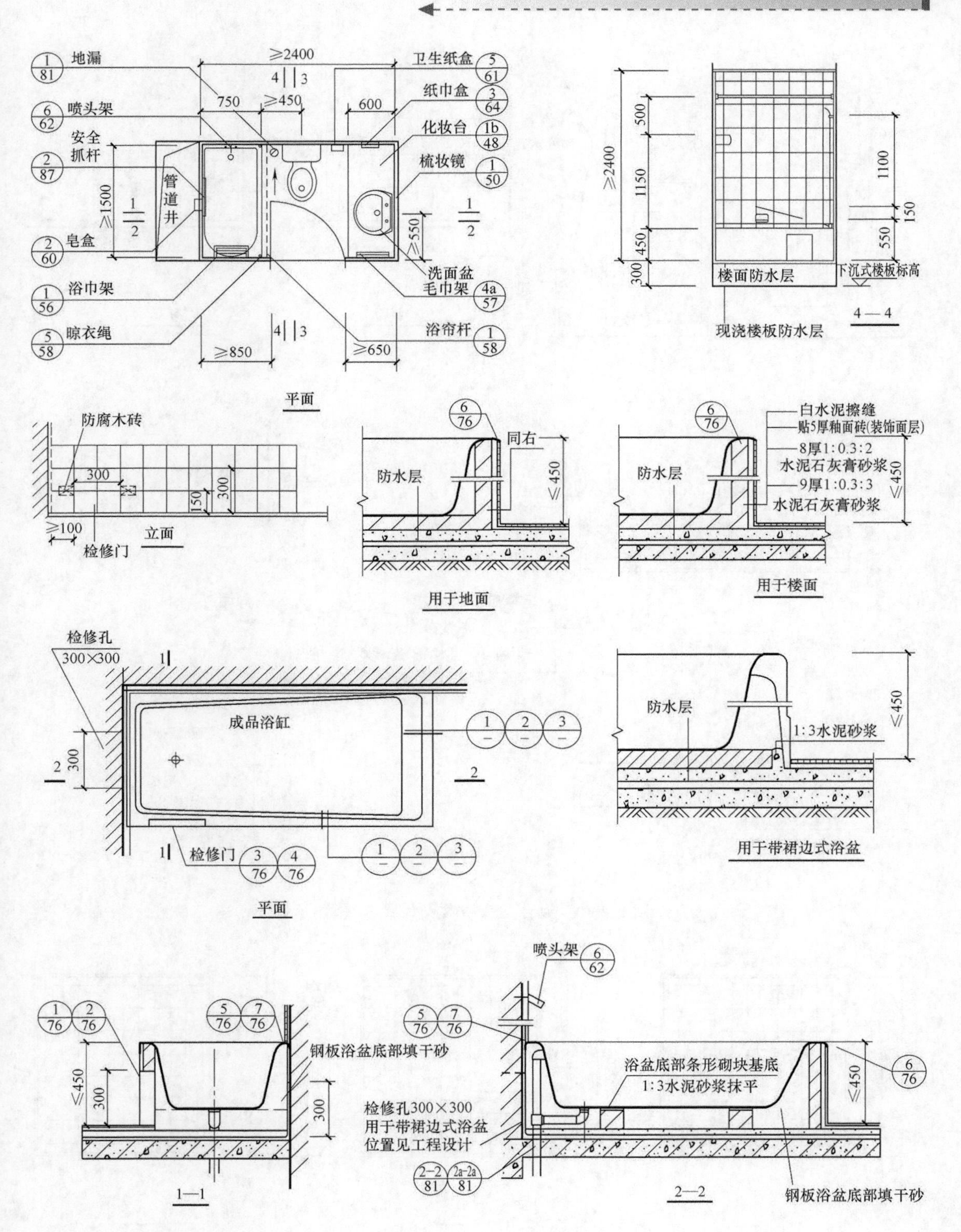
地漏
喷头架
安全抓杆
皂盒
浴巾架
晾衣绳
管道井
卫生纸盒
纸巾盒
化妆台
梳妆镜
洗面盆
毛巾架
浴帘杆
平面
楼面防水层
下沉式楼板标高
现浇楼板防水层
4—4
防腐木砖
检修门
立面
防水层
同右
用于地面
白水泥擦缝
贴5厚釉面砖(装饰面层)
8厚1:0.3:2
水泥石灰膏砂浆
9厚1:0.3:3
水泥石灰膏砂浆
用于楼面
检修孔
300×300
成品浴缸
检修门
平面
1:3水泥砂浆
用于带裙边式浴盆
喷头架
钢板浴盆底部填干砂
浴盆底部条形砌块基底
1:3水泥砂浆抹平
检修孔300×300
用于带裙边式浴盆
位置见工程设计
1—1
2—2
钢板浴盆底部填干砂

浴盆安装要求

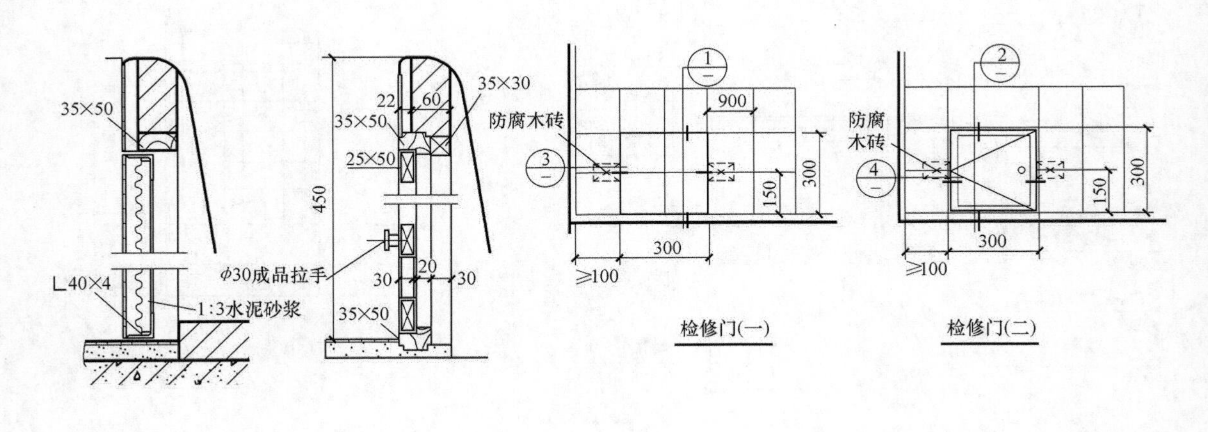

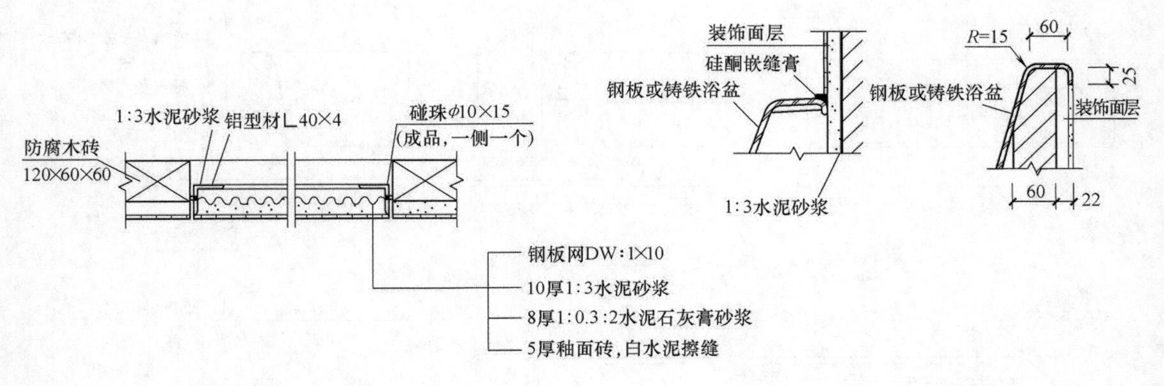

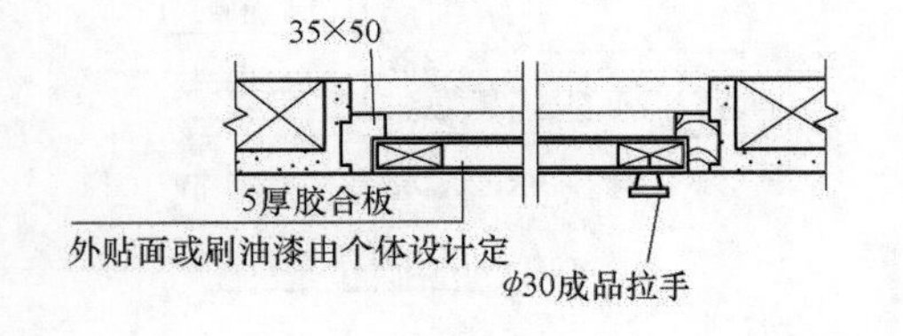

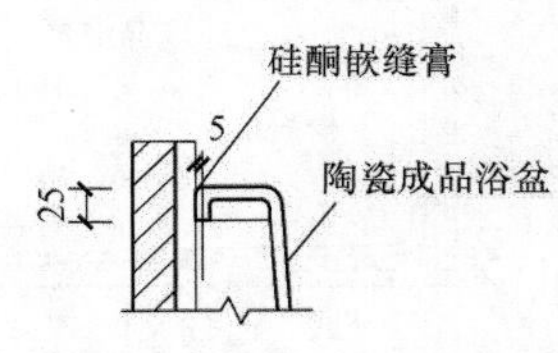

图 2-2-10 混合龙头浴盆安装要求（续）

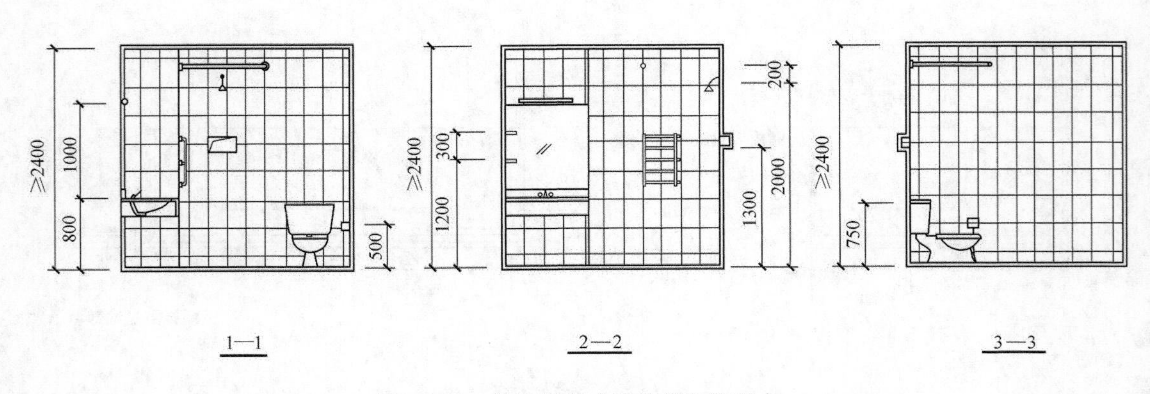

图 2-2-11 单管脚踏式淋浴器安装要求

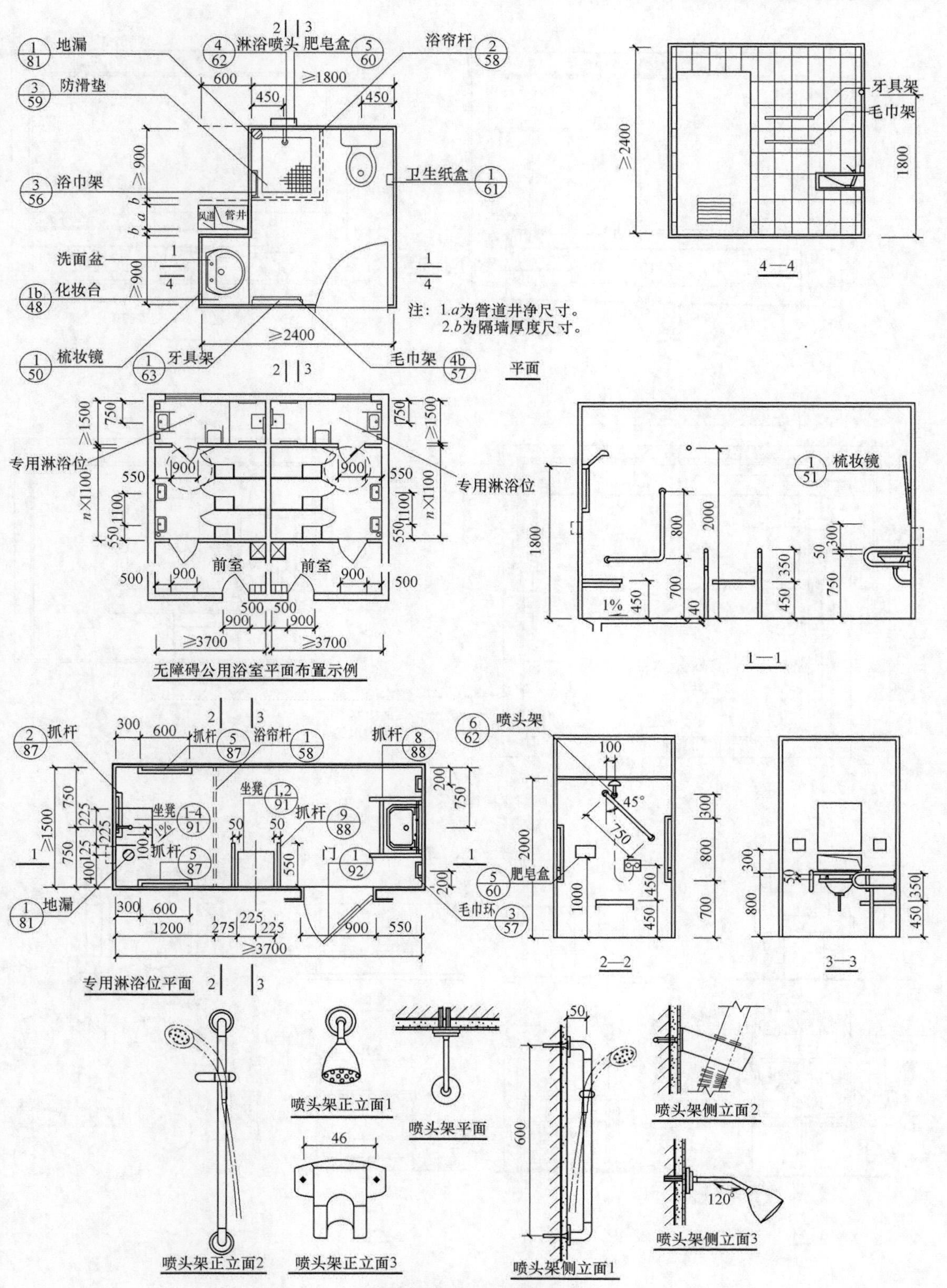

图 2-2-11　单管脚踏式淋浴器安装要求（续）

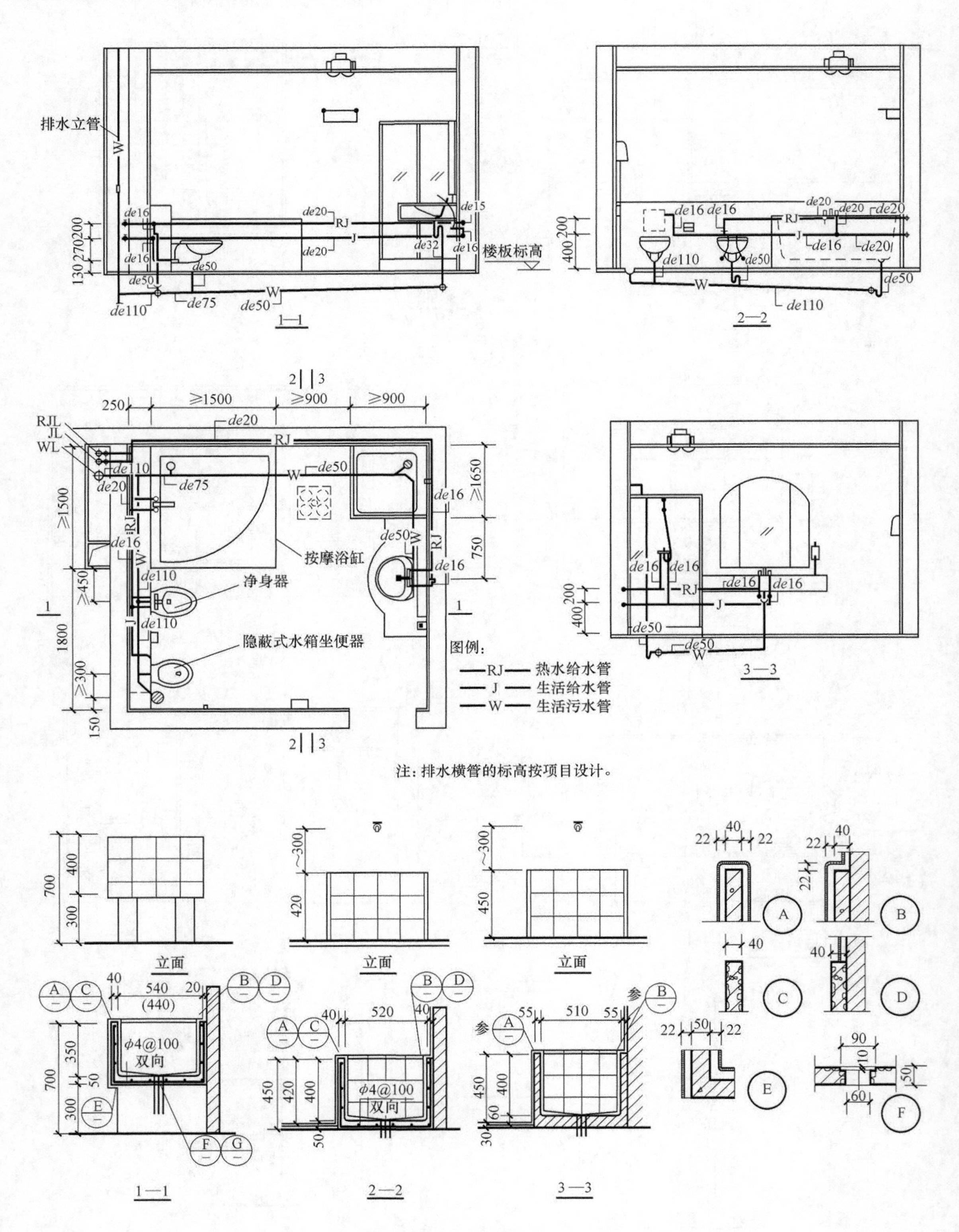

图 2-2-12 污水池安装要求

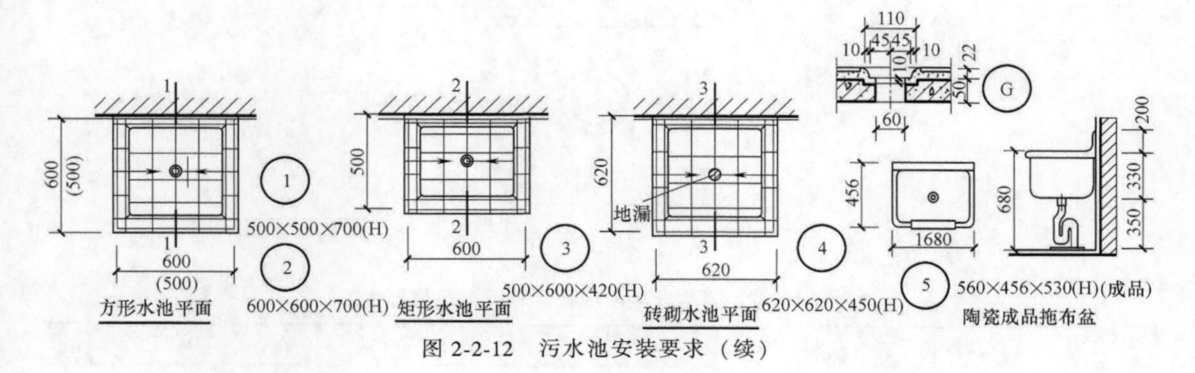

图 2-2-12　污水池安装要求（续）

3. 卫生器具安装与土建施工的关系

卫生器具的安装应与土建施工密切配合，一般在土建装修工程基本结束，室内排水管道安装完毕时进行，以免因交叉施工碰坏卫生器具。卫生器具的安装高度一般是从卫生器具所在的地面向上计算，卫生器具所在地面一般比其他房间的地面低 20mm。各种卫生器具的安装高度参见表 2-2-1。连接卫生器具的排水支管穿过楼板时，对现浇楼板应预留孔洞（见图 2-2-13），留洞尺寸见表 2-2-2~表 2-2-4。

表 2-2-1　各种卫生器具的安装高度

卫生器具名称	卫生器具边缘离地面的高度/mm	
	居住和公共建筑	幼儿园
架空式污水盆(池)(至上边缘)	800	800
落地式污水盆(池)(至上边缘)	500	500
洗涤盆(池)(至上边缘)	800	800
洗手盆(至上边缘)	800	500
洗脸盆(至上边缘)	800	500
盥洗槽(至上边缘)	800	500
浴盆(至上边缘)	600	—
蹲式、坐式大便器(从台阶面至高水箱底)	1800	1800
蹲式大便器(从台阶面至低水箱底)	900	900
外露排出管式坐式大便器(至低水箱底)	510	—
虹吸喷射式坐式大便器(至低水箱底)	470	370
外露排出管式坐式大便器(至上边缘)	400	—
虹吸喷射式坐式大便器(至上边缘)	380	—
大便槽(从台阶至水箱底)	≥2000	—
立式小便器(自地面至上边缘)	1000	—
挂式小便器(自地面至下边缘)	600	450
小便槽(至台阶面)	200	150
化验盆(至上边缘)	800	—
净身器(至上边缘)	360	—
饮水器(至上边缘)	1000	—

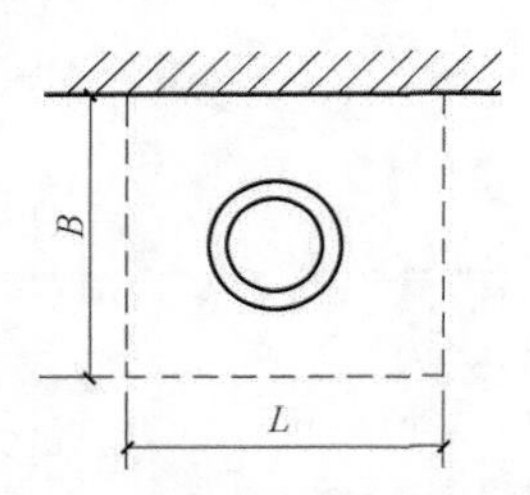

图 2-2-13 现浇楼板预留孔洞

表 2-2-2 卫生器具排水管穿越楼板留洞尺寸

卫生器具名称		留洞尺寸/mm	卫生器具名称		留洞尺寸/mm
大便器		200×200	小便器(斗)		150×150
大便槽		300×300	小便槽		150×150
浴盆	普通型	100×100	污水盆、洗涤盆		150×150
	裙边高级型	250×300	地漏	50~70mm	200×200
洗脸盆		150×150		100mm	300×300

注：若留圆形洞，则圆洞内切于方洞尺寸。

表 2-2-3 给水立管占平面尺寸

管径/mm	15	20	25	32	40	50
(L/mm)×(B/mm)	50×70	50×70	50×70	80×80	80×85	100×100

表 2-2-4 排水立管占平面尺寸

管径/mm	50	75	100	150
(L/mm)×(B/mm)	100×125	100×150	150×180	200×225

注：如果平面布置时给水立管紧靠排水立管旁则两 L 相加。

2.2.3 室内生活给水系统的构成及基本要求

自建筑物的给水引入管至室内各用水及配水设施段称为室内给水部分。给水系统按用途不同可分为生活给水系统、生产给水系统、消防给水系统三类。室内给水系统（见图 2-2-14）主要由引入管、水表节点、给水管道、给水附件、升压和储水设备等组成。

1. 室内给水系统的给水方式

室内给水系统的给水方式必须根据用户对水质、水压和水量的要求，室外管网所能提供的水质、水量和水压情况，卫生器具及消防设备等用水点在建筑物内的分布以及用户对给水安全要求等条件来确定。室内给水系统给水方式主要有直接给水，设水箱的给水，设有贮水池、水箱和水泵的给水，气压给水，分区给水等类型。直接给水（见

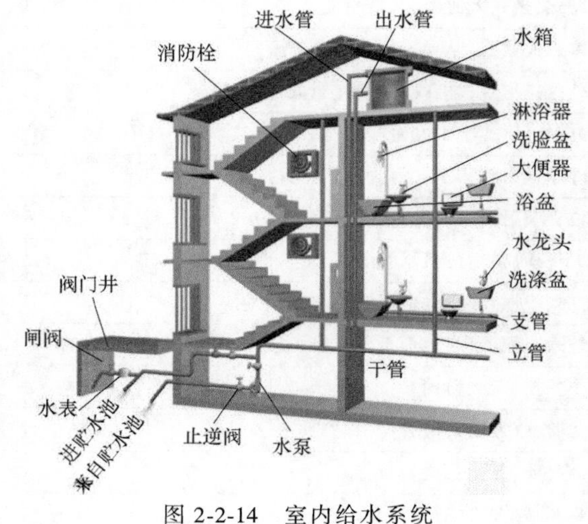

图 2-2-14 室内给水系统

图 2-2-15a）的特点是系统简单、投资省，可充分利用外网水压，但一旦外网停水则室内立即断水，其适用场所是水量、水压在一天内均能满足用水要求的用水场所。设水箱给水（见图 2-2-15b）的特点是给水可靠、系统简单、投资省，可充分利用外网水压，其缺点是增加了建筑物的荷载且容易产生二次污染，其适用场所是给水水压、水量周期性不足的情况。设有贮水池、水箱和水泵给水（见图 2-2-15c）的特点是水泵能及时向水箱给水，可缩小水箱的容积，给水可靠、投资较大，安装和维修都比较复杂，其适用场所是室外给水管网水压低于或经常不能满足建筑内部给水管网所需水压且室内用水不均匀的情况。气压给水（见图 2-2-15d）的特点是给水可靠、无高位水箱，但水泵效率低、耗能多，其适用场所是外网水压不能满足所需水压、用水不均匀且不宜设水箱的情况。分区给水（见图 2-2-15e）的特点是可充分利用外网压力，给水安全，但投资较大、维护复杂，其适用场所是给水压力只能满足建筑下层给水要求的情况。

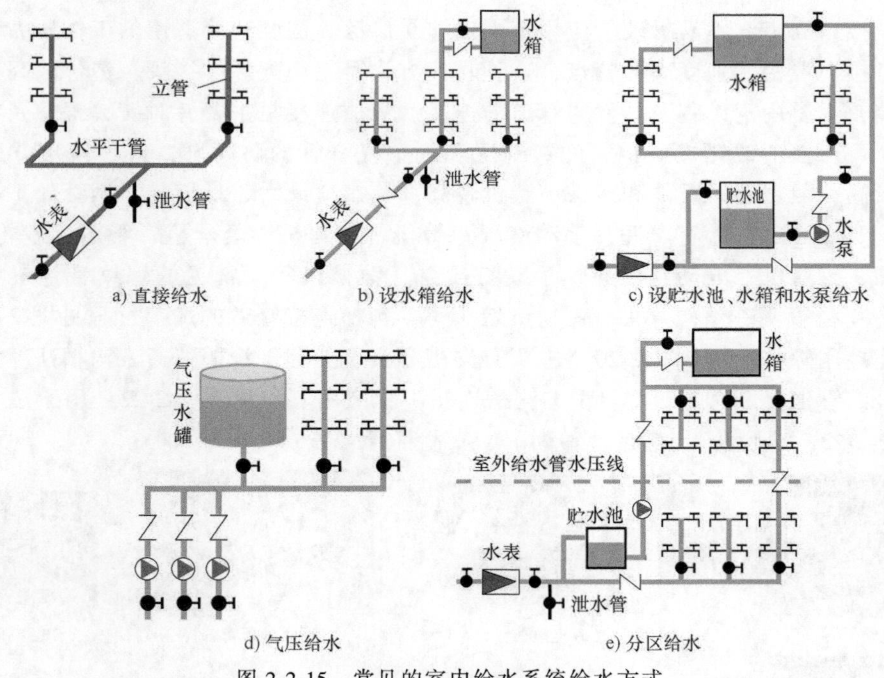

图 2-2-15　常见的室内给水系统给水方式

2. 室内给水管材、管件及附件

常用给水管材（见图 2-2-16）一般有钢管、铜管、铸铁管和塑料管及复合管材，需要强调的是，生活用水的给水管必须是无毒的。

（1）钢管　钢管有焊接钢管（常用）、无缝钢管两种。室内给水管道通常用普通和加厚焊接钢管。用于生活给水管道要专门镀锌。其规格以公称直径（也称为公称口径、公称通径）表示，即用字母 *DN* 其后附加公称直径数值（内径），如 *DN*40 表示公称直径为 40mm。无缝钢管以外径乘以壁厚来表示规格。钢管的连接形式主要有螺纹连接（丝扣连接）、焊接连接、法兰连接、沟槽连接等。螺纹连接通常用于管径较小（*DN*≤100mm）、工作压力较低的系统（*PN*≤1.0MPa），其特点是可灵活拆装、造价较低、需用专用的接头、应用范围非常广泛。焊接连接适用的工作压力和温度范围广，其接口严密、强度高、不需配件和接头、

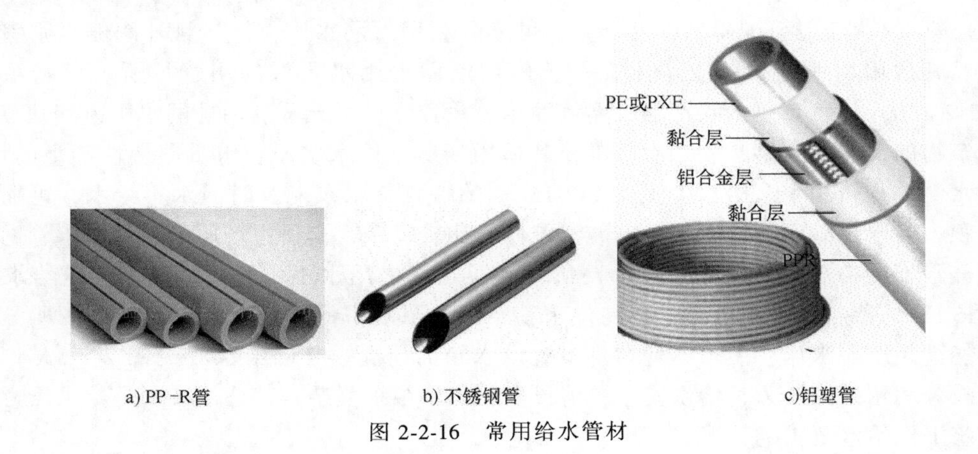

a) PP-R管　b) 不锈钢管　c)铝塑管

图 2-2-16　常用给水管材

不易渗漏，接口固定、不易拆装，应用范围也非常广泛。法兰连接适用的工作压力和温度范围广，具有接口严密、强度高的特点，这种直接方式需专用配件和接头，造价较高，接口灵活、易拆装，主要用于设备及阀件与管道的连接。沟槽连接是主要针对镀锌钢管及钢塑复合管的连接，可保证不破坏镀锌钢管的镀锌层和钢塑复合管的防腐层，这种连接方式接口严密、强度较高，但需专用配件和接头、造价较高，其接口灵活、易拆装。钢管加工、安装的常用机具（见图 2-2-17）有电锤、手动液压弯管机、电焊机、套丝机、管钳、砂轮切割机、割刀、台钻、打磨机、电动打压泵、手动打压泵、滚槽机等。常见的螺纹管件（见图 2-2-18）主要有变径管箍、丝扣弯头、三通、堵头等。沟槽连接管道的加工过程见图 2-2-19。常见的沟槽连接用管件（见图 2-2-20）主要有沟槽弯头、卡套、沟槽三通、沟槽法兰等。用滚槽机加工好的管道见图 2-2-21。典型的沟槽连接工程应用实例见图 2-2-22。用于法兰连接的管道见图 2-2-23。典型法兰连接工程应用实例见图 2-2-24。

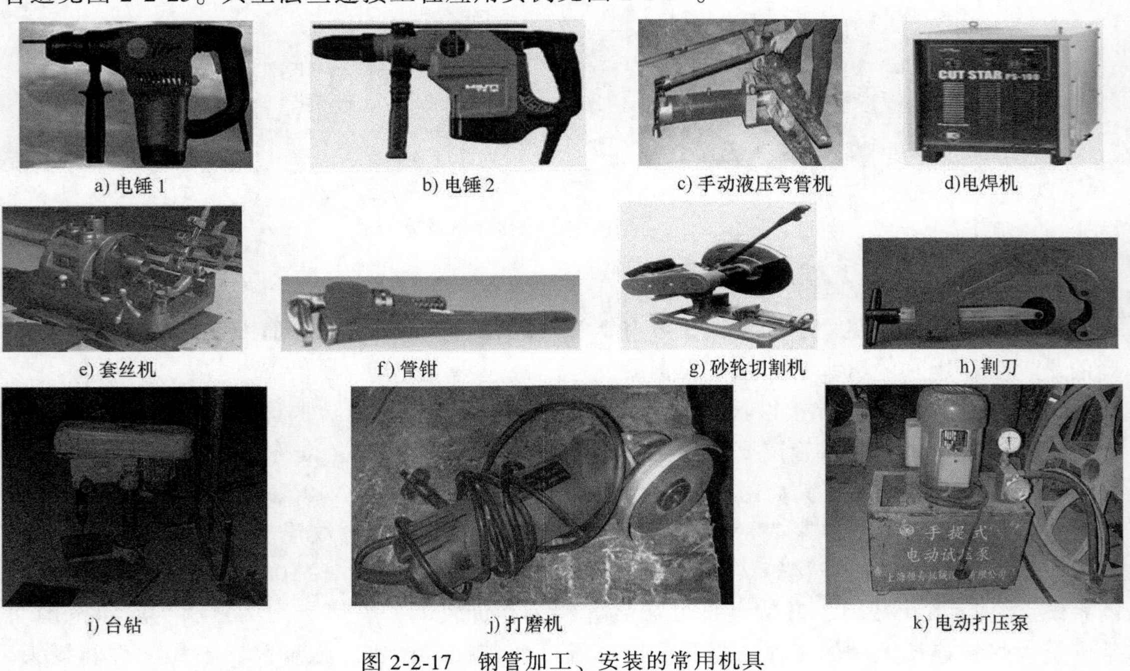

a) 电锤 1　b) 电锤 2　c) 手动液压弯管机　d)电焊机

e) 套丝机　f) 管钳　g) 砂轮切割机　h) 割刀

i) 台钻　j) 打磨机　k) 电动打压泵

图 2-2-17　钢管加工、安装的常用机具

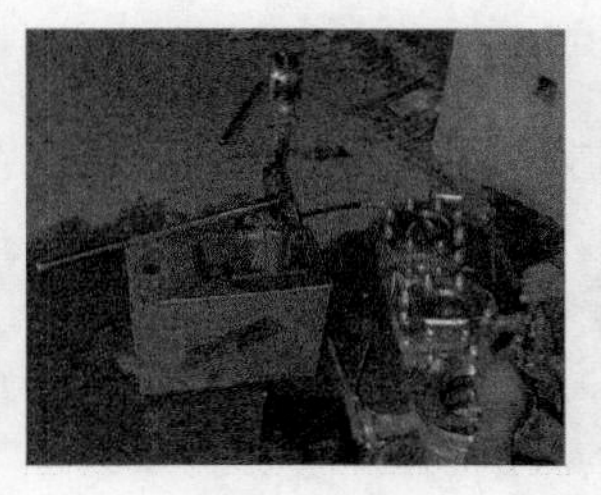

l) 手动打压泵

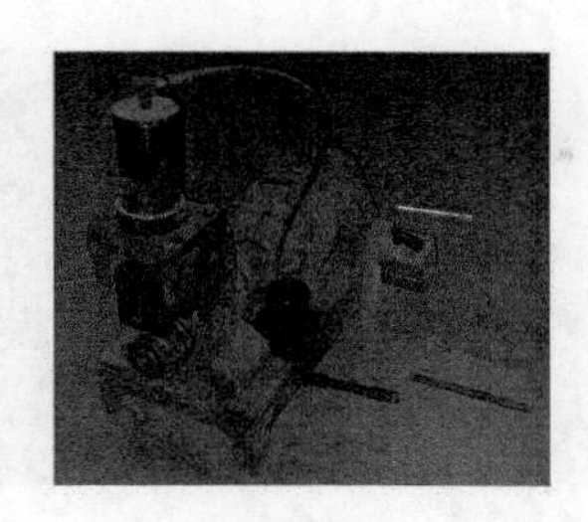

m) 滚槽机

n) 滚槽机胎轮

图 2-2-17　钢管加工、安装的常用机具（续）

a) 变径管箍

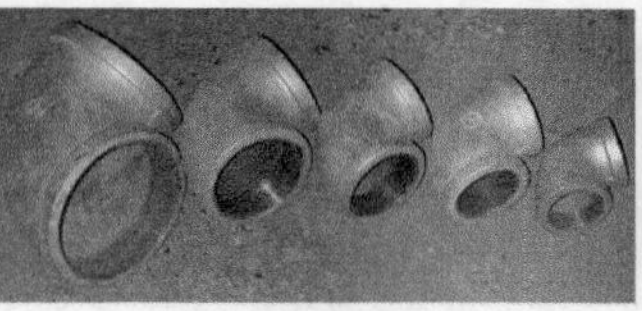

b) 丝扣弯头

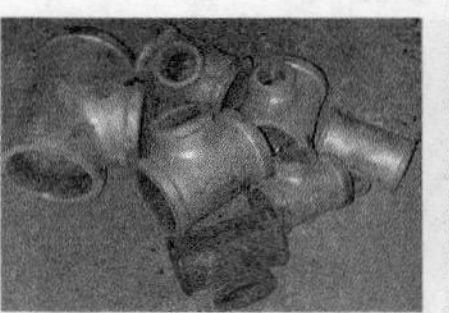

c) 三通

d) 堵头

图 2-2-18　常见的螺纹管件

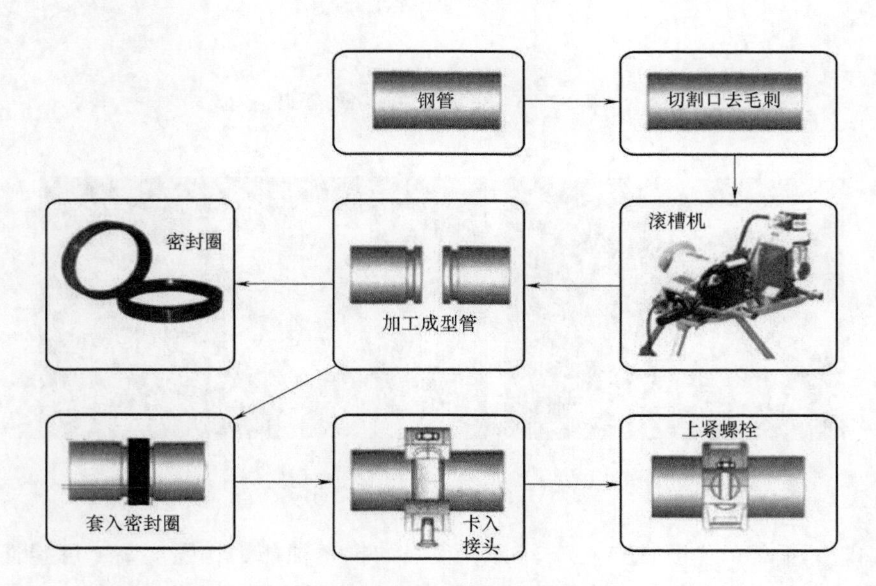

图 2-2-19　沟槽连接管道的加工过程

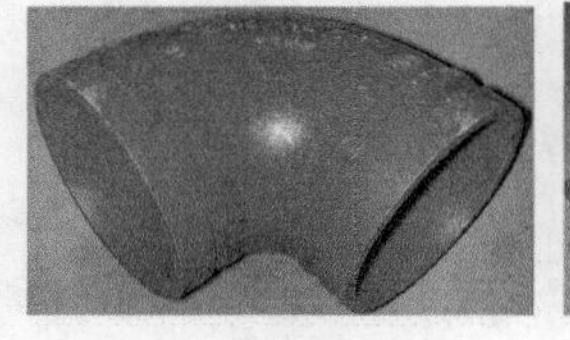

a) 沟槽弯头

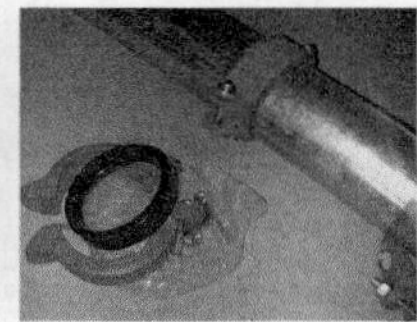

b) 卡套

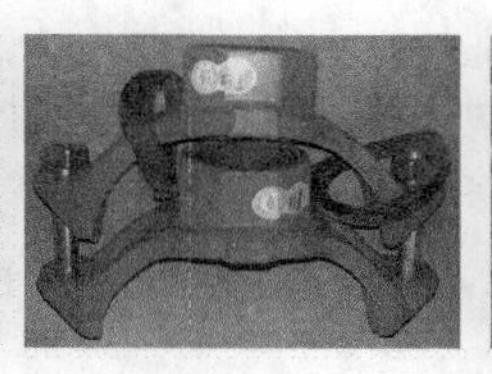

c) 沟槽三通

d) 沟槽法兰

图 2-2-20　沟槽连接用管件

图 2-2-21　滚槽后的管道

图 2-2-22　典型的沟槽连接工程应用实例

a) 平焊法兰

b) 材料堆放

c) 镀锌钢管焊接法兰后焊接部位二次镀锌

图 2-2-23　用于法兰连接的管道

图 2-2-24　典型法兰连接工程应用实例

(2) 铜管　铜管的主要优点在于其具有很强的抗锈蚀能力，强度高，可塑性强，坚固耐用，能抵受较高的外力负荷，热胀冷缩系数小，能抗高温环境，防火性能也较好，使用寿命长，可完全被回收利用，不污染环境。其主要缺点是价格较高。

(3) 铸铁管　与钢管比，铸铁管具有耐腐蚀性强、造价低、耐久性好等优点，适合于埋地敷设。其缺点是质脆、质量大、单管长度小等。

(4) 塑料管　塑料管的优点是化学性能稳定、耐腐蚀、质量轻，管内壁光滑、加工安装方便等。常用的塑料管材有三型聚丙烯（PP-R）管材、聚丁烯（PB）管材、交联聚乙烯（PEX）管材等。

(5) 复合管材　目前常见的复合管材主要是钢塑复合（SP）管材、铝塑复合（PAP）管材。其除具有塑料管的优点外，还具有耐压强度好、耐热、可曲挠和美观等优点。

（6）管材的选择　新建、改建、扩建城市给水管道（ϕ400mm 以下）和住宅小区室外给水管道应使用无毒硬聚氯乙烯、聚乙烯塑料管；大口径城市给水管道可选用钢塑复合管。新建、改建住宅室内给水管道、热水管道和供暖管道优先选用铝塑复合管、交联聚乙烯管等新型管材，应淘汰镀锌钢管。

（7）给水管道附件　给水管道附件是安装在管道及设备上的启闭和调节装置的总称，一般分为配水附件和控制附件两类。配水附件（见图 2-2-25）主要是指各种龙头。常见的控制附件（见图 2-2-26）主要有液压水位控制阀、泄压阀、可调式减压阀、比例减压阀、消声止回阀、蝶阀、水表等。

a) 单把立式菜盆龙头

b) 面盆单把龙头

图 2-2-25　主要配水附件

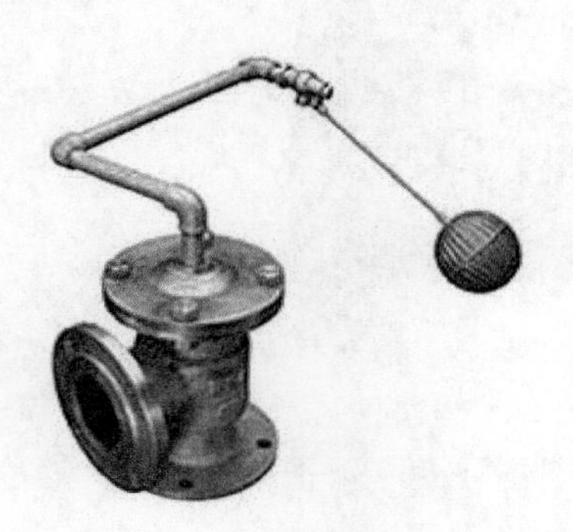

a) 液压水位控制阀

b) 泄压阀

c) 可调式减压阀

d) 比例减压阀

e) 消声止回阀

f) 蝶阀

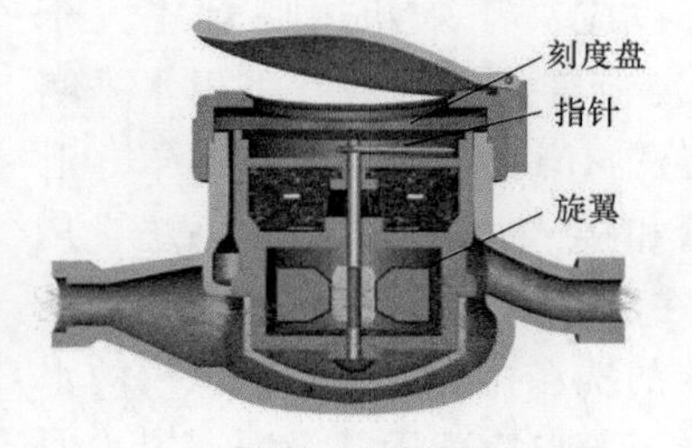

g) 旋翼式水表构造

h) 旋翼式水表1

i) 旋翼式水表2

图 2-2-26　常见的控制附件

j) 旋翼式水表3　　k) 旋翼式水表4　　l) 螺翼式水表构造

m) 螺翼式水表1　　n) 螺翼式水表2

图 2-2-26　常见的控制附件（续）

3. 水表、水箱、水泵及气压给水设备

（1）水表　水表是一种计量用户累计用水量的仪表。目前室内给水系统中广泛采用流速式水表。其根据管径一定时通过水表的水流速度与流量成正比的原理来测量用水量，流速式水表按翼轮构造不同分为旋翼式和螺翼式两种，*DN* 大于 50mm 时应采用螺翼式水表。

（2）水箱　建筑给水系统中，在需要增压、稳压、减压或者需要储存一定的水量时，均可设置水箱。水箱可用钢板、玻璃钢等材料制成，一般设于屋顶水箱间（北方）或直接放于屋面上（南方）。水箱设有进水管、出水管、溢流管、泄水管和水位信号装置，见图 2-2-27。进水管一般由水箱侧壁接入，当水箱由外网压力进水时，进水管出口应装液压水位控制阀或浮球阀（2 个），当水箱由水泵给水并利用水位升降自动控制水泵运行时则不得装水位控制阀。出水管可从侧壁或底部接出，出水管内底或管口应高于水箱内底且应大于 50mm，出水管上应装设闸阀。溢流管可从底部或侧壁接出，溢流管的进水口宜采用水平喇叭口集水，并应高出水箱最高水位 50mm，溢流管上部允许装设阀门，出口应装设网罩。泄水管应自水箱底部接出，管上应装设闸阀，其出口可与溢水管相接，但不得与排水系统直接相连。水位信号装置是反映水位控制阀失灵报警的装置，可在溢流管口（或内底）齐平处设信号管，一般自水箱侧壁接出，其出口接至有人值班房间内的洗涤盆上。供生活饮用的水箱，当贮水量较大时，宜在箱盖上设通气管，使箱内空气流通，管口应朝下并设网罩。为便于清洗、检修，箱盖上应设人孔。水箱之间及水箱与建筑结构之间的最小净距见表 2-2-5。图 2-2-28 为目前常见的组合式不锈钢水箱。

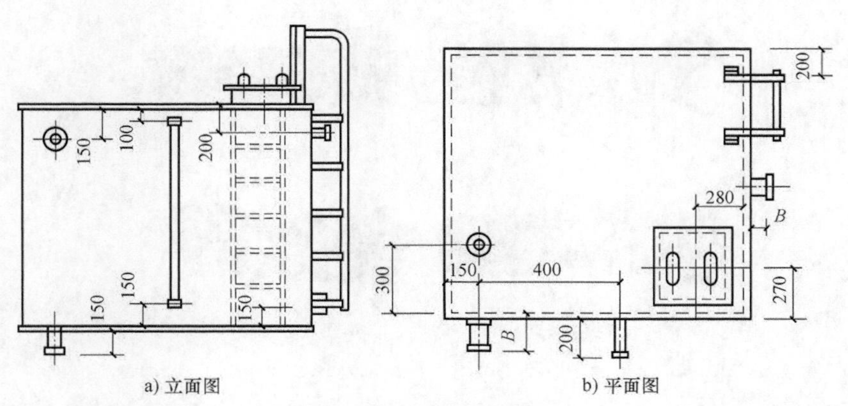

a) 立面图　　b) 平面图

图 2-2-27　水箱构造示意图

表 2-2-5　水箱之间及水箱与建筑结构之间的最小净距

水箱形式	水箱壁与墙面之间距离/m		水箱之间净距/m	水箱顶上部净空/m
	有浮球阀一侧	无浮球阀一侧		
圆形	0.8	0.65	0.7	0.6
矩形	1.0	0.7	0.7	0.6

(3) 水泵　水泵是利用叶轮高速旋转而使水产生的离心力进行工作的。水泵通常由泵壳、叶轮、吸水管及压水管组成。离心式水泵的性能参数主要有流量、扬程、轴功率、效率、转速等。流量是指在单位时间内通过水泵的水的体积，单位为 L/s 或 m^3/h。扬程是指单位质量水通过水泵后的能量增量，单位为 mH_2O。轴功率是指电动机传递给水泵的功率，单位为 kW。效率是指水泵的有效功率与轴功率的比值。转速是指泵轴每分钟旋转的次数，单位为 r/min。水泵分类应遵守相关规定，通常以叶片式泵为主流泵进行分类，按主轴方向的不同分为卧式、立式、斜式；按吸入方式的不同分为单吸和双吸；按叶轮种类的不同分为离心、混流、轴流；按级数不同分为单级和多级，相应的符号见表 2-2-6。常见的水泵见图 2-2-29。

图 2-2-28　组合式不锈钢水箱

表 2-2-6　水泵分类符号

分类依据	主轴方向	吸入方式	叶轮种类	级数
符号				

水泵的安装与布置应遵守相关规定，水泵一般安装在混凝土基础上，基础应高出地面 0.2m 左右，基础的平面尺寸应按水泵机组型号确定，水泵机组之间及与墙的距离应满足表 2-2-7 的要求。水泵基础上应预留孔洞，待安装时载入带紧螺栓或地脚螺栓。对于噪声控制要求严格的建筑应有减振措施，通常在水泵下设减振装置，在水泵的吸水管和压水管上设隔振装置。水泵房应有良好的通风、采光、防冻和排水措施。在要求防振、安静的房间周围

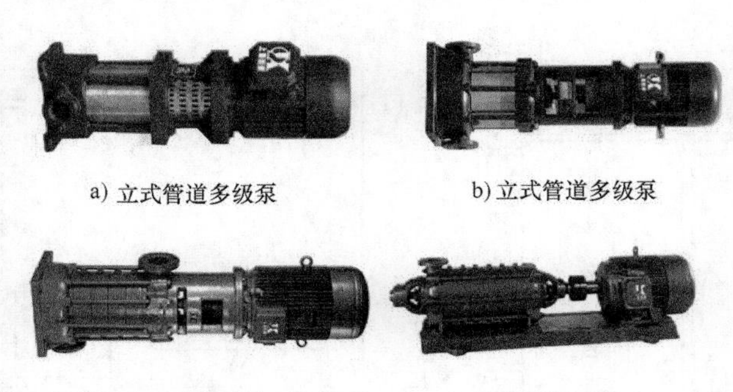

a) 立式管道多级泵　b) 立式管道多级泵

c) 立式多级泵　d) 卧式多级泵

图 2-2-29　常见的水泵

不要设置水泵。每台水泵一般单独设置吸水管，自灌式水泵吸水管上应设置阀门，出水管上应设置阀门、止回阀和压力表。水泵橡胶垫减振措施见图 2-2-30。

表 2-2-7　水泵机组之间及与墙的距离规定

电动机额定功率 N/kW	$N<22$	$22\leqslant N<55$	$55\leqslant N\leqslant 160$
水泵机组外廓面与墙面之间的最小间距/m	0.8	1.0	1.2
相邻水泵机组外轮廓之间的最小间距/m	0.4	0.8	1.2

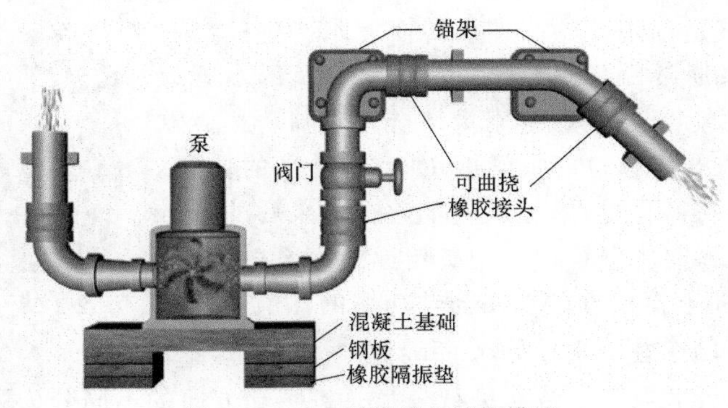

图 2-2-30　水泵橡胶垫减振措施

（4）气压给水设备　气压给水设备一般由气压水罐（见图 2-2-31）、水泵机组、管路系统、电控系统、自动控制箱（柜）等组成，补气式气压给水设备还有气体调节控制系统。气压给水设备工作过程具有联动特征。给水过程中，在起始压力 p_2 的作用下水被压送至给水管网，随着水量的减少，罐中压力也降低，当压力降至最小工作压力 p_1 时压力信号装置动作、水泵起动。水泵给水过程中，水泵起动后同时向管网和水罐给水，随着罐中水位的上升压力也上升，当压力升至最大压力 p_2 时压力信号器动作、水泵停泵、水罐向管网给水。

图 2-2-31　气压水罐实物图

4. 室内给水管道的布置

（1）给水引入管的布置　从配水平衡和给水可靠考虑，引入管宜从建筑物用水量最大处和不允许断水处引入。当建筑物内卫生用具布置比较均匀时应在建筑物中部引入，以缩短管网向最不利点的输水长度、减少管网的水头损失。引入管的埋深应考虑当地的气候、水文地质条件和地面荷载情况，应在当地冰冻线以下 0.15m。北方地区，引入管通常从采暖地沟中引入室内，当引入管穿越承重墙或基础时为避免墙基下沉压坏管道应预留孔洞，孔洞尺寸见表 2-2-8。给水引入管跟其他管道应保持一定距离，其与污水排出管的平行间距应大于 1.0m，与电线管的平行间距应大于 0.75m。引入管进建筑物的做法见图 2-2-32。

表 2-2-8　引入管穿越基础时预留孔洞尺寸基本规定

管径/mm	50 以下	50~100	125~150
孔洞(高/mm)×(宽/mm)	200×200	300×300	400×400

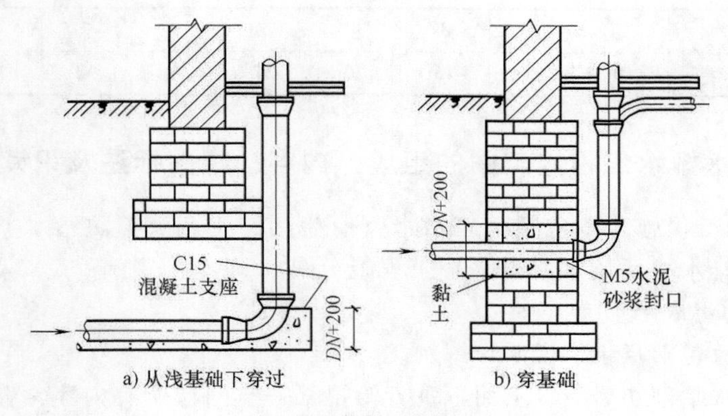

图 2-2-32　引入管进建筑物的做法

(2) 给水管道的布置　室内给水管道的布置与建筑物性质、建筑物外形、结构状况、卫生用具和生产设备布置情况以及所采用的给水方式等有关，应充分利用室外给水管网的压力。室内给水管道应力求长度最短，并尽可能呈直线走向，且应与墙、梁、柱平行敷设以兼顾美观，还要考虑施工检修的方便。室内给水管道按水平干管敷设位置的不同可分为上行下给、下行上给和中分式三种形式。埋地管道应尽量避免穿越设备基础、烟道、风道、橱窗、壁柜、大便槽、小便槽等，必须穿越时应在全长范围内加套管或采取其他相应措施。给水管道不宜穿越伸缩缝、沉降缝，必须穿越时应采取相应的技术措施。

5. 室内给水管道的敷设

室内给水管道的敷设分为明装和暗装两种方式。一般的民用建筑及厂房采用明装，对装饰及卫生要求较高的建筑可采用暗装。

(1) 明装　明装是指管道在室内沿墙、梁、柱、顶棚下、地板旁暴露敷设。明装管道造价低，施工安装、维护修理均较方便。其缺点是由于管道表面积灰、产生凝水等会影响环境卫生，有碍房屋美观。

(2) 暗装　暗装是指管道敷设在地下室顶棚下或吊顶中，或在管井、管槽、管沟中隐蔽敷设。其优点是卫生条件好，房间美观。其缺点是造价高，施工、维护均不便。

给水管道与其他管道同沟敷设时，应位于热水管和蒸汽管下方、排水管上方。给水立管穿楼板时应预留孔洞，留洞尺寸见表 2-2-9。

表 2-2-9　给水立管穿楼板时应预留孔洞的尺寸要求

管径/mm	32 以下	32～50	75～100	125～150
管外皮距墙面距离/mm	25～35	30～50	50	60
管孔(宽/mm)×(高/mm)	80×80	100×100	200×200	300×300

6. 给水管道管径及给水系统所需水压的估算

室内给水管道的管径一般需要经过水力计算确定，水力计算涉及各种给水流量的计算公式及各种水力计算表。建筑给水系统所需的水压应能满足室内最不利点用水设备的需要。对于住宅的生活给水系统可按建筑物层数粗略估算其最小水压值，见表 2-2-10。

表 2-2-10　住宅生活给水系统最小水压值　　（单位：mH_2O）

建筑物层数	1	2	3	4	5	6	7	8	9	10
地面上最小水压值	10	12	16	20	24	28	32	36	40	44

2.2.4　建筑给水排水工程施工图的组成、内容、相关标注及识读方法

建筑给水排水工程施工图包括建筑给水（有生活、生产及消防给水、热水、中水、直饮水供应）、建筑排水（污废水、雨水）工程施工图。

（1）施工图的组成

1）首页。首页包括目录、说明、图例。

2）平面图。水平剖切后，自上而下垂直俯视某一空间层所有内容，管线用粗线条，其他均为细线条。平面图通常有底层或地下室平面图、标准层平面图、顶层或某层平面图，凡给水排水设施或管线不同于其他层的一律绘出该层平面图。

3）系统图。系统图反映给水排水管线的空间关系及走向。各个系统应单独绘制。

4）详图。详图反映某些局部的详细构造、安装尺寸等。详图包括大样图、节点详图及国家标准图集等，如厕所大样图。

（2）施工图的内容

1）首页。将全部施工图按编号、图名，顺序填入图样目录表格，以便核对图样数量和识图时查找；设计中用图形无法表示的一些设计要求列于设计说明中；小型工程的图例、主要设备与材料明细表一般也放在首页上。

2）平面图。平面图内容有建筑平面的形式；各用水设备及卫生器具的平面位置、类型；给水排水系统的出、入口位置，编号，地沟位置及尺寸；干管走向、立管位置及其编号、横支管走向、位置及管道安装方式等。

3）系统图。系统图内容包括各系统的编号及立管编号、用水设备及卫生器具的编号；管道的走向，与设备的位置关系；管道及设备的标高；管道的管径、坡度；阀门种类及位置等。

4）详图。详图更清楚地表达前面各图表示不清的内容。

（3）施工图的相关标注

1）比例。平面图选用比例，常用 1/100、1/50；系统图选用的比例 1/100、1/50，也可不按比例绘制。

2）标高。一般以 m 为单位，应注写到小数点后第三位；压力管道多标注管中心标高；

排水管道等重力管道多标管内底标高。

3）标高标注。常见的标高标注方法见图 2-2-33 和图 2-2-34。

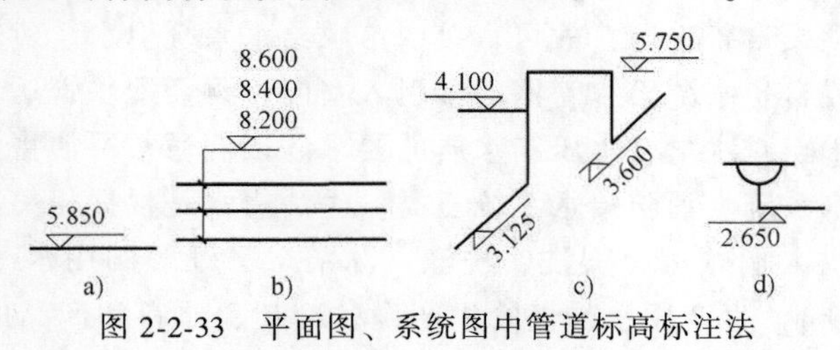

图 2-2-33　平面图、系统图中管道标高标注法

管径尺寸应以 mm 为单位，管径表示因管而异，焊接钢管以公称直径 *DN* 表示，如 *DN*20、*DN*150 等；无缝钢管以外径 *D*×壁厚 *δ* 表示，如 *D*108×4 等；钢筋混凝土管、陶土管等以内径 *d* 表示。比如 *d*230、*d*380 等；塑料管材管径按产品标注的方法表示，见图 2-2-35。

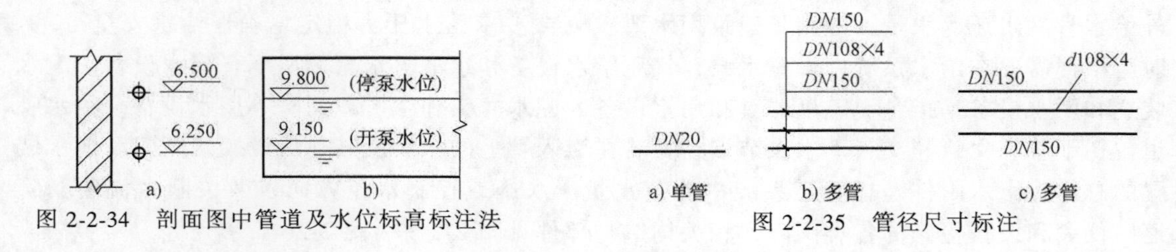

图 2-2-34　剖面图中管道及水位标高标注法

图 2-2-35　管径尺寸标注

管道应按系统加以标记和编号（见图 2-2-36），给水系统以每一条引入管为一个系统，排水系统以每一条排出管或一个室外检查井为一个系统，立管数量超过 1 根时宜进行立管编号，化粪池等附属构筑物多于一个时应进行构筑物编号。

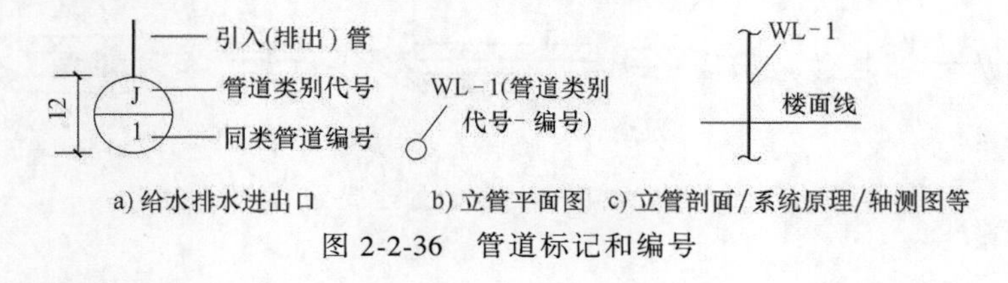

图 2-2-36　管道标记和编号

（4）施工图的识读方法及步骤

1）了解建筑概况、功能。找用水房间。

2）看图例。找平面图中的卫生器具或用水设备。

3）看说明。了解有哪些系统，给水排水、消防、热水、喷淋等，重点在系统介绍。

4）看系统图，分系统看。方法是“枝”+“叶”。给水找引入管，沿水流方向看。排水找排出管，逆水流方向看。

5）对照平面图看。

6）管线定位。管线定位内容包括位置、管径、坡度、标高。

2.2.5　建筑给水工程的总体特点与宏观要求

建筑给水是为工业与民用建筑物内部和居住小区范围内生活设施和生产设备提供符合水质标准以及水量、水压和水温要求的生活、生产和消防用水的总称。建筑给水包括对它的输送、净化等给水设施。供给居住小区范围内建筑物内外部生活、生产、消防用水的给水系统包括建筑内部给水系统与居住小区给水系统两类。建筑给水的给水规模通常比市政给水系统小且大多数情况下无须设自备水源，故可直接由市政给水系统引水。建筑内部给水工程的作用是将城市给水管网或自备水源给水管网的水引入室内，再经配水管送至生活、生产和消防用水设备并满足各用水点对水量、水压和水质的要求。人们通常习惯将建筑给水系统分为生活给水系统、生产给水系统、消防给水系统三类。生活用水是根据相关工艺要求提供所需的水质、水量和水压以供人们饮用、盥洗、洗涤、沐浴、烹饪等的用水（其水质必须符合国家规定的饮用水质标准），生产用水是供给生产设备冷却、原料和产品的洗涤以及各类产品制造过程中所需的用水，消防用水是供给各类消防设备灭火的用水（消防用水对水质要求不高但必须按建筑防火规范要求保证足够的水量和水压）。

一个完整的建筑给水系统通常由引水管、水表节点、给水管道、配水装置和用水设备、给水附件、增压和贮水设备等组成。自室外给水管将水引入室内的管段也称为进户管。当室外给水管网水压、水量不能满足建筑用水要求（或要求给水压力稳定、确保给水安全可靠）时应根据需要在给水系统中设置水泵、气压给水设备和水池、水箱等增压、贮水设备。配水装置和用水设备是指各类卫生器具和用水设备的配水龙头和生产、消防等用水设备。给水管道包括干管、立管和支管。水表节点是安装在引入管上的水表及其前后设置的阀门和泄水装置的总称。给水附件是指管道系统中调节水量、水压或控制水流方向以及关断水流便利管道、仪表和设备检修的各类阀门。相关构造与部件见图 2-2-37～图 2-2-41。

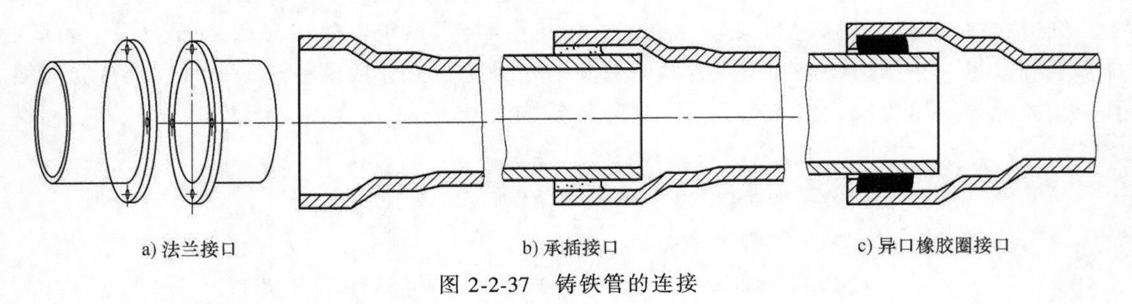

a) 法兰接口　　b) 承插接口　　c) 异口橡胶圈接口

图 2-2-37　铸铁管的连接

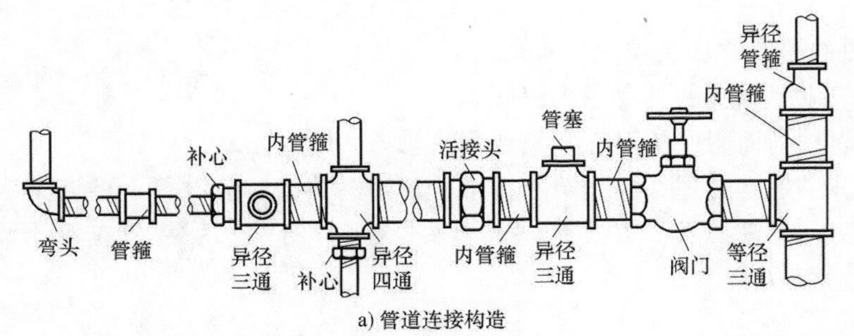

a) 管道连接构造

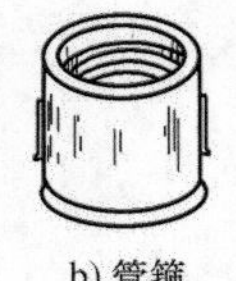

b) 管箍　　c) 异径管箍

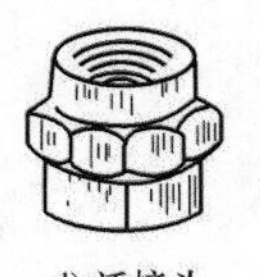

d) 活接头

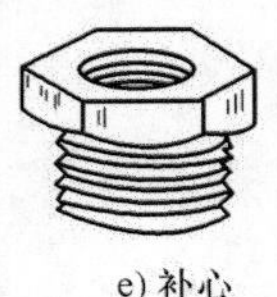

e) 补心

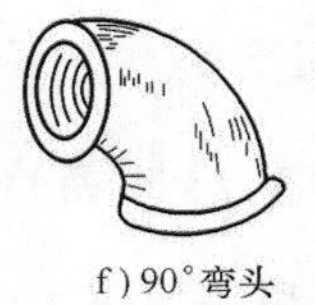

f) 90°弯头

g) 45°弯头

h) 异径弯头

图 2-2-38　金属管道螺纹连接配件及连接方法

图 2-2-38　金属管道螺纹连接配件及连接方法（续）

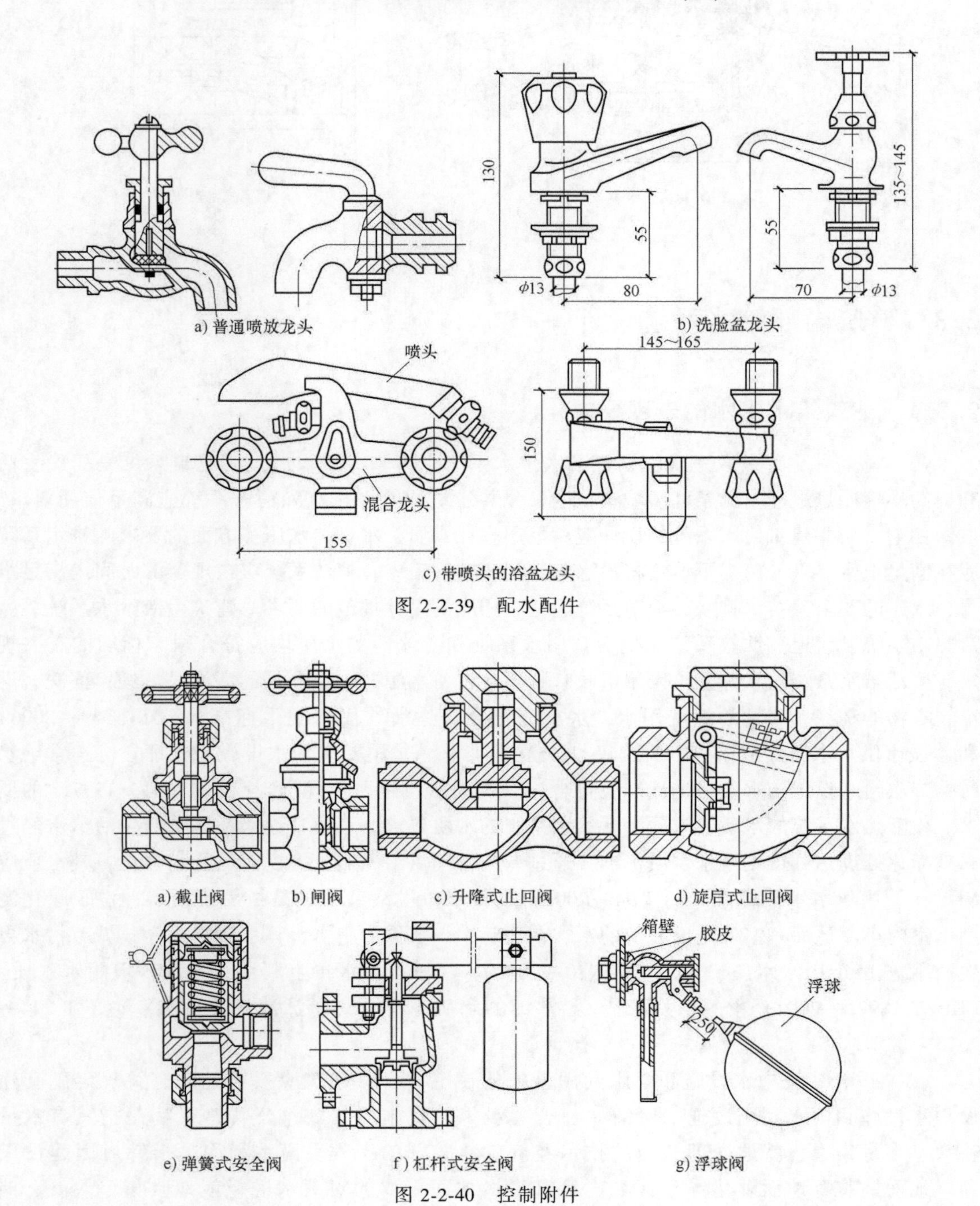

图 2-2-39　配水配件

图 2-2-40　控制附件

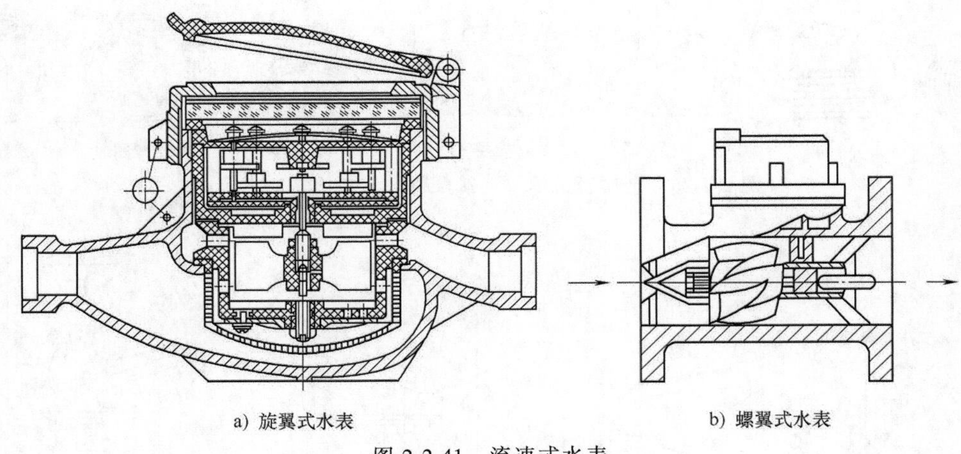
a) 旋翼式水表　　b) 螺翼式水表

图 2-2-41　流速式水表

2.3 建筑内部给水系统设计

2.3.1 建筑给水排水的宏观要求

（1）城镇住宅、公共建筑应设置给水排水系统　给水排水设施及其管道系统是居民生活和提高环境质量最基本的条件。城镇住宅、公共建筑的给水排水和消防系统应满足使用要求。城镇住宅、公共建筑给水系统的设计应满足用户在水质、水量、水压等方面的要求，排水系统应在满足卫生要求的前提下尽快将污水输送到市政管道中，消防系统应在规定的时间内满足水量、水压的要求，给水排水、消防系统应符合相应的设计规范的要求。建筑生活给水系统、生活热水系统、管道直饮水系统、生活杂用水系统和游泳池的水质均应符合国家标准的有关规定。生活给水系统的水源无论采用市政管网还是自备水源井，生食品的洗涤、烹饪；盥洗、淋浴、衣物的洗涤、家具的擦洗用水，水质应符合《生活饮用水卫生标准》（GB 5749—2006）和《城市供水水质标准》（CJ/T 206—2005）的要求。采用二次给水设施来保证住宅正常给水时，二次给水设施的水质卫生标准应符合《二次给水设施卫生规范》（GB 17051—1997）的要求。生活热水系统的水质要求同生活给水系统的水质要求。管道直饮水系统是指生活给水经过深度净化处理达到饮用净水水质标准，通过专用管网供给人们直接饮用的饮水系统，其水质应满足《饮用净水水质标准》（CJ 94—2005）的要求。生活杂用水是指用于便器冲洗、绿化浇洒、室内车库地面和室外地面冲洗的水，在建筑中一般称为中水，其水质应符合《城市污水再生利用 城市杂用水水质》（GB/T 18920—2002）、《城市污水再生利用　景观环境用水水质》（GB/T 18921—2002）中的相关要求。游泳池的水质应符合《游泳池水质标准》（CJ/T 244—2016）的要求。

（2）适合建设中水设施和雨水利用设施的住宅、公共建筑应按当地的有关规定配套建设中水设施和雨水利用设施　所谓“适合建设中水设施的住宅、公共建筑”是指具有水量较大、水量集中、就地处理利用的技术经济效益较好的工程。雨水利用是指针对因建设屋顶、地面铺装等地面硬化导致区域内径流量增加而采取的对雨水进行就地收集、入渗、储存、利用等措施。北京市规定，建筑面积 $50000m^2$ 以上或可回收水量大于 $150m^3/d$ 的居住区必须建设中水设施；凡在北京市行政区域内新建、改建、扩建的工程均应进行雨水利用工程设计和建设，这些工程含各类建筑物、广场、停车场、道路、桥梁和其他构筑物等建设工程设施。雨水利用工程的规模应满足建设用地外排雨水设计流量不大于开发建设前的水平，设计重现期不应小于 1 年，宜按 2 年确定。外排雨水量是指建设区域内因降雨产生的排入市政管网或河湖的总水量。雨水利用设施应因地制宜，采用就地入渗、收集回用及蓄存排放等方式。

（3）新建建筑建设中水设施和雨水利用设施必须与主体工程同时设计，同时施工，同时使用　雨水利用设施与项目用地建设密不可分，甚至其本身就是场地建设的组成部分，如景观水体的雨水储存、绿地洼地渗透设施、透水地面、渗透管沟、入渗井、入渗池（塘）以及地面雨水径流的竖向组织等。因此，建设用地内的雨水利用系统在项目建设的规划和设计阶段就需要考虑和包括进去，这样才能保证雨水利用系统的合理和经济，奠定雨水利用系统安全有效运行的基础。同时，该规划和设计也更接近实际，容易落实。

（4）非生活饮用水的给水管道严禁与生活饮用水给水管道连接　非生活饮用水的给水管道指中水给水管道及雨水供水管道，为防止其对生活给水系统产生污染，中水给水管道及雨水给水管道不能以任何形式与生活饮用水管道连接，包括通过止回阀、导流防止器等的连接都是不允许的。

（5）人工景观水体的补水不得使用自来水　人工景观水体包括人造水景的湖、小溪、瀑布及喷泉等，但属于体育活动的游泳池不属此列；应利用中水和雨水收集回用等措施解决人工水景、绿地浇灌及洗车的水源问题；采用水景应因地制宜，应杜绝“无米之炊”的人工水景方案。

（6）建筑给水排水系统中采用的卫生器具和配件应采用节水型产品　节水型卫生器具包括住宅中总冲洗用水量不大于 6L 的坐便器系统，其冲洗功能、水箱配件和接口等部件的主要性能指标以及管道系统应符合我国现行相关标准的要求。提倡使用两档式便器水箱及配件；使用陶瓷片密封水龙头、延时水嘴、红外线节水开关、脚踏阀等。不得使用明令淘汰的螺旋升降式铸铁水龙头、铸铁截止阀、进水阀低于水面的卫生洁具水箱配件、上导向直落式便器水箱配件、住宅中每次冲洗水量大于 9L 的坐便器，公共建筑中可以采用冲洗水量为 9L 的坐便器。节水型卫生器具应符合《节水型生活用水器具》（CJ/T 164—2014）的要求。居住建筑不得使用一次冲水量大于 6L 的坐便器。公共建筑卫生间的洗手盆应采用感应式水嘴、延时自闭式水嘴或脚踏式水嘴，这类水嘴可减少公共场所通过接触卫生器具而带来的传染疾病的交叉感染。洗衣房应选用高效、节水的洗衣设备。节水型洗衣机是指以水为介质，能根据衣物量、脏净程度自动或手动调整用水量，满足洗净功能且耗水量低的洗衣机产品。产品的额定洗涤水量与额定洗涤容量之比应符合《家用和类似用途电动洗衣机》（GB/T 4288—2018）中的规定。洗衣机在最大负荷洗涤容量、高水位、一个标准洗涤过程，洗净比 0.8 以上，单位容量用水量不大于下述规定值，即滚筒式洗衣机有加热装置 14L/kg、无加热装置 16L/kg；波轮式洗衣机为 22L/kg。

2.3.2　建筑给水设计的基本要求

1）住宅、公共建筑应根据当地水资源条件、节约用水原则并结合建筑标准、卫生器具完善程度等因素合理确定生活用水定额。生活饮用水管道不得因与其他供水管道和卫生器具直接连接而污染水质，其他给水管道包括自备水源、中水、再生水等给水管道。城市给水管道严禁与自备水源的给水管道直接连接，严禁生活饮用水管道与大便器（槽）直接连接。在有可能产生回流污染生活饮用水水质的设施及管道处应采取杜绝回流污染水质的可靠措施，如设置倒流防止器或采取其他有效的隔断措施。生活饮用水管道的供、配水终端产生回流的原因有两个：一个是配水管出水口被淹没或没有足够的空气间隙；另一个是配水终端为升压、升温的管网或容器，前者会引起虹吸回流，后者则会引起背压回流。

2）生活饮用水水池、水箱、水塔的设置应防止污水、废水、非饮用水的渗入和污染，并应保证贮水水质不变质、不冻结。池体、箱体、塔体应采用独立的结构形式，不得与建筑物本体结构墙、板共为一体；埋地的水池周围 10m 以内不得有化粪池、污水处理构筑物、渗水井、垃圾堆放点等污染源；周围 2m 以内不得有污水管和污染物。水池、水箱、水塔作为二次给水设施，围护结构材质、衬砌材料和内壁涂料不得影响水质，且贮水应经二次消毒，保证配水水质。水池、水箱、水塔露天设置在有可能冰冻的房间内时应采取隔热保温措施，防止贮水冰冻或升温变质。水池、水箱、水塔的检修人孔应加锁密闭。水池、水箱、水塔应配套设置进水管、出水管、溢流管、泄水管、水位计、信号装置、通风管等安全、卫生给水的管路与装置。

3）非生活饮用水给水管道应有明显标志，建筑物中设有中水等再生水给水管道时应设明显标志以防止误接、误用。

4）生活饮用水管道的布置与敷设不应受环境的污染，应方便安装与维修，并不得影响结构与环境的安全和建筑物的使用。生活给水管道不应布置在烟道、风道和排水沟内，不得穿越大便槽、小便槽，不得布置在灶台上边缘等可能污染管内水质的地方。生活给水管敷设的位置应方便安装和维修，不影响结构环境的安全、建筑物的使用，暗装时不得埋设在结构墙板内，暗设在找平层内时应采用抗耐蚀管材，且不得有连接件。敷设在建筑物外墙的生活给水管道不应布置在阳光直接照射处，以防止水温的升高，细菌的繁殖。

5）生活给水系统的竖向分区应在充分利用城镇供水管网压力的条件下综合使用要求、节能、节水、维护管理等因素确定。以上是市政给水管网给水压力不能满足要求的多层、高层建筑给水系统竖向分区的原则，应充分利用城镇市政给水管的压力满足低层的给水要求，高层部分的给水分区应兼顾节能、节水、方便维护管理等因素。

6）给水加压、循环冷却等设备不得设置在有安静要求的房间上面、下面和毗邻的房间内，且不得污染环境。民用建筑中的水泵、冷却塔等给水加压、循环冷却设备运行中都会产生噪声、振动及水雾，因此，除应选用性能好、噪声低、振动小、水雾少的设备及采取必要的措施外，还不得将这些设备设置在要求安静的卧室、办公室等房间的邻近位置。

7）游泳池的附属设施与水上游乐池的循环系统应安全可靠。游泳池的池底回水口、泄水口等附属设施、水上游乐池滑道润滑水循环系统的循环泵等均涉及人身安全问题，工程应用应采取相应的安全保证措施。

2.3.3 管道直饮水设计的基本要求

1）管道直饮水系统用户端的水质应符合我国现行标准的规定，管道直饮水系统用户端的水质应符合我国现行《饮用净水水质标准》（CJ 94—2005）的要求，为保证用户端的水质，管道直饮水系统应设置循环管道，给回水管道应设计同程等。管道直饮水系统应单独设置，不得与市政或建筑给水系统直接相连。

2）管道直饮水系统试压合格后应对整个系统进行清洗和消毒。保证水质、使用安全，直饮水管道系统在交付使用前必须经冲洗后采用消毒液对管网灌洗消毒，采用的消毒液应安全卫生、易于冲洗干净，一般应用含量不低于 20mg/L 氯离子浓度的清洁水浸泡 24h 后再次冲洗。

3）管道直饮水系统应进行日常给水水质检验并符合我国现行标准的规定。日检内容包括色度、浑浊度、臭和味、肉眼可见物、pH 值、耗氧量、余氯、臭氧、二氧化氯等，耗氧量检测针对未采用纳滤、反渗透技术的情况，臭氧检测适用于臭氧消毒的情况，二氧化氯检测适用于二氧化氯消毒的情况。周检内容包括细菌总数、总大肠菌群、粪大肠菌群、耗氧量等，耗氧量检测针对采用纳滤、反渗透技术的情况。年检内容为《饮用净水水质标准》（CJ 94—2005）的全部项目。必要时另增加检验项目。检验项目和频率是以能保证给水水质和给水安全为前提的，同时应考虑所需费用。

4）应重视管道直饮水给水可能发生的问题。针对细菌滋长问题，为防止微生物生长在给水系统中需持续添加消毒剂。理化指标中，用色度、浑浊度、臭和味、肉眼可见物、pH 值、耗氧量、余氯、二氧化氯、纯水电导率能够反映总体水质状况，其检验操作比较简易且可借助在线仪表进行。细菌总数、总大肠菌群、粪大肠菌群、耗氧量可反映肠道致病菌和有机污染总量。年检全分析可以说明给水的全面情况，检验项目应遵守给水执行的标准，给水是饮用净水，则按《饮用净水水质标准》（CJ 94—2005）规定的项目检验；给水是纯净水，则按《食品安全国家标准　包装饮用水》（GB 19298—2014）规定的项目检验。给水种类除饮用净水和饮用纯净水两类外还可能供应其他种类的饮水等，检验项目也应按各自标准设定。

2.3.4　二次给水设计的基本要求

1）二次给水设施的给水水质必须符合我国现行标准的规定。当市政给水管网的水压、水量不足时应设置二次给水设施，如贮水调节和加压装置。生活饮用水包括人的日常饮水和日常生活用水，生活给水系统的水质直接关系到社会公众的身体健康，因此，二次给水设施的给水水质必须符合《生活饮用水卫生标准》（GB 5749—2006）、《二次供水设施卫生规范》（GB 17051—1997）及《城市供水水质标准》（CJ/T 206—2005）的水质要求。

2）二次给水设施应有可靠的防倒流措施，不得与非饮用水管道直接连接。二次给水设施和管道的设置应保证二次给水的使用要求，给水管道、阀门和配件应符合耐腐蚀和耐压的要求。二次给水设施的设置应符合《二次供水设施卫生规范》（GB 17051—1997）的要求。给水管道（管材、管件）应符合现行产品标准的要求，其工作压力不得大于产品的允许工作压力。给水管道应选用耐腐蚀和安装连接方便可靠的管材。阀门和配件的工作压力等级应等于或大于其所在管段的管道系统的工作压力，材质应耐腐蚀，经久耐用。

3）二次给水设施必须独立设置并应有建筑围护结构。为保证二次给水设施的供水水质，二次给水设施不应室外安装，屋顶水箱不应直接放置在屋面暴露在大气中，太阳的照射会使水箱中的水温升高、易于细菌繁殖、导致水质变坏。二次给水设施的水池（箱）、水泵应设置在专用房间内，且其上方不应有厕所、浴室、盥洗室、厨房、污水处理间等。

4）生活饮用水的贮水池周围10m以内不得有污水渗水坑、化粪池、污水处理构筑物等污染源。二次给水设施应设有消毒措施，应选用紫外线消毒器、臭氧发生器和水箱自洁消毒器等安全可靠的消毒设备，其设计和安装使用应符合相应技术标准的要求，在交付使用前必须清洗和消毒。

5）水池（箱）、管道交付使用前应按《建筑给水排水及采暖工程施工质量验收规范》（GB 50242—2002）的要求进行清洗和消毒，经有关部门取样化验，水质符合《生活饮用水卫生标准》（GB 5749—2006）的要求后方可使用。二次给水设施应每半年进行一次全面的清洗，消毒。

2.3.5 污水再生利用与雨水利用的基本要求

1）城镇再生水与雨水利用设施应满足用户对水质、水量、水压的要求。城镇再生水和雨水利用的总体目标是充分利用城镇污水和雨水资源、削减水污染负荷、节约用水、促进水资源可持续利用与保护、提高水的利用效率。城镇再生水利用系统包括市政再生水系统和建筑中水系统。城镇再生水和雨水利用设施包括水源、输（排）水、净化和配水系统，应按相关规定满足不同再生水用户或用水途径对水质、水量、水压的要求。

2）城镇再生水与雨水利用工程设计必须采取确保使用、维修的安全措施。城镇再生水与雨水的利用，在工程上要确保安全可靠。其中保证水质达标、避免误接误用、保证水量安全等三方面就是保障再生水使用安全减少风险的必要措施。

3）缺水型城镇应编制城镇再生水和雨水利用规划。资源型缺水城镇应积极组织编制以增加水源为主要目标的城镇再生水和雨水利用专项规划，水质型缺水城镇应积极组织编制以削减水污染负荷、提高城镇水体水质功能为主要目标的城镇再生水和雨水利用专项规划。在编制规划时应以相关区域城镇体系规划和城镇（总体）规划为依据，并与相关水资源规划、水污染防治规划相协调。城镇总体规划在确定给水、排水、生态环境保护与建设发展目标及市政基础设施总体布局时，应包含城镇再生水和雨水利用的发展目标及布局，市政工程管线规划设计和管线综合中应包含再生水和雨水利用管线。城镇再生水规划应根据再生水水源、潜在用户地理分布、水质水量要求和输配水方式，经综合技术经济比较，合理确定城镇再生水设施的规模、用水途径、布局及建设方式。

4）城镇再生水与雨水利用设施及输配管道上应有明显的标识，使用再生水和雨水的利用区域或用水点应设置醒目的警示牌。在使用再生水和雨水利用区域及用水点设置醒目的警示牌，目的是对厂站外人员产生警示作用，时刻提醒从业人员的安全意识，切实减少各类违章行为，避免事故发生。

5）城镇再生水与雨水利用设施及输配水系统应独立设置，严禁与生活饮用水管道连接。建筑中水系统作为建筑配套设施进入建筑或建筑小区内，严禁中水管道与生活饮用水管道有任何方式的连接，以避免发生误接、误用，还应确保设施维修、使用的安全，埋地式或地下式设施的使用和维修等安全性保障尤为重要。

6）再生水和雨水给水管道上不得装设取水龙头。当装有取水接口时必须采取严格的防止误饮、误用的措施，具体措施包括再生水和雨水给水管外壁应按设计规定涂色或标识；设有取水口时应设锁具或专门开启工具；水池（箱）、阀门、水表、给水栓、取水口均应有明显的“再生水”或“雨水”标识；工程验收时应逐段进行检查以防止误接等。

7）城镇再生水水源应保障水源水质和水量的稳定、可靠、安全。再生水水源工程为收集、输送再生水水源水的管道系统及其辅助设施，再生水水源工程的设计和选择应保证水源的水质水量满足再生水生产与供给的可靠性、稳定性和安全性要求。排入城镇污水收集与再生处理系统的工业废水应严格按照国家及行业规定的排放标准，制订和实施相应的预处理、水质控制和保障计划，并应在再生水水源收集系统中的工业废水接入口设置水质监测点和控制闸门，重金属、有毒有害物质超标的污水不允许排入或作为再生水水源。

8）城镇污水再生水利用水质应符合国家及行业水质标准的规定，在城镇再生水用于多种用途时其水质应满足主要用户标准的规定，再生水利用分类应符合《城市污水再生利用　分类》（GB/T 18919—2002）的规定。再生水用于城市杂用水时其水质应符合《城市污水再生利用　城市杂用水水质》（GB/T 18920—2002）的规定，再生水用于景观环境用水时其水质应符合《城市污水再生利用　景观环境用水水质》（GB/T 18921—2002）的规定，再生水用于农田灌溉时其水质应符合《城市污水再生利用　农田灌溉用水水质》（GB 20922—2007）的规定，再生水用于工业用水时其水质应符合《城市污水再生利用　工业用水水质》（GB/T 19923—2005）的规定，再生水用于地下水回灌时其水质应符合《城市污水再生利用　地下水回灌水质》（GB/T 19772—2005）的规定。当再生水用于多种用途时，应按“先近后远、先易后难”的原则优先考虑对水质要求不高、用水量较大的用户，对水质要求不同的用户可根据自身需要进行再处理。

9）传染病医院的污水和放射性废水不得作为再生水源。传染病（含结核病）医院的污水中含有多种传染病菌、病毒，虽然医院中有消毒设备，但不可能保证任何时候的绝对安全性，稍有疏忽便会造成严重危害，而放射性废水对人体造成伤害的危害程度更大。

10）综合医院污水作为建筑中水水源时必须经过消毒处理，产出的中水仅可用于独立的不与人直接接触的系统。综合医院的污水含有较多病菌，作为建筑中水水源时应将安全因素放在首位，故要求其应先进行消毒处理并对其出水应严格限定，由其而产生的中水不得与人体直接接触。冲厕、洗车等用途有可能与人体直接接触，不应作为其出水用途。

11）应重视再生水利用安全保障工作。城镇再生水利用工程应设置溢流和事故排放管道，溢流排入水体时应符合国家排放标准的规定，事故排放时应采取相关应急措施。再生水利用工程为保障处理系统的安全，应设有溢流和事故水排放，并进行妥善处理与处置，排入相关水体时须符合《城镇污水处理厂污染物排放标准》（GB 18918—2002）的要求。

12）城镇再生水利用工程应设置再生水贮存设施，并应做好卫生防护工作，保障再生水水质安全。城镇再生水的给水管理和分配与传统水源的管理有明显不同。城镇再生水利用工程应根据设计再生水水量和回用类型的不同确定再生水贮存方式和容量，其中部分地区还应考虑再生水的季节性贮存问题。再生水贮存设施应严格做好卫生防护工作，切断污染途径，保障再生水水质安全。

13）城镇再生水利用工程应设置消毒设施。消毒是保障再生水卫生指标的重要环节，它直接影响再生水的使用安全。根据再生水水质标准，对不同目标的再生水均有余氯和卫生指标的规定，因此再生水必须进行消毒。

14）城镇再生水利用工程为便于安全运行、管理和确保再生水水质合格，应设置水量计量和水质监测设施。监管部门应委托有资质的监测机构对再生水水质定期进行监测。

15）饮用水作为再生水的补水时应在饮用水的连接处设置可靠的防回流设施或有效的

空气隔断。城镇再生水利用工程应有可靠的给水安全保障措施。首先城镇污水厂处理能力应大于城镇再生水厂生产能力，以此克服污水厂变动因素大的影响，提高再生水厂给水保证率。其次工业用户采用再生水系统时应备用新鲜水系统，这样可保证污水再生利用系统出事故时不中断给水。而饮用水的补给只能是应急的、有计量的，并应有防止再生水污染饮用水系统的措施和手段。

16）为避免对再生水和饮用水水质的污染，罐式再生水运输车及其专用管道严禁用于其他用途，并应在显著位置设置醒目的警示牌。

17）再生水设施闲置时应定期对设备进行维护。比如季节性用水变化等原因造成再生水设施部分闲置时应对设施及设备进行妥善管理及定期维护以保证其使用功能。

2.4 建筑内部给水系统施工

2.4.1 室内给水系统安装的基本要求

1）室内给水系统和消火栓管道安装工程应遵守相关规定。给水管道必须采用与管材相适应的管件，生活给水系统所涉及的材料与设备必须满足饮用水卫生安全要求。生活给水系统的压力分区应符合设计的要求，低层楼层应充分利用城镇给水管网的水压直接给水。

2）给水镀锌钢管的连接应遵守相关规定。管径小于或等于 100mm 时应采用螺纹连接，套丝扣时破坏的镀锌层表面及外露螺纹部分应作防腐处理。管径大于 100mm 时应采用法兰、沟槽式管件或卡套式专用管件连接，镀锌钢管与法兰的焊接处应二次镀锌。

3）给水钢塑复合管的连接应遵守相关规定。给水钢塑复合管的连接可采用螺纹连接、沟槽式连接、卡箍式柔性管接头连接、法兰连接。螺纹连接时不得与阀门及给水栓直接连接，与阀门连接时应采用黄铜质内衬塑的内外螺纹专用过渡管接头，与给水栓连接时应采用黄铜质专用内螺纹管接头。与不锈钢管、铜管、塑料管的连接采用螺纹连接时应采用专用过渡接头，且外螺纹的端部应采取防腐处理。沟槽连接时不得损坏管道的镀锌层及内壁的各种涂层和内衬层。法兰连接时衬垫不得凸入管内，其外缘宜接近螺栓孔，不得采取放入双垫或偏垫的密封方式。

4）给水塑料管和铝塑复合管可以采用橡胶圈接口、粘接接口、热熔连接、专用管件的连接及法兰连接等形式。塑料管和铝塑复合管与金属管件、阀门等的连接应使用专用管件连接，不得在塑料管上套丝。给水铸铁管管道应采用水泥捻口或橡胶圈接口方式进行连接。

5）建筑给水铜管应采用 TP2 牌号铜管。铜管连接可采用钎焊连接或卡套、卡压、法兰、沟槽等专用接头连接，当管径小于 22mm 时，宜采用承插或套管焊接，承口应迎介质流向安装；当管径大于或等于 22mm 时，宜采用对口焊接。

6）建筑给水薄壁不锈钢管道可采用卡压式连接、环压式连接、可曲挠螺纹式连接、压缩式连接、对接氩弧焊连接、承插氩弧焊连接、扩环式连接、沟槽式连接、法兰连接，不同连接方式的接口应采用与之配套的不锈钢管件。给水立管和装有 3 个或 3 个以上配水点的支管始端均应安装可拆卸的连接件。

7）冷、热水管道同时安装应遵守相关规定，上、下平行安装时热水管应在冷水管上方，竖向平行安装时热水管应在冷水管左侧。

2.4.2　给水管道及配件安装的基本要求

1）室内给水管道的水压试验必须符合设计要求。设计未注明时，各种材质的给水管道系统试验压力均为工作压力的 1.5 倍但不得小于 0.6MPa，工作压力大于 1.0MPa 的加压泵组出水管段的试验压力为水泵出口恒压值加 0.5MPa。

2）给水系统交付使用前必须进行通水能力试验并应符合相关要求，即应做好通水记录；通水能力试验时应对配水点做逐点放水试验，每个配水点的流量应稳定正常，满足使用要求；应按设计要求开启足够数量的配水点，其流量应达到额定的配水量。

3）生活及生产给水系统管道在交付使用前必须冲洗和消毒并经有关部门取样检验，生活给水系统水质应符合《生活饮用水卫生标准》（GB 5749—2006）的要求方可使用。室内直埋给水管道（塑料管道和复合管道除外）应作防腐处理，埋地管道防腐层材质和结构应符合设计要求。

4）给水管道暗设时不得直接敷设在建筑物结构层内。敷设在垫层或墙体管槽内的管材，不得有卡套式或卡环式接口，柔性管材宜采用分水器向各卫生器具配水，中途不得有连接配件，两端接口应明露。

5）倒流防止器的安装应符合要求，应在管道冲洗合格后进行。倒流防止器两端应分别安装闸阀或蝶阀且至少有一端应安装挠性接头，应安装在便于维护的地方，不得安装在可能结冻或被水淹没的场所，其排水口不得直接排入排水管道。安装完毕后，首次起动使用时应关闭出水闸阀或蝶阀，缓慢打开进水闸阀或蝶阀，待阀腔充满水后，缓慢打开出水闸阀或蝶阀。

6）出口接软管的自来水冲洗龙头与给水管道的连接处应设置真空破坏器。

7）给水引入管与排水排出管的水平净距不宜小于 1m。室内给水与排水管道平行敷设时，两管间的最小水平净距不得小于 0.5m；交叉敷设时竖向净距不得小于 0.10m。给水管应在排水管上面，若给水管必须在排水管下面时，给水管应加钢套管，其长度不得小于排水管管道直径的 3 倍或钢套管的两端采用防水材料封堵。

8）金属管道及管件焊接的焊缝表面质量应符合要求。焊缝外形尺寸应符合图样和工艺文件的规定，焊缝高度不得低于母材表面，焊缝与母材应圆滑过渡。焊缝及热影响区表面应无裂纹、未熔合、未焊透、夹渣、弧坑和气孔等缺陷。

9）塑料管道的连接要求。

① 热熔连接。热熔机具的工作温度应符合相应管材的要求，加热时间、加工时间及冷却时间应按热熔机具生产厂家的要求进行。切割管材时应使端面垂直于管轴线，切割后的管材断面应去除毛边和毛刺。管材与管件连接端面应清洁、干燥、无油。连接时应无旋转地把管端导入加热套内，插入到所标志的深度，同时，应无旋转地把管件推到加热头上，达到规定标志处。达到加热时间后应立即把管材与管件从加热套与加热头上同时取下，迅速无旋转地直线均匀对插到所标识深度，使接头处形成均匀凸缘。

② 电热熔连接。应保持电熔管件与管材的熔合部位不受潮。电熔承插连接管材的连接端应切割垂直并应用洁净棉布擦净管材和管件连接面上的污物，标出承插深度，刮除其表皮。校直两对应的连接件，使其处于同一轴线上。在熔合及冷却过程中，不得移动、转动电

熔管件和熔合的管道，不得在连接件上施加任何外力。电熔连接的标准加热时间应由生产厂家提供，并应随环境温度的不同而加以调整。

10）需要泄空的给水管道，其水平管道宜有 0.002～0.005 的坡度坡向泄水装置。给水管道和阀门安装的允许偏差应符合表 2-4-1 的规定。管道的支吊架安装应平整牢固，其间距应符合前述相关规定。

表 2-4-1　管道和阀门安装的允许偏差和检验方法

项次	项目			允许偏差/mm	检验方法
1	水平管道纵横方向弯曲	钢管(钢塑复合管)	每米	1	用水平尺、直尺、拉线和尺量检查
			全长 25m 以上	≤25	
		薄壁不锈钢管(薄壁铜管)	每米	≤5	
			全长 25m 以上	≤25	
		塑料管、铝塑复合管	每米	1.5	
			全长 25m 以上	≤25	
		铸铁管	每米	2	
			全长 25m 以上	≤25	
2	立管铅直度	钢管(钢塑复合管)	每米	3	吊线和尺量检查
			5m 以上	≤8	
		薄壁不锈钢管(薄壁铜管)	每米	3	
			5m 以上	≤10	
		塑料管、铝塑复合管	每米	2	
			5m 以上	≤8	
		铸铁管	每米	3	
			5m 以上	≤10	
3	成排管段和成排阀门、仪表		在同一平面上间距	3	尺量检查

11）水表应安装在便于检修，不受曝晒、污染和冻结的地方。安装螺翼式水表，表前与阀应有不小于 8 倍水表接口直径的直线管段。表外壳与墙表面间净距为 10～30mm；水表进水口中心标高按设计要求，允许偏差为±10mm。

2.4.3　室内消火栓系统安装的基本要求

1）室内消火栓系统安装完成后应取屋顶层（或水箱间内）试验消火栓和首层取两处消火栓做试射试验，达到设计要求为合格。消火栓系统管道支吊架应满足抗震要求。

2）室内消火栓应有明显的永久性固定标志。同一建筑物内的消火栓的栓口、消防水枪、消防水带及配件应采用统一的规格，试验消火栓处应有压力表。安装消火栓消防水带，消防水带与消防水枪和快速接头绑扎好后，应根据箱内构造将消防水带挂放在箱内的挂钉、托盘或支架上。

3）箱式消火栓的安装应符合要求。栓口应朝外或向下且不应安装在门轴侧，应便于消防水带的敷设。栓口中心距地面应为 1.1m，允许偏差±20mm。阀门中心距箱侧面为

140mm，距箱后内表面为100mm，允许偏差±5mm。消火栓箱体安装的铅直度允许偏差为±3mm。消火栓箱门的开启不应小于120°。双向开门的消火栓箱应有耐火等级并符合设计要求，当设计无要求时应至少满足1h耐火极限的要求。消火栓箱门上应用红色字体注明“消火栓”字样。

4）消防水泵结合器的设置位置及安装应符合要求。消防水泵结合器应有明显的永久性固定标志。墙壁式消防水泵结合器的安装应符合设计要求，设计无要求时其安装高度距地面宜为0.7m，与墙面上的门、窗、孔洞的净距离不应小于2.0m，且不应安装在玻璃幕墙下方。地下消防水泵结合器的安装，应使进水口与井盖底面的距离不大于0.4m，且不应小于井盖的半径。

2.4.4 给水设备安装的基本要求

1）水泵的流量、扬程　水泵就位前的基础混凝土强度、位置、坐标、标高、尺寸和螺栓孔位置必须符合设计规定，并应以实际到货的尺寸为准。水泵吸水管与吸水总管的连接，应采用管顶平接，或高出管顶连接。敞口水箱的满水试验和密闭水箱（罐）的水压试验必须符合设计与相关规范的规定。水泵及水箱等设备与地面安装时应设置防滑件，锚固螺栓应直接安装于结构体上。

2）水箱支架或底座安装　水箱支架或底座的尺寸及位置应符合设计规定，且埋设应平整牢固。水箱溢流管和泄水管应设置在排水地点附近但不得与排水管直接连接。水箱的溢流管和通气管的端部应按设计要求设置防动物进入的防护网。生活饮用水池（箱）的顶部不得有排水管道。立式水泵的减振装置不应采用弹簧减振器。室内给水设备安装的允许偏差应符合表2-4-2的规定。管道及设备保温层的厚度和平整度的允许偏差应符合表2-4-3的规定。

表2-4-2　室内给水设备安装的允许偏差和检验方法

<table>
<tr><th>项次</th><th colspan="3">项　目</th><th>允许偏差/mm</th><th>检验方法</th></tr>
<tr><td rowspan="3">1</td><td rowspan="3">静置设备</td><td colspan="2">坐标</td><td>15</td><td>全站仪、经纬仪或拉线、尺量</td></tr>
<tr><td colspan="2">坐标</td><td>+5</td><td>用水准仪、拉线和尺量检查</td></tr>
<tr><td colspan="2">铅直度（每米）</td><td>5</td><td>吊线和尺量检查</td></tr>
<tr><td rowspan="4">2</td><td rowspan="4">离心式水泵</td><td colspan="2">立式泵体铅直度（每米）</td><td>0.1</td><td>水平尺和塞尺检查</td></tr>
<tr><td colspan="2">卧式泵体水平度（每米）</td><td>0.1</td><td>水平尺和塞尺检查</td></tr>
<tr><td rowspan="2">联轴器同心度</td><td>轴向倾斜（每米）</td><td>0.8</td><td rowspan="2">在联轴器互相垂直的四个位置上用水准仪、百分表或测微螺钉和塞尺检查</td></tr>
<tr><td>径向位移</td><td>0.1</td></tr>
</table>

表2-4-3　管道及设备保温层的厚度和平整度的允许偏差和检验方法

<table>
<tr><th>项次</th><th colspan="2">项目</th><th>允许偏差/mm</th><th>检验方法</th></tr>
<tr><td>1</td><td colspan="2">厚度</td><td>$-0.05\delta \sim +0.1\delta$</td><td>用钢针刺入，$\delta$为保温层厚度</td></tr>
<tr><td rowspan="2">2</td><td rowspan="2">表面平整度</td><td>卷材</td><td>5</td><td rowspan="2">用2m靠尺和楔形塞尺检查</td></tr>
<tr><td>涂抹</td><td>10</td></tr>
</table>

2.4.5 给水系统调试的基本要求

1）给水系统调试应具备以下三个条件：给水系统调试应在系统施工完成后进行；生活水池（箱）已按设计图储存水量；系统供电正常。

2）生活水泵的调试应符合要求。以自动方式或手动方式直接起动生活水泵，水泵应能投入正常运行；备用泵能自动切换投入运行；应进行现场性能测试，性能应符合给水系统流量和压力的要求。

3）小流量调节水泵应在设定流量下自动起动；当给水水泵起动时，小流量调节泵应停止运行。恒压变频调速水泵应检查水泵的设定压力是否符合设计要求。

2.4.6 建筑饮水供应系统安装的基本要求

（1）管道直饮水系统工程及开水供应的质量检验与验收　管道直饮水系统必须独立设置。管道直饮水系统的管道必须采用与管材相适应的管件，管道直饮水系统所涉及的材料与设备必须满足饮用水卫生安全要求。开水器应设置温度计和水位计。管道直饮水系统的管道应选用薄壁不锈钢管、铜管或其他符合食品级要求的优质给水塑料管和优质钢塑复合管，开水管道应选用工作温度大于100℃的金属管道。管道直饮水系统室内分户计量水表应采用直饮水水表，水嘴应采用直饮水专用水嘴。饮水器应用不锈钢、铜镀铬制品，其表面应光洁易于清洗。

（2）管道及配件安装　管道安装完成后应分别对立管、连通管及室外管段进行水压试验。系统中不同材质的管道应分别试压，水压试验必须符合设计要求，设计未注明时，各种材质的管道系统试验压力应为管道工作压力的1.5倍且不得小于0.60MPa。暗装管道必须在隐蔽前进行试压，热熔连接管道水压试验时间应在连接完成24h后进行。管道直饮水系统试压合格后应对整个系统进行清洗和消毒，消毒液可采用含20~30mg/L的游离氯或过氧化氢溶液等其他合适消毒液，经有关部门取样检验符合现行《饮用净水水质标准》（CJ 94—2005）的要求后方可使用。管道直饮水系统设计应设循环管道。饮水器的喷嘴应倾斜安装并设有防护装置，喷嘴孔的高度应保证排水管堵塞时不被淹没。开水器、开水炉排污、排水管道应采用金属排水管道或耐热塑料排水管。管道直饮水管道和阀门安装的允许偏差应符合相关规范规定。管道直饮水系统中的排气阀处应有滤菌、防尘装置，排水阀设置处不得有死水存留现象，排水口应有防污染措施。

（3）水处理设备及控制设施安装　管道直饮水系统应对原水进行深度净化处理，出水水质应符合《饮用净水水质标准》（CJ 94—2005）的规定，应回收利用深度净化处理系统排出水。水箱（罐）的满水实验必须符合设计与相关规范的规定。产品水罐（箱）不应设置溢流管，产品水罐（箱）应设置空气呼吸器。净水机房应配备空气消毒装置，采用紫外线空气消毒时紫外线灯应按30W/(10~15m^2）吊装设置且距地面宜为2m。水处理系统应安装有电导、水量、水压、液位等实时检测仪表。

（4）管道直饮水系统调试　管道直饮水系统调试应具备以下四个条件：应在系统施工完成后进行；水箱已按设计图储存水量；处理设施已调试合格；系统供电正常。给水水泵的调试应符合要求，以自动方式或手动方式起动生活水泵，水泵应能投入正常运行；备用泵应能自动切换投入运行。小流量调节水泵应在设定流量下自动起动；当给水供水泵起动时，小流量调节泵应停止运行。水处理设施的出水水质应符合设计要求。

2.4.7　建筑中水系统及雨水利用系统安装的基本要求

(1) 中水系统中的原水管道管材及配件　中水系统给水管道及排水管道检验标准应按相关规范规定执行。雨水利用系统的收集管道、回用给水管道检验标准应按相关规范规定执行。

(2) 建筑中水系统、雨水利用系统管道及配件安装　中水、雨水利用的高位水箱应与生活高位水箱分设在不同的房间内，条件不允许只能设在同一房间时，其与生活高位水箱的净距离应大于2m。中水、雨水利用的给水管道不得装设取水水嘴，公共场所及绿化的中水、雨水取水口应设带锁装置。中水、雨水给水管道严禁与生活饮用水给水管道连接并应采取下列措施：中水、雨水给水管道外壁应分别涂浅绿色、蓝色标志；中水、雨水池（箱）、阀门、水表及给水栓均应有“中水”“雨水”标志。除卫生间外，中水、雨水给水管道不宜暗装于墙内，必须暗装于墙槽内时，必须在管道上有明显且不会脱落的标志。中水、雨水给水管道管材及配件可采用塑料给水管、衬塑镀锌钢管等给水管管材及附件。中水、雨水给水管道与生活饮用水管道、排水管道平行埋设时，其水平净距离不得小于0.5m；交叉埋设时，中水、雨水给水管道应位于生活饮用水管道下面、排水管道的上面且其净距离不应小于0.10m。

(3) 水处理设备及控制设施安装　中水、雨水处理站与给水泵房及生活水池的水平距离不得小于10m。中水利用工程应设置消毒设施，当有细菌学指标要求时，雨水收集回用必须消毒后再利用。中水、雨水处理设施应设置超越管。

(4) 其他　中水、雨水处理站内应设置通风系统，生活污水处理站内还应设置排臭系统。中水、雨水处理构筑物机械运行的噪声不得超过《声环境质量标准》(GB 3096—2008) 和《民用建筑隔声设计规范》(GB 50118—2010) 的有关要求。水量、主要水位、pH值、浑浊度等常用控制指标应在线监测。

2.4.8　中水系统及雨水利用系统调试的基本要求

中水系统调试应具备以下四个条件：系统施工已经完成；中水清水池（箱）已按设计图储存水量；中水处理设施调试已经完成；系统供电正常。雨水利用系统调试应具备以下三个条件：雨水清水池（箱）已按设计图储存水量；雨水处理设施调试已经完成；系统供电正常。中水及雨水给水水泵的调试应符合要求，具体与供水水泵的调试要求相同。

2.5　城市给水系统设计

2.5.1　城市给水系统设计的宏观要求

1) 城镇给水设施应保障不间断地向城镇给水，应满足城镇用水对水质、水量和水压的需求。城镇用水是指居民生活、生产运营、公共服务及消防和其他用水。满足城镇用水需求主要是指提供给水服务时应保障对水量、水质和水压的需求。城镇给水的水质必须符合国家生活饮用水卫生标准的要求。城镇给水必须严格执行《生活饮用水卫生标准》(GB 5749—2006)，该标准规定了生活饮用水水质卫生要求、生活饮用水水源水质卫生要求、集中式给水单位卫生要求、二次给水卫生要求、涉及生活饮用水卫生安全产品卫生要求、水质监测和水质检验方法。城市给水水质检测的采样点选择、检验项目和频率、合格率计算应按《城市供水水质标准》（CJ/T 206—2005）执行。

2）城镇给水工程规模应根据城镇给水工程统一供给的最高日用水量确定，应包括综合生活用水、工业企业用水、浇洒道路和绿地用水、管网漏损水量、未预见用水和消防用水，设计中可按《室外给水设计规范》（GB 50013—2016）进行计算，规模中不包括因输水损失、厂内自用水而增加的取水量。选择城镇给水水源应以水资源勘察报告为依据，严禁盲目开发造成损失，城镇给水水源在水质和水量上应满足城镇发展的需求。

3）应根据保障城镇给水安全关键设施的功能状况和应对突发事件能力等条件，制定城镇给水安全可靠性等级标准和相应评估程序，城镇给水设施规划、建设和运行管理必须符合安全等级规定的相关要求。给水设施安全等级标准同时也是给水设施规划、建设、维护和运营管理的重要标准之一。

城镇给水工程规划应包括以下四方面内容：预测城镇用水量并进行水资源与城镇用水量之间的供需平衡分析；选择城镇给水水源并提出相应的给水系统布局框架；确定给水枢纽工程的位置和用地；提出水资源保护以及开源节流的要求和措施。城市给水工程规划的内容是根据《城市规划编制办法实施细则》的有关要求确定的，《饮用水水源保护区污染防治管理规定》及《生活饮用水水源水质标准》（CJ 3020—1993）均规定饮用水水源保护区的设置和污染防治应纳入当地的社会经济发展规划和水污染防治规划。水源的水质和给水工程紧密相关，对水源的卫生防护必须在给水工程规划中予以体现。应重视“开源”和“节流”工作，积极寻找可供利用的水源以满足城市发展需要，如城市污水的再生利用；贯彻节约用水原则，采取各种行政、技术和经济的手段来节约用水以避免水的浪费。

4）城镇水资源和城镇用水量之间应保持平衡。编制城市给水水源开发利用规划，应当从城市发展的需要出发，并与水资源统筹规划和水长期供求规划相协调。城镇采用市域内本身的水资源时，应编制水资源统筹和利用规划，满足城镇用水的供需平衡要求。城镇本身水资源贫乏时，可考虑外域引水，当城镇采用外域水源或几个城镇共用一个水源时，应进行区域或流域范围的水资源综合规划和专项规划，并与国土规划相协调，以满足整个区域或流域的城镇用水供需平衡。

5）水泵选择除了满足流量和扬程的要求外还应考虑节能要求。送水泵房设计一般按最高日最高时的工况选泵，当水泵运行工况改变时，水泵的效率往往会降低，故当给水水量和水压变化较大时，应采用改变水泵运行特性的方法使水泵机组运行在高效区。目前国内采用的办法有机组调速、更换水泵叶轮或调节水泵叶片角度等，具体应根据技术经济比较确定。

负有消防任务的管道应满足消防系统对管道设施特定的要求。除了流量和压力满足消防要求外，负有消防任务的管道管径应不小于100mm，室外消火栓的间距不应超过120m，配水管网上两个阀门之间消火栓数量不能超过5个。

6）城镇给水系统应建立完善的水质监测制度，配备合格的检测人员和设备，并实施严格有效的监管。城镇给水系统应设立水质化验室，并配备与给水规模和水质检验要求相匹配的检验人员和仪器设备，严格检验原水、净化工序出水、出厂水和管网水的水质。

7）城镇给水系统应实施给水水质社会公示制度和水质网上查询的便民措施，并应及时和妥善地处理用户和民众对给水水质的投诉。用水必须计量，输配水管网的生产、生活、公共服务、绿化、深井回灌等用水部位应安装计量仪表，并加强管网计量管理、控制漏损。停水应通告，给水部门主动停水时应根据相关规定提前通告，以避免造成用户损失和不便。

2.5.2　城市给水水源的基本要求

1. 水源地

水源地应设在水量水质有保证且易于水源环境保护的地段。大中城市应采用多水源给水，以备事故发生时能联合调度给水，并应具备可操作性。水源选择地下水时，取水量必须小于允许开采量，首先应经过详细的水文地质勘查并进行地下水资源的评价，科学地确定地下水源的允许开采量，严禁盲目开采，应做到地下水开采后不能引起地下水位持续下降、水质恶化及地面沉降。水源选择地表水时，其设计枯水流量年保证率应采用90%~97%，设计枯水位的保证率应采用90%~99%，以保证取水工程正常运转发挥最大效益。

在高浑浊度江河、感潮江河、湖泊和水库取水时，取水位置及避沙、避咸、避藻设施应保证取水水质安全可靠。水源地为高浑浊度江河时，取水应选在水浑浊度较低的河段或有条件设置避开沙峰的河段。水源为感潮江河时，应尽量减少海潮的影响，取水应选在氯离子含量达标的河段或有条件设置避开咸潮，建立淡水调蓄水库的河段。水源为湖泊或水库时，取水应选在藻类含量较低，水深较大，水域开阔，能避开高藻季节主导风向的下侧凹弯区。

2. 取水构筑物

地表水取水构筑物的建设，应根据水文因素、地形地质、施工技术、航运要求等条件进行技术、经济、安全多方案综合比较确定。应充分调查研究水位、流量、泥沙运动、河床演变、河岸的稳定性、地质构造、冰冻和流冰运动规律。地表水取水构筑物有些部位在水下，水下施工难度大、风险高，因此还应研究施工技术、方法、施工周期。建设在通航河道上的取水构筑物，其位置形式、施工需符合航运部门的要求。

江河取水构筑物的建设不应影响航运安全并应设立航行安全标志。

2.5.3　城市给水泵站的基本要求

1）取水泵站的规模和扬程应满足水厂对水量和水压的要求，送水泵站的规模和扬程应满足用户对水量和水压的要求，中途加压泵站应满足目的地对水量和水压的要求。取水泵站也称为一级泵站，其取水量还应包括输水管道沿途渗漏损失和水厂自用水量。送水泵站也称为二级泵站，其送水量应按给水区域最高日用水量计算。

2）泵房必须设置备用水泵。备用水泵设置的数量应根据泵房的重要性、对给水安全的要求、工作水泵的台数、水泵检修的频率和难易程度等因素确定，在提升含磨损杂质较高的水时应适当增加备用能力。

3）泵房的布置应满足设备的运行、维护、安装和检修要求，应遵守《室外给水设计规范》（GB 50013—2016）的规定。吸水管布置应避免形成气囊；吸水口的淹没深度应满足水泵运行的要求；泵房的主要通道宽度不应小于1.2m；泵房内的架空管道不得阻碍通道和跨越电气设备；泵房至少应设一个可以搬运最大尺寸设备的门。

4）地下或半地下式泵房应具备通畅的排水通道和可靠的排水设施并应有备用设备。地下或半地下式泵房设备间往往埋深较大，生产弃水及泵阀漏水很难靠重力自流排入下水道，故需设排水泵排出。尤其在泵房发生事故大量排水时能及时将水排出尤为重要，否则泵房被淹将造成重大损失。

5）停泵或关阀水锤有可能引发水泵阀门受损、管道破裂、泵房淹没等重大事故，故泵房设计时应进行停泵水锤计算，当停泵水锤压力值超过管道试验压力值时，必须采取消除水锤的措施。目前常用的措施有在水泵压水管上装设缓闭止回阀、水锤消除器及在输水管道适当位置设进排气阀等措施。

2.5.4 城市给水输配管网的基本要求

1）输配水管道的布置应符合城镇总体规划要求，应以管线短、占地少、不破坏环境、施工维护方便、运行安全为准则。管线结合城镇规划布局可考虑分期建设，其走向可沿现有和规划道路布置，这样施工维护方便。管线还应尽可能避开不良地质构造区域，尽可能减少穿越水域、公路、铁路等，为所建管道安全运行创造条件。

2）输水管道的设计流量、配水管网的给水量及设计压力应满足用户的要求。输水管道分为原水管和清水管。从水源地至净水厂的原水输水管的设计流量应按最高日平均时的给水量确定，还应计入输水管的漏损水量和净水厂自用水量。从净水厂至管网的清水输水管道的设计流量应按最高日最高时用水条件下，由净水厂负担的给水量计算确定。输水管道可按上述方法确定的设计水量计算管道的管径，以满足净水厂或管网所需要的水量。配水管网应按最高日最高时给水量及设计水压进行水力平差计算，并按消防时的流量和消防水压、最大转输时的流量和水压、最不利管段发生故障时的事故用水量和水压三种工况进行校核。如按设计工况计算的管段管径出现不满足校核要求，应进行管径调整。管网用户最小服务水头在建筑物层数是一层时为 10m，二层为 12m，三层以上每增加一层增加 4m。计算时应首先选择管网给水最不利控制点，再按控制点处建筑物层数的最小服务水头确定管网管径和设计压力。

输水管道应保证任何一段输水管故障或管段维修时，仍能满足事故用水量。如果输水系统为多水源或者设有调蓄水池时，当某一处的水源故障，另一处水源或者设置的调蓄水池可以满足事故用水量时，也可以设一条输水管道。两条以上的输水管道应设连通管，连通管的数量和管径应按输水管道任何一段故障时仍能通过事故用水量计算确定。城镇事故用水量为设计水量的 70%。

3）长距离管道输水工程应在输水线路、管材、管径、输水方式等方面进行技术、经济、安全论证，应选择可靠的运行系统，并对管道系统进行水力过渡过程分析，必要时需采取有效的水锤综合防护措施。长距离管道输水工程选择输水线路时，应使管线尽可能短，管线水平和竖向布置应尽量顺直，尽量避开不良地质构造区和减少大型穿越。管材应依据管径、压力、地形地质、施工条件、管材生产能力和质量保证等进行综合比选。管径应根据基建投资和运行费用分析计算确定。长距离管道输水工程可采用重力流输水方式或压力流输水方式。长距离管道输水工程建设应根据上述条件进行全面的技术、经济、安全的综合比较，选择一个可靠的管道运行系统。长距离管道输水工程应对管路系统进行水力过渡过程的分析，研究输水管路系统非稳定运行时发生的各种水锤现象。其中，停泵水锤现象及与停泵水锤伴有的因管路系统中水柱拉断而发生的断流弥合水锤，是造成诸多长距离管道输水工程事故的主要原因。因此，应在管路运行系统中采取水锤的综合防护措施，如控制阀门的关闭时间，管路中设调压塔注水，或在管路的一些特征点安装具备削减水锤危害的空气阀等，使长距离管道输水工程安全运行。

4）城镇配水管网干管应成环状布置。安全给水是城镇配水管网最重要的原则，干管成环状布置是保障管网配水安全诸多措施中最重要的原则之一。城镇给水管网应加强管理，有计划地进行改造，提高检漏技术水平，使漏损率控制在允许漏损的范围内。《城镇供水管网漏损控制及评定标准》（CJJ 92—2016）中规定，城镇给水企业管网基本漏损率分为两级，一级为10%，二级为12%。基本漏损率可根据管网的居民抄表状况、单位给水量管长、年平均出厂压力和最大冻土深度进行修正。

5）城镇生活饮用水管网禁止与非生活饮用水管道连接，严禁与自建设施给水管道直接连接。穿过毒物污染区和腐蚀地段的管道应采取安全保护措施。

6）输配水管网应进行优化设计、优化调度管理，节省能耗。管网布置方案确定后，优化设计通常可分为以下两步：第一步应进行管段设计流量分配；第二步进行管网压力、管径的优化设计。管网优化设计必须考虑水压、水量的保证性，水质的安全性，管网系统的可靠性和经济性。在保证给水安全可靠，满足用户的水质、水量、水压需求的条件下，对管网进行优化计算，确定最佳的管径和流速，达到节省建设费用、节省能耗的目的。管网优化调度是在保证用户所需水质、水量、水压安全可靠的条件下，根据管网监测系统反馈的运行状态数据或者科学的预测手段确定用水量分布，运用数学优化技术筛选出使管网系统最经济、最节能的调度操作方案，努力做到给水曲线与用水曲线吻合。输配水管网的优化设计和优化调度，应结合泵站设计选择高效的水泵、电动机，并利用电动机调速功能；管道设计应选用内壁光滑的管材，结合管道刮管涂衬等手段，有力地节省管网系统的能耗。

7）给水管道管材内壁、管道内防腐材料、承插口管道内口填充材料应满足卫生安全要求。输配水管道与构（建）筑物及其他工程管线的水平、垂直距离应保证管道安全。输配水管道穿过铁路、公路时应保证工程安全，穿过河流采用倒虹方式时管内水流速应大于不淤流速以防止泥沙淤积管道，埋设河底的管道深度应符合管道不被洪水冲刷破坏和影响航运的要求。

8）给水管道竣工验收前应进行水压试验和冲洗消毒处理。给水管道工作压力小于0.1MPa的应做闭水或闭气严密性试验；工作压力大于或等于0.1MPa的应做水压试验。给水管道投入运行前应进行冲洗消毒。

2.5.5　城市给水处理的基本要求

1）水厂的工艺流程应保证水厂出水水质不低于国家生活饮用水卫生标准的要求，且应考虑管道输送过程对水质的影响。水厂应保证任一构筑物或设备进行检修、清洗而停运时，仍然能满足基本给水需求，除了应从工艺设计上进行考虑外，如将工艺水池分格等，还应将清洗和检修安排在非高峰给水期进行，届时给水公司应进行合理调度，以保证社会基本用水需求。

2）水厂加药系统应根据净水剂的性质采取必要的防腐措施，并保障工作人员的防护安全。水厂加药系统是指水厂内投加混凝剂及助凝剂（统称净水剂）的系统，包括加药间及管道。加药系统内与净水药剂接触的池内壁、设备、管道和地坪，应根据净水剂的性质采取相应的防腐措施。加药间应尽量设置在通风良好的地段；室内必须设置通风设备及保障工作人员卫生安全的劳动保护措施；加药间的地坪应有排水坡度。

3）生活饮用水的清水池或其他调蓄构筑物应严格做好卫生防护工作，应杜绝任何可能的污染途径、确保水质安全。生活饮用水的清水池是水厂工艺流程中最后一道关口，净化后的清水经由送水泵房、管网向用户直接给水，清水池的卫生防护工作就尤为重要。生活饮用水的清水池或调节水池应有保证水流灵动、避免死角、防止污染、便于清洗和空气流通等的措施，且周围10m以内不得有化粪池、渗水井、污水处理构筑物及垃圾堆放场等污染源，周围2m以内不得有污水管道和污染物，达不到上述要求时应采取防止污染的措施。

4）生活饮用水必须消毒。通过消毒处理的水质不仅要满足《生活饮用水卫生标准》（GB 5749—2006）中与消毒相关的细菌学指标，由于有些消毒剂会产生消毒副产物，还要满足相关的感官性状和毒理学指标，确保居民用水安全。

5）水厂中预处理工艺、深度处理工艺及消毒处理工艺中所采用的氧化剂，在生产、运输、存储、运行的过程中应根据介质的特性采取防腐、防泄漏、防毒、防爆措施，杜绝人身或环境事故发生。上述工艺中所采用氧化剂中的氯、二氧化氯、氯胺、臭氧等均为强氧化剂，且有很强的毒性，会对人身及动植物造成伤害，处置不当有的还会发生爆炸，故在生产、运输、存储、运行的过程中应特别采取安全防护措施，杜绝人身或环境事故发生。

6）水厂生产和附属生产及生活等建（构）筑物的防火设计应符合我国现行相关标准的要求。

2.5.6 城市给水水处理的基本方法

1. 水处理的宏观要求

水处理工艺流程的选用与构筑物的组成应根据原水水质、设计规模、处理后水质要求经过调查研究或参照相似条件下已有水厂的运行经验，结合当地条件通过技术经济比较后确定。水处理构筑物的设计流量应按最高日工作时水量加自用水量确定。水厂的自用水量应根据原水水质、所采用的处理工艺和构筑物类型等因素通过计算确定，其值一般为设计流量的5%～10%。净水构筑物应根据需要设置排泥管、放空管、溢流管或压力冲洗设施等。

2. 预处理

（1）自然沉淀　当原水浑浊度瞬时超过10000NTU时，必须设置自然沉淀池，当原水浑浊度超过500NTU（瞬时超过5000NTU）或给水保证率较低时，可将河水引入天然池塘或人工水池进行自然沉淀，并兼作贮水池。自然沉淀池的沉淀时间宜为8～12h。自然沉淀池的有效水深宜为1.5～3.0m、超高为0.3m，应根据清泥方式确定积泥高度。

（2）粗滤　粗滤池宜作为慢滤池的预处理用于原水浑浊度低于500NTU、瞬时不超过1000NTU的地表水处理。粗滤池构筑物形式应根据净水构筑物高程布置和地形条件等因素通过技术经济比较确定。竖流粗滤池宜采用二级粗滤串联，平流粗滤池宜由三个相连通的砾石室组成一体。竖流粗滤池的滤料应按表2-5-1的规定取值，且应按顺水流方向粒径由大至小设置。平流粗滤池的滤料应按表2-5-2的规定取值，且应按顺水流方向粒径由大至小设置。粗滤池滤速一般采用0.3～1.0m/h。竖流粗滤池滤层表面以上的水深一般采用0.2～0.3m，超高为0.3m。上向流竖流粗滤池底部设有配水室、排水管，闸阀宜采用快开阀。

表2-5-1　竖流粗滤池滤料组成

砾(卵)石粒径/mm	8～16	16～32	32～64
厚度/m	0.30～0.40	0.45～0.50	0.50～0.60

表 2-5-2 平流粗滤池滤料的组成与池长

砾(卵)石室	Ⅰ	Ⅱ	Ⅲ
粒径/mm	64~32	16~32	8~16
池长/m	2	1	1

(3) 高锰酸钾预氧化 采用高锰酸钾预氧化时应遵守相关规范规定。高锰酸钾宜在水厂取水口投加，在水处理流程中应先于其他水处理药剂投加，先期投加时间不宜少于3min；经过高锰酸钾预氧化的水必须通过滤池过滤；高锰酸钾预氧化的用量应通过试验确定，并应精确控制，用于去除微量有机污染物、藻类和控制嗅味的高锰酸钾投加量宜采用0.5~2.5mg/L。

(4) 粉末活性炭 原水在短时间内微量有机物污染较严重、具有异臭异味时，应急可采用粉末活性炭吸附。采用粉末活性炭吸附时应遵守相关规范规定。粉末活性炭投加宜根据水处理工艺流程综合考虑确定，一般宜投加于原水中，经过与水充分混合、接触后再投加混凝剂或助凝剂；粉末活性炭的用量应根据试验确定，一般采用5~30mg/L；炭浆浓度一般采用5%~10%（按质量计）；粉末活性炭的贮藏、输送和投加车间应有防尘、集尘和防火设施。

3. 混凝剂和助凝剂的投配

用于生活饮用水的混凝剂或助凝剂产品必须符合现行《生活饮用水化学处理剂卫生安全评价规范》的规定。混凝剂和助凝剂品种的选择及其用量应根据原水混凝沉淀试验结果或参照相似条件下的水厂运行经验等经综合比较确定。混凝剂宜采用液体投加方式，混凝剂的溶解和稀释应按投加量的大小、混凝剂性质选用水力、机械或压缩空气等方式搅拌，有条件的水厂应直接采用液体的混凝剂。投加液体混凝剂时，溶解次数应根据混凝剂投加量和配制条件等因素确定，且一般每日不宜超过2次。混凝剂投加量较小时，溶解池可兼作投药池，投药池为设备用池。混凝剂投加的溶液浓度可采用5%~10%（按固体质量计算）。石灰应制成石灰乳投加。投加混凝剂应设置计量设备，有条件的水厂可采用计量泵加注。与混凝剂或助凝剂接触的池内壁、设备、管道和地坪，应根据混凝剂或助凝剂性质采取相应的防腐措施。混凝剂的储存量应按当地供应、运输等条件确定，一般宜按最大投加量的15~30d计算。

4. 混凝

(1) 混合 混合方式可采用水力、机械或水泵混合。混合时间宜为10~60s，最大不超过2min。混合池的G值宜为500~1000s^{-1}。混合装置至絮凝池的距离不宜超过120m。

(2) 絮凝

1) 絮凝池形式和絮凝时间应根据原水水质情况和相似条件下运行经验确定。絮凝池宜与沉淀池合建。

2) 设计机械絮凝池时宜符合以下四个要求：絮凝时间宜为15~20min；池内宜设2或3档搅拌机；搅拌机的转速应根据浆板边缘处的线速度通过计算确定，线速度宜自第一档的0.5m/s逐渐变小至末档的0.2m/s；池内宜设防止水体短流的设施。

3) 设计折板絮凝池时宜符合以下三个要求：絮凝时间宜为12~20min；絮凝过程中的速度应逐段降低，且分段数一般不宜少于三段，各段流速应符合要求，第一段0.25~0.35m/s、第二段 0.15~0.25m/s、第三段 0.10~0.15m/s；折板按竖流设计时，既可采用平行折板布置，也可采用相对折板布置。

4）设计波纹板絮凝池时宜符合以下三个要求：絮凝时间宜为 12~20min；絮凝过程中的速度应逐段降低，且分段数宜为三段，各段的间距和流速应符合要求，第一段间距 100mm、流速 0.12~0.18m/s，第二段间距 150mm、流速 0.09~0.14m/s，第三段间距 200mm、流速 0.08~0.12m/s；波纹板按竖流设计时，既可采用平行波纹布置，也可采用相对波纹布置。

5）设计穿孔旋流絮凝池时宜符合以下四个要求：絮凝时间宜为 15~25min；絮凝池孔口流速应按由大至小变速设计，起始流速宜为 0.6~1.0m/s，末端流速宜为 0.2~0.3m/s；每格孔口应作上下对角交叉布置；每组絮凝池分格数宜为 6~12 格。

6）设计网格或栅条絮凝池宜符合以下五个要求：絮凝池宜设计成多格竖流式；絮凝时间宜为 12~20min；前段网格或栅条总数宜为 16 层以上，中段在 8 层以上，上下层间距为 60~70cm，末段可不放；絮凝池单格竖向流速应合理，过栅（过网）和过孔流速应逐段递减且分段数宜为三段，流速应符合要求，单格竖向流速前段和中段 0.12~0.14m/s、末段 0.10~0.14m/s，网孔或栅孔流速前段 0.25~0.30m/s、中段 0.22~0.25m/s，各格间的过水孔洞流速前段 0.2~0.3m/s、中段 0.15~0.2m/s、末段 0.1~0.14m/s；絮凝池应有排泥设施。

5. 沉淀和澄清

（1）基本要求　沉淀池和澄清池类型应根据原水水质、设计生产能力、净化后水质要求，考虑原水水温变化、制水均匀程度及是否连续运转等因素，结合絮凝池结构形式和当地条件，通过技术经济比较后确定。沉淀池和澄清池的个数或能够单独排空的分格数不宜少于 2 个。设计沉淀池和澄清池时应考虑均匀的配水和集水。

（2）竖流沉淀池　竖流沉淀池宜与絮凝池合建，且池数不宜少于 2 个。竖流沉淀池直径有效水深宜为 3~5m，超高应为 0.3m。竖流沉淀池沉淀时间宜为 1.5~3.0h。带絮凝池的竖流沉淀池进水管流速宜为 1.0~1.2m/s，上升流速宜为 0.5~0.6mm/s，出水管流速宜为 0.6m/s。竖流沉淀池中心导流筒的高度应为沉淀池圆柱部分高度的 8/10~9/10。竖流沉淀池圆锥斜壁与水平夹角不宜小于 45°，底部排泥管直径不应小于 150mm。

（3）上向流斜管沉淀池　上向流斜管沉淀池适用于浑浊度长期低于 1000NTU 的原水。斜管沉淀区的上升流速应按相似条件下的运行经验确定，采用 1.3~2.5mm/s。斜管设计可采用下列数据：管内切圆直径为 25~35mm、斜管长度为 1.0m、倾角为 60°。斜管沉淀的清水区高度不宜小于 1.0m，底部配水区高度不宜小于 1.5m。

（4）水力循环澄清池　水力循环澄清池适用于浑浊度长期低于 2000NTU，瞬时不超过 5000NTU 的原水。水力循环澄清池泥渣回流量宜为进水量的 2~4 倍。清水区的上升流速可采用 0.7~0.9mm/s，当原水为低温低浊时上升流速应适应降低，清水区高度可采用 2~3m、超高为 0.3m。水力循环澄清池的第二絮凝室有效高度可采用 3~4m。喷嘴直径与喉管直径之比可采用 1/4~1/3，喷嘴流速宜采用 6~9m/s，喷嘴水头损失为 2~5m，喉管流速为 2.0~3.0m/s。第一絮凝室出口流速可采用 50~80mm/s，第二絮凝室进口流速一般采用 40~50mm/s。水力循环澄清池总停留时间为 1~1.5h，第一絮凝室为 15~30s、第二絮凝室为 80~100s，进水管流速可采用 1~2m/s。水力循环澄清池斜壁与水平面的夹角不应小于 45°。水力循环澄清池应设置调节喷嘴与喉管进口间距的专用设施。

(5) 机械搅拌澄清池 机械搅拌澄清池适用于浑浊度长期低于5000NTU的原水。机械搅拌澄清池清水区的上升流速应按相似条件下的运行经验确定，可采用0.7~1.0mm/s，处理低温低浊原水时可采用0.5~0.8mm/s。水在机械搅拌澄清池中总停留时间可采用1.2~1.5h，第一絮凝室与第二絮凝室停留时间宜控制在20~30min。搅拌叶轮提升流量可为进水流量的3~5倍，叶轮直径可为第二絮凝室内径的7/10~8/10，并应设调整叶轮转速和开启度的装置。

(6) 气浮池 气浮池适用于浑浊度小于100NTU及含有藻类等密度小的悬浮物质的原水。气浮池接触室的上升流速可采用10~20mm/s，气浮池分离室的向下流速可采用1.5~2.0mm/s。气浮池有效水深不宜超过3m。气浮池溶气罐的溶气压力宜采用0.2~0.4MPa，回流比宜采用5%~10%。溶气释放器的型号及个数应根据单个释放器在选定压力下的出流量及作用范围确定。气浮池宜采用刮渣机排渣，刮渣机的行车速度不宜大于5m/min。

6. 过滤

(1) 基本要求

1) 滤池形式的选择应根据设计生产能力、运行管理要求、进出水水质和净水构筑物高程布置等因素，并结合当地条件通过技术经济比较确定。

2) 滤池的分格应根据滤池形式、生产规模、操作运行和维护检修等条件通过技术经济比较确定，不得少于2格。

3) 滤料应具有足够的机械强度和抗蚀性能，一般采用石英砂、无烟煤等。单层石英及双层滤料滤池的滤料层厚度(L)与有效粒径(d_{10})之比应大于1000。滤池流速及滤料组成的选用应根据进水水质、滤后水水质要求、滤池构造等因素，参照相似条件下已有滤池的运行经验确定，宜按表2-5-3的规定取值，滤料的相对密度为石英砂2.50~2.70、无烟煤1.4~1.6，滤池采用大阻力配水系统时其承托层宜按表2-5-4确定。滤池采用小阻力配水系统时其承托层的设计宜按表2-5-5的规定取值。

4) 滤池配水系统应根据滤池形式、冲洗方式、单格面积、配水的均匀性等因素确定。大阻力穿孔管配水系统孔眼总面积与滤池面积之比宜为0.20%~0.28%，中阻力滤砖配水系统孔眼总面积与滤池面积之比宜为0.6%~0.8%，小阻力滤头配水系统缝隙总面积与滤池面积之比宜为1.25%~2.00%。大阻力配水系统应按冲洗流量并根据下列数据通过计算确定，即配水干管(渠)进口处的流速为1.0~1.5m/s；配水支管进口处的流速为1.5~2.0m/s；配水支管孔眼出口流速为5~6m/s。干管(渠)顶上宜设排气管，排出口需在滤池水面以上。单水冲洗滤池的冲洗强度和冲洗时间宜按表2-5-6的规定取值。单水冲洗滤池的冲洗周期，当为单层石英滤料时宜采用12~24h。

5) 滤池应有表2-5-7所列管(渠)，且其管径(断面)宜根据表2-5-7规定的流速通过计算确定，每格滤池宜设取样和测压装置。

表2-5-3 滤池流速及滤料组成

滤料种类	滤料组成			设计流速/(m/h)
	粒径/mm	不均匀系数 k_{80}	厚度/mm	
单层石英滤料	石英砂 $d_{10}=0.55$	<2.0	700	6~8
双层滤料	无烟煤 $d_{10}=0.85$	<2.0	300~400	8~12
	石英砂 $d_{10}=0.55$	<2.0	400	

表 2-5-4　大阻力配水系统承托层材料、粒径与厚度

层次(自上而下)	材料	粒径/mm	厚度/mm
1	砾石	2~4	100
2	砾石	4~8	100
3	砾石	8~16	100
4	砾石	16~32	本层顶面应高出配水系统孔眼 100

表 2-5-5　小阻力配水系统承托层材料、粒径与厚度

配水方式	滤板	格栅				尼龙网			滤帽(头)
承托层材料	粗砂	砾石、粗砂				砾石、粗砂			粗砂
粒径/mm	1~2	1~2	2~4	4~8	8~16	1~2	2~4	4~8	1~2
厚度/mm	100	80	70	70	80	每层 50~100			100

表 2-5-6　单水冲洗滤池的冲洗强度和冲洗时间（水温为 20℃时）

滤池组成	冲洗强度/[L/(m² · s)]	膨胀率(%)	冲洗时间/min
单层石英滤料	15~16	45	8~6
双层滤料	16~18	50	9~6

表 2-5-7　各种管（渠）和流速

管(渠)名称	进水	出水	冲洗水	排水
流速/(m/s)	0.8~1.2	1.0~1.5	2.0~2.5	1.0~1.5

（2）接触滤池　接触滤池宜用于原水浑浊度长期低于 20NTU，短期不超过 60NTU。接触滤池采用单层滤料时，滤速宜采用 6~8m/h；采用双层滤料时，滤速宜采用 8~10m/h。滤料组成可按表 2-5-3 的规定取值。接触双层滤料滤池冲洗前的水头损失宜采用 2~2.5m。滤层表面以上水深一般采用 2m。

（3）压力滤池　滤料采用石英砂滤料，粒径 0.6~1.0mm，滤层厚度可为 1.0~1.2m。滤速一般采用 6~8m/h。期终允许水头损失一般采用 5~6m。压力滤池可采用立式，当直径大于 3m 时宜采用卧式。冲洗强度宜采用 15L/(m² · s)，冲洗时间为 10min。压力滤池应采用小阻力配水系统，可采用管式、滤头或格栅。压力滤池应设排气阀、人孔、排水阀和压力表。

（4）重力式无阀滤池　每格无阀滤池应设单独的进水系统，进水系统应有防止空气进入滤池的措施。重力式无阀滤池滤料的设置，当原水为沉淀池出水时，宜采用单层石英砂滤料；当采用接触过滤时，宜采用双层滤料。滤速宜采用 6~8m/h。重力式无阀滤池冲洗前的水头损失可采用 1.5m。冲洗强度宜采用 15L/(m² · s)，冲洗时间为 5~6min。过滤室内滤料表面以上的直壁高度应等于冲洗时滤料的最大膨胀高度与保护高度之和。重力式无阀滤池宜采用小阻力配水系统。无阀滤池的反冲洗应设有辅助虹吸设施，并设调节冲洗强度和强制冲洗的装置。

（5）快滤池　快滤池滤料可采用单层石英滤料或双层滤料。滤层表面以上的水深宜采用 1.5~2.0m。快滤池冲洗前的水头损失宜采用 2.0~2.5m。单层石英滤料快滤池一般采用

大阻力或中阻力配水系统。冲洗排水槽的总面积不应大于过滤面积的25%，滤料表面到洗砂排水槽底的距离应等于冲洗时滤层的膨胀高度。滤池冲洗水泵或冲洗水箱，采用水箱冲洗时，水箱有效容积应按单格滤池冲洗水量的1.5倍计算；采用水泵冲洗时，水泵的能力应按单格滤池冲洗水量设计。

（6）慢滤池　慢滤池宜用于浑浊度常年低于60NTU的原水。慢滤池的设计应符合要求。滤料宜采用石英砂，粒径为0.3~1.0mm，$k_{80}\leq2.0$。滤层厚度为800~1200mm。承托层应按表2-5-8的规定取值。滤速宜采用0.1~0.3m/h；滤层表面以上水深宜采用1.2~1.5m。滤池面积小于15m^{2}的集水系统可不设集水管，采用底沟集水时，底沟坡度为1%；滤池面积大于15m^{2}时，可设穿孔集水管，管内流速宜为0.3~0.5m/s。

表2-5-8　慢滤池承托层组成

卵(砾)石粒径/mm	1~2	2~4	4~8	8~16	16~32
厚度/m	50	100	100	100	100

7. 臭氧与活性炭

微污染原水经常规净化后仍不能满足生活饮用水水质要求时，可考虑采用臭氧氧化、活性炭吸附或臭氧氧化-活性炭吸附联用方式进行深度处理。臭氧净水设施包括气源装置、臭氧发生装置、臭氧气体输送管道、臭氧接触氧化塔（鼓泡塔）及臭氧尾气清除装置。臭氧接触氧化塔（鼓泡塔）不宜少于两个。臭氧接触氧化塔（鼓泡塔）必须全密闭，池顶应设置尾气排放管和自动气压释放阀。用于预处理的臭氧投加量宜采用0.5~2mg/L，使用时应根据原水水质特征试验确定投加量和接触时间。深度处理臭氧投加量宜采用2~3mg/L、最大5mg/L、接触时间10~15min，臭氧投加量宜根据待处理水的水质状况并结合试验结果确定，或参照相似水质条件下的经验选用。粒状活性炭池设计宜符合以下八个要求：粒状活性炭应符合我国现行的净水用的活性炭标准；进水浑浊度宜小于3NTU；吸附池空床的接触时间宜采用6~15min、空床流速为6~12m/h；炭层厚度宜采用1000~2000mm；反冲洗强度宜采用13~15L/(m^2·s)、冲洗时间为5~10min；宜采用小阻力配水系统；炭膨胀率宜采用20%~25%；炭的碘值指标小于600mg/g或亚甲蓝值小于85mg/g时，池中的粒状活性炭应更新或再生。

8. 膜处理

（1）基本要求　集镇给水工程中的膜分离水处理技术应根据出水水质要求、处理水量、当地条件等，经过技术经济综合比较确定。膜分离水处理装置系统包括预处理、膜分离装置、消毒设备、储水槽、控制系统、连接管道和泵等。处理站内排水可采用明渠或地漏。设计膜分离工艺时，设备之间应留有足够的空间，以满足操作和维修的需要；设备应放置于室内并避免阳光直射，室温保持在1~40℃；设备严禁安放在多尘、高温、振动的地方。膜分离水处理过程中产生的反冲洗水等应妥善处理，以防止形成新污染源。

（2）电渗析

1）电渗析器的主机型号、流量、级、段和膜对数应根据处理水量、出水水质要求和离子去除率进行选择。

2）进入电渗析器的原水水质应符合以下七个要求：浑浊度小于3NTU；含铁总量小于0.3mg/L；含锰总量小于0.3mg/L；游离余氯小于1mg/L；细菌总数小于1000个/mL；耗氧

量小于3mg/L（CODcr）；水温1~40℃。

3）地表水的电渗析系统预处理可采用混凝、沉淀、砂过滤、保安过滤等方式，地下水的预处理可直接采用砂过滤或保安过滤等。预处理的水量Q可按式$Q=a(Q_d+Q_n+Q_j)$计算，其中，Q_d为淡水制取量（m^3/h）；Q_n为浓水排放量（m^3/h）；Q_j为极水排放量（m^3/h），极水排放量大约为产水量的5%~20%；a为预处理设备的自用水系数，一般取1.05~1.10。

4）电渗析淡水、浓水、极水流量可按以下三个要求设计：淡水流量根据处理水量确定；浓水流量略低于2/3的淡水流量；极水流量为1/5~1/3的淡水流量。

5）电极一般可采用高纯石墨电极、钛涂钌电极和不锈钢电极，严禁采用铅电极。

6）进入电渗析器的水压必须小于0.3MPa，隔室中的流速宜控制在5~25cm/s。倒极器一般采用气动、电动、机械等自动控制倒极方式或手动倒极方式，倒极周期宜设定为4h左右。

7）脱盐率下降5%时应停机进行酸洗，无效时应解体清洗，酸洗液宜采用浓度为1.0%~1.5%的工业盐酸，循环酸洗时间宜为2h。

8）电渗析器起动前应先冲洗管道且冲洗水不得进入电渗析器，起动时应先通水后通电，停止时应先断电后停水，处理水、浓水、极水的阀门操作应缓开缓闭、同步进行。

（3）反渗透　进入反渗透膜组件的原水水质应符合以下三个条件：浑浊度小于1NTU；污泥密度指数（SDI_{15}）小于5；水温为1~40℃。反渗透装置一般由预处理系统、高压泵、反渗透膜组件、清洗系统、控制系统等组成。地表水的预处理可采用混凝、沉淀、砂滤、保安过滤等方式，地下水的预处理可直接采用砂过滤或保安过滤等，地下水也可采用超滤、微滤等膜法预处理工艺。反渗透膜组件宜每1.5~3个月清洗1次，每次清洗时间可为1~2h，清洗液温度宜低于35℃。保安过滤器的前后压差大于0.1MPa时必须进行更换。反渗透膜组件的背压应小于0.03MPa。应根据原水状况及出水要求选择反渗透膜，产水能力小于3m^3/h时宜选用直径为101.6mm的膜元件，产水能力大于3m^3/h时宜选用直径为203.2mm的膜元件。

（4）超滤　进入超滤膜组件的原水水质应符合膜制造商要求的进水水质，运行参数和方式应通过试验确定。超滤装置一般由预处理系统、超滤膜组件、冲洗系统、化学清洗系统、控制系统等组成。超滤的基本流程应合理，当原水为地表水时其工艺流程为【原水】→【前处理】→【保安过滤】→【超滤】→【清水池】→【用户】；当原水为地下水时其工艺流程为【原水】→【保安过滤】→【超滤】→【清水池】→【用户】。超滤装置的设计跨膜压差不宜大于0.1MPa，进水压力不宜大于0.2MPa，膜通量应在50L/m^2·h左右。超滤膜组件的冲洗宜在1d内进行若干次，化学清洗宜每1.5~3个月1次，冲洗和清洗方案应根据膜类型、材质、装置形式、运行情况等确定。应定期对中空纤维超滤膜的膜丝的完整性进行检测。

9. 综合净水装置

（1）净水塔　净水塔适用于原水浑浊度经常小于20NTU、短时不超过60NTU的情况。净水塔中水柜有效容积应按最高日用水量的10%~15%计算，考虑滤池反冲洗用水时应另增反冲洗用水量。净水塔保护高度应不小于0.3m。净水塔的进、出水管管径应与给水管网起端管径相同，溢流管、排水管管径不宜小于100mm。净水塔应设水位尺。净水塔中压力滤池设计应符合相关规程的有关规定。

（2）一体化净水装置　一体化净水装置可采用重力式或压力式，净水工艺应根据原水水质、设计规模确定，原水浑浊度长期不超过 20NTU、瞬时不超过 60NTU 的地表水净化可选择接触过滤工艺的净水装置；原水浑浊度长期不超过 500NTU、瞬时不超过 1000NTU 的地表水净化可选择絮凝、沉淀、过滤工艺的一体化净水装置；原水浑浊度经常超过 500NTU、瞬时超过 5000NTU 的地表水净化可选择在上述处理工艺前增设预沉池、投加混凝剂混合的一体化净水装置。一体化净水装置产水量一般为 5~50m^3/h，设计参数应符合相关规程规定并应选用有鉴定证书的合格产品。一体化净水装置应具有良好的防腐性能且防腐材料不能影响水质，其合理设计使用年限应不低于 15 年。压力式净水装置应设排气阀、安全阀、排水阀和压力表并应有更换或补充滤料的条件，容器压力应大于工作压力的 1.5 倍。

10. 消毒

1）生活饮用水必须消毒。生活饮用水消毒可采用加液氯、漂白粉、次氯酸钠等方法。

2）加氯点应根据原水水质、工艺流程和净化要求选定，滤后必须加氯，必要时也可在混凝沉淀前和滤后同时加氯。

3）氯的设计投加量应根据相似水厂的运行经验按最大用量确定，氯与水的接触时间采用游离氯消毒时应不小于 30min、采用氯胺时应不小于 2h，出厂水游离余氯含量应不低于 0.3mg/L，氯胺消毒时总氯应不低于 0.5mg/L，管网末端游离余氯或总氯含量应不低于 0.05mg/L。

4）投加液氯时应采用加氯机，加氯机应具备投加量的指示仪和防止水倒灌氯瓶的措施，以真空加氯机为宜。

5）加氯间应尽量靠近投加点，加氯间应设有磅秤作为校核设备，加氯间内部管线应敷设在沟槽内。采用液氯加氯时，加氯间必须与其他工作间分开，并设观察窗和直接通向外部外开的门；加氯间及氯库外部应备有防毒面具、抢救材料和工具箱，在直通室外的墙下方设有通风设施，照明和通风设备应另设室外开关，有条件时应设氯吸收装置。通向加氯间的压力给水管道应保证连续给水，并应保持水压稳定。当液氯投加室内需供暖时宜用暖气供暖，若用火炉供暖则火口宜设在室外。

6）液氯仓库应设在水厂的下风口，其与值班室、居住区应保持一定的安全距离。消毒剂仓库的储备量应按当地供应、运输等条件确定，一般按最大用量的 15~30d 计算。

7）采用漂白粉消毒时，其投加量应经过试验或依照相似条件运行经验确定。漂白粉消毒应设溶药池和溶液池。溶液池宜设 2 个，池底设大于 2%的坡度并坡向排渣管，排渣管管径应不小于 50mm，池底设 15%的容积作为贮渣部分，顶部超高应大于 0.15m，内壁应做防腐处理。漂白粉的溶液池，其有效容积宜按一天所需投加的上清液体积计算，上清液浓度以 1%~2%为宜，每升水加 10~20g 漂白粉。

8）使用次氯酸钠时其发生器质量应符合我国现行标准规定，投加方式与漂白粉溶液投加方式相同。投加消毒剂的管道及配件必须耐腐蚀，宜用无毒塑料管材。

2.5.7　城市给水中特殊水的处理方法

1. 地下水除铁、除锰

当生活饮用水的地下水水源中铁、锰含量超过《生活饮用水卫生标准》（GB 5749—2006）的规定时，应进行除铁、除锰处理。

（1）工艺流程的选择　地下水除铁、除锰工艺流程应根据原水水质、净化后水质要求及相似条件水厂的运行经验，通过技术经济比较后确定。地下水除铁宜采用接触氧化法，可采用的处理工艺为【地下水】→【曝气】→【接触氧化过滤】→【消毒】→【清水池】→【用户】。地下水同时含铁、锰时，其工艺流程应根据具体条件确定。当原水含铁量低于6.0mg/L、含锰量低于1.5mg/L时，可采用的处理工艺为【地下水】→【曝气】→【单级过滤】→【消毒】→【清水池】→【用户】；当原水含铁量或含锰量超过上述指标时，应通过试验确定，必要时可采用的处理工艺为【地下水】→【曝气】→【一级过滤】→【二级过滤】→【消毒】→【清水池】→【用户】；当原水中溶解性硅酸盐较高时，应通过试验确定，必要时可采用的处理工艺为【地下水】→【曝气】→【一级过滤】→【曝气】→【二级过滤】→【消毒】→【清水池】→【用户】。

(2) 曝气装置　曝气装置应根据原水水质、曝气程度及除铁、除锰处理工艺流程等选定，可采用跌水、淋水、喷水、射流曝气、板条式曝气塔、接触式曝气塔、机械通风曝气塔等装置。

1）采用跌水曝气装置可采用1~3级跌水、每级跌水高度0.5~1.0m，跌水堰单宽流量为20~50$m^3/(h\cdot m)$，曝气后水中溶解氧应为2~5mg/L。

2）采用淋水（穿孔管或莲蓬头）曝气装置时，穿孔管上的小孔直径为4~8mm、孔眼流速1.5~2.5m/s、穿孔管距池内水面安装高度为1.5~2.0m；采用莲蓬头曝气装置时，每个莲蓬头服务面积1.0~1.5m^2、淋水密度宜采用1.5~3.0$m^3/(h\cdot m^2)$。

3）采用喷水曝气装置时，每个喷嘴服务面积为1.7~2.5m^2，喷嘴口径为25~40mm，喷嘴处的工作压力宜采用7m。

4）采用射流曝气时，设计应遵守以下七条规定：喷嘴锥顶夹角宜15°~25°且喷嘴前应有长为0.25d_0圆柱段，d_0为喷嘴直径；混合管为圆柱管且管长为管径的4~6倍，混合管的入口处应做成圆锥斜面、斜面倾角为45°~60°，混合管端不宜凸出于吸入室口；喷嘴距混合管入口的距离为喷嘴直径d_0的1~3倍；空气吸入口应位于喷嘴之后靠近压力水一方的吸入口处，空气流速应不超过1m/s，当吸入气量大而流速较大时，可采用两个对称吸气口；扩散管的锥顶夹角为8°~10°；工作水可采用全部、部分原水或其他压力水；采用射流重力式除铁除锰滤池的管道中应加入空气，并经管道或气水混合器曝气，当用管道混合时，管中流速一般不小于1.5~2.0m/s、混合时间一般不小于12~15s，当用气水混合器混合时，混合时间一般为10~30s。

5）采用板条式曝气塔时板条层数可采用4~6层、层间净距400~600mm、淋水密度5~10$m^3/(h\cdot m^2)$。采用接触式曝气塔时，塔中填料粒径采用30~50mm焦炭块或矿渣，填料层层数可为1~3层，每层填料厚300~400mm，层间净距不小于600mm，淋水密度一般为5~15$m^3/(h\cdot m^2)$。

6）采用机械通风曝气塔时，塔中的填料应采用无毒材料制作，且宜采用板条或工程塑料多面空心球。采用板条时，淋水密度为20~40$m^3/(h\cdot m^2)$，单位曝气量为15~20m^3/m^3，采用多面空心球时，淋水密度为30~60$m^3/(h\cdot m^2)$，单位曝气量10~15m^3/m^3，填料层厚度一般为2~4m。以板条式或多面空心球为填料的机械通风曝气塔其排风口直接排入室外而不需另设通风设施。淋水装置接触池容积应按30~40min净化水量计算，接触式曝气塔、机械通风曝气塔集水池容积应按15~20min净化水量计算。

7）当跌水、淋水、喷水、板条式曝气塔、接触式曝气塔设置在室内时，应考虑通风设施。

（3）除铁、除锰滤池　滤池形式应根据不同地区的地下水水质、气候条件及处理水量等条件选择。滤池的滤料宜采用天然石英砂或锰砂，滤料粒径对石英砂一般为 $d_{min}=0.5$ 且 $d_{max}=1.2$mm、对锰砂一般为 $d_{min}=0.6$mm 且 $d_{max}=1.2\sim2.0$mm，滤料厚度宜为 800~1200mm，滤速宜为 5~7m/h。除铁、除锰滤池工作周期宜根据水质及气候条件确定，一般为 8~48h。除铁、除锰滤池宜采用大阻力配水系统，其承托层组成可按相关规程选用。采用锰砂滤料时，承托层顶面两层需改为锰矿石。除铁、除锰滤池冲洗强度和冲洗时间可按表 2-5-9 取值。

表 2-5-9　除铁、除锰滤池冲洗强度、膨胀率、冲洗时间

序号	滤料种类	滤料粒径/mm	冲洗方式	冲洗强度/[L/(m^2·s)]	膨胀率(%)	冲洗时间/min
1	石英砂	0.5~1.2	无辅助冲洗	13~15	30~40	>7
2	锰砂	0.6~2.0	无辅助冲洗	18	30	10~15
3	锰砂	0.6~1.5	无辅助冲洗	20	25	10~15
4	锰砂	0.8~2.0	无辅助冲洗	22	22	10~15
5	锰砂	0.8~2.0	有辅助冲洗	19~20	15~20	10~15

2. 除氟

当原水中氟化物含量超过《生活饮用水卫生标准》（GB 5749—2006）的规定时，应进行除氟处理。除氟的方法应根据原水水质、设计规模、当地经济条件等经过技术经济综合比较后确定，可采用活性氧化铝吸附法、电渗析法、反渗透法、混凝沉淀法等。除氟过程中产生的废水及泥渣应妥善处理，以防止形成新污染源。

（1）活性氧化铝吸附法　该法适用于原水含氟量小于 10mg/L、悬浮物含量小于 5mg/L 的情况。活性氧化铝的粒径应小于 2.5mm（一般为 0.5~1.5mm），并有足够的机械强度。活性氧化铝吸附法的基本工艺流程为【原水】→【加酸】→【吸附滤池（再生）】→【加碱、消毒】→【清水池】→【用户】。原水进入吸附池前宜投加硫酸、盐酸、醋酸等酸性溶液或投加二氧化碳气体，调整 pH 值应为 5.5~6.5，当原水浑浊度大于 5NTU 或含沙量较高时，应在吸附池前设置预处理。当吸附池进水 pH 值小于 7.0 时，宜采用连续运行方式，其空床流速宜为 6~8m/h，流向一般采用自上而下的形式。吸附池活性氧化铝厚度可按以下两条规定选用：当原水含氟量小于 4mg/L 时，厚度宜大于 1.5m；当原水含氟量大于 4mg/L 时，厚度宜大于 1.8m 或采用 2 个吸附池串联运行。活性氧化铝再生液宜采用硫酸铝溶液或采用氢氧化钠溶液，再生液浓度和用量应通过试验确定。采用硫酸铝溶液再生时，其浓度宜为 1%~3%；采用氢氧化钠溶液再生时，其浓度宜为 1%。采用氢氧化钠溶液再生时，可采用【反冲】→【再生】→【二次反冲】→【中和】四阶段工艺；采用硫酸铝再生时，可省去中和阶段。首次反冲时，冲洗强度宜为 12~16L/(m^2·s)、冲洗时间宜为 10~15min、冲洗膨胀率宜为 30%~50%；二次反冲时，冲洗强度宜为 3~5L/(m^2·s)、冲洗时间宜为 1~3h。

（2）电渗析法　电渗析法适用于含盐量大于 500mg/L 且小于 10000mg/L、氟化物含量大于 1.0mg/L 且小于 12mg/L 的原水。电渗析器应根据原水水质及出水水质要求和氟离子的去除率选择流量、级、段和膜对数，电渗析流程长度、级、段数应按脱盐率确定。脱盐率可按式 $Z=(100Y+C)/(100+C)$ 计算，其中，Z 为脱盐率（%）；Y 为除氟率（%）；C 为系数，重碳酸盐水型 C 为 45、氯化物水型 C 为 65、硫酸盐水型 C 为 0。电渗析法一般可采用的工艺流程为【原水】→【保安过滤】→【电渗析器】→【消毒】→【清水池】→【用户】。电渗析除氟的主要设备应包括电渗析器、倒极装置、精密过滤器、原水箱或原水加压泵、淡水箱、酸洗槽、酸液泵、给水泵、压力表、流量计、配电柜、硅整流器、变压器、化验检测仪器等。电渗析器的进水水质要求、技术工艺、操作运行和维护等宜按相关规程执行。

(3) 反渗透法　反渗透法的基本处理工艺为【原水】→【保安过滤】→【反渗透】→【消毒】→【清水池】→【用户】。反渗透装置的进水水质要求、技术工艺、操作运行和维护等宜按相关规程执行。

(4) 混凝沉淀法　混凝沉淀法适用于含氟量小于 4mg/L、水温为 7~32℃ 的原水，投加药剂后水的 pH 值应控制在 6.5~7.5。投加的药剂宜选用铝盐，以 Al^{3+} 计的药剂投加量应通过试验确定，一般宜为原水含氟量的 10~15 倍（质量比）。工艺流程宜为【原水】→【混合】→【絮凝】→【沉淀】→【过滤】→【消毒】→【用户】。沉淀时间应通过试验确定且宜为 4h，混合、絮凝和过滤的设计参数应符合相关规程规定。

3. 除砷

当生活饮用水的水源中砷含量超过《生活饮用水卫生标准》(GB 5749—2006) 的规定时，应进行除砷处理。饮用水除砷方法应根据出水水质要求、处理水量、当地经济条件等经过技术经济综合比较后确定，可采用反渗透法、离子交换法、吸附法、混凝沉淀法等。除砷过程中产生的浓水或泥渣等应妥善处置，以防止形成新污染源。

(1) 反渗透法　反渗透法处理工艺应酌情确定，含 As^{5+} 的处理工艺为【原水】→【预处理】→【反渗透】→【消毒】→【清水池】→【用户】，含 As^{3+} 的处理工艺为【原水】→【预处理】→【氧化】→【反渗透】→【消毒】→【清水池】→【用户】。采用反渗透装置除砷时，反渗透装置的进水水质要求、技术工艺、操作运行和维护等宜按相关规程执行。

(2) 离子交换法　该法适用于含砷量小于 0.5mg/L、pH 值为 6.5~7.5 的原水。离子交换法除砷的处理工艺流程为【原水】→【加酸或碱】→【离子交换树脂（再生）】→【消毒】→【清水池】→【用户】。离子交换树脂宜选用聚苯乙烯树脂，接触时间宜为 1.5min，层高 1m。选用聚苯乙烯树脂时，宜采用最低浓度不小于 3%的 NaCl 溶液再生。

(3) 吸附法　该法适用于含砷量小于 0.5mg/L、pH 值为 5.5~6.0 的原水。吸附剂宜选用活性氧化铝或活性炭，再生时可采用氢氧化钠或硫酸铝溶液。吸附法除砷工艺应酌情确定，含 As^{5+} 的处理工艺为【原水】→【加 NaOH 或硫酸铝】→【吸附（再生）】→【消毒】→【清水池】→【用户】，含 As^{3+} 的处理工艺为【原水】→【氧化、加碱或酸】→【吸附（再生）】→【消毒】→【清水池】→【用户】。当选用活性氧化铝吸附时，活性氧化铝的颗粒粒径应小于 2.5mm 且宜为 0.5~1.5mm，层高为 1.5m，接触时间为 5min。当选用活性炭吸附时，宜采用压力式活性炭吸附器，并应进行现场炭柱试验，可采用的空床流速为 3~10m/h、层高为 2~3m、反冲洗强度为 4~12L/($m^2 \cdot s$)。采用压力式活性炭吸附器时，吸附器的布置可采用单柱、多柱并联及多柱串联等形式。

(4) 混凝沉淀法　该法适用于含砷量小于 1mg/L 的原水或含 As^{5+} 的原水，投加药剂后水的 pH 值应控制在 6.5~7.5。混凝沉降法除砷工艺流程应酌情确定，含 As^{5+} 的处理工艺为【原水】→【絮凝】→【沉淀】→【过滤】→【加碱、消毒】→【清水池】→【用户】，含 As^{3+} 的处理工艺为【原水】→【絮凝】→【沉淀】→【过滤】→【氧化、加碱、消毒】→【清水池】→【用户】。

投加的药剂宜选用三氯化铁或硫酸亚铁，药剂投加量应通过试验确定，一般宜为20～30mg/L。沉淀宜选用机械搅拌澄清池，混合搅拌转速宜为100～400r/min，水力停留时间宜为5～20min。过滤设备宜选用多介质过滤器，滤速宜为4～6m/h，过滤器反冲洗循环周期宜为8～24h。

4. 苦咸水除盐处理

当原水中溶解性总固体含量超过现行《生活饮用水卫生标准》（GB 5749—2006）的规定时，应进行除盐处理。饮用水除盐处理方法应根据出水水质要求、处理水量、当地条件等经过技术经济比较后确定，一般可采用电渗析法、反渗透。处理系统中的低压管道应选用食品级UPVC塑料管或碳钢衬胶管，高压管道可选用SS304或SS316L不锈钢，阀门宜采用食品级UPVC塑料阀、不锈钢阀、碳钢衬胶阀等。苦咸水除盐处理过程中产生的废水及泥渣应妥善处理，以防止形成新污染源。

（1）电渗析法　电渗析法适用于处理溶解性总固体含量1000～5000mg/L的苦咸水。电渗析法一般可采用的工艺流程为【苦咸水】→【保安过滤】→【电渗析器】→【消毒】→【清水池】→【用户】。采用电渗析器进行脱盐处理时，电渗析器的进水水质要求、技术工艺、操作运行和维护等宜按相关规程执行。

（2）反渗透法　反渗透法适用于处理溶解性总固体含量小于40000mg/L的苦咸水。反渗透法的基本处理工艺为【苦咸水】→【保安过滤】→【反渗透】→【消毒】→【清水池】→【用户】。采用反渗透装置进行除盐处理时，反渗透装置的进水水质要求、技术工艺、操作运行和维护等宜按相关规程执行。

2.6　城市给水系统施工与维护

2.6.1　城市给水系统施工的宏观要求

1）集中式给水工程施工宜通过招投标确定施工单位和监理单位，小型工程可由有类似工程经验的施工单位承担。

2）施工前应编制施工组织设计、施工部署和方案，明确施工质量负责人和施工安全负责人，应按审批程序经批准后方可施工。

3）施工过程中应做好隐蔽工程、分项工程和分部工程等的中间环节的质量验收，隐蔽工程经过中间验收合格后，方可进行下一道工序的施工。

4）施工过程中应做好材料和设备的采购、试验与试验记录，同时做好设计变更、隐蔽工程的中间验收、分项工程质量评定，质量及故障处理技术洽商等记录。

5）施工进行过程应符合国家及当地省（区、市）有关工程文明施工、安全、防火、防电击和雷击、防噪声、劳动保护、交通保障、文物和环境保护等法律法规的有关规定。

6）应按设计要求和施工图有计划地进行施工；施工过程中，需要变更设计时，应征得建设单位和设计单位同意，由设计单位负责完成。

7）构（建）筑物、给水管井、混凝土结构、砌体结构、管道工程、机电设备等施工及验收均应符合现行国家相关施工及验收规范的规定。

2.6.2 城市给水系统土建工程施工的基本要求

1. 施工准备

1）给水排水管道工程施工前应由设计单位进行设计交底，当施工单位发现施工图有错误时，应及时向设计单位提出变更设计的要求。

2）给水排水管道工程施工前应根据施工需要进行调查研究，并掌握管道沿线的有关情况和资料，如现场地形、地貌、建筑物、各种管线和其他设施的情况，工程地质和水文地质资料，气象资料，工程用地交通运输及排水条件，施工给水、供电条件，工程材料、施工机械供应条件。在地表水水体中或岸边施工时，应掌握地表水的水文和航运资料；在寒冷地区施工时，还应掌握地表水的冻结及流冰的资料。

3）结合工程特点和现场条件的其他情况和资料，给水排水管道工程施工前应编制施工组织设计。施工组织设计的内容主要包括工程概况，施工部署，施工方法，材料、主要机械设备的供应保证，施工质量、安全、工期，降低成本和提高经济效益的技术组织措施，施工计划，施工总平面图及保护周围环境的措施等。对主要施工方法还应分别编制施工设计。

2. 施工测量

施工测量应遵守相关规定。施工前建设单位应组织有关单位向施工单位进行现场交桩，临时水准点和管道轴线控制桩的设置应便于观测，且必须牢固并采取保护措施，开槽铺设管道的沿线临时水准点每千米不宜少于两个。临时水准点、管道轴线控制桩、高程桩经过复核后方可使用，并应经常校核。已建管道构筑物等与本工程衔接的平面位置和高程开工前应校测。施工测量的允许偏差应符合相关规范要求。

3. 管道施工

1）沟槽开挖与回填应遵守相关规范规定，认真做好施工排水、沟槽开挖、沟槽支撑、管道交叉处理、沟槽回填等方面的工作。

2）预制管安装与铺设应遵守相关规范规定。管及管件应采用兜身吊带或专用工具起吊，装卸时轻装、轻放，运输时垫稳绑牢、不得相互撞击。接口及钢管的内外防腐层应采取保护措施，管节堆放宜选择使用方便、平整坚实的场地，堆放时必须垫稳，堆放层高应符合要求，使用管节时必须自上而下依次搬运。

3）橡胶圈贮存运输应符合要求。贮存室内温度宜为-5~30℃，湿度不应大于80%，存放位置不宜长期受紫外线光源照射，离热源距离不应小于1m。橡胶圈不得与溶剂、易挥发物油脂和可产生臭氧的装置放在一起。在贮存运输中不得长期受挤压。

4）管道安装前宜将管、管件按施工设计的规定摆放，摆放的位置应便于起吊及运送。管渠施工设计应遵守相关规定。顶管施工、盾构施工、倒虹管施工、附属构筑物施工均应遵守相关规范规定。检查井及雨水口、进出水口构筑物、支墩施工应遵守相关规范规定。管道水压试验及冲洗消毒应按相关规范进行。工程验收应遵守相关规范要求。

5）基坑开挖时，宜采取保护措施，深基坑工程应保持边坡的稳定性、坑底和侧壁渗透的稳定性。地基处理施工期间，应进行施工质量、施工对周围环境和邻近工程设施影响的监测。构（建）筑物基础处理应满足地基承载力和变形要求，并按规定进行基槽验收。土方回填应排除积水、清除杂物，分层铺设时厚度可取200~300mm并分层回填夯实。回填土土质、高度与压实系数应符合设计要求。管道沟槽，应待管道安装验收合格，并对管道系统进行加固后再回填。

6）钻井时应综合考虑地层岩性并对设计含水层进行复核，用黏土球封闭非取水含水层。井身直径不得小于设计井径。沉井过程中应控制每100m顶角倾斜不应超过1.5°。在松散、破碎或水敏性地层中钻井，应采用泥浆护壁，井口应加套管。沉井后应及时进行洗井和抽水试验，出水水质和水量应满足设计要求。防渗体和反滤层的施工完毕后应对单项工程进行验收，验收合格后应采取措施加以保护。

4. 取水构筑物施工

地表水取水构筑物的施工应做好防洪、土石方堆弃、排水、清淤与导流等以保证施工安全，竣工后应及时拆除全部施工设施、清理现场，修复原有护坡、护岸等。取水头部施工前应编制施工设计，施工周边应有足够供堆料、牵引及安装施工机具的场地。

5. 水池施工

水池施工应做好钢筋的绑扎与保护层、防渗层，防止出现变形缝，避免或减少施工冷缝、控制温差引起的裂缝，保证其水密性和耐蚀性。施工完成后应进行满水试验，满水试验时，应无渗水现象。水池渗水量按池壁和池底的浸湿总面积计算，钢筋混凝土水池渗水量应小于2L/(m^2·d)，砖石砌体水池应小于3L/(m^2·d)。

满水试验合格后应及时进行池壁外的各项工序及回填土方，需覆土的池顶也应及时均匀对称地回填。集蓄水池给水系统井式水窖（井窖）施工要求土质黏结性好，质地坚硬，远离地层裂缝、沟边、沟头、陷穴，必要时应在前次砂浆凝固后再抹第二层且要求每层应一次连续抹完。

集蓄水池给水系统窖式水窖（长方形拱顶水窖）施工可用浆砌块石砌筑，M5.0水泥砂浆抹面，窖壁与窖底用M8.0或M10.0水泥砂浆抹面、厚30mm，防渗做法同井窖。

2.6.3 城市给水系统施工对材料、设备采购的基本要求

材料、设备的采购应符合采购程序和设计要求，并符合我国现行的有关标准的规定，卫生性能也应符合我国现行的有关标准的规定。材料、设备（含附件）到货后应对照供货合同及时验收，包括出厂合格证、性能检测报告、技术指标和质量、外观、颜色、说明书与生产日期等。凡与生活饮用水直接接触的设备、管道、附件及其防腐材料、滤料、化学净水剂、净水器等设备材料均应符合卫生安全要求。

对批量购置的主要材料应按照有关规定进行见证取样检测。材料、设备应按性质合理存放，不应与有毒物质和腐蚀性物质存放在一起。水泥、钢材应有防雨、防潮措施，塑料管道堆放场地应平整，并有遮阳等防老化措施。

2.6.4 城市给水系统管道、设备安装的基本要求

1. 管道、设备质量检查

管道、设备安装前应对管材、管件、附件及设备按设计要求进行核对，并在施工现场进行外观质量检查，符合设计要求方准使用。管道、设备安装前应逐一进行质量检验，随时清扫其内部杂物和表面污物，给水管道暂时停止安装时两端应临时封堵。

2. 管道、设备安装

1）净水设备安装和调试宜要求生产厂家派专人进行现场指导。

2）管道安装时应将管节的中心及高程逐节调整准确，安装后的管节应进行复测，合格后方可进行下一工序的施工。构筑物间的连接管道应设柔性接口，以防不均匀沉降引起管道损坏。构（建）筑物管道安装位置允许偏差及机电设备与金属结构安装位置允许偏差应符合设计要求。

3）管道安装应根据管材的特性采取合理的连接方式并采用相应的专用连接工具，接口应不漏水且不破坏其强度。给水管道严禁在雨污水检查井中及排水管渠内穿过。

4）输配水管道安装完成后应按以下四个要求进行水压试验：长距离管道试压应分段进行，且长度不宜大于1.0km；管道灌水时应将管道内的气体排除，充满水后应在不大于工作压力条件下充分浸泡，浸泡时间对无水泥砂浆衬里的管道应不小于24h、有水泥砂浆衬里的金属管和混凝土管应不小于48h；当水压升到表2-6-1所述管道试验压力后应保持恒压10min，以检查接口和管身无破损及漏水现象，实测渗水量不大于表2-6-2规定的允许渗水量时，方可视为管道安装合格；管道长度不大于1km时，在试验压力下10min压降不大于0.05MPa的，可认为其严密性试验合格。

表2-6-1　不同管材的试验压力　（单位：MPa）

管材种类	钢管	塑料管	铸铁管		混凝土管
最大工作压力	P	P	$P\leqslant 0.5$	$P>0.5$	P
试验压力	$P+0.5\geqslant 0.9$	$1.5P$	$2P$	$P+0.5$	$2P$

表2-6-2　严密试验允许渗水量　[单位：L/(min·km)]

管道内径/mm	≤100	125	150	200	250	300
钢管和塑料管	0.28	0.35	0.42	0.56	0.70	0.85
球墨铸铁管	0.70	0.90	1.05	1.40	1.55	1.70
混凝土管	1.40	1.56	1.72	1.98	2.22	2.42

3. 手动泵给水系统的施工

手动泵给水系统中手动泵的施工安装应遵守以下八个技术要求：安装手动泵的水源井，且其井壁管直径不得小于100~160mm；手动泵支架和支腿必须预埋在混凝土基础内固定；手动泵周围必须建造质量合格的井台；在井台外必须建造排水设施；在距手动泵50m直径范围内不得建厕所、牲畜圈或堆放人畜粪便；泵缸顶部要求安装在动水位1m以下；寒冷地区应自地面至冻土层以下在输水管上部开防冻孔，防冻孔直径1~1.5mm，其位置在防冻线以下；泵安装前应按卫生要求对井进行消毒。

手动泵给水系统中手动泵的井台施工应遵守以下六个要求：手动泵必须安装在坚固的混凝土井台上；井台可建成圆形或方形；井台必须有一定的坡度并设有排水渠，且应保证余水进入自然排水沟和农田或渗水池；泵的出水口与井的中心线应对齐；安装后的泵应是密封的，以防止积水流入井内；井台建造应牢固、无裂缝，泵头应牢固、无晃动。

手动泵给水系统中手动泵的渗水池施工应遵守以下三个要求：井台内的余水经排水渠排出，若不便排入自然排水沟或农田时，必须建造渗水池；渗水池与井台的距离应不小于3m，渗水池内应填充沙、石子等，以便使水渗入地下并防止地面污染；建造一个牲畜饮水池或洗衣池时，其距泵应不小于5m。

2.6.5　城市给水系统试运行的基本要求

1）工程按审批的项目全部完成后应至少经过 15~20d 的试运行期，施工、设计、监理和给水管理等单位应参与工程的试运行。试运行前应根据净水工艺要求，在单机调试、联动、低负荷运行的基础上再按设计负荷对净水系统进行调试，应定期检测药剂投加量和各净水构筑物或净水设备的出水水质，并做好检测记录，在连续 3 次出水水质检测全部合格后，方可投入整个系统的试运行。

2）试运行前应按以下两个要求进行管道冲洗和消毒：冲洗水的流速宜采用不小于 1.0m/s 并应连续冲洗，直至进水和出水的浑浊度、色度相同为止；冲洗后的管道应采用氯离子浓度不低于 20mg/L 的清洁水浸泡 24h 后再次冲洗，直至水质检验部门取样化验合格为止。

3）机泵设备试运行应先单机运行，然后带负荷运行，最后系统联动运行。其负荷应由低负荷逐渐加到设计负荷，取水泵、配水泵及其配套电动机运行应正常，且其能力均应达到设计要求。整个给水系统投入试运行后应及时记录取水、输水、净水、配水等各种构筑物和设备的运行参数，检测净水构筑物进、出水水质的控制项目均应达到设计要求。

4）投入试运行 3d 后应定点检测配（供）水管网流量和水压，对出水和管网末梢水各进行一次水样全分析。当给水能力、水压达到设计要求，水质化验合格后方可进行试运行，在 15~20d 的试运行观察期间，应按水厂运行管理要求做好各项观测记录和水质检测。

2.6.6　城市给水系统竣工验收的基本要求

集中式给水工程应通过竣工验收后方可投入运行。竣工验收应由建设单位（业主）组织设计单位、施工单位、监理单位及卫生监督部门、建设主管部门和有关单位共同进行验收。竣工验收应在分项、分部工程符合设计和验收合格后方可进行。竣工验收时建设单位应提供全过程的技术资料。

给水工程竣工验收应核实分项工程验收资料、工程建设报告、隐蔽工程验收单、试水试车运行报告、竣工预决算报告、竣工图、设计变更文件和有关各种技术资料。

整体工程验收应对构筑物的位置、高程、坡度、平面尺寸、工艺管道及其附件等安装的位置和数量进行复验和外观检查。验收时应对给水系统的安全状况和运行现场查看分析，并测其给水能力、各净水构筑物或净水设备特殊水质处理的控制指标，给水能力、给水水质均应达到设计要求且工程质量应无安全隐患。

竣工验收合格后，建设单位应将有关设计、施工及验收的文件和技术资料立卷归档。

2.6.7　城市给水系统运行管理的基本要求

1. 一般要求

1）给水单位应规范运营机制，努力提高管理水平，确保安全、优质、低耗给水。

2）给水单位应根据工程具体情况建立水源卫生防护、水质检验、岗位责任、运行操作、安全规程、交接班、维护保养、成本核算、计量收费等运行管理制度和突发事件处理预案，并按制度进行管理。

3）给水单位应按“因事设岗、以岗定员、精简高效”原则，合理地设置岗位并配备管理人员，管理人员应经过岗前培训，并熟练掌握其岗位的技术要求，持证上岗。给水单位应取得取水许可证、卫生许可证，运行管理人员应有健康合格证。

4）供水单位应认真填写运行管理日志，做好档案管理，定期向主管部门报告给水情况。因维修等原因临时停止给水时，应及时通告用户，发生水源水污染或水致传染病等影响群众身体健康的事故时，应及时向主管部门报告，查明原因，妥善处理。

5）给水单位应定期听取用户意见，不断总结管理经验、提高管理水平。给水单位应对用户进行用水卫生和节约用水知识宣传。

6）给水单位可参照《城镇供水厂运行、维护及安全技术规程》（CJJ 58—2009）的规定对村镇给水工程进行管理。

2. 水质检验

1）给水单位应根据工程具体情况建立水质检验制度、配备检验人员和检验设备，应对原水、出厂水和管网末梢水进行水质检验，并接受当地卫生部门的监督。出厂水和管网末梢水水质应符合《生活饮用水卫生标准》（GB 5749—2006）的要求。

2）水质检验项目和频率应根据原水水质、净水工艺、给水规模确定，不低于表 2-6-3 的要求。其中，感官性状指标包括浑浊度、肉眼可见物、色、臭和味；细菌学指标主要包括细菌总数、总大肠菌群，当水源受粪便污染时，应增加检测耐热大肠菌群；消毒控制指标中采用氯消毒时为游离氯含量，采用氯胺消毒时为总氯含量，采用二氧化氯消毒时为二氧化氯余量，采用其他消毒措施时应检验相应消毒控制指标；特殊检验项目是指水源水中的氟化物、砷、铁、锰、溶解性总固体或 CODMn 等超标且有净化要求的项目，出厂水的 CODMn 一般不应超过 3mg/L，特殊情况下不应超过 5mg/L；进行水样全分析时，检验项目可根据当地水质情况和需要由给水单位与当地卫生部门共同研究确定；水质变化较大时，应根据需要适当增加检验项目和检验频率。

表 2-6-3 水质检验项目及检验频率

水样		检验项目	给水单位的实际平均日给水量 $W(m^3/d)$		
			5000≥W>1000	1000≥W≥200	W<200
水源水	地下水	感官性状指标、pH 值	每周 1 次	每月 2 次	每月 1 次
		细菌学指标	每月 2 次	每月 1 次	每月 1 次
		特殊项目	每周 1 次	每月 2 次	每月 2 次
		全分析	每年 1 次	每年 1 次	每年 1 次
	地表水	感官性状指标、pH 值	每日 1 次	每日 1 次	每日 1 次
		细菌学指标	每月 2 次	每月 1 次	每月 1 次
		特殊项目	每周 1 次	每周 1 次	每周 1 次
		全分析	每年 2 次	每年 2 次	每年 2 次
出厂水		感官性状指标、pH 值	每日 1 次	每日 1 次	每日 1 次
		细菌学指标	每日 1 次	每周 1 次	每月 2 次
		消毒控制指标	每日 1 次	每日 1 次	每日 1 次
		特殊项目	每日 1 次	每日 1 次	每日 1 次
		全分析	每年 2 次	每年 2 次	每年 2 次

（续）

水样	检验项目	给水单位的实际平均日给水量 W(m^3/d)		
		5000≥W>1000	1000≥W≥200	W<200
末梢水	感官性状指标、pH值	每月2次	每月2次	每月1次
	细菌学指标	每月2次	每月2次	每月1次
	消毒控制指标	每月2次	每月2次	每月1次
	全分析	每年1次	每年1次	视情况确定

3）原水采样点应布置在取水口附近，管网末梢水采样点应设在水质不利的管网末梢，并应遵守“给水入口每1万人设1个”的原则，给水入口在1万人以下时，应不少于1个，多村联片给水时，每村不宜少于1个。水样采集、保存和水质检验方法应符合《生活饮用水标准检验法》（GB 5750—2006）的规定，也可采用国家质量监督部门、卫生部门认可的简便方法和简易设备进行检验。给水单位不能检验的项目应委托具有生活饮用水水质检验资质的单位进行检验。当水质发生突变、检验结果超出水质标准限值时，应立即重复测定并增加检验频率，水质检验结果连续超标时，应查明原因并采取有效措施，防止对人体健康造成危害。水质检验记录应真实、完整、清晰并存档。

3. 水源及取水构筑物管理

1）给水单位应按国家颁发的《饮用水水源保护区污染防治管理规定》的要求，结合实际情况，合理设置生活饮用水水源保护区，并设置明显标志，应经常巡视，以便及时处理影响水源安全的问题。地下水和地表水水源保护应符合相关规程的规定。每天应记录水源取水量，水源的水量分配发生矛盾时，应优先保证生活用水。任何单位和个人在水源保护区内进行建设活动，应征得给水单位的同意和水行政主管部门的批准。水源保护区内的土地宜种植水源保护林草，或进行不污染水源水质的农业生产。

2）地表水取水构筑物管理应符合以下四个要求：每天应观测取水口水位、水质变化和来水情况；应及时清理取水口的杂草、浮冰等漂浮物，拦污栅前后的水位不宜超过0.3m；应定期观测取水口处的水深，并及时清除取水口处的淤泥和水生物；汛期应防止洪水危害，冬季应防止冰凌危害。

3）地下水取水构筑物管理应符合以下五个要求：应定期观测水源井内的静水位、动水位，当水位、含砂量出现异常时，应及时查明原因；暂时停用或备用的水源井每隔15~20d应进行一次维护性抽水，运行时间不少于8h；定期量测井深每半年至少1次，井底淤积较多时应及时清理；管井的单位降深出水量减少、不能满足要求时，应查明原因并采取洗井措施，渗渠、大口井出水量不能满足要求时，应更换或清洗反滤层；集取地表渗透水的取水构筑物，在汛期需防止洪水危害。

4. 净水厂管理

（1）卫生防护　水厂生产区和单独设立的生产构（建）筑物的卫生防护应符合以下两个要求：防护范围应不小于其外围30m，并应设立明显标志；防护范围内应保持良好的卫生状况，有条件时应进行绿化美化，防护范围内不应设置生活居住区、禽畜饲养场、渗水厕所、渗水坑、污水渠道，且不堆放垃圾、粪便、废渣等。净化厂运行管理人员应掌握本水厂的工艺流程、设计参数，并按设计工况运行，每天应做好水厂取水量、给水量等各种记录。

水厂生产区和单独设立的生产构（建）筑物应有安全保卫措施。各类生产构（建）筑物和设备应经常保持清洁，厂区应绿化并整洁美观。

（2）药剂（混凝剂、消毒剂）管理要求　应根据净化工艺、水质情况、有关试验和设计要求选择药剂；药剂质量应符合我国现行的有关标准，购置药剂时应向厂家索取产品的卫生许可证、质量合格证及说明书；药剂应根据其特性和安全要求分类妥善存放，并应做好入、出库记录；药剂仓库和加药间应保持清洁并有安全防护措施；运行时应按规定的浓度用清水配置药剂溶液，应根据水质和流量确定加药量，当水质和流量变化较大时，应及时调整加药量，应按设计投加方式计量投加并应保证药剂与水快速均匀混合；每天应经常巡视各类加药系统的运行状况，发现问题及时处理，并记录各种药剂每天的用量、配置浓度、投加量及加药系统的运行状况；应不断总结加药经验，在满足净化效果的前提下合理降低药耗。

（3）质量监控　计量仪表和器具应按标准进行定期检定。净水构筑物和净水器宜按设计工况运行，应严格控制运行水位（水压），运行负荷不宜超过设计值的15%，发现异常应及时处理。各净水构建物（净水器）的出口应设质量控制点，粗滤池的出水浑浊度宜小于20NTU，沉淀池或澄清池的出水浑浊度宜小于5NTU，滤池和净水器的出水浑浊度宜小于2NTU，当出水浑浊度不能满足要求时应立即查明原因。预沉池应每天观测其进水的含砂量，定期测量淤积高度，及时清淤。

（4）慢滤池的运行管理　应遵守以下五条方面的规定：宜24h连续运行且滤速不应超过0.3m/h；初期应半负荷、低滤速运行，15d后视出水浑浊度可逐渐增大到设计值；应定时观测水位和出水流量，及时调整出水堰高度或阀开度，以满足设计出水量和滤速的要求，不能满足设计出水量要求时，应刮去表面20~50mm的砂层，并把堰口高度恢复到最高点或调整阀开度到原位；当滤层厚度小于700mm时，应及时补砂，补砂时应刮去表面50~100mm的砂层后再补新砂滤料至设计厚度；每隔5年宜对滤料和承托层全部翻洗一次。

（5）絮凝池、沉淀池或澄清池的运行管理　应遵守以下五条方面的规定：应经常观测絮凝池的絮体颗粒大小和均匀程度，及时调整加药量和混合设备，保证絮体颗粒大、密实、均匀、与水分离度大；应及时排泥，经常检查排泥设备以保持排泥畅通；在藻类繁殖季节，平流沉淀池应采取除藻措施防止藻类进入滤池；斜管（板）沉淀池应定期冲洗；澄清池宜不间断运行，且初始运行应符合要求，初始水量宜为正常水量的1/2~2/3，初始投药量宜为正常投药量的1~2倍，原水浑浊度低时可投加石灰、黏土以尽快形成活性泥渣，二反应室沉降比达标后方可减少投药量、增加水量，每次增加水量应间隔进行，且每小时增加量不宜超过正常水量的20%。

（6）快滤池的运行管理

1）普通快滤池的冲洗应遵守以下四条方面的规定：应经常观察滤池的水位，当水头损失达1.5~2.5m或滤后水浑浊度大于2NTU时应按设计冲洗强度进行冲洗；冲洗前应先关进水阀，待滤料层表面以上的水深下降到200mm时再关闭出水阀；冲洗时应先开启冲洗管道上的放气阀、冲洗水阀开启1/4，待残气放完后再逐渐开大冲洗水阀；冲洗结束时排水浑浊度应小于15NTU，重新投入运行时滤池中的水位应不低于排水槽。

2）间断运行的快滤池每次运行结束后应进行冲洗，冲洗结束后应保持滤料层表面有一定的水深。冲洗后滤池的出水浑浊度仍不能满足要求时应更换滤料，新装滤料应在含氯量不低于0.3mg/L的溶液中浸泡24h，且应经检验合格、冲洗两次以上方可投入使用。净水器、电渗析、反渗透等装置应按照产品说明书的要求操作和维护。调节构筑物不得超上限或下限水位运行，每年应放空清洗，并经消毒合格后方可再蓄水运行，消毒宜采用氯离子浓度不低于 20mg/L 的清洁水，消毒完成后需用清水再次冲洗。

(7) 消毒设备的管理　应遵守以下五条方面的规定：氯气的使用、贮存、运输和泄漏处置应符合《氯气安全规程》（GB 11984—2008）的规定；氯（氨）瓶的使用管理应符合《压力容器安全技术监察规程》的规定；应经常监视加氯机、次氯酸钠发生器、二氧化氯发生器等消毒设备的运行状态，并做好记录；液氯消毒间应配备防毒面具和维修工具，并置于明显、固定位置；运行人员应不断总结消毒剂投加量与出厂水消毒剂余量的关系，以便经济合理地确定消毒剂投加量。

5. 泵房管理

1）泵房管理应符合《泵站技术管理规程》（SL 255—2000）的有关规定。机泵运行人员应取得低压电工操作合格证方可上岗。电气设备的操作和维护应符合《电业安全工作规程》（DL 408—1991）的有关规定。

2）应经常巡查机电设备的运行状况、记录仪表读数、观察机组的振动和噪声，发生异常应及时处理。油浸式变压器的上层油温不应超过 85℃，水泵轴承温升不应超过 35℃，电动机的轴承温度对滑动轴承不应超过 70℃、滚动轴承不应超过 95℃，电动机的运行电压应在额定电压的 95%~110%范围内，电动机的电流除起动过程外不应超过额定电流。

3）机电设备每月应保养 1 次，停止工作的机电设备每月应试运转 1 次。

4）离心泵应在泵体内充满水、出水阀关闭的状态下起动，并应合理调节出水阀开度和运行水泵台数使其在高效区运转，停泵时应先关闭出水阀。除止回阀外，泵站和输配水管线上的各类控制阀应均匀缓慢开启或关闭。

5）水泵工作时吸水池（或井）水位不应低于最低设计水位。环境温度低于 0℃、水泵不工作时，应将泵内存水排净。电动机在运行中发生自动掉闸时，应立即查明原因，在未查明原因前不得重新起动。

6）泵房内所有设施、设备均应完好，且能随时起动正常运行。泵房应保持室内清洁、门窗明亮、通风及照明设施齐备，环境卫生良好。

6. 输配水管理

1）应定期巡查输配水管的漏水、覆土、被占压及附属设施运转等情况，发现问题及时处理。应根据原水含砂量和输水管（渠）运行情况及时清除输水管（渠）内的淤泥。

2）每天应定时查看高位水池或水塔内的水位及其指示装置，水位应保持在最高、最低设计水位范围内，水位指示装置应工作正常。

3）枝状配水管网末梢的泄水阀每月至少应开启 1 次以排除滞水。对管线中的进（排）气阀每月至少应检查维护 1 次，并及时更换变形的浮球，严禁在非检修状态下关闭进（排）气阀下的检修阀门。干管上的闸阀每年至少应启闭和维护 1 次，支管闸阀每 2 年至少应启闭和维护 1 次，经常浸泡在水中的闸阀每年操作应不少于 2 次。

4）应经常检查减压阀的运行和振动情况，发现问题及时维修或更换。消火栓应保持性能完好且随时呈待用状态。

5）每年应对管道附属设施检修 1 次并对钢制外露部分涂刷 1 次防锈漆。发现管道漏水时应及时维修，更新的管材、管件等应符合相关标准的规定并应消毒、冲洗。供生活饮用水的配水管道严禁与非生活饮用水管网和自备给水系统相连接，未经批准不得从配水管网中接管。管道及其附属设备更换和维修后应严格冲洗、消毒。

6）应定期观测配水管网中的测压点压力，每月至少 2 次。应定期检查给水系统中的水表，不应随意更换水表和移动水表位置。应有完整的输配水管网图，应详细注明各类阀井的位置并及时更新。

7. 分散式给水系统管理

（1）供生活饮用水的单户集雨工程管理　集流面上不应有粪便、垃圾、柴垛、肥料、农药瓶、油桶和有油渍的机械等污染物，利用自然坡面集流时，集流坡面上不应施农药和肥料；雨季的集流面应保持清洁，并应经常清扫，以便及时清除汇流槽（汇流管）、沉淀池、粗滤池中的淤泥，不集雨时应封闭蓄水构筑物的进水孔和溢流孔，以防止杂物和动物进入；过滤设施的出水水质达不到要求时，应及时清洗或更换过滤设施内的滤料；应每年清洗 1 次蓄水构筑物；水窖宜保留深度不小于 200mm 的底水，以防止窖底开裂；在蓄水构筑物外围 5m 范围内，不应种植根系发达的树木。

（2）供生活饮用水的公共集雨工程管理　集流范围内不应从事任何影响集流和污染水质的生产活动，在蓄水构筑物外围 30m 范围内，禁止放牧、洗涤等可能污染水源的活动。

（3）雨水收集场的管理　应经常清扫树叶等杂物，并保持集水场与集水槽（汇水渠）的清洁卫生；应定期对地面集水场进行场地防渗保养和维修工作；地面集水场应用栅栏或篱笆围护，以防闲人或牲畜进入将其破坏，其上游宜建截流沟，以防受污染的地表水流入，集水场周围应种树绿化，以防风沙；采用屋顶集水场时，应在每次降雨时排弃初期降水后，再将水引入简易净化设施。

（4）手动泵给水系统对水源井的管理　出水量、动水位（抽水水位）应能保证手动泵的工作要求，出水量一般以 1.0~1.5m^3/h 为宜，深井手动泵动水位水深度要小于 48m，真空手动泵动水位水深度要小于 10m；应严格按照饮用水水源井要求，认真做好非取水层与井口的封闭工作；井水中的含砂量应小于 20mg/L；井的使用寿命至少要保证正常给水 15 年以上，井管直径要比泵体最大部分外径大 50mm，且井径应大于 100mm；应在保证取水要求的前提下，尽可能地降低工程造价；应按相关规范要求提供水文地质资料与水质资料，并由主管部门确认和签署能否作为饮用水水源的意见。

（5）手动泵给水系统的管理　应建立乡村级管水组织；应加强技术培训；应建立规章制度；应加强水源的卫生防护和水质监测；应加强深井手动泵及真空手动泵的维护保养。

思考题与习题

1. 流体的基本特征是什么？
2. 简述室外给水系统的特点。
3. 建筑生活给水排水有哪些特点？
4. 简述室内生活给水系统的构成及基本要求。
5. 简述建筑给水排水工程施工图的特点及识读要领。
6. 建筑给水工程的总体特点是什么？有哪些宏观要求？
7. 建筑给水排水有哪些宏观要求？

8. 简述建筑给水设计的特点及基本要求。
9. 管道直饮水设计有哪些基本要求？
10. 二次给水设计有哪些基本要求？
11. 污水再生利用与雨水利用有哪些基本要求？
12. 室内给水系统安装有哪些基本要求？
13. 给水管道及配件安装有哪些基本要求？
14. 室内消火栓系统安装有哪些基本要求？
15. 给水设备安装有哪些基本要求？
16. 给水系统调试有哪些基本要求？
17. 建筑饮水供应系统安装应注意哪些问题？
18. 建筑中水系统及雨水利用系统安装的基本要求是什么？
19. 中水系统及雨水利用系统调试应注意哪些问题？
20. 简述城市给水系统设计的宏观要求。
21. 城市给水水源的基本要求是什么？
22. 简述城市给水泵站的基本要求。
23. 城市给水输配管网有哪些基本要求？
24. 简述城市给水处理的基本要求。
25. 城市给水水处理的基本方法有哪些？各有什么特点？
26. 城市给水中特殊水的处理方法有哪些？各有什么特点？
27. 简述城市给水系统施工的宏观要求。
28. 城市给水系统土建工程施工有哪些基本要求？
29. 城市给水系统施工对材料、设备采购的基本要求是什么？
30. 城市给水系统管道、设备安装的基本要求是什么？
31. 城市给水系统试运行的基本要求有哪些？
32. 城市给水系统竣工验收应注意哪些问题？
33. 城市给水系统运行管理的基本要求有哪些？

建筑消防系统 第3章

3.1 建筑消防系统概述

建筑消防系统一般可分为消火栓给水系统、自动喷水灭火系统、水幕消防系统三类。建筑消防系统主要由消火栓设备、水泵接合器、消防管道、消防水箱、消防水池、水源等组成。

建筑消防系统的给水方式主要有以下四类：直接给水方式；设水泵、水箱的给水方式；设水池、水泵、水箱的给水方式；分区给水方式。高层建筑中消防管道上、下部的压差很大，当消火栓处最大压力超过0.8MPa时，必须采用分区给水方式。分区给水的串联方式适用于建筑高度超过100m的高层建筑，并联方式适用于建筑高度不超过100m的高层建筑。多层建筑和高层民用建筑消防用水量一般根据消防水枪充实水柱长度通过计算确定，且不应小于相关规范规定。

3.1.1 消火栓的布置

（1）多层建筑消火栓布置　采用消火栓系统的建筑各层均应设置消火栓系统。建筑高度不超过24m、体积不超过5000m^{3}的库房，应保证有1支消防水枪的充实水柱到达同层内任何部位，其他民用建筑应保证有2支消防水枪的充实水柱同时达到任何部位。消火栓设备的消防水枪射流灭火，需要有一定强度的密实水流才能有效地扑灭火灾。消防水枪充实水柱长度应大于7m、小于15m。消防电梯前室应设消火栓。消火栓应布置在明显、易于取用的地方，如走廊、楼梯间大厅、车间出入口、消防电梯前室等。消火栓口距地面安装高度为1.1m，栓口宜向下或与墙面垂直安装。为保证及时灭火，每个消火栓处应设置直接起动消防水泵的按钮或报警信号装置。在建筑物顶应设一个消火栓，以利于消防人员经常检查消防给水系统是否能正常运行，同时能起到保护建筑物免受邻近建筑火灾波及的作用。

（2）高层民用建筑消火栓布置　消火栓布置间距应经计算确定，但不应大于30m。应保证同层有2支消防水枪的充实水柱同时达到任何部位。消火栓消防水枪的充实水柱长度不应小于10m，高度超过50m的金融楼、科研楼等一类高层的建筑不应小于13m。消防电梯前室应设消火栓。消火栓处的静水压力不应大于0.8MPa，当超过0.8MPa时应在消火栓处设减压装置。

3.1.2 建筑消防管网的设置

（1）多层建筑消防管网设置　室内消火栓超过10个且消防用水量超过15L/s时，室内消防给水管道至少应有两条进水管与室外管网连接，并应将室内管道连成环状或将进水管与室外管道连成环状。高层工业建筑室内消防竖管应成环状且管道的直径不应小于100mm。超过四层的厂房和库房，高层工业建筑，设有消防管网的住宅及超过五层的其他民用建筑，其消防给水管道应设水泵接合器。

（2）高层建筑消防管网设置　管网应有独立的消防给水系统和区域集中的消防给水系统，并按建筑高度划分为分区和不分区消防给水系统。引入管应不少于2条，且应构成环网，消防给水管道应设水泵接合器，消防竖管管径应不小于100mm，并保证同层相邻两个消火栓的消防水枪充实水柱同时到达室内任何部位。用单出口栓时，箱体离最高的栓应不超过0.7m，否则应加压。管网应远离起动泵，应确保火警后5min泵起动。管网应与自动喷洒系统在报警阀前分开或独立设置。

3.1.3　自动喷水灭火系统的组成与分类

自动喷水灭火系统是一种在发生火灾时能自动打开喷头喷水灭火并同时发出火警信号的消防灭火设施，通常由水源、加压贮水设备、喷头、管网、报警装置等组成。通过加压设备将水送入管网至带有热敏元件的喷头处，喷头在火灾的热环境中自动开启洒水灭火。自动喷水灭火系统通常有闭式自动喷水灭火系统和开式自动喷水灭火系统两类。闭式自动喷水灭火系统又有湿式自动喷水灭火系统、干式自动喷水灭火系统、干湿式自动喷水灭火系统、预作用自动喷水灭火系统、重复启闭预作用灭火系统、自动喷水-泡沫连用灭火系统等多种形式。开式自动喷水灭火系统又有雨淋喷水灭火系统、水幕系统、水喷雾灭火系统三种形式。

1. 自动喷水灭火系统装置的组成

自动喷水灭火系统装置通常由喷头、报警阀、水力警铃、水流指示器、压力开关、延迟器等组成。

（1）喷头　喷头有闭式喷头、开式喷头两大类型。闭式喷头的喷口用由热敏元件组成的释放机构封闭，当达到一定温度时能自动开启，比如在玻璃球爆炸、易熔合金脱离时，闭式喷头按溅水盘形式和安装位置的不同有直立型、下垂型、边墙型、普通型、吊顶型和干式下垂型洒水喷头之分。开式喷头根据用途分为开启式、水幕式、喷雾式等形式。

（2）报警阀　报警阀的作用是开启和关闭管网的水流，传递控制信号至控制系统并起动水力警铃直接报警。报警阀有湿式、干式、干湿式和雨淋式四种类型。湿式报警阀（见图3-1-1）用于湿式自动喷水灭火系统。干式报警阀用于干式自动喷水灭火系统。干湿式报警阀用于干式自动喷水灭火系统，由湿式、干式报警阀依次连接而成，在温暖季节用湿式装置，在寒冷季节则用干式装置。雨淋式报警阀（见图3-1-2）用于雨淋、预作用、水幕、水喷雾自动喷水灭火系统。

（3）水力警铃　水力警铃（见图3-1-3）主要用于湿式喷水灭火系统，宜装在报警阀附近，连接管长度不宜超过6m。当报警阀打开消防水源后，具有一定压力的水流冲击叶轮打铃报警。水力警铃不得由电动报警装置取代。

（4）水流指示器　水流指示器（见图3-1-4）的作用步骤如下：某个喷头开启喷水或管网漏水时，管道中的水产生流动；引起水流指示器中桨片随水流而动作；接通延时电路后，继电器触电吸合发出区域水流电信号，送至消防控制室。

（5）压力开关　压力开关（见图3-1-5）的作用步骤如下：在水力警铃报警的同时，依靠警铃管内水压的升高自动接通电触点，完成电动警铃报警，向消防控制室传送电信号或起动消防水泵。

（6）延迟器　延迟器（见图 3-1-6）是一个罐式容器，通常安装于报警阀与水力警铃之间或压力开关之间。其用途是防止因水压波动引起报警阀开启而导致的误报。报警阀开启后水流需经 30s 左右充满延迟器后方可冲打水力警铃。

图 3-1-1　湿式报警阀

图 3-1-2　雨淋式报警阀

图 3-1-3　水力警铃

图 3-1-4　水流指示器

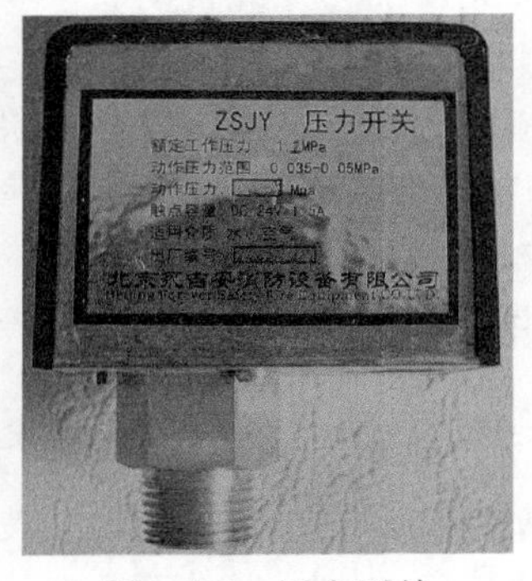

图 3-1-5　压力开关

图 3-1-6　延迟器

2. 湿式自动喷水灭火系统

湿式自动喷水灭火系统的工作原理见图 3-1-7。

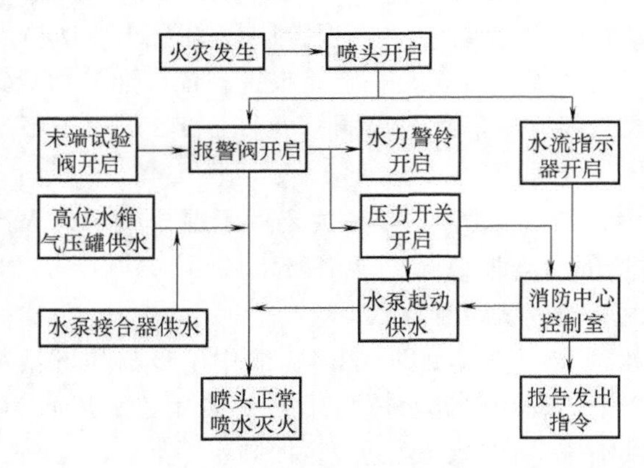

图 3-1-7　湿式自动喷水灭火系统的工作原理

3. 干式自动喷水灭火系统

干式自动喷水灭火系统为喷头常闭的灭火系统，管网中平时不充水，充有有压空气（或氮气），当建筑物发生火灾，火点温度达到开启闭式喷头的温度时，喷头开启排气、充水灭火。其优点是管网中平时不充水，对建筑物装饰无影响，对环境温度也无要求。其缺点是系统灭火时需先排气，故喷头出水灭火不如湿式系统及时。干式自动喷水灭火系统适用于采暖期长而建筑内无采暖的场所。其工作原理见图3-1-8。

4. 雨淋喷水灭火系统

雨淋喷水灭火系统为喷头常开的灭火系统。当建筑物发生火灾时由自动控制装置打开集中控制闸门，使整个保护区域所有喷头喷水灭火，形似下雨降水。其优点是出水量大、灭火及时。雨淋喷水灭火系统适用于火灾的水平蔓延速度快、闭式喷头的开放不能及时使喷水有效覆盖着火区域的场所或部位；也适用于内部容纳物品的顶部与顶板或吊顶的净距大，发生火灾时，能驱动火灾自动报警系统，而不易迅速驱动喷头开放的场所或部位；还适用于严重危险级Ⅱ级场所。

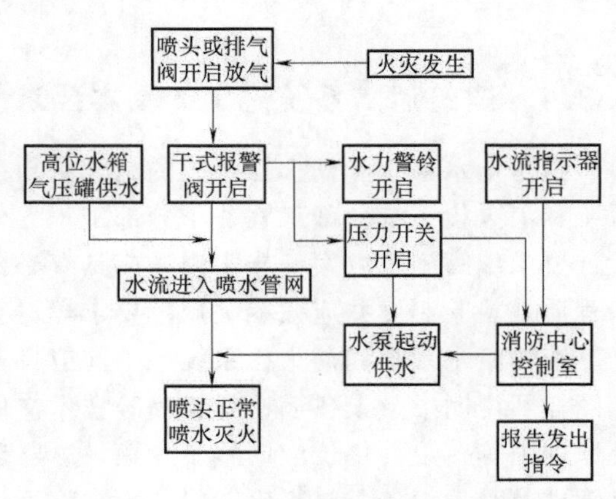

图3-1-8　干式自动喷水灭火系统工作原理

5. 水幕系统

水幕系统喷头沿线状布置，发生火灾时主要起阻火、冷却、隔离作用。水幕系统适用于需防火隔离的开口部位，如舞台与观众之间的隔离水帘、消防防火卷帘的冷却等。

3.2　建筑消防系统设计要求

1）居住建筑、公共建筑应根据建筑用途、功能、规模、重要性及火灾特性、火灾危险性等因素及我国现行标准、规范的要求，配置合理的消防给水系统和灭火设施。

2）消防给水水源必须安全可靠，室外给水水源应为两路给水，不能满足时室内消防水池应贮存室外消防部分的用水量。

3）室外消防给水管道及室外消火栓的布置应确保其保护范围内的室外消防水量。建筑物内消火栓系统及其他消防给水系统应根据城镇给水管网给水条件，合理配置完善的管网、贮水、加压及末端灭火等构筑物或设施，并保证安全可靠的消防给水。

4）室内消火栓给水管网及消火栓的位置应确保其保护范围内的消防给水水量与水压。

5）建筑物内设置自动喷水灭火系统时，应根据其保护对象的用途、功能、环境条件（如温度等）、火灾特点及火灾危险等级等因素选择湿式、干式、预作用、雨淋、水幕等不同的自动喷水灭火系统以保证快速灭火的效果。自动喷水灭火系统或其他自动灭火系统应满足快速或在规定时间内使保护场所内达到喷水强度和灭火浓度的要求。自动喷水灭火系统的加压设备、管网及其附件的布置，喷头的布置均应满足《自动喷水灭火系统设计规范》（GB 50084—2017）的要求，在其保护范围内能快速达到喷水强度。

6）气体灭火系统的贮存装置、管网及附配件、喷头的布置应满足在规定时间内防护区达到灭火浓度的要求，符合现行《气体灭火系统设计规范》（GB 50370—2005）的规定。

7）消防给水系统、自动灭火系统的构筑物、站室、设备、管网等均应具备防护功能，供电可靠安全、控制合理，满足及时灭火的要求。安全的消防供电、合理的系统控制也是及时有效扑灭火灾的重要保证。

3.3 建筑消防系统施工

3.3.1 建筑消防系统施工的基本要求

消防给水系统和消火栓系统的施工必须由具有相应等级资质的施工队伍承担。消防给水系统和消火栓系统分部工程、子分部工程、分项工程应按相关规范规定划分。系统施工应按设计要求编写施工方案，施工现场应具有必要的施工技术标准、健全的施工质量管理体系和工程质量检验制度并应按相关规范要求填写有关记录。

消防给水系统和消火栓系统施工前应具备以下四个条件：批准的施工设计图、施工详图等图样及说明书、设备表、材料表等技术文件应齐全，设计图包括平面图、系统图、展开系统原理图等；设计单位应向施工、建设、监理单位进行技术交底；主要设备、系统组件、管材管件及其他设备、材料应能保证正常施工；施工现场及施工中使用的水、电、气应满足施工要求并保证连续施工。消防给水系统和消火栓系统工程的施工应按批准的工程设计文件和施工技术标准进行施工。

消防给水系统和消火栓系统工程的施工过程质量控制应按以下六条规定进行：各工序应按施工技术标准进行质量控制，每道工序完成后应进行检查，检查合格后方可进行下道工序；相关各专业工种之间应进行交接检验并经监理工程师签字确认后方可进行下道工序；安装工程完工后施工单位应按相关专业调试规定进行调试；调试完工后施工单位应向建设单位提供质量控制资料和各类施工过程质量检查记录；施工过程质量检查机构应由监理工程师和施工单位人员组成；施工过程质量检查记录按相关规范的要求填写。

消防给水系统和消火栓系统质量控制资料应按相关规范的要求填写。消防给水系统和消火栓系统施工前应对主要设备、系统组件、管材管件及其他设备、材料进行现场检查，检查不合格者不得使用。分部工程质量验收应由建设单位项目负责人组织施工单位项目负责人、监理工程师和设计单位项目负责人等进行，并按相关规范的要求填写消防给水系统和消火栓系统工程验收记录。

3.3.2 建筑消防系统施工进场检验

1. 施工前检查

消防给水系统和消火栓系统施工前应对采用的主要设备、系统组件、管材管件及其他设备、材料进行现场检查并应符合以下两个要求：主要设备、系统组件、管材管件及其他设备、材料应符合设计要求和国家现行有关标准的规定并应具有出厂合格证或质量认证书；消防水泵、消火栓、消防水龙、消防水枪、消防软管卷盘、报警阀组、压力开关、水泵接合器、卡箍等系统主要设备和组件应经国家消防产品质量监督检验中心检测合格，稳压泵、自动排气阀、信号阀、止回阀、安全阀、减压阀、倒流防止器、蝶阀、闸阀、压力表、水位计等应经相应国家产品质量监督检验中心检测合格。

2. 管材、管件的现场外观检查

管材、管件应进行现场外观检查并应符合以下要求：

1）镀锌钢管应为内外壁热镀锌钢管，钢管内外表面的镀锌层不得有脱落、锈蚀等现象；球墨铸铁管内涂水泥层和外涂防腐涂层不得脱落，不应有锈蚀等现象；钢丝网PE管道壁应厚度均匀、内外壁无划痕。各种管材管件应符合《低压流体输送用焊接钢管》（GB/T 3091—2015）、《输送流体用无缝钢管》（GB/T 8163—2018）、《水及燃气用球墨铸铁管、管件及附件》（GB/T 13295—2013）、《流体输送用不锈钢无缝钢管》（GB/T 14976—2012）、《流体输送用不锈钢复合钢管》（GB/T 32958—2016）、《沟槽式管接头》（CJ/T 156—2001）、《钢丝网骨架塑料（聚乙烯）复合管材及管件》（CJ/T 189—2007）等的规定。

2）管材、管件表面应无裂纹、缩孔、夹渣、折叠和重皮。

3）管材、管件不得有妨碍使用的凹凸不平的缺陷，其尺寸公差应符合现行国家产品标准的规定。

4）螺纹密封面应完整、无损伤、无毛刺。

5）非金属密封垫片应质地柔韧、无老化变质或分层现象，表面应无折损、皱纹等缺陷。

6）法兰密封面应完整光洁，不得有毛刺及径向沟槽。

7）螺纹法兰的螺纹应完整、无损伤。

8）圆度符合要求。

9）承口的内工作面和插口的外工作面应光滑、轮廓清晰，不得有影响接口密封性的缺陷。

3. 消火栓的现场检验

消火栓的现场检验应符合以下要求：

1）室外消火栓应符合《室外消火栓》（GB 4452—2011）的性能和质量要求，室内消火栓应符合《室内消火栓》（GB 3445—2005）的性能和质量要求，消防水带应符合《消防水带》（GB 6246—2011）的性能和质量要求，消防水枪应符合《消防水枪》（GB 8181—2005）的性能和质量要求。

2）消火栓、消防水带、消防水枪的商标、制造厂及生产日期等标志应齐全；消火栓、消防水带、消防水枪的型号、规格等技术参数应符合设计要求。

3）消火栓外观应无加工缺陷和机械损伤，铸件表面应无结疤、毛刺、裂纹和缩孔等缺陷，铸铁阀体外部应覆涂大红色油漆、内表面应涂防锈漆、手轮应涂黑色油漆，外部漆膜应光滑、平整、色泽一致，且应无气泡、流痕、皱纹等缺陷，无明显碰、划等现象。

4）消火栓螺纹密封面应无伤痕、毛刺、缺丝或断丝现象；消火栓的螺纹出水口和快速连接卡扣应无缺陷和机械损伤，并能满足使用功能要求。

5）消火栓阀杆升降或开启应平稳、灵活，不得有卡阻和松动现象；活动部件应转动灵活，材料应耐腐蚀，不会卡涩或脱扣；消火栓固定接口进行密封性能试验以无渗漏、无损伤为合格。

6）消防水带的织物层应编织得均匀、表面整洁，无跳双经、断双经、跳纬及划伤，衬里或覆盖层厚度应均匀，表面应光滑平整、无折皱或其他缺陷；消防水枪的外观质量应符合相关规范的有关要求，进出口口径应满足设计要求。

4. 阀门及其附件的现场检验

阀门及其附件的现场检验应符合以下要求：阀门的商标、型号、规格等标志应齐全，阀门的型号、规格应符合设计要求；阀门及其附件应配备齐全，不得有加工缺陷和机械损伤；报警阀除应有商标、型号、规格等标志外，还应有水流方向的永久性标志；报警阀和控制阀的阀瓣及操作机构应动作灵活、无卡涩现象，阀体内应清洁、无异物堵塞；水力警铃的铃锤应转动灵活、无阻滞现象，传动轴应密封性能好、不得有渗漏水现象；报警阀应进行渗漏试验，试验压力应为额定工作压力的两倍，保压时间不应小于 5min，阀瓣处应无渗漏。

自动排气阀、减压阀、泄压阀、止回阀、信号阀、水泵接合器及水位、气压、阀门限位等自动监测装置应有清晰的铭牌、安全操作指示标志和产品说明书；水泵接合器、减压阀、止回阀、过滤器、泄压阀还应有水流方向的永久性标志；安装前应进行主要功能检查。

消防炮、自动喷水喷头、泡沫装置和泡沫喷头等水灭火系统的专用组件的进场检查应符合《自动喷水灭火系统施工及验收规范》（GB 50261—2017）、《泡沫灭火系统施工及验收规范》（GB 50281—2006）等规定。

3.3.3 建筑消防系统安装与施工规定

1. 消防给水系统和消火栓系统的安装

消防给水系统和消火栓系统的安装应符合以下五条规定：消防水泵、消防水箱、消防水池、消防气压给水设备、消防水泵接合器等给水设施及其附属管道安装时，应清除其内部污垢和杂物，安装中断时，其敞口处应封闭；消防给水设施应采取安全可靠的防护措施，其安装位置应便于日常操作和维护管理；消防给水管直接与市政给水管、生活给水管连接时，连接处应安装倒流防止器；给水设施安装时环境温度不应低于 5℃，当环境温度低于 5℃ 时，应采取防冻措施；管道安装应采用符合管材材料的施工工艺，管道安装中断时，其敞口处应封闭。

2. 消防水泵的安装

消防水泵的安装应遵守以下九条规定：消防水泵的规格、型号、流量和扬程等技术参数应符合设计要求，并应有产品合格证和安装使用说明书；消防水泵安装前应复核水泵基础混凝土强度、隔振装置、坐标、标高、尺寸和螺栓孔位置；消防水泵的安装应符合《机械设备安装工程施工及验收通用规范》（GB 50231—2009）、《风机、压缩机、泵安装工程施工及验收规范》（GB 50275—2010）的有关规定；消防水泵之间、泵与墙之间的间距，应满足安装、运行和维护管理的要求；吸水管上的控制阀应在消防水泵固定于基础上之后安装，其直径不应小于消防水泵吸水口直径，且不应采用没有可靠锁定装置的蝶阀，蝶阀应采用沟槽式或法兰式蝶阀；当消防水泵和消防水池位于独立的两个基础上且相互为刚性连接时，吸水管上应加设柔性连接管；吸水管水平管段上不应有气囊和漏气现象，变径连接时应采用偏心异径管件，并采用管顶平接；消防水泵的出水管上应安装止回阀、控制阀和压力表或安装控制阀、多功能水泵控制阀和压力表，系统的总出水管上还应安装压力表和泄压阀，安装压力表时应加设缓冲装置，压力表和缓冲装置之间应安装旋塞，压力表量程在没有设计要求时应为工作压力的 2~2.5 倍；消防水泵的隔振装置、进出水管柔性接头的安装应符合设计要求，并有产品说明和安装使用说明。

3. 消防水池和消防水箱的安装

消防水池和消防水箱的安装施工应遵守以下六条规定：消防水池和消防水箱的有效容积、安装位置应符合设计要求；消防水池、消防水箱的施工和安装应符合《给水排水构筑物工程施工及验收规范》（GB 50141—2008）、《建筑给水排水及采暖工程施工质量验收规范》（GB 50242—2002）的有关规定；消防水池和消防水箱出水管或水泵吸水管应满足最低有效水位出水不掺气的技术要求；安装时池外壁与建筑本体结构墙面或其他池壁之间的净距应满足施工、装配和检修的需要，无管道的侧面净距不宜小于0.7m，有管道的侧面净距不宜小于1.0m，管道外壁与建筑本体墙面之间的通道，宽度不宜小于0.6m，设有人孔的池顶顶板面与上面建筑本体板底的净空不应小于0.8m；钢筋混凝土消防水池或消防水箱的进水管、出水管应加设防水套管，对有振动的管道应加设柔性接头，组合式消防水池或消防水箱的进水管、出水管接头宜采用法兰连接，采用其他连接时应做防锈处理；消防水池、消防水箱的溢流管、泄水管不得与生产或生活用水的排水系统直接相连，应采用间接排水方式。

4. 气压水罐的安装

气压水罐的安装应遵守以下四条规定：气压水罐有效容积、气压、水位及工作压力应符合设计要求；消防气压给水设备安装位置、进水管及出水管方向应符合设计要求，出水管上应设止回阀，且安装时其四周应设检修通道，宽度不宜小于0.7m，消防气压给水设备顶部至楼板或梁底的距离不宜小于0.6m；气压水罐应有水位指示器；气压水罐上的安全阀、压力表、泄水管、压力控制仪表等的安装应符合产品使用说明书的要求。

5. 稳压泵的安装

稳压泵的安装应遵守以下两条规定：规格、型号、流量和扬程应符合设计要求并应有产品合格证和安装使用说明书；稳压泵的安装应符合《机械设备安装工程施工及验收通用规范》（GB 50231—2009）、《风机、压缩机、泵安装工程施工及验收规范》（GB 50275—2010）的有关规定。

6. 消防水泵接合器的安装

消防水泵接合器的安装应遵守以下八条规定：组装式消防水泵接合器的安装应按接口、本体、连接管、止回阀、安全阀、放空管、控制阀的顺序进行，止回阀的安装方向应使消防用水能从消防水泵接合器进入系统，整体式消防水泵接合器的安装应按其使用安装说明书进行；应安装在便于消防车接近的人行道或非机动车行驶地段，距室外消火栓或消防水池的距离宜为15~40m；消防水泵接合器永久性固定标志应能识别其所对应的消防给水系统或水灭火系统，当有分区时应有分区标志；地下消防水泵接合器应采用铸有“消防水泵接合器”标志的铸铁井盖，并在附近设置指示其位置的永久性固定标志；墙壁消防水泵接合器的安装应符合设计要求，设计无要求时，其安装高度距地面宜为0.7m，与墙面上的门、窗、孔、洞的净距离不应小于2.0m，且不应安装在玻璃幕墙下方；地下消防水泵接合器的安装应使进水口与井盖底面的距离不大于0.4m，且不应小于井盖的半径；消火栓水泵接合器与消防通道之间不应设有妨碍消防车加压给水的障碍物；地下消防水泵接合器井的砌筑应有防水和排水措施。

7. 市政和室外消火栓的安装

市政和室外消火栓的安装应遵守以下四条规定：市政和室外消火栓的选型、规格应符合设计要求；地下式消火栓顶部进水口或顶部出水口应正对井口以便于操作，顶部进水口或顶部出水口与消防井盖底面的距离不得大于400mm，并内应有足够的操作空间并应做好防水措施；地下式室外消火栓应设置永久性固定标志；当室外消火栓安装部位火灾时存在可能落物危险时，其上方应设防坠落物撞击措施。

8. 市政消防水鹤的安装

市政消防水鹤的安装应遵守以下两条规定：市政消防水鹤的选型、规格应符合设计要求；市政消防水鹤的安装空间应满足使用要求且应不妨碍市政道路和人行道的畅通。

9. 室内消火栓及消防软管卷盘的安装

室内消火栓及消防软管卷盘的安装应遵守以下六条规定：室内消火栓及消防软管卷盘的选型、规格应符合设计要求；同一建筑物内设置的消火栓、消防软管卷盘应采用统一规格的栓口、消防水枪和消防水带及配件；试验用消火栓栓口处应设置压力表；室内消火栓处应设直接起动消防水泵的按钮，并设置按钮保护设施，与按钮相连接的信号线应穿金属管保护；当消火栓设置减压装置时，应检查减压装置是否符合设计要求；室内消火栓及消防软管卷盘应设置明显的永久性固定标志。

10. 消火栓箱的安装

消火栓箱的安装应遵守以下七条规定：栓口出水方向宜向下或与设置消火栓的墙面成90°角，栓口不应安装在门轴侧；设计未提要求时栓口中心距地面应为0.7~1.1m，每栋建筑物应一致，允许偏差±20mm；阀门的设置位置应便于操作使用，阀门的中心距箱侧面为140mm，距箱后内表面为100mm，允许偏差±5mm；室内消火栓箱的安装应平正、牢固，暗装的消火栓箱不能破坏隔墙的耐火等级；箱体安装的铅直度允许偏差为±3mm；消火栓箱门的可开启角度不应小于120°；安装消火栓消防水带时，消防水带与消防水枪和快速接头绑扎好后，应根据箱内构造合理放置消防水带。

11. 管道的连接

管道宜采用螺纹、法兰或焊接等方式连接并应遵守以下六条规定：采用螺纹连接时热浸镀锌钢管的管件宜采用锻铸铁螺纹管件，热浸镀锌无缝钢管的管件宜采用锻钢制螺纹管件；螺纹连接时螺纹应符合《55°密封管螺纹　第2部分：圆锥内螺纹与圆锥外螺纹》（GB/T 7306.2—2000）的有关规定，宜采用密封胶带作为螺纹接口的密封，密封带应在阳螺纹上施加；法兰连接时法兰的密封面形式和压力等级应与消防给水系统技术要求相符合，法兰类型根据连接形式宜采用平焊法兰、对焊法兰和螺纹法兰等，法兰选择必须符合《钢制管法兰　类型与参数》（GB/T 9112—2010）、《整体钢制管法兰》（GB/T 9113—2010）、《钢制对焊管件　类型与参数》（GB/T 12459—2017）、《管法兰用非金属聚四氟乙烯包覆垫片》（GB/T 13404—2008）的规定；热浸镀锌钢管采用法兰连接时应选用螺纹法兰，系统管道采用内壁不防腐管道时可焊接连接；管道采用焊接时应当符合《现场设备、工业管道焊接工程施工及验收规范》（GB 50236—2011）、《工业金属管道工程施工规范》（GB 50235—2010）的有关规定；管径大于*DN*50的管道不得使用螺纹活接头，且在管道变径处应采用单体异径接头。

12. 沟槽式（卡箍）的连接

沟槽式（卡箍）的连接应遵守以下七条规定：沟槽式连接件（管接头）和钢管沟槽深度应符合《沟槽式管接头》（CJ/T 156—2001）的规定；有振动的场所和埋地管道应采用柔性接头，其他场所宜采用刚性接头，采用刚性接头时每隔4~5个刚性接头应设置1个柔性接头；采用机械三通、四通接头时，其开孔大小和开孔间距不应影响被开孔管道的强度，通常开孔最大直径宜小于被开孔管道直径的1/2，开孔直径大于被开孔管道直径的1/2时，宜采用卡箍三通、四通管件；开孔间距与开孔大小有关、一般不宜小于2m，沟槽式连接与其他形式的接口连接时应采用转换接头；采用卡箍连接的管道变径时宜采用卡箍异径接头，在管道弯头处不得采用补芯，需要采用补芯时三通上可用1个、四通上不应超过2个，公称直径大于50mm的管道不宜采用活接头；采用开槽沟槽连接时管材的壁厚应符合相关规定，采用滚槽沟槽连接时管材的壁厚应符合相关规定；沟槽连接件应采用三元乙丙橡胶（EDPM）C形密封胶圈且应弹性良好，安装压紧后C形密封胶圈中间应有空隙。

13. 钢丝网PE管材、管件及管道附件的连接

钢丝网PE管材、管件及管道附件的连接应遵守以下十条规定：钢丝网PE管材、管件及管道附件应采用同一品牌的产品，管道连接宜采用同种牌号级别、压力等级相同的管材、管件及管道附件，不同牌号的管材及管道附件之间的连接应经过试验，判定连接质量能得到保证后方可连接；连接应采用电熔连接及机械连接，电熔连接可为电熔承插连接、电熔鞍形连接，机械连接可为锁紧型和非锁紧型承插式连接、法兰连接、钢塑过渡连接；钢丝网PE给水管道与金属管道或金属管道附件的连接应采用法兰或钢塑过渡接头连接，与直径小于等于*DN*50的镀锌管道或内衬塑镀锌管的连接宜采用锁紧型承插式连接；管道各种连接应采用相应的专用连接工具；钢丝网PE管材、管件与金属管、管道附件的连接应遵守相关规定，采用钢制喷塑或球墨铸铁过渡管件时，其过渡管件的压力等级不得低于管材公称压力；在-5℃以下寒冷气候或大风环境条件下进行热熔或电熔连接操作时，应采取保护措施或调整连接机具的工艺参数；管材、管件及管道附件存放处与施工现场温差较大时，连接前应将聚乙烯管材、管件及管道附件在施工现场放置一段时间，使其温度接近施工现场温度；管道连接时管材切割应采用专用割刀或切管工具，切割断面应平整、光滑、无毛刺且应垂直于管轴线；管道合龙连接的时间宜为常年平均温度，一般应在合龙第二天上午的8~10点之间完成连接；管道连接后应及时检查接头外观质量，不合格者必须返工。

1）钢丝网PE管材、管件电熔连接应遵守以下五条规定：电熔连接机具输出电流、电压应稳定，并应符合电熔连接工艺要求；电熔连接机具与电熔管件应正确连通，连接时通电加热的电压和加热时间应符合电熔连接机具和电熔管件生产企业的规定；电熔连接冷却期间不得移动连接件，或在连接件上施加任何外力；电熔承插连接应符合要求，应测量管件承口长度并在管材插入端标出插入长度标记，且应用专用工具刮除插入段表皮，应用洁净棉布擦净管材、管件连接面上的污物，应将管材插入管件承口内，直至长度标记位置，通电前应校直两对应的待连接件使其在同一轴线上，并应用整圆工具保持管材插入端的圆度；电熔鞍形连接应采用机械装置固定干管连接部位的管段，并使其保持直线度和圆度，干管连接部位上的污物应使用洁净棉布擦净，并用专用工具刮除干管连接部位表皮，通电前应将电熔鞍形连接管件用机械装置固定在干管连接部位。

2）钢丝网PE管材、管件法兰连接应遵守以下四条规定：采用聚乙烯管端法兰盘（背压松套法兰）连接时，应先将法兰盘（背压松套法兰）套入待连接的聚乙烯法兰连接件（跟形管端）的端部，再将法兰连接件（跟形管端）平口端与管道按相关规范规定的电熔连接的要求进行连接；两法兰盘上螺孔应对中，法兰面相互平行，螺孔与螺栓直径应配套，螺栓长短应一致，螺帽应在同一侧，紧固法兰盘上螺栓时应按对称顺序分次均匀紧固，螺栓拧紧后宜伸出螺母1～3丝扣；法兰垫片材质应符合《钢制管法兰　类型与参数》（GB/T 9112—2010）、《整体钢制管法兰》（GB/T 9113—2010）的规定，松套法兰表面宜采用喷塑防腐处理；法兰盘应采用钢质法兰盘，且应经过防腐处理。

3）钢丝网PE管道钢塑过渡接头连接应遵守以下五条规定：钢塑过渡接头的聚乙烯管端与聚乙烯管道连接应符合相关规范相应的热熔连接或电熔连接的规定；钢塑过渡接头钢管端与金属管道连接应符合相应的钢管焊接、法兰连接或机械连接的规定；钢塑过渡接头钢管端与钢管焊接时应采取降温措施，严格防止焊接端温度对钢塑过渡接头的聚乙烯端产生影响；公称外径大于或等于*DN*110的钢丝网PE管与管径大于或等于*DN*100的金属管连接时，可采用人字形柔性接口配件，配件两端的密封胶圈应分别与聚乙烯管和金属管相配套；钢丝网PE管和金属管、阀门相连接时规格尺寸应相互配套。

14. 室外埋地管的施工

室外埋地管采用球墨铸铁时，其施工应遵守《给水排水管道工程施工及验收规范》（GB 50268—2008）的有关规定。室外埋地管采用钢丝网PE管施工安装时，应符合《埋地塑料给水管道工程技术规程》（CJJ 101—2016）等的有关规定，室内架空管道不得安装使用钢丝网PE管道。

15. 室内架空管道的安装

室内架空管道的安装位置应符合设计要求，室内架空管道的安装不得影响建筑物功能的正常使用，且不得影响通行及门窗等的开启；设计无要求时，管道的中心线与梁、柱、楼板等的最小距离应符合表3-3-1的规定；消防给水管穿过地下室外墙、构筑物墙壁及屋面等有防水要求处时，应设防水套管；消防给水管穿过建筑物承重墙或基础时，应预留洞口，洞口高度应保证管顶上部净空不小于建筑物的沉降量（一般不小于0.1m），并填充不透水的弹性材料；消防给水管穿过墙体或楼板时，应加设套管，套管长度不得小于墙体厚度或应高出楼面或地面50mm，套管与管道的间隙应采用不燃材料填塞，管道的接口不得位于套管内；消防给水管若必须穿过伸缩缝及沉降缝时，应采用波纹管、橡胶短管和补偿器等方法处理；消防给水管局部可能发生冰冻时，应采取防冻技术措施；消防给水管通过或敷设在特殊部位时，应采取相应的防护措施：管道通过及敷设在酸洗车间、电镀车间、电瓶充电间等有腐蚀性气体的房间内时，管外壁应刷防腐漆或缠绕防腐材料。

表3-3-1　管道的中心线与梁、柱、楼板的最小距离

公称直径/mm	50	70	80	100	125	150	200
距离/mm	60	70	80	100	125	150	200

管道支架、吊架、防晃（固定）支架的安装应固定牢固，其形式、材质及施工应符合设计要求；设计的吊架在管道的每一支撑点处应能承受5倍于充满水的管道重力另加1.14kN的荷载，且管道系统支撑点应支撑整个消防给水系统。管道支架的支撑点宜设在梁、柱、楼板等建筑物的结构上，其结构在管道悬吊点应能承受充满水的管道重力另加至少1.14kN的阀门、法兰和接头等附加荷载。充水管道的参考质量见表3-3-2，表中管道质量不包括阀门质量，计算管质量按10kg化整、不足20kg按20kg计算；支（吊）架的设置间距应不大于表3-3-3的要求；管道穿梁安装时，穿梁处宜作为一个吊架。防晃支架的设置（固定）应遵守相关规定，配水管宜在中点设一个防晃支架，但当管径小于*DN*50时可不设；配

水干管及配水管、配水支管的长度超过15m，每15m长度内应至少设1个防晃支架，但当管径不大于*DN*40可不设；管径大于*DN*50的管道拐弯、三通及四通位置处应设一个防晃支架；防晃支架的强度应满足管道、配件及管内水的重力再加50%的水平方向推力时不损坏或不产生永久变形，管道穿梁安装时管道再用紧固件固定于混凝土结构上，宜可作为一个防晃支架处理。

表 3-3-2　充水管道的参考质量

公称直径/mm	25	32	40	50	70	80	100	125	150	200
保温管道/(kg/m)	15	18	19	22	27	32	41	54	66	103
不保温管道/(kg/m)	5	7	7	9	13	17	22	33	42	73

表 3-3-3　管道支架或吊架的间距

管径/mm	25	32	40	50	70	80	100	125	150	200	250	300
间距/m	3.5	4.0	4.5	5.0	6.0	6.0	6.5	7.0	8.0	9.5	11.0	12.0

每段管道设置防晃支架不应少于一个，当管道改变方向时应增设防晃支架，立管应在其始端和终端设防晃支架或采用管卡固定，并应使管道牢固。埋地钢管应做防腐处理，防腐层材质和结构应符合设计要求，设计无规定时可按表3-3-4的规定执行，室外埋地球墨铸铁给水管要求外壁应刷沥青漆防腐。寒冷地区的室外、室内消防给水管道均应设置在最低环境温度4℃以上的区域，否则应对管道采取防冻措施。

表 3-3-4　管道防腐层种类

防腐层层次	正常防腐层	加强防腐层	特加强防腐层
(从金属表面起)1	冷底子油	冷底子油	冷底子油
2	沥青涂层	沥青涂层	沥青涂层
3	外包保护层	加强包扎层	加强保护层
4		(封闭层)	(封闭层)
5		沥青涂层	沥青涂层
6		外保护层	加强包扎层
7			(封闭层)
8			沥青涂层
9			外包保护层
防腐层厚度/mm,不小于	3	6	9

地震区的消防给水管道宜采用沟槽连接件的柔性接头或间隙保护系统的安全可靠性；应用支架将管道牢固地固定在建筑上；管道应由固定部分和活动部分组成；应合理设置地震分离装置，当系统管道穿越连接地面以上部分建筑物的地震接缝时，无论管径大小，均应设带柔性配件的地震分离装置；应合理设置间隙，所有穿越墙、楼板、平台及基础的管道，包括泄水管、水泵接合器连接管及其他辅助管道的周围应留有间隙；管道周围的间隙应符合要求，*DN*25~80管径的管道不应小于25mm，*DN*100及以上管径的管道不应小于50mm，间隙

内应填充腻子等防火柔性材料，以防火灾中的烟气传入其他区域。

系统管道应有承受横向和纵向水平荷载的支撑。竖向支撑应牢固且同心，支撑的所有部件和配件应在同一直线上，以免不同心荷载作用于配件和紧固件上；对给水主管其竖向支撑的间距不应大于24m；立管的顶部应采用四个方向的支撑固定，以防任何方向的移动；给水主管上的横向固定支架其间距不应大于12m。

管道应做红色或红色环圈标志。红色环圈标志宽度不应小于20mm、间隔不宜大于4m，在一个独立的单元内环圈不宜少于两处。

消防给水系统阀门的安装应符合要求，各类阀门型号、规格及公称压力应符合设计要求，阀门的设置应便于操作并做出标志，联合消防给水系统和区域消防给水系统与水灭火系统连接处应设置独立阀门，并保证各系统独立使用。消防给水系统减压阀的安装应符合要求，减压阀的型号、规格、压力、流量应符合设计要求；减压阀安装应在给水管网试压、冲洗合格后进行；减压阀水流方向应与给水管网水流方向一致；减压阀前应有过滤器；减压阀前后应有压力表；减压阀处应有试验用压力排水管道。

16. 专用组件的施工

消防炮、自动喷水喷头、泡沫装置和泡沫喷头等水灭火系统的专用组件的施工应符合《自动喷水灭火系统施工及验收规范》(GB 50261—2017)、《泡沫灭火系统施工及验收规范》(GB 50281—2006) 等的规定。

3.3.4 建筑消防系统试压和冲洗的基本要求

管网安装完毕后，应对其进行水压试验（强度试验、严密性试验）和冲洗。水压试验和冲洗宜采用生活用水，不得使用海水或含有腐蚀性化学物质的水。干式消火栓系统、干式喷水灭火系统、预作用喷水灭火系统应做水压试验和气压试验。

1. 建筑消防系统试压

系统试压前应具备以下四个条件：埋地管道的位置及管道基础、支墩等经复查应符合设计要求；试压用的压力表不应少于两支，精度不低于1.5级，量程为试验压力值的1.5~2倍；试压冲洗方案已经批准；对不能参与试压的设备、仪表、阀门及附件应加以隔离或拆除，加设的临时盲板应具有凸出于法兰的边耳，且需做明显标志，同时记录临时盲板的数量。系统试压过程中出现泄漏时应停止试压，并放空管网中的试验介质，消除缺陷后重新试压。系统试压完成后，及时拆除所有临时盲板及试验用的管道，并与记录核对无误，同时按相关规范规定的格式填写记录。

当系统设计工作压力等于或小于1.0MPa时，水压强度试验压力应为设计工作压力的1.5倍，且不应低于1.4MPa，当系统设计工作压力大于1.0MPa时，水压强度试验压力应为该工作压力加0.4MPa。水压强度试验的测试点应设在系统管网的最低点，对管网注水时，将管网内的空气排净，并缓慢升压，达到试验压力并稳压30min后，管网应无泄漏、无变形，且压力降不应大于0.05MPa。水压严密性试验应在水压强度试验和管网冲洗合格后进行，试验压力为设计工作压力，稳压24h应无泄漏。水压试验的环境温度不宜低于5℃，低于5℃时应采取防冻措施。消防给水系统的水源干管、进户管和室内埋地管道应在回填前单独或与系统一起进行水压强度试验和水压严密性试验。气压严密性试验的介质宜采用空气或氮气，试验压力应为0.28MPa，且稳压24h压力降不应大于0.01MPa。

2. 管网冲洗

管网冲洗应在试压合格后分段进行，冲洗顺序为“先室外，后室内；先地下，后地上”，室内部分的冲洗按配水干管、配水管、配水支管的顺序进行。管网冲洗宜用水，冲洗前应对系统的仪表采取保护措施。冲洗前对管道防晃支架、支吊架等进行检查，必要时采取加固措施。对不能经受冲洗的设备和冲洗后可能存留脏物、杂物的管段，应进行清理。冲洗管道直径大于*DN*100时，应对其死角和底部进行敲打，但不得损伤管道。管网冲洗合格后，按相关规范的要求填写记录。

管网冲洗的水流流速、流量不应小于系统设计的水流流速、流量，管网冲洗宜分区、分段进行。水平管网冲洗时，其排水管位置应低于配水支管。管网冲洗的水流方向应与灭火时管网的水流方向一致。管网冲洗应连续进行，当出口处水的颜色、透明度与入口处水的颜色、透明度基本一致时，冲洗方可结束。管网冲洗宜设临时专用排水管道，其排放应畅通和安全，排水管道的截面面积不得小于被冲洗管道截面面积的60%。管网的地上管道与地下管道连接前，应在配水干管底部加设堵头后对地下管道进行冲洗。管网冲洗结束后，将管网内的水排除干净。干式消火栓系统管网冲洗结束、管网内水排除干净后，必要时可采用压缩空气吹干。消防炮、自动喷水、泡沫等水灭火系统的管网冲洗应符合《自动喷水灭火系统施工及验收规范》（GB 50261—2017）、《泡沫灭火系统施工及验收规范》（GB 50281—2006）等的规定。

3.3.5 建筑消防系统调试的基本要求

消防给水系统和消火栓系统调试应在系统施工完成后进行，并应具备以下六个条件：消防水池、高位消防水池、高位消防水箱、气压水罐等蓄水和给水设施已储存设计要求的水量；消防水泵、稳压泵等给水设施处于准工作状态；系统供电正常；消防给水系统管网内已经充满水；湿式消火栓系统管网内已充满水，手动干式、干式消火栓系统管网内的气压符合设计要求；系统自动控制处于准工作状态。

系统调试应包括以下六个内容：水源调试和测试、消防水泵调试、稳压泵调试、报警阀调试、排水设施调试、联动试验。

1）水源调试和测试。应按设计要求核实消防水箱、消防水池的容积，消防水箱设置高度应符合设计要求，消防储水应有不作他用的技术措施；消防水泵直接从市政管网吸水时，应测试市政给水的压力和流量能否满足设计要求的流量；应按设计要求核实消防水泵接合器的数量和给水能力，并通过移动式消防水泵做给水试验进行验证。

2）消防水泵调试。以自动或手动方式起动消防水泵时，消防水泵应在30s内投入正常运行；以备用电源切换方式或备用泵切换起动消防水泵时，消防水泵应在60s内投入正常运行。

3）稳压泵调试。当达到设计起动条件时，稳压泵应立即起动。当达到系统设计压力时，稳压泵应自动停止运行；当消防主泵起动时，稳压泵应停止运行。

4）报警阀调试。采用干式报警阀的干式消火栓系统调试时，开启系统试验阀，报警阀的起动时间、起动点压力、水流到试验装置出口所需时间均应符合设计要求。调试过程中系统排出的水应通过排水设施全部排走。

5）联动试验。应按相关规范要求进行记录。湿式系统的联动试验，起动一个喷头或以0.94~1.5L/s的流量从末端试水装置处放水时，水流指示器、报警阀、压力开关、水力警铃和消防水泵等应及时动作，并发出相应的信号。预作用自动喷水灭火系统、雨淋喷水灭火系统、水幕系统的联动试验，可采用专用测试仪表或其他方式，对火灾自动报警系统的各种探测器输入模拟火灾信号，火灾自动报警控制器应发出声光报警信号，并启动自动喷水灭火系统；采用传动管启动的雨淋系统、水幕系统联动试验时，启动一个喷头，雨淋阀打开，压力开关动作，水泵起动。干式系统的联动试验，启动一个喷头或模拟一个喷头的排气量排气，报警阀应及时启动，压力开关、水力警铃动作并发出相应信号。

消防水泵房水泵出水干管上低压压力开关自动起动消防水泵，屋顶消防水箱消防水位自动起动消防水泵的联动试验。消防炮、自动喷水、泡沫等水灭火系统的联动试验应符合《自动喷水灭火系统施工及验收规范》（GB 50261—2017）、《泡沫灭火系统施工及验收规范》（GB 50281—2006）等的规定。

3.3.6 建筑消防系统验收的基本要求

（1）资料验收　系统竣工后必须进行工程验收，验收不合格不得投入使用。消防给水系统和消火栓系统工程验收资料应按相关规范的要求填写。系统验收时施工单位应提供以下资料：竣工验收申请报告、设计变更通知单、竣工图；工程质量事故处理报告；施工现场质量管理检查记录；消防给水系统和消火栓系统施工过程质量管理检查记录；消防给水系统和消火栓系统质量控制检查资料。

（2）系统给水水源的检查验收　室外给水管网的进水管管径和给水能力，以及消防水箱和消防水池容量均应符合设计要求。采用天然水源作为系统的给水水源时其水量、水质应符合设计要求，并应检查枯水期最低水位时确保消防用水的技术措施。

（3）消防水泵房的验收　消防水泵房的建筑防火要求应符合相应的建筑设计防火规范的规定；消防水泵房设置的应急照明、安全出口应符合设计要求；备用电源、自动切换装置的设置应符合设计要求。

（4）消防水泵的验收　工作泵、备用泵、吸水管、出水管及出水管上的泄压阀、水锤消除设施、止回阀、信号阀等的规格、型号、数量，应符合设计要求；吸水管、出水管上的控制阀应锁定在常开位置并有明显标记。消防水泵应采用自灌式引水方式，并保证全部水被有效利用。分别开启系统中的每一个末端试水装置和试水阀，水流指示器、压力开关、低压压力开关、屋顶消防水箱消防水位等信号的功能均符合设计要求。打开消防水泵出水管上的试水阀，当采用主电源起动消防水泵时，消防水泵应起动正常；关掉主电源，主、备电源应能正常切换。消防水泵停泵时，水锤消除设施后的压力不应超过水泵出口额定压力的1.45倍。对消防气压给水设备，当系统气压下降到设计最低压力时，通过压力变化信号应起动稳压泵。消防水泵起动控制应置于自动起动档。采用固定和移动流量计和压力表测试消防水泵的性能，水泵性能满足设计要求。稳压泵验收应符合要求。

（5）报警阀组的验收　报警阀组的各组件应符合产品标准要求。打开系统流量压力检测装置放水阀，测试的流量、压力应符合设计要求。水力警铃的设置位置应正确，测试时水力警铃喷嘴处压力不应小于0.05MPa且距水力警铃3m远处警铃声声强不应小于70dB。打开手动试水阀或电磁阀时雨淋阀组动作应可靠。控制阀均应锁定在常开位置。与空气压缩机或火灾自动报警系统的联动控制应符合设计要求。

（6）管网的验收　管道的材质、管径、接头、连接方式及采取的防腐、防冻措施应符合设计规范及设计要求。管网排水坡度及辅助排水设施应符合设计要求。系统中的末端试水装置、试水阀、排气阀应符合设计要求。管网不同部位安装的报警阀组、闸阀、止回阀、电磁阀、信号阀、水流指示器、减压孔板、节流管、减压阀、柔性接头、排水管、排气阀、泄压阀等均应符合设计要求。干式喷水灭火系统管网容积不大于2900L时系统允许的最大充水时间不应大于3min。报警阀后的管道上不应安装其他用途的支管或水龙头。配水支管、配水管、配水干管设置的支架、吊架和防晃支架应符合相关规范规定。

（7）消火栓的验收　消火栓的设置场所、规格、型号应符合设计要求，消火栓的安装高度符合设计要求，消火栓的减压装置和活动部件应灵活可靠。水泵接合器数量及进水管位置应符合设计要求，消防水泵接合器应进行充水试验且系统最不利点的压力、流量应符合设计要求。系统流量、压力的验收应通过系统流量压力检测装置进行放水试验，系统流量、压力应符合设计要求。

（8）系统模拟灭火功能试验验收　报警阀动作水力警铃应鸣响；水流指示器动作应有反馈信号显示；压力开关动作应起动消防水泵及与其联动的相关设备应有反馈信号显示；电磁阀打开淋阀应开启，并应有反馈信号显示；消防水泵起动后应有反馈信号显示；加速器动作后应有反馈信号显示；其他消防联动控制设备起动后应有反馈信号显示。

（9）工程质量验收判定条件　系统工程质量缺陷按相关规范要求划分为严重缺陷（A）、重缺陷（B）、轻缺陷（C）三类。系统验收合格判定应遵守相关规定，A=0、B≤2且（B+C）≤6为合格，否则为不合格。

3.4　城市消防系统设计

3.4.1　消防给水系统设计用水量

1. 基本要求

城镇规划和市政给水管网的规划应根据当地火灾统计资料和火灾扑救用水量统计资料确定当地城镇消防用水量且不宜小于表3-4-1的给定值。城镇、工业园区和居住小区的消防用水量既应满足市政给水管网的运行要求，又应满足大多数建（构）筑物火灾时消防用水量的需求。自动喷水灭火系统设计消防用水量应根据《自动喷水灭火系统设计规范》（GB 50084—2017）确定。水喷雾灭火系统设计消防用水量应根据《水喷雾灭火系统技术规范》（GB 50219—2014）确定。固定消防炮灭火系统设计消防用水量应根据《固定消防炮灭火系统设计规范》（GB 50338—2003）确定。泡沫灭火系统设计消防用水量应根据《泡沫灭火系统设计规范》（GB 50151—2010）确定。

当建（构）筑物整体设置自动灭火系统自救时，建（构）筑物的室内外消火栓用水量可适当减少并应符合以下两条规定：室内消火栓用水量按表3-4-1给定值的50%计但不得小于10L/s；室外消火栓用水量按表3-4-1给定值的50%计但不得小于10L/s。

新型建筑的室内外消火栓用水量应根据其火灾危险性、建筑物性质和规模等进行分析，选择与相关规范相似建（构）筑物的消防用水量。当临时高压消防给水系统消防水泵从市政给水管网直接吸水时，城镇消防用水量应大于建（构）筑物的室内外消防用水量之和。

2. 城镇消防用水量

城市、居住区的城镇消防用水量应按同一时间内的火灾次数和一次灭火用水量确定，同一时间内的火灾次数和一次灭火用水量不应小于表 3-4-1 的规定。工业园区和居住小区应根据规划各类建（构）筑物的室内外用水量确定恰当的工业园区和居住小区的消防用水量。工业园区和居住小区以及工厂、仓库、堆场、储罐（区）和民用建筑在同一时间内的火灾次数不应小于表 3-4-2 的规定。

表 3-4-1　城镇消防用水量

人数 N/万人	$N\leqslant1.0$	$1.0<N\leqslant2.5$	$2.5<N\leqslant5.0$	$5.0<N\leqslant10.0$	$10.0<N\leqslant20.0$	$20.0<N\leqslant30.0$	$30.0<N\leqslant40.0$	$40.0<N\leqslant50.0$	$50.0<N\leqslant70.0$	$N>70.0$
同一时间内的火灾次数/次	1	1	2	2	2	2	2	3	3	3
一次灭火用水量/(L/s)	15	30	30	45	45	60	75	75	90	100

表 3-4-2　工业园区和居住小区以及工厂、仓库、堆场、储罐（区）和民用建筑在同一时间内的火灾次数

名称	基地面积/ha	附有居住区人数（万人）	同一时间内的火灾次数（次）	备　注
工厂、堆场、储罐区	≤100	≤1.5	1	按需水量最大的一座建筑物(或堆场、储罐)计算
		>1.5	2	工厂、堆场或储罐区,居住区各一次
	>100	不限	2	按需水量最大的两座建筑物(或堆场、储罐)之和计算
仓库、民用建筑	不限	不限	1	按需水量最大的一座建筑物(或堆场、储罐)计算

3. 室外消防用水量

工业与民用建筑物室外消火栓设计流量应根据建筑物火灾危险性、火灾荷载和点火源等因素综合确定且不应小于表 3-4-3 的规定，其中，室外消火栓设计流量应按消防需水量最大的一座建筑物或一个防火分区计算，成组布置的建筑物应按消火栓设计流量较大的相邻两座建筑物的体积之和计算；火车站、码头和机场的中转库房其室外消火栓设计流量应按相应耐火等级的丙类物品库房确定；国家级文物保护单位的重点砖木、木结构的建筑物室外消火栓设计流量按三级耐火等级民用建筑物消防用水量确定；当单座建筑的总建筑面积大于 50 万 m^2 时，建筑物室外消火栓设计流量应按表 3-4-3 规定的最大值增加一倍。

表 3-4-3　工业与民用建筑物室外消火栓用水量　　（单位：L/s）

<table>
<tr><th rowspan="2">耐火等级</th><th rowspan="2" colspan="3">建筑物名称及类别</th><th colspan="6">建筑体积/m³</th></tr>
<tr><th>V≤1500</th><th>1500<V≤3000</th><th>3000<V≤5000</th><th>5000<V≤20000</th><th>20000<V≤50000</th><th>V>50000</th></tr>
<tr><td rowspan="6">一、二级</td><td rowspan="6">工业建筑</td><td rowspan="3">厂房</td><td>甲、乙</td><td colspan="2">15</td><td>20</td><td>25</td><td>30</td><td>35</td></tr>
<tr><td>丙</td><td colspan="2">15</td><td>20</td><td>25</td><td>30</td><td>40</td></tr>
<tr><td>丁、戊</td><td colspan="5">15</td><td>20</td></tr>
<tr><td rowspan="3">仓库</td><td>甲、乙</td><td colspan="2">15</td><td colspan="2">25</td><td colspan="2">—</td></tr>
<tr><td>丙</td><td colspan="2">15</td><td colspan="2">25</td><td>35</td><td>45</td></tr>
<tr><td>丁、戊</td><td colspan="5">15</td><td>20</td></tr>
</table>

（续）

耐火等级	建筑物名称及类别			建筑体积/m³					
				V≤1500	1500<V≤3000	3000<V≤5000	5000<V≤20000	20000<V≤50000	V>50000
一、二级	民用建筑	住宅		15					
		公共建筑	单层及多层	15			25	30	40
			高层	—			25	30	40
	地下建筑（包括地铁）、平战结合的人防工程			15			20	25	30
三级	工业建筑		乙、丙	15	20	30	40	45	—
			丁、戊	15			20	25	35
	单层及多层民用建筑			15		20	25	30	40

1）甲、乙、丙类液体储罐（区）的室外消防用水量应按灭火用水量和冷却用水量之和计算并应符合以下八条规定：灭火用水量应按罐区内最大罐泡沫灭火系统、泡沫炮和泡沫管枪灭火所需的灭火用水量之和确定并应按《泡沫灭火系统设计规范》（GB 50151—2010）或《固定消防炮灭火系统设计规范》（GB 50338—2003）的有关规定计算。冷却用水量包括室外消火栓用水量和自动喷水灭火系统或水喷雾灭火系统等固定冷却系统冷却水量，储罐采用固定冷却系统时固定冷却水系统的强度不应小于表3-4-4的规定，且室外消火栓用水量不宜小于表3-4-5的规定，储罐仅采用室外消火栓时其用水量应根据表3-4-4计算确定。冷却用水量应按储罐区一次灭火最大需水量计算，距着火罐罐壁1.5倍直径范围内的相邻储罐应进行冷却，其冷却水的保护范围和喷水强度不应小于表3-4-4的规定。当相邻罐采用不燃烧材料进行保温时，其冷却水喷水强度可按表3-4-4规定数值的50%计算。储罐可采用移动式水枪或固定式设备进行冷却，采用移动式水枪进行冷却时无覆土保护的卧式罐、地下掩蔽室内立式罐的消防用水量的计算水量小于15L/s时仍应采用15L/s。地上储罐的高度超过15m时，宜采用固定式冷却水设备。当相邻储罐超过4个时，冷却用水量可按4个计算。覆土保护的地下油罐应设有冷却用水，冷却用水量应按最大着火罐罐顶的表面积（卧式罐按投影面积）计算，且其喷水强度不应小于0.10L/s·m²，当计算出来的水量小于15L/s时，仍应采用15L/s。

表3-4-4 储罐冷却水系统的保护范围和喷水强度

项目	储罐形式			保护范围	喷水强度
移动式冷却	地上立式	着火罐	固定顶罐	罐周全长	0.80L/(s·m)
			浮顶罐、内浮顶罐	罐周全长	0.60L(/s·m)
		邻近罐		罐周半长	0.70L/(s·m)
	卧式、无覆土地下及半地下立式	着火罐		罐壁表面积	0.10L/(s·m²)
		邻近罐		罐壁表面积的1/2	0.10L/(s·m²)
固定式冷却	地上立式	着火罐	固定顶罐	罐壁表面积	2.5L/(min·m²)
			浮顶罐、内浮顶罐	罐壁表面积	2.0L/(min·m²)
		邻近罐		不小于罐壁表面积的1/2	与着火罐相同
	卧式、无覆土地下及半地下立式	着火罐		罐壁表面积	6.0L/(min·m²)
		邻近罐		罐壁表面积的1/2	6.0L/(min·m²)

2）液化石油气储罐（区）的消防用水量应按储罐固定冷却系统用水量和室外消火栓用水量之和计算并应符合以下四条规定：总容积大于50m^3的储罐区或单罐容积大于20m^3的储罐应设置固定喷水冷却装置；固定冷却系统的用水量应按储罐的保护范围与冷却水的喷水强度等经计算确定，冷却水的喷水强度不应小于0.15L/(s·m^2)，着火罐的保护面积按其全表面积计算，距着火罐直径（卧式罐按其直径和长度之和的一半）1.5倍范围内的相邻储罐的保护面积按其表面积的一半计算；室外消火栓用水量不应小于表3-4-5的规定；埋地的液化石油气储罐可不设固定喷水冷却装置。水枪用水量应按表3-4-5中规定总容积和单罐容积较大者确定；总容积小于50m^3或单罐容积不超过20m^3的储罐区或储罐可单独设置固定喷淋装置或移动式水枪，且其消防用水量应按水枪用水量计算。

表3-4-5 甲、乙、丙类可燃液体地上立式储罐区的室外消火栓设计流量

单罐储存容积/10^3m^3	$W\leqslant5$	$5<W\leqslant30$	$30<W\leqslant100$	$W>100$
室外消火栓设计流量/(L/s)	15	30	45	60

3）易燃、可燃材料露天、半露天堆场，可燃气体罐或储罐区的室外消火栓设计流量不应小于表3-4-6的规定。城镇交通隧道宜设置隧道外消火栓，消火栓用水量符合以下两条规定：隧道外的消火栓用水量不应小于30L/s；长度小于1000m的三类隧道，隧道外的消火栓用水量宜为20L/s。

表3-4-6 堆场、储罐的室外消火栓设计流量

名称		总储量或总容量/m^3	室外消火栓设计流量/(L/s)
粮食 W/t	土圆囤	$30<W\leqslant500$	15
		$500<W\leqslant5000$	25
		$5000<W\leqslant20000$	40
		$W>20000$	45
	席穴囤	$30<W\leqslant500$	20
		$500<W\leqslant5000$	35
		$5000<W\leqslant20000$	50
棉、麻、毛、化纤百货 W/t		$10<W\leqslant500$	20
		$500<W\leqslant1000$	35
		$1000<W\leqslant5000$	50
稻草、麦秸、芦苇等易燃材料 W/t		$50<W\leqslant500$	20
		$500<W\leqslant5000$	35
		$5000<W\leqslant10000$	50
		$W>10000$	60
木材等可燃材料 V/m^3		$50<V\leqslant1000$	20
		$1000<V\leqslant5000$	30
		$5000<V\leqslant10000$	45
		$V>10000$	60

(续)

名 称		总储量或总容量/m^3	室外消火栓设计流量/(L/s)
煤和焦炭 W/t	露天、半露天堆放	$100<W\leq 5000$	15
		$W>5000$	30
可燃气体储罐(区) V/m^3		$500<V\leq 10000$	15
		$10000<V\leq 50000$	20
		$50000<V\leq 100000$	25
		$100000<V\leq 200000$	30
		$V>200000$	35

4. 室内消火栓设计流量

建筑物的室内消火栓设计流量应根据建筑物的耐火极限、火灾危险性、火灾荷载的大小、点火源的可能性、建筑规模和建筑高度等综合因素确定且不应小于表3-4-7的规定。丁、戊类厂房（仓库）室内消火栓的设计流量可按表3-4-7减少10L/s，同时使用水枪数量可按3-4-7减少2支。消防软管卷盘或轻便消防水龙及多层住宅楼梯间中的手动干式消防竖管，其消火栓设计流量可不计入室内消防设计流量。当一多层建筑有多种功能时，室内消火栓设计流量应分别按表3-4-7不同功能计算，且应取最大值。城镇交通隧道宜设置隧道内消火栓，且消火栓用水量应符合以下两条规定：隧道内的消火栓用水量不应小于20L/s；长度小于1000m的三类隧道，消火栓用水量宜为10L/s。地铁地下车站室内消火栓设计流量不应小于20L/s，区间隧道不应小于10L/s。

表3-4-7 室内消火栓设计流量

建筑物名称		高度 h/m、体积 V/m^3、座位数 n、火灾危险性			消火栓用水量/(L/s)	同时使用水枪支数	每根竖管最小流量/(L/s)
单层及多层	厂房	$h\leq 24$	甲、乙、丁、戊		10	2	10
			丙	$V\leq 5000$	10	2	10
				$V>5000$	20	4	15
		$24<h\leq 50$	乙、丁、戊		25	5	15
			丙		30	6	15
		$h>50$	乙、丁、戊		30	6	15
			丙		40	8	15
	仓库	$h\leq 24$	甲、乙、丁、戊		10	2	10
			丙	$V\leq 5000$	15	3	15
				$V>5000$	25	5	15
		$h>24$	丁、戊		30	6	15
			丙		40	8	15
	科研楼、实验楼	$V\leq 10000$			10	2	10
		$V>10000$			15	3	10

（续）

建筑物名称		高度 h/m、体积 V/m^3、座位数 n、火灾危险性	消火栓用水量/(L/s)	同时使用水枪支数	每根竖管最小流量/(L/s)
单层及多层	车站、码头、机场候车(船、机)楼和展览馆(包括博物馆)等	$5000<V\leq25000$	10	2	10
		$25000<V\leq50000$	15	3	10
		$V>50000$	20	4	15
	剧院、电影院、会堂、礼堂、体育馆等	$800<n\leq1200$	10	2	10
		$1200<n\leq5000$	15	3	10
		$5000<n\leq10000$	20	4	15
		$n>10000$	30	6	15
	旅馆	$5000<V\leq25000$	10	2	10
		$25000<V\leq50000$	15	3	10
		$V>50000$	20	4	15
	商店、图书馆、档案馆等	$5000<V\leq25000$	15	3	10
		$25000<V\leq50000$	25	5	15
		$V>50000$	40	8	15
	病房楼、门诊楼等	$5000<V\leq25000$	10	2	10
		$V>25000$	15	3	15
	办公楼、教学楼、公寓、宿舍等其他建筑	$h>15$ 或 $V\geq10000$	15	3	10
高层	住宅	$21<h\leq27$	5	2	5
	住宅	$27<h\leq54$	10	2	10
		$h>54$	20	4	10
	一类公共建筑	$h\leq50$	20	4	10
	二类公共建筑	$h\leq50$	30	6	15
		$h>50$	40	8	15
国家级文物保护单位的重点砖木、木结构的古建筑		$V\leq10000$	20	4	10
		$V>10000$	25	5	15
地下建筑		$V\leq5000$	10	2	10
		$5000<V\leq10000$	20	4	15
		$10000<V\leq25000$	30	6	15
		$V>25000$	40	8	20
人防工程	展览馆、影院、剧场、礼堂、健身体育馆等	$V\leq1000$	5	1	5
		$1000<V\leq2500$	10	2	10
		$V>2500$	15	3	10
	商场、餐厅、旅馆、医院等	$V\leq5000$	5	1	5
		$5000<V\leq10000$	10	2	10
		$10000<V\leq25000$	15	3	10
		$V>25000$	20	4	10

（续）

建筑物名称		高度 h/m、体积 V/m^3、座位数 n、火灾危险性	消火栓用水量/(L/s)	同时使用水枪支数	每根竖管最小流量/(L/s)
人防工程	丙、丁、戊类生产车间、自动车库	$V \leqslant 2500$	5	1	5
		$V>2500$	10	2	10
	丙、丁、戊类物品库房、图书资料档案库	$V \leqslant 3000$	5	1	5
		$V>3000$	10	2	10

5. 消防给水系统消防用水量

对于合用消防给水系统，当生活、生产用水达到最大小时用水量时，仍应保证消防给水系统所需的设计额定流量，最大小时用水量对淋浴用水量可按 15%计算、浇洒及洗刷用水量可不计算在内。对于独立消防给水系统，其设计额定流量和压力应满足其服务的一种水灭火系统所需的消防用水量和压力。对于联合消防给水系统，其设计额定流量和压力应满足其所服务的各种水灭火系统同时灭火所需的消防用水量和压力。对于区域消防给水系统，其设计额定流量和压力应满足其所服务的任何一栋建（构）筑物的各种水灭火系统同时灭火所需的消防用水量和压力。

建（构）筑物室外消防给水系统扑救一次火灾所需的用水量为其所服务的各种水灭火系统对同一消防对象在火灾延续时间内同时作用的消防用水量之和，可按式 $V_1=3.6\sum q_i t_i$ 计算，其中，V_1 为室外消防给水系统一次消防所需的消防用水量（m^3）；q_i 为室外第 i 种水灭火系统的消防用水量（L/s）；t_i 为室外第 i 种水灭火系统火灾延续时间（h）。

建（构）筑物室内消防给水系统扑救一次火灾所需的用水量为其所服务的各种水灭火系统对同一消防对象在火灾延续时间内同时作用的消防用水量之和，可按式 $V_2=3.6\sum q_i t_i$ 计算，其中，V_2 为室内消防给水系统一次消防所需的消防用水量（m^3）；q_i 为室内第 i 种水灭火系统的消防用水量（L/s）；t_i 为室内第 i 种水灭火系统火灾延续时间（h）。

室内外消防给水系统扑救一次火灾所需的用水量 V 为其所服务的各种水灭火系统对同一消防对象在火灾延续时间内同时作用的消防用水量之和，可按式 $V=V_1+V_2$ 计算，其中，V 为室内外消防给水系统一次消防所需的消防用水量（m^3）。工厂居住小区和建筑组团的室内外消防用水量应是各建（构）筑物的最大值。

不同场所各种水灭火系统的火灾延续时间不应小于表 3-4-8 的规定。

表 3-4-8 不同场所的火灾延续时间

建筑			场所与火灾危险性	火灾延续时间/h
建筑物	工业建筑	仓库	甲、乙、丙类仓库	3.0
			丁、戊类仓库	2.0
		厂房	甲、乙、丙类厂房	3.0
			丁、戊类厂房	2.0
	民用建筑	公共建筑	高层建筑中的商业楼、展览楼、综合楼，建筑高度大于 50m 的财贸金融楼、图书馆、书库、重要的档案楼、科研楼和高级宾馆等	3.0
			其他公共建筑	2.0
		住宅		

（续）

<table>
<tr><th colspan="2">建　　筑</th><th>场所与火灾危险性</th><th>火灾延续时间/h</th></tr>
<tr><td rowspan="3">建筑物</td><td rowspan="2">人防工程</td><td>建筑面积小于3000m²</td><td>1.0</td></tr>
<tr><td>建筑面积大于或等于3000m²</td><td rowspan="2">2.0</td></tr>
<tr><td colspan="2">地下建筑、地铁车站</td></tr>
<tr><td rowspan="22">构筑物</td><td>煤、天然气、石油及其产品的工艺装置</td><td>—</td><td>3.0</td></tr>
<tr><td rowspan="3">甲、乙、丙类可燃液体储罐</td><td>直径大于20m的固定顶罐和直径大于20m浮盘用易熔材料制作的内浮顶罐</td><td>6.0</td></tr>
<tr><td>其他储罐</td><td rowspan="2">4.0</td></tr>
<tr><td>覆土油罐</td></tr>
<tr><td colspan="2">液化烃储罐，沸点低于45℃甲类液体、液氨储罐</td><td>6.0</td></tr>
<tr><td colspan="2">空分站，可燃液体、液化烃的火车和汽车装卸栈台</td><td>3.0</td></tr>
<tr><td colspan="2">变电站</td><td>2.0</td></tr>
<tr><td rowspan="5">装卸油品码头</td><td>甲、乙类可燃液体油品一级码头</td><td>6.0</td></tr>
<tr><td>甲、乙类可燃液体油品二、三级码头
丙类可燃液体油品码头</td><td>4.0</td></tr>
<tr><td>海港油品码头</td><td>6.0</td></tr>
<tr><td>河港油品码头</td><td>4.0</td></tr>
<tr><td>码头装卸区</td><td>2.0</td></tr>
<tr><td colspan="2">装卸液化石油气船码头</td><td>6.0</td></tr>
<tr><td rowspan="3">液化石油气加气站</td><td>地上储气罐加气站</td><td>3.0</td></tr>
<tr><td>埋地储气罐加气站</td><td rowspan="2">1.0</td></tr>
<tr><td>加油和液化石油气加合建站</td></tr>
<tr><td rowspan="6">易燃、可燃材料露天、半露天堆场，可燃气体罐区</td><td>粮食土圆囤、席穴囤</td><td rowspan="4">6.0</td></tr>
<tr><td>棉、麻、毛、化纤百货</td></tr>
<tr><td>稻草、麦秸、芦苇等</td></tr>
<tr><td>木材等</td></tr>
<tr><td>露天或半露天堆放煤和焦炭</td><td rowspan="2">3.0</td></tr>
<tr><td>可燃气体储罐</td></tr>
</table>

3.4.2　城镇市政消防给水系统设计的基本原则

1. 宏观要求

1）消防给水系统应根据建筑物的水源条件、火灾危险性、建筑物的重要性、火灾频率、灾后次生灾害和商业连续性等因素综合评估，并根据技术经济比较综合确定。

2）城镇消防给水系统应符合相关要求。城镇市政消防给水系统应与城镇市政给水系统合用，宜采用低压消防给水系统，市政给水管网及输水干管应符合《室外给水设计规范》（GB 50013—2006）的有关规定。向居住小区和工业园区给水管网输水的干管不应小于两条，当其中一条输水干管故障时，在保证满足 70%生产生活给水的设计用水量条件下，仍应能满足相关规范规定的消防用水量。每个天然消防水源取水口宜按一个室外消火栓计算。

3）室外消火栓系统宜与生产生活给水系统合用，当生产生活给水系统在能满足生产生活最大时用水量后，仍能满足室外消火栓系统所需的压力和流量时，室外消火栓系统应采用合用消防给水系统；当生产生活给水系统在能满足生产生活最大时用水量后，不能满足室外消火栓系统所需的压力和流量时，室外消火栓系统可采用下列技术措施，并应根据工程具体情况在分析可靠性和技术经济合理性的基础上确定。可采用能满足室外消火栓系统所需压力和流量、由消防水池和消防水泵组成的独立室外消火栓系统，或与室内消防给水系统合并，采用联合消防给水系统或区域消防给水系统。室外消防水池或天然消防水源设置在消防车取水口的 150m 范围之内。建筑物周围 15~40m 范围内市政消火栓的出流量大于室外消火栓用水量时，可不设置室外消火栓给水系统。

4）建筑物室内消防给水系统宜采用联合消防给水系统，并应符合相关规定要求。当一个单位有多栋建筑时应采用区域消防给水系统。当室内消火栓系统与其他自动水灭火系统采用联合消防给水系统或区域消防给水系统时，给水管路应在报警阀前分开设置。室内消防给水系统不应与室内生产生活给水系统合并，但当小于 20 个喷头的简易自动喷水、住宅自动喷水等局部应用自动水灭火系统时可与生产生活给水系统合用。当建筑物内仅设有消防软管卷盘时，消防软管卷盘可直接接入生产生活给水系统。

5）工业园区和居住小区宜采用市政双水源消防给水系统。除下列两种情况外，室外消火栓系统应采用双水源消防给水系统：当室外消火栓用水量不大于 20L/s 时，宜采用单水源消防给水系统；当室外消火栓用水量大于 20L/s 时，应采用双水源室外消火栓消防给水系统，当市政给水管网不能满足双水源消防给水系统时，宜符合相关规范提出的要求。除下列情况外，室内消防给水系统应采用双水源消防给水系统：当采用局部应用自动喷水灭火系统时，可采用单水源消防给水系统；室内消火栓用水量小于 20L/s 时，可采用单水源消防给水系统；别墅或者多层住宅自动喷水灭火系统可采用单水源消防给水系统；当室内消火栓用水量不小于 20L/s 且不大于 200L/s，采用双水源消防给水系统确有困难时，宜采用等效双水源消防给水系统替代；当建、构筑物要求消防设施在任何时间都能实施灭火时，或对水灭火系统灭火可靠性要求较高时，或火灾后果严重时，其消防给水系统必须采用双水源消防给水系统。

6）采用区域消防给水系统时应遵守相关规定，工业企业最大服务半径不宜超过 800m；居住小区和民用建筑组团不应跨越城市道路；最大保护范围应符合《消防给水及消火栓系统技术规范》（GB 50974—2014）的规定。

2. 城镇市政消防给水系统（水灭火系统）**设计**

1）下列单水源消防给水系统宜为优先选择系统：市政单水源消防给水系统；从高位消防水池接引两条给水管组成的消防给水系统；一消防水池、一台（组）电动消防水泵或一台（组）柴油机消防水泵等组成的消防给水系统；市政单水源消防给水系统与一台（组）电动消防水泵或一台（组）柴油机消防水泵加压组成的消防给水系统。由空压机维持动力的气压水罐单水源消防给水系统向水灭火系统供水应进行技术经济分析，当符合工程技术经济合理性和可靠性时可采用。

2）下列双单水源消防给水系统组成双水源消防给水系统宜为优先选择系统：市政双水

源消防给水系统；一座消防水池和一台（组）电动消防水泵或柴油机消防水泵与另一座高位消防水池有两条供水管组成的双水源消防给水系统；两座高位消防水池各有两条给水管组成的双水源消防给水系统；一座消防水池和一台（组）电动消防水泵与一座消防水池和一台（组）柴油机消防水泵组成的双水源消防给水系统；从市政双水源和等效双水源环状给水干管上接引一条给水管、一台（组）电动消防水泵与一座消防水池和一台（组）柴油机消防水泵等组成的双水源消防给水系统。

3）下列双单水源消防给水系统组成双水源消防给水系统应进行可靠性与技术经济分析：一座空压机维持动力的气压水罐与一座高位消防水池等组成的双水源消防给水系统；一座消防水池和一台（组）电动消防水泵或柴油机消防水泵与一座空压机维持动力的气压水罐等组成的双水源消防给水系统；在江河湖海最低枯水位且满足消防保证率的情况下，一台（组）电动消防水泵与一台（组）柴油机消防水泵等组成的双水源消防给水系统；从市政双水源和等效双水源环状给水干管引出的一条给水管与一座空压机维持动力的气压水罐等组成的双水源消防给水系统。

4）下列等效双水源消防给水系统宜为优先选择系统：一座消防水池和一台（组）电动消防水泵或柴油机消防水泵与另一座满足初期火灾用水量的高位消防水箱等组成的等效双水源消防给水系统；两座各储存50%扑救一次火灾消防用水量的高位消防水池各有两条给水管等组成的等效双水源消防给水系统；一座消防水池和一台（组）电动消防水泵或柴油机消防水泵与另一座满足初期火灾用水量的空压机维持动力的气压水罐等组成的等效双水源消防给水系统；两座各储存50%扑救一次火灾消防用水量的消防水池分别与一台（组）电动消防水泵和柴油机消防水泵等组成的等效双水源消防给水系统；从市政双水源和等效双水源环状给水干管上接引一条给水管和一台（组）电动消防水泵或柴油机消防水泵与另一座满足初期火灾用水量的高位消防水箱或空压机维持动力的气压水罐等组成的等效双水源消防给水系统。

当消防车的给水高度不能满足建筑物消防给水系统的压力要求时，消防给水系统宜采用重力给水系统或者高位消防水箱有效容积为36m^{3}的准双水源消防给水系统。

3. 城镇市政消防给水系统分区

1）应根据建筑物特征经技术经济和可靠性比较确定消防给水系统分区，并宜符合以下两条规定：当建筑物没有设备层或避难层时可采用消防水泵并联和减压阀减压分区；当建筑物有设备层或避难层时可采用消防水泵串联和并联、减压水箱和减压阀减压分区。

2）分区的原则。消火栓栓口处的静压不应大于1.2MPa；自动喷水灭火系统等其他自动水灭火系统喷头处的工作压力不应大于1.2MPa；消防给水系统任何时间和地点系统的余压力不应大于2.4MPa。

3）采用消防水泵串联分区时的下列要求。串联消防水泵宜设置在设备层或避难层；采用直接串联时，消防水泵从低区到高区依顺序起动，采用转输水箱串联时，消防水泵从高区到低区依顺序起动；采用消防水泵直接串联时，应校核系统给水压力；采用消防水泵转输串联时，转输水箱有效储水容积不宜小于40m^3。

4）采用减压阀减压分区时的要求。减压阀宜采用比例式减压阀；减压阀的阀前阀后压力比值一般不宜大于3/1，当一级减压阀减压不能满足要求时，可采用减压阀串联减压，但串联减压不应大于2级，第二级减压阀宜采用先导式减压阀；减压阀串联减压时，应校核第一级减压阀的水头损失对第二级减压阀出口水压的影响。

5）采用减压水箱减压分区时的要求。减压水箱的有效容积不应小于12m^3；减压水箱应有两条进水管，且每条进水管应满足消防给水系统所需消防用水量的要求；减压水箱进水管的水位控制应可靠，且宜采用水位控制阀；减压水箱应有两条出水管，且每条出水管应满足消防给水系统所需消防用水量的要求；减压水箱进水管应设置防冲击和溢水的技术措施。

3.4.3 城镇市政消防给水系统水源设计

1. 基本原则

消防水源水质在任何时间应能满足其所服务的水灭火系统灭火功能的要求。室内消防给水系统补充水水源宜符合《生活饮用水卫生标准》（GB 5749—2006）或《城市污水再生利用 城市杂用水水质》（GB/T 18920—2002）的要求。消防给水管道内所充水应无腐蚀性，且pH值宜为6.5~8.5，必须采用腐蚀性水质时，应采取有效措施使水灭火系统安全可靠。消防用水可取自市政给水管网、消防水池、天然水源等，但应优先取自市政给水管网。室外消防水源可采用天然水源，并应采取防止冰凌、漂浮物等物质堵塞水灭火系统的技术措施。

2. 市政给水要求

当城镇有两座及以上给水厂的两条及以上输水干管向城镇市政环状给水管网输水，且市政环状给水管网的设计符合《室外给水设计规范》（GB 50013—2006）的要求时，应为市政双水源。当城镇有一座给水厂的两条及以上输水干管向城镇市政环状给水管网输水，且市政环状给水管网的设计符合《室外给水设计规范》（GB 50013—2006）的要求时，应为市政等效双水源。当城镇仅有一座给水厂的1条输水干管向城镇市政环状或枝状给水管网输水，且市政给水管网的设计符合《室外给水设计规范》（GB 50013—2006）的要求时，应为市政单水源。从市政双水源和市政等效双水源环状管网两条不同给水干管各接引一条给水管组成的消防给水系统应是双水源消防给水系统。从市政给水管网一条给水干管接引一条给水管的消防给水系统应是单水源消防给水系统。城镇市政给水管网中的高位水池储存有市政消防用水量时宜为市政单水源。

3. 消防水池要求

消防水池的有效容积应根据补水水源情况和给水能力，以及消防给水系统的设计流量和火灾延续时间来确定。市政单水源向消防水池给水时，消防时不应计算市政给水管网向消防水池的补水量，消防水池的有效容积应符合以下两个要求：消防水池的有效容积应是消防给水系统所服务的各种水灭火系统在火灾延续时间内同时作用的消防用水量之和，并按式$V=3.6\sum q_i t_i$计算；消防水池补水管道的设计流量不应小于式$q_d=V/t_m$的计算值。其中，V为消防给水系统扑救一次火灾的消防用水量（m^3）；q_i为第i种消防设施的设计秒流量（L/s）；t_i为第i种消防设施的设计火灾延续时间（h）；q_d为消防水池补水管道的给水流量（m^3/h）；t_m为消防水池的设计充水时间（h），可查相关规范。

市政双水源向消防水池补水时，消防时宜计算市政给水管网向消防水池的补水量，消防水池的有效容积应符合以下两个要求：消防水池的有效容积应是消防给水系统所服务的各种水灭火系统在火灾延续时间内同时作用的消防用水量之和减去最不利市政给水管网向消防水池补水的补水量，并应按式 $V_S = V - qT$ 计算确定，其中，V_S 为消防水池的设计有效容积（m^3）；q 为消防水池最不利补水管道的补水能力（m^3/h）；T 为火灾延续时间（h），可查相关规范；消防水池最不利补水管道的补水能力应根据测试确定，当无测试资料时补水管道宜按流速为 1m/s 计算补水量，并应按式 $q = 3600Av$ 计算，其中，A 为补水管道的横断面面积（m^2）；v 为补水管道的流速（m/s）。

消防水池首次充满水的时间宜小于 24h，缺水地区和消防水池有效容积大于 2000m^3 短时间充水困难的地区可适当增加，但不应大于 72h。消防用水与生产、生活用水合并的水池，应有确保消防用水不被挪作他用的技术设施。寒冷地区的消防水池应有防冻设施，可采用覆土、保温墙和余热蒸汽等措施保温。消防水池的总有效容积大于 500m^3 时应设置两座独立的消防水池，且有效容积宜相等。

供消防车取水的消防水池应符合下列要求：应设专用取水口或取水井，且保证消防车的吸水高度不超过 6m；消防水池的室外保护半径不应大于 150m；取水口与建筑物（水泵房除外）的距离不宜小于 5m，与甲、乙、丙类液体储罐的距离不宜小于 40m，与液化石油气储罐的距离不宜小于 60m，当有防止辐射热的保护设施时，距离可适当缩短，但不宜小于 40m；当消防水池设置供消防取水的取水井时，其离取水井的距离不宜超过 40m，消防水池与取水口的连接管的输水量不应小于 30L/s，并应保证消防水池内的有效容积能全部被利用。

雨水清水池、中水清水池、水景和游泳池等可作为消防水源，但应保证任何时间都能满足消防给水系统所需的水量和水质的要求。当设置消防水泵时，其取水口应满足相关规范的有关规定。消防水池的出水管应能保证消防水池的有效容积能全部被利用。消防水池应设置就地水位显示装置，并应有最高和最低报警水位，且在消防控制室显示。消防水池应设置溢流水管和排水管，并间接排入污水、废水和雨水管道。

4. 高位消防水池要求

能满足消防给水系统所服务的各种水灭火系统所需的压力和流量的高位水池、水塔、水箱等应为高位消防水池。高位消防水池向消防给水系统给水的干管不应小于两条。高位消防水池宜设置有效容积相等且独立的两座，当总有效容积大于 200m^3 时，应设置独立的两座。高位消防水池的补水管道应符合相关规范规定。水位显示和溢流管、排水管应符合相关规范规定。高位消防水池的出水管应保证有效容积全部被利用。当高位消防水池还有其他用途时，应保证消防用水不被挪作他用的技术措施。在寒冷地区采用水塔等作为高位消防水池时，应有防止管道或水塔内水被冻的技术措施。地震地区的高位消防水池应满足地震的要求，并比当地地震抗震强度提高一个等级进行抗震设计。

5. 天然水源要求

自备地下水井宜为消防水池的补水水源。

自备地下水井可向水灭火系统直接给水的水泵应能自动起动并应符合要求。当自备地下水井不少于两口水井，供电应为一、二级供电负荷时，当其中一口井水泵故障时，其余自备井水泵的出水量在满足生活生产最大小时用水量后，仍能满足其所服务的水灭火系统所需的设计压力和流量时，宜为双水源消防给水系统。当自备地下水井不少于两口水井，且供电为三级供电负荷时，自备井水泵的出水量在满足生活生产最大小时用水量后，仍能满足其所服务的水灭火系统所需的设计压力和流量时，宜为单水源消防给水系统。

江、河、湖、海、水库等天然水源可为城镇和室外永久性天然消防水源，其设计枯水流量保证率应根据城市规模和工业项目的重要性、火灾危险性和经济合理性等综合确定，宜为90%～97%。村镇的室外消防给水水源的设计枯水流量保证率可根据当地水源情况适当降低。

当天然水源作为室外消防水源时，应设置满足枯水位消防取水设施的取水技术要求。当设置消防车取水口时，在枯水位时消防车的最大吸水高度不应超过6m，天然消防水源取水口的防洪设计标准不应低于城市防洪标准。天然水源消防车取水口的设置位置和设施应满足《室外给水设计规范》（GB 50013—2006）中有关地表水取水的要求，且取水口头部应设置格栅，其栅条间距不宜小于50mm，也可采用过滤管。设有消防车取水口的天然水源应设置消防车到达取水口的消防车道和消防车停车场地。当设置永久性天然水源消防取水口时，取水口处应有防止水生物繁殖的措施。

3.4.4　城镇市政消防系统给水设施设计

1. 消防水泵

工程设计中采用的消防水泵应是国家消防固定产品监督检测合格中心检测合格的产品，水泵外壳应是球墨铸铁或不锈钢，叶轮应是青铜或不锈钢，泵轴的密封方式和材料应满足消防水泵在低流量或零流量时运转的要求。

（1）水泵类型　消防水泵宜根据可靠性、安装场所、消防流量和扬程等综合因素选用离心泵、立式轴流泵（深井泵），水泵驱动宜采用电动或柴油机。

1）采用离心泵。宜根据流量、扬程、效率以及安装场所等综合因素选择单吸或双吸、单级或多级泵、卧式或立式离心泵。

2）采用立式轴流泵（深井泵）。消防水池水位低于离心泵出水管中心线或水源水位不能被离心泵吸水等情况下消防水泵宜采用立式轴流泵。立式轴流泵的淹没深度应满足立式轴流泵可靠运行的要求，在水泵出流量为150%额定流量时其最低淹没深度应是第一个水泵叶轮底部水位线以上不少于3.2m，且海拔每增加300m轴流泵的最低淹没深度应至少增加0.3m。湿式深坑立式轴流泵的第一个水泵叶轮底部应低于消防水池的最低有效水位线，且当水泵额定流量不小于125L/s时应增加附加的淹没深度以防止形成旋涡和提供足够的气蚀余量以防止产生气蚀。深井应设置探测深井水位的水位测试装置。其他应符合《室外给水设计规范》（GB 50013—2006）的有关规定。

3）采用柴油机驱动的消防水泵。柴油机消防水泵配备的柴油机应是压缩式点火型柴油机，不应采用内置火花点火型柴油机。柴油机额定功率应是在大气温度25℃和大气压9.896×10^4Pa时的标定值，当安装在海拔超过91m时，海拔每增加300m柴油机的额定输出功率减少不应小于3%；当柴油机进气口的空气环境温度超过25℃时，环境温度每增加5.6℃柴油机的额定输出功率减少不应小于1%。柴油机消防水泵配备的柴油机的额定功率应满足消防水泵性能曲线上任何一点的运行要求。柴油机消防水泵配置的供油箱应根据火灾延续时间确定，且油箱最小有效容积应按1.5L/kW配置。柴油机消防水泵从起动到达到额定功率的时间不应超过20s。

（2）水泵机组　一套完整的消防水泵机组应有水泵、驱动器（电动机或柴油机）、控制柜、动力供应、配件、吸水管和出水管，以及给水设施等。

1）水泵性能。消防水泵厂商应提供完整试验曲线以显示流量、扬程、功率和效率等参数，消防水泵安装后应根据相关规范相关条文的技术要求，对消防水泵的性能进行现场实验，其性能应满足其所服务的水灭火设施灭火所需要的流量和压力。单台消防水泵的最低流量不宜小于10L/s，单台消防水泵的最大流量不宜超过320L/s。消防水泵的选择应根据消防给水系统所服务的水灭火系统的需求，分析给水工况及水泵机组的效率等综合因素确定，同一消防给水系统的消防水泵型号应一致。

2）水泵的选择。应满足消防给水系统的需求；消防水泵的流量扬程性能曲线应为无驼峰、无拐点的光滑曲线，零流量时的压力不应超过系统设计额定压力的140%，也不应小于系统设计额定压力的120%；当消防水泵出流量为设计流量的150%时，消防水泵的出口压力不应低于设计额定压力的65%。消防水泵设计工况点的效率不宜低于65%，当电动机功率大于100kW时，效率不应低于80%。消防水泵所配电动机的功率应满足所选水泵曲线上任何一点运行所需的功率要求。多台消防水泵并联时，应考虑流量叠加对消防水泵出口压力的影响；水泵串联时，应考虑串联压力对水泵出口压力的影响。

3）备用消防水泵的设置。单水源消防给水系统不宜设置备用泵；双水源消防给水系统可不设置备用泵；等效双水源消防给水系统应设置备用泵。

备用消防水泵的配置应符合下列要求：同一动力驱动的消防水泵，其备用泵型号应与工作泵一致；不同动力驱动的消防水泵，每种动力驱动的消防水泵应能满足系统所需的消防用水量和压力。

4）流量和压力测试装置。消防水泵泵组在水泵房内设置流量和压力测试装置并应符合相关规范的规定。除单台消防水泵的流量不大于20L/s和压力不大于0.50MPa时应预留流量计和压力计接口外，其余消防水泵泵组应设置流量和压力测试装置。消防水泵流量检测装置的计量精度应为0.5级，最大量程的75%不应低于最大一台消防水泵额定流量的175%。消防水泵压力检测装置的计量精度应为0.5级，最大量程的75%不应低于最大一台消防水泵额定压力的165%。

5）进出水管和阀门等的配置要求。一组消防水泵吸水管不应少于两条，当其中一条损坏或检修时，其余吸水管应仍能通过全部消防用水量。吸水管布置应避免形成气囊，吸水口的淹没深度应满足消防水泵在最低水位运行的要求。消防水泵房应设不少于两条的给水管与消防给水系统环状管网连接，当其中一条出水管检修时，其余出水管应仍能供应全部消防用水量。吸水管上应装设闸阀或带自锁装置的蝶阀，当管径超过*DN*300时宜设电动阀门。消防水泵的出水管上应设止回阀、闸阀或蝶阀，当管径超过*DN*300时宜设电动阀门。消防水泵直接从室外管网吸水时，消防水泵扬程计算应考虑利用室外管网的最低水压，并以室外管网的最高水压校核水泵的工作情况，并应保证室外给水管网压力不低于0.1MPa（从地面算起）。消防水泵吸水管的流速应符合下列要求：直径小于*DN*250时为1.0~1.2m/s；直径在*DN*250~*DN*800时为1.2~1.6m/s；消防水泵吸水管在1.5倍额定设计流量时消防水泵吸水管入口处的流速不应大于4.5m/s。消防水泵出水管的流速应符合下列要求：直径小于*DN*250时为1.5~2.0m/s；直径在*DN*250~*DN*800时为2.0~2.5m/s；消防水泵出水管在1.5倍额定设计流量时消防水泵出水管出口处的流速不应大于6.5m/s。消防水泵出口宜设置防止系统超压的技术措施，比如安全阀等。消防水泵的安装高度应满足不同工况下必需的气蚀余量的要求。吸水井的布置应满足井内水流顺畅、流速均匀、不产生涡漩且便于施工安装的要求。消防水泵吸水管喇叭口在消防水池最低有效水位下的淹没深度应根据吸水管管径确定但不应小于600mm，当采用防止旋流器吸水口时淹没深度不应小于200mm。消防水泵进出水管道穿越墙壁时其上方应有25mm净空。消防水泵吸水管穿越消防水池时应采用柔性套管。

6）安全阀的设置。消防水泵出水管上应设置安全阀，安全阀的开启压力应是消防水泵搅动压力加吸水管静压之和的1.21倍。当消防水泵出流量小于160L/s时其安全阀的最小公称直径为*DN*20，当水泵出流量在160L/s～320L/s时其安全阀的最小公称直径为*DN*25。安全阀的泄流量应能防止水泵空转过热。任何消防给水泵都应设置自动安全释放阀，释放压力为低于消防给水泵的搅动压力加吸水管最低的静压，安全释放阀的释放压力不应高于消防给水系统的组件工作压力。

7）消防水泵吸水管可设置管道过滤器，管道过滤器的面积是管道过水面积的4倍，孔径为限制8mm的球通过。消防水泵应满足自灌要求，且在消防水池最低水位时仍能满足消防水泵自灌自动起动的技术要求。消防水泵应仅给水灭火系统给水。消防水泵不应采用双电机或基于柴油机等组成的双动力驱动水泵。消防水泵搅动压力加消防水泵吸水口静压应低于消防给水系统管道和配件的额定工作压力。

8）压力表。消防水泵进出管应设置压力表，并符合要求。出水管压力表的最大量程不应低于水泵额定工作压力的2倍且不应低于1.6MPa。吸水管应设置真空表、压力表或真空压力表，压力表的最大量程不应低于0.7MPa，真空表的最大量程宜为-0.10MPa。消防水泵进出水管压力表的直径不应小于100mm，应采用直径不小于6mm的管道与消防水泵进出口管相接并应设置关断阀门。

9）消防水泵及其驱动和控制柜应采取保护措施，应防止因爆炸、火灾、洪水、地震、啮齿动物、昆虫、暴风、冰冻和人为破坏等中断消防水泵的运行。

2. 高位消防水箱

（1）有效容积 高位消防水箱主要用于扑救室内初期火灾，其有效容积应满足初期火灾消防用水量并应符合下列要求：一类高层公共建筑，不应小于36m^3，但当建筑高度大于100m时，不应小于50m^3，当建筑高度大于150m时，不应小于100m^3；多层及二类高层公共建筑和一类高层住宅，不应小于18m^3，当一类高层住宅建筑高度大于100m时，不应小于36m^3；二类高层住宅，不应小于12m^3；建筑高度大于21m的多层住宅，不应小于6m^3；当工业建筑室内消防用水量不大于25L/s时，不应小于12m^3，大于25L/s时，不应小于18m^3。

（2）设置高度 高位消防水箱的设置高度应高于消防给水系统最高处的水灭火设施，且其有效最低水位宜满足消防给水系统中最不利处水灭火设施灭火所需的最不利给水压力，但至系统最高处水灭火设施的最低静水压力不应低于0.10MPa。

（3）防火要求 屋顶消防水箱应避免暴露于火灾中，并符合相关规范要求。屋顶消防水箱间应采用耐火极限不低于2.0h的隔墙和1.50h的楼板与其他部位隔开，并应设甲级防火门。水箱间不应设置可燃物；水箱间的窗户应符合《建筑设计防火规范》（GB 50016—2014）的有关规定；支撑屋顶消防水箱的结构应满足正常和火灾延续时屋顶消防水箱对结构的要求。

（4）材质要求 屋顶消防水箱的材质，应采用热浸镀锌钢板和钢筋混凝土。屋顶消防水箱应设置在通风良好、不结冰的房间内，当必须设置在寒冷地区非采暖房间时应采取防冻措施。

（5）屋顶消防水箱的布置和进出管道的设置

1）消防水箱外壁与建筑本体结构墙面或其他池壁之间的净距应满足施工或装配的需要，无管道的侧面净距不宜小于0.7m；安装有管道的侧面净距不宜小于1.0m且管道外壁与建筑本体墙面之间的通道宽度不宜小于0.6m，设有人孔的池顶，顶板面与上面建筑本体板底的净空不应小于0.8m。

2）进水管的管径应满足消防水箱8h充满水的要求，但管径不宜小于*DN*32，进水管应设置液位阀或浮球阀。进水管应在水池（箱）的溢流水位以上接入，进水管口的最低点高出溢流边缘的高度应等于进水管管径，但最小不应小于100mm，最大不应大于150mm。当进水管口为淹没出流时应在进水管上设置防止倒流的措施或在管道上设置虹吸破坏孔，其孔径不宜小于管径的1/5且不应小于ϕ25mm。

3）屋顶消防水箱应设置泄空管和溢流管的出口，且不得直接与排水构筑物或排水管道相连接，应采取间接排水的方式。屋顶消防水箱应设水位监视溢流报警装置，信号应传至消防控制中心。人孔、通气管、溢流管应有防止昆虫爬入水池（箱）的措施。溢流管的直径不应小于进水管直径的2倍且不应小于*DN*100，溢流管的喇叭口直径不应小于溢流管直径的1.5~2.5倍。屋顶消防水箱出水管管径应满足消防给水系统设计流量的出水要求，且不应小于*DN*100。屋顶消防水箱的最低有效水位应根据出水管喇叭口的淹没深度确定，具体可查相关规范。屋顶消防水箱出水管上应设置防止消防用水倒流进入屋顶消防水箱的止回阀，其设置高度应满足止回阀起动的最低压力的要求。屋顶消防水箱的进出水管应设置带有指示启闭装置的阀门。

4）当屋顶消防水箱与其他用途合用时应有防止消防用水被挪作他用的技术措施。

3. 稳压泵

临时高压消防给水系统和稳高压消防给水系统没有高位消防水箱时应采用稳压泵维持消防给水系统的补水和压力。稳压泵的设计额定流量不应小于消防给水系统管网的正常泄漏量或系统自动起动的流量，当没有管网泄漏量具体数据时，稳压泵的设计额定流量宜按消防给水系统设计额定流量的1%~3%计，但不宜小于1L/s。稳压泵设计额定压力宜为消防给水泵搅动压力加0.07MPa，当能满足系统自动起动时，稳压泵的额定压力可适当降低，但管网在水泵搅动压力运行时应安全可靠。设置稳压泵的消防给水系统应设置防止稳压泵频繁启停的技术措施，当采用气压水罐时其调节容积应根据稳压泵起动次数确定。当消防给水系统有屋顶消防水箱时稳压泵宜设置在屋顶消防水箱间。稳压泵应符合下列要求：泵外壳宜采用不锈钢；叶轮宜采用不锈钢；宜采用单吸或单吸多级离心泵。

4. 气压水罐

采用空压机维持动力的气压水罐代替高位消防水箱时应遵守相关规范规定。气压水罐宜在系统所服务场所的最高处，其内储存的水不能用于其他用途。气压水罐的有效储水容积应符合相关规范的有关规定。气压水罐最低设计压力应满足消防给水系统其所服务的水灭火系统所需的工作压力。气压水罐内的气体应能把其内的所有的水都输送到水灭火设施进行灭火，气压水罐应采用补气泵补气，其首次补气的时间不宜超过12h，正常运行时最大起动次数不宜超过10次/h。气压水罐应设置补水、放空阀和水位计等其正常工作和维护的必要设施并能显示有效水容量。当气压水罐有效容积低于设计有效容积80%时应人工补水至设计值。

气压水罐的布置应符合要求。气压给水设备应装设安全阀、压力表、泄水阀和密闭人孔，水罐应装设水位计、进水管上应装设止气阀，进气管上应装设止回阀，定压式气压给水设备应装设自动调压装置。气压给水设备的罐顶至建筑结构最低点的距离不得小于1.0m，罐与罐之间及罐壁与墙面的净距离不得小于0.7m。

气压水罐的进出水管应符合相关规范规定。气压水罐设置在非采暖房间时应采取有效措施防止结冰。

5. 消防水泵接合器

消防水泵接合器的选择和应用应符合《消防水泵接合器》（GB 3446—2013）等的有关规定。室内消火栓给水系统宜设置消防水泵接合器但以下五类场所应设置消防水泵接合器：高层民用建筑；设有消防给水的住宅、超过五层的其他多层民用建筑；超过2层或建筑面积大于1万m^2的地下或半地下建筑（室）、室内消火栓设计流量大于10L/s的平战结合的人防工程；高层工业建筑和超过四层的多层工业建筑；城市交通隧道。

自动喷水灭火系统、水喷雾灭火系统、泡沫灭火系统和固定消防炮灭火系统等自动水灭火系统，均应设置消防水泵接合器。消防水泵接合器是消防给水系统的一个辅助水源，消防时由消防车给水，*DN*100的消防水泵接合器的通水能力宜按15L/s计算，*DN*150的消防水泵接合器的通水能力宜按30L/s计算。消防水泵接合器的数量应按消防给水系统设计额定流量经计算确定。

消防车的给水能力应根据当地消防队提供的技术参数进行设计，当没有数据时宜参考《城市消防站建设标准》（建标152—2017）的有关规定确定，当车载消防水泵的出流量为40L/s时车载泵的出口压力为1.2MPa；当车载消防水泵的出流量为20L/s时车载泵的出口压力为1.8MPa。

消防水泵接合器宜分散布置并应设置在室外便于消防车接近和使用的地点。消防水泵接合器距人防工程出入口的距离不宜小于5m，距室外消火栓或消防水池的距离宜为15~40m。消防水泵接合器宜采用地上式，当采用地下式消防水泵接合器时应有明显标志。

消防水泵接合器宜采用地上式，当采用墙壁式消防水泵接合器时，其中心高度距室外地坪为700mm，消防水泵接合器上部墙面不宜是玻璃窗或玻璃幕墙等易破碎材料，当必须在该位置设置消防水泵接合器时，其上部应设置有效遮挡保护措施。

当室内消火栓系统和自动喷水灭火系统等不同系统或不同消防分区的消防水泵接合器设置在一起时，应有明显的标志加以区分。

6. 消防水泵房

消防水泵房内起重设备应符合要求，起重量小于0.5t时，宜设置固定吊钩或移动吊架；起重量为0.5~3t时，宜设置手动起重设备；起重量大于3t时，应设置电动起重设备。

消防水泵机组的布置应遵守下列规定：

1）相邻两个机组及机组至墙壁间的净距当电机容量小于20kW时，不宜小于0.6m；当电动机容量不小于20kW且不大于55kW时，不宜小于0.8m；当电动机容量大于55kW且不小于255kW时，不宜小于1.2m；当电动机容量大于255kW时，不宜小于1.5m。

2）当消防水泵就地检修时至少在每个机组一侧设水泵机组宽度加0.5m的通道，并应保证泵轴和电动机转子在检修时能拆卸。消防水泵房的主要通道宽度不应小于1.2m。当消防水泵房为地下式泵房时，消防水泵机组间净距可根据情况适当减小0.1~0.2m。

3）当采用柴油机泵时，机组间的净距宜按上述规定值加0.2m但不应小于1.2m。

当泵房内设有集中检修场地时，其面积应根据水泵或电动机外形尺寸确定，并在周围留有宽度不小于0.7m的通道。地下式泵房宜利用空间设集中检修场地。装有深井水泵的湿式竖井泵房，还应设堆放泵管的场地。泵房内的架空管道不得阻碍通道和跨越电气设备，必须跨越时应采取有效措施保证通道畅通或者保护电器设备。

泵房地面层的地坪至屋盖凸出构件底部间的净高除应考虑通风采光等条件外，还应遵守以下三条规定：当采用固定吊钩或移动吊架时，其值不小于3.0m；当采用单轨起重机时，应保持吊起物底部与吊运所越过物体顶部之间有0.5m以上的净距，当采用桁架式起重机时，还应考虑起重机安装和检修的需要。

消防给水系统采用立式深井水泵时，除应符合相关规范的有关规定外还应采取以下三种措施：尽量缩短水泵传动轴长度；水泵层的楼盖上设吊装孔；设置通向中间轴承的平台和爬梯。消防水泵房应至少有一个可以搬运最大设备的门。

消防水泵房的设计应根据具体情况采用相应的采暖、通风和排水设施，并应符合相关规范的要求，严寒及寒冷地区采暖温度宜为10℃，当无人看守时不应低于5℃；消防水泵房的通风宜按6次/h设计；消防水泵房应设置排水设施以防止消防水泵被淹。消防水泵房的防噪措施应符合《声环境质量标准》（GB 3096—2008）、《民用建筑隔声设计规范》（GB 50118—2010）及《工业企业噪声控制设计规范》（GB/T 50087—2013）的规定。

消防水泵不应在有防振或有安静要求的房间的上下和毗邻的房间内，当必须时应采取下列降噪减振措施：采用低噪声水泵；水泵机组设隔振装置；吸水管和出水管上应设隔振装置；管道支架和管道穿墙或穿楼板处采取防止固体传声的措施；在消防水泵房内墙设置隔声吸声的技术措施。

消防水泵应进行停泵水锤压力计算，当计算所得的水锤压力值超过管道试验压力值时必须采取消除停泵水锤的技术措施，停泵水锤消除装置应装设在消防给水系统出水总管上及消防给水系统管网的适当位置，且应有库存备用。

消防水泵房可独立建造也可附设在其他建筑物内，但当消防用水量大于200L/s时或按相关规范规定应设置高位消防水箱但无法设置时，应设置独立的消防水泵房，并符合相关规范要求。独立建造的消防水泵房耐火等级不应低于二级。附设在建筑物内的消防水泵房应采用耐火极限不低于2.0h的隔墙和1.50h的楼板与其他部位隔开，其疏散门应直通安全出口，且开向疏散通道的门应采用甲级防火门。附设在建筑物内的消防水泵房，不应设置在地下三层及以下，或室内地面与室外出入口地坪高差大于10m的地下楼层。

消防给水系统采用柴油机消防水泵时应符合相关规范要求。当采用柴油机消防水泵时宜设置独立消防水泵房。柴油机泵应设置满足柴油机运行的通风和排烟设施且应不妨碍在消防时管理人员进入消防水泵房。柴油机消防水泵的储油量应不小于6h火灾延续时间的储油量。设有柴油机消防水泵的消防水泵房应设置自动喷水灭火系统且控制阀应在室外。

消防水泵房应防止任何时间可能中断给水的可能性。消防水泵房的照明应符合《照明设计标准》（GB 50034—2013）的要求并设置消防应急照明，且应急照明电源不应直接自备发电机起动电池。消防水泵房应设置带有坡度的排水沟收集水泵等的漏水，并设置可靠的排水设施把水排到室外，同时防止水倒灌。消防水泵房的设置位置应考虑不被洪水淹没的技术措施。独立消防水泵房和消防水池的抗震设计应比当地抗震等级提高一个等级进行抗震设计。

3.4.5　城镇市政消防消火栓系统设计

1. 消火栓系统基本要求

市政和室外消火栓系统应采用湿式消火栓系统，但天然消防水源仅设置取水口时宜采用干式消火栓。室内环境温度不低于4℃，且不高于70℃的场所应采用湿式消火栓系统。室内环境温度低于4℃，或高于70℃的场所应采用干式消火栓系统。室内消火栓系统应采用自动消火栓系统。不超过九层的住宅当设置湿式消火栓系统确有困难时可采用手动干式消火栓系统，仅在干式竖管上设置消火栓。当室内外消火栓由市政给水管直接给水，且采用独立消防给水系统时，应在与市政给水管网接口处设置倒流防止器。城市隧道、高速道路、桥梁以及其他室外构筑物在室外极端温度低于4℃时，宜采用干式消火栓系统。存在较多易燃液体的场所，宜设置手动泡沫枪并配置泡沫罐。干式消火栓系统的充水时间不应大于3min，特殊情况充水时间需要加大时应经过论证。

2. 市政消火栓基本要求

市政消火栓宜采用地上式室外消火栓，但寒冷地区可采用地下式室外消火栓，也可采用干式地上式室外消火栓或消防水鹤。

市政消火栓宜采用直径*DN*150的室外消火栓并符合下列要求：室外地上式消火栓应有一个直径为150mm或100mm和两个直径为65mm的栓口；室外地下式消火栓应有直径为100mm和65mm的栓口各一个。

市政消火栓应设置在消防车易于接近的人行便道和绿地等不妨碍交通的地点。市政高架桥、隧道出入口和桥头等市政公用设施处应设置市政消火栓，当市政高架桥长度超过3000m时宜设置市政消火栓。市政消火栓宜在道路的一侧设置，但当市政道路宽度超过60m时应在道路的两侧设置市政消火栓并宜靠近十字路口。市政消火栓的保护半径不应超过150m、间距不应大于120m。市政消火栓距路边不宜超过2m，距房屋外墙不宜小于5m。市政消火栓应设置避免撞击的地点，当必须设置在此处时应设置防撞措施。

市政给水管道上阀门的设置应便于市政消火栓的使用和维护并应符合《室外给水设计规范》(GB 50013—2006）的有关规定。市政消火栓应有明显的标志，地下式消火栓应有永久性标志。

设有市政消火栓的给水管网平时运行工作压力不应低于0.18MPa，消防时最不利消火栓的给水压力应经计算或测试确认能满足消防时的设计流量且给水压力不应低于0.10MPa(压力从地面算起)。寒冷地区消防水鹤的布置间距宜为1000m且市政给水干管的管径不宜小于*DN*200。

3. 室外消火栓基本要求

室外消火栓的布置应遵守相关规范规定。室外消火栓的布置数量应根据消火栓的保护半径和室外消火栓消防用水量等综合计算确定，每个室外消火栓的出流量宜按10~15L/s计算，与保护对象的距离在5~40m范围内的市政消火栓，可计入室外消火栓的数量内。当建筑物在市政消火栓保护半径150m以内且建筑物室外消防用水量不超过15L/s时可不设建筑物室外消火栓。室外消火栓应沿建筑周围均匀布置，且不宜集中布置在建筑物一侧，建筑扑救面一侧室外消火栓的数量不宜少于两个。人防工程、地下工程等建筑应在出入口附近设置室外消火栓，室外消火栓距人防工程出入口不宜小于5m。停车场的室外消火栓宜沿停车场周边设置，且距离最近一排汽车不宜小于 7m，距加油站或油库不宜小于 15m。从市政给水管网的入户管在倒流防止器前应设置一个室外消火栓。

室外消火栓给水管道的布置应符合要求。室外消火栓给水管道应根据室外消火栓设计用水量和管道的经济流速经计算比较确定其管径。室外消防给水管网应布置成环状管网，但当建设初期或室外消防用水量不超过 20L/s 时，可布置成枝状管网。消防给水管网应用阀门分成若干独立段，每段内消火栓的数量不宜超过 5 个。室外消火栓给水管道应根据系统的给水量确定，且不应小于 *DN*100。

甲、乙、丙类液体储罐区和液化烃罐区等构筑物的室外消火栓应设在防火堤外，并应设置防辐射板，但距罐壁 15m 范围内的消火栓不应计算在该罐可使用的数量内。当罐区或堆场面积较大、室外消火栓的充实水柱无法完全覆盖时宜采用室外固定消防炮替代室外消火栓。室外消火栓的压力应满足相关规范规定。室外消火栓距消防水泵接合器的距离不宜小于 15m，也不宜大于 40m。

4. 室内消火栓基本要求

室内消火栓的选用应根据使用者、火灾危险性、火灾类型和不同灭火功能等因素综合确定。室内消火栓应符合《室内消火栓》（GB 3445—2005）的有关规定。室内消火栓 *DN*65 可与 *DN*25 一同使用。消火栓消防水枪应符合《消防水枪》（GB 8181—2005）的有关规定。消防水龙应采用内衬里的消防水带，每根消防水带的长度不应超过 25m，*DN*25 的消火栓应配置消防软管，软管内径不应小于 ϕ19mm。消火栓、消防水带和消防水枪的匹配应符合要求，当消火栓的出流量为 5L/s 时 *DN*65 的消火栓配 ϕ16mm 的消防水枪、ϕ65mm 的衬胶水带，*DN*25 消防软管卷盘胶管的内径宜采用 ϕ19mm 或 ϕ25mm 并配有 ϕ6mm 的消防水枪。旋转栓其内部构造应合理，转动部件选材应恰当并应保证旋转可靠无卡涩和漏水现象。减压稳压消火栓其内部构造合理，活动部件选材恰当，并应保证可靠无堵塞现象，且减压稳压消火栓在各种给水工况下应保证出水口压力。

室内消火栓的布置原则是同一平面两支消防水枪的两股充实水柱同时到达任何部位，但当下列情况之一时可采用一支消防水枪的一股充实水柱到达任何部位：室内消火栓设计用水量不大于 20L/s 时；建筑物整体全部设置自动喷水灭火系统时。设有室内消火栓的建筑物各层均应设置室内消火栓。设有屋顶直升机停机坪的公共建筑，应在停机坪出入口处或非用电设备机房处设置消火栓，且距停机坪的距离不应小于 5.00m。室内消火栓栓口距地面高度宜为 0.70~1.10m，但同一建筑的高度应一致，其出水方向宜向下或与设置消火栓的墙面成 90°，当安装在其他高度时应经过专家论证确定。

消火栓的设置位置应符合下列要求：室内消火栓应首先设置在楼梯间、走道等明显和易于取用的地点；住宅和整体设有自动喷水灭火系统的建筑物，其室内消火栓应设在楼梯间或楼梯间休息平台；多功能厅等大空间的室内消火栓应首先设置在疏散门等便于应用的位置；汽车库内消火栓的设置应不影响汽车的通行和车位的设置，且不应影响消火栓的开启。

消防电梯前室应设室内消火栓且该消火栓可作为普通室内消火栓使用，并计算在布置数量范围之内。冷库的室内消火栓应设在常温穿堂或楼梯间内。设有室内消火栓的建筑应在屋顶设一个装有压力显示装置的试验和检查用消火栓，采暖地区可设在顶层出口处或水箱间内。室内消火栓的布置间距应根据行走距离计算，并符合要求，即两支消防水枪充实水柱同时到达任何部位时消火栓的间距不应大于 30m；一支消防水枪充实水柱同时到达任何部位时消火栓的间距不应大于50m。高级旅馆、重要办公楼、高层民用建筑、设有空气调节系统的旅馆、办公楼，公共密集的公共建筑和大于200m^{2}的商业网点，超过1500个座位的剧院、会堂，其闷顶内安装有面灯部位的马道处，宜增设消防软管卷盘，且其用水量可不计入消防用水总量。

消火栓栓口压力应符合要求。高层建筑、大空间工业和民用建筑、高架库房等消火栓栓口压力不应低于0.35MPa，消防水枪充实水柱宜按10m计算。多层建筑消火栓栓口压力不应低于0.20MPa，消防水枪充实水柱宜按7m计算。消火栓栓口压力不宜大于0.60MPa，当大于0.70MPa时必须设置减压设施。

一个消火栓箱内应设置两个消火栓的场所有以下三种情况：18层及18层以下，每层不超过8户、建筑面积不超过650m^{2}的塔式住宅，当设两根消防立管有困难时，可设一根竖管，但一个消火栓箱内应设置两个消火栓；高层建筑的尽端采用单立管时，一个消火栓箱内应设置两个消火栓；必须采用两个消火栓的地方，可采用双立管，但两个消火栓应分别接自不同的立管。

严寒地区非采暖库房的室内消火栓宜采用干式消火栓系统，并满足下列相关要求：在进水干管上应设干式报警阀等快速启闭装置；在系统管道的最高处应设快速排气阀。7~9层的单元住宅采用手动干式消火栓系统应符合下列要求：系统消火栓仅配置栓口而不配置栓箱、消防水带和消防水枪；系统应设置消防车给水的接口，接口应设置在消防车易于接近和安全的地点。

公共娱乐场所、幼儿园和老年公寓等场所设置的*DN*25消火栓，间距不应大于25m。冷库的消火栓仅在穿堂和楼梯间内设置。住宅内宜预留一个接*DN*20的家用消防软管。跃层住宅和商业网点的室内消火栓宜设置在门口，且应满足一股充实水柱能到达任何部位。

市政隧道消防给水系统的设置应符合要求。隧道内宜设置独立的消防给水系统，严寒和寒冷地区的消防给水管道及室外消火栓应采取防冻措施，采用干管系统时应在管网最高部位设置自动排气阀，且管道充水时间不应大于3min。管道内的消防给水压力应保证用水量达到最大时最低压力不应小于0.30MPa，消火栓栓口处的出水压力超过0.7MPa时，应设置减压设施。在隧道出入口处应设置消防水泵接合器及室外消火栓。消火栓的间距不应大于50.0m。

3.4.6　城镇市政消防消火栓系统管网设计

1. 系统管网设计

(1) 市政消火栓给水管网　市政消火栓给水系统应采用环状管网，但当城镇人口小于2.5万人时，可采用枝状管网。市政消火栓给水系统管网应符合《室外给水设计规范》(GB 50013—2006) 的有关规定。接市政消火栓的市政环状给水管道的管径不应小于*DN*150，采用枝状管网时管径不应小于*DN*200。当城镇人口小于2.5万人时，接市政消火栓的市政给水管道的管径可适当降低，但当采用环状给水管网时管径不应小于*DN*100，当采用枝状管网时管径不宜小于*DN*150。

区域消防给水系统和联合消防给水系统应采用环状管网。双水源消防给水系统和等效双水源消防给水系统应采用环状管网。向两个及两个以上自动水灭火报警阀给水的消防给水系统应采用环状管网。向室内环状消防给水管网给水的联合消防给水系统和区域联合消防给水系统应采用环状管网。

（2）室外消火栓给水管网　室外消火栓管网应布置成环状，当室外消防用水量不大于20L/s时可布置成枝状。向环状管网输水的进水管不应少于两条，当其中一条发生故障时其余的进水管应仍能供应全部消防用水量。管道的直径应根据流量、流速要求计算确定且不应小于*DN*100。环状消防给水管道应采用阀门分成若干独立段。管道设置的其他要求应符合《室外给水设计规范》（GB 50013—2006）的有关规定。

（3）室内消火栓给水管网

1）下列场所的室内消火栓给水管网应布置成环状管网：高层民用和工业建筑；室内消火栓超过10个，且室外消防用水量大于20L/s时；多层建筑的室内消火栓给水管网可自成环，也可与室外消防管道连接成环；双水源消防给水系统或等效双水源消防给水系统向室内消火栓给水管网给水时。下列场所的室内消火栓给水管网宜布置成枝状管网：当室内消火栓不超过10个，且室内消防用水量小于20L/s时；7~9层的单元住宅和不超过8户的通廊式住宅时；单水源消防给水系统向室内消火栓给水管网时。室内消防竖管直径应根据流量、流速要求计算确定，且不应小于*DN*100。

2）室内消防给水管道应采用阀门分成若干独立段，并符合相关规范规定。对于单层厂房（仓库）和公共建筑，检修时应保证每个防火分区内有一个消火栓能用。室内消防给水管道上阀门的布置应保证检修管道时关闭的立管不超过一根，但设置的立管超过三根时可关闭两根。

3）室内消防环状管网上阀门的设置除满足相关规范要求外还应根据以下两条原则设置：应在每根立管上下两端与给水干管相连处设置阀门；水平环状管网干管宜按防火分区设置阀门，任何情况下关闭阀门应使每个防火分区至少有一个消火栓能正常使用。

4）室内消火栓给水管网应与自动水灭火系统的管网分开设置，合用消防水泵时给水管路应在报警阀前分开设置，且应在报警阀前设置管道过滤器。消防给水管道的流速不宜大于2.5m/s，特殊情况下不得超过5m/s。

2. 管道设计及选用

消防给水系统给水管道所采用的消防设施、管材和管件的工作压力应大于消防给水系统的系统工作压力，且应保证系统在可能最大运行压力时安全可靠。

消防给水系统管网的工作压力应符合要求。低压消防给水系统的系统工作压力应根据市政给水管网和其他给水管网的工作压力确定，且不应小于0.60MPa。高位消防水池给水的常高压消防给水系统的工作压力为高位消防水池的给水压力，市政给水系统给水的常高压消防给水系统的工作压力为市政给水管网的给水压力。屋顶消防水箱稳压的临时高压消防给水系统的工作压力为消防水泵零流量时的压力、水泵吸水口最大静水压力之和，稳压泵稳压的临时高压消防给水系统的工作压力，应取消防水泵零流量时的压力、水泵吸水口最大静水压力之和与稳压泵维持系统压力时两者中的较大值。

消防给水系统埋地时，应采用球墨铸铁管、钢丝网骨架塑料复合管和加强防腐的钢管等管材，室内架空管道应采用热浸镀锌钢管，有特殊美观和腐蚀性要求时可采用铜管、不锈钢管等。消防给水系统工作压力不大于1.2MPa时，埋地管道部分宜采用球墨铸铁或钢丝网骨架塑料复合管给水管道；当系统工作压力大于1.2MPa但小于1.6MPa时，宜采用铜丝网骨架复合管、加厚铜管和无缝钢管；当系统工作压力大于1.6MPa时，宜采用无缝钢管。公称直径不大于250mm的沟槽式管接头的最大工作压力不应大于2.5MPa，公称直径DN不小于300mm的沟槽式不大于管接头的最大工作压力不应大于1.6MPa。

埋地金属管的埋深应符合下列规定：管道的埋深应考虑地面、埋深荷载和冰冻线对消防给水管道的影响；管道最小埋深不应小于0.7m，在机动车道下时最小埋深不宜小于0.9m；在寒冷地区管道的埋深最小应在冰冻线以下0.3m。

钢丝网骨架塑料复管作为埋地消防给水管道时应符合下列要求：管的聚乙烯（PE）原材料不应低于PE80；管道的最小强度不应低于8MPa；连接管件与管材应配套、连接方式应可靠；管材耐静压强度应符合表3-4-9和表3-4-10的规定，80℃静压强度165h试验只考虑脆性破坏，在要求的时间（165h）内发生韧性破坏时，应按表3-4-10选择较低的破坏应力和相应的最小破坏时间重新试验。钢丝网骨架塑料复合管道水温在20℃以上时，管材最大允许工作压力p_{max}应按式$p_{max}=\eta p_N$计算，其中，p_{max}为最大允许工作压力（MPa）；p_N为公称压力（MPa）；η为50年寿命要求时温度对压力的折减系数，应符合表3-4-11的规定。钢丝网骨架塑料复合管不宜穿越建筑物、构筑物基础，必须穿越时应采取护套管等保护措施。钢丝网骨架塑料复合管道管顶最小覆土深度，在人行道下不宜小于0.80m，在轻型车行道下不应小于1.0m；在重型汽车道路或铁路、高速公路下应设置保护套管，套管与钢丝网骨架塑料复合管的净距不应小于100mm。钢丝网骨架塑料复合管道与热力管道间的距离，应在保证聚乙烯管道表面温度不超过40℃的条件下计算确定，但最小净距不得小于1.5m。管道的合龙时间应选择在温度合适的时间，一般宜经过一个夜晚后的第二天早上10点以前。钢丝网骨架塑料复合管道的结构计算和水锤复核计算应满足相关规范的有关规定。

表3-4-9 管材耐静压强度

序号	项目	环向应力/MPa		要求
		PE80	PE100	
1	20℃静压强度(100h)	9.0	12.4	不破裂、不渗漏
2	80℃静压强度(165h)	4.6	5.5	不破裂、不渗漏
3	80℃静压强度(1000h)	4.0	5.0	不破裂、不渗漏

表3-4-10 80℃时静液压强度（165h）再试验要求

PE80	应力/MPa	4.5	4.4	4.3	4.2	4.1	4.0
	最小破坏时间/h	219	283	394	533	727	1000
PE100	应力/MPa	5.4	5.3	5.2	5.1	5.0	—
	最小破坏时间/h	233	332	476	688	1000	—

表3-4-11 50年寿命要求时40℃以下温度对压力的折减系数η

温度/℃	20	30	40
压力折减系数	0.95	0.83	0.70

室内架空管道当系统工作压力小于等于1.2MPa时，可采用热浸镀锌焊接普通钢管，当系统工作压力大于1.2MPa时，应采用热浸镀锌焊接加厚钢管或无缝钢管；当系统工作压力大于1.6MPa时，应采用热浸镀锌无缝钢管。室内架空管道的连接宜采用沟槽连接件（卡箍）、螺纹、法兰和卡压等方式，不宜采用焊接连接。管径不大于50mm时应采用螺纹和卡

压连接，管径大于50mm时应采用沟槽连接件连接、法兰连接，当安装空间较小时应采用沟槽连接件连接。

3. 辅助系统设计

消防给水系统埋地管道的阀门应采用球墨铸铁暗杆闸阀。室内消防给水系统架空管道的阀门可采用蝶阀、明杆闸阀，或带有启闭刻度的暗杆闸阀。室外埋地管道的最高处和室内消防给水管道的最高点处宜设置自动排气阀。在消防水泵内有囊式气压罐时，消防给水系统可不设置水锤消除器。消防给水泵出水管上的止回阀宜采用快闭和慢闭式水锤消除止回阀。减压阀的进口处应设置过滤器，过滤器的孔网直径应根据产品确定，但不宜小于20目，减压阀的进出口处均应设置压力表，压力表的表盘直径不应小于100mm，最大量程是工作压力的2倍。消防给水系统的减压阀应设置备用减压阀。

3.4.7 城镇市政消防系统排水设计

消防水泵房应设置排水设施，以防消防水泵房被淹。消防电梯的井底应设排水设施并符合下列要求：排水井容量不应小于2.00m^3；排水泵的排水量不应小于10L/s；排水泵应设置备用泵。水灭火系统试验装置处宜设置专用排水设施，试验排水可回收部分宜排入专用消防水池循环再利用，排水管径应符合要求，即自动喷水灭火系统末端试水装置处的排水立管宜为*DN*75；报警阀处的排水立管宜为*DN*100；减压阀处的试验压力排水管道直径应根据减压阀流量确定，且不应小于*DN*100。

石油化工等因火灾而产生大量有毒有害物质并随水流动而污染环境和水体时，应设置消防排水储蓄设施，并宜采取以下六种措施：石油化工罐区和装置区应利用防火堤和围堰作为消防排水储存设施，当设计消防水量大于防火堤和围堰围挡净体积时，多余的水量应另外设置缓冲池或事故消防排水池；石油化工罐区和装置区应设置防火堤和围堰，并应符合相关技术标准的要求；中型石油化工罐区和装置区应设专用污水管网和事故缓冲池；大型石油化工罐区和装置区应设专用污水管网和终端事故池；石油化工罐区和装置区的地面雨水排放沟，应在集中排放处设置单向流向专用污水管网的连通管道；防火堤或围堰内的有效储存消防排水的体积不应小于一个最大储罐体积的两倍。

仓库等场所因消防而产生的地面积水能毁坏物品时，应设置地面消防排水设施。设有水灭火系统的地下室应设施消防排水设施，且可以与地下室其他地面排水设施共用。能产生流淌火灾的场所的排水设施应设置水封以防止火灾蔓延。

3.4.8 城镇市政消防系统水力计算

1. 消防给水系统流量和水力计算

消防给水系统的额定设计流量应是其所服务的各消防对象同时使用各种水灭火系统的消防用水量之和的最大值，应按式$Q_S=\sum q_i$计算，其中，Q_S为消防给水系统额定设计用水量（L/s）；q_i为第i个消防给水系统的设计流量（L/s）。消防给水系统的额定压力应满足其所服务的各种消防对象最不利点水灭火设施的最大压力。

消防给水管道水力计算应采用海澄-威廉公式计算，即$i=1.18\times10^8q^{1.85}/(C^{1.85}d_m{}^{4.87})$，其中，$i$为水力坡度或单位管道的损失（MPa/m）；$q$为管段的设计消防用水量（L/s）；$C$为海澄-威廉系数，球墨铸铁管$C=100$、内衬水泥球墨铸铁管$C=140$、黑铁管$C=100\sim120$、

塑料管 $C=150$；d_m 为管道内径（mm）。

管道的速度压力应按式 $p_v=8.098q^2/d_m^4$ 计算，其中，p_v 为管道的速度压力（MPa）。

管道的余压应按式 $p_n=p_t-p_v$ 计算。

管道的沿程水头损失应按式 $p_f=iL$ 计算，其中，p_f 为管道沿程水头损失（MPa）；L 为管道直线段的长度（m）。

管道局部水头损失应按式 $p_p=iL_p$ 计算，其中，p_p 为管道管件和阀门等管道附件所产生的局部阻力水头损失（MPa）；L_p 为管道管件和阀门等管道附件的局部管道当量长度（m），见表 3-4-12。

表 3-4-12 各种管件和阀门的当量长度

管件名称	管件直径 DN/mm											
	25	32	40	50	70	80	100	125	150	200	250	300
45°弯头	0.3	0.3	0.6	0.6	0.9	0.9	1.2	1.5	2.1	2.7	3.3	4.0
90°弯头	0.6	0.9	1.2	1.5	1.8	2.1	3.1	3.7	4.3	5.5	5.5	8.2
三通四通	1.5	1.8	2.4	3.1	3.7	4.6	6.1	7.6	9.2	10.7	15.3	18.3
蝶阀	—	—	—	1.8	2.1	3.1	3.7	2.7	3.1	3.7	5.8	6.4
闸阀	—	—	—	0.3	0.3	0.3	0.6	0.6	0.9	1.2	1.5	1.8
止回阀	1.5	2.1	2.7	3.4	4.3	4.9	6.7	8.3	9.8	13.7	16.8	19.8
异径弯头	32	40	50	70	80	100	125	150	200	—	—	—
	25	32	40	50	70	80	100	125	150	—	—	—
	0.2	0.3	0.3	0.5	0.6	0.8	1.1	1.3	1.6	—	—	—
U 形过滤器	12.3	15.4	18.5	24.5	30.8	36.8	49	61.2	73.5	98	122.5	—
Y 形过滤器	11.2	14	16.8	22.4	28	33.6	46.2	57.4	68.6	91	113.4	—

注：1. 当异径接头的出口直径不变而入口直径提高 1 级时，其当量长度应增大 0.5 倍；提高 2 级或 2 级以上时，其当量长度应增加 1.0 倍。

2. 表中当量长度是在海澄-威廉系数 $C=120$ 的条件下测得，当选择的管材不同时，当量长度应根据下列系数作调整：$C=100$，$k_1=0.713$；$C=120$，$k_1=1.0$；$C=130$，$k_1=1.16$；$C=140$，$k_1=1.33$；$C=150$，$k_1=1.51$。

3. 表中没有提供管件和阀门当量长度时，可按《消防给水及消火栓系统技术规范》（GB 50974—2014）中的表 10.1.6-2 提供的参数经计算确定。

消防水泵或消防给水系统所需要的扬程和压力按式 $p=k(\sum p_f+\sum p_p)+H/100+p_0$ 计算，其中，p 为消防水泵或消防给水系统所需要的扬程（MPa）；k 为安全系数，可取 1.05～1.10，宜根据管道的复杂程度和不可预见发生的管道变更所带来的不确定性确定；H 为消防水池最低有效水位至最不利水灭火设施的高度（m）；p_0 为最不利水灭火设施所需的给水压力（MPa）。当消防给水系统由市政给水管网直接给水时，消防给水的压力应根据市政给水公司确定值进行复核计算。

2. 消防给水系统减压计算

减压孔板应符合相关规范的规定，其应设在直径不小于 50mm 的水平直管段上，且前后管段的长度均不宜小于该管段直径的 5 倍；孔口直径不应小于设置管段直径的 30%，且不应小于 20mm；减压孔板应采用不锈钢板材制作。节流管应符合要求，其直径宜按上游管段直径的 1/2 确定；其长度不宜小于 1m；节流管内水的平均流速不应大于 20m/s。

减压孔板的水头损失应按式 $H_k=0.01\xi_1 v_k{}^2/(2g)$ 计算，其中，H_k 为减压孔板的水头损失（MPa）；v_k 为减压孔板后管道内水的平均流速（m/s）；g 为重力加速度（m/s²）；ξ_1 为减压孔板的局部阻力系数，可按式 $\xi_1=[1.75(d_j^2/d_k^2)(1.1-d_k^2/d_j^2)/(1.175-d_k^2/d_j^2)-1]^2$ 计算或按表 3-4-13 取值；d_k 为减压孔板孔口的计算内径（m），取值时应按减压孔板孔口直径减 1mm 确定；d_j 为管道内径（m）。

表 3-4-13 是根据式 $\xi_1=[1.75(d_j^2/d_k^2)(1.1-d_k^2/d_j^2)/(1.175-d_k^2/d_j^2)-1]^2$ 计算得到的结果。减压孔板与地面垂直的轴线的上边缘和下边缘应各设置一个 Φ10mm 的小孔作为排气和泄水用。

表 3-4-13　减压孔板局部阻力系数表

d_k/d_j	0.3	0.4	0.5	0.6	0.7	0.8
ξ_1	292	83.3	29.5	11.7	4.75	1.83

节流管的水头损失应按式 $H_g=0.01\xi_2 v_g^2/(2g)+0.0000107v_g^2 L/d_g^{1.3}$ 计算，其中，H_g 为节流管的水头损失（MPa）；ξ_2 为节流管中渐缩管与渐扩管的局部阻力系数之和，取值 0.7；v_g 为节流管内水的平均流速（m/s）；d_g 为节流管的计算内径（m），取值应按节流管内径减 1mm 确定；L 为节流管的长度（m）。

3.4.9　城镇市政消防系统的控制与操作设计

1. 基本要求

消防给水系统消防水泵一旦起动不应自动停止，应由具有管理权限的工作人员根据火灾扑救情况确定关停。消防水泵应保证在火警后 5min 内开始工作，自动起动的消防水泵应在 1.5min 内正常工作。双水源、等效双水源消防给水系统应设备用动力，若采用双电源或双回路供电有困难时，可采用柴油机作为动力。消防水泵宜由房内水泵出水干管上设置的低压压力开关、报警阀压力开关和屋顶消防水箱消防水位等信号自动直接起动。自动喷水和水喷雾等自动水灭火系统的消防水泵宜由房内水泵出水干管上设置的低压压力开关和报警阀压力开关两种信号自动直接起动。消防水泵房应设置紧急起停按钮，消防控制中心应有手动起停泵按钮，消防水池应设置最低水位报警，但不得自动停泵。任何消防水泵不应设置自动停泵的控制功能。稳压泵应在消防给水系统管网或气压罐上设置稳压泵自动起停压力开关或压力变送器。消防水泵控制柜应具有定时自检功能。消防控制中心应显示消防水泵的起停状态，并能控制消防水泵的起停。

柴油机消防水泵时应采用热起动，起动时间不应大于 20s，但当柴油机消防水泵不作为主泵时可不采用加热设备。

消防水泵控制柜与消防水泵设置在同空间时消防水泵控制柜的防护等级不应低于 IP55，当消防水泵控制柜设置在单独的控制室时防护等级可适当降低，但不应低于 IP30。消防水泵控制柜应采取不被洪水淹没的措施。

当消防给水系统分区给水采用转输泵时，消防水泵起动后转输泵再起动，当消防给水系统分区给水采用串联泵时，下区消防水泵起动后上区消防水泵再起动。独立消防水泵房的消防供电应独立供应，双电源供电应在末端控制箱内自动切换，且切换时间不应大于 15s。

2. 消防水泵控制功能要求

消防水泵消防给水时应工频运行，准工作状态自动巡检时可采用变频运行。控制柜应具有手动起动和自动起动消防水泵的功能，当工频起动消防水泵时，从接通电路到水泵达到额定转速的时间不应大于表 3-4-14 的规定值。

表 3-4-14　工频泵起动时间

配用电动机功率/kW	≤132	>132
消防水泵直接起动时间/s	<30	<55

消防水泵控制柜应设置手动和自动巡检消防水泵的功能，自动巡检功能应符合要求。自动巡检周期不宜大于 7d，但应能按需任意设定。自动巡检时以低频交流电源逐台驱动消防水泵，使每台消防水泵低速（转速不大于 300r/min）转动时间不少于 2min。自动巡检时，对消防水泵控制柜的一次回路中的主要低压器件给出不大于 2s 的脉冲动作信号，逐一检查该器件的动作状态。当自动巡检遇到消防信号时，应立即退出巡检，进入消防运行状态。当自动巡检发现故障时，应有声、光报警，并有记录和储存功能。

消防水泵双电源切换时应符合要求，双路电源可手动及自动切换时切换时间不应大于 2s；当一路电源与内燃机动力切换时起动时间不应大于 15s。消防水泵控制柜应有显示消防水泵工作状态和故障状态的输出端子及远程控制消防水泵起动的输入端子，具有人机对话功能的设备其对话界面应汉化，图标标准应便于识别和操作。电控柜应具有对信号抗干扰的技术措施。

3.5　城市消防系统施工与维护

城市消防系统施工参考第 2 章，限于篇幅不再赘述。具体维护要求如下：

1）消防给水系统和消火栓系统应具有管理、检测、维护规程并应保证系统处于准工作状态，维护管理工作应按相关规范要求进行。维护管理人员应经过消防专业培训，应熟悉消防给水系统和消火栓系统的原理、性能和操作维护规程。

2）每年应对水源的给水能力进行一次测定。

3）消防水泵或内燃机驱动的消防水泵应每月起动运转一次，当消防水泵为自动控制起动时，应每月模拟自动控制的条件起动运转一次。消防水泵接合器的接口及附件应每月检查一次，并应保证接口完好、无渗漏。每月应利用末端试水装置对水流指示器进行试验。

4）维护人员每天应对水源控制阀、报警阀组进行外观检查，并应保证系统处于无故障状态。电磁阀应每月检查并应做起动试验，动作失常时应及时更换。每个季度应对系统所有的末端试水阀和报警阀旁的放水试验阀进行一次放水试验，检查系统启动、报警功能及出水情况是否正常。系统上所有的控制阀门均应采用铅封或锁链固定在开启或规定的状态。每月应对铅封、锁链进行一次检查，当有破坏或损坏时应及时修理更换。室外阀门井中，进水管上的控制阀门应每季度检查一次，核实其处于全开启状态。

5）消防水池、消防水箱及消防气压给水设备应每月检查一次，并应检查其消防储备水位及消防气压给水设备的气体压力，发现故障应及时进行处理。每年应对消防储水设备进行检查，修补缺损和重新油漆。钢板消防水箱和消防气压给水设备的玻璃水位计，两端的角阀在不进行水位观察时应关闭。

6）消防水池、消防水箱、消防气压给水设备内的水应根据当地环境、气候条件不定期更换，同时，应采取措施保证消防用水不作他用。寒冷季节，消防储水设备的任何部位均不得结冰。每天应检查设置储水设备的房间，保持室温不低于5℃。

7）每年应对消火栓进行一次外观及备用数量检查，发现有不正常的消火栓应及时更换。

8）建筑物、构筑物的使用性质或贮存物安放位置、堆存高度的改变，影响到系统功能而需要进行修改时，应重新进行设计。

9）消防给水系统和消火栓系统发生故障，需停水进行修理前应向主管值班人员报告，取得维护负责人的同意并临场监督，加强防范措施后方能动工。

思考题与习题

1. 简述建筑消防系统的特点。
2. 建筑消防系统设计的核心问题是什么？
3. 简述建筑消防系统施工的基本要求。
4. 建筑消防系统施工进场检验的基本要求是什么？
5. 建筑消防系统的安装与施工有哪些基本要求？
6. 如何做好建筑消防系统的试压和冲洗工作？
7. 建筑消防系统调试的基本要求有哪些？
8. 如何做好建筑消防系统的验收工作？
9. 如何计算消防给水系统设计用水量？
10. 城镇市政消防给水系统设计的基本原则是什么？
11. 城镇市政消防给水系统水源设计有哪些基本要求？
12. 如何做好城镇市政消防系统给水设施设计工作？
13. 城镇市政消防消火栓系统设计应注意哪些问题？
14. 城镇市政消防消火栓系统管网设计应注意哪些问题？
15. 如何做好城镇市政消防系统排水设计？
16. 城镇市政消防系统水力计算应注意哪些问题？
17. 城镇市政消防系统的控制与操作设计应注意哪些问题？
18. 简述城市消防系统维护的基本工作内容及相关要求。

建筑排水系统 第4章

4.1 建筑内部排水系统概述

4.1.1 室外排水

室外排水属于无压流，水靠重力流动，因而从上游到下游管底标高越走越低。污水通常按非满管流设计，雨水通常按满管流设计。室外排水属无压流，管道布置应优先考虑。检查井在室外排水管网中有着重要作用，污水进入市政管网前应经过相应的局部处理构筑物。

1. 室外排水系统体制及组成

室外排水系统的体制（见图4-1-1）主要有分流制和合流制两类，出于环境质量的考虑，目前一般采用分流制。分流制是指把各种污废水用两套或以上管系排除。合流制是指采用一套管系使雨水与污废水合流排出。排水系统的组成主要是排水管道和检查井，对雨水系统还有室外雨水口等。

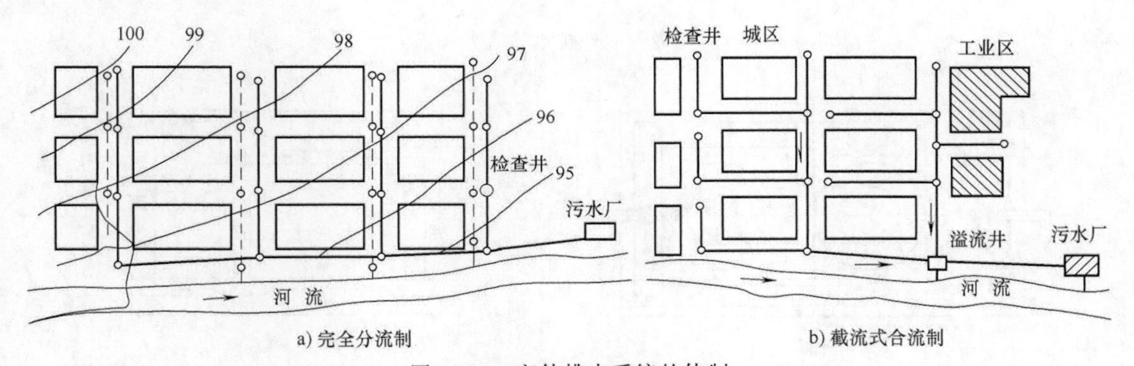

图 4-1-1 室外排水系统的体制

2. 室外排水管材与构筑物

室外排水管材包括管材和连接两大部品。常见管材主要有混凝土或钢筋混凝土管、埋地排水塑料管、石棉水泥管、陶土管、铸铁管等，应视具体情况合理选用。连接部品应合理选择。排水管材的接口形式有承插口与平口之分，承插口管的连接与给水铸铁管相同，平口管的连接分刚性接口和半柔性接口两类。常见的刚性接口有水泥砂浆抹带接口、钢丝网水泥砂浆抹带接口等，常见的半柔性接口主要为石棉沥青卷材接口。

室外排水系统构筑物主要包括检查井、化粪池、隔油池、沉砂池、降温池等。检查井（见图4-1-2）的作用是连接（代替管件）、检查、沟通，通常设置在管线交汇、转弯、管径或坡度改变处以及长直线段的一定距离处，主要由井基、井底、井身、井盖及井盖座等组成。化粪池（见图 4-1-3）是对粪便污水进行截流沉淀并对沉淀物中的有机物进行厌氧酵化处理的结构物，其工作原理是借助慢流速使杂物下沉、上清液排出，主要有圆形、矩形两类，可采用双格、三格等形式。化粪池通常宜设置在接户管的下游段或建筑物背向大街一侧或靠近卫生间但便于机动车清掏的地方，距外墙不得小于 5m，距地下取水构筑物不得小于 30m，距水池不得小于 10m。隔油池（见图 4-1-4）的作用是收集并去除污水中的油脂及轻油等，其位置应合理设置，排除油脂的隔油池宜靠近含油污水产生地，或在室内含油污水排水支管上设隔油器，排除轻油的隔油池宜设在室外，其工作原理是借助慢流速使油浮于表面、撇走。沉砂池（见图 4-1-5）的作用是沉淀并排除污水中的泥砂等无机物。降温池（见图 4-1-6）的作用是对温度高于 40℃的废水在排入城镇排水管道之前进行降温处理。其原理是合理放热，对间歇排热水的可放凉或与凉水混合，对连续排热水的应使热水与凉水充分混合，常见降温池有虹吸式和隔板式两种。

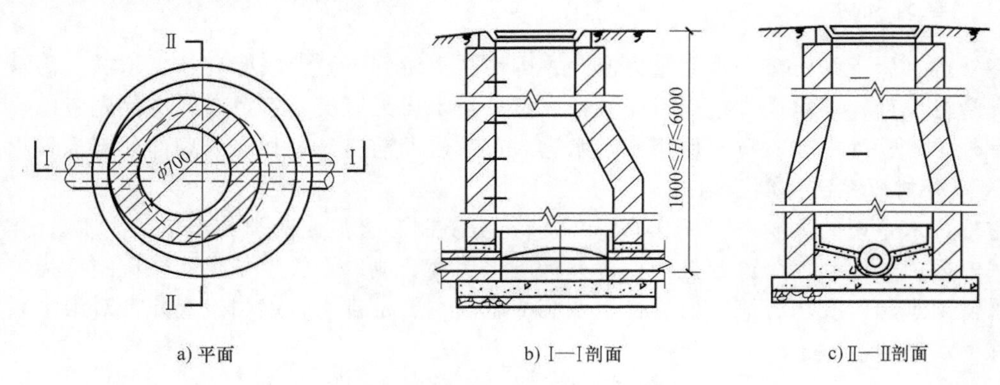

图 4-1-2　室外排水检查井构造

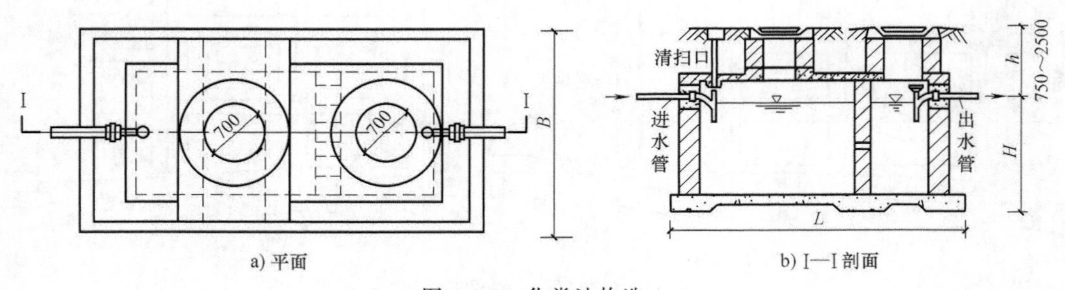

图 4-1-3　化粪池构造

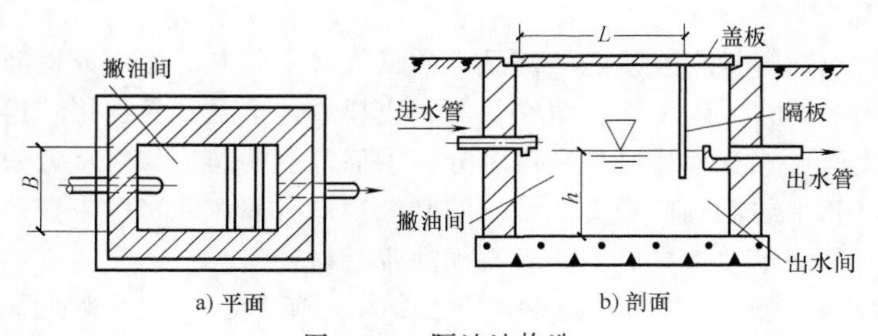

图 4-1-4　隔油池构造

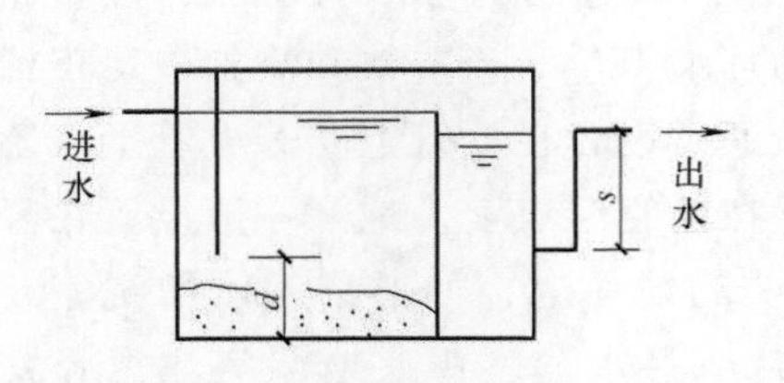

图 4-1-5　沉砂池的构造及原理

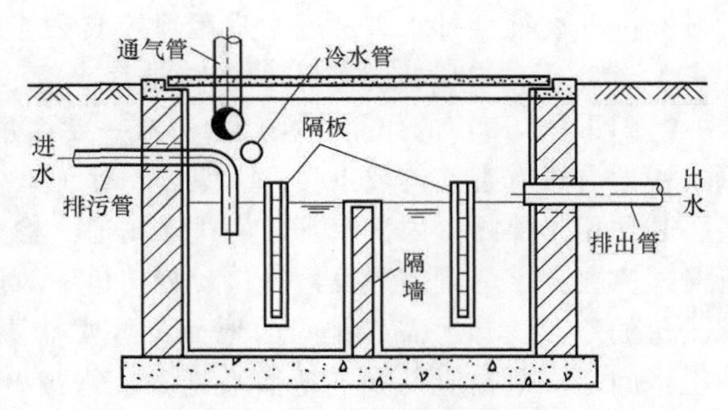

图 4-1-6　隔板式降温池的构造

4.1.2　室内生活污水排水系统

1. 室内排水系统的组成

室内排水系统（见图4-1-7）主要由卫生器具、排水管道、通气管道、清通设备、污水局部处理构筑物等组成。卫生器具是用来满足日常生活和生产过程中各种卫生要求，收集和排除污废水的设备，包括便溺器具、盥洗及沐浴器具、洗涤器具、地漏等。排水管道包括器具排水管、排水横支管、立管、埋地干管和排出管等。由于建筑物内部排水管是气水两相流，为防止因气压波动造成的水封破坏而使有毒有害气体进入室内，需设置通气系统。清通设备（见图4-1-8）的作用是疏通建筑物内部排水管道、保障排水通畅，常用的清通设备有清扫口、检查口（见图4-1-8）和检查井等。当建筑物内部污水未经处理不允许直接排入市政排水管网或水体时，须设污水局部处理构筑物，污水局部处理构筑物包括隔油井、化粪池、沉砂池和降温池等。

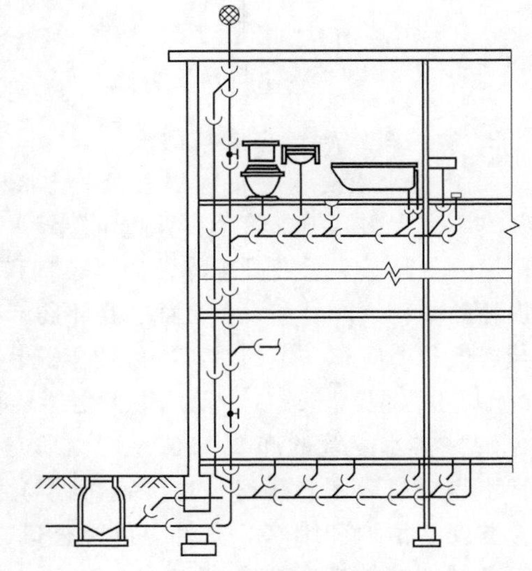

图 4-1-7　室内排水系统

2. 室内排水用管材、附件

（1）排水管材　常见排水管材主要有排水塑料管、铸铁管、焊接钢管、无缝钢管等。在建筑内使用的排水塑料管主要是硬聚氯乙烯塑料管（简称UPVC管），其连接采用承插连接方式，具有良好的化学稳定性和耐腐蚀性，具有质量轻、内外表面光滑、不易结垢、容易切割等特点。常用的排水铸铁管是离心铸铁管，其管壁薄而均匀、质量轻，采用不锈钢带、橡胶密封圈、卡紧螺栓连接，具有安装更换管道方便、美观的特点，其缺点是造价较高。焊接钢管主要用于洗脸盆、小便器、浴盆等卫生器具与横支管间的连接短管，管径一般为32mm、40mm、50mm。无缝钢管主要用于检修困难、机器设备振动较大的地方的管段，以及管道

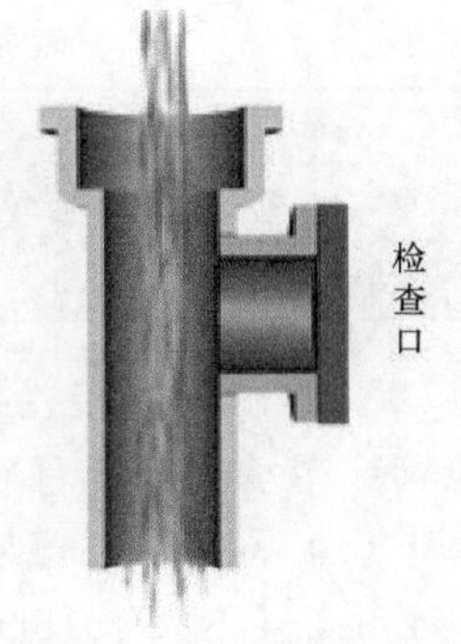

图 4-1-8　清通设备——检查口管

压力较高的非腐蚀性排水管，通常采用焊接或法兰连接。

（2）排水附件　常见排水附件主要是存水弯、检查口、清扫口、地漏等。存水弯（见图 4-1-9 和图 4-1-10）的作用是在其内形成一定高度的水封，通常为 50~100mm，以阻止排水系统中的有毒有害气体或虫类进入室内，保证室内的环境卫生。检查口和清扫口属于清通设备，其作用是保障室内排水管道的排水畅通。检查口通常设置在立管上，若立管上有乙字弯管时，应在乙字弯管上部设检查口。清扫口一般设置在横管起点上。地漏一般设置在经常有水溅落的地面、有水需要排除的地面及经常需要清洗的地面上，如淋浴间、盥洗室、厕所、卫生间等。地漏应设置于地面最低处，并带有水封或存水弯。普通地漏应注意经常注水，以免水封因蒸发而破坏。

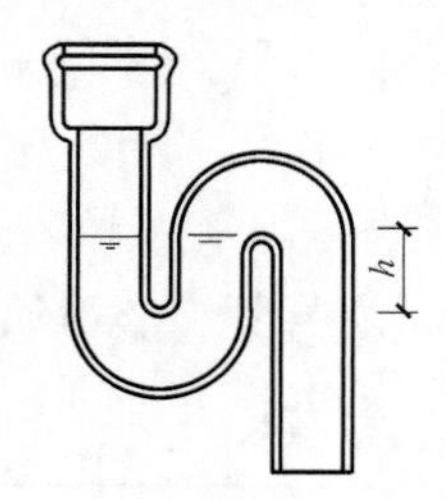

图 4-1-9　S 形存水弯

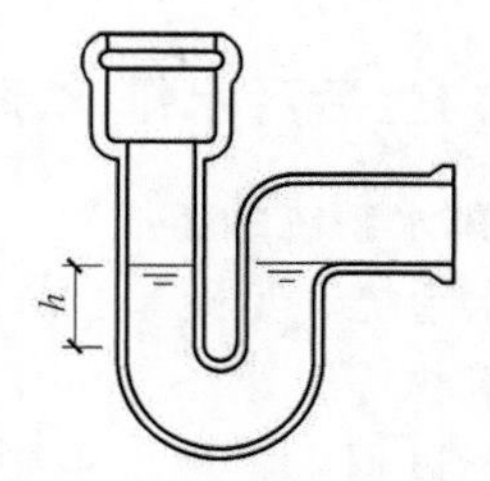

图 4-1-10　P 形存水弯

3. 室内排水管道布置与敷设

（1）排水横支管的布置与敷设　排水横支管不宜太长，尽量少转弯，一根支管连接的卫生器具不宜太多。横支管不得穿过沉降缝、烟道、风道。横支管不得穿过有特殊卫生要求的生产厂房、食品及贵重商品仓库、通风小室和变电室。横支管不得布置在遇水易引起燃烧、爆炸或损坏的原料、产品和设备上面，也不得布置在食堂、饮食业的主副食操作烹调的上方。横支管与楼板和墙应有一定的距离，以便于安装和维修。当横支管悬吊在楼板下，排水铸铁管接有 2 个及以上大便器，或 3 个及以上卫生器具时，横支管顶端应升至上层地面设清扫口。

（2）排水立管的布置与敷设　立管应靠近排水量大、水中杂质多、最脏的排水点处。立管不得穿过卧室、病房，也不宜靠近与卧室相邻的内墙。立管宜靠近外墙以减少埋地管长度，并便于清通和维修。立管应设检查口，间距不大于 10m，但底层和最高层必须设。排水立管穿越现浇楼板时应预留孔洞，立管中心与墙面距离及楼板留洞尺寸应符合表 4-1-1 的要求。

表 4-1-1　立管中心与墙面距离及楼板留洞尺寸的基本要求

管径/mm	50	75	100	150
管轴心线与墙面距离/mm	100	110	130	150
楼板预留洞尺寸/mm	100×100	200×200		300×300

（3）排出管的布置与敷设　排出管应以最短的距离排出室外，并尽量避免在室内转弯。埋地管穿越承重墙或基础处应预留洞口，管顶上部净空不得小于建筑物的沉降量，且一般不宜小于 0.15m。排出管与室外排水管连接处应设检查井，检查井中心到建筑物外墙的距离不宜小于 3m 且不大于 10m。排出管管顶距室外地面不应小于 0.7m，生活污水排出管的管底可在冰冻线以上 0.15m。

（4）通气管的布置与敷设（见图 4-1-11）　通气管高出屋面不得小于 0.3m，且必须大于最大积雪厚度。通气管顶端应装设风帽或网罩。通气管的管径一般应与排水立管相同或小一号。

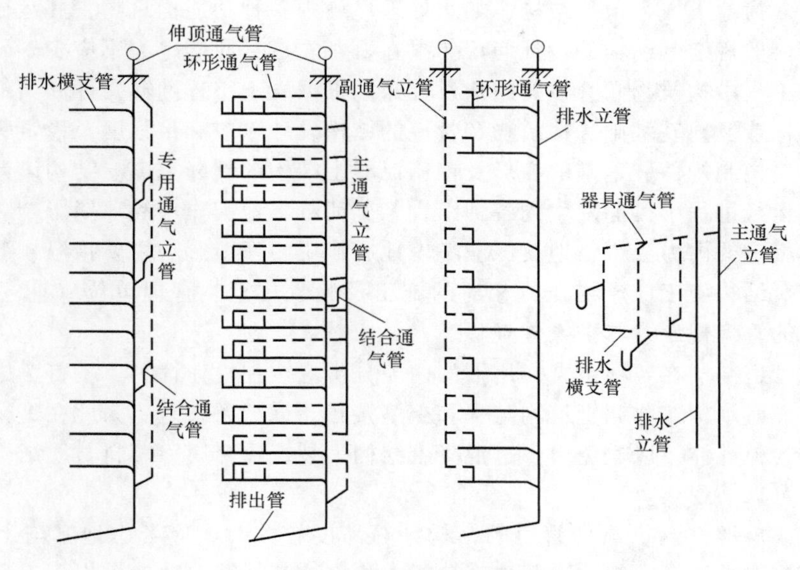

图 4-1-11　通气管的布置与敷设

4. 室内排水管道管径和坡度的确定

（1）排水管道管径的确定　排水管道的管径按照排水设计秒流量确定，但应满足最小管径的要求，建筑物内排出管最小管径不得小于 50mm。公共食堂厨房内的污水采用管道排除时，其管径应比计算管径大一号，但干管管径不得小于 100mm，支管管径不得小于 75mm。多层住宅厨房间的立管管径不宜小于 75mm。医院污水盆的排水管径不宜小于 75mm。小便槽或连接 3 个及以上的小便器，其污水支管管径不宜小于 75mm。凡连接大便器的支管，即使只有 1 个大便器，其最小管径也均应为 100mm。

（2）排水管道坡度的确定　排水系统属于重力流系统，因此排水横支管在敷设时应有一定的坡度。建筑物内生活排水铸铁管道的通用坡度、最小坡度和最大设计充满度按表 4-1-2 确定。建筑排水塑料管排水横支管的标准坡度应为 0.026。

表 4-1-2　建筑物内生活排水铸铁管道的通用坡度、最小坡度和最大设计充满度

管径/mm	50	75	100	125	150	200
通用坡度	0.035	0.025	0.020	0.015	0.010	0.008
最小坡度	0.025	0.015	0.012	0.010	0.007	0.005
最大设计充满度	0.5	0.5	0.5	0.5	0.6	0.6

4.2　建筑内部排水系统设计

4.2.1　建筑排水结构设计

给水排水工程中构筑物和地下管道的结构设计使用年限不应少于 50 年，安全等级不应低于二级。城镇给水排水设施是生命线工程的重要组成部分，作为生命线网络的各种管道及其结点构筑物多为地下或半地下结构，如水处理厂站中各种功能构筑物，其运行、维修难度大，发达国家一般规定其结构的设计使用年限在百年左右，我国定为不应少于 50 年。

给水排水工程中构筑物和管道的结构设计必须根据岩土工程勘察文件和当地施工条件确定结构类型、构造及地基基础。构筑物和管道的结构设计除应满足强度及稳定等承载力方面的要求外，还应控制构件、地基的变形及钢筋混凝土结构的裂缝宽度。结构设计应考虑在正常建造、正常运行过程中可能发生的各种组合工况荷载、地震作用和环境影响，并正确建立计算简图及其相应的内力分析，地震区应考虑地震作用，环境影响主要指温、湿度变化及周围介质影响等。结构施工应严格执行相应的施工及验收规范。管理单位（业主）应制定并严格执行相应的管理规章、养护操作规程。

构筑物和管道结构在各项组合作用下的内力分析应按弹性体计算，不得考虑非弹性变形的内力重分布。盛水构筑物和管道均与水和土壤接触，运行条件差，为此在进行结构内力分析时应视结构为弹性体，以避免出现过混凝土结构大裂缝或金属、塑料材质结构变形，确保其正常使用及可靠、耐久。

当构筑物或矩形（含拱顶）管道的结构计算跨度较大时，应考虑地基与上部结构共同工作问题，并按弹性地基上结构进行内力分析，相应地基计算参数应由岩土工程勘察文件提供，设计应在工程勘察要求中明确。给水排水工程中的各种水处理构筑物和排水管道，其平面尺寸或宽度均可能较大，由墙体传递至底板的荷载，不可能形成均匀分布或直线分布的地基反力作用在底板上，应由底板与地基的协调变形确定该反力的分布形态，即按弹性地基上的结构进行计算，以较为合理地获得结构内力分析数据。

对位于地表水或地下水以下的构筑物和管道应核算施工及使用期间的抗浮稳定性，相应的核算水位应依据勘察文件提供的可能发生的最高水位以确保结构安全。

构筑物和管道的结构材料其强度标准值不应低于 95%的保证率，位于抗震设防地区时，结构所用的钢材应符合抗震性能要求。混凝土结构的混凝土强度等级对钢筋混凝土不应低于 C25、对预应力混凝土不应低于 C40。给水排水工程中的构筑物和管道都与水、土接触，因而应具备抗渗甚至抗冻能力，因此混凝土强度的等级不能过低。混凝土中的最大氯离子含量对钢筋混凝土不应高于 0.2%、对预应力混凝土不应高于 0.06%，上述百分比是指占水泥量的百分率。

配制混凝土使用碱活性骨料时，应限制其最大碱含量不超过 $3.0\mathrm{kg/m^3}$，以确保混凝土的耐久性。对与水接触、埋设于地下的结构，其混凝土中配制的骨料最好应采用非碱活性骨料，若由于条件限制采用碱活性骨料时，应控制混凝土中的碱含量，否则发生碱骨料反应将导致膨胀开裂、加速钢筋锈蚀、缩短结构和构件的使用年限。

当承重结构采用砌体材料时，禁用黏土砌块，且不应采用遇水侵蚀材料的砌块，以确保结构的耐久性和水密性要求，砌块的强度等级不应低于 MU10，砌筑砂浆应采用水泥砂浆，且其强度等级不应低于 M7.5 或 Mb7.5。

基坑开挖、支护和地下水降水措施应确保结构自身及其周边环境的安全，应避免由于开挖或降水导致邻近既有建（构）筑物出现滑坡、沉陷、开裂等安全隐患。

对桩基础及经处理的地基应进行承载力检验。承载力检验要求和方法应按《建筑桩基技术规范》（JGJ 94—2008）、《建筑基桩检测技术规范》（JGJ 106—2014）、《建筑地基处理技术规范》(JGJ 79—2012) 等执行。

4.2.2　建筑排水构筑物设计

水处理工程中直径大于30m的圆形盛水构筑物应采用预应力混凝土结构。直径超过30m时池壁受力过大，温度作用显著，普通钢筋混凝土结构很难保持不开裂，为此应采用预应力混凝土结构。

污水处理工程中的消化池采用非金属结构时，应采用预应力混凝土结构。污水处理工程中的消化池通常容积较大，其高度可达20m以上，池体将承受很大的水压力和温度作用。消化池由于考虑工艺运行和结构受力多采用卵形，采用混凝土结构时，制作和架设模板较为困难，为此近年已有采用钢结构的工程实例，但国内仍以混凝土结构为主且为预应力混凝土结构。

盛水构筑物的结构设计应考虑施工期间的水密性试验和分区运行、养护维修等运行期间可能发生的各种工况组合作用，包括温、湿度作用及环境影响。即除了应考虑池内水压力及地下式或半地下式水池的池外土压力外，还需考虑结构承受的池壁内外温差、季节温差及池壁内外的湿差作用，这些作用会对池体结构的内力产生显著影响。环境影响除与温差作用有关外，还要考虑地下水位情况，地下水位高于池底时，不能忽视对构筑物的浮力和作用在侧壁上的地下水压力。

对钢筋混凝土构筑物进行结构设计时，当构件截面处于中心受拉或小偏心受拉时，应按控制不出现裂缝设计，当构件截面处于受弯或大偏心受拉(压)时，应按控制裂缝宽度设计，允许的裂缝宽度应满足正常使用和耐久性要求，应取作用长期效应的准永久组合进行验算。

对预应力混凝土构筑物进行结构设计时，在各种工况组合作用下均应控制构件截面上具有一定的预压应力，以确保不致出现开裂而影响预应力钢丝的可靠耐久性。

混凝土盛水构筑物的结构设计还应符合以下五个要求：应选用合适的水泥品种和水泥用量，控制最小水泥用量不应小于275kg/m^3；混凝土的水胶比应控制在0.5以下；应根据运行条件确定混凝土的抗渗等级；应根据寒冷或严寒地区环境条件确定混凝土的抗冻等级；应根据大气、土壤、地表水或地下水等环境条件和运行介质的侵蚀性合理制定防护措施，如钢筋的保护层厚度及其他辅助构造措施。

施工配制的混凝土抗渗、抗冻等级应比设计提高一个等级，以保证结构具有可靠的使用功能和耐久性。砌体盛水构筑物的抗渗、抗冻等级应与混凝土盛水构筑物保持同一水准。大容量的矩形构筑物应考虑混凝土成型过程中水化热及运行期间季节温差作用，并合理设置变形缝以区分地上或地下构筑物。变形缝的构造至少应由止水带(片)、填缝材料和嵌缝材料三部分组成，且均应符合适应变形性能和耐久性要求。大容量的矩形构筑物主要是针对长、宽超过25m的墙、板等构件的。对污水处理工程中储水构筑物应具有抗运行介质侵蚀的性能。在施工变形缝时，应确保止水带(片)与混凝土间的结合且应锚固良好。

盛水构筑物建成后应在覆土前进行水密性试验，试验方法及合格标准应按国家相关施工验收规范执行，设计文件应明确试验的水位(水深)要求。对污水处理工程中的消化池还应考虑运行过程中的气压力，相应气密性试验及测定应符合国家相关施工验收规范的要求，水密性试验时的水位和气密性试验时的气压应在设计文件中予以明确。

4.2.3 建筑排水管道设计

埋地管道的结构设计首先应鉴别设计采用管材的刚、柔性，柔性管结构应按管土共同工作的模式进行结构内力分析，并核算其强度、截面环向稳定及变形量。刚、柔性管的鉴别应根据管道结构刚度与管周围土体刚度的比值确定，通常矩形管道、混凝土圆管属刚性管道；钢管、铸铁管和各种塑料管均属柔性管，灰口铸铁除外且现已很少采用；当预应力钢筒混凝土管壁厚较小时才可能成为柔性管。刚、柔两种管道在受力、承载和破坏形态等方面均不相同，刚性管承受的土压力要大些但其变形很小；柔性管的变形大，尤其在外压作用下要过多依靠两侧土体的弹抗支承，为此对其承载力的核算时，还需作环向稳定计算，同时进行正常使用验算时还需作允许变形量计算。

对开槽敷设的管道应对管道周围不同部位回填土的压实度分别做出设计要求。埋设在地下的管道必然要承受土压力，对刚性管道可靠的侧向土压力可抵消竖向土压力产生的部分内力；对柔性管道则更需侧土压力提供弹性抗力作用；因此，需要对管周围土的压实度做出要求，作为埋地管道结构的一项重要的设计内容。通常应对管两侧回填土的密实度严格要求，尤其对柔性圆管需控制不低于95%最大密实度；对刚性圆管和矩形管道可适当降低。管底回填土的密实度对圆管不应过高，可控制在85%~95%，以免管底受力过于集中而导致管体应力剧增。管顶回填土的密实度不需过高，应视地面条件确定，如修道路，则按路基要求的密实度控制，但在有条件时管顶宜留出一定厚度的缓冲层，控制密实度不高于85%。

钢、铸铁等金属管道的结构设计应符合要求。管道里、外均应有防腐措施。对管体结构除应进行承载力计算外，对钢管和球墨铸铁管、铸态球墨铸铁管还应按所采用的防腐措施，进行相应的允许环向变形量核算。对顶进施工的钢管道，管顶承受的土压力应考虑上部土体极限平衡裂面上的剪应力对土压力的折减，同时应按相应施工验收规范规定的顶进过程中的上下、左右允许偏差，计入该项施工误差引起的管体应力。对架空敷设的拱形或折线形钢管道，应核算其在侧向荷载作用下其平面变位引起的 $P\text{-}\Delta$ 效应。

素混凝土、钢筋混凝土、预应力钢筋混凝土等混凝土圆管的结构设计符合要求。素混凝土或钢筋混凝土平口管应设置混凝土管基；管基形式的90°~180°包角应根据管道受力状态确定，如管顶覆土、地面汽车轮压荷载等；管道沿线应设置伸缩变形缝；变形缝应贯通管基和管道接口，且缝距不应大于10m。素混凝土和钢筋混凝土管不应用于压力运行管道。预应力混凝土管和预应力钢筒混凝土管接头处的内、外缝隙及各种钢制管件应根据输送介质及环境条件妥善做好防腐措施。除预应力钢丝外，管接头处和各种钢制管件应根据运行介质和环境条件妥善做好防腐，以确保其使用寿命。

塑料管道及玻璃纤维增强塑料夹砂管的结构设计应符合要求。结构壁塑料管不应用于压力运行管道。塑料管的力学性能指标标准值应考虑材料的长期效应，并应按设计使用年限内的后期数值采用。塑料管采用钢制管件或连接部件时应采取可靠的防腐措施。管道与井室等构筑物连接处应对管道采用局部加强刚度措施，以减少管体环向变形、保证管体与墙体间的良好连接。对管体结构除应进行承载力计算外，还应核算其环向允许变形量。对敷设在地表水或地下水以下的钢肋塑料复合管应计入水压力的作用。

钢筋混凝土矩形管道及拱顶直墙的结构设计应符合要求。钢筋混凝土矩形管道不应用于运行工作内压大于0.2MPa的管道。沿线应设置温度伸缩缝，缝的间距不应大于25m，伸缩缝的构造同变形缝并应贯通全截面。采用不开槽暗挖施工时，应设置二衬结构，对初衬喷设混凝土结构应取全部外压荷载组合作用计算，对二衬现浇混凝土结构，应取全部地下水压力、管内水压力和不小于50%的土压力按不利工况组合作用计算。不开槽施工时，管道上的土压力应考虑管顶土体极限平衡裂面上剪应力对土压力的折减作用。采用不开槽顶进施工工法时，应妥善处理管道段间的连接构造以确保防渗、防腐功能。

砌体混合结构管道及砌体墙、顶板钢筋混凝土的结构设计应符合要求。压力运行的管道不应采用砌体混合结构。管道沿线应设置温度伸缩缝，缝距不应大于30m；缝的构造应同变形缝。对污水或合流管道，应加强顶板下层钢筋的防腐措施，如加厚钢筋保护层。污水或合流管道通常都不满流，由此盖板受硫化氢气体的侵蚀影响明显。

压力运行管道在敷设方向改变处应设置抗推力措施，以免产生滑移，采用支墩抗推时，核算该处管道结构稳定不应全部计入被动土压力。结构设计应考虑管道建成后的闭水试验工况，其闭水压力应根据管道的运行条件确定。给水管道的试验压力应考虑部分水锤作用的影响，如设置水锤消减措施后的残余压力。

对穿越河、湖、渠底的管道，应充分考虑流水冲刷深度并采取必要的保护措施，以使在整个使用年限内保证管道安全、稳定、可靠。

4.3　建筑内部排水系统施工

4.3.1　建筑内部排水系统施工的基本要求

卫生器具与污水管道或其他可能产生有害气体的排水管道应采用水封深度不小于50mm的存水弯连接。存水弯、水封盒、水封井等能有效地隔断排水管道内的有害有毒气体窜入室内，从而保证室内环境卫生，保障人民身心健康，防止事故发生。存水弯水封必须保证一定深度，应考虑水封蒸发损失、自虹吸损失及管道内气压变化等因素。卫生器具的排水口与污水排水管的连接处必须有一个水封深度不小于50mm的存水弯，即卫生器具自带存水弯者不另设存水弯，不带存水弯者应另设存水弯，且存水弯的水封深度应不小于50mm。水封深度不小于50mm的规定是国际上对污水、废水、通气的重力流排水管道系统排水室内压不至于把存水弯水封破坏的要求。

排水管道布置与敷设不得影响居住环境，不得对生活饮用水、食品造成污染，不得危害建筑结构生产工艺和设备的安全，且应方便安装维修。排水管、通气管的设置与连接应保证排水畅通、不破坏水封、不冒水、不污染环境。排水管、通气管是排水系统必不可缺少的重要组成部分。有卫生、防污染要求的构筑物和设备溢水、泄水时应有防止污物、污水、有害气体污染构筑物和设备内介质的措施，它们涉及生活饮用水贮水箱（池）、开水器、热水器的溢水、泄水，排水及空调设备的冷凝水排水、冷库的地面排水等必须采取间接排水的方式与污废水排水管道连接。

地下室、半地下室中卫生器具和地漏的排水管不应与上部排水管道连接，而应采用压力排水系统，这样可防止室外管道满流或堵塞时污水、废水倒灌进室内。建筑物内污水、废水和雨水采用压力排水时，应保证污水、废水和雨水安全、可靠的排除；建筑物内采用排水泵压力排出污水、废水、雨水时，必须采取相应的安全保证措施，应确保不发生污水、废水、雨水淹没地下室、半地下室的事故。污水泵井、污水泵房应采取相应的通气、换气措施，排水泵房不得设置在有安静要求的房间上面、下面和毗邻的房间内，密闭的污水泵井设置通风管可防止井内积聚易燃易爆气体和有害气体造成安全事故。

化粪池应远离地下水取水构筑物，并采取通气、防爆措施，当受条件限制化粪池设置于建筑物内时应采取通气、防臭和防爆措施。为了防止化粪池渗出污水污染地下水源，化粪池远离地下取水构筑物不小于30m。为了避免因池中积聚易燃易爆气体造成安全事故，化粪池采取设通气管等措施。化粪池应设在室外地面下。

医院污水应根据污水性质、排放条件采取消毒及其他相应的处理流程，处理后的污水水质应符合我国现行相关国家标准的要求，医院污水处理构筑物中产生的有害气体不得污染周围的居住与公用建筑，经常活动的场所应有卫生防护隔离带，以防止其产生的有害气体污染周围环境。

建筑屋面雨水的排除、涉及屋面结构的安全问题，建筑屋面雨水排水设施的排水能力应保证排除一般建筑物不小于10年重现期的雨水量；重要公共建筑、高层建筑不小于50年重现期的雨水量。

4.3.2 雨水收集、处理和利用的基本要求

1. 雨水收集和利用系统

雨水利用工程规划前应收集拟建区域近期10年以上的水文气象和其他相关基础资料。雨水利用规划的重点应是对雨水的利用、就地下渗和调控排放。雨水利用规划应与雨水径流污染控制、水资源涵养与保护、城镇防洪减涝、生态景观改善等相结合，因地制宜，择优选用。新建和改建的大型公共建筑群必须设置雨水就地下渗设施。雨水利用系统的规模应满足建设用地外排雨水设计流量不大于开发建设前的水平或规定值，设计重现期不得小于1年。建设用地开发前是指城市化之前的自然状态，一般为自然地面，径流系数基本上不超过0.2~0.3，产生的地面径流很小，建设用地外排的雨水设计流量应维持在这一水平，这是雨水利用效果或目标的基本要求，实现这个目标可以采用雨水入渗系统、收集回用系统、调蓄排放系统之一或其组合。

工程用地经建设后地面会硬化，被硬化的受水面不易透水，雨水绝大部分形成地面径流流失，致使雨水排放总量和高峰流量都大幅度增加。如果设置了雨水利用设施，则该设施的储存容积应能够吸纳硬化地面上的大量雨水，使整个工程用地向外排放的雨水高峰流量得到削减。土地渗透设施和储存回用设施还能把储存的雨水入渗到土壤或回用到杂用和景观等给水系统中，从而削减雨水外排的总水量。通过削减雨水外排的高峰流量，可削减雨水外排的总水量，可保持建设用地内原有的自然雨水径流特征、避免雨水流失、节约自来水或改善水与生态环境，减轻城市排洪的压力和受水河道的洪峰负荷。

建设用地内雨水利用工程的规模应与雨水资源的潜力相协调，雨水资源潜力一般按多年平均降雨量计算。建设用地内通过雨水入渗和回用能够把可资源化的雨水都耗用掉，因而用地内雨水消耗能力对雨水利用规模不具有制约作用。城市雨水利用作为节水和环保工程，应尽量维持自然的水文循环环境。规模标准定得过高会浪费投资，定得过低又会使雨水资源得不到充分利用，基于农业雨水收集利用工程的实践将降雨重现期定为1~2年。德国和日本的雨水利用工程的收集回用系统基本按多年平均降雨量为依据。

需要指出的是，雨水入渗系统和收集回用系统不仅削减外排雨水总流量，也削减外排雨水总量，而雨水蓄存排放系统并未削减外排雨水总量的功能，它的作用单一，只是快速排干场地地面的雨水、减少地面积水，并削减外排雨水的高峰流量，因此，这种系统一般仅用于一些特定场合。

设有雨水利用系统的建设用地应设有雨水外排措施。项目建设用地内设置雨水利用设施后，遇到较大的降雨超出其蓄水能力时，多余的雨水会形成径流或溢流，需要排放到用地之外。排放措施有管道排放和地面排放两类方式，方式选择与传统的雨水排除相同。有的雨水利用设施规模较大，按5年甚至10年降雨重现期设置，仍应设置雨水外排设施，因为遇到强降雨时雨水没有出路、无法排除就会形成长时间积水并造成水害。

雨水收集利用系统不应对周边环境、土壤环境、植物的生长、地下含水层的水质、室内环境卫生等造成危害和隐患。在设计、建造和运行雨水设施时应充分考虑减少污染物的产生、减少硬化面上的污染物量，入渗前应对雨水中的固体污物进行截流和处置，真实体现雨水利用修复、改善环境的目的。

在城镇公共排水系统适当位置应设置雨洪调蓄设施和流量控制井。在雨水利用系统中，雨洪调蓄设施除具有调节和储存两个功能外，还兼有沉淀池之用。雨洪调蓄设施是指为满足雨水利用要求而设置的雨水暂存空间，待雨停后将储存的雨水净化后再使用。有条件时可根据地形、地貌等条件结合停车场、运动场、公园、绿地等建设集雨水调蓄、防洪、城市景观、休闲娱乐等为一体的多功能调蓄池。

在雨水收集系统应设置截污装置。为保证雨水利用系统的安全性和提高处理工艺的效率，应该在雨水收集面或设施的源头采取简单有效的截污措施。

2. 雨水处理

在实际工程中，应根据雨水的不同用途和水质标准合理选择雨水处理技术。城市雨水一般通过常规的水处理技术就能满足使用要求，但要注意城市雨水水质特性和雨水利用系统的特点，合理选择常规或非常规的雨水处理技术。选择生物滞蓄生态净化处理技术时不应破坏周边景观。生物滞蓄净化技术设施是指在地势较低的区域种植植物，通过植物截流、土壤过滤滞留处理小流量径流雨水，并对处理后雨水加以收集利用。必须从环境保护和以人为本的理念出发，最大限度地降低污染物的排放和对周边环境的破坏。

与人体接触的雨水利用项目应进行消毒处理。雨水经过处理后细菌的绝对值仍可能很高并会有病原菌存在的可能性，因此，根据雨水的用途应在利用前进行消毒处理。

4.4 城市排水系统设计

4.4.1 城市排水系统设计总体要求

城镇排水系统应有效收集、输送和处理水污染物，合理处置和利用城镇雨水、污水和污泥，并防止城镇被雨水、污水淹渍。城镇排水系统包括雨水系统和污水系统。雨水系统应收集并排除雨水，防止城镇被雨水淹渍，同时应具有初期污染雨水的截污功能和雨水利用的功能。雨水利用是有目的地采用各种措施对雨水资源保护和利用，包括收集、储存和净化后的直接利用；利用各种人工或自然水体、池塘、湿地或低洼地对雨水径流实施调蓄、净化和利用，以改善水环境和生态环境；通过各种人工或自然渗透设施使雨水渗入地下，补充地下水资源。城镇污水系统应具有有效收集和输送污水的功能，并具有因地制宜合理处理、处置污水和污泥以及提供再生水利用的功能。污水再生利用为污水净化后，达到一定的水质标准，满足某种使用功能要求，加以再利用或实现水的循环利用。

城镇排水设施是城镇基础设施的重要组成部分，是维护城镇正常活动和改善生态环境，促进社会、经济可持续发展的必备条件。提高城镇排水设施普及率、污水处理达标率等需要较长时期才能实现，为保证排水设施建设满足长期使用，并与其他基础设施在空间布局上协调，排水工程建设应在城镇排水工程专业规划指导下进行。城镇排水工程专业规划的主要内容：划定城镇排水范围、预测城镇排水量、确定排水制度、进行排水系统的布局；研究确定集中还是分散处理污水，以及再生水利用、雨水的利用方式；原则确定处理后污水、污泥出路和处理程度；确定排水枢纽工程的位置、建设规模和用地。

城镇排水设施位置的选择应符合防灾专项规划，污水处理厂、污水泵站和合流污水泵站位置的选择还应进行环境影响评价。发生地震、台风、雨雪冰冻、暴雨、地质灾害等自然灾害时，若雨水管渠或雨水泵站损坏，会造成城镇被淹；若污水管渠、污水泵站或污水处理厂损坏，会造成城镇被污水淹没和受到严重污染等次生灾害，因此，城镇排水设施位置的选择除应符合相关规范的规定外还应符合防灾专项规划的要求。对于污水处理厂和会散发臭气的污水泵站、合流污水泵站等排水设施，在选址时还应进行环境影响评价，保证工程项目占地、污染排放和采取的环保措施符合环保部门的要求。

根据地区降雨量、受纳水体环境容量和经济能力等条件，合理确定城镇排水制度。排水制度有分流制和合流制两种基本形式。分流制为用不同管渠系统分别收集、输送污水和雨水，可根据当地规划的实施情况和经济情况分期建设，污水由污水收集系统收集并输送到污水厂处理；雨水由雨水系统收集，并就近排入水体，可达到环境效益高的目的。与分流制系统相比，合流制系统投资较小，同时施工较方便，尤其在地下设施较多的城镇，更为突出。因而应从节约资源、保护水环境、节省投资和减少运行费用等方面综合考虑，合理确定城镇排水制度。在年降雨量较小的地区，雨水管渠使用时间极少，若水体环境容量许可，应采用合流制排水制度。

合流制排水系统应设置污水截流设施，合理确定截流倍数。因大气污染、路面污染和管渠中的沉积污染，初期雨水的污染程度相当严重，设置污水截流设施可削减初期雨水和污水对水体的污染。根据受纳水体环境容量、工程投资额和合流管渠排水能力合理确定截流倍数。截流倍数小会造成受纳水体污染；截流倍数大，虽水体污染程度较小但管渠系统投资大，同时会把大量雨水输送至污水厂，影响处理效果。

接入城镇排水系统的污水水质应符合国家和地方现行标准的有关规定并实施有效监管。污水接入城镇排水系统的水质必须符合《污水综合排放标准》（GB 8978—1996）、《污水排入城镇下水道水质标准》（GB 31962—2015）的规定。

消化池、污泥气管道、贮气罐、污泥气燃烧装置等处若发生污泥气泄漏会引起爆炸和火灾，在消化池、污泥气管道、贮气罐、污泥气燃烧装置等易燃易爆构筑物处应设置消防器材。

对具有有毒有害气体或可燃气体的泵站、管道、检查井、构筑物或设备进行放空清理或维修时必须采取安全措施。为保障操作人员安全，对具有有毒有害气体或可燃气体的管道、检查井、构筑物或设备进行放空清理或维修时，必须采取防硫化氢等有毒有害气体或可燃气体的安全措施。安全措施主要是隔绝断流，封堵管道，关闭闸门，水冲洗，排尽设备设施内剩余污水，通风等。不能隔绝断流时，应根据实际情况穿戴供压缩空气的隔离式安全防护服和系安全带操作并加强监测，必要时应采用专业潜水员作业。

4.4.2　排水管渠设计

排水管渠系统应经济合理地输送雨水、污水并满足相关规范要求，即应排水通畅、不堵塞；不应危害公众卫生和生命安全；不应危害附近建筑物和市政公用设施；雨水溢流次数应与设计重现期一致，合流管道的雨水设计重现期应高于同一情况下的雨水管道设计重现期；重力流污水管道最大设计充满度应保障安全。管渠形式和附属构筑物必须考虑维护检修方便，必要时要考虑更换可能。

严禁排水管渠与给水、再生水等其他管网连接，分流制系统严禁雨水、污水管渠混接。立交地道应设独立的排水系统，与重要立交地道合建的雨水泵站的电气设备应架高安装，应保障立交地道不被淹渍。立交地道排水的可靠程度取决于排水系统出水口的畅通无阻，因此，立交地道排水应设独立系统而不应直接利用其他排水管渠排出。

在水源保护地区应对初期雨水进行截流和处理。在源头水、国家自然保护区、集中式生活饮用水水源地一级保护区、珍贵鱼类保护区等水环境敏感地区，即使是分流制的雨水管渠也应对初期雨水进行截流和处理。输送腐蚀性污水的管渠必须采用耐腐蚀材料，其接口及附属构筑物必须采取相应的防腐措施。应定期巡视、检查和维护排水管渠，巡视内容应包括污水冒溢、晴天雨水口积水、井盖和雨水箅缺损、管道塌陷、违章占压、违章排放、私自接管和影响排水的工程施工等情况。

4.4.3　排水泵站设计

排水泵站应安全、可靠和高效地提升和排除雨水和污水。泵站进出水管水流应顺畅，防止进水滞流、偏流和泥砂杂物沉积在进水渠底，防止出水壅流。若进水出现滞流、偏流现象会影响水泵正常运行，降低水泵效率，易形成气蚀，缩短水泵寿命。若泥砂杂物沉积在进水渠底，会减小过水断面。若出水壅流，会增大阻力损失，增加电耗。水泵及配套设施应选用高效节能产品并有防止水泵堵塞措施。排入水体，尤其排入海域的泵站应采取措施防止水流倒灌影响泵站正常运行。

选用水泵应满足在最高使用频率时水泵在高效区运行，在最高工作扬程和最低工作扬程的整个工作范围内应安全稳定运行。大部分污水泵扬程采用出水正常高水位与集水池平均水位之差加上管路系统的水头损失和安全水头；大部分雨水泵扬程采用水体高水位或防汛潮位与集水池设计最低水位之差加上管路系统的水头损失。

抽送产生易燃易爆和有毒气体的污水泵房应设计为单独的建筑物，应有良好的通风设备，应采用防火防爆的电气设备，应有毒气检测和报警设施，应与其他建筑物有一定的防护距离。

泵房的布置应满足安全防护、机电设备安装、运行和检修的要求。在可能发生严重开、停泵水锤的泵房应采取消除水锤的措施。在压力排水系统中，开、停泵会使管内压力急剧上升或下降，可能发生破坏力很大的开、停泵水锤，处理不当会危及整个系统的安全。消除水锤的措施有采用高型敞开或半敞开出水池，在水泵出口安装缓闭止回阀等。

污水泵房和合流污水泵房应设备用泵，立体交叉地道的雨水泵房应设备用泵。泵站出水口不应影响受纳水体的使用功能。雨水及合流泵站出水口流量较大，应控制出水口的高程和流速，不能影响受纳水体的景观，不能影响航道运输，并且不应对既有河道驳岸、其他水中构筑物产生冲刷。出水口的位置、流速控制、消能设施、警示标志等应事先征求当地航运、水利、港务和市政等有关部门的同意并按要求设置有关设施。

4.4.4 污水处理厂设计

污水处理厂应有效处理污水，水、泥和气等的排放和利用应符合我国现行相关标准的规定。有效处理污水指污水处理厂达到设计负荷，其出水水质达到设计要求。污水处理厂投入运行后一年内不低于设计能力的60%；三年内不低于设计能力的75%。污水处理厂处理污水过程中会产生污泥、臭气和噪声。除水应达标排放和利用外，污泥、臭气和噪声的排放也应符合相关标准的要求。排放的水应符合《城镇污水处理厂污染物排放标准》(GB 18918—2002)、《地表水环境质量标准》(GB 3838—2002) 的要求；应用于农田灌溉时应符合《农田灌溉水质标准》(GB 5084—2005) 的要求；应用于养鱼时应符合我国现行《渔业水质标准》(GB 11607—1989) 的要求。污水再生利用应根据不同的用途分别满足城镇杂用水、景观环境用水、地下回灌水和工业用水等不同的水质标准。脱水后的污泥应符合《城镇污水处理厂污染物排放标准》(GB 18918—2002)、《城镇污水处理厂污泥泥质》(GB 24188—2009) 要求。当污泥进行最终处置和综合利用时还应分别符合相关的污泥泥质标准。污泥热干化的尾气含有臭气和其他污染物质；污泥焚烧的烟气含有危害人体健康的污染物质。污水处理厂有污泥热干化炉或污泥焚烧炉时其颗粒物、二氧化硫、氮氧化物的排放指标应符合《大气污染物综合排放标准》(GB 16297—1996)、《恶臭污染物排放标准》(GB 14554—1993)、《生活垃圾焚烧污染控制标准》(GB 18485—2014)。

1) 污水处理工艺选择。合理确定污水处理程度，选择合适的污水处理工艺，做到稳定达标又节约运行费用。施工难易程度也是选择污水处理工艺和流程的影响因素之一，如地下水位高，地质条件差的地方，就不适宜选用深度大、施工难度高的处理构筑物。对于水量、水质变化大的污水，在工艺流程选择上应首先考虑采用抗冲击负荷能力强的工艺，或考虑设立调节池等缓冲设施以尽量减少不利影响。当地的地形、气候等自然条件也是污水处理工艺选择时需要考虑的问题，若当地气候寒冷，则应采用在低温季节也能正常运行，并保证水质达标的工艺。当地的社会条件如原材料、水资源与电力供应等也是重要因素之一。

2) 污水处理厂总体布置。污水处理厂的总体布置应做到优化运行，节省投资，降低运行成本，减少臭气和噪声对操作管理人员的影响，便于施工、维护和管理。总体布置恰当包括处理设施和办公及生活设施布局合理、池型选择合适、处理单元富余量设置科学等，可为今后施工、维护和管理等提供良好条件。城镇污水包括生活污水和一部分工业废水，往往散发臭味和对人体健康有害的气体，在生物处理构筑物附近的空气中，细菌芽孢数量也较多，所以，处理构筑物附近的空气质量相对较差。鼓风机，尤其罗茨鼓风机会产生很厉害的噪声。应通过总体布置减少臭气和噪声对人居环境的影响。为此，生产管理建筑物和生活设施应与处理构筑物保持一定距离，并尽可能集中布置，便于以绿化等措施隔离开来，保持管理人员有良好的工作环境，避免影响正常工作。办公室、化验室和食堂等的位置，应处于夏季主导风向的上风侧，朝向东南。污水和污泥处理构筑物各有不同的处理功能和操作、维护、管理要求，分别集中布置有利于管理。合理的布置可保证施工安装、操作运行、管理维护安全方便，并减少占地面积。

3）污水处理方式选择。污水采用自然处理时应根据区域特点选择适宜的处理方式，且不得降低周围环境的质量、不得污染地下水。污水自然处理是利用环境的净化能力进行污水处理的方法，自然处理包括土地处理和稳定塘处理。土壤的性质、处理方式、厚度等自然条件都可能影响地下水水质，采用土地处理时必须首先考虑不影响地下水水质。稳定塘很可能影响和污染地下水，因而必须采取防渗措施，包括自然防渗和人工防渗。必须结合当地的自然环境条件，进行多方案的比较，在技术经济可行，满足环境评价、满足生态环境和社会环境要求的基础上，选择适宜的污水自然处理方式。

4）污水处理厂的运行及维护。污水处理厂应严格做好运行及维护。运行管理、操作和维护人员必须掌握本厂处理工艺和设施、设备的运行、维护要求。污水处理厂还应制定并完善各类管理制度、操作规程、设备维护和保养手册、应急预案等文件，严格执行，并定期考核。污水处理厂应建立健全工程建设、工艺、设备等各类档案资料。在日常运行和维护工作中应注意做好生产运行、维护和维修等各类原始记录，并定期统计计算全面反映水量和水质、污泥处置、能源和材料消耗、维护和维修项目、资金预算和经营成本等的计划和报表。污水处理的支撑保障体系如供电系统、自动控制系统、给水供暖系统等运行管理也非常重要，污水处理厂管理者和操作维护人员应给予足够的重视。污水处理厂化验检测是确保出水和污泥达标排放的重要手段，应按规定的检测周期和化验项目，规范做好取样、分析化验、数据计算、报表报送以及化验室管理等工作。

污水处理厂应对接触腐蚀性介质的构筑物、设备和管道采取防腐蚀措施。密闭的、产生臭气较多的车间设备应选用抗腐蚀能力较强的材质，加氯管道、化验室下水道等接触强腐蚀性药剂的设施应选用工程塑料进行重点防腐。

5）污泥处置。城镇污泥应进行减量化、稳定化和无害化处理并安全处置。城镇污泥的减量化处理包括使污泥的体积减小和污泥的质量减少，如前者采用污泥浓缩、脱水、干化等技术，后者采用污泥消化、污泥焚烧等技术。城镇污泥的稳定化处理是指使污泥得到稳定、不易腐败，以利于对污泥作进一步处理和利用，可以达到或部分达到减轻污泥质量，减小污泥体积，产生沼气、回收资源，改善污泥脱水性能，减少致病菌数量，降低污泥臭味等目的。实现污泥稳定可采用厌氧消化、好氧消化、污泥堆肥、加碱稳定、加热干化、焚烧等技术。城镇污泥的无害化处理是指减少污泥中的致病菌数量和寄生虫卵数量，降低污泥臭味，广义的无害化处理还包括污泥稳定。污泥处置应逐步提高污泥的资源化程度，变废为宝，比如用作肥料、燃料和建材等，做到污泥处理和处置的可持续发展。

6）安全措施。厌氧消化池和污泥气贮罐应密封，其出气管必须设回火防止器，厌氧消化池溢流口和表面排渣管出口不得放在室内，并必须有水封装置。为保障厌氧消化系统安全、正常运行，防止污泥气泄漏、超压或负压造成破坏，避免火灾或爆炸事故，厌氧消化池和污泥气贮罐应密封。为防止用气设备回火或输气管道着火而引起厌氧消化池和污泥气贮罐爆炸，规定它们的出气管上必须设回火防止器。为厌氧消化池和污泥气贮罐安全可靠，应采取相应的措施，如设置超压或负压检测、报警与释放装置，采取防止池（罐）内产生超压和负压的措施，放空、排泥和排水阀采用双阀等。厌氧消化池溢流或表面排渣管排渣时，均有可能发生污泥气外泄，放在室内可能发生爆炸而危及人身安全，所谓“室内”是指经常有人活动或值守的房间或设备间内而不包括户外专用于排渣、溢流的井室。水封装置的作用是减少污泥气泄漏，并避免空气进入厌氧消化池影响消化条件。

7）污泥气的综合利用。多余的污泥气或污泥气贮罐超压时不得直接向大气排放，应采用内燃式污泥气燃烧器燃烧消耗。污泥气约含60%的甲烷，是一种可燃气体，为防止大气污染和火灾，多余的污泥气必须燃烧消耗。由于外燃式燃烧器明火外露，在遇大风时易形成火苗或火星飞落，可能导致火灾，故规定燃烧器应采用内燃式。

8）污水处理厂出水的消毒排放。加氯间应配备安全防护设施。加氯间内应设置排风地沟，应通风5~10min后方可工作并应安装报警装置；应按规定检查，如出现氯泄漏必须立即采取措施、及时修复；加氯间保养和维护时严禁违章明火和产生撞击火花；加氯间应配有合格的隔离式防毒面具、抢修材料、工具箱、氨水检漏器具等，所有工具应放置在氯库以外的固定地点。

9）污水处理厂应设置水量计量和水质监测设施，以便污水处理厂更好地运行、管理。

4.5 城市排水系统施工与维护

4.5.1 排水管道结构的施工与验收的基本要求

1）工程采用的管材、管道附件和主要原材料等应符合国家相关标准和设计要求；进入施工现场时必须进行复验，检查每批产品的订购合同、质量合格证书、性能检验报告、使用说明书、进口产品的商检报告及证件等，复验合格后方可使用。

2）对不开槽施工管道、跨越或穿越江河管道等特殊作业应制定专项施工方案。

3）对工程施工的全过程应按相应施工技术标准进行质量控制；每项工程完成后必须进行检验；相关各分项工程间必须进行交接验收。

4）所有隐蔽分项工程必须进行隐蔽验收；未经检验或验收不合格时不得进行下道分项工程。

5）对不合格分项工程通过返修或加固仍不能满足结构安全或正常使用功能要求时，严禁验收。

6）管理单位对管道结构必须制定定期检查、养护制度并严格执行。

4.5.2 排水结构抗震施工要求

抗震设防烈度为6度及高于6度地区的给水排水工程，其构筑物和管道的结构必须进行抗震设计，相应抗震设防类别不应低于丙类。对给水工程，20万人口以上城镇和抗震设防烈度为8度、9度的县及县级市以上的主要取水设施和输水管线、水质净化处理厂的主要水处理（建）构筑物、配水井、送水泵房、中控室、化验室等，其抗震设防类别应列为乙类。对排水工程，20万人口以上城镇和抗震设防烈度为8度、9度的县及县级市以上污水干管（含合流），主要污水处理厂的主要水处理（建）构筑物、进水泵房、中控室、化验室，以及城镇排涝泵房、城镇主干道立交处的雨水泵房等，其抗震设防类别应列为乙类。

构筑物的结构抗震验算应对结构的两个主轴方向分别计算水平地震作用，并由该方向的抗侧力构件全部承担。当设防烈度为9度时，对盛水构筑物还应计算竖向地震作用效应，并与水平地震作用效应组合。

埋地管道结构的抗震验算应计算在水平地震力作用下，剪切波行进时管道结构的位移或应变。目前国际较为实用的方法是将管道视作埋设于土中的弹性地基梁，也即考虑了管道结构和土体的相对刚度影响，管道在地震波的作用下，其变位不完全与土体一致，会有一定程度的折减，减幅大小与管道外表构造和管道四周土体的物理力学性能（密实度、抗剪强度等）有关。

结构抗震体系应符合下列规定：应具有明确的结构计算简图和合理的地震作用传递路线；应避免部分结构或构件破坏而导致整个体系丧失承载力；同一结构单元应具有良好的整体性，对局部薄弱部位应采取加强措施；埋地管道沿线应依据抗震设防烈度、场地地基、管材等设置一定数量的柔性接头或构造，顺应地震作用引起的变位。构筑物的结构构件及其连接应符合下列要求：混凝土结构构件应合理确定截面尺寸及配筋，以避免剪切先于弯曲破坏、混凝土压溃先于钢筋屈服、钢筋锚固先于构件破坏；钢结构应防止局部或整体失稳；构件节点承载力不应低于其连接构件的承载力；预应力混凝土构件的预应力钢筋，应在节点核心区以外锚固。埋地管道遭遇地震位移时不可能以结构受力去抵御，应以适当的柔性构造去顺应地震位移，这是国内外历次强震中反映的有效措施。

位于地震液化地基上的构筑物和管道应根据地基土液化的严重程度（液化指数）采取适当的消除或减轻液化作用的措施。矩形盛水构筑物在地震作用下应对墙体的角隅部分加强抗震措施。对有盖的矩形盛水构筑物应加强顶盖结构的整体性，使顶盖能起到传递地震作用、合理分配给其下的支承结构，对无梁楼盖式的清水池等构筑物更可提高其结构的抗震能力，将大部分地震作用通过盖板传递给刚度和抗震性能良好的边墙。在管道与构筑物（含检查井、闸门井）连接处，应使其在构筑物墙体处固接，并在墙体外附近管道上设置柔性接头，用以吸收管道的纵向变位。埋地管道沿江、湖、河道岸边敷设时，应对岸坡的抗震稳定性进行核算，以确保管道安全可靠。

4.5.3　排水机电设施施工要求

机电设备应安全、可靠、高效、环保，便于使用和维护，满足现场的工作环境要求。给水排水设施能否正常运行，实际上取决于机电设备能否正常运行。给水排水设施的运行效率及其安全、环保方面的指标，也在很大程度上取决于机电设备的配置和运行情况。

机电设备的效能应与主体工程相适应，满足水处理工艺要求和生产能力要求。机电设备的配置规模必须适应给水排水设施的工艺要求和生产能力，并且具有适当的负荷水平，欠配置将不能充分发挥设施的应有效益，过度配置则造成浪费。

机电设备的易损件、消耗材料配备应满足正常生产和维护保养的需要，易损件、消耗材料必须充足以便随时更换和补充。机电设施的维修设备及备品备件库存等应以满足正常生产需要为原则，合理配置。不经常使用的维修设备和零部件应考虑社会化协作和专业化分工，不应全套设置。

机电设备所产生的噪声不应对工作人员的健康和周边环境构成损害，不能满足时应采取有效的防护措施。给水排水设施应创造宁静、优美的工作环境，与周边的生产、生活设施和谐相处。工作环境的噪声排放应符合《工业企业设计卫生标准》（CBZ 1—2010）的有关规定，周边环境的噪声排放应符合《社会生活环境噪声排放标准》（GB 22337—2008）的有关规定。

给水排水设施的辅助生产配套设施应与管理模式相一致。给水排水设施的辅助生产配套设施包括变配电、生产控制系统、化验、计量、消防、照明、通信、运输、仓储、维修等。给水排水设施管理单位应保障机电设备的正常运行条件，具有健全的维护机制，具有在突发事件情况下保障给水排水基本功能的应急处置措施。在突发事件的情况下很可能伴随发生大面积停电、断水或污染，此时如果给水排水设施不能发挥其作用则将使得局势更加恶化，所以给水排水设施管理单位应根据当地条件制定突发事件情况下保障给水排水基本功能的应急措施和相应的预案执行程序。给水排水设施应设置消防设施。

4.5.4 排水机械设备施工要求

给水排水机械设备各组成部件的材质应满足卫生和耐腐蚀的要求，能在现场环境中长期稳定地运行。水厂要求凡与水直接接触的设备包括附件，都必须符合卫生标准，杜绝二次污染，以保证给水水质；污水处理厂要求与污水直接接触的设备或安装在污水池附近的设备采用耐腐蚀材料以保证设备的使用寿命。

给水排水机械设备应定期并且应能在离线状态下进行维护和保养。给水排水机械设备的操作和控制特性应与设施运行总体要求相适应，相关接口应与生产控制系统的要求相一致，相关接口包括物理特性、电气特性和接口协议。起重设备、压力容器、安全阀及易燃、易爆、有毒气体检测装置必须检验合格，取得相关安全认证以后才能投入运行。运行期间应按相关规定进行定期检验，合格后方可继续投入运行。

机械设备的基础及主要结构部件的地震设防烈度应不低于主体构筑物的抗震设防烈度。机械设备及其运转过程中应具有防止人身伤害的措施，如高大的设备应设置检修平台、防护栏杆、爬梯及抓手等，具有高速运转或运动部件的设备应设置防护罩等，有可能发生意外事故的设备应设置紧急停机按钮或制动操纵装置，危险区域应设置警示标志，自行移动的设备应设置警示灯和警示声响。

4.5.5 排水电气系统施工要求

给水排水构筑物应采取有效的防雷保护措施，以满足构筑物的使用性质并符合国家相关标准的规定，还应采取防雷电感应的措施保护电气和仪表设备不受损害。水处理设施各类建筑物及其电子信息系统的设计，必须满足《建筑物防雷设计规范》（GB 50057—2010）、《建筑物电子信息系统防雷技术规范》（GB 50343—2012）的相关规定。

给水排水设施应具有安全的电气和电磁环境，能保障人员和设备的安全。所采用的机电设备不应对周边电气和电磁环境的安全和稳定构成损害。人员安全包括工作人员免遭有损健康的电击或电磁场危害；设备安全包括电气和仪表设备免遭过电压而损坏，或免遭强干扰而无法正常运行。采用的机电设备同时必须具有良好的电磁兼容性，能在一定程度上适应环境，对环境造成的电磁污染应符合国家相关标准的规定。

水池或蓄水构筑物上所有可触及的导电部件及构筑物内的钢筋等都应做等电位连接。等电位连接是安全保障的根本措施。水池或蓄水构筑物是容易产生电气安全问题的场所，等电位连接的实施可以使得水池或蓄水构筑物上各种可触及的外露导电部件和构筑物本体始终处于等电位状态，保证人员安全。

给水排水设施的工作场所应设置照明。城镇给水设施的供电应安全可靠并满足持续给水的要求，一、二类城市主要给水设施的供电负荷等级应采用一级，一般给水设施的供电负荷等级应不低于二级。新建的给水设施应尽量采用两路独立外部电源供电，以提高供电的可靠性。城镇排水设施的供电应安全可靠，满足汛期最大排水量的需求，泵站和污水处理厂的供电负荷等级应采用二级，重要地区的排水泵站或城镇排水干管泵站的供电负荷等级应采用一级。重要的给水排水设施以及不能停电的工艺设备，当供电条件不能满足要求时应设置备用动力装备。

电气和控制设备的安装和运行环境应干燥、无粉尘、无腐蚀性气体，现场条件不能满足时应采取有效的防护措施。在可能含有微量硫化氢等腐蚀性气体环境中设置电气和自动化控制设备时应采用气密性好、耐腐蚀能力强的产品并且布置在腐蚀性气体源的上风向。

在可能存在爆炸性气体混合物或爆炸性粉尘混合物的场所，应采用防爆型电气设备并符合国家相关标准的规定。净水厂和污水处理厂的氨库、污泥消化设施，沼气存储、输送、处理设备房，甲醇储罐及投加设备房，粉末状活性炭堆场等，都可能因泄漏而成为爆炸性气体环境或爆炸性粉尘环境，在这些场所使用电气和控制设备应满足《爆炸危险环境电力装置设计规范》（GB 50058—2014）的相关规定，并遵循以下三条原则：应尽量布置在爆炸危险性较小或没有爆炸危险的环境内；在满足工艺生产及安全的前提下，尽量减少防爆电气设备的数量；防爆电气设备必须是符合现行国家标准的产品。

在可能泄漏毒性气体、爆炸危险性气体、腐蚀性气体的场所，应设置相应的监测、报警和控制装置，相关通风、防护、照明设备的控制装置，应设置在危险场所的外部。当室内可能产生危及健康和安全的各种有害气体时，应在设计上采取积极而有效的防范措施。在排水设施运行时容易产生硫化氢等有毒气体泄露的工作场所，应设置固定式监测报警装置，实行24h连续监测，且能根据有毒气体含量自动起动相关的通风设备。进入或打开容易产生硫化氢等有毒气体的装置，应对所有人员可能活动的场所进行气体检测，工作人员应配备便携式气体检测仪。用于处理、输送或存储污水或污泥的井、罐、池和管道，往往伴随产生高浓度的硫化氢，对上述装置进行检修时，极易发生中毒事故。要杜绝此类事故，应采取积极防护，加强监测的原则。防护措施包括通风、防毒面具、救护装备等，检测措施包括定时的气体检测和随身携带的气体检测。

地下给水和排水设施的电气和控制设备，应能够在事故高水位的情况下正常运行，不得被水淹没。地下给水和排水设施的电气和控制设备，应安装在独立的机房内，与水管、水池等工艺设施之间有可靠的防水隔离，并且能有效防止地面积水倒灌。安装在给水排水设施户外的电气或仪表设备外壳防护等级应达到IP65，长期或阶段性浸没在水中运行的电气或仪表设备外壳防护等级应达到IP68。

4.5.6 排水仪表及自动控制系统施工要求

城镇给水设施应设置必要的在线式水质监测仪表和自动化运行控制系统，实现从取水到配水的全过程运行监视和控制，保障给水设施安全高效运行。城镇给水工程的生产管理与控制的自动化水平，应根据建设规模、工艺流程特点、城镇类型、经济条件等因素合理确定。随着城镇经济条件的改善和管理水平的提高，在线式水质检测仪表和自动化控制系统在给水系统中的应用越来越广泛，有助于提高效率降低成本，改善工作条件，促进科学管理。对于Ⅱ类及以上规模的城市给水工程，应设置完善的数据采集与仪表检测系统，实施取水、输送、净化、配水等全过程的自动化控制与信息化管理，在保证出给水水质、保障安全生产的前提下实现节能降耗。对于较小规模的城镇水厂和给水管网，应配置必要的在线式水质检测和计量设备，并设置与之相适应的控制和调度系统。其中，水厂出水的检测内容应至少包括流量、压力、浊度、pH值、余氯等项目。有条件的城镇水厂和给水管网，可以根据具体情况增加在线检测的内容。

城市由几座净（配）水厂同时给水时，应建立管网调度中心，实现给水设施的运行控制和给水管网的平衡调度。有条件时应对管网水质进行在线监测，以便在水质下降时能及时发现并采取措施，保证水质。城市污水处理厂的自动化运行控制系统，应能够对主要工艺参数和设备运行进行监控，保障水质达标，保障污水处理厂的安全高效运行。污水处理厂应配置必要的在线式检测仪表监视出水水质和水量，检测内容应满足保护环境的要求。机电设备的控制装置应与所在设施的自动化运行控制系统相协调，所有参与自动控制的设备与工艺单元应具备手动控制的条件，参与自动控制的设备与工艺单元设置手动控制功能是为了满足调试和自动化控制系统故障情况下的运行保障。

泵站应设置自动化运行控制装置，控制目标应满足工艺要求。给水排水设施的自控、仪表、通信和安防系统设备应保障连续不间断供电，一般情况下应采用不间断电源UPS。无人值守的给水排水设施应设置就地的自动化控制系统和必要的安防系统，并实施远程监控。净水厂和污水处理厂的化验设备配置，必须满足正常生产条件下质量控制的需要。一座城市或一个地区有几座水厂或污水处理厂时，可设一个中心化验室以达到专业化协作、设备资源共享的目的。给水排水设施应配置通信设备，满足生产调度和业务联络的要求。给水排水设施应具有安全防卫措施，一般的安全防卫措施包括围栏、出入口防护、周界防护、防盗报警等，对于重要的给水排水设施，可进行实时图像监视。

给水排水设施的自动化运行控制系统应能够监视供电系统设备的运行，提供能耗监视和供电系统故障报警。给水排水设施的运行控制系统应采用分层分布式结构，其中上一层系统故障时，下一层系统应能降级运行或手动控制运行。区域性给水排水调度中心应能够对下属设施进行在线的远程监控。给水排水调度中心和远程设施之间的数据通信网络应安全可靠，重要的远程给水排水设施应设置备用的数据通信网络。对重要的远程给水排水设施，除常用的数据通信设备外，还应配置备用数据通信装备，以保障数据通信的可靠性。

4.5.7 城市给水排水系统的维护

城镇给水排水设施的基本功能和性能应保障城镇生活饮用水的安全供给，保障城镇水环境质量，维护城镇水生态系统安全。城镇给水、城镇排水及建筑给水排水相关设施的规划、建设、运行和维护管理等应遵守相关的法律法规。狭义上讲，城镇给水主要包括取水、输水、净化和输配等相关设施；城镇排水主要包括城镇污水和雨水的收集、输送、处理、处置和污水再生利用等相关设施；建筑给水排水主要包括建筑给水、生活热水、直饮水、消防用水、建筑排水、建筑雨水和建筑中水等设施。广义上讲，城镇给水和城镇排水系统是一直延伸到建筑内的给水排水设施。

城镇给水排水设施的规划、建设、运行和维护管理应遵循“保障服务功能，节约资源，保护环境，维护水资源健康循环”原则。“保障服务功能”是指城镇给水排水设施应保障其基本功能和性能，提供高质量和高效率的服务；“节约资源”是指节约水资源、能源、土地资源、人力资源和其他资源；“保护环境”是指减少污染物排放并有效治理水污染，保障城镇水环境质量；“维护水资源健康循环”是指城镇给水排水设施运转形成的水的社会循环应与其自然循环和谐发展，保障水生态系统的健康。

城镇给水排水作为城镇水资源社会循环的重要基础设施，在保障其给水和排水设施基本服务功能的同时，还应有利于维护城镇水系统生态安全和水资源的自然循环。城镇应编制给水排水发展专项规划，编制规划时应以相关区域城镇体系规划和城镇（总体）规划为依据并与相关水资源规划、水污染防治规划和生态系统规划相协调。城镇给水规划应与城镇排水规划相协调，城镇给水规划与城镇排水规划密切相关，相互应协调的内容包括城镇用水量和城镇排水量、水源地和城镇排水受纳水体、水厂和污水处理厂厂址、给水管道和排水管道等方面。城镇给水排水工程建设必须按照基本建设程序进行，其建设单位、勘察设计单位、施工单位和工程监理单位应分别依据各自的职责对其工程建设质量和安全承担相应责任。工程建设必须坚持先勘察，后设计，再施工的程序。

城镇给水排水设施应具有预防多种突发事件影响的能力；在得到相关突发事件将影响设施功能信息时，应能采取应急准备措施，最大限度地避免或减轻对设施功能带来的损害；应设置相应监测和预警系统，能及时、准确识别突发事件将对城镇给水排水设施带来的影响，并有效采取措施抵御突发事件带来的灾害，保障设施基本功能或采取相关补救、替代措施。应按照国家相关法规的规定制定城镇给水排水设施应对突发事件应急预案，并纳入相关地区或部门相关突发事件应急预案体系。

城镇给水排水设施的防洪等级不得低于所在城镇设防的相应等级，并应留有适当的安全裕度，还应保障在出现长历时强暴雨时城镇重要设施和建筑物不被淹渍。城镇给水排水设施应在满足所在城镇防洪设防相应等级要求，应根据城镇给水排水重要设施和构筑物具体位置情况，加强设置必要的防止洪灾的设施。

城镇给水排水设施合理使用年限为 50 年，相关设施使用年限应根据技术经济比较确定。城镇给水排水设施是城镇永久性大型重要基础设施，其给水排水管网延伸到城镇各个角落，其建设和更新改造都将较大范围地影响城镇的正常运转。相关永久性给水排水设施包括构筑物和大型干管。一般小口径管道及专用设备的合理设计使用年限应按其材质和产品更新周期情况，通过技术经济比较确定。对城镇给水排水工程的勘察、设计、施工及验收、运行和维护活动制定相应的技术标准体系和相关标准并予严格执行以保证其活动的质量和功效。

城镇给水排水设施建设和运行中必须加强生产安全、职业卫生安全、消防安全和安全保卫设施建设和管理。城镇给水排水设施必须采用质量和卫生合格的材料与设备。处理生活饮用水采用的絮凝、助凝、消毒、氧化、吸附、pH 值调节、防锈、阻垢等化学处理剂应按《饮用水化学处理剂卫生安全性评价》（GB/T 17218—1998）执行。城镇给水排水设施施工和运行时产生的噪声、废水、废气和固体废弃物不应对周边环境和居民健康产生损害。城镇给水排水设施运行过程中使用和产生的易燃、易爆及有毒化学危险品的保管与使用应严格执行相关的程序和标准，防止人身和灾害性事故发生。污泥消化设施的运行污水管网和污水泵站的维护管理以及加氯消毒设施的运行和管理等都是城镇给水排水设施运行中常发生人身伤害和事故灾害的环节，应重点完善相关标准的制定和监督执行。

城镇给水排水设施应积极采用相关新技术、新工艺和新材料，采用不符合相关标准的新技术、新工艺和新材料时应按相关程序和规定予以核准。

思考题与习题

1. 简述室外排水的特点。
2. 简述室内生活污水排水系统的特点。
3. 建筑排水结构设计应注意哪些问题？
4. 建筑排水构筑物设计应注意哪些问题？
5. 建筑排水管道设计应注意哪些问题？
6. 建筑内部排水系统施工的基本要求有哪些？
7. 雨水收集、处理和利用的基本要求有哪些？
8. 城市排水系统设计的总体要求是什么？
9. 如何进行排水管渠设计？
10. 如何进行排水泵站设计？
11. 如何进行污水处理厂设计？
12. 简述排水管道结构施工与验收的基本要求。
13. 地震是如何形成的？排水结构抗震应关注哪些问题？
14. 排水机电设施施工有哪些基本要求？
15. 排水机械设备施工有哪些基本要求？
16. 排水电气系统施工有哪些基本要求？
17. 排水仪表及自动控制系统施工有哪些基本要求？
18. 如何做好城市给水排水系统的维护工作？

热水供应系统 第5章

5.1 热水供应系统概述

热水是用来洗澡、洗漱和洗碗等用水，温度因使用器具不同而不同，在30～50℃之间。热水供应系统的给水温度在水加热出口的最高水温是75℃。热水供应系统是指水的加热、贮存和分配整个过程的总称。随着人民生活水平的不断提高，热水供应在建筑中的地位越来越显著。

1. 建筑热水供应系统的分类

建筑热水供应系统按热水供应范围的不同可分为局部热水供应系统、集中热水供应系统、区域热水供应系统三类。局部热水供应系统适用于单个厨房、浴室等；集中热水供应系统适用于一栋或几栋建筑；区域热水供应系统适用于需热水建筑多且集中的情况。

2. 建筑热水供应系统的组成

热水供应系统无论范围大小，其组成大同小异。集中式热水供应系统（见图5-1-1）主要由热媒系统、水加热器、热水管网、附件等组成，常见附件有安全阀、自动排气阀、膨胀管、管道伸缩器、疏水器、阀门、水嘴等。

3. 水的加热方式及设备

加热方式按热交换方式的不同分直接加热、间接加热两种形式。直接加热采用的是热媒与凉水直接混合的方式，间接加热通过管道表面实现管内外介质的热量交换。

直接加热设备主要有锅炉直接加热、蒸汽多孔管或蒸汽喷射器混合直接加热等。间接加热设备主要有热水锅炉间接加热、蒸汽-水加热器间接加热、容积式水加热器、快速式水加热器、半即热式水加热器、分段式水加热器等。直接加热设备（见图5-1-2）热利用率高、噪声大、软化费用高。间接加热设备（见图5-1-3）卫生安全、无噪声、热利用率低。

4. 热水供应系统的形式及工作原理

热水供应系统有很多种分类，类型不同其管网形式有所不同。热水供应系统按循环管道设置情况的不同分为全循环、半循环、非循环三种给水方式，见图5-1-4。按热水配水管网水平干管位置的不同分为上行下给给水方式、下行上给给水方式两类，见图5-1-5。按水流通过不同环路所走路程的不同分为同程式、异程式两类（见图5-1-6），同程式不同环路水流行程相同、阻力易平衡，异程式不同环路水流行程不同、阻力难平衡。按给水管网压力工况的不同分为开式、闭式两类（见图5-1-7），开式管网与大气相通、水压不受外网影响，闭式无开式水箱、由外网直接给水。按水循环动力的不同分自然循环、机械循环两类（见图5-1-8），自然循环靠水的重度差循环、适宜小系统，机械循环靠水泵提供的动力循环、适宜大系统。

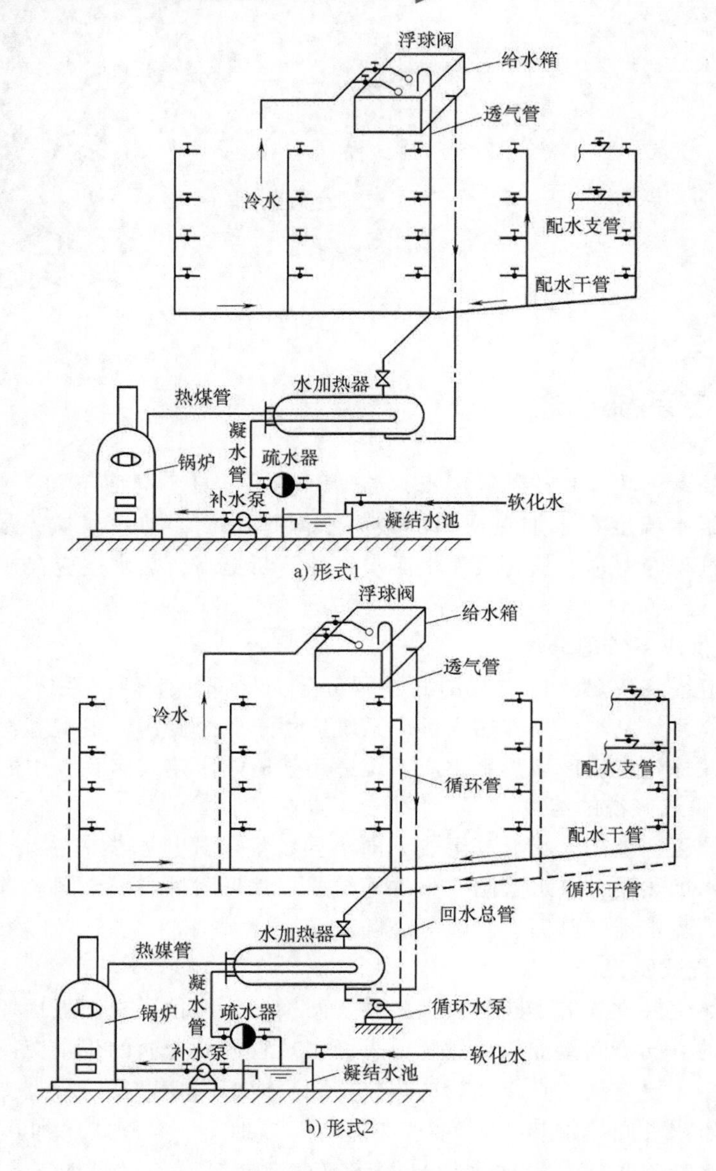

a) 形式1

b) 形式2

图 5-1-1 集中式热水供应系统的组成

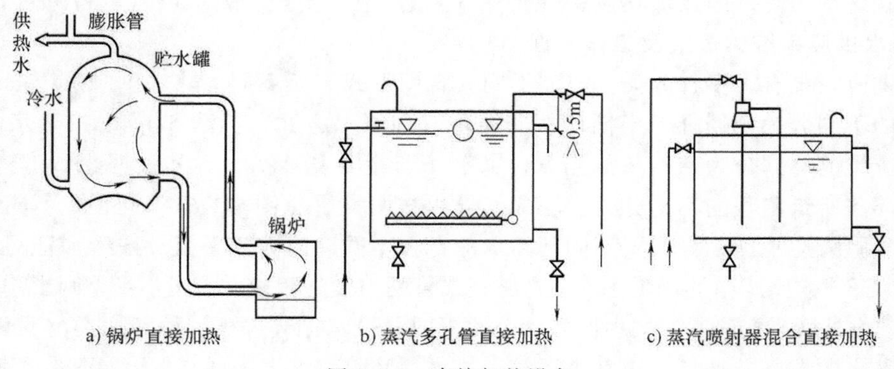

a) 锅炉直接加热 b) 蒸汽多孔管直接加热 c) 蒸汽喷射器混合直接加热

图 5-1-2 直接加热设备

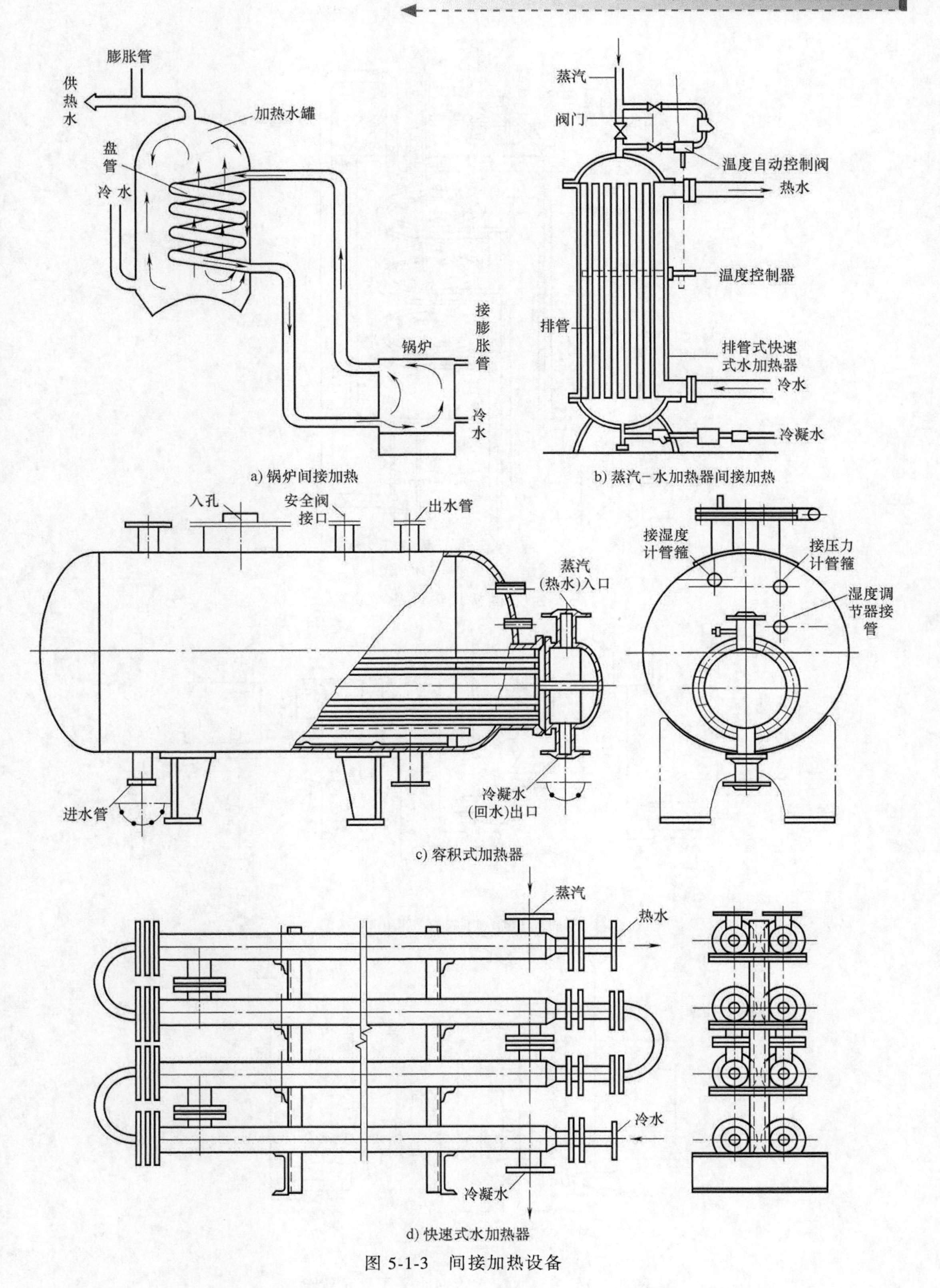

a) 锅炉间接加热

b) 蒸汽-水加热器间接加热

c) 容积式加热器

d) 快速式水加热器

图 5-1-3 间接加热设备

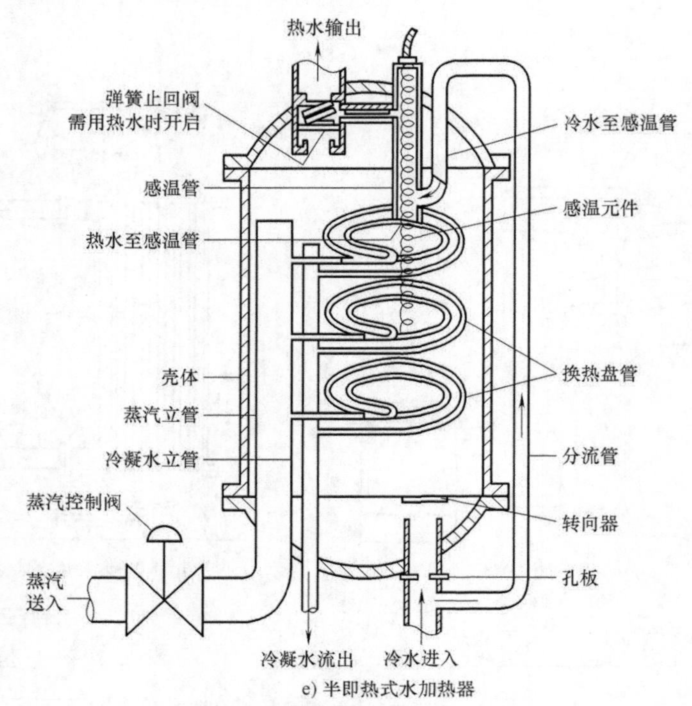

e) 半即热式水加热器

图 5-1-3　间接加热设备（续）

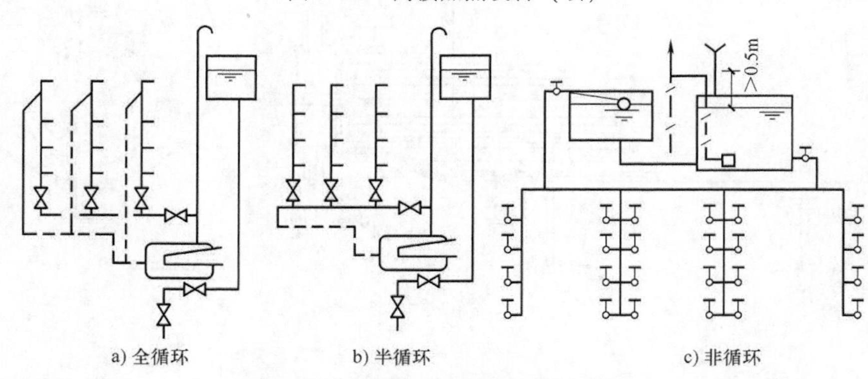

a) 全循环　　b) 半循环　　c) 非循环

图 5-1-4　按循环管道设置情况分类

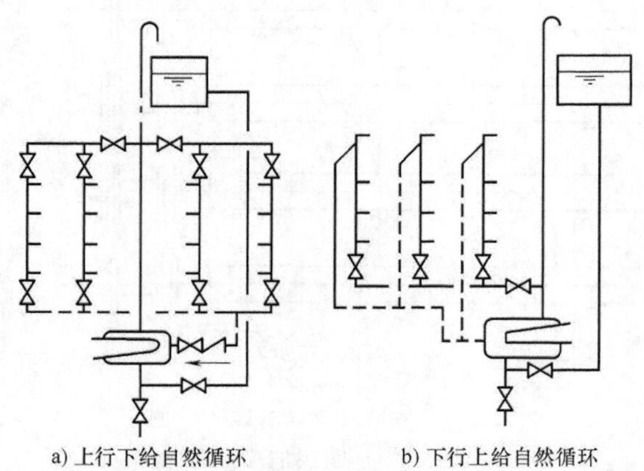
a) 上行下给自然循环　　b) 下行上给自然循环

图 5-1-5　按热水配水管网水平干管位置分类

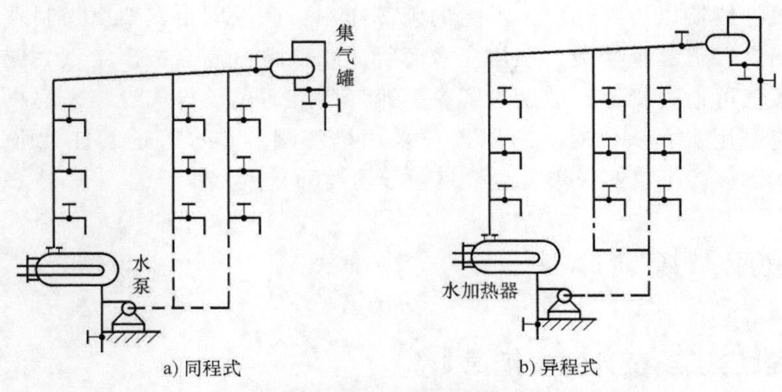

图 5-1-6　按水流通过不同环路所走路程分类

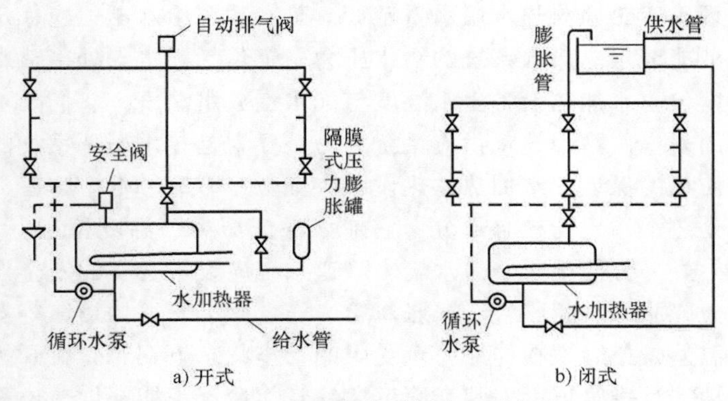

图 5-1-7　按给水管网压力工况分类

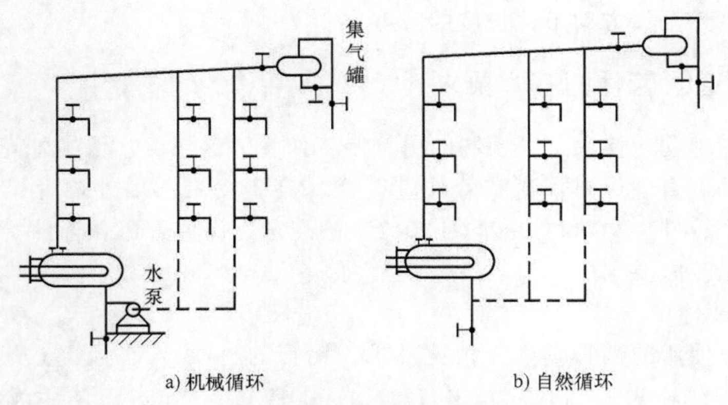

图 5-1-8　按水循环动力分类

对于机械循环系统，按水泵的运行情况还可进一步分为全日循环、定时循环两类，全日循环适宜宾馆、桑拿、洗浴中心等高级场所用，定时循环适宜旅馆、生活小区等用水时间相对集中的场所。

5. 热水管网的布置与敷设

热水管网的布置与敷设基本同冷水，高层建筑的冷热水分区完全相同，但应注意由于水温升高而带来水体积膨胀的问题，因此，为容纳膨胀水量必须设膨胀管（水箱）。管道热胀冷缩量大，应设补偿器以消除热应力产生的破坏作用，应设固定支架以控制系统位移，应保护墙体以免拉坏，管道穿越楼板、墙均应做套管。水温 T 升高会析出空气，应防止集气并做好排气工作，集气可通过管道设坡度来解决，排气则应通过设排气设施来解决，设排气设施时对下行上给应采用水龙头、对上行下给应采用排气阀。热水管道腐蚀性强，应选用好管材，如 PPR、PEX、PAP、铜管等，且管道敷设应尽可能明装。

5.2 热水供应系统设计

5.2.1 热水供应系统设计的宏观原则

住宅、公共建筑应根据当地水、热资源条件，节能节水的原则结合建筑标准、卫生器具完善程度等因素合理确定热源与热水用水量定额。热水系统给水压力应稳定、给水温度应安全并应方便使用、节能节水。热水系统的给水压力稳定包括配水点处冷热水压力稳定与平衡两个要素。给水温度包含水加热设备出水温度与配水点放水温度，它们既不能太高也不能太低，以保证使用者的安全。集中热水供应系统的另一要素是热水循环系统的合理设置，它是节水、节能、方便使用的保证。水加热贮热设备应安全、可靠、卫生防菌、高效环保、方便维修。水加热设备是热水系统的核心部分，它应该保证压力、温度稳定，且应不滋生细菌、给水安全、换热效果好、方便维修。热水给水管道系统应设置必要的安全设施，即热水给水管道系统应设置压力膨胀罐、膨胀管、膨胀水箱、安全阀、管道伸缩节等安全设施。

设计中的屈服温差是指管道在伸缩完全受阻的工作状态下钢管管材开始屈服时的温度与安装温度之差；活动端是指管道上安装套筒、波纹管、弯管等能补偿热位移的部位；锚固点是指直埋管道沿管线产生热位移管段和不产生热位移管段的实际分界点；单长摩擦力是指保温外壳与土壤沿管道轴线方向单位长度的摩擦力。

5.2.2 保温管道及管件的基本要求

直埋热水管道工程应使用工厂预制的由钢制工作管、保温层、保护外壳结合为一体的保温管道和管件。预制直埋保温管道和管件应符合《高密度聚乙烯外护管聚氨酯泡沫塑料预制直埋保温管及管件》（GB/T 29047—2012）的规定。保温管道和管件特性参数的计算取值应满足设计使用年限要求。

1. 工作管及部件

直埋保温管道使用的钢管应符合相关要求，钢管的材质、尺寸公差及性能应符合《石油天然气工业　管线输送用钢管》（GB/T 9711—2017）、《输送流体用无缝钢管》（GB/T 8163—2008）、《低压流体输送用焊接钢管》（GB/T 3091—2015）、《直缝电焊钢管》（GB/T 13793—2016）的规定；钢管的壁厚应符合设计规定；钢管材质的最小屈服强度应大于或等于 235N/mm^2；保温发泡前应对钢管进行表面处理，除锈等级应符合《涂覆涂料前钢材表面处理　表面清洁度的目视评定　第 1 部分：未涂覆过的钢材表面和全面清除原有涂层后的钢材表面的锈蚀等级和处理等级》（GB/T 8923.1—2011）中 Sa2.5 级的规定。

直埋保温管件使用的钢制部件应符合要求，钢制部件的材质应满足设计要求并应符合《钢制对焊管件　类型与参数》（GB/T 12459—2017）、《钢制对焊管件》（GB/T 13401—

2017）和《油气输送用钢制感应加热弯管》（SY 5257—2012）的规定；钢制部件的公称直径、最小壁厚、直径和壁厚的尺寸公差及焊接质量应符合《高密度聚乙烯外护管聚氨酯硬质泡沫塑料预制直埋保温管件》（CJ/T 155—2001）的规定；焊接件焊缝的机械特性不应低于母材；保温发泡前应对钢制部件外表面进行处理，除锈等级符合 GB/T 8923.1—2011 中 Sa2.5 的规定；钢制部件上相邻两环焊缝之间的距离和钢制部件两端与焊缝的距离不应小于钢管的外径且不应小于 150mm。

弯头和三通应符合要求，不得使用由直管段做成的斜接缝弯头；弯头背弯处的最小壁厚不得小于直管段壁厚，背弯处的最小保温层厚度不得小于直管段保温层的厚度；支管外径与干管外径之比小于或等于 0.8 时方可采用补偿披肩对三通进行补强。

变径管管材的屈服应力应大于或等于相邻直管段的屈服应力。在设计温度变化范围内膨胀垫块的材质应在供热管线寿命期内具有必需的弹性、化学稳定性和一定的强度，垫块厚度的选择应使 PE 外套管表面温度不大于 50℃。固定支座应能保证环板与外护管之间的密封。

2. 保温材料

保温材料采用聚氨酯硬质泡沫塑料时应根据保温管输送介质的设计运行温度选择泡沫塑料的耐温等级，在该温度下连续工作时间不应小于 30 年。泡沫塑料的泡沫结构、泡沫密度、压缩强度、吸水率和导热系数等性能应符合《高密度聚乙烯外护管聚氨酯泡沫塑料预制直埋保温管及管件》（GB/T 29047—2012）的规定。

3. 外护管

应按直埋管道的管径、运行的工艺参数和环境条件及利于保证浇注泡沫保温层的质量等因素，选择适宜的外护管。外护管采用高密度聚乙烯时其材料性能、规格应符合我国现行《高密度聚乙烯外护管聚氨酯泡沫塑料　预制直埋保温管及管件》的规定；外护管采用玻璃纤维增强塑料时其材料性能、外护层性能和外护层的壁厚应符合《玻璃纤维增强塑料外护层聚氨酯泡沫塑料预制直埋保温管》（CJ/T 129—2000）的规定。

保温管件的外护管应符合要求，材质应与直管段外护管相同，厚度应大于或等于直管段外护管的厚度；采用高密度聚乙烯外护管时，外护管件的对接焊口宜采用机械镜面焊；采用纤维增强玻璃钢外护管时，外护管的成型可采用玻纤丝束湿式缠绕工艺或短纤维机械喷涂工艺。

4. 保温管道及管件

预制直埋保温管的保温层厚度应符合设计要求，其保温性能应满足在运行工况下保温管的外表面温度小于或等于 50℃。在使用年限内保温管不得开裂或渗漏。保温管的外径增大率、轴线偏差、轴向剪切强度、抗冲击性等应符合我国现行《高密度聚乙烯外护管聚氨酯泡沫塑料　预制直埋保温管及管件》的规定。

保温管两端的保温层应进行防水处理。在使用年限内保温管道应保持整体性，径向蠕变量不应大于 20mm。

预制保温管件应符合要求，管端焊接坡口处理和无保温段预留长度应与直管段要求相同；中心线偏差和角偏差、外护管焊缝的弯曲试验、塑料外护管件的严密性检查及最小保温厚度检查应符合《高密度聚乙烯外护管聚氨酯泡沫塑料　预制直埋保温管及管件》的规定。

5. 保温计算

保温厚度宜采用控制直埋保温管外表面温度的计算方法确定。直埋保温管外表面温度应小于或等于50℃，当直埋热水管道周边设施或绿化草木对温度有要求时，应按其允许最高温度作为控制直埋保温管外表面温度的指标计算保温厚度。采用控制直埋热水管道外表面温度的计算方法确定保温厚度不能满足所输送介质温度降的要求时应按控制介质温度降的计算方法确定保温厚度。计算保温层厚度选用的自然地温数据可按《城镇供热直埋蒸汽管道技术规程》中的规定选取。

保温层外径可按式 $\ln D_w=[\lambda_g(t_w-t_s)\ln D_0+\lambda_t(t_0-t_w)\ln(4H_1)]/[\lambda_g(t_w-t_s)+\lambda_t(t_0-t_w)]$ 进行计算，当（H/D_w）<2 时，$H_1=H+\lambda_g/\beta$，t_s 取地面大气温度；当(H/D_w)≥2 时，$H_1=H$，t_s 取直埋管中心埋设深度处的自然地温。其中，D_w 为保温层外径（m）；D_0 为工作管外径（m）；λ_g 为土壤导热系数［W/(m·K)］；λ_t 为保温材料在运行温度下的导热系数［W/(m·K)］；H_1 为管道埋深（m）；H 为管道中心埋设深度（m）；t_0 为工作管外表面温度（℃），可按介质温度取值；t_s 为直埋管道周边环境温度（℃）；t_w 为保温管外表面温度（℃），按设计要求确定；β 为直埋管上方地表面大气的换热系数［W/(m^2·K)］，取10~15。

保温层厚度 h 可按式 $h=(D_w-D_0)/2$ 计算，计算确定的保温层应按规定计算散热损失和保温管外表面温度，当其高于设计要求时应对保温层厚度进行调整。

直埋热水管道的散热损失可按式 $q=(t_0-t_s)/[1/(2\pi\lambda_i)\ln(D_w/D_0)+R_g]$ 计算，当(H/D_w)<2 时 $R_g=[1/(2\pi\lambda_g)]\ln\{2H_1/D_w+[(2H_1/D_w)^2-1]^{1/2}\}$，当($H/D_w$)≥2 时 $R_g=[1/(2\pi\lambda_g)]\ln(4H/D_w)$。其中，$q$ 为单位管长度热损失（初算值）（W/m）；λ_i 为保温材料在运行温度下的导热系数［W/(m·K)］；R_g 为直埋热水管道环境热阻［(m·K)/W］。

直埋热水管道的外表面温度可按式 $t_w=t_0-qR$ 计算，其中，R 为保温层热阻［(m·K)/W)］。

当给水管和回水管平行敷设时给水管的保温厚度可按单管敷设计算并应分别计算给水管和回水管的热损失及直埋管道的外表面温度。

5.3 热水供应系统施工

1. 管道布置

直埋热水管道的布置应符合《城镇供热管网设计规范》（CJJ 34—2010）的规定。直埋热水管道与有关设施的水平和竖向净距应符合表5-3-1的要求，并应遵守以下三条原则：直埋热水管道与电缆平行敷设时电缆处的土壤温度与月平均土壤自然温度比较，全年任何时候对于电压10kV的电力电缆不高出10℃，对电压35~110kV的电缆不高出5℃，可减少表5-3-1中所列距离；当管段中设置补偿器时，应根据补偿器的外径适当加大管道的间距；焊接工作坑的侧壁距保温管的净距应大于0.6m、沟槽底另加深0.7m。直埋热水管道的埋深应符合表5-3-2的规定，同时应进行稳定验算，当埋深不能保证时，应对直埋管道采取保护措施。直埋热水管道穿越河底的覆土深度，应根据水流冲刷条件和管道稳定条件确定。

表5-3-1 直埋供热管道与设施的净距

名 称	最小水平净距/m	最小垂直净距/m
给水、排水管道	1.5	0.15
排水盲沟沟边	1.5	0.50

（续）

名称			最小水平净距/m	最小垂直净距/m
燃气管道	燃气压力≤0.4MPa		1.0	0.15
	0.4MPa<燃气压力≤0.8MPa		1.5	0.15
	燃气压力>0.8MPa		2.0	0.15
直埋保温管	DN<500mm		0.3	0.3
	DN≥500mm		0.4	0.4
压缩空气或 CO_2 管道			1.0	0.15
乙炔、氧气管道			1.5	0.25
铁路钢轨			钢轨外侧3.0	轨底1.2
电车钢轨			钢轨外侧2.0	轨底1.0
铁路、公路路基边坡底脚或边沟的边缘			1.0	—
通信、照明或10kV以下电力线路的电杆			1.0	—
高压输电线铁塔基础边缘(35~220kV)			3.0	—
桥墩(高架桥、栈桥)边缘			2.0	—
架空管道支架基础边缘			1.5	—
地铁隧道结构			5.0	0.80
电气铁路接触网电杆基础			3.0	—
绿化			1.5	—
建筑物基础	公称直径≤250mm		2.5	—
	公称直径≥300mm		3.0	—
电缆	通信电缆		1.0	0.15
	电力及控制电缆	≤35kV	2.0	0.50
		≤110kV	2.0	1.00

表5-3-2　直埋热水管道的最小埋深

管道公称直径/mm		50~125	150~300	350~500	600~700	800~1000	1100~1200	1300~1400
最小埋深	车行道	0.8	1.0	1.2	1.3	1.4	1.6	1.6
	非车行道	0.6	0.7	0.9	0.9	1.0	1.0	1.1

2. 敷设方式

直埋热水管道的敷设坡度不宜小于2‰，高处应设放气阀、低处宜设放水阀。直埋热水管道的小角度折角应符合相关规范的规定，采用冷安装时，严禁使用斜接缝弯头和小角度折角，且在锚固段小角度折角的最大角度变化应符合表5-3-3的规定，最大角度变化的安装偏差不应大于±0.25°；当采用预热安装时，小角度折角的最大角度应符合表5-3-4的规定。

表5-3-3　冷安装锚固段最大角度

最大温差/℃	≤90	≤100	≤110	>110
小角度折角的最大角度(°)	2.0	1.0	0.5	0.0

表 5-3-4 预热安装最大角度

管道公称直径/mm	125	150	200	250	300	350/400	450	500	600	700	800/900/1000	1200	1400
小角度折角的最大角度(°)	5.0	4.8	4.4	3.3	3.1	2.8	2.5	2.2	2.1	1.8	1.7	1.0	0.8

直埋热水管道的转角处理应符合相关规范要求。0°~15°折角时，可将大折角 β 分解为两个小折角 α（见图 5-3-1）；可利用大折角 β 代替小折角 α（见图 5-3-2）；可串联两个弯管代替大折角 α（见图 5-3-3）。16°~85°折角时，可在折角弯管两侧一定距离内设置两个固定墩（见图 5-3-4）；可在折角弯管两侧一定距离内设置两个补偿装置（见图 5-3-5），如补偿器或补偿弯管；可在折角弯管两侧一定距离内分别设置固定墩和补偿装置（见图 5-3-6），同时应验算补偿弯管的强度。86°~110°转角补偿弯管可采用 L 形和 Z 形弯管而不必采取任何措施。折角和其他弯管的组合替代形式主要有以下三类：一个小折角 α 串联一个 L 形补偿弯管来取代大折角 β（见图 5-3-7）；一个大转角 α 两侧各串联一个 L 形补偿弯管来取代大折角 β（见图 5-3-8）；一个小折角 α 两侧各分别串联一个 Z 形和 L 形补偿弯管来取代大折角 β（见图 5-3-9）。管道应利用转角自然补偿，10°~60°的弯头不宜用作自然补偿。

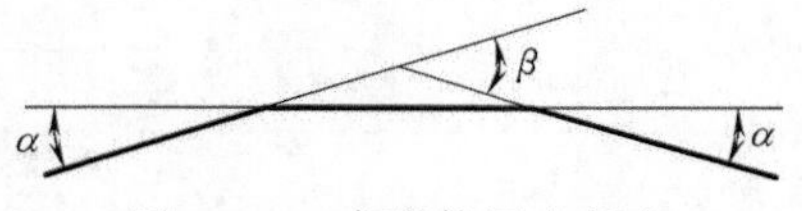

图 5-3-1 串联使用小折角

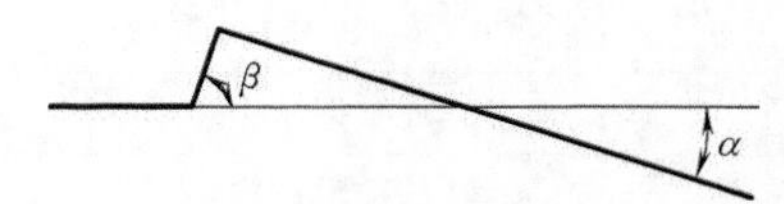

图 5-3-2 利用大折角代替小折角

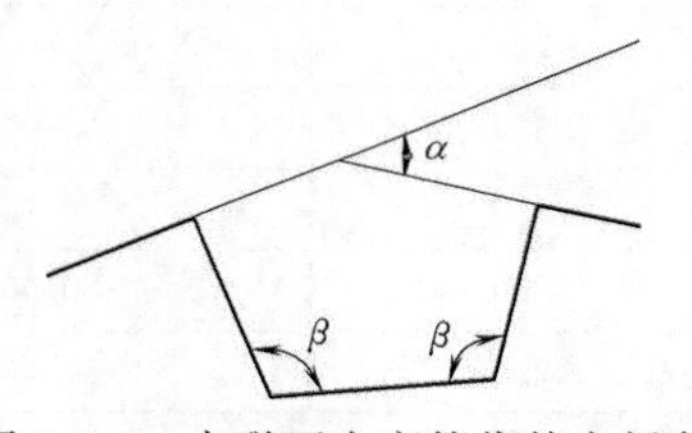

图 5-3-3 串联两个弯管代替大折角

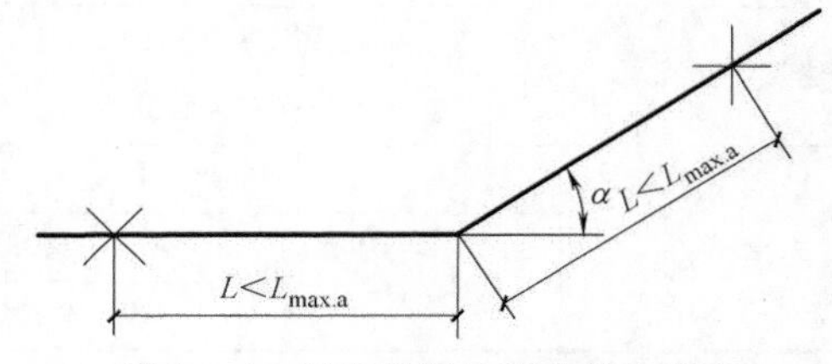

图 5-3-4 固定墩保护折角最大距离

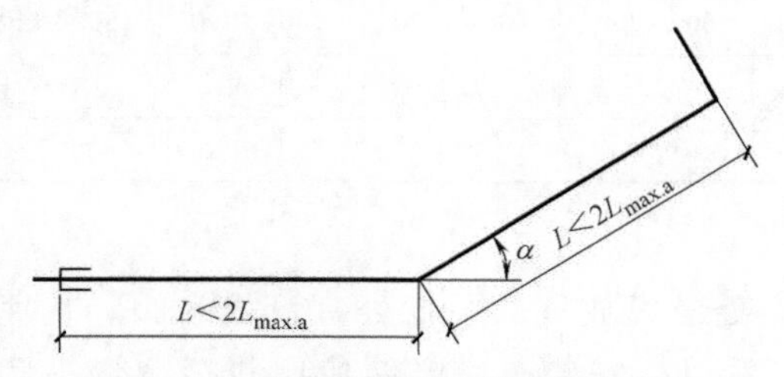

图 5-3-5 补偿装置保护折角最大距离

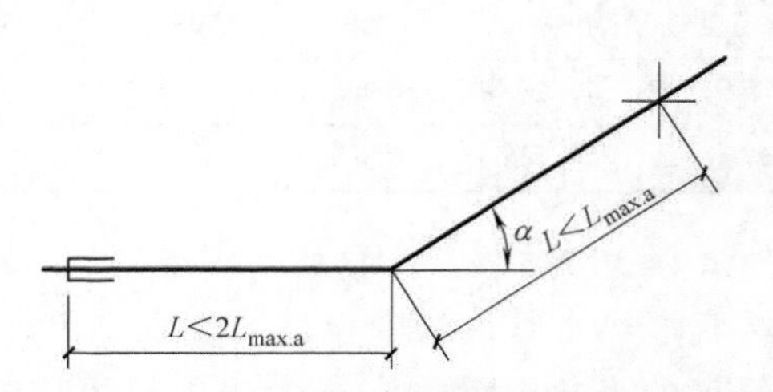

图 5-3-6 固定墩与补偿装置保护折角最大距离

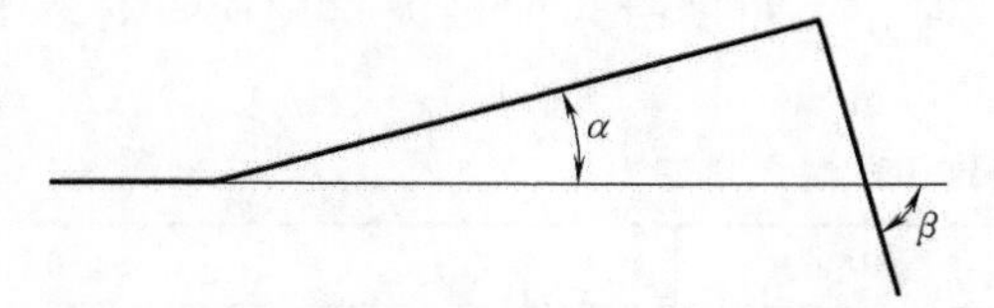

图 5-3-7 折角和 L 形补偿弯管串联

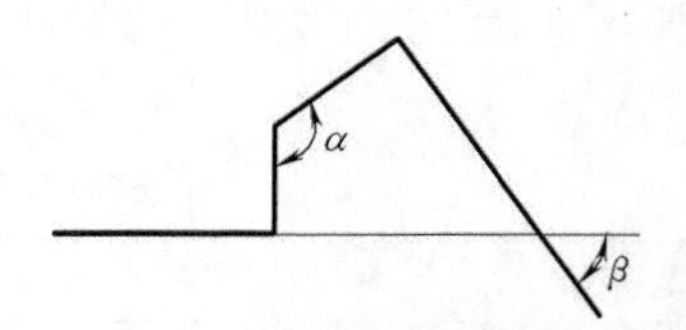

图 5-3-8 折角两侧和 L 形补偿弯管串联

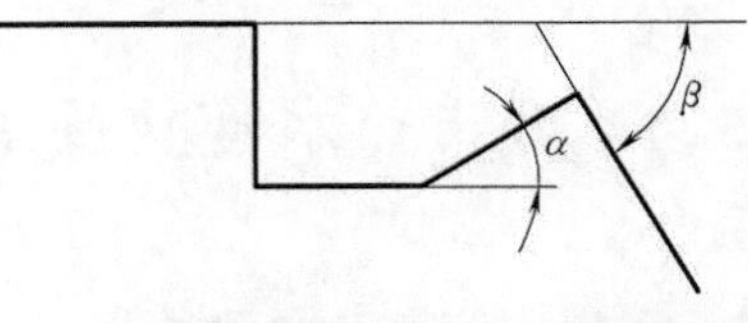

图 5-3-9　折角串联 Z 形和 L 形补偿弯管

从干管直接引出分支管时，在分支管上应设固定墩或轴向补偿器或弯管补偿器，并应符合以下三条要求；分支点至支线上固定墩的距离不宜大于 9m；分支点至轴向补偿器或弯管的距离不宜大于 20m；分支点有干线轴向位移时轴向位移量不宜大于 50mm，分支点至固定墩或弯管补偿器的最小距离，应按相关规范计算。L 形管段的臂长，分支点至轴向补偿器的距离不应小于 12m。

三通、弯头等应力比较集中的部位应进行验算，当验算不能满足要求时，可采取设置固定墩或补偿器等保护措施。需要减少管道轴向力时，可采取设置补偿器或对管道进行预热处理等措施。当滑动段的膨胀量是由 L 形、Z 形和 U 形补偿弯管吸收且管中心埋深大于 1.2m 时，应设置砂缓冲垫层或沟穴。当管道由地下转至地上时，外护管必须一同引出地面，其外护管距地面的高度不宜小于 0.5m，并应设置防水帽。当直埋管道与管沟敷设的管道连接时，应采取防止管沟向直埋管道保温层渗水的措施。当地基软硬不一致时，应对地基作过渡处理。固定墩处应采取防腐绝缘措施，钢管、钢架不应裸露。轴向补偿器和管道轴线应一致，距离补偿器 12m 范围内管段不应有变坡和转角。

3. 管道附件与设施

直埋热水管道上的弯头可以采用锻造、热煨或冷弯制成，但不得使用直管段做成的斜接缝弯头，弯头最薄处的壁厚不应低于直管道的壁厚。直埋热水管道上的三通宜采用锻压、拔制制成，并宜选用预制保温跨越三通。直埋热水管道的异径管应采用同心异径管，异径管顶点处的半角不应大于 30°，管道外径与管道壁厚的比值应小于 100。安装时只允许一档变径，必要时可用多个逐级变化的异径管代替一个突变的异径管。直埋热水管道的阀门应采用能承受管道的轴向荷载的钢制焊接阀门，公称直径大于或等于 200mm 的阀门应设阀门井，公称直径小于 200mm 的阀门宜设阀门井。直埋热水管道的补偿器、异径管等管道附件应采用焊接连接，并宜设在检查室内。

检查井设计应符合要求：当地下水位高于井室底面时，井室应采用钢筋混凝土结构并应采取防水措施；管道穿越井壁处应采取密封措施，并考虑管道的热位移对密封的影响，密封处不得渗漏；检查井应设集水坑，且其位置宜布置在靠近道路一侧人孔下方；检查井应设防水井盖。

固定墩的设置应符合要求：当管道两端同为补偿器或补偿弯管时，直管段上可不设固定墩；在两固定墩之间不应混合使用补偿器与 L 形、Z 形和 U 形补偿弯管，当管段一端为补偿器、另一端为补偿弯管时，其间应设置固定墩；当折角超过规定最大允许转角时，在折角两侧 2m 范围内应设固定墩；直埋热水管道异径管或壁厚变化处应设补偿器或固定墩，固定墩应设在大管径或壁厚较大一侧；当分支管采用 Z 形弯时，分支管可不设固定墩；三通等管件集中处结合保护三通、阀门或异径管需设置补偿器和固定墩；当在主管上连接分支时，宜采用柔性连接方式取代应力集中的三通及异径管，此时可不设固定墩（见图 5-3-10）。

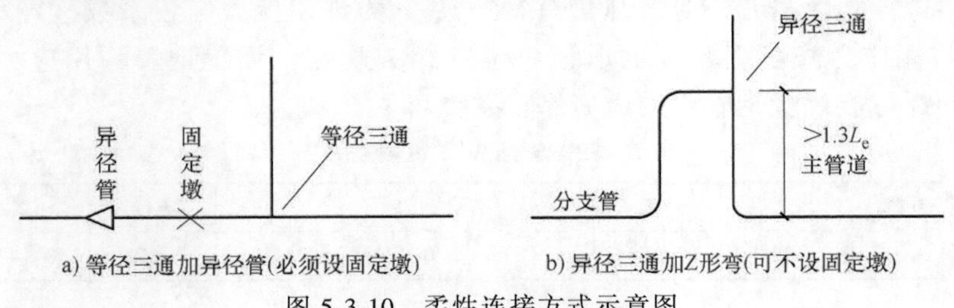

图 5-3-10　柔性连接方式示意图

5.4 城市热水管网系统设计

5.4.1 管道应力验算

1. 管道应力验算的基本要求

直埋热水管道的应力验算应采用应力分类法。直埋热水管道外壳与土壤之间的单位长度摩擦力应按式 $F=\pi\rho g\mu(H_1+D_c/2)D_c$ 进行计算，其中，F 为管道轴线方向单位长度摩擦力（N/m）；ρ 为土壤密度（kg/m^3），回填砂可取 1800kg/m^3；g 为重力加速度（m/s^2）；μ 为摩擦系数；H_1 为管道埋深度（m），$H_1>1.5$m 时取 $H_1=1.5$m；D_c 为预制保温管外壳的外径（m）。保温管外壳与土壤之间的摩擦系数应根据外壳材质和回填料的不同分别确定，可按表 5-4-1 取值。

表 5-4-1 保温管外壳与土壤之间的摩擦系数

回填料		中砂	粉质黏土或砂质粉土
摩擦系数	最大摩擦系数 μ_{max}	0.40	0.40
	最小摩擦系数 μ_{min}	0.20	0.15

管道径向位移时，土壤横向压缩反力系数 C 宜根据当地土壤情况实测数据或按经验确定，无实测数据时可按以下三条规定确定：管道发生水平位移时，C 可按（1~10）×10^{6}N/m^3 取值；对粉质黏土、砂质粉土，当回填密实度为 90%~95%时，C 可按（3~4）×10^{6}N/m^3 取值；当管道发生竖向向下位移时，C 可按（5~100）×10^{6}N/m^3 取值。

直埋热水管道钢材的基本许用应力应根据钢材有关特性取 $[\sigma]=\sigma_b/3$ 和 $[\sigma]=\sigma_s/1.5$ 中的较小值，其中，$[\sigma]$ 为钢材在计算温度下的许用应力（MPa）；σ_b 为钢材在计算温度下的抗拉强度最小值（MPa）；σ_s 为钢材在计算温度下的屈服极限最小值（MPa）。常用钢材的许用应力 $[\sigma]$、弹性模量 E 和线膨胀系数 α 值应按相关规范取值。

直埋预制保温管的应力验算应遵守相关规范的规定，管道在内压、持续外载作用下的一次应力的当量应力不应大于钢材在设计温度下的许用应力 $[\sigma]$；管道由热胀、冷缩和其他因位移受约束而产生的二次应力及由内压、持续外载产生的一次应力的当量应力变化范围不应大于钢材在计算温度下许用应力 $[\sigma]$ 的 3 倍；管道局部应力集中部位的一次应力、二次应力和峰值应力的当量应力变化幅度不应大于钢材在计算温度下许用应力 $[\sigma]$ 的 3 倍。

2. 管壁厚度计算

直管段工作管的最小壁厚应按式 $S_m=p_dD_0/(2[\sigma]\eta+2Yp_d)$ 计算，其中，S_m 为工作管的最小壁厚（m）；p_d 为管道的计算压力（MPa）；η 为许用应力修正系数；Y 为温度修正系数，取 0.4。许用应力修正系数 η 的取值应遵守相关规定，无缝钢管许用应力修正系数取 1.0；双面自动焊螺旋焊缝钢管许用应力修正系数可取 0.9。

表 5-4-2 管道壁厚负偏差系数

管道壁厚偏差(%)	0	−5	−8	−9	−10	−11	−12.5	−15
管道壁厚负偏差系数	0.050	0.053	0.087	0.099	0.111	0.124	0.143	0.176

工作管的公称壁厚应合理确定。工作管的计算壁厚可按式 $S_c=S_m+B$ 计算，其中，S_c 为工作管的计算壁厚（m）；B 为管道壁厚负偏差附加值（m）。无缝钢管壁厚负偏差附加值可按式 $B=\chi S_m$ 计算，其中，χ 为管道壁厚负偏差系数，可按表 5-4-2 取值。对焊接管道，当产品标准中未提供壁厚允许负偏差百分数时，壁厚附加值可采用钢板厚度的负偏差值，但壁厚负偏差附加值 B 不得小于 0.5mm。管道公称壁厚应大于或等于计算壁厚。

3. 直管段应力验算

管道的屈服温差应按式 $\Delta T_y=[1/(\alpha E)][n\sigma_s-(1-\nu\sigma_t)]$、$\sigma_t=p_dD_i/(2\delta)$ 计算，其中，ΔT_y 为管道的屈服温差（℃）；α 为钢材的线膨胀系数［m/(m·℃)］；E 为钢材的弹性模量（MPa）；n 为屈服极限增强系数，取 1.3；σ_s 为钢材的屈服极限最小值（MPa）；ν 为泊松系数，对钢材取 0.3；σ_t 为管道内压引起的环向应力（MPa）；p_d 为管道计算压力（MPa）；D_i 为工作管直径（m）；δ 为工作管公称壁厚（m）。

直管段的过渡段长度应按相关规范规定计算。过渡段最大长度应按式 $L_{max}=[\alpha E(t_1-t_0)-\nu\sigma_t]A\times10^6/F_{min}$ 计算，当 $(t_1-t_0)>\Delta T_y$ 时取 $(t_1-t_0)=\Delta T_y$。过渡段最小长度应按式 $L_{min}=[\alpha E(t_1-t_0)-\nu\sigma_t]A\times10^6/F_{max}$ 计算，当 $(t_1-t_0)>\Delta T_y$ 时取 $(t_1-t_0)=\Delta T_y$。其中，L_{max} 为管道的过渡段最大长度（m）；L_{min} 为管道的过渡段最小长度（m）；F_{max} 为单位长度最大摩擦力（N/m）；F_{min} 为单位长度最小摩擦力（N/m）；t_0 为管道计算安装温度（℃）；t_1 为管道工作循环最高温度（℃）；A 为钢管管壁的横截面面积（m^2）。

管道工作循环最高温度下，过渡段内任一截面上的最大轴向力和最小轴向力应按相关规范规定计算。最大轴向力 $N_{tmax}=F_{max}l+F_f$，当 $l\geqslant L_{min}$ 时取 $l=L_{min}$，其中，F_{max} 为管道的最大单位长度摩擦力（N/m）；l 为过渡段内计算截面距活动端的距离（m）；F_f 为活动端对管道伸缩的阻力（N）。最小轴向力 $N_{tmin}=F_{min}l+F_f$，其中，N_{tmin} 为计算截面的最小轴向力（N）；F_{min} 为管道的最小单位长度摩擦力（N/m）。

在管道工作循环最高温度下，锚固段内的轴向力应按式 $N_a=[\alpha E(t_1-t_0)-\nu\sigma_t]A\times10^6$ 计算，当 $(t_1-t_0)>\Delta T_y$ 时取 $(t_1-t_0)=\Delta T_y$，其中，N_a 为锚固段的轴向力（N）。

对直管段的当量应力变化范围应进行验算，并应满足式 $\sigma_j=(1-\nu)\sigma_t-\alpha E(t_2-t_1)\leqslant3[\sigma]$ 的要求，其中，σ_j 为内压、热胀应力的当量应力变化范围（MPa）；t_2 为管道工作循环最低温度（℃）。当不能满足前式要求时，管系中不应有锚固段存在，且设计布置的过渡段长度 L 应满足式 $L\leqslant(3[\sigma]-\sigma_t)A\times10^6/(1.6F_{max})$ 的要求。

4. 转角管段应力验算

直埋水平弯头和纵向弯头升温弯矩及轴向力可采用有限元法或按相关规范规定的方式计算。计算弯头弯矩变化范围时，管道的计算温差应采用工作循环最高温度与工作循环最低温度之差；计算转角管段的轴向力时，管道的计算温差应采用工作循环最高温度与计算安装温度之差。L 形管段的臂长应满足式 $(2.3/k)<l_1$（或 l_2）的要求，其中，$k=[D_cC/(4EI_p\times10^6)]^{1/4}$，其中，$l_1$、$l_2$ 为 L 形管段两侧的臂长（m）；k 为与土壤特性和管道刚度有关的参数（1/m）；C 为土壤横向压缩反力系数（N/m^3）；I_p 为直管横截面的惯性矩（m^4）。

Z 形、Π 形补偿管段可分割成两个 L 形管段，并可采用弹性抗弯铰解析法进行弯头弯矩及轴向力的计算。分割时应使 Z 形管段以垂直臂上的驻点将管段分为两个 L 形管段；对于两侧转角相同的 Z 形管段，驻点可取垂直臂中点。Π 形管段自外伸臂的顶点起将两个外伸臂连同两侧的直管段分为两个 L 形管段。

直埋弯头在弯矩作用下的最大环向应力变化幅度应按式 $\sigma_{bt}=\beta_b M r_{b0}\times10^{-6}/I_b$、$\beta_b=0.9/\lambda^{2/3}$、$\lambda=R_c\delta_b/r_{bm}^2$、$r_{bm}=r_{b0}-\delta_b/2$ 计算，其中，σ_{bt} 为弯头在弯矩作用下最大环向应力变化幅度（MPa）；β_b 为弯头平面弯曲环向应力加强系数；M 为弯头的弯矩变化范围（N·m）；r_{b0} 为弯头的外半径（m）；I_b 为弯头横截面的惯性矩（m^4）；λ 为弯头的尺寸系数；R_c 为弯头的计算曲率半径（m）；δ_b 为弯头的公称壁厚（m）；r_{bm} 为弯头横截面的平均半径（m）。

直埋弯头的强度验算应满足式 $\sigma_{bt}+0.5\sigma_{pt}\leqslant3[\sigma]$ 的要求，其中，$\sigma_{pt}=p_d D_{bi}/(2\delta_b)=p_d r_{bi}/\delta_b$，$\sigma_{pt}$ 为直埋弯头在内压作用下弯头顶（底）部的环向应力（MPa）；D_{bi} 为弯头内径（m）；r_{bi} 为弯头内半径（m）。

5. 管道竖向稳定性验算

直埋管段上的竖向荷载应满足式 $Q\geqslant\gamma_s N_{pmax}{}^2 f_0/(EI_p\times10^6)$ 的要求，其中，Q 为作用在单位长度管道上的垂直分布荷载（N/m）；γ_s 为安全系数，取 1.1；N_{pmax} 为管道的最大轴向力（N），按本节前述相关关系式计算；f_0 为初始挠度（m）；I_p 为直管工作管横截面的惯性矩（m^4）。初始挠度应按式 $f_0=(\pi/200)(EI_p\times10^6/N_{pmax})^{1/2}$ 计算，当 $f_0<0.01$m 时 f_0 取 0.01m。

竖向荷载应按式 $Q=G_W+G+2S_F$、$G_W=(HD_c-\pi D_c{}^2/8)\rho g$、$S_F=\rho g H^2 K_0\tan\varphi$、$K_0=1-\sin\varphi$ 计算，其中，G_W 为每米长管道上方的土层重力（N/m）；G 为包括介质在内每米长预制保温管自重（N/m）；S_F 为每米长管道上方土体的剪切力（N/m）；H 为管道中心线覆土深度（m）；K_0 为土壤静压力系数；φ 为土壤的内摩擦角（°），砂子取 30°。

当竖向稳定性不满足要求时应采取以下措施：增加管道埋深或管道上方荷载；降低管道轴向力。

6. 热伸长计算

两过渡段间驻点位置 Z 应按图 5-4-1 和式 $l_a=[L-(F_{f1}-F_{f2})/F_{min}]/2$ 确定，当 F_{f1} 或 F_{f2} 的数值与过渡段长度有关时，采用迭代计算 F_{f1} 或 F_{f2} 的误差不应大于 10%，其中，l_a 或 l_b 为驻点左侧或右侧过渡段长度（m）；L 为两过渡段管线总长度（m）；F_{f1} 或 F_{f2} 为驻点左侧或右侧活动端对管道伸缩的阻力（N）。

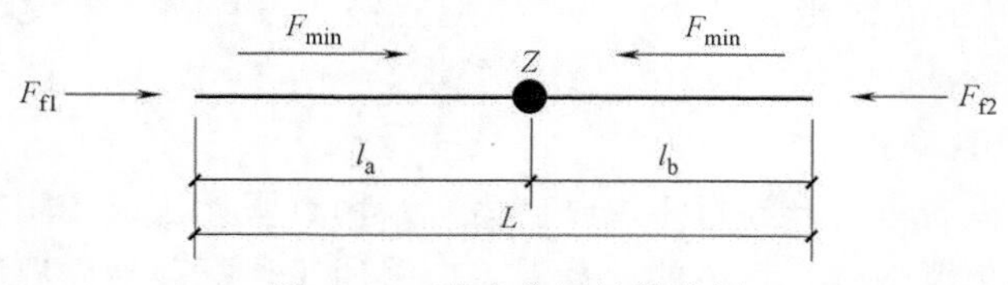

图 5-4-1　驻点位置计算简图

管段伸长量应根据该管段所处的应力状态按相关公式进行计算。当 $(t_1-t_0)\leqslant\Delta T_y$ 或 $L\leqslant L_{min}$，整个过渡段处于弹性状态工作时 $\Delta l=[\alpha(t_1-t_0)-F_{min}L/(2EA\times10^6)]L$。当 $(t_1-t_0)>\Delta T_y$ 且 $L>L_{min}$，管段中部分进入塑性状态工作时 $\Delta l=[\alpha(t_1-t_0)-F_{min}L/(2EA\times10^6)]L-\Delta l_p$、$\Delta l_p=\alpha(t_1-\Delta T_y-t_0)(L-L_{min})$。当 $L\geqslant L_{max}$ 时 L 取 L_{max}。其中，Δl 为管段的热伸长量（m）；L 为设计布置的管段长度（m）；Δl_p 为过渡段的塑性压缩变形量（m）。

过渡段内任一计算点的热位移应遵守以下三条原则：计算整个过渡段的热伸长量；计算

该段的热伸长量应以计算点到活动端的距离作为一个假设的过渡段；计算点的热位移量应为整个过渡段与假设过渡段热伸长量之差。

采用套筒、波纹管、球形等补偿器对过渡段的热伸长或分支三通位移进行补偿。当过渡段一端为固定点或锚固点时，补偿器补偿能力不应小于过渡段热伸长量（或分支三通位移）的1.1倍。当过渡段的一端为驻点时，应乘以1.2的系数，但不应大于按过渡段最大长度计算出的伸长量的1.1倍。

7. 疲劳分析

验证防疲劳断裂的充分安全性时，最大温度循环次数应满足 $\sum(n_i/N_i)=(1/k^m)(\sum\sigma_i^{\ m})\leqslant(1/\gamma_{\mathrm{fat}})$ 的要求，$N_0=\sum n_i(\Delta T_i)^m/(\Delta T_{\mathrm{ref}})^m$，$N_i=(k/\sigma_i)^m=(5000/\sigma_i)^4$。其中，$n_i$ 为设计寿命内应力变化范围 $\Delta\sigma_i$ 的循环次数（次）；N_0 为最大作用循环次数（次）；N_i 为导致断裂的应力范围 $\Delta\sigma_i$ 的循环次数（次）；i 为不同应力范围的序号；m 为 σ_n 曲线常数，取4；γ_{fat} 为疲劳断裂的安全系数，当管径 $<DN600$ 时 γ_{fat} 取5~6.5；当管径 $\geqslant DN600$ 时 γ_{fat} 取10；σ_i 为设计应力变化范围（$\mathrm{N/mm^2}$）。管线正常运行所选择的最大作用循环次数不应低于表5-4-3的规定。

表5-4-3 最大作用循环次数

管线性质	主干线	输配干线	用户连接线
最大作用循环次数(次)	100~250	250~500	1000~2500

8. 局部屈曲的验算

由于土壤摩擦力约束热胀变形或局部沉降造成的高内力直管段不得出现局部屈曲、弯曲屈曲和褶皱屈曲。

没有应变局部积累危险的管道，纵向压应变的限制值应按相关规范规定确定。当 $(r_{\mathrm{m}}/\delta)\leqslant60$ 时，$\varepsilon_{\mathrm{cr}}=0.25\delta/r_{\mathrm{m}}-0.0025$，$\varepsilon=\alpha\Delta T=\alpha(T_1-T_2)$，$\varepsilon\leqslant\varepsilon_{\mathrm{cr}}/\gamma_{\mathrm{s}}$。其中，$\varepsilon_{\mathrm{cr}}$ 为纵向压应变的限制值，应变的单位m/m；δ 为管道壁厚（mm）；r_{m} 为管道的平均半径（m），当管道在侧向或水平土压力的作用下截面椭圆化时，管道的平均半径按式 $r_{\mathrm{m}}=(d_{\mathrm{m}}/2)[1/(3d'/d_{\mathrm{m}}-2)]$ 计算；ε 为温度应变；γ_{s} 为安全系数，取2；d_{m} 为钢管平均直径（mm）；d' 为钢管径向压缩后的最小管径（mm）；(d'/d_{m}) 为钢管径向压缩后的椭圆度。

管道局部屈曲或者褶皱屈曲的验算应符合以下限制条件：三通和阀门等锚固段中的所有管件必须能承受高的轴向应力；管段应采用相同的钢材材质和公称壁厚；施工中严禁出现小角度折角；不得出现由于定位偏差或类似原因造成环状焊缝的焊缝厚度不足；必须采取措施限制弯头处因增大的变形而产生应力；管材的最小屈服强度应大于 $235\mathrm{N/mm^2}$；不加强的三通等构件应考虑尺寸和壁厚的局部减小。可采用下列公式计算直管局部屈曲的应变极限状态，当 $(r_{\mathrm{m}}/\delta)\leqslant28.7$ 时 $\Delta\varepsilon\leqslant0.16\%$，当 $(r_{\mathrm{m}}/\delta)>28.7$ 时 $\Delta\varepsilon\leqslant(4.58\delta/r_{\mathrm{m}}+0.003)\%$。对于锚固段的直管，$\Delta\sigma$ 和 ΔT 存在以下极限状态：当 $(r_{\mathrm{m}}/\delta)\leqslant28.7$ 时，$\Delta\sigma\leqslant334\mathrm{N/mm^2}$；当 $(r_{\mathrm{m}}/\delta)>28.7$ 时，$\Delta\sigma\leqslant(9250\delta/r_{\mathrm{m}}+11.7)\mathrm{N/mm^2}$；当 $(r_{\mathrm{m}}/\delta)\leqslant28.7$ 时，$\Delta T\leqslant130\mathrm{K}$；当 $(r_{\mathrm{m}}/\delta)>28.7$ 时，$\Delta T\leqslant(3500\delta/r_{\mathrm{m}}+8)K$。

9. 三通加固

直埋供热管道的焊制三通应根据内压和主管轴向荷载联合作用进行强度验算。三通各部分的一次应力和二次应力的当量应力变化范围不应大于 3[σ]；局部应力集中部位的一次应力、二次应力和峰值应力的当量应力变化幅度不应大于 3[σ]。当不能满足上述条件时应进行加固。

三通加固应采取下列一项或几项措施进行：加大主管壁厚，提高三通总体强度，包括采用不等壁厚的铸钢或锻钢三通；在开孔区采取加固措施抑制三通开孔区的变形，包括增加支管壁厚；在开孔区周围加设传递轴向荷载的结构。对三通加固方案应进行应力测定或用有限元法计算，不进行应力测定和计算时可按相关规程规定进行加固。

5.4.2 固定墩设计

1. 管道对固定墩的作用

管道对固定墩的作用力应包括以下三部分：管道热胀冷缩受到土壤约束产生的作用力；内压产生的不平衡力；活动端位移产生的作用力。

管道作用于固定墩两侧作用力的合成应遵循以下三条原则：作用于固定墩的合成力应是其两侧管道单侧作用力的矢量和；根据两侧管段摩擦力下降造成的轴向力变化的差异应按最不利情况进行合成；两侧管段由热胀受约束引起的作用力和活动端作用力的合力相互抵消时，荷载较小方向力应乘以 0.8 的抵消系数，当两侧管段均为锚固段时，抵消系数应取 0.9，两侧内压不平衡力的抵消系数应取 1.0。

固定墩推力可按相关规程所列公式计算，也可采用计算不同摩擦力工况下两侧推力最大差值的方法确定，但应考虑抵消系数。

当允许固定墩微量位移时，其推力合成后的调整值可按相关规范规定计算。先根据规范计算出固定墩推力合成值 T，再由式 $\Delta l=TL/(2EA)$ 计算出在 T 作用下固定墩可能产生的位移量。其中，Δl 为在推力合成值 T 作用下固定墩可能产生的位移量（mm）；T 为推力合成值（kN）；L 为管道长度（m）；E 为钢材的弹性模量（kN/m^2）；A 为钢管截面面积（mm^2）。当 Δl 小于或等于目标位移量 δ 时推力取 T；当 Δl 大于目标位移量 δ 时可按式 $T'=2EA\delta/L$ 计算推力合成后的调整值。其中，T' 为推力合成后的调整值（kN）；δ 为目标位移量（mm），可取 5~30mm。

2. 固定墩结构

直埋热水管道的固定墩必须进行抗滑移和抗倾覆的稳定性验算，固定墩受力见图 5-4-2。

抗滑移验算应满足式 $K=(K_sE_p+f_1+f_2+f_3)/(E_a+T)\geqslant 1.3$ 的要求。其中，K 为抗滑移系数；K_s 为被动土压力折点系数，无位移取 0.8~0.9，回填土的压实系数 0.95~0.96 以上为低压缩性土，小位移取 0.4~0.7，回填土的压实系数 0.90~0.93 为中高压缩性土；E_p 为被动土压力（N）；E_a 为主动土压力（N）；f_1、f_2、f_3 为固定墩底面、侧面及顶面与土壤产生的摩擦力（N）。

抗倾覆验算应满足式 $K_{ov}=[K_sE_pX_2+(G+G_1)d/2]/[E_aX_1+T(h_2-H)]\geqslant 1.5$ 和 $\sigma_{max}\leqslant 1.2f$ 的要求，$E_p=0.5\rho gbh(h_1+h_2)\tan^2(45°+\varphi/2)$，$E_a=0.5\rho gbh(h_1+h_2)\tan^2(45°-\varphi/2)$，其中，$K_{ov}$ 为抗倾覆系数；X_2 为被动土压力 E_p 作用点至固定墩底面的距离（m）；X_1 为主动土压力 E_a 作用点至固定墩底面的距离（m）；G 为固定墩自重（N）；G_1 为固定墩上部覆土重（N）；σ_{max} 为固定墩底面对土壤的最大压应力（Pa）；f 为地基承载力设计值（Pa）；b、d、h 为固定墩宽、厚、高尺寸（m）；h_1、h_2 为固定墩顶面、底面至地面的距离（m）；H

为管道中心线覆土深度（m）；ρ 为土密度（kg/m^3），可取 1800；g 为重力加速度（m/s^2）；φ 为回填土内摩擦角（°），砂土取 30°。

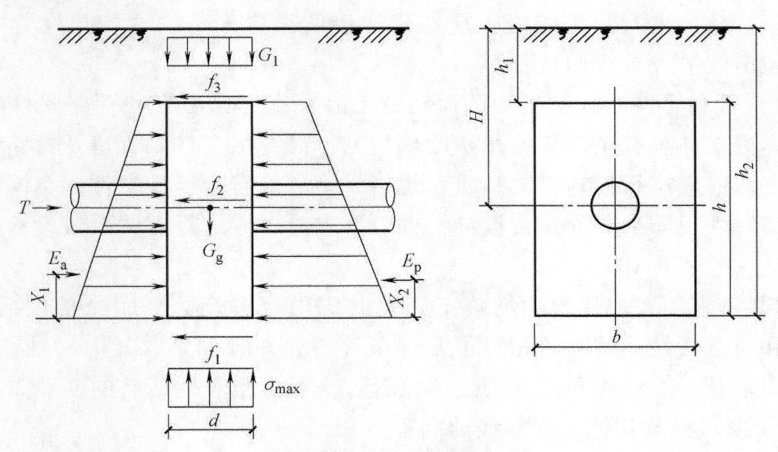

图 5-4-2　固定墩受力

回填土与固定墩的摩擦系数应按表 5-4-4 取值。固定墩的强度及配筋计算应根据受力特点按《混凝土结构设计规范》（GB 50010—2010）的规定执行。固定墩应采用钢筋混凝土材料并应符合以下四条规定：混凝土强度等级不应低于 C30；钢筋应采用 HPB300、HRB335 级，且直径不应小于 10mm；钢筋应采用双层布置，保护层不应小于 40mm，钢筋间距不应大于 250mm；当地下水对钢筋混凝土有腐蚀作用时，应按《工业建筑防腐蚀设计规范》（GB 50046—2008）的规定对固定墩进行防腐处理。供热管道穿过固定墩处，除管道固定节两边应设置抗挤压加强筋外，对于局部混凝土高热区应采取隔热或耐热措施。

表 5-4-4　回填土与固定墩的摩擦系数

土壤类别	黏性土			粉土	中砂、粗砂、砾砂	碎石土
	可塑性	硬性	坚硬性	土壤饱和度<0.5		
摩擦系数 μ_m	0.25~0.30	0.30~0.35	0.35~0.45	0.30~0.40	0.40~0.50	0.6

5.5　城市热水管网系统施工与维护

5.5.1　管线敷设

1. 基本要求

1）直埋供热管道工程的施工单位必须具有相对应的施工资质。施工现场管理应有相应的施工安全、技术、质量标准，健全的安全、技术、质量管理体系和制度。施工中应执行设计文件的规定，需要变更设计时应按设计变更规定执行，未经审批的设计变更严禁施工。

2）施工前应按设计要求对管道全线进行平面位置和高程测量，并应符合《城市测量规范》（CJJ/T 8—2011）和《城镇供热管网工程施工及验收规范》（CJJ 28—2014）的规定。施工前，施工单位应会同建设等有关单位，核对管道路由、相关地下管道及构筑物的资料，必要时应局部开挖核实。热水直埋管道穿越其他市政设施时应对市政设施采取保护措施，必要时应征得产权单位的同意。

3）在地下水位较高的地区或雨期施工时，应采取降低水位或排水措施，并及时清除沟内积水。在沿车行道、人行道施工时，应在管沟沿线设置安全护栏，并设置明显的警示标志，在施工路段沿线应设置夜间警示灯。

4）直埋保温管和管件必须采用工厂预制的产品，直埋保温管和管路附件应符合现行的国家有关产品标准，并具有生产厂质量检验部门的产品合格文件。管道及管路附件在入库和进入施工现场安装前应进行检查，其材质、规格、型号应符合设计文件和合同的规定，并进行外观检查。当对外观质量有异议或设计文件有要求时，应进行有关质量检验，不合格者不得使用。

5）直埋供热管道工程应进行详细竣工测量并应内容齐全，平面测量包括管线始末点、转角点的坐标和与永久性建筑物的相对位置（条件不允许时可只取其中一种），以及直埋阀门、补偿器、固定墩、变径管和交叉管线的位置；高程测量包括所有的变坡点、转角点和沿线每隔 50m 的管顶高程及其他交叉管线的高程。

2. 土方施工

混凝土路面和沥青路面的开挖应使用切割机切割。当土方开挖中发现地下管线或构筑物时应与有关单位协商，采取措施后进行施工。管道沟槽应按设计规定的平面位置和标高开挖，并符合以下三个要求：采用人工开挖且无地下水时，槽底预留值宜为 50~100mm；采用机械开挖或有地下水时，槽底预留值不应小于 150mm；管道安装前应将管沟人工清底至设计标高。

管沟沟底宽度和工作坑尺寸应根据现场实际情况和管道敷设方法确定，也可按下列规定确定。槽底宽度可按式 $a=2D_c+s+2c$ 确定，其中，a 为沟槽底宽度（m）；D_c 为外护管直径（m）；s 为两管道之间的设计净距（m）；c 为安装工作宽度（m），在沟底组装 $c=0.6$，在沟边组装 $c=0.4$。工作坑的沟槽壁或侧面支承与直埋管道的净距不宜小于 0.6m，工作坑的沟槽底面与直埋管道的净距不应小于 0.5m。

沟槽边坡和支承应符合《土方与爆破工程施工及验收规范》（GB 50201—2012）的规定。沟槽一侧或两侧临时堆土位置和高度不得影响边坡的稳定性和管道安装。局部超挖部分应回填压实，并应符合《城镇供热管网工程施工及验收规范》（CJJ 28—2014）的规定。沟底有废弃构筑物、硬石、木头、垃圾等杂物时，必须清除杂物，并铺一层厚度不小于 0.15m 的砂土或素土，整平压实至设计标高。直埋供热管道的检查室的穿越口应与管道轴线一致，偏差度应满足设计要求，穿越口应采取防水、防腐措施。固定墩的混凝土浇筑前，应检查与混凝土接触部位的管道及卡板防腐层，有损坏时应进行修补，内嵌式固定墩应待固定墩两侧供热管道连接调整就位后且在安装补偿器之前浇筑混凝土。沟槽、检查室经工程验收合格、竣工测量后应及时进行回填。管道沟槽回填前，先将沟槽中的杂物、积水清除干净。回填材料、夯实方法、密实度等要求应符合设计的要求，当设计未规定时，应符合《城镇供热管网工程施工及验收规范》（CJJ 28—2014）的规定。

3. 焊接施工

管道焊接应符合《工业金属管道工程施工规范》（GB 50235—2010）和《现场设备、工业管道焊接工程施工规范》（GB 50236—2011）的规定。钢管的焊接（手工电弧焊）应根据母材型号选用相应焊条，钢管母材型号为 A3 或 10 号、20 号钢时，宜采用 J422 焊条。焊缝应采用单面焊双面成型工艺。环焊缝宜使用氩弧焊打底配以 CO_2 气体保护焊或电弧焊盖面，角焊缝则宜采用 CO_2 气体保护焊或电弧焊，焊缝处的机械性能不应低于主管母材。干管上不得直接焊接支管。焊接前应将管道内的杂物清理干净。管道焊接完成后、强度试验及严密性试验之前，必须对焊缝进行外观检查和对焊缝内部质量进行检验，外观检查应在内部质量检验前进行。焊缝应进行 100%外观检查，其外观质量不得低于《现场设备、工业管道焊接工程施工规范》规定的Ⅲ级质量规定。

焊缝内部质量应符合要求。焊缝内部质量检验应采用射线探伤，不能使用射线探伤的焊缝，应在质检部门同意后方可采用超声波探伤。焊缝内部质量检验的数量应按设计要求执行，当设计无规定时，抽查数量不应少于焊缝总数的 25%，且每个焊工不应少于一个焊缝，抽查时应侧重抽查固定焊口。对穿越或跨越铁路、公路、河流、桥梁、有轨电车及暗敷的直埋管道，环向焊缝必须进行 100%的射线照相检验。焊缝射线探伤质量不得低于《无损检测　金属管道熔化焊环向对接接头射线照相检测方法》（GB/T 12605—2008）中的Ⅲ级质量规定；超声波探伤质量不得低于《焊缝无损检测　超声波检测　技术、检测等级和评定》（GB/T 11345—2013）中的Ⅱ级质量规定。当抽样检验的焊缝全部合格时，此次抽样所代表的该批焊缝为全部合格，当抽样检验出现不合格焊缝时，应对不合格焊缝返修并应遵守以下规定：每出现一道不合格焊缝，应再抽检两道该焊工所焊的同一批焊缝，且应按原探伤方法进行检验；若第二次抽检仍出现不合格焊缝，则应对该焊工所焊全部同批的焊缝按原探伤方法进行检验，对出现的不合格焊缝必须进行返修，并应对返修的焊缝按原探伤方法进行 100%检验；同一焊缝的返修次数不应超过两次。

4. 管道及管路附件安装

预制保温管应分类整齐堆放且管端应有保护封帽，堆放场地应平整且应无硬质杂物和积水，堆高不应超过 2m 且堆垛离热源不应小于 2m。同一施工段的等径直管段中不应采用不同厂家、不同规格、不同性能的预制保温管，当无法避免时应征得设计部门的同意。管道安装前应检查沟槽底高程、坡度、基底处理并应符合设计要求。预制保温管吊装、搬运时应使用宽度大于 100mm 的吊带吊装，严禁使用钢丝绳直接捆绑外护管吊装。预制保温管宜单根吊入沟内安装，并应稳起、稳放，采用沟边组装时应采用两台或多台起重机吊入沟槽内且吊点的位置应按平衡条件选定，严禁采用拖拉、撬动或将直埋管道推入沟内。雨期施工或地下水位较高时，直埋管道的堆放和安装应采取防雨和排水措施。预制保温管下沟前，应将沟内杂物和积水清除干净，且直埋管道安装至回填前管沟内不得有积水，当日工程完工时应对未安装完成的管端采取临时封堵措施，并对保温裸口进行封端防水处理。当直埋保温管采用预热安装时，应以一个预热伸长段作为一个施工分段，并应符合相关规范的规定。

带报警线的预制保温管的安装还应遵守以下规定：报警线的位置应在管道的上方；安装前应测试报警线的通断状况和电阻值，合格后方可对口焊接；在施工中应对报警线采取防潮措施。

安装一次性补偿器时，安装前应按设计给定的伸长值调整一次性补偿器，施焊时两条焊接线应吻合。管道敷设、焊接、压力和严密性试验及管件连接工序可在沟槽一侧的地面上进行，或在沟槽底部的砂垫层上进行。

预制直埋保温弯头的安装应遵守以下规定：弯头应采用预制保温管件，并应符合我国现行《高密度聚乙烯外护管聚氨酯泡沫塑料预制直埋保温管及管件》（GB 29047—2012）的规定；弯头角度的偏差不应大于±1°，弯头任何部位的壁厚不应小于直管的公称壁厚；保温弯头的两侧的直管长度应大于管道直径，端部管口应做坡口并应留有长度大于200mm的非保温区。

预制直埋保温三通和变径管的安装应遵守以下规定：直埋敷设的三通必须在开孔区周围采取加固措施，加设传递轴向荷载的结构，对三通加固方案应进行应力测定或用有限元法计算；三通主管和支管壁厚按满足上表的要求的荷载计算确定，且三通主管和支管任意点的壁厚不应小于对应焊接的直管壁厚，三通所有焊缝须做100%无损探伤；所有预制直埋变径管的锥度应小于15°，长度不应小于1m。

管接头处应放置在接头工作坑部位，钢管接头应对直，不得在接头处出现转角，组装对口的错口偏差不应超过管壁厚的1/5且不大于2mm。

接头套管的安装应遵守以下规定：

1）安装热缩套前检查管子和接头，使其无保温材料、脏物、油迹、脂污物等，此类污物会影响热缩带的黏结性，在天气寒冷或潮湿天气时应预热去湿。

2）安装外套管前应按规定位置做好标记，以保证外套管居中，不得偏向任何一端，接头部分的尘土等污物应事先清除干净。

3）把接头套管放在正中位置，用楔形条使套管对中，沿圆周方向间隙均匀。

4）去掉热缩带的塑料包皮及白色的保护纸，避免损坏热缩套，防止使热缩带粘上灰尘等脏物。

5）把热缩带放在接头正中，沿管子轴线缠绕好，然后将涂有胶黏剂的密封带一面（即没有字的一面）预热，直至胶黏剂软化（勿使火焰集中烘烤），把密封带放在热缩带搭接处，加热密封带，加热方向自中间逐渐向外扩展，使胶黏剂流出，然后用手压平整，要戴石棉手套完成。

6）在热缩带接口相反的那一面的热缩带中间开始加热，沿圆周方向逐渐向两边扩展，用液化石油气（LPG）喷枪嘴（或大些）在大范围内反复均匀烘烤，避免局部受热，直到胶黏剂开始从两端流出为止。

7）在外套管顶上两端各设一个孔，一个为浇注孔，一个为出气孔。

5. 接口保温施工

直埋供热管道接口保温应在钢制管道安装完毕及强度试验合格后进行。管道接口处使用的保温材料应与管道、管件的保温材料性能一致。接口保温施工前应将接口钢管表面、两侧保温端面、搭接段外壳表面和端面保护层清理干净。接口处HDPE外套管焊接应首选电阻热熔焊接形式，也可采用热收缩套连接形式。接口处HDPE外护管焊缝系数不应小于0.9，焊缝应饱满、均匀、平整，不应有凹陷、裂纹等现象。补口处外管壳应大于接口处聚乙烯10cm，大于聚乙烯管外径5mm。采用电熔焊接熔接前清理管皮表面污渍，用电动毛刷将熔接处打毛，熔接处强度应大于母材强度。HDPE外套管焊接后须进行气密性试验。

管道保温接口使用聚氨酯发泡时，工作钢管及外护管温度应不低于15℃，泡沫原料温度应不低于20℃。管道接口保温应避开冬期施工，不能避免时应采取措施保证所需温度，严禁管道浸水、覆雪，接口周围应留有操作空间。*DN*200以上预制保温管接口保温应采用机械发泡，保温硬质泡沫应充满整个接口环状空间，密度应大于50kg/m³。泡沫原料应在10~25℃的干燥密闭容器内贮存，并应在有效期内使用。

接头套管的装配与焊接、气密性试验和保温层成型应在同一天内完成。对需要现场切割的预制保温管，管端裸管长度宜与成品管一致，附着在裸管上的残余保温材料应彻底清除。对采用玻璃钢外壳的管道接口，使用模具作接口保温层时，接口处的保温层应和管道保温层顺直，无明显凹凸及空洞。玻璃钢防护壳表面应光滑、顺直，无明显凸起、凹坑、毛刺，防护壳厚度不应小于管道防护壳厚度，两侧搭接长度应不小于80mm。

接头套管安装应符合要求。应保证工作坑尺寸。外套管和连接部件必需绝对洁净和干爽。为了防止污物堆积或受到损坏，接头安装开始时，才允许卸掉组装件包装。组装必须在干爽的地面或在完全干燥的沟槽内施工。应采取适当保护措施，如可以将管道吊离沟槽底部或在组装现场搭盖帐篷。应将潮湿的泡沫塑料膜或发泡层切割掉。发泡残留物应清除。外套管上的标记与接头距离不小于200mm。若因雨水、受潮或结露水而使外套管或接头湿润时，外套管或接头应预热，可以用软火焰加热到35℃。当空气温度低于10℃时，应重新加热到35℃。

接口形式及外护管连接应符合要求。PE外套管表面应洁净，PE套筒搭接位置应正确。加热PE材料使之达到必要的塑性条件，并在规定的时间内形成足够的接合压力，焊接部位温度降低到环境温度之前PE接头不得承受任何荷载。在接头套管被收缩套密封之前，完成发泡保温层成型，并清除外露的泡沫塑料残渣。发泡过程达到规定时间后进行收缩套施工，施工时收缩套不能过热。收缩套尺寸应与外套管及接头尺寸相匹配，接头套管安装前应按规定位置做好标记，保证其居中。

6. 固定墩施工

固定墩的强度和配筋计算应符合《混凝土结构设计规范》（GB 50010—2010）的规定。固定墩预制件的几何尺寸、卡板厚度、焊接质量及隔热层、防腐层应满足设计要求，在固定墩浇筑混凝土前应检查与混凝土接触部位的防腐层是否完好，若有损坏应进行修补。内嵌式固定墩应待固定墩两侧供热管道连接调整就位后，且在安装补偿器前浇筑混凝土。固定墩的混凝土强度达设计强度的80%后，方可进行供热管道的整体强度试验和试运行。

5.5.2　检漏报警系统

1. 附件安装

检漏报警系统的安装应按设计要求进行。保温层内设置报警线的保温管，报警线之间、报警线与钢管之间的绝缘电阻值应符合产品说明书的规定。管道安装前应对单件产品与报警线进行断路、短路检测。在管道接头安装过程中应首先连接报警线，并在每个接头安装完毕后进行报警线断路、短路检测。在补偿器、阀门、固定支架等管件部位的现场保温应在检漏报警系统连接检验合格后进行。

2. 系统设计

检漏报警系统设计可采用脉冲反射测量法或电阻比较法，系统应具有自动检漏及定位故障点的功能，系统的主要元件和设备应包括报警线、连接元件、监测仪表、中央监控主机。检漏点的间距宜小于500m，检漏范围应覆盖全部供热主管道及其管道附件。报警线均不得交叉且不得与钢管相接触，报警线终端应连接构成环路。当采用电阻比较法时，报警线之间、报警线与钢管之间的电阻值应大于20MΩ。检漏报警系统的设计应符合生产厂商的技术要求和说明书的规定。

管道检漏报警系统应采用现场检测装置和计算机监测两级系统并应符合要求，现场检测装置应包括检漏报警线、检漏仪、定位仪和附件等；中央监控站应包括计算机硬件和监控软件。

脉冲反射测量应采用具有通信功能的检漏报警单元，可采用3通道或4通道；在电阻比较法中采用“线路控制单元”，中央控制单元可连接200个“线路控制单元”。检测装置的安装地点宜设置在热力站内，但离检测点距离应小于100m，当安装在户外时应附带加热器。主机应设置在热网SCADA系统的监控中心。检漏报警系统的数据传输网络宜采用公共网络资源有线和无线通信方式，宜与热网SCADA系统的通信网络共用，在报警和故障条件下传送所有相关数据和信息至中央监控机上。检漏报警单元检测渗漏点的定位误差，当采用脉冲反射技术时，其精度应在显示距离的±1%以内；当采用电阻比较技术检漏系统时，故障定位的精度为0.2%。检漏报警单元的外壳防护等级应满足IP65的规定。配置检漏系统应有专用软件包。检漏报警系统的设计应安全可靠、精确定位、操作简单、便于维护。

3. 系统安装

预制保温管道的检漏报警系统的安装除应按设计的要求外，还应符合《城市供热管网工程施工及验收规范》（CJJ 28—2014）的规定。对无法安装报警线的管件应进行跨接处理。施工过程中不得损坏保温管道和预警线。管道在贮存、安装过程中不得损伤管道PE外壳，泡沫层不得受水的浸泡。当管沟内有水和雨天时应严禁施工，并采取相应的防雨措施。报警线在保温层中距离钢管的距离应保持一致，在保温管中的布置位置也应保持一致。保温管中的报警线应朝正上方向，且应保证每个接头处相同的报警线相连，不得交叉。两管间的报警线、信号线连接前，应先将钢管上的油污和泥土等杂物清除，再将线分别调直并使其平行。导线应按合适长度剪断，然后把绝缘套套在信号线上，最后连线。信号线连接后，应将绝缘套放在接头处加热绝缘套使其收缩在接头处，报警线和信号线均应检查接头处的电阻值，并做记录。将聚氨酯泡沫制成的报警带放在导线和钢管之间，再把信号线、报警线压入报警带内，并用粘条包扎，使报警带固定。报警带安装完毕后，应立即进行外部接头套管的安装。有报警线的预制保温管安装前应测试报警线的通断状况和电阻值，合格后再下管对口焊接，每道接口在安装前应对上一个接口处的报警线通断情况进行检测。在报警线连接前应先检查管端的保温材料，如果保温材料已受潮应先挖除受潮的保温层直到干燥为止。管道接口处的报警线应连接牢固、不得松弛，报警线与钢管间应有支撑。

在施工中报警线应防潮，一旦受潮应采取预热、烘烤等干燥措施。报警线连接完毕后需新增管件时，应及时对检漏报警系统设计方案进行调整。加装管件或断管时应在专业人员的指导下进行，切断的管段应能适合报警线的连接。管线中连接所有检漏报警系统设备的观察室、小室或热力站应在检漏报警系统安装前建成。观察室、小室的尺寸应满足报警线设备安装的要求，且应干燥、整洁，监控设备不得受到潮湿的侵蚀。遇到雨天或特殊情况，观察室和小室内不得有积水。管道在观察室、小室及热力站中的出墙尺寸应满足报警线安装的要求。管道末端应加装末端套筒，并做好末端泡沫的防水密封。在施工过程中，如果管沟中的管道不能及时焊接施工，应根据现场情况对管端泡沫采取放水措施。

5.5.3 管道试验、清洗及试运行

1. 管道试验

检漏报警系统试验参照5.5.2节进行。气密性试验应在HDPE接头套管焊接安装完成

后、聚氨酯保温材料发泡成型前进行；试验压力 0.02MPa，用肥皂水涂在 HDPE 焊接处持续 5min 应无漏气现象。管道压力试验的介质应采用干净水；压力试验时环境温度不宜低于 5℃，否则应采取防冻措施；强度试验压力应为设计压力的 1.5 倍；严密性试验压力应为设计的 1.25 倍，且不得低于 0.6MPa；当试验过程中发现渗漏时严禁带压处理，消除缺陷后应重新进行压力试验；试验结束后应及时排尽管道内的积水。

管道清洗应符合下列要求：在试运行前进行；宜采用清洁水；不与管道同时清洗的设备、容器及仪表应与清洗管道隔离或拆除；清洗进水管的截面面积不应小于被清洗管截面面积的 50%，清洗排水管截面面积不应小于进水管截面面积；冲洗应按主干线—支干线—支线进行，二级管网应单独进行冲洗；冲洗前应将管道充满水并浸泡，冲洗的水流方向应与设计介质流向一致；冲洗应连续进行并逐渐加大管内流量，管内平均流速不应低于 1m/s。

2. 试运行

试运行应在单位工程验收合格，热源已具备供热条件情况下进行。试运行前应编制试运行方案，当环境温度低于 5℃时，应制定可靠的防冻措施；试运行方案应由建设单位、设计单位审查同意，并进行交底。试运行应有完善、灵敏、可靠的通信系统及其他安全保障措施。试运行期间管道法兰、阀门、补偿器及仪表等处螺栓应进行热拧紧。关闭管网所有泄水阀门，排气充水，水满后关闭放气阀门。全线水满后，再次逐个进行放气，确认管内无气体后，关闭放气阀并上堵丝。试运行开始后，每隔 1h 对补偿器及其他设备和管路附件进行检查，并做好记录。试运行期间发现的问题，属于不影响运行安全的，可待试运行结束后处理；属于必须当即解决的，应停止运行，进行处理。

5.5.4　工程验收

直埋供热管道工程在单项、分部、分项工程验收合格后，进行总体验收。直埋供热管道工程的单项、分部、分项工程质量验收除应遵守《城市供热管网工程施工及验收规范》（CJJ 28—2014）的有关规定外，还应包括以下七方面内容：管道地基处理、胸腔回填料、回填土高度和回填密实度；回填前预制保温管外壳完好性；预制保温管接口及报警线；预制保温管与固定墩连接处防水防腐及检查室穿越口处理；管道轴线偏差；预拉预热伸长量、一次性补偿器预调整值及焊接线吻合程度；防止管道失稳措施。

5.5.5　运行与维修

1. 基本要求

供热管网运行管理部门应设以下三种图表：供热管网平面图、热力检查室简图、供热管网运行水压图。供热管网的运行、调节应严格按照调度指令进行。运行人员及维修人员必须经安全技术培训并经考核合格后，方可独立上岗。供热管网运行管理人员及维修人员应熟悉管辖范围内管道的分布情况及主要设备和附件的现场位置，掌握各种设备、附件的作用、构造、性能及操作、维修方法。供热管网运行检查或维修时不得少于两人并应有通信工具，下检查室前，必须检查检查室内是否缺氧或含有易燃易爆、有毒气体并做好通风，当人在检查室内作业时，应在井口设安全围栏及标志，夜间进行操作检查时，应设警示灯，在高处进行检修操作时，应系安全带。当被检查或维修的检查室内温度超过 40℃时，应采取安全降温措施。

供热管线及附属设施应定期巡查，巡查周期应符合要求。供热系统升温及停热过程中每8h进行全网巡查；运行期运行正常时每天进行全网巡查；非运行期每3d进行一次全网巡查；新建管线试运行时2h巡查一次并做记录；运行期当系统出现压力降低、温度变化较大、失水量增大等异常情况时，应立即进行全网巡查，直至查明故障原因为止；节假日、雨季和对新投入运行的管道宜加强巡视维护检查。

巡视维护情况及时进行记录。热水管线雨季必须进行防汛检查，冬季必须进行盲管防冻循环管检查。

2. 运行

供热管网正式供热前应经冷态试运行。供热管网升温，每小时不应超过20℃。在升温过程中，应检查供热管网、补偿器及固定支架等附件的情况。供热管网投入运行后应对系统的下列各项进行全面检查：供热管网介质无泄漏；补偿器运行状态正常；活动支架无失稳，固定支架无变形；解列阀门无漏水；法兰连接部位应热拧紧。

在运行期间，对在直埋供热管道上面或侧面进行平行或竖向开槽时，应事先进行管道水平和垂直稳定性核算。当稳定性要求不满足时，应采取可行的保护措施确保管道所需的水平和竖向稳定性，以防止管道产生弯曲屈曲。管网进行扩建或管道开分支应进行应力和位移量等核算，并制定安全措施。外界施工不应占压破坏供热设施，不妨碍供热管网正常运行及检修。

3. 停止运行

供热管网停运前应编制停运方案。供热管网停运的各项操作应严格按停运方案或调度指令进行。供热管网停运应沿介质流动方向依次成对关闭阀门，先关闭给水阀门，后关闭回水阀门，关断时间不应小于表5-5-1的规定。检查停运管线是否可靠，与热源或运行系统断开时是否有串水现象，运行管段末端是否有积水，以及管道上各种附件和支架的变化情况，若发现异常应及时报告、处理。冬季停运的供热管网应将管内水放净，再次注水前应将泄水阀门关闭。事故停运的检查室内管道、设备及附件应做防冻保护。供热管网在停运期间应进行养护和检查。停运供热管网应进行湿保护并每周检查一次。

表5-5-1 阀门关断时间

阀门口径/mm	≤*DN*500	>*DN*500
关断时间/min	≥3	≥5

4. 维修

供热运行管网及设备应按规定进行维护，保障正常供热。对管道、阀门、补偿器、固定支架、滑动支架等设施、设备的维修应制定维修细则。对供热管线及设备进行维护时应提前制定方案，应按照方案要求及安全措施进行工作，不得碰动管道上的其他设备和附件。在开始检修工作前，应检查检修管道与运行管段是否切断，确保检修工作安全进行；检修管道起动前应确定检修工作已经完成，经检查合格方能投入运行。管线检修工作完成后，应根据热源补水能力，严格控制阀门开度。先缓慢开启回水阀门向回水管内充水，回水管充满后，通过连通管向给水管充水，充水过程中应重点检查检修部位。供热管网因检修而发生的停运和起动操作，应按照检修方案严格执行。

思考题与习题

1. 简述热水供应系统的特点。
2. 热水供应系统设计的宏观原则是什么？
3. 保温管道及管件有哪些基本要求？
4. 热水供应系统施工应注意哪些问题？
5. 管道应力验算包括哪些内容？如何进行？
6. 如何进行固定结构设计？
7. 管线敷设应注意哪些问题？
8. 检漏系统的基本要求是什么？
9. 如何进行管道试验、清洗及试运行？
10. 工程验收的主要内容有哪些？
11. 如何做好运行与维修工作？

建筑供暖系统 第6章

6.1 建筑供暖系统概述

冬季房间内热量损失，室内温度下降，为满足生活需要，供暖设备以某种方式向室内供应热量以补偿建筑物耗热量。因此，供暖是一种用人工方法向室内供给热量，保持一定的室内温度，以创造适宜的生活或工作条件的技术。室内要求的温度是教室16℃、办公室18℃、住宅18℃、浴室25℃。

6.1.1 供暖系统的组成与分类

1. 供暖系统的组成

供暖系统主要由热源、热网、热用户三大体系构成。热源的作用是热媒制备，可以是锅炉房、热电站等。热网的作用是热媒输送，是由热源向热用户输送和分配供热介质的管线系统。热用户的作用是热媒利用，是指利用热能的用户。

2. 供暖系统的分类

供暖系统按热媒的不同分为热水供暖系统、蒸汽供暖系统、热风供暖系统三大类型。所谓“热媒”是指用来传递热量的媒介物质。热水供暖系统又可分为$t<100$℃的低温热水供暖和$t\geqslant100$℃的高温热水供暖两种。蒸汽供暖系统分为$p_x>70$kPa的高压蒸汽供暖系统、$p_x\leqslant70$kPa的低压蒸汽供暖系统、$p_j<B$的真空蒸汽供暖系统三种。热风供暖系统的特点是把空气加热至30~50℃直接送入房间。

供暖系统根据供暖方式的不同可分为局部供暖、集中供暖两大类型。局部供暖的特点是将热源和散热设备合并成一个整体分散设置在各个房间里。如烟气供暖（火炉、火墙、火炕）、电红外线供暖、电热供暖、煤气或天然气供暖（壁挂炉）等，这些均属于局部供暖。局部供暖的特点是简易、卫生条件较差、耗能大。集中供暖的特点是热源和散热设备分别设置，热源通过热媒管道向各个房间或各个建筑物供给热量，这种供暖系统称为集中式供暖系统。集中式供暖系统的特点是供热量大，节约燃料，污染小。以热水和蒸汽作为热媒的集中式供暖系统可以较好地满足人们生活、工作及生产对室内温度的要求，并且卫生条件好，可减少对环境的污染，广泛应用于各种建筑。

6.1.2 热水供暖系统

热水供暖系统根据热水在系统中循环流动的动力的不同分为自然循环热水供暖、机械循环热水供暖两大类型。自然循环热水供暖系统的工作原理如下：水在锅炉内加热后密度减小，在散热器内被冷却后密度增加，整个系统将因给回水密度差的不同而维持循环流动，见图 6-1-1。自然循环热水供暖系统的特点是供暖系统维护管理简单，不需消耗电能。但由于其作用压力小、管中水流速度不大，所以管径就相对大一些，作用范围也受到限制。机械循环热水供暖系统的工作原理如下：利用水泵强制循环，水流在整个环状管路中流动的阻力靠水泵提供的动力来克服，水泵的扬程大小由流动阻力确定，见图 6-1-2。机械循环热水供暖系统的特点是设置了循环水泵，增加了系统的经常运行电费和维修工作量，但水泵所产生的作用压力很大，因而供暖范围可以扩大，不仅可以给单栋建筑供暖，也可以给多栋建筑及区域供暖，是目前广泛使用的供暖方式。自然循环热水供暖与机械循环热水供暖的区别在于循环动力不同；膨胀水箱连接点不同；排气方法与装置不同。

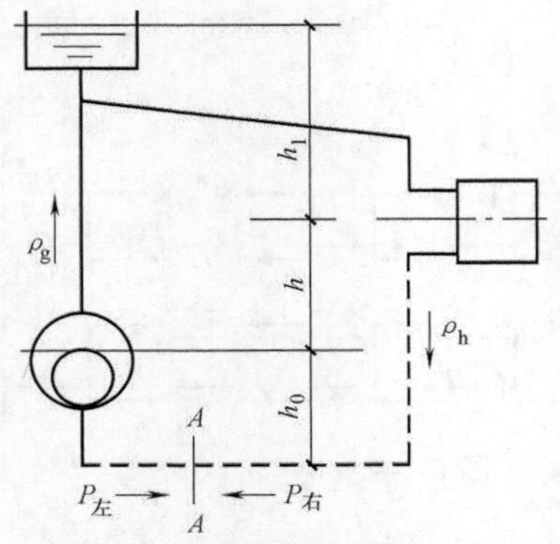

图 6-1-1　自然循环热水供暖系统

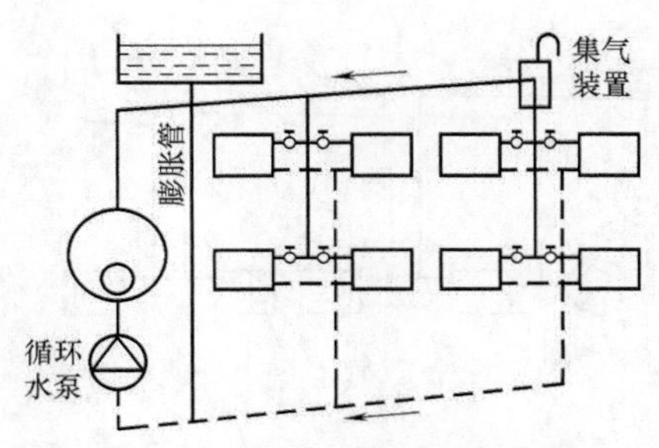

图 6-1-2　机械循环热水供暖系统

1. **供暖系统的形式**

供暖系统的形式有垂直式和水平式两种，可采用异程式或同程式循环方式。垂直式又有单管上供下回式（见图 6-1-3）、双管上供下回式（见图 6-1-4）、双管下供下回式（见图 6-1-5）、单管下供上回式或倒流式（见图 6-1-6）、双管上供上回式（见图 6-1-7）等类型。单管上供下回式有顺流式和跨越式两种。水平式有水平串联式（见图 6-1-8）、水平跨越式（见图 6-1-9）等类型。异程式（见图 6-1-10）的特点是通过各循环环路总长度不相等，近处环路分配的流量多、房间过热，远处环路分配的流量少、房间过冷。同程式（见图 6-1-11）的特点是通过各循环环路总长度相等，环路的压力损失容易平衡，耗管材多。

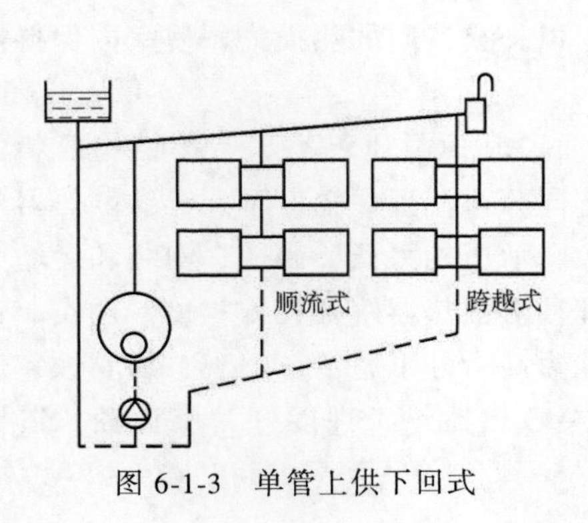

图 6-1-3　单管上供下回式

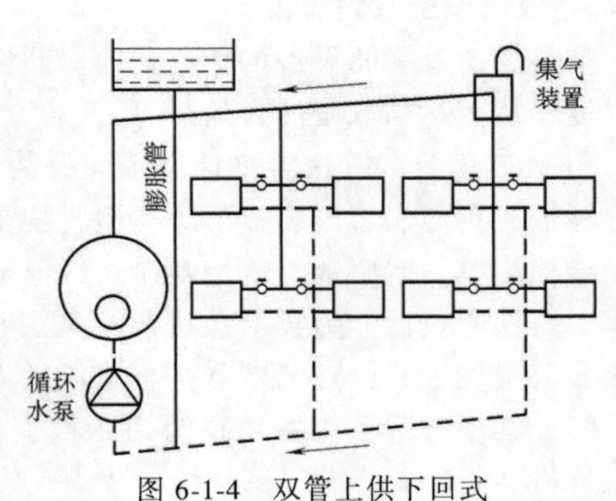

图 6-1-4　双管上供下回式

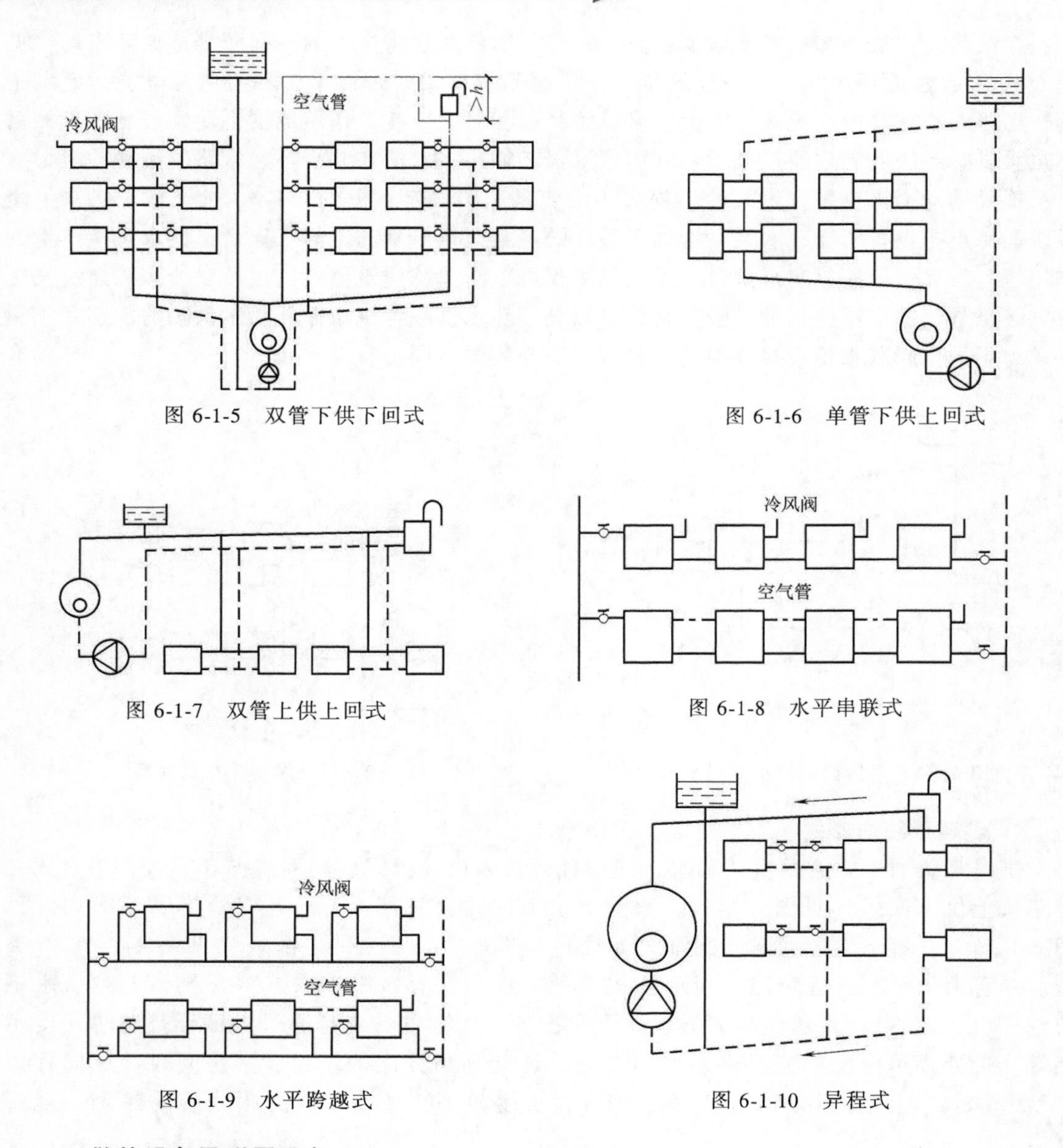

图 6-1-5 双管下供下回式

图 6-1-6 单管下供上回式

图 6-1-7 双管上供上回式

图 6-1-8 水平串联式

图 6-1-9 水平跨越式

图 6-1-10 异程式

2. 散热设备及附属设备

散热设备及附属设备的作用是向房间供给热量，以补充房间的热损失，使室内保持需要的温度，从而达到取暖的目的。

（1）散热器　散热器按材质不同分为铸铁、钢质、其他材质等类型，按结构形状的不同分柱形、翼形、管形、板形等类型，按传热方式不同分对流型、辐射型。铸铁散热器的特点是结构简单，耐腐蚀，使用寿命长，但金属耗量大，承压能力低，制造、安装和运输劳动繁重。铸铁散热器分为翼形散热器（见图6-1-12）和柱形散热器（见图6-1-13）两类。钢质散热器（见图6-1-14）的特点是金属耗量小，承压能力高，外形整洁、美观，易腐蚀，使用寿命短。其他材质散热器主要为铝制或铜铝制，该类散热器热工性能好、质量轻、造型美观、价格高。

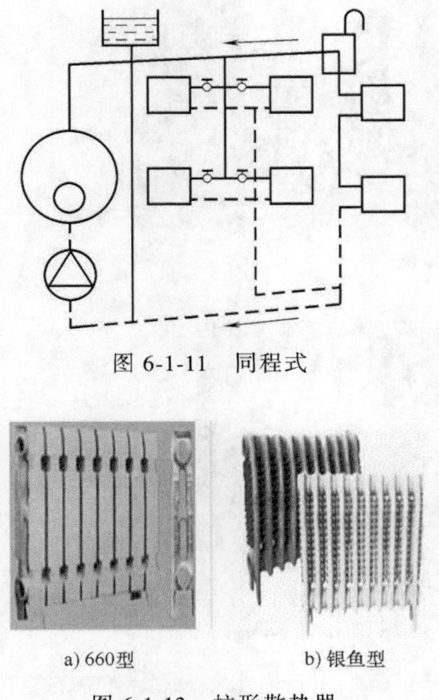

图 6-1-11　同程式

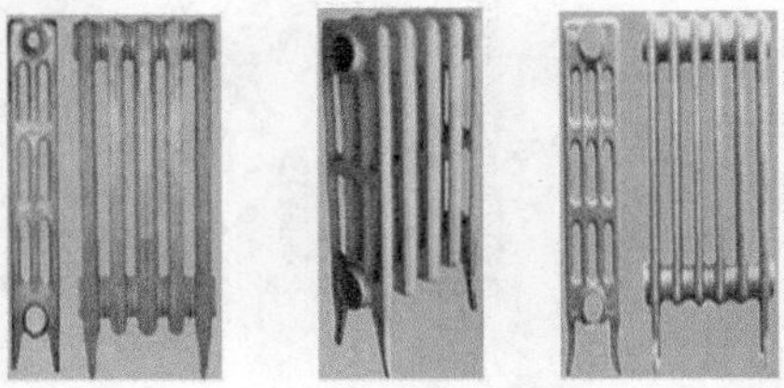

a) 三柱745型　b) 四柱660型　c) 四柱760型

图 6-1-12　翼形散热器

a) 660型　b) 银鱼型

图 6-1-13　柱形散热器

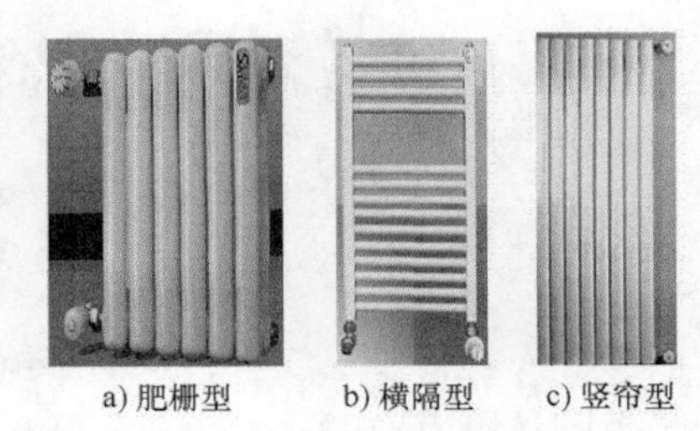

a) 肥栅型　b) 横隔型　c) 竖帘型

图 6-1-14　钢质散热器

散热器应满足热工方面的要求，即热工性能要好，也即传热系数 K 值应高。把提高散热器的散热量，可采用增大散热器传热系数的方法，如在外壁上加肋片以增加外壁散热面积、提高散热器周围空气流动速度、增加散热器向外辐射的强度等。散热器应满足经济性方面的要求，采用的金属应热强度大、使用寿命长、成本低、价格便宜。散热器应满足安装使用和制造工艺方面的要求，具有一定的机械强度和承压能力。散热器应满足卫生和美观方面的要求，不积灰、易清扫。散热器应满足使用寿命方面的要求，不易被腐蚀和破损。

散热器的选择应遵守“经济、适用、耐久、美观”原则。散热器布置应合理，确保室外渗入的冷空气能较迅速被加热且室温均匀，尽量少占用房间有效空间和使用面积。

（2）供暖管材　目前常用的供暖管材主要为钢管和塑料管。采用钢管时，压力低时用有缝钢管，压力高时用无缝钢管。钢管的连接方法可酌情采用螺纹连接、焊接、法兰连接，一般 $DN \leqslant 32$mm 时采用螺纹连接方式；$DN > 32$mm 时采用焊接方式，镀锌钢管不允许焊接。采用塑料管时可酌情选择 PP-R 管（无规共聚聚丙烯管）、PB 管（聚丁烯管）、PE-X 管（交联聚乙烯管）、XPAP 管（交联铝塑复合管）。塑料管的优点是卫生、无毒、耐腐蚀、不结垢，可避免因管道锈蚀引起的黄斑锈迹，可避免管道腐蚀结垢所引起的堵塞；外形美观，色泽柔和；产品内外壁光滑，流体阻力小；安装方便，安全可靠。

（3）温控和热计量装置　温控和热计量装置主要有温控阀、热计量表等。温控阀（见图 6-1-15）的作用是控制散热器散热量，从而控制室内空气温度。热计量表（见图 6-1-16）是一种累积计算热能消耗量的仪表，通常由积分仪、温度传感器、流量计等组成。

（4）排气装置　常见的排气装置有集气罐、自动排气阀、散热器跑风门等。供暖系统中积存空气的原因：充水时残留部分空气或随温度升高、压力下降时空气从水中析出。供暖

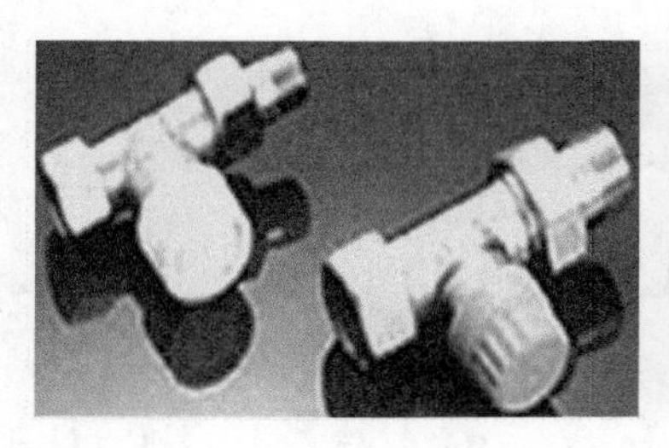

图 6-1-15　温控阀

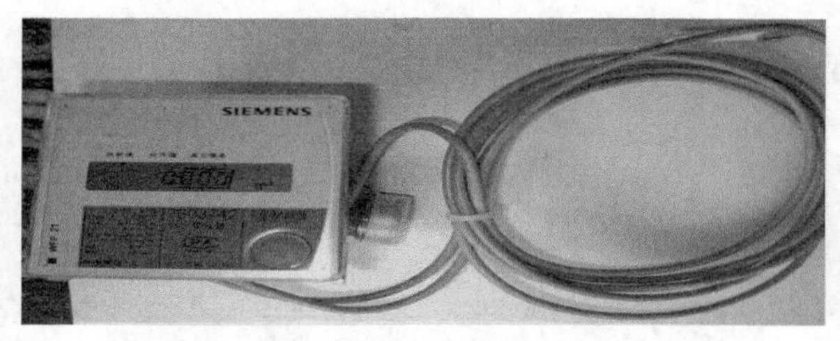

图 6-1-16　热计量表

系统中积存空气就会形成气塞，从而影响水的正常循环和散热效果。

集气罐通常用 *DN*100 ~ *DN*250 无缝短管制成。集气罐用于热水供暖系统中的空气排除，一般应设于系统末端最高处，并使干管逆坡，从而管道坡度与水流方向相反。使水流方向与空气泡浮升方向一致，有利于排气。集气罐分为立式和卧式两种，应按国家标准图进行制作，安装高度不受限制时宜选用立式。集气罐接出的排气管管径一般为 *DN*15，在排气管上应设阀门，阀门应设在便于操作的地方，排气管排气口可引向附近水池。

自动排气阀的优点是安装检修简便、节约能源和水耗量、外形小而美观。自动排气阀的工作原理：依靠水的浮力，通过杠杆机构的传动使排气孔自动启闭，达到自动阻水排气的目的。

散热器跑风门应合理选择。由于供暖系统的缘故导致散热器中的空气不能顺利排除时，可在散热器上装设手动放风阀。这种情况在水平串联系统中容易出现。

（5）膨胀水箱　膨胀水箱是用来贮存热水供暖系统加热的膨胀水量的，在重力循环上供下回式系统中还起着排气作用，可维持恒定供暖系统的压力。膨胀水箱的配管包括信号管、泄水管、溢流管、膨胀管、循环管等。信号管是用来检查膨胀水箱是否存水的装置，一般应接到管理人员容易观察到的地方，如锅炉房或建筑物底层的卫生间、值班室等。泄水管是用来清洗水箱时放空存水和污垢的，可与溢流管一起连至附近下水道中。当系统充水的水位超过溢水管时，通过溢流管将水自动溢流排出，从而控制水箱的最高水位。膨胀管通常应与供暖系统相连接。循环管的作用是防止水箱内水冻结，无冻结可能时可不设。膨胀水箱与系统的连接见图 6-1-17。

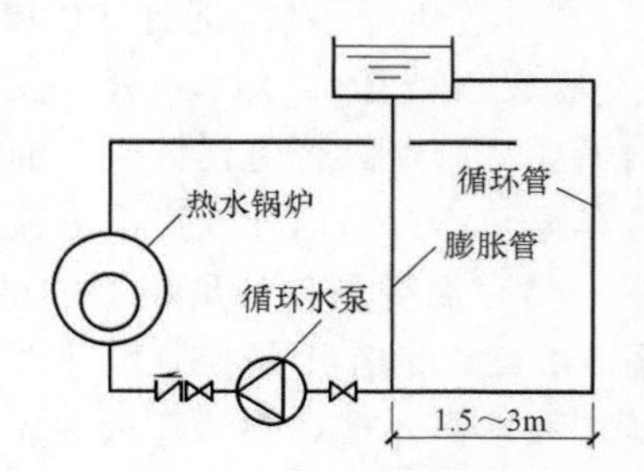

图 6-1-17　膨胀水箱与系统的连接

（6）管道支架与补偿器　管道支架用来支承管道，限制管道产生位移。根据对管道制约作用的不同，管道支架可分为固定支架和活动支架两类。根据支架自身构造的不同，管道支架可分为托架和吊架，托架既可固定也可活动，吊架通常均为活动支架。根据支架高度的不同，管道支架可分为低支架和高支架，低支架通常用于非保温管，高支架通常用于保温管。管道支架间距应符合要求。钢管及塑料管活动支架安装间距应满足表 6-1-1 的要求。塑料管及复合管活动支架的最大间距应满足表 6-1-2 的要求。

表 6-1-1 钢管及塑料管活动支架安装的最大间距

公称直径/mm		15	20	25	32	40	50	70	80	100	125	150	200
支架的最大间距/m	保温管	2	2.5	2.5	2.5	3	3	4	4	4.5	6	7	7
	不保温管	2.5	3	3.5	4	4.5	5	6	6	6.5	7	8	9.5

表 6-1-2 塑料管及复合管活动支架安装的最大间距

公称直径/mm			12	14	16	18	20	25	32	40	50	63	75
支架最大间距/m	立管		0.5	0.6	0.7	0.8	0.9	1.0	1.1	1.3	1.6	1.8	2.0
	水平管	冷水管	0.4	0.4	0.5	0.5	0.6	0.7	0.8	0.9	1.0	1.1	1.2
		热水管	0.2	0.2	0.25	0.3	0.3	0.35	0.4	0.5	0.6	0.7	0.8

补偿器的作用是吸收管道的热伸长从而减弱或消除因热膨胀而产生的应力。供暖水平管道的伸缩应尽量利用系统的弯曲管段进行自然补偿，当不能满足要求时，应设置补偿器，在补偿器两侧必须设固定支架。补偿器种类很多，常见类型为方形补偿器、波纹补偿器、套筒补偿器、球形补偿器。采用自然补偿方式时，利用管道敷设时形成的自然转弯与扭转的金属弹性来补偿。方形补偿器应尽量水平安装，且其坡度、坡向应与管道相同。

（7）管道防腐与保温　防腐的目的是防止供暖设备和管道受到腐蚀。明装非保温管道在正常相对湿度、无腐蚀性气体的房间内时，管道表面应刷一遍防锈漆及两遍银粉或两遍快干磁漆；在浴室、厕所等相对湿度较大或有腐蚀性气体的房间内时，管道表面应刷一遍耐酸漆及两遍快干磁漆。暗装非保温管道表面应刷两道红丹防锈漆。保温管道的表面应刷两遍红丹防锈漆。

保温又称为绝热，其目的是减少热量的损失。供暖管道和设备符合下列四种情况之一时管道应予以保温并在设计说明中指出：管道内输送的热媒必须保持一定参数时；管道敷设在地沟、闷顶、技术夹层及管道井内或易被冻结的地方而应考虑保温时，如位于不供暖房间或绕过外门处等；管道通过的房间或地点要求保温时；管道的无益热损失较大时。通常情况下，一般供暖主立管应保温，高层建筑保温材料应为不燃烧材料。

6.1.3 热水供暖散热器片数及供暖管道管径估算

1. 供暖热负荷及其计算

供暖热负荷是指在某一段时间内为了使房间的室内温度达到供暖设计所要求的标准而需由散热设备在单位时间内供给的热量。供暖热负荷的值可根据冬季供暖房间的热平衡计算，但由于受室外温度时高时低、室外风速时大时小、热管道向室内散热和太阳辐射到房间里的热时多时少以及房间里的人和物时进时出等因素的影响，供暖热负荷是一个时刻都在变化的值。通常计算供暖管道、散热设备和选择锅炉时采用的供暖热负荷均指供暖设计热负荷，是在供暖室外设计温度下，为了达到要求的室内温度，供暖系统在单位时间内向房间供给的热量。供暖热负荷主要包括以下两部分：建筑物围护结构耗热量；冷风渗透耗热量。

围护结构耗热量是指通过房间的墙、门、窗、屋顶、地面等围护结构由室内向室外传递的热量，包括基本耗热量和附加耗热量。基本耗热量是指在设计的室内外计算温度下通过各围护结构稳定传热量的总和。附加耗热量是指对基本耗热量的修正和附加。基本耗热量可通过关系式 $Q=aKF(t_n-t_{wn})$ 进行估算，其中，Q 为围护结构基本耗热量（W）；F 为围护结构面积（m^2）；K 为围护结构传热系数［W/(m^2·℃)］；t_n 为供暖室内计算温度（℃）；t_{wn} 为供暖室外计算温度（℃）；a 为温差修正系数。附加耗热量应综合考虑各种因素确定，由于基本耗热量还不是建筑物围护结构的全部耗热量，建筑物围护结构的耗热量还与它所处的地理位置及其形状等因素有关，如朝向、风速、高度等，在计算围护结构的基本耗热量时，这些因素并没有被考虑进去，因此，在附加耗热量中应按其占基本耗热量的百分率确定。附加耗热量主要包括朝向修正附加、风力附加、高度附加、外门附加等。

冷风渗透耗热量是指加热由门、窗缝隙渗入室内冷空气的耗热量。

供暖热负荷估算可采用单位面积热指标法或单位体积热指标法或单位温差热指标法。单位面积热指标法的估算关系式为 $Q=q_F F\times10^{-3}$，其中，Q 为供暖设计热负荷（kW）；q_F 为面积热指标（W/m^2）；F 为建筑面积（m^2）。单位体积热指标法的估算关系式为 $Q=aq_V V(t_n-t_{wn})\times10^{-3}$，其中，$Q$ 为供暖设计热负荷（kW）；a 为与室外计算温度有关的修正系数；q_V 为体积热指标［W/(m^3·℃)］；V 为建筑物体积（m^3）；t_n 为供暖室内计算温度（℃）；t_{wn} 为供暖室外计算温度（℃）。单位温差热指标法的估算关系式为 $Q=q_{Ft}F(t_n-t_{wn})\times10^{-3}$，其中，$Q$ 为供暖设计热负荷（kW）；q_{Ft} 为单位温差热指标［W/(m^2·℃)］；F 为建筑面积（m^2）；t_n 为供暖室内计算温度（℃）；t_{wn} 为供暖室外计算温度（℃）。

2. 散热器片数的估算

散热器片数的估算应遵守相关规定，应根据已知的热媒参数和散热器形式确定每片散热器的散热量（与供暖系统形式有关），然后由计算的供暖热负荷即可得出每组散热器的片数。上供下回垂直单管顺流式95~70℃热水供暖系统散热器散热量可参考表6-1-3。

表6-1-3　上供下回垂直单管顺流式95~70℃热水供暖系统散热器散热量　（单位：W/片）

第一层	第二层	第三层	第四层	上回通路				
299	449	512	501	530	559	480	410	284
236	353	400	389	411	436	376	323	224
87	130	148	144	152	161	139	119	83
100	149	169	165	175	185	159	136	95
87	130	148	144	152	161	139	119	83
77	115	131	128	135	143	123	105	73
51	76	86	84	88	94	81	70	49
49	74	83	81	86	91	79	67	47
58	87	98	95	101	107	92	79	55
69	103	116	113	120	127	109	94	65
96	144	163	159	168	178	153	131	91
102	152	172	167	177	187	162	139	97
下回通路				第五层	第四层	第三层	第二层	第一层

3. 供暖管径的估算

供暖管径的估算应遵守相关规定，根据管段热负荷和允许的比摩阻查相应的水力计算表即可确定，相关关系式为 $G(Q)=f(d,R)$。比摩阻是指单位管长段的沿程损失。表 6-1-4 为给（供）水温度 $t_g=95℃$、回水温度 $t_h=70℃$、管壁粗糙率 $K=0.2mm$ 时的热水供暖系统管道水力计算表。

表 6-1-4　热水供暖系统管道水力计算表（$t_g=95℃$、$t_h=70℃$、$K=0.2mm$）

公称直径/mm		10.00		15.00		20.00		25.00	
内径/mm		9.50		15.75		21.25		27.00	
系数 G	系数 Q	系数 R	系数 v	系数 R	系数 v	系数 R	系数 v	系数 R	系数 v
20.0	581.4	13.30	0.08	—	—	—	—	—	—
24.0	697.7	15.96	0.10	2.11	0.03	—	—	—	—
28.0	814.0	40.57	0.11	2.47	0.04	—	—	—	—
32.0	930.2	51.79	0.13	2.82	0.05	—	—	—	—
36.0	1046.5	64.34	0.14	3.17	0.05	—	—	—	—
40.0	1162.8	78.20	0.16	3.52	0.06	—	—	—	—
44.0	1279.1	93.37	0.18	7.36	0.06	—	—	—	—
48.0	1395.4	109.86	0.19	8.60	0.07	—	—	—	—
52.0	1511.6	127.65	0.21	9.92	0.08	1.38	0.04	—	—
56.0	1627.9	146.75	0.22	11.34	0.08	1.49	0.04	—	—
60.0	1744.2	167.15	0.24	12.84	0.09	2.93	0.05	—	—

6.1.4　分户热计量供暖系统

分户热计量是指以户（套）为单位分别计量向户内供给的供暖热量。分户热计量是建筑节能，提高室内供热质量，加强供暖系统智能化管理的一项重要措施。按热量计费的意义在于适应市场经济和国家规划要求，节能，便于管理，满足用户自主调节的要求。目前，国内住宅供暖存在的主要问题是能耗大，表现为建筑维护结构热工性能差；建筑门、窗密闭性能差；缺乏计量和调节手段。供暖的计量产品主要包括热量表、热量分配表等，热量表通常由流量表、温度传感器、积算仪三部分组成。适合计量的供暖系统形式主要有户外双管系统、户内水平式系统、分户独立循环系统。热价计费应综合考虑各方面问题，热价应包括基本热费和计量热费两部分。基本热费是指根据用户的供暖面积分摊收取的费用，而不考虑用户是否用热或者用热多少。计量热费也称为实耗热费，是指根据用户实际用热量的多少来分摊计算的费用。

6.1.5　机械循环低温热水地板辐射供暖

机械循环低温热水地板供暖是以不高于 60℃ 的热水作热媒，将加热管埋设在地板中的辐射供暖方式（见图 6-1-18）。

（1）低温热水地板辐射供暖　低温热水地板辐射供暖的优点是节能、舒适、美观、卫生、热源选择余地宽，其给水温度不超过 60℃，给回水温差不超过 10℃。

(2) 系统的组成与形式　低温热水地板辐射供暖系统主要有分户独立热源供暖系统、集中热源供暖系统两大类型。分户独立热源供暖系统主要由热源、给水管、过滤器、分水器、地板辐射管、集水器、膨胀水箱、回水管等构成。集中热源供暖系统主要由给水支管、过滤器、热量表、分水器、地板辐射管、集水器、回水支管等构成。

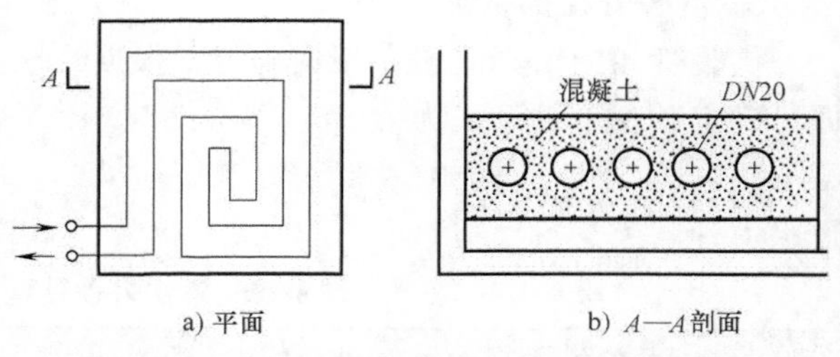

图 6-1-18　加热管埋设在地板中的辐射供暖方式

(3) 加热管的材料与布置方式　加热管的常用材料是交联聚乙烯管，该类管具有抗老化、耐高温、易弯曲、耐腐蚀、不结垢、水力条件好等优点。加热管的布置方式见图 6-1-19，其目的是输送温度高的热水管道尽量先往窗下、外墙处布置，以有利于提高室内温度的均匀性。

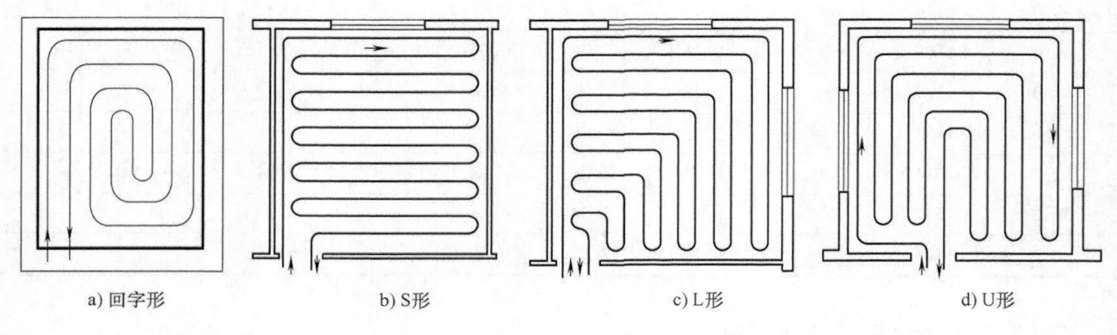

图 6-1-19　加热管的布置方式

(4) 分（集）水器的构造与安装　分（集）水器的构造见图 6-1-20，其通常由直径不小于 25mm 的钢管制成，管径应比最粗的分支环路大两个规格，长度应由分支环路数量确定，分支中心间距为 100mm，端部也为 100mm。分（集）水器的安装应遵守相关规定，其位置应尽可能设在房屋中部以避免水力失调，住宅楼则常设于厨房内，分水器前应设阀门及过滤器，集水器后应设阀门，集水器、分水器上应设放气阀。分（集）水器的敷设应遵守相关规定，应明装或暗装于内墙墙槽内或管井内。

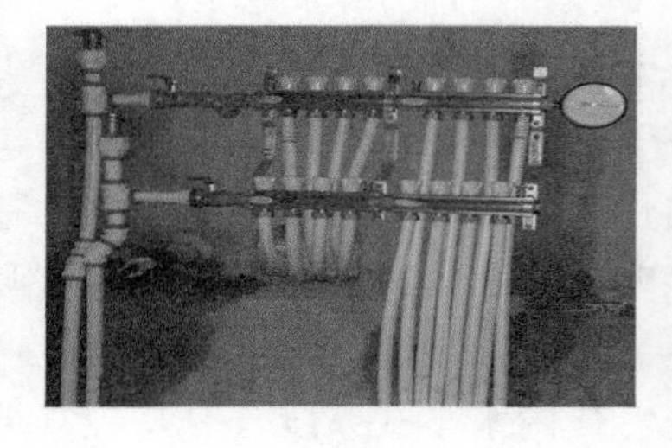

图 6-1-20　分（集）水器的构造

(5) 地板辐射供暖的技术措施与施工方法　地板辐射供暖的总体布局见图 6-1-21。每组加热盘管的供、回水应分别与分（集）水器相连接。每组加热盘管回路的总长度不宜超过 120m，同一集配装置的每个环路加热管长度应尽量接近，每个环路的阻力不宜超过 30kPa，每套分（集）水器连接的加热盘管管段不宜超过 8 组。地板辐射供暖的加热管及其覆盖层与外墙、楼板结构层间应设绝热层。当使用条件允许楼板双向传热时，覆盖层与楼板结构层间可不设绝热层。低温热水地板辐射供暖系统敷设加热管的覆盖层厚度不宜小于 50mm。覆盖层应设伸缩缝，加热管穿过伸缩缝时，宜设长度不小于 100mm 的柔性套管。低温热水地板辐射供暖系统的工作压力不宜大于 0.6MPa；当超过上述压力时，应采取相应的措施。低温热水地板辐射供暖系统绝热层敷设在土壤上时，绝热层下应做防潮层。在卫生间、厨房等潮湿房间敷设地板辐射供暖系统时加热管覆盖层上应做防水层。低温热水地板辐射供暖系统加热管的材质和壁厚选择应按工程要求的使用寿命、累计使用时间及系统的运行水温、工作压力等条件确定。加热盘管出地面与分（集）水器连接的管段，穿过地面构造层部分外部应加装硬质套管。豆石混凝土填充层的混凝土强度等级不应低于 C15，浇捣时应掺入适量防止混凝土龟裂的添加剂，细石的粒径不应大于 12mm。豆石混凝土的浇捣必须在加热盘管试压合格后进行，浇捣时加热盘管内应保持不低于 0.4MPa 的压力，且待 48h 后方能卸压。

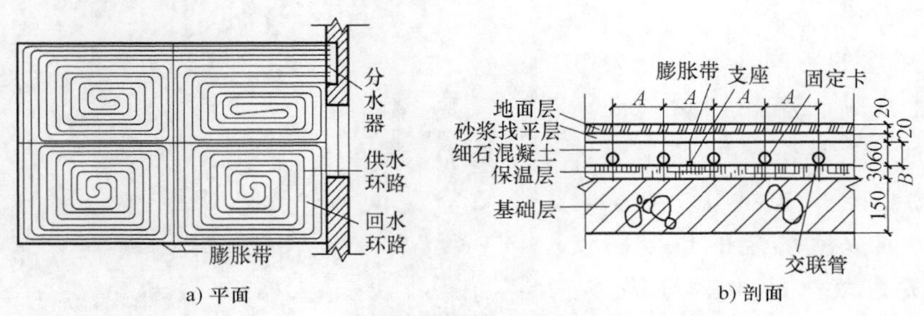

图 6-1-21　地板辐射供暖的总体布局

6.1.6　供暖系统施工图的特点及识读要领

供暖系统施工图一般由设计和施工说明、平面图、系统图、详图、标准图、主要设备及材料明细表组成。

（1）设计和施工说明　设计和施工说明部分主要有目录、说明、图例、主要设备材料明细等内容，以及图样中反映不出而须由文字说明的内容。

（2）平面图　平面图主要表示建筑物各层供暖管道与设备的平面布置，比例一般与建筑平面图的比例相同。内容包括房间名称，散热器位置与数量，引入口位置，入口管径，干、立、支管位置以及走向，管径，立管编号，补偿器，固定支架位置，阀门与集气罐位置等。

（3）系统图　系统图是供暖系统立体形象的整体图形，表明系统的组成及设备、管道、附件等的空间关系。图中需要标注立管编号、管段直径、管道标高、坡度、散热器数量等内容。

（4）详图　详图主要表示供暖系统节点与设备的详细构造与安装尺寸的要求。内容包括热力入口之类的标准图及节点图或大样图等。选用标准图时可不绘制详图，但要给出选用的标准图号。

识图应依序进行。应首先识读图例，熟悉施工及设计说明，重点在于阅读对识图有帮助的信息；然后识读平面图、系统图，识读时应从热力入口开始沿水流方向顺序进行。

6.1.7　供暖热水锅炉

锅炉是供热之源，发电厂锅炉部分如图 6-1-22 所示。锅炉及锅炉房设备的任务就是安全可靠、经济有效地把燃料的化学能转化为热能，进而将热能传递给水以生产蒸汽或热水。

锅炉是利用燃料燃烧所释放的热能或其他能量加热水或其他工质，从而产生规定参数的水蒸气、热水或其他工质的设备。规定参数主要是指压力和温度。工质是指能实现能量传递或转移的工作物质，如水、空气等。锅炉及锅炉房是供热系统中热源产生的主要设备和场所。

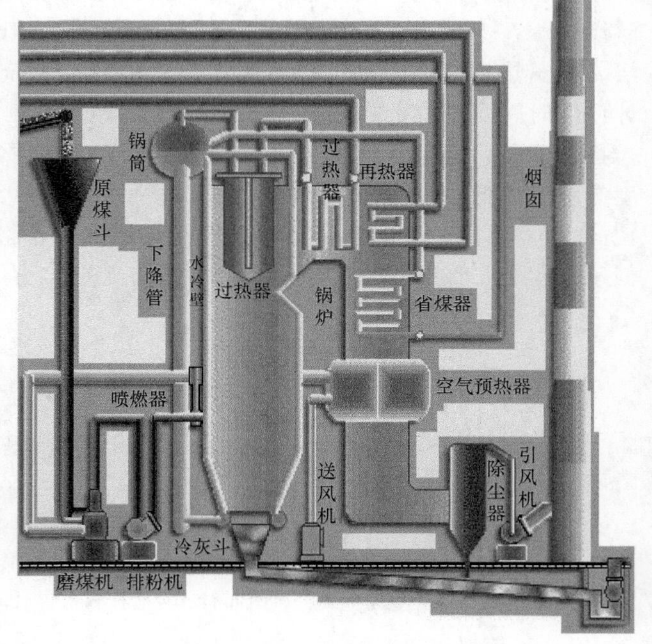

图 6-1-22　发电厂锅炉部分示意

1. 锅炉的分类

1）根据用途的不同，锅炉分为电站锅炉、工业锅炉、船舶锅炉、机车锅炉等。用于工业及供暖的工业锅炉（见图 6-1-23）大多为低参数小容量锅炉，火床燃烧或火室燃烧的热效率较低，出口工质为蒸汽的为蒸汽锅炉，出口工质为热水的为热水锅炉。

2）按载热工质的不同，锅炉分为蒸汽锅炉、热水锅炉等。

3）按结构不同锅炉分为火管锅炉、水管锅炉等类型。火管锅炉的特点是烟气在火管内流动，一般为小容量、低参数锅炉，热效率较低，但结构简单，水质要求低，维修方便。水管锅炉的特点是汽、水在管内流动，高低参数都有。

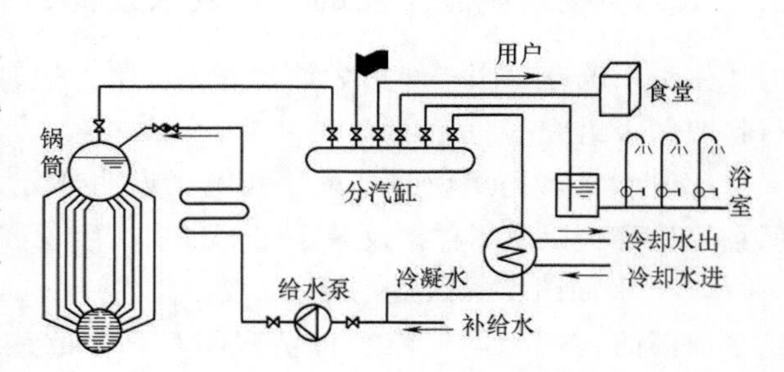

图 6-1-23　工业锅炉流程

4）按出口工质压力不同，锅炉分为低压锅炉、中压锅炉、高压锅炉、超高压锅炉、亚临界压力锅炉、超临界压力锅炉等类型。低压锅炉压力小于 1.27MPa，相当于 12.5 个大气压。中压锅炉压力为 3.82MPa，相当于 37.7 个大气压。高压锅炉压力为 9.8MPa，相当于 96.4 个大气压。超高压锅炉压力为 13.72MPa，相当于 135.4 个大气压。亚临界压力锅炉压力为 16.72MPa，相当于 165.0 个大气压。超临界压力锅炉压力大于 22.11MPa，相当于 218.2 个大气压。

5）按燃烧方式不同，锅炉分为层燃炉、悬燃炉、沸腾炉等。层燃炉是指燃料被层铺在炉排上进行燃烧的炉子，主要用于工业锅炉，包括固定炉排炉、活动手摇炉、抛煤机链条炉等。悬燃炉主要用于电站锅炉，液体燃料、气体燃料和煤粉锅炉燃料主要在炉膛内悬浮燃烧。沸腾炉是指燃料在炉膛中被由下而上送入的空气托起并上下翻腾而进行燃烧的炉子，是目前燃用劣质燃料和脱硫及减少氮氧化物颇为有效的一种燃烧设备，有利于减少环境污染，是国家提倡使用的一种炉型。

6）按所用燃料不同，锅炉分为固体燃料锅炉、液体燃料锅炉、气体燃料锅炉、余热锅炉、原子能锅炉、废料锅炉、其他能源锅炉等。固体燃料锅炉主要燃用煤等固体燃料。液体燃料锅炉（见图 6-1-24）主要燃用重油等液体燃料。气体燃料锅炉（见图 6-1-25）主要燃用天然气等气体燃料。余热锅炉主要利用冶金、化工等工业余热作热源。原子能锅炉主要利用核反应堆所释放的热能作热源的蒸汽发生器。废料锅炉是指利用垃圾、树皮、废液等废料作燃料的锅炉。其他能源锅炉主要是指利用地热、太阳能等能源的蒸汽发生器。

图 6-1-24　液体燃料锅炉外形

图 6-1-25　气体燃料锅炉外形

7）按锅筒布置不同，锅炉分为单锅筒纵置式、单锅筒横置式、双锅筒纵置式等类型，电站锅炉一般采用单锅筒式，工业锅炉可采用单锅筒或双锅筒。

8）按出厂形式不同锅炉分为快装、组装、散装等，小型锅炉采用快装形式。

供暖常用的锅炉有多种。北方地区多采用卧式低压蒸汽或热水燃煤锅炉。南方缺煤地区民用建筑多采用卧式低压蒸汽或热水燃油锅炉及常压热水锅炉。工业建筑多采用中、低压蒸汽或热水锅炉。集中供暖系统常用的热水温度为 95℃，常用的蒸汽压力往往小于 70kPa，所以供热锅炉大都采用低压锅炉，区域供热系统则多用高压锅炉。

2. 锅炉的组成

锅炉通常由汽锅和炉子两大部分组成。汽锅（见图 6-1-26）是容纳锅水的受压部件，它是由锅筒、管束、水冷壁、集箱和下降管等组成一个封闭汽水系统，其任务是吸收燃料燃烧放出的热量，把水加热成规定压力和温度的热水和蒸汽。炉子是锅炉中燃料进行燃烧产生高温烟气的场所，主要由燃烧设备和炉膛组成。

图 6-1-26　汽锅

3. 锅炉的工作过程

锅炉的工作过程就是燃料的燃烧过程，也是烟气向水的传热过程，还是水的受热升温过程。

燃油、燃气锅炉有其独特的燃烧特点，燃油锅炉使用轻油或重油等液态燃料，燃气锅炉使用天然气或液化石油气等气体燃料，燃油经雾化配风、燃气经配风后的燃烧均需使用燃烧器喷入锅炉炉膛，它们采用火室燃烧而无须炉排设施，由于油、气燃烧后均不产生炉渣，故无须排渣出口及排渣设施，因而，其炉膛结构较燃煤锅炉简单。燃油、燃气锅炉的结构（见图 6-1-27）特点可概括为以下五个方面：燃油、燃气锅炉都设有燃烧器；无排渣出口和排渣设施；采用自动化燃烧系统，包括火焰监测、熄火保护、防爆等安全设施；燃油锅炉需将油滴雾化成油雾后才进行燃烧，因此其燃烧器有油雾化器；燃气锅炉直接燃用燃气，其燃烧器不带雾化器。

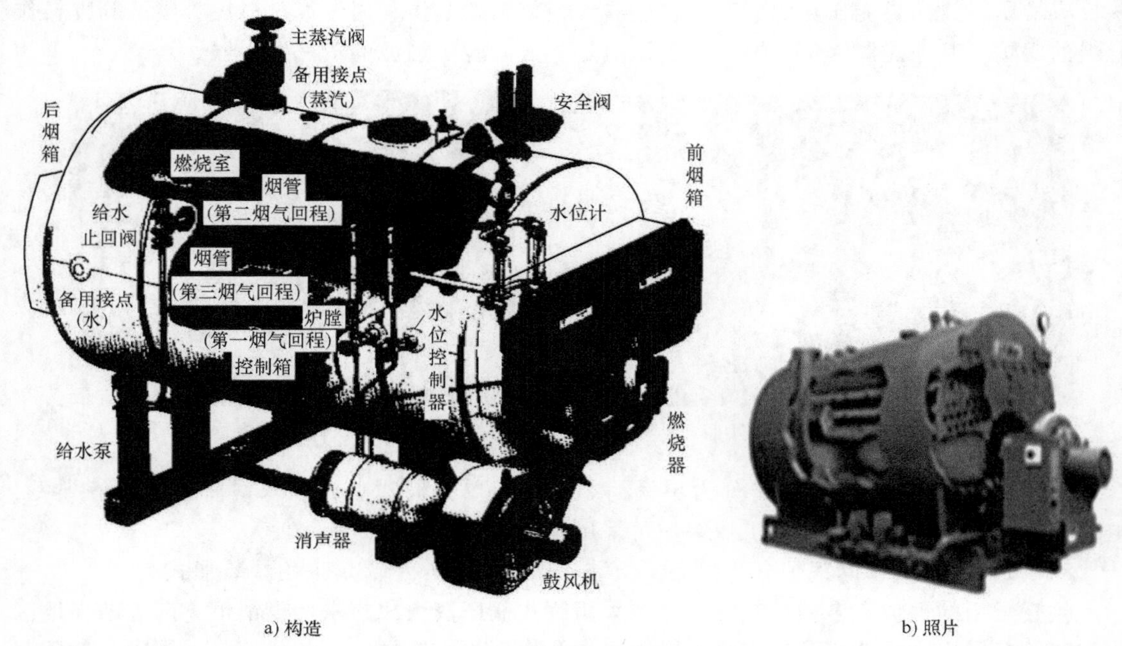

a) 构造　　b) 照片

图 6-1-27　燃油锅炉的基本构造

6.1.8　供暖热水锅炉房设备

锅炉房设备由锅炉本体与辅助设备组成。锅炉本体包括锅、炉、附加受热面，附加受热面是蒸汽过热器，也是省煤器和空气预热器，其尾部为受热面。辅助设备包括燃料储运或制备系统，送、引风系统，水、汽系统，自动控制系统等。燃料储运或制备系统有油炉、气炉、煤炉或煤粉炉、层燃炉四种主要形式。采用轻油的油炉的工艺流程见图 6-1-28。采用重油的油炉燃料储运系统与轻油相似，但储油罐、油箱、管道等均需有加热或保温装置。气炉对安全保护的要求高，其工艺流程见图 6-1-29，主要工作路线为煤气管→煤气表→过滤→稳压→气燃烧器。煤炉、煤粉炉的工艺流程见图 6-1-30。层燃炉的部分工作过程见图 6-1-31 和图 6-1-32，主要工作路线为原煤→煤场→输送机→提升机→煤斗→炉排→煤渣→渣坑→出渣机→渣场→外运。送、引风系统主要有煤粉/油炉/气炉、层燃炉两种主要形式，其工艺流程

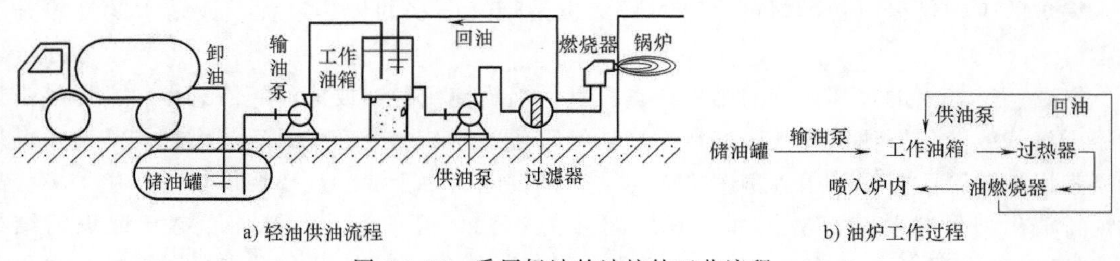

a) 轻油供油流程　　b) 油炉工作过程

图 6-1-28　采用轻油的油炉的工艺流程

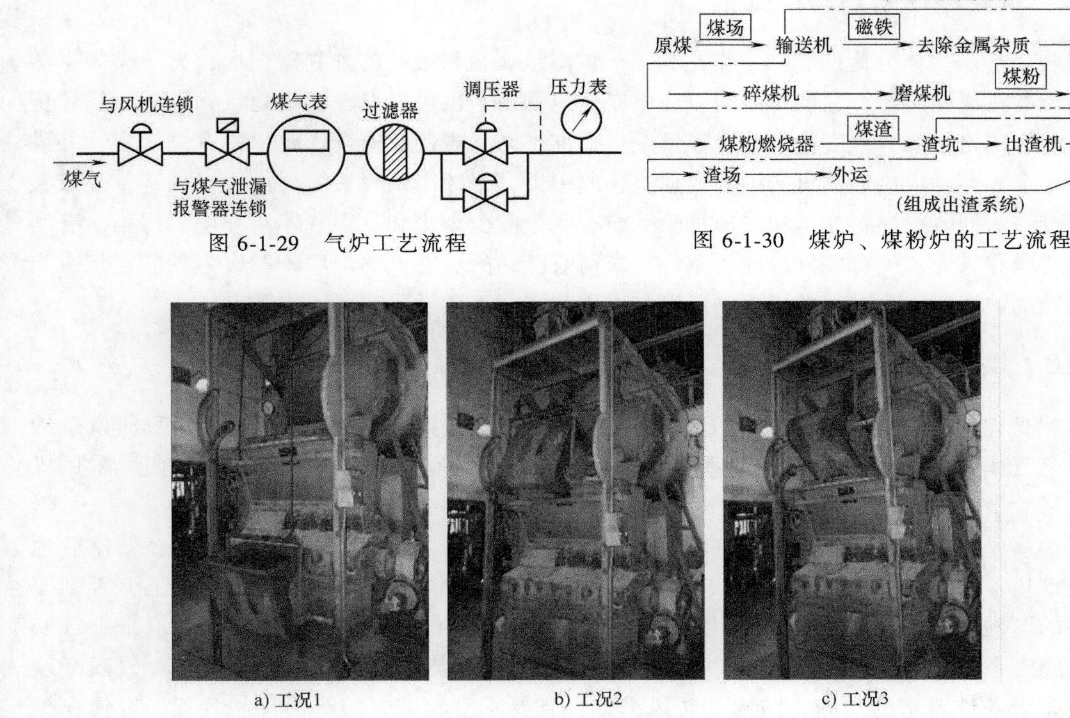

图 6-1-29　气炉工艺流程

图 6-1-30　煤炉、煤粉炉的工艺流程

图 6-1-31　KZL4 锅炉输送机（提升机）提升固体燃料

见图 6-1-33。水、汽系统工艺流程见图 6-1-34，一般情况下，需水量 2t/h 以上锅炉的给水应先进行水处理，去除结垢离子和腐蚀气体。自动控制系统应满足相关要求，锅炉的锅内是有压的甚至是处于高压环境中的，因此，需要有良好的运行保护，故都配备控制箱。大型电站锅炉都是全自动运行的，小型燃油、燃气锅炉也都可实现全自动、无人化管理，燃煤锅炉有的还需人工操作。

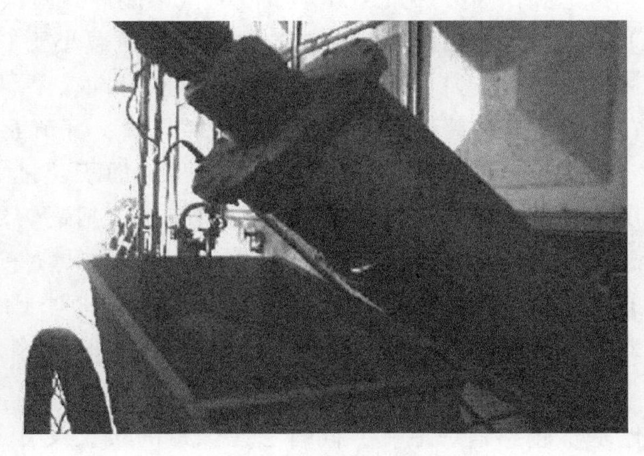

图 6-1-32　螺旋出渣机

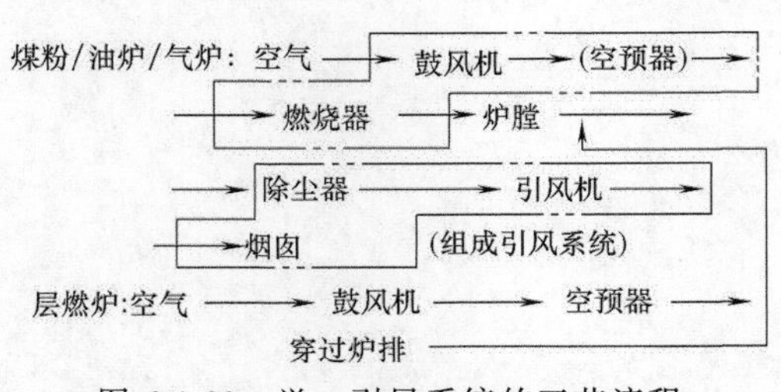

图 6-1-33　送、引风系统的工艺流程

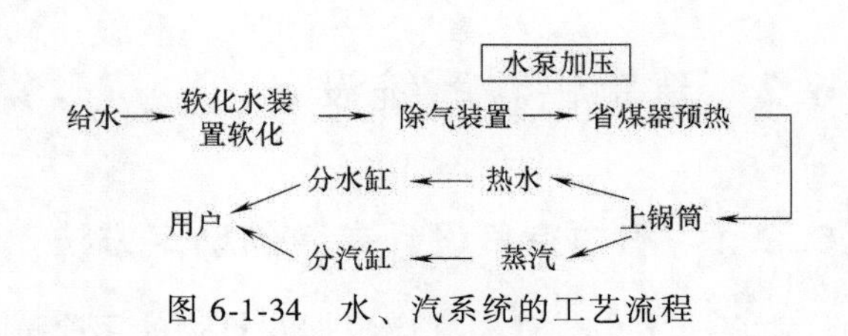

图 6-1-34　水、汽系统的工艺流程

6.1.9 供暖热水锅炉房的位置

供暖锅炉房大体分为两类，一类是为工厂供暖或区域供暖用的独立锅炉房；另一类为生活或供暖用的附属锅炉房，它既可以附设在供暖建筑物内，也可以设在供暖建筑物以外。锅炉房位置应配合建筑总图合理安排，符合国家卫生标准、防火规范及安全规程中的有关规定，并满足以下6个方面：应接近热负荷中心或建筑物的中央，以减小供暖系统的作用半径；管道布置应便于凝结水回收、燃料储运和灰渣排除；应有利于减少烟尘和有害气体对环境的污染，有利于自然通风和采光；应有较好的地质条件；应留有扩建的可能；锅炉房一般应为独立建筑，当设置单独锅炉房有困难时，低压锅炉可以与民用建筑相连或设置在民用建筑内。

6.1.10 供暖热水锅炉房建筑要求

锅炉房建筑布置应符合锅炉房工艺布置的要求，一般小容量的锅炉和没有除灰渣设备的燃油、燃气锅炉应采用单层布置；蒸发量大，有省煤器、空气预热器等尾部受热面且采用机械化运煤除渣的锅炉可以采用双层布置。

锅炉房及除灰室的地面至少应高出室外地面150mm，以便泄水；当锅炉房必须建造地下室或烟道、风道等地下构筑物时，应尽量避免将地下构筑物布置在地下水位以下，否则要有可靠的防地下水和地表水渗入的措施；地下室的地面应有向集水坑倾斜的坡度。根据气候条件、施工条件和设备供应情况可以考虑采用半露天或全露天式锅炉房，但设备、仪表必须有适应露天条件要求的防冻、防雨和防风措施，且要求有较完善的自动控制装置，以便在操作室集中控制。

考虑到锅炉万一发生爆炸事故时气浪能冲开屋面而减弱爆炸的威力，锅炉房的屋面应符合以下要求：当包括屋架、桁架的屋顶结构荷载小于0.9kPa时，屋顶可以是整片的，而不必带有通风采光的气窗；当屋顶荷载大于0.9kPa时，屋顶应开设防爆气窗并兼作通风采光用，也可在高出锅炉的墙壁上开设玻璃窗代替气窗，开窗面积至少应为全部锅炉占地面积的10%。

锅炉房应有安全可靠的进出口，占地面积超过250mm^{2}时，每层至少应有两个通向室外的出口，并分别设在相对的两侧；只有当包括锅炉之间的通道在内的所有锅炉前面的操作地带总长度不超过12m时，单层锅炉房才可以只设一个出口。锅炉房还应设有通过最大搬运件的安装孔，安装孔一般应与门窗结合考虑。对于经常检修的设备，应在厂房结构上考虑起吊的可能性，在设计楼板时应考虑安装荷重的要求。

砖砌或钢筋混凝土烟囱一般放在锅炉房的后面，烟囱中心到锅炉房后墙的距离应能使烟囱地基不碰到锅炉地基，同时考虑烟道的布置及有无半露天布置的风机、除尘器等设备，不布置这类设备时烟囱中心到锅炉房后墙的距离一般为6~8m，烟囱高度不应低于20m。

锅炉房应有良好的自然通风和采光条件。

6.2 建筑供暖系统设计

6.2.1 室内空气设计参数的确定方法

冬季室内设计温度应根据建筑物的用途按相关规定取值。民用建筑应遵守本书前面的相关规定，以下是工业建筑的相关要求。工业建筑的工作地点应按劳动强度确定设计温度，即轻劳动 18~21℃、中劳动 16~18℃、重劳动 14~16℃、极重劳动 12~14℃；体力劳动强度的划分应按《工作场所有害因素职业接触限值第 2 部分：物理因素》（GBZ 2.2—2007）执行；当每名工人占用较大面积（50~100m^2）时，轻劳动可低至 10℃，中劳动可低至 7℃，极重劳动可低至 5℃。辅助建筑物及辅助用室不应低于下列数值，即浴室 25℃、更衣室 25℃、办公室和休息室 18℃、食堂 18℃、盥洗室和厕所 12℃；工业建筑的其他部分按工艺要求或使用条件确定室内设计温度。

设置供暖的建筑物冬季室内活动区的平均风速应符合要求，即工业建筑当室内散热量小于 23W/m^3 时不宜大于 0.3m/s；当室内散热量大于或等于 23W/m^3 时不宜大于 0.5m/s；辅助建筑不宜大于 0.3m/s。

若采用空调方式供暖或制冷，则空气调节室内设计参数应符合要求，工艺性空气调节室内温湿度基数及其允许波动范围应根据工艺需要及卫生要求确定，活动区风速冬季不宜大于 0.3m/s，夏季宜采用 0.2~0.5m/s，当室内温度高于 30℃时可大于 0.5m/s；舒适性空气调节室内计算参数应符合表 6-2-1 规定。当工艺无特殊要求时，生产厂房夏季工作地点的温度可根据夏季通风室外计算温度及其与工作地点的允许温差进行设计，不得超过表 6-2-2 的规定。工艺上以湿度为主要要求的空气调节车间，除工艺有特殊要求或已有规定者外，不同湿度条件下空气温度应符合表 6-2-3 的规定。

表 6-2-1　舒适性空气调节室内计算参数

参数	温度/℃	风速/(m/s)	相对湿度(%)
冬季	20~24	≤0.2	30~60
夏季	25~28	≤0.3	40~60

表 6-2-2　夏季工作地点温度

夏季通风室外计算温度/℃	≤22	23	24	25	26	27	28	29~32	≥33
允许温差/℃	10	9	8	7	6	5	4	3	2
工作地点温度/℃	≤32	32	32	32	32	32	32	32~35	35

表 6-2-3　空气调节厂房内不同湿度下的温度要求（上限值）

相对湿度 φ(%)	$\varphi<55$	$55\leq\varphi<65$	$65\leq\varphi<75$	$75\leq\varphi<85$	$\varphi\geq85$
温度/℃	30	29	28	27	26

高温、强热辐射作业场所应采取隔热、降温措施并符合以下规定：工作人员经常停留或靠近的高温地面或高温壁板，其表面平均温度不应大于 40℃，瞬间最高温度不宜大于 60℃；在高温作业区附近应设置休息室，夏季休息室的温度宜为 26~30℃；特殊高温作业，如高温车间桥式起重机驾驶室、车间内的监控室、操作室、炼焦车间拦焦车驾驶室等应有良好的隔热措施，热辐射强度应小于 700W/m^2，室内温度不应大于 28℃；露天作业地点，在日最高气温≥35℃时，应采取局部降温和综合防暑措施，并减少高温作业时间。

设置局部送风的工业建筑其室内工作地点的风速和温度应按相关规范的规定执行。工业建筑室内空气应符合国家现行的有关室内空气质量、污染物浓度控制等卫生标准的要求。

工作场所的新风应来自室外，新风口应设置在空气清洁区，最小新风量应满足下列要求：非空调工作场所人均占用容积小于 $20m^3$ 的车间应保证人均新风量≥$30m^3/h$，若所占容积大于 $20m^3$ 时则应保证人均新风量≥$20m^3/h$；采用空气调节的车间应保证人均新风量≥$30m^3/h$；洁净室的人均新风量应≥$40m^3/h$；封闭式车间人均新风量宜设计为 $30\sim50m^3/h$。

6.2.2 室外设计计算参数的确定方法

1. 室外空气计算参数

采用空调系统供暖或制冷时，供暖室外计算温度应采用累年总计不保证 $5nd$ 的日平均温度，其中 n 为室外气象参数的统计年数，不保证 $5nd$ 指的是有 $5nd$ 的日平均温度低于或等于筛选出的温度（根据日平均温度由低到高筛除）。冬季通风室外计算温度，应采用累年最冷月平均温度。夏季通风室外计算温度应采用历年最热月 14 时平均温度的平均值。夏季通风室外计算相对湿度应采用历年最热月 14 时平均相对湿度的平均值。冬季空气调节室外计算温度应采用累年总计不保证 nd 的日平均温度，其中 n 为室外气象参数的统计年数，不保证 nd 指的是有 nd 的日平均温度低于或等于筛选出的温度（根据日平均温度由低到高筛除）。冬季空气调节室外计算相对湿度应采用累年最冷月平均相对湿度。夏季空气调节室外计算干球温度应采用累年总计不保证 $50nh$ 的干球温度，其中 n 为室外气象参数的统计年数，不保证 $50nh$ 指的是有 $50nh$ 的干球温度高于或等于筛选出的温度（根据逐时温度由高到低筛除）。夏季空气调节室外计算湿球温度应采用累年总计不保证 $50nh$ 的湿球温度，其中 n 为室外气象参数的统计年数，不保证 $50nh$ 指的是有 $50nh$ 的湿球温度高于或等于筛选出的温度（根据逐时湿球温度由高到低筛除）。夏季空气调节室外计算日平均温度应采用累年总计不保证 $5nd$ 的日平均温度，其中 n 为室外气象参数的统计年数，不保证 $5nd$ 指的是有 $5nd$ 的日平均温度高于或等于筛选出的温度（根据日平均温度由高到低筛除）。

夏季空气调节室外计算逐时温度 $t_{sh}=t_{wp}+\beta\Delta t_r$，其中，$t_{wp}$ 为夏季空气调节室外计算日平均温度（℃），按前述规定采用；β 为室外温度逐时变化系数，按表 6-2-4 取值；Δt_r 为夏季室外计算平均日较差，$\Delta t_r=(t_{wg}-t_{wp})/0.52$，$t_{wg}$ 为夏季空气调节室外计算干球温度（℃），按前述规定取值。

表 6-2-4 室外温度逐时变化系数

时刻	1	2	3	4	5	6	7	8	9	10	11	12
β	−0.35	−0.38	−0.42	−0.45	−0.47	−0.41	−0.28	−0.12	0.03	0.16	0.29	0.40
时刻	13	14	15	16	17	18	19	20	21	22	23	24
β	0.48	0.52	0.51	0.43	0.39	0.28	0.14	0.00	−0.10	−0.17	−0.23	−0.26

当室内温湿度必须全年保证时，应另行确定空气调节室外计算参数，仅在部分时间工作的空气调节系统可不遵守前述规定，如仅在夜间工作。

冬季室外平均风速应采用累年最冷 3 个月的平均风速，冬季室外最多风向的平均风速应采用累年最冷 3 个月最多风向（静风除外）的平均风速，夏季室外平均风速应采用累年最热 3 个月的平均风速，最冷 3 个月及最热 3 个月均指时间上连续的 3 个月。冬季最多风向及其频率应采用累年最冷 3 个月的最多风向及其平均频率，夏季最多风向及其频率应采用累年最热 3 个月的最多风向及其平均频率，年最多风向及其频率应采用累年最多风向及其平均频率。冬季室外大气压力应采用累年最冷 3 个月大气压力的平均值，夏季室外大气压力应采用累年最热 3 个月大气压力的平均值。冬季日照百分率应采用累年最冷 3 个月日照百分率的平均值。

设计计算用供暖期天数应按累年日平均温度稳定低于或等于供暖室外临界温度的总日数确定，供暖室外临界温度选取时对一般民用建筑和工业建筑宜采用 5℃。室外计算参数的统计年份宜取近 30 年，不足 30 年者按实有年份采用但不宜少于 10 年，少于 10 年时应对气象资料进行修正。山区的室外气象参数应根据就地的调查、实测，并与地理和气候条件相似的邻近台站的气象资料比较确定。

2. 夏季太阳辐射照度

采用空调系统供暖或制冷时，夏季太阳辐射照度应根据当地的地理纬度、大气透明度和大气压力，按 7 月 21 日的太阳赤纬计算确定。建筑物各朝向垂直面与水平面的太阳总辐射照度按式 $J_{zz}=J_z+(D+D_f)/2$ 和 $J_{zp}=J_p+D$ 计算确定，其中，J_{zz} 为各朝向垂直面上的太阳总辐射照度（W/m^2）；J_{zp} 为水平面上的太阳总辐射照度（W/m^2）；J_z 为各朝向垂直面的直接辐射照度（W/m^2）；J_p 为水平面的直接辐射照度（W/m^2）；D 为散射辐射照度（W/m^2）；D_f 为地面反射辐射照度（W/m^2）。各纬度带和各大气透明度等级的计算结果可查阅相关规范。

透过建筑物各朝向垂直面与水平面标准窗玻璃的太阳直接辐射照度和散射辐射照度可按相关规范的规定确定。透过标准窗玻璃的太阳辐射照度通过相关试验确定，根据有关资料将 3mm 厚的普通平板玻璃定义为标准玻璃，透过标准窗玻璃的太阳直接辐射照度可按式 $J_{cz}=\mu_\theta J_z$、$J_{zp}=\mu J_p$ 计算确定，散射辐射照度可按式 $D_{cz}=\mu_d(D+D_f)/2$、$D_{cp}=\mu_d D$ 计算确定。其中，J_{cz} 为各朝向垂直面和水平面透过标准窗玻璃的直接辐射照度（W/m^2）；μ_θ 为太阳直接辐射入射率；D_{cz} 为透过各朝向垂直面标准窗玻璃的散射辐射照度（W/m^2）；D_{cp} 为透过水平面标准窗玻璃的散射辐射照度（W/m^2）；μ_d 为太阳散射辐射入射率；其他符号意义同前。各纬度带和各大气透明度等级的计算结果可查阅相关规范。

采用相关规范确定当地的大气透明度等级时，应根据规范推荐值及夏季大气压力按表 6-2-5 确定。

表 6-2-5　大气透明度等级

规范标定的大气透明度等级	大气压力/hPa							
	650	700	750	800	850	900	950	1000
1	1	1	1	1	1	1	1	1
2	1	1	1	1	1	2	2	2
3	1	2	2	2	2	3	3	3
4	2	2	3	3	3	4	4	4
5	3	3	4	4	4	4	5	5
6	4	4	4	5	5	5	6	6

6.2.3　建筑供暖系统设计的宏观要求

（1）供暖方式选择　应根据建筑物的功能及规模，所在地区气象条件、能源状况、能源政策、环保等要求，通过技术经济比较确定建筑物的供暖方式。累年日平均温度稳定低于或等于5℃的日数大于或等于90d的地区宜采用集中供暖。符合下列条件之一的地区，有余热可供利用或经济条件许可时可采用集中供暖：累年日平均温度稳定低于或等于5℃的日数为60~89d；累年日平均温度稳定低于或等于5℃的日数不足60d，但累年日平均温度稳定低于或等于8℃的日数大于或等于75d。供暖室外计算参数应按本书6.2.2中的规定采用当地的气象资料计算确定。严寒地区和寒冷地区的工业建筑，在非工作时间或中断使用的时间内，当室内温度必须保持在0℃以上，而利用房间蓄热量不能满足要求时应按5℃设置值班供暖；当工艺或使用条件有特殊要求时可根据需要另行确定值班供暖所需维持的室内温度。

位于集中供暖区的工业建筑，当工艺对室内温度无特殊要求且每名工人占用的建筑面积超过100m^{2}时，宜在固定工作地点设置局部供暖，工作地点不固定时，应设置取暖室。

（2）围护结构传热阻的确定　设置全面供暖的建筑物，其围护结构的传热阻应根据技术经济比较确定，且应符合国家现行有关节能标准的规定。

围护结构的最小传热阻应按式 $R_{o,\min}=a(t_j-t_e)/(\Delta t_y \alpha_n)$ 和 $R_{o,\min}=a(t_j-t_e)R_n/\Delta t_y$ 确定。其中，$R_{o,\min}$ 为围护结构的最小传热阻（m^2·℃/W）；t_j 为冬季室内计算温度（℃），按表6-2-6取值；t_e 为冬季围护结构室外计算温度（℃），按表6-2-7取值；a 为围护结构温差修正系数，按表6-2-8取值；Δt_y 为冬季室内计算温度与围护结构内表面温度的允许温差（℃），按表6-2-9取值；α_n 为围护结构内表面换热系数［W/(m^2·℃)］，按表6-2-10取值；R_n 为围护结构内表面换热阻（m^2·℃/W），按表6-2-10采用。室内空气干湿程度的区分见表6-2-11。以上计算方法不适用于窗、阳台门和天窗。砖石墙体的传热阻可比以上两式的计算结果小5%。外门（阳台门除外）的最小传热阻不应小于按供暖室外计算温度所确定的外墙最小传热阻的60%。当相邻房间的温差大于10℃时，内围护结构的最小传热阻也应通过计算确定。

表6-2-6　冬季室内计算温度

结构部位	层高<4m	层高≥4m
地面	$t_j=t_n$	$t_j=t_n$
门窗	$t_j=t_n$	$t_j=(t_n+t_d)/2$
屋顶	$t_j=t_n$	$t_j=t_n+\Delta t_h(H-2)$

注：t_n 为室内设计温度（℃），t_d 为屋顶下的温度（℃），Δt_h 为温度梯度（℃/m），H 为房间高度（m）。层高小于4m时冬季室内计算温度即取冬季室内设计温度；层高大于4m时应计入室内温度梯度的影响，地面应采用室内设计温度，屋顶和天窗应采用屋顶下的温度，墙、窗和门应采用室内平均温度。室内温度梯度 Δt_h 的取值应遵守相关规定。

表6-2-7　冬季围护结构室外计算温度 t_e　（单位：℃）

围护结构类型	热情性指标 D 值	t_e 的取值
Ⅰ	>6.0	$t_e=t_{wn}$
Ⅱ	4.1~6.0	$t_e=0.6t_{wn}+0.4t_{e\cdot\min}$
Ⅲ	1.6~4.0	$t_e=0.3t_{wn}+0.7t_{e\cdot\min}$
Ⅳ	≤1.5	$t_e=t_{e\cdot\min}$

注：t_{wn} 和 $t_{e\cdot\min}$ 分别为供暖室外计算温度和累年最低日平均温度（℃）。

设置全面供暖的建筑物，其玻璃外窗和天窗的层数宜按表6-2-12取值。设置全面供暖的建筑物，在满足采光要求的前提下其开窗面积应尽量减小。

表 6-2-8 温差修正系数 a

围护结构特征	a
外墙、屋顶、地面以及与室外相通的楼板等	1.00
闷顶和与室外空气相通的非供暖地下室上面的楼板等	0.90
与有外门窗的不供暖楼梯间相邻的隔墙(1~6层建筑)	0.60
与有外门窗的不供暖楼梯间相邻的隔墙(7~30层建筑)	0.50
非供暖地下室上面的楼板,外墙上有窗时	0.75
非供暖地下室上面的楼板,外墙上无窗且位于室外地坪以上时	0.60
非供暖地下室上面的楼板,外墙上无窗且位于室外地坪以下时	0.40
与有外门窗的非供暖房间相邻的隔墙	0.70
与无外门窗的非供暖房间相邻的隔墙	0.40
伸缩缝墙、沉降缝墙	0.30
防震缝墙	0.70

表 6-2-9 允许温差 Δt_y 值 (单位:℃)

建筑物及房间类别		外墙	屋顶
室内空气干燥或正常的工业企业辅助建筑物		7.0	5.5
室内空气干燥的生产厂房		10.0	8.0
室内空气湿度正常的生产厂房		8.0	7.0
室内空气潮湿的公共建筑、生产厂房及辅助建筑物	不允许墙和顶棚内表面结露时	t_j-t_1	$0.8(t_j-t_1)$
	仅不允许顶棚内表面结露时	7.0	$0.9(t_j-t_1)$
室内空气潮湿且具有腐蚀性介质的生产厂房		t_j-t_1	t_j-t_1
室内散热量大于 $23W/m^3$ 且计算相对湿度不大于50%的生产厂房		12.0	12.0

注:室内空气干湿程度的区分应根据室内温度和相对湿度按表 6-2-9 确定。与室外空气相通的楼板和非供暖地下室上面的楼板其允许温差 Δt_y 值可采用 2.5℃。t_j 含义同前;t_1 为在室内计算温度和相对湿度状况下的露点温度(℃)。

表 6-2-10 内表面换热系数 α_n 和换热阻值 R_n

围护结构内表面特征	α_n/[W/(m²·℃)]	R_n/(m²·℃/W)
墙、地面、表面平整或有肋状突出物的顶棚 $h/s \leqslant 0.3$ 时	8.7	0.115
有肋状突出物的顶棚 $h/s>0.3$ 时	7.6	0.132

注:h 为肋高(m);s 为肋间净距(m)。

表 6-2-11 室内空气干湿程度的区分(相对湿度)

室内温度/℃	干燥	正常	较湿	潮湿
≤12	≤60	61~75	>75	—
13~24	≤50	51~60	61~75	>75
>24	≤40	41~50	51~60	>60

(3)热媒的选择 集中供暖系统的热媒应根据建筑物的用途、供热情况和当地气候特点等条件,经技术经济比较确定,并应按下列规定选择:当厂区只有供暖用热或以供暖用热为主时,应采用热水作热媒,高大厂房宜采用高温水作热媒;当厂区供热以工艺用蒸汽为主

时，在不违反卫生、技术和节能要求的条件下，可采用蒸汽作热媒。利用余热或可再生能源供暖时，热媒及其参数可根据具体情况确定。热水辐射供暖系统的热媒应符合专门的规定。供暖系统的水质应符合国家现行相关标准的规定。

表 6-2-12　外窗和天窗层数

建筑物及房间类型	室内外温差/℃	层数	
		外窗	天窗
干燥或正常湿度状况的建筑物	<36	单层	单层
	≥36	双层	单层
潮湿的建筑物	<31	单层	单层
	≥31	双层	单层
散热量大于 $23W/m^3$ 且室内计算相对湿度不大于 50%的建筑物	不限	单层	单层

注：表中所列的室内外温差，是指供暖室内设计温度和供暖室外计算温度之差。对较高要求的工业建筑，可视具体情况研究确定。

6.2.4　建筑供暖系统热负荷计算

（1）基本耗热量　基本耗热量应按下式计算：

$$Q=aFK(t_j-t_{wn})$$

式中，Q 为围护结构的基本耗热量（W）；a 为围护结构温差修正系数，按表 6-2-8 取值；F 为围护结构的面积（m^2）；K 为围护结构的传热系数［$W/(m^2 \cdot ℃)$］；t_j 为供暖室内计算温度（℃）；t_{wn} 为供暖室外计算温度（℃），当已知或可求出冷侧温度时，t_{wn} 可直接用冷侧温度值代入而不进行温差修正。

围护结构的传热系数 K 应按下式计算：

$$K=1/\{1/\alpha_n+\sum[\delta/(\lambda\alpha_\lambda)]+R_k+1/\alpha_w\}$$

式中，K 为围护结构的传热系数［$W/(m^2 \cdot ℃)$］；α_n 为围护结构内表面换热系数［$W/(m^2 \cdot ℃)$］，按表 6-2-10 取值；α_w 为围护结构外表面换热系数［$W/(m^2 \cdot ℃)$］，按表 6-2-13 取值；δ 为围护结构各层材料厚度（m）；λ 为围护结构各层材料导热系数［$W/(m^2 \cdot ℃)$］；α_λ 为材料导热系数的修正系数，按表 6-2-14 取值；R_k 为封闭的空气间层的热阻（$m^2 \cdot ℃/W$），按表 6-2-15 取值。

表 6-2-13　外表面换热系数 α_w 和换热阻值 R_w

围护结构外表面特征	α_w/[$W/(m^2 \cdot ℃)$]	R_w/($m^2 \cdot ℃/W$)
外墙和屋顶	23	0.04
与室外空气相通的非采供地下室上面的楼板	17	0.06
闷顶和外墙上有窗的非供暖地下室上面的楼板	12	0.08
外墙上无窗的非供暖地下室上面的楼板	6	0.17

表 6-2-14　材料导热系数的修正系数 α_λ

材料、构造、施工、地区及说明	α_λ
作为夹心层浇筑在混凝土墙体及屋面构件中的块状多孔保温材料，如加气混凝土、泡沫混凝土及水泥膨胀珍珠岩等，因干燥缓慢及灰缝影响	1.60

（续）

材料、构造、施工、地区及说明	α_λ
铺设在密闭屋面中的多孔保温材料，如加气混凝土、泡沫混凝土及水泥膨胀珍珠岩、石灰炉渣等，因干燥缓慢	1.50
铺设在密闭屋面中及作为夹心层浇筑在混凝土构件中的半硬质矿棉、岩棉、玻璃棉板等，因压缩及吸湿	1.20
作为夹心层浇筑在混凝土构件中的泡沫塑料等，因压缩	1.20
开孔型保温材料，比如水泥刨花板、木丝板、稻草板等，表面抹灰或与混凝土浇筑在一起，因灰浆掺入	1.30
加气混凝土、泡沫混凝土砌块墙体及加气混凝土条板墙体、屋面，因灰缝影响	1.25
填充在空心墙体及屋面构件中的松散保温材料，如稻壳、木屑、矿棉、岩棉等，因下沉	1.20
矿渣混凝土、炉渣混凝土、浮石混凝土、粉煤灰陶粒混凝土、加气混凝土等实心墙体及屋面构件，在严寒地区，且在室内平均相对湿度超过 65% 的供暖房间内使用，因干燥缓慢	1.15

表 6-2-15　封闭的空气间层热阻值 R_k　（单位：$m^2 \cdot ℃/W$）

位置、热流状态及材料特性		间层厚度/mm						
		5	10	20	30	40	50	60
一般空气间层	热流向下（水平、倾斜）	0.10	0.14	0.17	0.18	0.19	0.20	0.20
	热流向上（水平、倾斜）	0.10	0.14	0.15	0.16	0.17	0.17	0.17
	垂直空气间层	0.10	0.14	0.16	0.17	0.18	0.18	0.18
单面铝箔空气间层	热流向下（水平、倾斜）	0.16	0.28	0.43	0.51	0.57	0.60	0.64
	热流向上（水平、倾斜）	0.16	0.26	0.35	0.40	0.42	0.42	0.43
	垂直空气间层	0.16	0.26	0.39	0.44	0.47	0.49	0.50
双面铝箔空气间层	热流向下（水平、倾斜）	0.18	0.34	0.56	0.71	0.84	0.94	1.01
	热流向上（水平、倾斜）	0.17	0.29	0.45	0.52	0.55	0.56	0.57
	垂直空气间层	0.18	0.31	0.49	0.59	0.65	0.69	0.71

轻型围护结构平均传热系数计算方法可按《严寒和寒冷地区居住建筑节能设计标准》（JGJ 26—2010）中的相关规定计算。与相邻房间的温差大于或等于 5℃ 时，应计算通过隔墙或楼板等的传热量；与相邻房间的温差小于 5℃，且通过隔墙和楼板等的传热量大于该房间热负荷的 10% 时，还应计算其传热量。

（2）围护结构的附加耗热量　附加耗热量应按其占基本耗热量的百分率确定，各项附加（或修正）百分率宜按下列规定的数值选用：朝向修正率，北、东北、西北 0~10%，东、西 -5%，东南、西南 -15%~-10%，南 -30%~-15%；根据当地冬季日照率、辐射照度、建筑物使用和被遮挡等情况选用修正率，冬季日照率小于 35% 的地区，东南、西南和南向的修正率宜采用 -10%~0，东、西向可不修正；风力附加率应合理取值，建筑在不避风的高地、河边、海岸、旷野上的建筑物以及城镇、厂区内特别高出的建筑物其垂直的外围护结构附加 5%~10%；外门附加率应合理取值，当建筑物的楼层数为 n 时，一道门 $0.65n$、两道门（有门斗）$0.8n$、三道门（有两个门斗）$0.6n$、主要出入口取 5，外门附加率只适用于短时间开启的、无热空气幕的外门。

供暖房间（不含楼梯间）高度大于4m时，围护结构基本耗热量可采用简化计算方法，将式 $Q=aFK\ (t_j-t_{wn})$ 中的 t_j 改用 t_n 代替。计算结果采用高度附加率修正，采用辐射供暖的房间每高出1m附加1%，但总附加率不宜大于8%；采用其他供暖形式的房间每高出1m附加2%，但总附加率不宜大于15%。

对只要求在使用时间保持室内温度，其他时间可以自然降温的供暖间歇使用建筑物，可按间歇供暖系统设计。其供暖热负荷应对围护结构耗热量进行间歇附加，附加率应根据保证室温的时间和预热时间等因素通过计算确定。间歇附加率可按下列数值选取：仅白天使用的建筑物间歇附加率可取20%；不经常使用的建筑物间歇附加率可取30%。

加热由门、窗缝隙渗入室内的冷空气的耗热量应根据建筑物的内部隔断、门窗构造、门窗朝向、室内外温度和室外风速等因素确定，按相关规范规定计算，必要时可采用计算机模拟方法计算。全面辐射供暖系统的热负荷计算时，室内设计温度应符合本书6.2.1的规定，局部辐射供暖系统的热负荷按全面辐射供暖的热负荷乘以表6-2-16的计算系数。

表6-2-16　局部辐射供暖负荷计算系数

供暖区面积与房间总面积比 f	$f\geqslant0.55$	$0.4<f\leqslant0.55$	$0.25<f\leqslant0.40$	$0.2<f\leqslant0.25$	$f\leqslant0.20$
计算系数	1	0.80	0.60	0.40	0.30

6.2.5　建筑供暖设备选择

1. 散热器供暖

（1）散热器选择　应根据供暖系统的压力要求确定散热器的工作压力，并符合国家现行有关产品标准的规定；防散粉尘或防尘要求较高的工业建筑应采用易于清扫的散热器；具有腐蚀性气体的工业建筑或相对湿度较大的房间应采用耐腐蚀的散热器；采用钢制散热器时，应采用闭式系统并满足产品对水质的要求，在非供暖季节供暖系统应充水保养；蒸汽供暖系统不应采用薄钢板加工的钢制柱形、板形和扁管等散热器；采用铝制散热器时，应选用内防腐型铝制散热器并满足产品对水质的要求；安装热量表和恒温阀的热水供暖系统不宜采用水流通道内含有粘砂的铸铁等散热器；散热器的外表面应刷非金属性涂料。

（2）散热器布置

1）散热器宜安装在外墙窗台下，当安装或布置管道有困难时也可靠内墙安装；两道外门之间的门斗内不应设置散热器；楼梯间的散热器宜布置在底层或按一定比例分配在下部各层。

2）散热器宜明装，暗装时装饰罩应有合理的气流通道、足够的通道面积并方便维修。

（3）散热器组装片数　铸铁散热器的组装片数不宜超过下列数值：粗柱形（包括柱翼形）20片、细柱形25片、长翼形7片。确定散热器数量时应根据其连接方式、安装形式、组装片数、热水流量及表面涂料等对散热量的影响对散热器数量进行修正。

（4）散热器的连接　垂直单管和垂直双管供暖系统，同一房间的两组散热器可采用异侧连接的水平单管串联的连接方式，也可采用上下接口同侧连接方式。当采用上下接口同侧连接方式时散热器之间的上下连接管应与散热器接口同径。管道有冻结危险的场所，其散热器的供暖立管或支管应单独设置。室内温度要求较严格的工业建筑中的非保温管道，明设时应计算管道的散热量对散热器数量的折减；暗设时应计算管道中水的冷却对散热器数量的增加。条件许可时，建筑物的供暖系统南北向房间宜分环设置。建筑物高度超过50m时热水供暖系统宜竖向分区设置。

2. 热水辐射供暖

热水地面辐射供暖系统给水温度不应超过 60℃；给回水温差不宜大于 10℃且不宜小于 5℃；辐射体的表面平均温度宜符合表 6-2-17 的规定。

表 6-2-17　辐射体表面平均温度　（单位：℃）

设置位置	宜采用的温度	温度上限值
人员经常停留的地面	25~26	29
人员短期停留的地面	28~30	32
无人停留的地面	35~40	42
房间高度 2.5~3.0m 的顶棚	28~30	—
房间高度 3.1~4.0m 的顶棚	33~36	—
距地面 1m 以下的墙面	35	—
距地面 1m 以上 3.5m 以下的墙面	45	—

低温热水地板辐射供暖的耗热量确定，全面辐射供暖的耗热量应按本节前述有关规定计算，确定地面散热量时应校核地面表面平均温度，确保其不高于表 6-2-17 的温度上限值，否则应改善建筑热工性能或设置其他辅助供暖设备减少地面辐射供暖系统负担的热负荷。低温热水地板辐射供暖的有效散热量应经计算确定，并应计算室内设备等地面覆盖物等对散热量的折减。直接与室外空气接触的楼板或与不供暖房间相邻的地板作为供暖辐射地面时，必须设置绝热层。

低温热水地板辐射供暖系统的工作压力不宜大于 0.6MPa，当超过上述压力时应采取相应的措施。地板辐射供暖加热管的材质和壁厚的选择应根据工程的耐久年限，管材的性能、累计使用时间，系统的运行水温、工作压力等条件确定。

热水吊顶辐射板供暖可用于层高度为 3~30m 建筑物的供暖。热水吊顶辐射板的给水温度宜采用 40~140℃的热水，且其水质应满足产品的要求，在非供暖季节供暖系统应充水保养。热水吊顶辐射板供暖的耗热量应按有关规定计算，并按相关规定进行修正，当屋顶耗热量大于房间总耗热量的 30%时，应采取必要的保温措施。

热水吊顶辐射板的有效散热量应根据下列因素确定：热水吊顶辐射板倾斜安装时，辐射板安装角度的修正系数应按表 6-2-18 确定；辐射板的管中流体应为紊流，当不到最小流量且辐射板不能串联连接时，辐射板的管热量应乘以 1.18 的安全系数。热水吊顶辐射板的安装高度应根据人体的舒适度确定，辐射板的最高平均水温应根据辐射板安装高度和其面积占顶棚面积的比例按表 6-2-19 确定。

表 6-2-18　辐射板安装角度修正系数

辐射板与水平面的夹角/(°)	0	10	20	30	40
修正系数	1	1.022	1.043	1.066	1.088

热水吊顶辐射板供暖系统的管道布置宜采用同程式。热水吊顶辐射板与供暖系统供、回水管的连接方式可采用并联或串联、同侧或异侧连接，并应采取使辐射板表面温度均匀、流体阻力平衡的措施。布置全面供暖的热水吊顶辐射板装置时，应使室内作业区辐射照度均匀，

并符合以下要求：安装吊顶辐射板时宜沿最长的外墙平行布置；设置在墙边的辐射板规格应大于在室内设置的辐射板规格；层高小于4m的建筑物宜选择较窄的辐射板；房间应预留辐射板沿长度方向的热膨胀余地；辐射板装置不应布置在对热敏感的设备附近。

表 6-2-19　热水吊顶辐射板最高平均水温　（单位：℃）

最低安装高度/m	热水吊顶辐射板占顶棚面积的百分比					
	10%	15%	20%	25%	30%	35%
3	73	71	68	64	58	56
4	115	105	91	78	67	60
5	>147	123	100	83	71	64
6	—	132	104	87	75	69
7	—	137	108	91	80	74
8	—	>141	112	96	86	80
9	—	—	117	101	92	87
10	—	—	122	107	98	94

注：表中安装高度是指地面到板中心的垂直距离（m）。

3. 燃气红外线辐射供暖

建筑物内采用燃气红外线辐射供暖时应符合相关规范要求。严禁用于甲、乙类火灾危险性的生产、试验和存储的场所。在生产、试验过程中产生少量爆炸危险性粉尘或蒸气的场所，燃烧器应设置在室外，且加热器表面温度不应高于上述物质的自燃点的80%。燃烧器在室内安装时必须采取相应的通风安全措施，并符合国家现行有关燃气、防火规范的要求。

（1）燃气红外线辐射供暖系统的燃料　宜采用天然气，可采用人工煤气、液化石油气等。燃气入口压力应与燃烧器所需压力相适应。在严寒地区采用液化石油气时，应采取保证充分气化的措施，供气管道应采取措施，防止燃气再次液化。燃气质量、燃气输配系统应符合《城镇燃气设计规范》（GB 50028—2006）的要求。

（2）燃气红外线辐射供暖耗热量的计算　全面辐射供暖的耗热量应按本节前述有关规定计算，室内设计温度宜比对流供暖时降低2℃。局部供暖耗热量可按本节前述相关规定计算。当由室内向燃烧器提供空气时，应计算加热该空气量所需的耗热量。

（3）燃气红外线辐射加热器的安装高度　应根据加热器的辐射强度、安装角度由生产工艺要求及人体舒适度确定。除工艺特殊要求外一般不应低于3m。用于固定工作地点供暖时宜安装在人体的侧上方。当安装高度超过额定供热量的最大高度时，应对加热器的总输入热量进行附加修正。

（4）全面辐射供暖系统的布置　沿四周外墙、外门处的加热器散热量不宜少于总热负荷的60%。当燃烧器所需要的空气量超过按厂房0.5次/h换气计算所得的空气量时，其补风应直接来自室外。燃气红外线辐射供暖系统采用室外进气时，进风口设置应符合相关通风规范的要求。

（5）排气及排风

1）燃气红外线辐射供暖系统的尾气宜通过排烟管直接排至室外，排风口应符合相关规范要求，并设在人员不经常通行的地方且距地面高度不低于2m；水平安装的排气管其排风口伸出墙面不少于 0.2m；垂直安装的排气管其排风口高出半径为 6m 以内的建筑物最高点不少于 1m；排气管穿越外墙或屋面处应加装金属套管；采用间接排气时应符合相关的要求。

2）燃气红外线辐射供暖系统采用厂房内间接排气时，厂房上部必须设置排风设施，宜采用屋顶机械排风方式，排风量应根据加热器的总输入功率经计算确定，采用天然气时排风量应不小于 $25m^3/(h \cdot kW)$，采用液化气时排风量应不小于 $35m^3/(h \cdot kW)$。当厂房净高小于 6m 时还应满足换气次数不小于 0.5 次/h 的要求。

（6）系统安全措施　燃气红外线辐射供暖系统应在便于操作的位置设置能直接切断供暖系统及燃气供应系统的控制装置，利用通风机提供燃烧所需空气或排除燃烧尾气时，通风机与供暖系统应设置连锁装置。当燃气红外线辐射供暖系统的燃烧器安装在室内时，应在其燃气接口处附近安装燃气泄漏报警探测装置，当泄漏浓度达到设定值，报警装置发出报警信号时，应连锁关闭燃气入口总管上的紧急切断阀，停止燃气红外线辐射供暖系统的运行，起动屋顶上部排风系统。

4. 热风供暖及热空气幕

符合下列条件之一时应采用热风供暖：能与机械送风系统结合时；利用循环空气供暖技术经济合理时；由于防火防爆和卫生要求必须采用全新风的热风供暖时。循环空气的采用应符合《工业企业设计卫生标准》（GBZ 1—2010）的相关规定。当采用燃气、燃油或电加热空气时，热风供暖应符合《城镇燃气设计规范》（GB 50028—2006）、《建筑设计防火规范》（GB 50016—2014）的要求。

位于严寒地区或寒冷地区的工业建筑采用热风供暖，且距外窗 2m 或 2m 以内有固定工作地点时，宜在窗下设置散热器兼作值班供暖。当不设散热器值班供暖时，热风供暖系统或运行装置不宜少于两套。一套系统（装置）的最小供热量应保持非工作时间工艺所需的最低室内温度，但不得低于 5℃。

选择暖风机或空气加热器时，其散热量应乘以 1.2~1.3 的安全系数。采用暖风机热风供暖时应符合下列要求：根据厂房内部的几何形状、工艺设备布置情况及气流作用范围等因素设计暖风机台数及位置；室内空气的换气次数宜大于或等于 1.5 次/h；热媒为蒸汽时每台暖风机单独设置阀门和疏水装置。

采用集中热风供暖时应符合相关规范要求，工作区的风速应按相关规范的规定确定，但最小平均风速不宜小于 0.15m/s；送风口的出口风速应通过计算确定，一般情况下可采用 5~15m/s；送风温度不宜低于 35℃且不得高于 70℃。

符合下列条件之一的外门宜设置热空气幕：位于严寒地区、寒冷地区经常开启且不设门斗和前室时；当生产工艺要求不允许降低室内温度时或经技术经济比较设置热空气幕合理时。

热空气幕的送风方式应合理。当外门宽度小于 3m 时宜采用单侧送风；当外门宽度为 3~18m 时，应经过技术经济比较采用单侧、双侧送风或由上向下送风；当外门宽度超过 18m 时，宜采用由上向下送风。侧面送风时严禁外门向内开启。

热空气幕的送风温度应根据计算确定且不宜高于 50℃，对高大的外门不应高于 70℃。热空气幕的出口风速应通过计算确定且不宜大于 8m/s，对于高大的外门不宜大于 25m/s。

5. 电热供暖

符合下列条件之一时可采用电热供暖：由于供给条件或环保因素不具备使用燃煤、燃气或燃油条件，或虽具备使用上述燃料条件但自建热源不经济时；不具备使用市政热源或区域热源条件时；无地热资源或者利用地热能供暖不经济时；利用热泵技术、太阳能技术供热不经济时；采用电热供暖技术经济合理时。

电热供暖散热器的形式、电气安全性能和热工性能应满足使用要求及有关规定。低温加热电缆辐射供暖宜采用地板式；低温电热膜辐射供暖宜采用顶棚式。辐射体表面平均温度应符合本节前述有关规定。低温加热电缆辐射供暖和低温电热膜辐射供暖的加热元件及其表面工作温度应符合国家现行有关产品标准规定的安全要求。根据不同使用条件电供暖系统应设置不同类型的温控装置。

采用低温加热电缆地面辐射供暖方式时，加热电缆的线功率不宜大于17W/m，且布置时应考虑家具位置的影响；当面层采用带龙骨的架空木地板时，必须采取散热措施，且加热电缆的线功率不应大于10W/m。电热膜辐射供暖安装功率应满足房间所需散热量要求，在顶棚上布置电热膜时，应考虑为灯具、烟感器、消防喷头、风口、音响等留出安装位置。安装于地面及距地面高度180cm以下的电供暖元器件，必须采取接地及剩余电流保护措施。

6.3 建筑供暖系统施工

本节主要介绍热水给水温度不超过95℃及热风、电热、燃气红外线辐射等形式供暖系统的施工。水泵、水箱、热交换器等设备的安装应按相关规范的规定进行。管道不得直接敷设在建筑结构内，穿越建筑基础、伸缩缝、沉降缝时应采取措施。管道穿越防火墙时应满足防火规范要求。管道及风管必须满足抗震要求，重力大于1.8kN或管径大于*DN*65的管道以及截面积大于0.38m^2的或直径大于0.7m的风管必须设置抗震支撑系统。

1. 管道及配件施工

管道、管件及阀门的规格、材质应符合设计要求。管道连接应遵守相关规范规定，焊接钢管管径小于或等于32mm时采用螺纹连接，管径大于32mm时采用焊接连接；镀锌钢管管径小于或等于100mm时采用螺纹连接，管径大于100mm时采用焊接、法兰或沟槽连接，采用焊接连接时应对焊缝及热影响区表面进行防腐处理；铜管管径小于20mm时宜采用承插或套管焊接连接，管径大于或等于20mm时宜采用对口焊接连接；不锈钢管可采用螺纹、氩弧焊、法兰或沟槽式连接，不同连接方式的接口应采用与之配套的不锈钢管件；塑料管及铝塑复合管连接方式应符合相关规范要求。管道安装应有坡度，其坡向应利于管道的排气和泄水，设计未注明坡度时管道坡度应符合以下三条规定：气、水同向流动时坡度宜为0.3%，不得小于0.2%；气、水逆向流动时坡度不应小于0.5%；散热器支管的坡度应为1%。

静态水力平衡阀与自力式控制阀的安装应符合要求，阀门的型号、规格、公称压力及安装位置应符合设计要求；阀门的安装位置应保证阀门前后有足够的直管段，设计未注明时直管段的长度阀门前不小于5倍管径，阀门后不小于2倍管径；安装完后阀门应根据系统要求进行调试并做出标志。

安全阀的安装应符合要求，阀门的型号、规格、公称压力及安装位置应符合设计要求；安装完毕后应根据系统其工作压力值进行调试并做出标志。

补偿器的型号、补偿热伸长量及安装位置应符合设计要求。方形补偿器应采用整根无缝钢管制作，需要接口时，其接口应设在垂直臂的中间位置且必须焊接。在水平管道上安装方形补偿器时，采用水平方式其坡度应与管道坡度一致，采用垂直方式应设排气及泄水装置。固定支架的构造及安装位置应符合设计要求。

过滤器的型号、规格、公称压力及安装位置应符合设计要求。膨胀水箱的膨胀管及循环管上不得安装阀门。

散热器支管长度超过1.5m时，应在支管上安装管卡。钢制干管连接时，其变径处应顶平偏心连接。钢制干管上焊接垂直或水平分支管时应符合要求，干管开孔所产生的钢渣及管壁等废弃物不应残留管内；分支管道焊接时不应插入干管内；镀锌钢管应对焊缝及热影响区表面进行防腐处理。

焊接钢管管径大于32mm的管道转弯在作为自然补偿时应使用煨弯，塑料管、铝塑复合管及铜管除必须使用直角弯头的场合外应使用管道直接弯曲转弯，其曲率半径应符合以下三条规定：塑料管不应小于管道外径的8倍；铝塑复合管不应小于管道外径的6倍；铜管不应小于管道外径的5倍。焊接钢管、金属支吊架的防腐与涂漆应附着良好，无脱皮、起泡、流淌和漏涂缺陷。钢制管道的焊口尺寸允许偏差应符合相关规范要求。

管道安装的允许偏差应符合相关规范要求。管道的支、吊架安装应平整、牢固，其间距应符合相关规范要求。管道保温的允许偏差应遵守相关规范规定。

2. 散热器安装

散热器安装前应进行水压试验，且其试验压力应符合设计要求，设计无要求时，试验压力值应为工作压力的1.5倍且不得小于0.6MPa。散热器恒温控制阀的型号、规格、公称压力及安装位置应符合设计要求，安装完毕后阀门应根据设计要求进行阻力预设定及温度限定。

散热器的形状公差应遵守相关规范规定，组对应平直，且组对后的平直度公差应符合要求。组对散热器的垫片应符合以下两条规定：使用成品组对后垫片的外露不应大于1mm；垫片材质应符合设计要求，设计无要求时应采用耐热橡胶。

散热器支架、托架安装应符合以下三个要求：位置应准确、埋设牢固；数量应符合设计或产品安装要求；组对散热器无设计要求时应符合规范规定。

散热器背面与装饰后的墙内表面安装距离应符合设计或产品说明书的要求，设计未注明时应为30mm。散热器安装允许偏差应符合规范规定。

散热器外表面涂层应符合以下两条规定：外表面应刷非金属性涂料；涂层应附着良好，色泽均匀，且应无脱落、起泡、流淌和漏涂缺陷。

3. 热水辐射供暖施工

加热部件采用塑料管材时，施工现场的室内环境温度应大于0℃。加热部件隐蔽前应进行水压试验，其试验压力应为工作压力的1.5倍且不得小于0.6MPa。辐射板、分水器及集水器安装前应进行水压试验，且其试验压力应符合设计要求，设计无要求时，试验压力应为工作压力的1.5倍且不得小于0.6MPa。除采用硬钎焊连接的铜管外，埋设于填充层内的加热管及输配管不应有接头，施工过程中出现管材损坏、渗漏等现象时，应整根更换而不应拼接使用。

分（集）水器的规格、公称压力及安装位置应符合设计要求并符合以下两条规定：表面光洁无裂纹、砂眼、夹渣、凹凸不平及其他缺陷；表面电镀的连接件色泽均匀、镀层牢固且无脱镀缺陷。

加热管的管材、管径及壁厚应符合设计要求，且应表面光洁，无明显划痕、凹陷、气泡等缺陷。加热管的敷设应平直，其管间距及长度符合设计要求，管间距的安装误差不应大于10mm。加热管应设固定装置并符合设计和产品要求，设计和产品无要求时应符合以下两条规定：弯头两端设固定卡；固定点间距直管段为500~700mm，弯曲管段为200~300mm。

热水地面辐射供暖的防潮层、填充层、绝热层等铺设应符合设计要求。辐射板水平安装时应有不小于0.5%的坡度坡向回水管。管道与带状辐射板之间应采用法兰连接。

4. 电热供暖施工

加热电缆及电热膜应经国家质量监督检验部门检验合格，其产品的电气安全性能、机械性能等应符合相关规范的规定。加热电缆产品必须有接地屏蔽层，其冷、热线的接头应采用专用设备和工艺连接，不应在现场简单连接，接头应可靠、密封并保持接地的连续性。加热电缆出厂后严禁剪裁和拼接，有外伤或破损的加热电缆及电热膜严禁敷设。加热电缆安装前后，应测量加热电缆的标称电阻和绝缘电阻并做记录。电热膜安装前后，应检测电热膜直流电阻和电热膜与连接电缆（线）的对地绝缘电阻并做记录。

加热电缆及电热膜的型号应符合设计要求，其外观质量应无外伤或破损，产品商标及接头位置标志应清晰。加热电缆应敷设平直，其间距与长度应符合设计要求，间距的安装误差不应大于10mm。加热电缆的弯曲半径不应小于生产企业规定的限值，且不得小于6倍电缆直径。电热膜的敷设应符合设计要求，裁剪时应沿剪切线进行，不得裁入发热区。电热膜与电缆（线）的连接应可靠、导电良好，采用锡焊时严禁采用有腐蚀性的助焊剂。采用地面辐射供暖方式时，防潮层、填充层、绝热层等铺设应符合设计要求。

5. 燃气红外线辐射供暖施工

设备铭牌上规定的燃气应与当地供应的燃气相一致，且设备规格、工作压力及安装位置应符合设计要求。辐射管及尾管应有一定坡度坡向真空泵，设计未注明坡度时应符合以下两条规定：辐射管坡度不应小于0.3%；尾管坡度不应小于0.5%。燃气管道与发生器应采用不锈钢金属软管连接并装设球阀。

6. 热风供暖施工

空气加热器、暖风机及热空气幕的型号、规格、技术参数及安装位置应符合设计要求。热空气幕位置应符合设计要求且固定牢固；机组安装后平直度及铅直度允许偏差不应大于1/500；机组成排安装时应在同一水平面且允许偏差为5mm。空气加热器、风机、风管及风口等安装应符合《通风与空调工程施工质量验收规范》（GB 50243—2016）的规定。

7. 热计量及调控装置

分户热计量系统入户装置应符合设计要求，安装位置应便于检修、维护和观察。热量表型号、规格、公称压力等应符合设计要求；外壳涂层应均匀且应无毛刺等缺陷。热量表的流量传感器的安装应符合要求，上游直管段长度不应小于5倍管径，下游直管段长度不应小于2倍管径；流量传感器的安装方向应与水流方向一致。热量表计算器安装应符合要求，计算器应远离变频设备和电磁干扰源；计算器安装高度不宜大于1.6m且应便于读数。

8. 系统水压试验要求

供暖系统安装完毕管道未保温之前应进行水压试验且试验压力应符合设计要求，设计未注明时应符合以下两条规定：热水供暖系统应以系统最高点工作压力加0.1MPa做水压试验，且系统最高点的试验压力不小于0.3MPa；使用塑料管及铝塑复合管的热水供暖系统应以系统最高点工作压力加0.2MPa做水压试验，且系统最高点的试验压力不小于0.4MPa。系统试压合格后应对系统进行冲洗，并清扫过滤器及除污器。系统冲洗完毕后应对系统进行充水、加热、试运行及调试。

9. 系统调试要求

供暖系统安装完毕后必须进行系统调试，调试应包括以下两项：设备单机试运转及调试；系统非设计满负荷条件下的调试。系统调试所使用的测试仪器等应能满足工程性能测定要求。

系统非设计满负荷条件下的调试应符合要求，室内的空气温度应符合设计规定值；热水系统应排除管道系统中的空气并连续平稳运行；热水系统流量调试结果与设计流量的偏差不应大于10%；热风供暖系统风量调试结果与设计风量的偏差不应大于10%；热风供暖系统的室内噪声应符合设计规定值。风机运行噪声不应大于设备或设计的规定值。热量表的调试应符合要求，即数据显示应正常；热量表调试完毕后应对温度传感器和流量传感器与管道连接处进行铅封。

系统调试应由施工单位负责，设计单位与建设单位等应参与和配合。系统调试的实施者是施工单位或委托其他具有调试能力的单位，系统的调试者应为专业技术人员，调试完成后应提供完整的调试资料和报告。

6.4 城市供暖系统设计

6.4.1 供暖管道设计

供暖管道的材质应根据其工作温度、工作压力、使用寿命、施工与环保等因素，经综合考虑和技术经济比较后确定，其质量应符合国家现行有关产品标准的规定。明装管道不宜采用非金属管材。

散热器供暖系统的给水、回水、供汽和凝结水管道，应在热力入口处与通风、空气调节系统，热风供暖和热空气幕系统，地面辐射供暖系统，生产供热系统，生活热水供应系统，其他需要单独热计量的系统分开设置。

热水集中供暖系统的建筑物热力入口应符合下列规定：给水、回水管道上应分别设置关断阀、过滤器、温度计、压力表；给水、回水管之间设循环管，循环管上设关断阀；应根据水力平衡要求和建筑物内供暖系统的调节方式，设置水力平衡装置。

高压蒸汽集中供暖系统的建筑物热力入口应符合下列要求：供汽管道上应设置关断阀、过滤器、减压阀、安全阀、压力表，过滤器及减压阀应设旁通管；凝结水管道上应设关断阀、疏水器，单台疏水器安装时应设旁通管，多台疏水器并联安装时宜设旁通管，疏水器后根据需要设止回阀。

高压蒸汽供暖系统最不利环路的供汽管，其压力损失不应大于起始压力的25%。热水供暖系统的各并联环路之间（不包括共同段）的计算压力损失相对差额不应大于15%。供暖系统给水、供汽干管的末端和回水干管始端的管径不宜小于20mm。

供暖管道中的热媒流速应根据热水或蒸汽的资用压力、系统形式、防噪声要求等因素确定，最大允许流速应符合下列要求：热水供暖系统中辅助建筑物为2m/s，工业建筑为

3m/s；低压蒸汽供暖系统中汽水同向流动时为30m/s，汽水逆向流动时为20m/s；高压蒸汽供暖系统中汽水同向流动时为80m/s，汽水逆向流动时为60m/s。

机械循环双管热水供暖系统和分层布置的水平单管热水供暖系统应对水在散热器和管道中冷却而产生自然作用压力的影响采取相应的技术措施。供暖系统计算压力损失的附加值宜采用10%。蒸汽供暖系统的凝结水回收方式应根据二次蒸汽利用的可能性以及室外地形、管道敷设方式等情况分别采用闭式满管回水，开式水箱自流或机械回水，余压回水。

高压蒸汽供暖系统疏水器前的凝结水管不应向上抬升，疏水器后的凝结水管向上抬升的高度应经计算确定，当疏水器本身无止回功能时，应在疏水器后的凝结水管上设置止回阀。疏水器至回水箱或二次蒸发箱之间的蒸汽凝结水管应按汽水乳状体进行计算。供暖系统各并联环路应设置关闭和调节装置；当有冻结危险时，立管或支管上的阀门至干管的距离不应大于120mm。在多层和高层建筑的热水供暖系统中，每根立管和分支管道的始末段均应设置调节、检修和泄水用的阀门。热水和蒸汽供暖系统应根据不同情况设置排气、泄水、排污和疏水装置。供暖管道必须计算其热膨胀，当利用管段的自然补偿不能满足要求时应设置补偿器。

供暖管道的敷设应有一定的坡度。热水管、汽水同向流动的蒸汽管和凝结水管坡度宜采用0.003，不得小于0.002；立管与散热器连接的支管坡度不得小于0.01；对于汽水逆向流动的蒸汽管坡度不得小于0.005。当受条件限制时，热水管道（包括水平单管串联系统的散热器连接管）可无坡度敷设，但管中的水流速度不得小于0.25m/s。穿过建筑物基础、变形缝的供暖管道及埋设在建筑结构里的立管，应采取预防因建筑物下沉损坏管道的措施。当供暖管道必须穿过防火墙时，在管道穿过处应采取防火封堵措施，并在管道穿过处采取固定措施使管道可向墙的两侧伸缩。供暖管道不得与输送蒸汽燃点低于或等于120℃的可燃液体或可燃、腐蚀性气体的管道在同一条管沟内平行或交叉敷设。

符合下列情况之一时供暖管道应保温：管道内输送的热媒必须保持一定参数；管道敷设在地沟、技术夹层、闷顶及管道井内或易被冻结的地方；管道通过的房间或地点要求保温；管道的无益热损失较大。

6.4.2 供暖热计量及供暖调节

集中供暖系统应按照企业能源管理要求配备热量表。热量表的设置应满足各成本核算单位分摊供暖费用的需要并应符合以下三条规定：热源、换热机房或供暖总入口处应设热量表；用户端宜按成本核算单位、单体建筑或供暖系统分设热量表；计量装置准确度等级应满足《用能单位能源计量器具配备和管理通则》（GB 17167—2006）的要求。

热量表的选型和设置应符合要求。热量表应根据公称流量选型，并校核在系统设计流量下的压降。公称流量可按照设计流量确定。热量表的流量传感器、压力表、温度计的安装位置应符合仪表安装要求。供暖热源处应设置供热调节装置，并应根据气象条件、用户需求进行调节。

对于需要分室控制室温的散热器供暖系统，选用散热器恒温控制阀应符合相关要求。当室内供暖系统为垂直或水平双管系统时，应在每组散热器的给水支管上安装高阻恒温控制阀；超过5层的垂直双管系统宜采用有预设阻力调节功能的恒温控制阀。单管跨越式系统应采用低阻力两通恒温控制阀或三通恒温控制阀。当散热器有罩时，应采用温包外置式恒温控制阀。恒温控制阀应具有产品合格证、使用说明书和质量检测部门出具的性能测试报告，其调节性能等指标应符合《散热器恒温控制阀》（GB/T 29414—2012）的要求。

热力导入口处设置的流量或压力调节装置应和整个供暖系统的调节目标相适应；当室内或室外供暖系统为变流量系统时不应设自力式流量控制阀。是否设置自力式压差控制阀应通过计算热力入口的压差变化幅度确定。

6.5　城市供暖系统施工与维护

6.5.1　室外二次供热管网及换热站安装

本节主要介绍热水管道设计温度小于 100℃、设计压力不大于 1.6MPa 的室外二次供热管网安装工程。室外二次供热管网分项工程可参考以下方法划分：沟槽、模板、钢筋、混凝土（垫层、基础、构筑物）、砌体结构、防水、止水带、预制构件安装、检查室、回填土等工序；管道安装、焊接支架安装、设备及管路附件安装、除锈及防腐、管道保温等工序；管道无损检测、压力试验、清洗等工序。

1. 管材

管网的管材应符合设计要求，设计未注明时应符合以下两条规定：供暖管道设计压力小于 1.6MPa、大于 1.0MPa 时应使用钢制管材，公称直径小于或等于 40mm 的管道应使用焊接钢管，公称直径大于 40mm、小于等于 200mm 的宜使用电熔焊焊接钢管或无缝钢管，管径大于 200mm 时宜使用螺旋焊缝埋弧焊钢管；管道设计压力小于等于 0.8MPa 时可采用增强型塑料管材，并应符合国家现行产品标准和设计要求。

管道为钢管时应采用焊接连接，管道为非金属材料管时，应采用热熔连接或使用其专用管件连接。室外供热管道采用预制聚氨酯保温材料时，应符合《高密度聚乙烯外护管硬质聚氨酯泡沫塑料预制直埋保温管及管件》（GB/T 29047—2012）的规定，采用现场非预制保温时保温材料的品种、规格、性能等应符合国家现行产品标准和设计要求。

2. 管道与配件安装

1）管道及配件安装前应按设计要求核对规格、产品执行标准并应检验合格。预制直埋保温管安装前应核对管道执行标准并应检验合格。补偿器的安装应符合设计和产品安装书的要求。阀门进场前应进行强度和严密性试验并记录。平衡阀及调节阀型号、规格及公称压力应符合设计要求，安装后应根据系统要求进行调试并做出标志。预制直埋保温管道现场安装完成后应对保温材料裸露处进行密封处理并应检验合格。预制直埋保温管接头安装完成后必须全部进行气密性检验并应合格。

2）地沟和架空管道现场保温层施工质量检验应符合要求。保温固定件、支承件的安装应正确、牢固，支承件不得外露，其安装间距应符合设计要求。保温层重度或密度应现场取试样检查，棉毡类保温层重度允许偏差应为 10%，保温板、壳类重度允许偏差为 5%；聚氨酯类保温的密度不得低于设计要求。保温层厚度应符合设计要求，施工允许偏差及检验方法应符合相关规范规定。钢管焊接质量检验应按对口质量检验→外观质量检验→无损探伤检验→强度和严密性试验依次进行。外径和壁厚相同的钢管或管件对口时，对口错边量允许偏差应符合规范规定。

3）焊缝应进行100%外观质量检验并应符合相关规范规定。焊缝表面应清理干净，焊缝应完整并圆滑过渡，不得有裂纹、气孔、夹渣及熔合性飞溅物等缺陷。焊缝高度不应低于母材表面，并应与母材圆滑过渡。加强高度不得大于被焊件壁厚的30%且应小于或等于5mm，焊缝宽度应焊出坡口边缘1.5~2mm。咬边深度应小于0.5mm，且每道焊缝的咬边长度不得大于该焊缝总长的10%。表面凹陷深度不得大于0.5mm，且每道焊缝表面凹陷长度不得大于该焊缝总长的10%。焊缝表面检查完毕后应填写相应的检验报告。焊缝应进行无损检测并应遵守相关规范规定，探伤方法宜采用射线探伤，采用超声波探伤时应采用射线探伤复检，复检数量应为超声波探伤数量的20%，角焊缝处的无损检测可采用磁粉或渗透探伤。

4）无损检测合格标准应符合设计要求，设计未规定时应遵守以下两条规定：进行100%无损探伤的焊缝的射线探伤不得低于《无损检测　金属管道熔化焊环向对接接头射线照相检测方法》（GB/T 12605—2008）中的Ⅱ级质量要求，超声波探伤不得低于我国现行《焊缝无损检测　超声检测　技术、检测等级和评定》（GB/T 11345—2013）中的Ⅰ级质量要求；进行无损检测抽检的焊缝射线探伤不得低于《无损检测　金属管道熔化焊环向对接接头射线照相检测方法》（GB/T 12605—2008）中的Ⅲ级质量要求，超声波探伤不得低于《焊缝无损检测　超声检测　技术、检测等级和评定》（GB/T 11345—2013）中的Ⅱ级质量要求。

5）管道支吊架的安装应在管道安装、检验前完成，支吊架的安装应符合以下八条规定：支吊架安装位置应正确，标高和坡度应满足设计要求，安装应平整，埋设应牢固；支架结构接触面应洁净、平整；固定支架卡板和支架结构接触面应贴实；活动支架的偏移方向、偏移量及导向性能应符合设计要求；弹簧支吊架安装高度应按设计要求进行调整，弹簧临时固定件应在管道安装、试压、保温完毕后拆除；管道支吊架处不应有管道焊缝，导向支架、滑动支架和吊架不得有歪斜和卡涩现象；支吊架应按设计要求焊接，焊缝不得有漏焊、缺焊、咬边或裂纹等缺陷；安装完成后应对安装调整进行记录。

6）补偿器安装应与管道保持同轴并应符合以下五个要求：轴向型波纹管补偿器的流向标记应与管道介质流向一致；角向型波纹管补偿器的销轴轴线应垂直于管道安装后形成的平面；球形补偿器外伸部分应与管道坡度保持一致；方形补偿器水平安装时垂直臂应水平放置，平行臂应与管道坡度相同；直埋补偿器固定端应锚固，活动端应能自由活动。

7）增强塑料型管材之间连接宜采用热熔连接，热熔接头应牢固，连接部位应严密无孔隙。当与金属管配件及阀门连接时宜采用同材质专用连接件法兰或螺纹连接，螺纹应紧固，并留有2~3扣螺纹。

8）管道水平敷设其坡度应符合设计要求。管道及配件安装，管道支、吊架安装的允许偏差及检验方法应符合相关规范的规定。管道固定支架安装前应按设计要求复核固定支架制作情况，安装后应按设计要求核对平面位置和标高。室外供热管道安装的允许偏差应符合相关规范规定。钢管管口质量检验应符合要求，钢管切口端面应平整且不得有裂纹、重皮等缺陷，并应将毛刺、熔渣清理干净；管口加工的允许偏差应符合规范规定。除污器构造应符合设计要求，安装位置和方向应正确，管网冲洗后应清除内部污物。防锈漆的厚度应均匀，不得有脱皮、起泡、流淌和漏涂等缺陷。管道保温层的厚度和平整度的允许偏差应符合相关规范规定。现场施工对预制直埋保温管及管件的外护管应采取防护措施，不合格应进行修补。

补偿器安装完毕后应拆除固定装置并应调整限位装置。

9）法兰安装时端面应保持平行，偏差不应大于法兰外径的1.5%且不得大于2mm。不得采用加偏垫、多层垫或采用强力拧紧法兰一侧螺栓的方法消除法兰接口端面的偏差；法兰与法兰、法兰与管道应保持同轴，螺栓孔中心偏差不得超过孔径的5%，垂直允许偏差应为0~2mm。

10）焊缝位置的检验应符合要求，焊缝应避开应力集中的区域；管道任何位置不得有十字形焊缝；管道在支架处不得有环形焊缝；有缝管道对口及容器、钢板卷管相邻筒节组对时其纵向焊缝之间相互错开的距离不应小于100mm；管道两相邻环形焊缝中心之间的距离应大于钢管外径且不得小于150mm；在有缝钢管上焊接分支管时分支管外壁与其他焊缝中心的距离应大于分支管外径且不得小于70mm。

3. 土建结构施工

1）沟槽开挖后的质量检验应符合要求，槽底不得受水浸泡或受冻；沟槽开挖不应扰动原状地基；槽底高程、坡度、平面拐点、坡度折点等应经测量检查合格；沟槽中心线每侧的最小净宽不应小于管道沟槽设计底部开挖宽度的一半；开挖土方时槽底高程的允许偏差应为±20mm。

2）槽底局部土质不合格时地基处理应符合设计要求，设计无规定时应符合以下两条规定：土质处理厚度在150mm以内采用原土回填夯实时其压实度不应低于95%；土质处理厚度在150mm以上时采用砂砾、石灰土等压实且压实度不应低于95%。

3）沟槽回填应遵守相关规范规定。回填料的种类、密实度应符合设计要求。设计无规定时回填土各部位的密实度应符合以下两条规定：直埋管周围200mm应填砂且密实度不应小于87%；直埋管上方200mm以外及结构顶上500mm范围内可回填土且密实度不应小于87%，还应符合道路或绿地等地面做法的相关规定。回填土厚度应根据夯实或压实机具的性能及压实度确定，并应分层夯实，虚铺厚度应遵守相关规范规定，即振动压路机≤400mm，压路机≤300mm、动力夯实机≤250mm、木夯≤200mm。回填压实时应确保管道或结构的安全，管顶或结构顶以上500mm范围内应采用人工夯实，不得采用动力夯实机或压路机压实。

4）检查室部位回填质量应符合要求，主要道路范围内的井室周围应采用石灰土、砂、砂砾等材料回填。检查室周围的回填应与管道沟槽的回填同时进行，当不能同时进行时应留回填台阶。检查室周围回填压实应沿检查室中心对称进行且不得漏夯，密实度应符合明挖沟槽回填的相关规定。暗挖竖井的回填应根据现场情况选择回填材料并应符合设计要求。

5）检查室允许偏差及检验方法应符合要求，井圈、井盖型号应符合设计规定且安装应牢固；绿地内的检查室井盖应高出绿地50~100mm；爬梯位置应符合设计规定且安装应牢固；室内底应平顺并应坡向集水坑；检查室允许偏差及检验方法应符合规范规定。

4. 试验与调试要求

供热管道的水压试验压力应为工作压力的1.5倍且不得小于0.6MPa。管道试压合格后应进行冲洗。管道冲洗完毕应通水、加热并进行试运行和调试，不具备加热条件时应延期进行。供热管道做水压试验时试验管道上的阀门应开启，试验管道与非试验管道应隔断。

5. 换热站施工

1）站内设备及管路附件安装前应按设计要求对规格、型号和质量等进行检验并记录，检验应包括以下四个方面的内容说明书和产品合格证；名称、型号和规格；技术文件、资料及专用工具；有无缺损件，表面有无损坏和锈蚀等。

2）热计量设备安装应按产品说明书和设计要求进行安装并应按以下五个要求进行质量检验：热量表标注的水流方向应与管道内热媒流动的方向一致；查验安装前校验和检定纪录；现场安装环境的温度、湿度不应超过热量表的极限工作条件；热量表显示屏及附件的安装位置应便于观察、操作和维修；数据传输线安装应符合热量表安装要求。

3）设备混凝土基础中心线和几何尺寸应符合《混凝土结构工程施工质量验收规范》（GB 50204—2015）的规定，设备基础的尺寸和位置允许偏差应符合相关规范要求。水泵安装应符合相关规范规定。换热器安装应符合要求，安装前应对管道进行冲洗；换热器安装的坡度、坡向应符合设计或产品说明书的规定，且安装的允许偏差及检验方法应符合规范要求。

4）管道安装坡向、坡度应符合设计要求，阀门应按介质流动方向进行安装，管道和附件安装的允许偏差及检验方法应符合相关规范规定。当设计图对站内管道水平安装的支、吊架间距无要求时应符合相关规范规定。

5）管道支、吊架的安装应符合要求，安装位置应准确且埋设应平整、牢固；固定支架卡板与管道接触应紧密且固定应牢固。滑动支架的滑动面应灵活，滑板与滑槽两侧间应留有3~5mm的空隙，偏移量应符合设计要求。无热位移管道的支架、吊杆应垂直安装，有热位移管道的吊架、吊杆应向热膨胀的反方向偏移。*DN*25以上蒸汽管道及*DN*65所有管道系统均应设置抗震支、吊架。

6）埋设地脚螺栓应符合要求。地脚螺栓的坐标及相互尺寸应符合施工图的要求，设备基础尺寸的允许偏差应符合规范规定。地脚螺栓在预留孔中应垂直于地面；地脚螺栓底部锚固环钩的外缘与预留孔壁和孔底的距离不得小于15mm。地脚螺栓上的油污和氧化皮等应清理干净，螺纹部分应涂抹油脂。螺母与垫圈、垫圈与设备底座间的接触均应紧密。拧紧螺母后螺栓外露长度应为2~5倍螺距。灌筑地脚螺栓使用的细石混凝土强度等级应比基础混凝土的高一等级，灌浆处应清理干净并捣固密实，拧紧地脚螺栓时灌筑的混凝土应达到设计强度的75%以上。设备底座套入地脚螺栓应有调整余量，不得有卡涩现象。

7）换热站内水箱安装应符合要求，坡度、坡向应符合设计和产品说明书的规定；水箱底面安装前应检查防腐质量，缺陷应进行处理；允许偏差及检验方法应符合相关规范规定。

8）水处理装置安装应符合要求。水处理专用材料应符合设计要求并应抽样检验，材料应按要求分类存放并应妥善保管。所有进出口管路应有独立支撑，不得用阀体作为支撑。每个树脂罐应设单独的排污管。水处理系统中的设备、再生装置等在系统安装完毕后应单体进行工作压力水压试验。水处理系统的严密性试验合格后应进行试运行，并应进行水质化验，水质应符合我国现行的规定。

9）安全阀安装应符合要求。安装前应送具有检测资质的单位按设计要求进行调校。应垂直安装并应在两个方向检查其铅直度，发现倾斜时应予以校正。安全阀的开启压力和回座压力应符合设计规定值，安全阀最终调校后，在工作压力下不得出现泄漏。安全阀调校合格后应填写安全阀调整试验记录。除污器应按设计或标准图组装，除污器应按热介质流动方向安装，除污口应朝向便于检修的位置。站内监控和数据传输系统安装应符合设计要求，安装完成后应进行调试。

6.5.2　热泵系统的安装

1. 宏观要求

1）管材、管件等材料的型号、规格及材质应符合设计要求和国家现行有关标准的规定。管材、管件的化学稳定性、耐腐蚀、导热系数、流动阻力、公称压力应符合设计要求。管材、管件进场时应对其导热系数、流动阻力、公称压力进行复验，复验应为见证取样送检。

2）竖井的铅直度、规格、位置和深度与水平埋管的位置和深度均应符合设计要求和国家现行有关标准的规定，竖井钻孔对位误差小于50mm，钻孔深度允许偏差±50mm，铅直钻孔每钻进50m深时需测斜不少于1次且主轴的铅直度误差<0.5%。竖直地埋管相邻钻孔中心间距宜为4~6m，环路集管间距不应小于0.6m，深度宜在距地表1.5m以下。水平地埋管管沟与管沟间最小距离1.5m，水平地埋管间距应大于0.6m，最小深度0.6m，单层管水平地埋管最佳深度为0.8~1.0m，双层管为1.2~1.8m。竖直埋管回填料及其配合比应符合设计要求。

3）管沟回填应符合设计要求，回填的质量应符合相关规范规定。回填土时沟槽内应无积水，不得回填淤泥、腐殖土及有机物质。不得回填碎砖、石块、大于100mm的杂物。回填材料、回填密实度、回填厚度必须符合设计要求，设计没有明确规定时可按图中要求施工，回填材料颗粒应细小均匀且不含石块及土块，沟槽底部至管顶以上0.5m范围内不得含有机物、垃圾及大于50mm的砖、石等硬块。管道两侧及顶管0.5m以内的回填材料不得含碎石、砖块、垃圾等杂物，距离管顶0.5m以上的回填土内允许有少量直径不大于0.1m的石块但其数量不得超过填土总体积的15%。回填应在管道两侧同步进行，严禁单侧回填，管道两侧压实面的高差不应超过300mm，管腋部应使用人工回填且填土必须塞严、捣实，并保持与管道紧密接触。同一沟槽中有双排或多排管道的基础底面位于同一高程时，管道之间的回填压实应与管道和槽壁之间的回填压实对称进行。同一沟槽中有双排或多排管道但基础底面的高程不同时应先回填基础较低的沟槽，当回填至较高基础底面高程后再按上述规定回填。分层管道回填时，应重点做好每一管道层上方15cm范围内的回填，回填料应为细砂，其间不得有尖利的岩石块、碎石或硬物。当管道覆土较浅、管道承载力较低、管道两侧及沟槽位于路基范围内、原土含水量高，且不具备降低含水量条件不能达到要求的密实度时，可与设计单位协商采用石灰土、砂、砂砾等具有结构强度或可以达到要求的其他材料回填，质量要求应按设计规定执行。

4）各环路流量应平衡，各并联管道的长度尽量一致，偏差应≤10%且应满足设计要求。水平环路集管坡度应满足设计要求。循环水流量及进出水温差应满足设计文件要求。

5）管道安装完毕、外观检查合格后应进行水压试验，水压试验应符合设计要求，设计无规定时水压试验应符合相关规范规定。当工作压力小于等于1.0MPa时，试验压力应为工作压力的1.5倍且不应小于0.8MPa；当工作压力大于1.0MPa时，试验压力应为工作压力加0.5MPa。竖直地埋管换热器插入钻孔前应做第一次水压试验，在试验压力下稳压至少15min，稳压后压力降不应大于3%且无泄漏现象；将其密封后，在有压状态下插入钻孔，完成灌浆之后保压1h。水平地埋管换热器放入沟槽前应做第一次水压试验，在试验压力下稳压至少15min，稳压后压力降不应大于3%且无泄漏现象。竖直或水平地埋管换热器与环路集管装配完成后、回填前应进行第二次水压试验，在试验压力下稳压至少30min，稳压后压力降不应大于3%且无泄漏现象。环路集管与机房分（集）水器连接完成后、回填前应进行第三次水压试验，在试验压力下稳压至少2h且无泄漏现象。地埋管换热系统全部安装完毕且冲洗、排气及回填完成后应进行第四次水压试验，在试验压力下稳压至少12h，稳压后压力降不应大于3%。水压试验宜采用手动泵缓慢升压，升压过程中应随时观察与检查，不得有渗漏，不得以气压试验代替水压试验。水压试验过程中局部管道的单独试压必须采用手动泵缓慢升压，升压过程中应随时观察与检查，不得有渗漏，不得以气压试验代替水压试验。

6）管材、管件等材料的外观、包装应完整无破损，符合设计要求和国家现行有关标准的规定。竖直埋管U形弯管接头应选用定型的U形弯头成品件，不允许采用90°的弯头对接的方式构成U形弯管接头。

7）地埋管与其他管道和设施的距离应满足设计要求。地埋管严禁在雨污水检查井及排水管渠内穿过，穿越路面等设施时应采用内径不得小于穿越管外径加100mm的套管；与热力管道间的距离最小不得小于1.50m；与其他管线交叉敷设时，交叉点净距不应小于0.15m，必须按《给水排水管道工程施工及验收规范》（GB 50268—2008）的有关条款采取相应的技术措施。与障碍物的距离应符合要求。

8）管道的连接方法应符合设计要求和国家现行有关标准、产品使用说明书的规定。地埋管区域应做出标志或标明管线定位带，至少需有两个现场的永久目标进行定位。钻孔达到要求深度应进行通孔。各环路总接口处的检查井应符合设计要求和国家现行有关标准的规定。防腐剂的特性及浓度应符合设计要求。

2. 地下水换热系统

热源井持续出水量和回灌量应稳定并应满足设计要求。抽水试验应稳定延续12h，出水量不应小于设计出水量，降深不应大于5m；回灌试验应稳定延续36h以上，回灌量应大于设计回灌量。

抽水试验结束前应采集水样，进行水质测定和含砂量测定，应满足设计要求。直接进入水源热泵机组的地下水质应满足以下的水质标准：含砂量小于1/200000（质量比）；pH值为7.0~9.2；CaO含量小于200mg/L；矿化度小于3g/L；Cl^-含量不大于1000mg/L、SO_4^{2-}含量不大于1500mg/L、Fe^{2+}小于0.5mg/L；H_2S含量小于0.5mg/L。如果水质达不到以上要求应进行处理。经处理后仍达不到水质标准时应安装中间换热器。对于腐蚀性及硬度高的地下水源应采用不锈钢板式换热器。

需对抽水量、回灌量、地下水水位、水温及其水质进行定期监测，且均应设置水样采集口及监测口。

验收时施工单位应提交下列资料：热源井成井报告（包括管井结构图、洗井方法、抽水和回灌试验、水质检验等资料）、管井结构图（包括井径、井深、过滤器规格和位置、填砾和封闭深度等）、热源井使用说明（包括抽水设备的型号及规格，井的最大允许开采量，水井使用中可能发生的问题及使用维修的建议等）。

热源井井管使用的材料应采用具有出厂合格证的产品，井管及有关材料应采用无污染和无毒性材料。

取水井和回灌井的井壁管和沉淀管宜采用钢管。抽水井与回灌井宜能相互转换，其间应设排气装置。热源井井口处应设检查井，井口上若有构筑物应留有检修用的足够高度或在构筑物上留有检修口。

抽水井和回灌井的过滤器应符合《管井技术规范》（GB 50296—2014）的要求，其中过滤器孔隙率不宜小于25%。钢管条孔缠丝过滤器的条孔应冲压成型，条孔宽度根据空隙率和强度要求而定，一般为10~15mm，条孔长度一般为宽度的10倍。钢筋骨架缠丝过滤器的骨架应采用ϕ16钢筋不少于32根，加强箍宜采用ϕ18钢筋，间距不大于300mm。缠丝过滤器的缠丝材料宜采用不锈钢丝、铜丝、镀锌钢丝或增强性聚乙烯滤水丝等，缠丝间距应根据含水层的颗粒组成和均匀性确定。回灌井的过滤器宜采用钢管缠丝或钢管桥式类型。填砾过滤器滤料的规格和级配应按凿井中取样筛分后的地层颗粒组分，依据《管井技术规范》（GB 50296—2014）的规定执行。

输水管网应符合《室外给水设计规范》（GB 50013—2006）及《给水排水管道工程施工及验收规范》（GB 50268—2008）的规定。

3. 地表水换热系统

1）管材、管件等材料的型号、规格及材质应符合设计要求和相关标准的规定。换热器的长度、布置方式及管沟的设置应符合设计要求。各环路流量应平衡且应满足设计要求。循环水流量及进出水温差应符合设计要求。

2）过滤器、中间换热器、闭式地表水换热器的规格、性能参数等必须符合设计要求。过滤器、中间换热器外表应无损伤、密封良好，随机文件和配件应齐全。过滤器过滤精度应符合设计要求，验收时可根据全自动过滤器参数要求进行水质抽检试验，试验结果应控制在设计要求±5%为合格。过滤器、中间换热器安装、试验、运转及验收应符合《工业水和冷却水净化处理滤网式全自动过滤器》（HG/T 3730—2004）和《热换热器》（GB 151—2014）有关要求。过滤器、中间换热器与管道连接应采用柔性软接（金属或非金属），其耐压值应大于或等于1.5倍工作压力。当闭式地表水换热器与环路集管连接，采用聚丁烯（PB）、聚乙烯（PE）管时，其连接方法应符合设计和产品技术要求的规定。

3）管道埋设及其连接方法应符合设计要求和我国现行产品使用说明书的规定。检查井砌筑应符合设计要求和国家现行有关标准的规定。供、回水管进入地表水源处应设明显标志。过滤器、换热器的附属设备的混凝土基础应满足设计要求。防冻剂和防腐剂的特性及含量应符合设计要求。

4）闭式地表水换热系统的管道安装完毕、外观检查合格后应进行水压试验，水压试验应符合设计要求，当设计无规定时水压试验应符合以下四条规定：工作压力小于1.0MPa时，试验压力应为工作压力的1.5倍且不应小于0.6MPa，当工作压力大于1.0MPa时，试验压力应为工作压力加0.5MPa；换热器组装完成后应做第一次水压试验，在试验压力下稳压至少15min，稳压后压力下降不超过3%且无泄漏现象；换热器与环路集管装配完成后应进行第二次水压试验，在试验压力下稳压至少30min，稳压后压力下降不超过3%且无泄漏现象；环路集管与机房分水器连接完成后应进行冲洗及排气，并按设计要求充注防冻剂和防腐剂后进行第三次水压试验，在试验压力下稳压至少12h，稳压后压力下降不超过3%。开式地表水换热系统水压试验应符合《通风与空调工程施工质量验收规范》（GB 50243—2016）等的规定。

5）海水源热泵系统的取水管网和设备涂刷防腐保护层时应满足相关规范规定。采用的涂料应能与阴极保护配套，具有较好的抗阴极剥离能力和耐碱性能。其他应按《滩海石油工程外防腐技术规范》（SY/T 4091—2016）执行。采用电化学防腐保护层时应满足相关要求，钢、铸铁、铜合金、不锈钢等组成的设备、部件和管道保护电位范围应达-1.05～-0.85V，相对于铜/饱和硫酸铜参比电极；铁与钢、铸铁、铜合金等组成的设备，铁表面保护电位不得小于-0.80V；电化学防腐保护层尚应符合《滨海电厂海水冷却水系统牺牲阳极阴极保护》（GB/T 16166—2013）的规定。

污水专用换热器采用的管材应耐腐蚀，并设有清洗装置。

4. 建筑物内系统

水源热泵机组、附属设备、管道、阀门、仪表等产品进场时，应按设计要求对其类型、材质、规格及外观等进行验收，并对产品的技术性能参数进行核查，验收与核查的结果应经监理工程师（建设单位代表）检查认可，形成相应的验收、核查记录，各种产品和设备的质量证明文件和相关技术资料应齐全，并符合有关我国现行相关规范和规定。主机安装设备基础的位置、几何尺寸和质量要求，应符合《混凝土结构工程施工质量验收规范》（GB 50204—2015）的规定，设备安装前应对其进行复检。风机盘管机组和管道绝热保温材料进场时，应对其技术性能参数进行复验，复验应为见证取样送检。

（1）冷却塔、水泵等辅助设备的安装　规格、数量应符合设计要求；冷却塔设置位置应通风良好，并远离厨房排风等高温气体；管道连接应正确。水箱技术要求及相关参数应满足设计要求。

（2）水箱满水实验　水箱制作完毕后，将水箱完全充满水，经2～3h后，用0.5～1.5kg的锤沿焊缝两侧约150mm的地方轻敲，不漏水为合格。若发现有漏水的地方，须重新焊接再进行实验。

（3）管道及配件的绝热层和防潮层施工及管道与支架之间绝热衬垫设置。

1）绝热层应采用不燃或难燃材料，其材质、规格及厚度等应符合设计要求。绝热管壳的粘贴应牢固，铺设应平整；硬质或半硬质的绝热管壳每节至少应用防腐金属丝或难腐织带或专用胶带进行捆扎或粘两道，其间距为300～350mm，且捆扎、粘贴应紧密，无滑动、松弛与断裂现象。硬质或半硬质绝热管壳的拼接缝隙，应用粘结材料勾缝填满；纵缝应错开，外层的水平接缝应设在侧下方。防潮层与绝热层应结合紧密，封闭良好，不得有虚粘、气泡、褶皱、裂缝等缺陷。防潮层的立管应由管道的低端向高端敷设，环向搭接缝应朝向低端；纵向搭接缝应位于管道的侧面，并顺水。卷材防潮层采用螺旋形缠绕的方式施工时，卷材的搭接宽度宜为30～50mm。管道穿楼板和穿墙处的绝热层应连续不间断，且绝热层与穿楼板和穿墙处的套管之间应用不燃材料填实，不得有空隙，套管两端应进行密封封堵。管道阀门、法兰部位的绝热结构应能单独拆卸且不得影响其操作功能。

2）管道与支、吊架之间应设置绝热衬垫，其厚度不应小于绝热层厚度，宽度应大于支、吊架支承面的宽度。衬垫的表面应平整，衬垫与绝热材料之间应填实无空隙。

（4）水系统管道安装　焊接钢管、镀锌钢管不得采用热煨弯。管道与设备的连接应在设备安装完毕后进行，与振动设备的接管必须为柔性接口。柔性短管不得强行对口连接，与其连接的管道应设置独立支架。冷热水及冷却水系统应在系统冲洗、排污合格，再循环试运行2h以上，且水质正常后才能与水源热泵机组、空调设备相贯通，目测以排出口的水色和透明度与入水口对比相近、无可见杂物即为排污合格。固定在建筑结构上的管道支、吊架，不得影响结构的安全。管道穿越墙体或楼板处应设钢制套管，管道接口不得置于套管内，钢制套管应与墙体饰面或楼板底部平齐，上部应高出楼层地面 20~50mm 且不得将套管作为管道支撑。保温管道与套管四周间隙应使用不燃绝热材料填塞紧密。

(5) 水系统阀门安装　阀门的安装位置、高度、进出口方向必须符合设计要求，连接应牢固紧密。安装在保温管道上的各类手动阀门，手柄均不得向下。阀门安装前必须进行外观检查，阀门的铭牌应符合《工业阀门标志》（GB/T 12220—2015）的规定。对于工作压力大于 1.0MPa 及其在主干管上起到切断作用的阀门，应进行强度和严密性试验，合格后方准使用。其他阀门可不单独进行试验，待在系统试压中检验。强度试验时，试验压力为公称压力的 1.5 倍，持续时间不少于 5min，阀门的壳体、填料应无渗漏。严密性试验时，试验压力为公称压力的 1.1 倍；试验压力在试验持续的时间内应保持不变，时间应符合相关规范规定，以阀瓣密封面无渗漏为合格。

(6) 补偿器安装　补偿器的补偿量和安装位置必须符合设计及产品技术文件的要求，并应根据设计计算的补偿量进行预拉伸或预压缩。设有补偿器（膨胀节）的管道应设置固定支架，其结构形式和固定位置应符合设计要求，并应在补偿器的预拉伸（或预压缩）前固定；导向支架的设置应符合所安装产品技术文件的要求。

(7) 管道连接　螺纹连接的管道，螺纹应清洁、规整，断丝或缺丝不大于螺纹全扣数的 10%；连接牢固；接口处根部外露螺纹为 2~3 扣，无外露填料；镀锌管道的镀锌层应注意保护，对局部的破损处，应做防腐处理。法兰连接的管道，法兰面应与管道中心线垂直并同心。法兰对接应平行，其偏差不应大于其外径的 1.5/1000，且不得大于 2mm；连接螺栓长度应一致，螺母在同侧，均匀拧紧。螺栓紧固后不应低于螺母平面。法兰的衬垫规格、品种与厚度应符合设计要求。

(8) 自动排气装置、除污器（水过滤器）等管道部件的安装　电动、气动等自控阀门在安装前应进行单体的调试，包括开启、关闭等动作试验；冷热水、冷却水的除污器（水过滤器）应安装在进机组前的管道上，方向正确且便于清污，与管道连接牢固、严密，其安装位置应便于滤网的拆装和清洗；过滤器滤网的材质、规格和包扎方法应符合设计要求。闭式系统管路应在系统最高处及所有可能积聚空气的高点设置排气阀，在管路最低点应设置排水管及排水阀。

(9) 水系统的安装　各系统的制式应符合设计要求。各种设备、自控阀门与仪表应按设计要求安装齐全，不得随意增减和更换。水系统各分支管路水力平衡装置、温控装置与仪表的安装位置、方向应符合设计要求，并便于观察、操作和调试。空调系统应能实现设计要求的分室（区）温度调控功能。对设计要求分栋、分区或分户（室）冷、热计量的建筑物，空调系统应能实现相应的计量功能。

(10) 水压试验　水系统管道系统安装完毕、外观检查合格后应按国家现行规范和设计要求进行水压试验，当国家现行规范和设计无规定时应符合以下四条规定：冷热水、冷却水系统的试验压力，当工作压力小于等于 1.0MPa 时为 1.5 倍工作压力但最低不小于 0.9MPa，当工作压力大于 1.0MPa 时为工作压力加 0.5MPa；对于大型或高层建筑垂直位差较大的冷（热）媒水、冷却水管道系统宜采用分区、分层试压和系统试压相结合的方法；一般建筑可采用系统试压方法。各类耐压塑料管的强度试验压力为 1.5 倍工作压力，严密性工作压力为 1.15 倍的设计工作压力；凝结水系统采用充水试验应以不渗漏为合格。

(11) 调试及验收

1) 水源热泵机组、附属设备及其管网系统安装完毕后，系统试运转及调试必须符合要求，水源热泵机组、附属设备必须进行单机试运转及调试；水源热泵机组、附属设备必须同建筑物室内空调系统进行联合试运转及调试；联合试运转及调试结果应符合设计要求。

2) 建筑物室内空调系统应单独进行验收，且施工质量符合《通风与空调工程施工质量验收规范》(GB 50243—2016) 和《建筑节能工程施工质量验收标准》(GB 50411—2019) 的规定。水源热泵机组、附属设备及其配件的绝热，不得影响其操作功能。水源热泵机组、附属设备及其管道和室外管网系统应随施工进度对隐蔽部位或内容进行验收，并有详细的文字记录和必要的图像资料。水源热泵机组、附属设备及其管道系统的设备间地面排水系统应通畅，满足设计要求和国家现行有关标准的规定。

3) 地脚螺栓应符合要求。地脚螺栓在预留孔中铅直无倾斜。地脚螺栓任一部分离孔壁的距离大于 15mm；地脚螺栓底端不碰孔底。地脚螺栓上的油污和氧化皮等清除洁净，螺纹部分涂少量油脂。拧紧螺母后螺栓露出螺母，其露出长度宜为螺栓直径的 1/3~2/3。拧紧地脚螺栓应在预留孔中的混凝土达到设计强度的 75%以上时进行；各螺栓的拧紧力均匀。

4) 泵试运转前应检查以下六个项目：电动机的转向与泵的转向相符；地脚螺栓无松动；各润滑部位已加注润滑油，需要冷却的部位已加注冷却油；各指示仪器、安全保护装置及电控装置灵敏、准确、可靠；盘车灵活，无异常现象；泵起动前先打开吸入管路阀门，关闭排出管路阀门，待转速正常后，再打开出口管路的阀门，并将泵调节到设计工况。

5) 泵试运转时应符合下列要求：各固定连接部位无松动；转子及各运动部件运转正常，不得有异常声响和摩擦现象；附属系统的运转正常，管道连接牢固无渗漏；泵的安全保护和电控装置及各部分仪表灵敏、正确、可靠；泵在额定工况点连续试运转的时间不少于 2h。

(12) 机房设计　机房设计应便于机组和配电装置的布置、运行操作、搬运、安装、维修和更换以及进、出水管路的布置，并满足三个要求：机房内的主要人行通道宽度不小于 1.2m；相邻机组之间、机组与墙壁间的净距不小于 0.8m，并满足泵轴和电动机转子在检修时能拆卸；高压配电盘前的通道宽度不小于 2.0m；低压配电盘前的通道宽度不小于 1.5m；机组用电量大时，应尽量靠近变电所。机房内应设排水沟、集水坑，必要时设排水泵。机房高度应满足操作、维修的要求和最大物体的吊装要求。

5. 地源热泵系统工程整体运转、调试和验收

地源热泵系统工程竣工验收时应对质量控制资料、安全和功能性检验资料进行核查。质量控制资料主要包括图样会审记录、设计变更单、洽商记录；系统主要组成材料、配件、部件和设备的合格证、出厂检测报告、相关性能检测报告及进场检（试）验报告；隐蔽工程检查验收记录和相关图像资料；系统施工安装记录；分项工程验收记录等。安全和功能性检验资料应包括水压试验记录；设备单机调试记录；系统调试记录；系统试运行记录等。

水力平衡调试完成后应进行设备单体试运转，运转结果符合相关设备技术文件的要求，并填写系统设备运转记录。测量无负荷系统试运转系统的各种性能参数，调整到符合设计要求，并填写系统设备运转记录。

单机试运转和无负荷系统试运转正常后，整个系统应试运行 24h，观测整个系统的运行状态及相关参数，并调整到符合设计要求。系统的压力、温度、流量等各项技术数据应符合设计要求和相关规范的规定。系统连续运行应达到正常平稳；水泵的压力和水泵电动机的电流波动不应超出规定值。系统运转正常后进行自控系统调试。各种自动计量检测元件和执行机构的工作应正常，满足建筑设备自动化系统对被测定参数进行检测和控制的要求。应保证控制、检测设备与系统检测元件和执行机构的信号传输，状态参数的正确显示，以及设备连锁、自动调节、自动保护机构的正确动作。

观感质量综合检查应包括以下六类项目：建筑物内系统设备、管道安装位置正确、牢固，外表平整无损伤，管道连接无明显缺陷、不渗漏；支吊架形式、位置及间距符合《通风与空调工程施工质量验收规范》（GB 50243—2016）等标准的要求；设备、管道、支吊架的油漆附着牢固，漆膜厚度均匀，油漆颜色与标志符合设计要求；绝热层的材料、厚度符合设计要求，表面平整无断裂和脱落；水源热泵机组设备间地面排水系统通畅，不积水；室外检查井位置正确，井盖密封无缺损。

6.5.3 监测与控制仪表的安装

本节主要阐述建筑给水排水及供暖工程监测与控制仪表的安装与施工。监测与控制仪表的结构尺寸、材质和安装位置、测量精度应符合设计文件要求和国家现行有关标准规范的规定。需要在设备或管道上安装的开孔和焊接工作必须在设备或管道的防腐、衬里和压力试验前进行，安装完毕后应随同设备和管道进行压力试验。

1. 温度传感器与仪表

温度传感器测量管道温度、安装位置应符合设计文件要求。与管道相互垂直安装时，传感器轴线应与管道轴线垂直相交。在管道的拐弯处安装时，宜逆着介质流向，传感器轴线应与工艺管道轴线相重合。与管道呈倾斜角度安装时，宜逆着介质流向，传感器轴线应与管道轴线相交。压力式温度计的温包必须全部浸入被测对象中，毛细管的敷设应有保护措施，其弯曲半径不小于50mm，周围温度变化剧烈时应采取隔热措施。

室内温控器安装应符合设计要求，设计无要求时应符合以下三个要求：选择对流平稳可以代表空间平均温度的地方；温度传感器需要固定墙面的，传感器距门口不得小于1m，高度在1.2~1.5m，不能置于热源上方，避免阳光直接照射，不得被遮挡覆盖；室内温控装置的传感器应安装在避开阳光直射和有发热设备且距地1.4m处的内墙面上。

2. 压力传感器

压力传感器的安装位置应符合设计文件要求，设计文件无要求时，应选择介质流束稳定的地方。压力传感器与温度传感器在同一管段上时，应安装在温度传感器的上游侧。

压力传感器在水平和倾斜管道上安装时，取压点的方位应遵守以下三条规定：测量气体压力时在管道的上半部；测量液体压力时在管道的下半部与管道的水平中心线成0°~45°角范围内；测量蒸汽压力时在管道的上半部，以及下半部与管道的水平中心线成0°~45°角范围内。

压力传感器的端部不应超出设备或管道的内壁。测量高压的压力仪表安装距地面1.8m以上，或在仪表正面加保护罩。

3. 流量传感器

流量传感器前后直管段的最小长度应符合设计文件及产品技术文件的有关要求。在规定的直管段最小长度范围内，不得设置其他传感器或检测元件，直管段内表面应清洁，无凹坑和凸出物。

在水平和倾斜的管道上安装节流装置时，取压口的方位应符合以下三条规定：测量气体流量时在管道的上半部；测量液体流量时在管道的下半部，且与管道的水平中心线成0°~45°角范围内；测量蒸汽流量时在管道的上半部，且与管道的水平中心线成0°~45°角范围内。

4. 液位传感器

内设浮筒液位计和浮球液位计导向管或其他导向装置时，导向管或导向装置应垂直安装，并保证导向管内液体流通。电接点水位计的测量筒应垂直安装，零水位电极的中轴线与被测容量正常工作时的零水位线应处于同一高度。静压液位计传感器的安装位置应避开液体进、出口。安装浮球式液位计的法兰短管的长度应保证浮球能在全量程范围内自由活动。

超声液位计探头应与被测液面垂直，且探头的安装应避开被测液面产生剧烈波动的位置，最高液位时的液位面离开液位计的距离应大于盲区值。安装位置应根据发射角度，确认离开管壁的距离。

5. 仪表设备安装

在设备和管道上安装的仪表应符合设计要求。仪表安装后应牢固、平正。仪表与设备、管道或构件的连接及固定部位应受力均匀，不应承受非正常的外力。直接安装在设备或管道上的仪表在安装完毕后，应随同设备或管道系统进行压力试验。

6. 仪表盘、柜、箱

仪表盘、控制柜、操作台之间及仪表盘、柜、操作台内各设备构件之间的连接应牢固，安装用的紧固件应为防锈材料。安装固定不应采用焊接方式。仪表盘、柜、箱不应有安装变形和油漆损伤。单独的仪表盘、柜、操作台的安装应符合要求，即应固定牢固；铅直度允许偏差为1.5mm/m；水平度允许偏差为1mm/m。

仪表箱、保温箱、保护箱的安装应符合要求，即应固定牢固；铅直度允许偏差为3mm，当箱的高度大于1.2m时铅直度允许偏差为4mm；水平度的允许偏差为3mm；成排安装时应整齐美观。

就地接线箱的安装应密封并标明编号，箱内接线应标明线号。

7. 执行机构

执行机构应固定牢固，机械传动应灵活，无松动和卡涩现象。执行机构连杆的长度应能调节，并保证调节机构在全开到全关的范围内动作灵活、平稳。安装用螺纹连接的小口径控制阀时应装有可拆卸的活动连接件。电磁阀的进、出口方位应正确，安装前应按产品说明书的规定检查线圈与阀体间的绝缘电阻。

8. 试验与调试

综合控制系统设备安装前应具备以下三个条件：基础底座安装完毕；供电系统及室内照明施工完毕并已投入运行；接地系统施工完毕，接地电阻符合设计规定，并执行《智能建筑工程质量验收规范》（GB 50339—2013）的规定；综合控制系统安装就位后应保证产品规定的供电、温度、湿度条件；仪表在安装和使用前应进行检查、校准和试验，确认符合设计文件要求及产品技术文件所规定的技术性能。分户热计量设备、热力入口装置、供暖监测控制系统安装应符合《建筑节能工程施工质量验收标准》（GB/T 50411—2019）的规定。设备监控系统在调试完成后应根据功能进行检查，确认符合设计文件要求及产品技术文件所规定的技术功能。

思考题与习题

1. 简述供暖系统的组成及分类情况。
2. 热水供暖系统的特点是什么？
3. 热水供暖散热器片数及供暖管道管径估算的基本要求是什么？
4. 简述分户热计量供暖系统的特点及基本要求。
5. 机械循环低温热水地板辐射供暖系统的特点是什么？
6. 简述供暖系统施工图的特点及识读要领。
7. 简述供暖热水锅炉的特点。
8. 供暖热水锅炉房设备的基本要求是什么？
9. 如何选择供暖热水锅炉房的位置？
10. 供暖热水锅炉房建筑有哪些要求？
11. 如何确定室内空气设计参数？
12. 如何确定室外设计计算参数？
13. 简述建筑供暖系统设计的基本原则。
14. 室内供暖施工的基本要求有哪些？
15. 管道及配件施工应注意哪些问题？
16. 散热器供暖施工应注意哪些问题？
17. 热水辐射供暖施工应注意哪些问题？
18. 电热供暖施工应注意哪些问题？
19. 燃气红外线辐射供暖施工应注意哪些问题？
20. 热风供暖施工应注意哪些问题？
21. 热计量及调控装置的基本要求是什么？
22. 系统水压试验的基本要求是什么？
23. 如何做好系统调试工作？
24. 简述城市供暖管道设计的基本要求。
25. 供暖热计量及供暖调节的基本要求有哪些？
26. 室外二次供热管网及换热站安装应注意哪些问题？
27. 热泵系统的安装应注意哪些问题？
28. 监测与控制仪表的安装要求有哪些？

建筑燃气供应系统 第7章

7.1 建筑燃气供应系统概述

7.1.1 建筑燃气

1. 燃气的分类、组成和特点

燃料是我们国民经济生产和生活必不可少的能源，燃料按其物理形态不同可以分为固体燃料、液体燃料、气体燃料三种；按其来源不同可分为天然气、人工燃气、液化石油气、沼气四种。各种气体燃料通称为燃气，燃气是由可燃成分和不可燃成分组成的混合气体。

燃气作为能源的一个组成部分，其与固体燃料、液体燃料相比具有突出的优越性，主要体现在以下五个方面：采用气体燃料有利于保护大气环境；气体燃料有利于提高热效率、节约能源；气体燃料用于工业生产可提高产品的质量和产量、利于生产自动化，可降低工人的劳动强度、提高劳动生产率；燃气可用管道输送，可在很大程度上减轻交通运输的压力；在人工燃气制造过程中能回收多种化工产品从而达到燃料综合利用的目的。

2. 天然气

天然气通过钻井从地层中开采出来，天然气是通过生物化学作用及地质变质作用，在不同的地质条件下生成、运移，并于一定压力下储集在地质构造中的可燃气体。人们习惯根据形成条件的不同将其分为纯天然气、石油伴生气、凝析气田气和矿井气四种。纯天然气是从气井中开采出来的燃气，见图 7-1-1～图 7-1-5。石油伴生气是伴随石油一起开采出来的石油气。凝析气田气是指含石油轻质馏分的燃气。矿井气是从井下煤层中抽出的燃气。我国有着比较丰富的天然气资源且分布比较广泛，主要分布在东部的渤海湾、松辽地区及西部的陕甘宁地区、川渝地区、青海地区和新疆地区等。

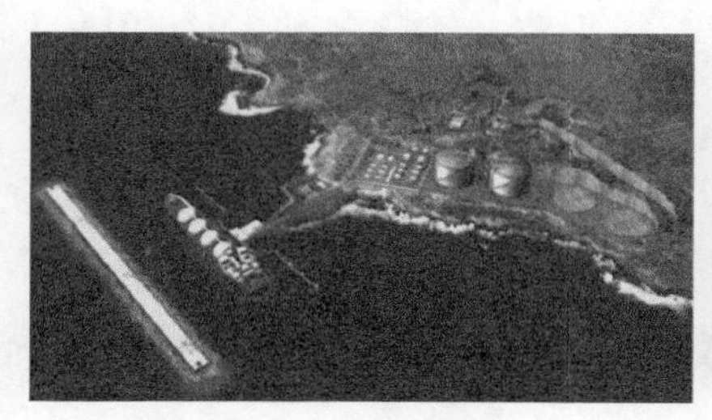

图 7-1-1　天然气基地 1

图 7-1-2　天然气基地 2

图 7-1-3　天然气基地 3

图 7-1-4　海上天然气钻井平台

图 7-1-5　澳大利亚礁层海上天然气钻井平台

天然气具有独特的性质，这些性质体现在四个方面。其比空气轻、易挥发、不易聚集、安全性能好，其各组分均可彻底燃烧且燃烧后不产生灰粉等固体杂质，是完全清洁的燃料。其密度大约是 0.75~0.8kg/m^3。其存在一个爆炸极限，所谓“爆炸极限”是指可燃气体和空气的混合物遇明火而引起爆炸时的可燃气体浓度范围，当空气中含有天然气浓度增加到不能引起爆炸浓度点时称为爆炸上限，此时燃烧产生的热量不足以弥补散失的热量；当空气中含有天然气浓度减少到不能引起爆炸浓度点时称为爆炸下限，此时无法维持继续燃烧；天然气的爆炸极限是占空气中体积的 5%~15%。天然气是无色、无味、无毒、无腐蚀性、易燃易爆的气体，天然气泄露时为了易于被人们发现并及时消除漏气通常要求对天然气加臭，加臭标准是达到爆炸下限的 20%时能被察觉。

天然气的主要组分为低分子烷烃，它既是制取合成氨、炭黑、乙炔等化工产品的原料气，又是优质燃料气，是理想的城市气源。由于开采、储运和使用天然气既经济又方便，所以近些年来，许多国家大力发展天然气工业。有些天然气资源缺乏的国家也进口液化天然气（LNG）以发展城市燃气事业。液态天然气的体积为气态时的 1/600，有利于运输和储存。

当天然气在大气压下冷却至约-162℃时，天然气会由气态转变成液态，称为液化天然气（Liquefied Natural Gas，LNG）。LNG 无色、无味、无毒且无腐蚀性。LNG 的基本引进流程为上游购气→LNG 运输→下游售气。LNG 的宏观引进流程为上游购气→LNG 运输→下游接收，见图 7-1-6 和图 7-1-7。

图 7-1-6　LNG 运输

图 7-1-7　LNG 下游接收

3. 人工燃气

人工燃气是指从固体或液体燃料加工所生产的可燃气体，根据制气原料和加工方式的不同，可生产多种类型的人工燃气，如干馏煤气、气化煤气、油制气、高炉煤气和转炉煤气等。利用焦炉、连续式直立炭化炉和立箱炉等对煤进行干馏所获得的煤气称为干馏煤气。煤在高温下与气化剂反应所生产的燃气统称为气化煤气，压力气化煤气、水煤气、发生炉煤气等均属此类。油制气是用石油系原料经热加工制成的燃气总称，比如我国一些城市利用重油或渣油制取油煤气作为城市燃气的掺混气或缓冲气源。高炉煤气为高炉炼铁的副产气，转炉煤气为氧气顶吹转炉炼钢的副产气，高炉煤气和转炉煤气的主要可燃组分为CO，两者均可用作冶金工厂生产的燃料。

人工燃气具有独特的性质，这些性质体现在以下几个方面：人工燃气具有强烈的气味和毒性；含有硫化氢、萘、苯、氨、焦油等杂质；容易腐蚀及堵塞管道；使用前应加以净化。

4. 液化石油气

液化石油气是开采和炼制石油过程中作为副产品而获得的一部分碳氢化合物（Liquified Petroleum Gas，LPG）。这些烃类临界压力较低、临界温度较高、沸点较低，因而液化石油气在常温常压下呈气态。为了便于储存和输送，只需把它升高压力或降低温度就可成为液态，其由气态变为液态后体积仅为原来的1/250~1/300。使用时再降压气化使其成为气体燃料。液化石油气气态热值为87.92~100.50MJ/kg、液化石油气（液态）热值为45.22~50.23MJ/kg、发生炉煤气热值为5.01~6.07MJ/m^3、水煤气热值为10.05~10.87MJ/m^3。

5. 沼气

沼气也称为生物气，是利用生物质能源转化得到的气体燃料。它是由各种有机物质在隔绝空气条件下保持一定的温度、湿度和酸碱度，经过微生物发酵分解作用而产生的一种燃气。这种燃气最早是在沼泽地区发现的，所以称为沼气。生物气可分为天然生物气和人工生物气。天然生物气存在于自然界中腐烂有机质积累较多的地方，如沼泽、池塘、粪坑、污水沟等处。人工生物气是用作物秸秆、树叶杂草、人畜粪便、污水污泥和一些工厂的有机废水残渣等有机物质为原料，在适当的工艺条件下进行发酵分解而生成，工厂的有机废水残渣主要是指酒厂内酒糟、酒精厂的废液等。

7.1.2 城市燃气的管道输配

城市燃气输配系统有两种基本形式，一种是管道输配系统，另一种是液化石油气瓶装系统。

1. 城市燃气输配系统的组成

见图7-1-8，管道输配系统一般由气源、输配网、储配站、调压室以及运行管理操作和控制设施和用户等共同组成。各组成部分的关系为气源→储配站→高、中压管网→区域调压站→用户。

2. 燃气管网

燃气管网有以下五种分类方法：

（1）按输气压力分类　燃气管道与其他管道相比有特别的严格要求，管道漏气可能导致火灾、爆炸、中毒等事故。燃气管道中的压力越高，管道接头脱开，管道本身出现裂缝的可能性越大。管道内燃气压力不同时，对管材、安装质量、检验标准及运行管理等要求也不相同。我国城镇燃气管道按输气压力分为低压管道（$P\leqslant0.005$MPa）、中压管道（0.005MPa$<P\leqslant0.2$MPa）、次高压管道（0.2MPa$<P\leqslant0.4$MPa）、高压管道（0.4MPa$<P\leqslant0.8$MPa）。

（2）按敷设方式分类　燃气管道按敷设方式分为埋地管道、架空管道两类。输气管道埋设于土壤中的称为埋地管道，当管段需要穿越铁路、公路时有时需加设套管或管沟，因此，埋地管道有直接埋设及间接埋设两种。工厂厂区内或管道跨越障碍物时常采用架空敷

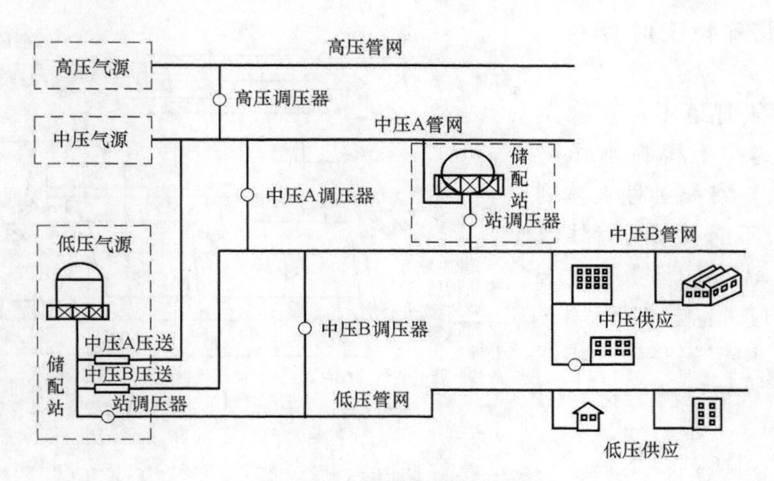

图 7-1-8 管道输配系统

设，此时的管道称为架空管道。

(3) 按管网形状分类　为便于工程设计中进行管网水力计算，通常将管网分为环状管网、枝状管网、环枝状管网等类型。环状管网的特点是管道连成封闭的环状，是城市输配管网的基本形式。枝状管网的特点是以干管为主管，呈放射状由主管引出分配管而不构成环状，城市管网中一般不单独使用。环枝状管网是环状与枝状混合使用的一种管网形式，是工程设计中常用的管网形式。

(4) 按照管道在系统中的用途分类　燃气管道按管道在系统中的用途分为输配干管、配气支管两大类。输配干管又分为中压输配干管和低压输配干管。中压输配干管是将燃气自接收站（门站）或储配站送至城市各用气区域的管道。低压输配干管是将燃气自调压室送至燃气供应地区并沿途分配给各类用户的支管。配气支管又分为中压支管、低压支管、室内管道。中压支管是将燃气自中压输配干管引至调压室的管道。低压支管是将燃气从低压输配干管引至各类用户的室外管道。室内管道是建筑物内部的管道，如住宅楼室内燃气管道通过引入管与低压支管相接。

(5) 按照管网的压力级制分类　一级系统仅用于低压管道来输送、分配和供应燃气的系统，一般只适用于小城镇。两级系统是由低压和中压或低压和次高压两级管网组成的系统，见图 7-1-10。三级管网是由低压、中压（或次高压）和高压三级管网组成的系统。多级系统是由低压、中压、次高压和高压管网组成的系统。

3. 燃气管道布置

(1) 管道平面布置原则

1) 高中压管道应连接成环网状以保证供气安全可靠。高压管道宜布置在城市边缘或有足够安全距离的地带，高中压管道应避免在车辆来往频繁或闹市区的主要干线敷设，否则会对施工和管理、维修造成困难。高中压管道应尽量靠近各调压室以缩短连接支管长度。高中压管道应尽量避免穿越铁路或河流等大型障碍物以减少工程量和投资。

2) 考虑到用户数量会随城市发展而逐步增加，低压管道除了以环状布置为主体外，也允许存在枝状管道。考虑到经济性与安全性问题，低压管网的成环边长一般控制在 300～600m。低压管道应尽可能布置在街坊内兼作庭院管道以节省投资。低压管道可以沿街一侧敷设，遇某些特殊情况时可双侧敷设。

3）地下燃气管道不得从大型建筑物下面穿过，不得在堆积易燃、易爆材料和具有腐蚀性液体的场地下面穿越，不能与其他管线或电缆同沟敷设，需要同沟敷设时必须采取相应的防护措施。地下燃气管道与建筑物、构筑物基础或相邻管道之间的水平净距应满足表 7-1-1 的规定。

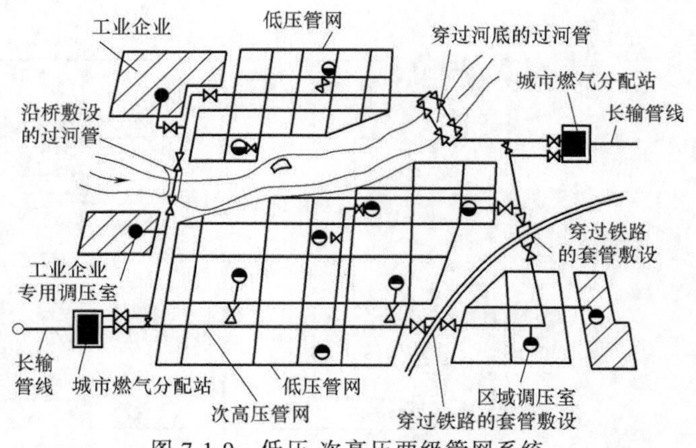

图 7-1-9　低压-次高压两级管网系统

4）为便于管道管理、维修或接新管时切断气源，高中压管道应在以下三类地点设阀门：气源厂的出口；储配站、调压室的进出口；分支管的起点；重要的河流、铁路两侧且单支线应在气流来向的一侧。

表 7-1-1　地下燃气管道与建筑物、构筑物基础或相邻管道之间的水平净距要求（单位：m）

序号	项目		地下燃气管道				
			低压	中压		高压	
				B	A	B	A
1	建筑物的基础		0.7	1.0	1.5	4.0	6.0
2	给水管		0.5	0.5	0.5	1.0	1.5
3	排水管		1.0	1.2	1.2	1.5	2.0
4	电力电缆		0.5	0.5	0.5	1.0	1.5
5	通信电缆	直埋	0.5	0.5	0.5	1.0	1.5
		在导管内	1.0	1.0	1.0	1.0	1.5
6	其他燃气管道	$DN \leqslant 300$mm	0.4	0.4	0.1	0.4	0.4
		$DN > 300$mm	0.5	0.5	0.5	0.5	0.5
7	热力管	直埋	1.0	1.0	1.0	1.5	2.0
		在管沟内	1.0	1.5	1.5	2.0	4.0
8	电杆（塔）的基础	≤35kV	1.0	1.0	1.0	1.0	1.0
		>35kV	5.0	5.0	5.0	5.0	5.0
9	通信照明电杆（至电杆中心）		1.0	1.0	1.0	1.0	1.5
10	铁路钢轨		5.0	5.0	5.0	5.0	5.0
11	有轨电车钢轨		2.0	2.0	2.0	2.0	2.0
12	街树（至树中心）		1.2	1.2	1.2	1.2	1.2

注：低压为管道压力 $p<10$kPa；中压 B 为 $10\text{kPa} \leqslant p \leqslant 200\text{kPa}$，中压 A 为 $200\text{kPa} \leqslant p \leqslant 400\text{kPa}$。

（2）管道立面布置原则

1）管道埋深应合理。地下燃气管道埋深主要考虑地面动负荷，特别是车辆重负荷的影响以及冰冻层对管内输送气体中可凝性气体的影响。因此管道埋设的最小覆土厚度应遵守以下五条规定，即埋设在车行道下时不得小于 0.8m；埋设在非车行道下时不得小于 0.6m；埋设在庭院内时不得小于0.3m；埋设在水田下时不得小于0.8m；输送湿燃气的管道应埋设在土壤冻土线以下。所谓“最小覆土厚度”是指路面至管顶的铅直距离。

2）管道坡度及凝水缸设置应合理。在输送湿燃气的管道中不可避免会有冷凝水、轻质油或渗入的地下水，为了排除出现的液体，需在管道低处设置凝水缸，各凝水缸的间距一般应不大于500m，管道应有不小于0.003的坡度且应坡向凝水缸。地下燃气管道与其他管道或构筑物之间的最小竖向间距应遵守表7-1-2的规定。

表7-1-2 地下燃气管道与构筑物或相邻管道之间的最小竖向间距 （单位：m）

序号	项目		地下燃气管道，有套管时以套管计
1	给水管、排水管或其他燃气管道		0.15
2	热力管的管沟底（或顶）		0.15
3	电缆	直埋	0.50
		在导管内	0.15
4	铁路轨底		1.20
5	有轨电车轨底		1.00

7.1.3 室内燃气供应

室内燃气供应方式有室内燃气管道系统和瓶装供应两种方式。

1. 室内燃气管道系统

室内燃气管道系统（见图7-1-10）由用户引入管、水平干管、立管、用户支管、燃气计量表、用具连接管和燃气用具等组成。

1）用户引入管。用户引入管是室内用户系统与城市或庭院低压燃气分配管道相连的管段。用户引入管的引入方式主要有地下引入和地上引入两种方式。输送湿燃气的引入管可采用地下引入（见图7-1-11）。非供暖地区或输送干燃气且管径不大于75mm时可采用地上引入（见图7-1-12）。输送湿燃气的引入管应有不小于0.005的坡度坡向城市分配管。引入管应从楼梯间、厨房、走廊等易于检查管道的地方引入室内，其不应穿越卧室、浴室、易燃易爆物品仓库、变配电室、通风机房、潮湿或有腐蚀性介质的房间。引入管穿过承重墙、基础或管沟时均应设套管并应考虑沉降影响，必要时应采取补偿措施。

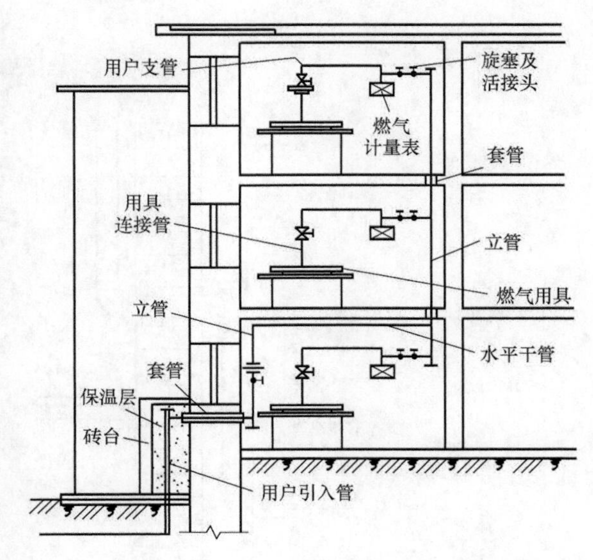

图7-1-10 室内燃气管道示意

2）水平干管。引入管连接多根立管时应设水平干管。水平干管可沿楼梯间或辅助间的墙壁敷设并应坡向引入管且坡度应不小于0.002。管道经过楼梯间和房间应有良好的自然通风。

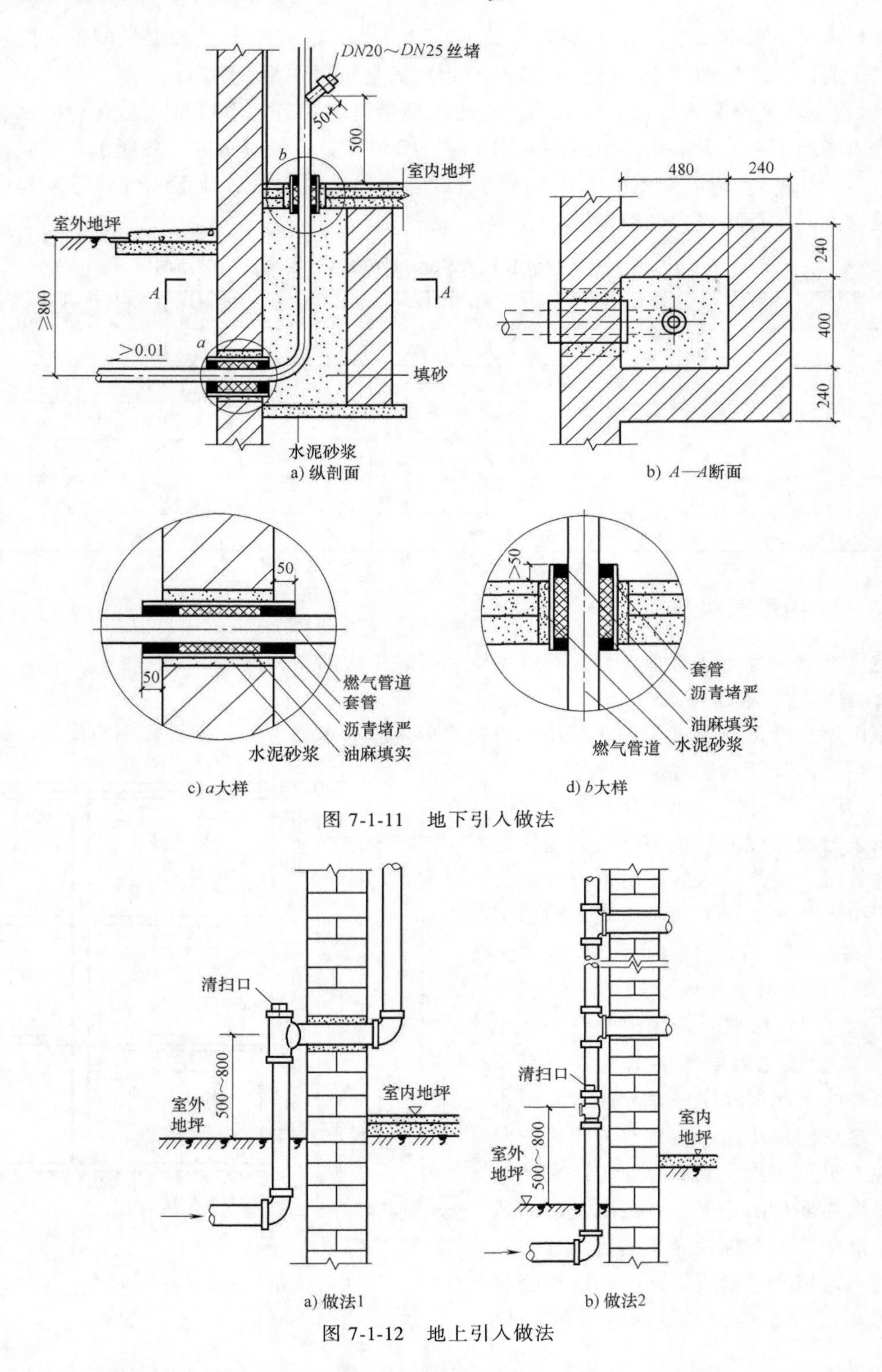

a) 纵剖面

b) A—A断面

c) a大样

d) b大样

图 7-1-11　地下引入做法

a) 做法1

b) 做法2

图 7-1-12　地上引入做法

3）立管。立管是将燃气由引入管或水平干管分送到各楼的竖向管道。立管一般敷设在厨房、走廊或楼梯间。每一立管的上下端应设丝堵三通，作清洗用，且其直径应不小于

25mm。当由地下室引入立管时，立管的每一层应设阀门，阀门应设于室内，对重要用户应在室外另设阀门。立管通过各层楼板时应设套管。套管应高出地面至少 50mm。

4）用户支管（见图 7-1-13）。由立管引向各单独用户计量表及燃气用具的管道称为用户支管。用户支管在厨房内的高度应不低于 1.7m，敷设坡度应不小于 0.002，并应由燃气计量表分别坡向立管和燃气用具。支管穿墙时也应有套管保护。

5）用具连接管（见图 7-1-15）。连接支管和燃气用具的竖向管段称为用具连接管。用具连接管可采用钢管连接，也可采用软管连接。采用软管时应遵守以下四条规定：软管的长度不得超过 2m 且中间不得有接口；软管宜采用耐油加强橡胶管或塑料管，且其耐压能力应大于 4 倍的工作压力；软管两端连接处应采用压紧帽或管卡夹紧以防脱落；软管不得穿墙、门和窗。

6）燃气用具。常用民用燃气用具有燃气灶、热水器、沸水器、食品烤箱和燃气采暖炉。

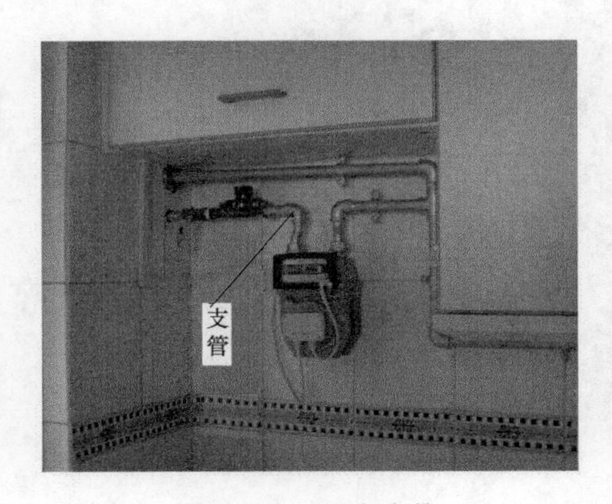

图 7-1-13　用户支管

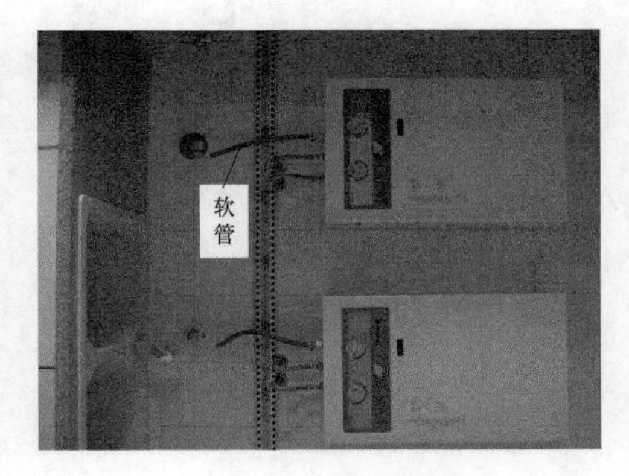

图 7-1-14　用具连接管

2. 燃气管道的敷设与管材及其连接方式

1）敷设方式。敷设方式主要有明装和暗装两种。一般建筑燃气管道可采用明装。建筑物或工艺有特殊要求时可采用暗装，但必须敷设在有人孔的闷顶或有活动盖的墙槽内，以便安装和检修。输送湿燃气的室内管道敷设在可能冻结的地方时应采取防冻措施。

2）管材及其连接方式。常见的燃气管道管材主要有镀锌钢管和普通焊接钢管，普通焊接钢管应除锈后刷防腐漆和面漆。燃气管道管材的常见连接方式是法兰连接、焊接、丝接。

7.1.4　液化石油气瓶装供应

1. 供应方式

液化石油气的供应方式主要有管道输送和瓶装供应两种。其供应流程为生产厂家→（火车、汽车槽车或管道运输）→储配站→储罐→用户。

2. 瓶装供应

瓶装供应借助钢瓶进行。钢瓶是盛装液化石油气的专用压力容器，供民用、公用及小型工业用户使用的钢瓶其充装量为 10kg、15kg、50kg，钢瓶通常由底座、瓶体、瓶嘴、耳片和护罩组成。单瓶供应设备主要包括钢瓶、调压器、燃具、连接管等。

7.1.5 燃气计量表

1. 燃气的计量

各用户的燃气消耗是通过燃气表来计量的，燃气表由专门的燃气用具制造厂家生产。设计时只要根据各用户使用的燃气压力、温度及燃气的最大流量和最小流量以及安装燃气表的房间温度选择适合用户的燃气表即可。订货时必须检验制造厂家的生产许可证及上级的有关批准文件。

2. 燃气表的分类

燃气表按工作原理不同可分为容积式流量计、速度式流量计、压差式流量计、涡轮式流量计等。民用建筑室内燃气供应系统上所用的计量燃气用量的燃气表一般采用容积式流量计，见图 7-1-15。

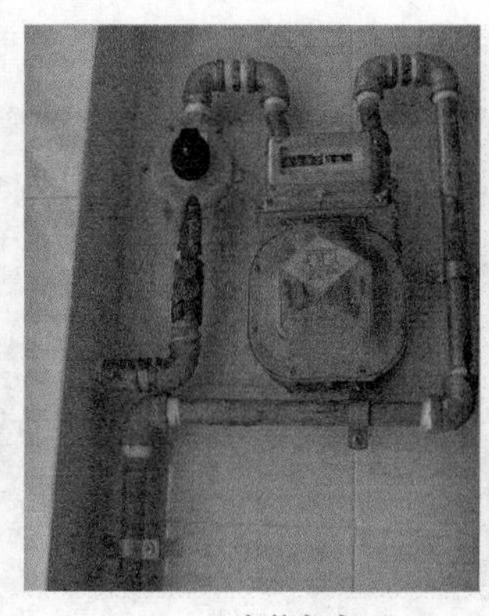

a) 安装方式1

b) 安装方式2

图 7-1-15 容积式流量计

3. 燃气表的安装

由管道供应的燃气用户应单独设置计量装置，即一户一表。居住建筑应一户一表，公共建筑至少每个用气单位设一个燃气表。

（1）安装方式　单管式安装方式见图 7-1-16，双管式安装方式见图 7-1-17，可根据不同地区的用户习惯和要求选用。燃气表在保证质量的前提下宜采用就地生产厂家的产品，有利于提供备品备件及方便维修。

（2）安装位置要求　燃气表宜安装在非燃烧结构及通风良好的房间内。严禁安装在浴室、卧室、危险品和易燃物品堆存处以及与上述情况类似的地方。公共建筑和工业企业生产用气的燃气表宜设置在单独房间内。安装隔膜表的工作环境温度应满足要求，使用人工煤气及天然气时应高于 0℃。燃气表的安装应满足抄表、检修、保养和安全使用的要求，燃气表装在燃气灶具上方时燃气表与燃气灶的水平净距不得小于 300mm。

7.1.6 燃气用具

民用燃气用具也称为生活燃气用具，是指家庭生活及公用事业中所使用的燃气用具。民用燃气用具通常分为燃气炊事灶具、燃气烧水器具、燃气冷藏器具、燃气空调及供暖器具、其他燃气生活用具五大类。常见燃气炊事灶具主要有家用单（双）眼灶、烤箱灶等。常见燃气烧水器具主要有自动热水器、沸水器、开水炉等。常见燃气冷藏器具主要有燃气冰箱。常见燃气空调及供暖器具主要有空调机、取暖炉、红外线辐射供暖器等。常见其他燃气生活用具主要有燃气热泵、燃气洗衣干燥器、燃气吸斗、理发吹风器等。

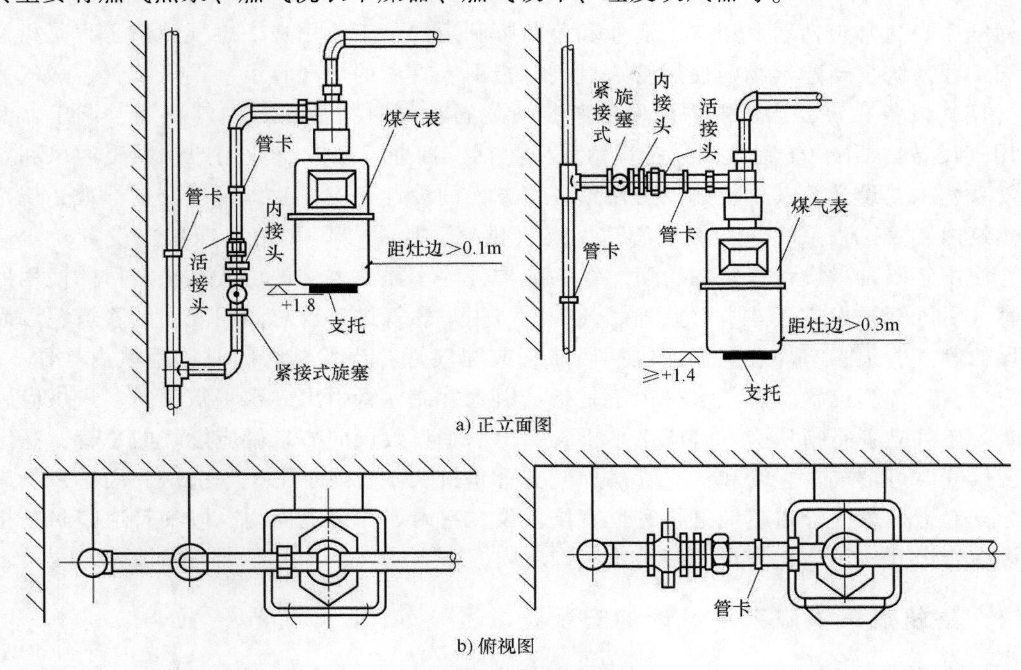

a) 正立面图

b) 俯视图

图 7-1-16 单管式安装方式

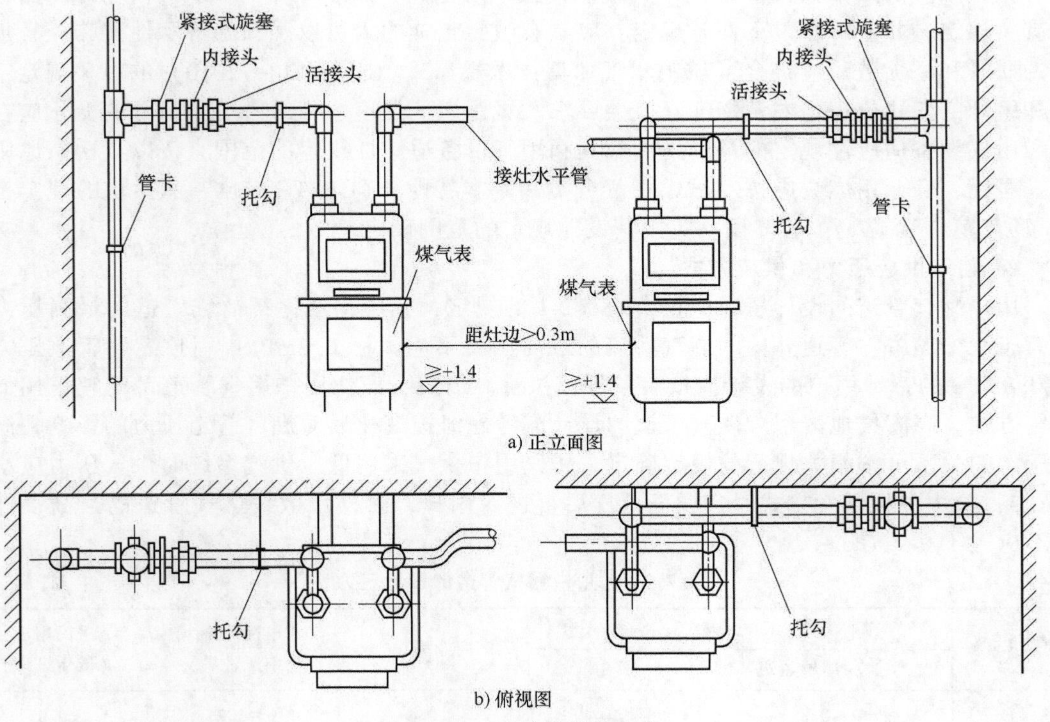

a) 正立面图

b) 俯视图

图 7-1-17 双管式安装方式

7.2 建筑燃气供应系统设计

燃气用户通常包括居民用户、商业和公共福利用户、工业用户。燃气用户工程是指建筑内燃气工程系统，当建筑物内使用管道供气时指引入管后的燃气管道、调压装置、燃气表及燃具（用气设备）等，当建筑物内使用瓶装液化石油气时指液化石油气钢瓶、调压器及燃具（用气设备）。用户工程设计是指城镇居民生活、商业、工业企业生产、供暖通风和空调等用气系统工艺设计，其中土建、公用设备等方面的设计还应按我国现行其他标准、规范执行。建筑内燃气工程系统包括燃气管道，燃气供气、计量装置和燃具（用气设备）等。燃气设计使用年限是指设计规定的管道、结构或构件等不需要大修即可按其预定目的使用的时间。燃气引入管是指靠近建筑的室外燃气管道与用户燃气进口管总阀门之间的管道，含沿外墙敷设的燃气管道，室外燃气管道包括楼前管或配气管，当无总阀门时以距室内地面 1.0m 高处为总阀门计算位置。燃气水平干管是指从引入管或立管引出，水平敷设向多户供应燃气的总管。燃气立管是指从引入管或水平干管引出，垂直敷设向多户供应燃气的总管，高层住宅分区供气时可形成主立管和支立管。燃气支管是指从立管或水平干管引出，向单户供应燃气的分支管道。燃气管道暗埋是指管道直接埋设在室内墙体、地面内。燃气管道暗封是指管道敷设在管道井、吊顶、管沟、橱柜及装饰层内。

7.2.1 建筑燃气供应系统设计的宏观要求

1. 燃气质量

城镇燃气的质量指标应符合《城镇燃气技术规范》（GB 50494—2009）和现行产品标准的有关规定，并应符合以下两条规定：应具有嗅觉正常的人可以感知的警示性臭味，且加臭剂的质量和添加数量应符合《城镇燃气加臭技术规程》（CJJ/T 148—2010）的有关规定；热值和组分的变化应满足城镇燃气互换性要求。城镇燃气热值、相对密度和组分的变化应在燃具和用气设备适应性规定的范围内，燃具和用气设备适应性规定的范围宜按以下两条原则确定：居民、商业用燃具应按《城镇燃气分类和基本特性》（GB/T 13611—2018）的规定范围（试验气范围）确定；用气设备应按其设计规定的范围确定。

2. 燃气供应压力和供应方式

用户燃气管道的设计压力应符合表 7-2-1 的规定，其中，液化石油气管道的最高压力不应大于 0.14MPa；管道井内的燃气管道的最高压力不应大于 0.2MPa；用户燃气管道压力大于 0.8MPa 的特殊用户的设计应按有关规范执行。居民、商业用户燃气管道系统宜采用低压供气方式。高海拔地区用户燃气管道的设计应考虑海拔变化后对燃气管道压力的影响，海拔与压力的关系可按相关规范的规定确定。居民用户供气采用低压供气系统时供气压力应小于 10kPa；采用中压供气方式时宜调至低压后再进入用户，沿外墙敷设燃气管道的最高设计压力不应大于 0.4MPa。

表 7-2-1 用户燃气管道的设计压力 （单位：MPa）

燃气用户	工业用户		商业用户	居民用户（中压进户）	居民用户（低压进户）
	独立、单层建筑	其他			
设计压力	≤0.8	≤0.4	≤0.4	≤0.2	<0.01

3. 燃气用户分类和燃具的额定压力

燃气调压器、燃气表、燃具和用气设备等应根据其使用燃气类别及其特性、安装条件、工作压力和用户要求等因素选择。民用燃具的额定压力及其允许的压力波动范围应符合相关规范的规定，燃具的额定压力 p_n 对人工煤气（含矿井气）为 1.0kPa、对天然气（含煤层气）为 2.0kPa、对液化石油气为 2.8kPa 或 5.0kPa（商用），允许的压力波动范围对管道燃气为（0.75~1.5）p_n、对瓶装液化石油气为（2.8±0.5）kPa 或（5.0±1.0）kPa。商业和工业企业用气设备的额定压力及其允许的压力波动范围应根据设备的工艺要求确定。

4. 燃气管道和燃具的设置

暗埋的用户燃气管道的设计使用年限不应小于同建筑物的使用年限，明设的用户燃气管道的设计使用年限不得小于 30 年。选用燃具、用气设备的质量应符合我国现行的有关规定。居民用户厨房不得设置两种及以上的燃气设施。地下室、半地下室不得设置液化石油气管道和使用液化石油气的燃具和用气设备。当地下室、半地下室和地上密闭厨房设置燃具、调压计量装置和阀门等时，应设置燃气泄漏报警器、紧急切断阀和机械通风设施，燃气泄漏报警器应与紧急切断阀和机械通风设施连锁。燃气管道、燃具、调压装置及计量表不得设置在卧室、卫生间、电梯间及其前室、封闭楼梯间、高层建筑中的避难层、易燃或易爆品的仓库、有腐蚀性介质的房间、发电间、配电间、变电室、不使用燃气的空调机房、通风机房、计算机房及有明显振动影响的地方等，燃气管道还不应穿过电缆沟、暖气沟、烟道、进风道和垃圾道等地方。

7.2.2　建筑燃气管道流量和水力计算的基本要求

居民生活用燃气的计算流量 $Q_h=\sum KNQ_n$，其中，K 为燃具同时工作系数，可按相关规范规定取值；N 为同种燃具或成组燃具（户）的数目；Q_n 为燃具的额定流量，供暖热水炉可按建筑供暖耗热量采用。商业用和工业企业生产用燃气计算流量应按用气设备的额定流量及其同时使用情况确定。

管道阻力损失应按相关规范规定确定。从引入管至燃具前的低压燃气管道的阻力损失不宜大于 400Pa。从引入管至用气设备前的商业和工业企业燃气管道的阻力损失应根据供气压力、燃具额定压力及其允许的压力波动范围确定。计算燃气管道阻力时应考虑高程差引起的附加压力，附加压力 $\Delta H=9.8(\rho_k-\rho_m)h$，其中，$\rho_k$ 为空气的密度；ρ_m 为燃气的密度；h 为燃气管道终点、起点的高程差。

管道水力计算应遵守相关规范规定。钢管、薄壁不锈钢管、铜管、铝塑复合管等内壁光滑的管道，其内径通过能力和单位长度的摩擦阻力损失可按相关规范给出的公式或按其计算编制的水力计算图表计算。不锈钢波纹软管的通过能力和单位长度的摩擦阻力损失应通过实测或参照相关标准的规定确定，缺乏资料时，不锈钢波纹软管与同内径内壁光滑管道的同压差时流量降低系数对低压管道宜取 0.6、中压管道宜取 0.5。燃气管道的计算长度可按以下两种方式之一确定：管道敷设长度与管件、阀门等的当量长度之和；管道敷设长度乘以管件、阀门等的当量长度修正系数，当管件、阀门设置于住宅引入管、立管和水平干管上时其修正系数取 1.2，当管件、阀门设置于户内支管上时其修正系数取 3.0，且支管长度为 2~3m。

7.2.3 燃气管道、附件及设备

1. 管材和管件

管材和管件的质量应符合相关产品标准的有关规定，燃气管道管材和管件的应用条件应遵守相关规范规定，也可选用同等性能及以上的其他管材及管件。常用低压燃气管道管材包括热浸镀锌钢管（GB/T 3091—2015，螺纹连接）、钢管（GB/T 8163—2018，焊接或法兰连接）、薄壁不锈钢管［YB/T 4370—2014 或 GB/T 12771—2019，承插式氩弧焊或机械连接（GB/T 19228.1—2011）］、不锈钢波纹管（GB/T 26002—2010，螺纹连接）、铜管［GB/T 18033—2017，硬钎焊（GB/T 11618.1—2008）且钎料熔点大于 450℃］、铝塑复合管（GB/T 18997.1—2003、GB/T 18997.2—2003，机械连接）、铝合金衬塑复合管（CJ/T 435—2013，机械连接）、燃具连接不锈钢波纹管（CJ/T 197—2010，螺纹或插入连接）、燃具连接橡胶复合软管（螺纹或插入连接）。常用中、次高压燃气管道管材包括钢管（GB/T 3091—2015、GB/T 8163—2018，焊接或法兰连接）、铜管［GB/T 18033—2017，硬钎焊（GB/T 11618.1—2008）且钎料熔点大于 450℃］。

管件及密封的选择应符合相关规范的规定，管道公称压力不大于 0.01MPa 时可选用可锻铸铁螺纹管件；管道公称压力不大于 0.2MPa 时应选用钢或铜合金螺纹管件；管道公称压力不大于 0.2MPa 时应采用《55°密封管螺纹　第 2 部分：圆锥内螺纹与圆锥外螺纹》（GB/T 7306.2—2000）规定的螺纹（锥/锥）连接。密封填料宜采用聚四氟乙烯生料带、尼龙密封绳等性能良好的填料。

灶具连接用不锈钢波纹软管的选型和质量应符合相关规范规定，不锈钢波纹管应符合《燃气用具连接用不锈钢波纹软管》（CJ/T 197—2010）的规定；与台式灶连接的不锈钢波纹管被覆层的质量应符合我国现行的有关规定。燃具连接用胶管应符合相关规范规定，胶管的质量除应符合相关规范规定，管螺纹接头的螺母进行紧固作业时软管旋转不应大于 30°。

燃具连接用软管的使用年限不应低于燃具的判废年限，燃具的判废年限应符合《家用燃气燃烧器具安全管理规则》（GB 17905—2008）的规定。灶具与连接软管连接方式的选择应根据燃气的供气压力、灶具的种类等确定。

2. 管道敷设

用户燃气管道宜明设。燃气管道的设置不得损坏建筑物的承重结构和耐火性能，且不应穿过建筑物的沉降缝、变形缝、抗震缝等，必须穿过时可根据结构变形量大小采取防护措施。燃气管道的设计应考虑在工作温度下的极限变形，当自然补偿不能满足要求时应设补偿器。燃气管穿过建筑物基础、墙或管沟时应设置在套管中，并应考虑沉降影响，必要时应采取补偿措施。当燃气管道穿过设计沉降量大于 50mm 的建筑物时可采取以下三种补偿措施：加大引入管穿墙处的预留洞尺寸；引入管穿墙前水平或垂直弯曲 2 次以上；引入管穿墙前设置金属柔性管或波纹补偿器。

高层建筑燃气管道应充分考虑地震和风的影响。穿越墙体、楼板或地板等处套管内的燃气管道不得有任何形式的机械接头。沿墙、柱、楼板和加热设备构件上明设的燃气管道应采用管支架、管卡或吊卡固定，管支架、管卡、吊卡等固定件的安装不应妨碍管道的自由膨胀和收缩。

沿外墙敷设的燃气立管和水平干管宜设置在方便检修处，其与非用气房间门、窗洞口的

水平净距应符合以下两条规定：中压管道不应小于 0.5m；低压管道不应小于 0.3m。

燃气管道敷设在地下室和半地下室时还应符合相关要求。采用钢管时应采用壁厚不小于 4mm 的无缝钢管；除仪表、阀门可采用丝扣连接外，其他接口均应采用焊接或法兰连接，焊口应按相关标准进行检验。采用铜管、不锈钢管时应采用焊接连接。应有良好的防爆通风和防爆照明措施。应设置可燃气体泄漏报警器和紧急切断阀，报警器与机械通风和紧急切断装置应联动，并应符合相关规范规定。燃气管道末端应设放散管，其放散口应接到地面安全处且高出地面高度不应小于 3m。

用户燃气管道与电气设备、相邻管道之间的净距不应小于表 7-2-2 的规定，明装电线加绝缘套管，且套管的两端各伸出燃气管道 10cm 时套管与燃气管道的交叉净距可降至 1cm；布置确有困难在采取有效措施后可适当减小净距。

表 7-2-2　燃气管道与电气设备、相邻管道之间的净距

管道和设备		与燃气管道的净距/cm	
		平行敷设	交叉敷设
电气设备	明装的绝缘电线或电缆	25	10
	暗装或管内绝缘电线	5(从所做的槽或管子的边缘算起)	1
	电压小于 1000V 的裸露电线	100	100
	配电盘或配电箱、电表	30	不允许
	电插座、电源开关	15	不允许
相邻管道		保证燃气管道、相邻管道的安装和维修	2

沿外墙和屋面敷设的燃气管道的防雷、防静电应符合《建筑物防雷设计规范》（GB 50057—2010）、《化工企业静电接地设计规程》（HG/T 20675—1990）和《城镇燃气室内工程施工与质量验收规范》（CJJ 94—2009）的规定。次高压、中高压燃气管道不应设置在建筑物内部或基础下面，除非该建筑物是供气企业相关的建筑。燃气管道表面涂覆防腐保护层的性能应符合相关规范规定，涉及保护膜厚度、附着力、膜硬度、耐溶剂性、耐盐雾性等指标。

3. 引入管

燃气引入管敷设位置应符合相关规范规定。引入管可沿外墙地面上穿墙敷设，也可埋地穿过建筑物外墙或基础引入室内；室外露明管段的上端弯曲处应加不小于 *DN*15 清扫用三通和丝堵并做防腐处理；寒冷地区输送湿燃气时应采取保温措施。住宅燃气引入管应设在厨房、外走廊等便于检修的非居住房间内；多层住宅建筑确有困难时可从楼梯间引入并应符合相关规范规定。埋地引入管不得穿过地下室、半地下室和暖气沟等地下空间的住宅外墙或基础引入室内；引入管进入住宅后应沿墙直接出室内地面，不得在室内地面下水平敷设。商业和工业企业的引入管宜设在使用燃气的房间或燃气表间内。

燃气引入管与其他管道平行敷设时其净距应满足安装和维修需要，当与地下管沟或下水管距离较近时应采取有效的防护措施。燃气引入管阀门应设在操作方便的位置，其距地面高度宜为 0.3~0.8m，并应有保护措施。输送湿燃气的引入管埋设深度应在土壤冰冻线以下并宜有不小于 0.01 坡向室外管道的坡度。

4. 立管

燃气立管宜敷设于厨房、阳台内，也可以沿厨房和阳台的外墙敷设；多层建筑的燃气立管可敷设在敞开式楼梯间内，并应采用无缝钢管、铜管和不锈钢管，且管道连接应采用焊接。

燃气立管设置在管道井内时应便于安装和检修，并应符合以下六方面要求。燃气立管可与空气、惰性气体、上下水、热力管道等设在一个公用竖井内，但不得与电线、电气设备或氧气管、进风管、回风管、排气管、排烟管、垃圾道等共用一个竖井。竖井内的燃气管道不宜设置阀门等附件，燃气管道应涂黄色防腐识别漆。竖井应每隔 2~3 层做相当于楼板耐火极限的不燃烧体进行防火分隔，且应设法保证平时竖井内自然通风和火灾时防止产生“烟囱”作用的措施。管道竖井的墙体应为耐火极限不低于 1.0h 的不燃烧体，井壁上的检查门应采用丙级防火门；建筑物底层管道井防火检修门的下部，应设带有电动防火阀的进风百叶。每隔 4~5 层应设 1 个燃气泄漏报警探测器，2 个探测器之间的净距不应大于 20m。建筑高度大于 100m 的住宅燃气管道设在管道井内时，除设置燃气泄漏报警探测器外还应设置紧急切断阀并应连锁。

高层建筑的燃气立管应有承受自重和热伸缩推力的固定支架和活动支架。高层建筑燃气立管应考虑附加压力的影响，可采取的措施包括在用户燃气表前的支管上设置低-低压调压器、多根立管分段调压、立管变径分段调节等，可根据实际情况选择其中一种方式。

5. 水平干管

燃气水平干管可敷设在符合下列要求的场所：符合《住宅设计规范》（GB 50096—2011）和《建筑设计防火规范》（GB 50016—2014）规定的有外窗的外走廊；有对外的门、窗或窗井的设备层或管道层内；燃气水平干管可明设的地方；外墙或屋面上。燃气水平干管敷设在靠外墙并有外窗的敞开式楼梯间时应符合相关规范规定，多层建筑可采用无缝钢管或加厚型镀锌钢管；高层建筑局部水平穿越时应采用无缝钢管并应设钢套管保护，设钢套管保护确有困难时应设燃气泄漏报警器和紧急切断阀等安全保护装置且应采用无缝钢管，有焊接接头时焊口应 100%射线照相检验。燃气水平干管严禁穿过防火墙。住宅燃气水平干管不应暗埋在室内土层、地面混凝土层和楼顶板内，工业和实验室的室内燃气管道可暗埋在混凝土地面中且其燃气管道的引入和引出处应设钢套管，钢套管应伸出地面 5~10cm，钢套管两端应采用柔性的防水材料密封，管道应有防腐绝缘层。

6. 支管

住宅内暗埋的燃气支管应符合相关规范要求。暗埋管道不应有接头，焊接接头除外。暗埋的管道应与其他金属管道或部件绝缘，暗埋的柔性管道应采用厚度不小于 1.2mm 的金属硬质盖板进行保护，暗埋的柔性管道进出墙面的部位应有钢套管保护。暗埋管道的覆盖层厚度不应小于 10mm 且其上应有明显标志以标明管道位置。

住宅内暗封的燃气支管应符合相关规范要求。暗封管道不应有接头，焊接接头除外。暗封管道应设在不受外力冲击、暖气烘烤和潮湿等部位。暗封部位应检修方便并应通风良好。

商业和工业企业室内暗设燃气支管应符合相关规范要求。可暗埋在楼层地板内。可暗封在管沟内，管沟应设活动盖板并填充干砂。燃气管道不得暗封在可以渗入腐蚀性介质的管沟中。当暗封燃气管道的管沟与其他管沟相交时管沟之间应密封、燃气管道应设套管。

7. 连接软管

燃具连接用橡胶复合软管与台式灶的净距不得大于20cm或不得高于灶面，燃具连接用橡胶复合软管的长度不应大于2.0m。与燃具连接用软管应属于燃具的附件。

8. 热补偿

用户燃气管道补偿量计算温差可按以下条件选取：有空气调节的住宅内取20℃；无空气调节的住宅内取40℃；沿外墙和屋面敷设时可取70℃。

燃气管道自然补偿时应符合相关规范要求。当弯管转角小于150°时可用作自然补偿，大于150°时不可用作自然补偿。自然补偿可采用L形直角弯、Z字形折角弯及空间立体弯三类。自然补偿的管道臂长不应超过20~25m，热伸长量（支管位移量）不得超过40mm。L形和Z形自然补偿管段的短臂长度可采用公式计算得出或线算图查出。空间立体弯管段的自然补偿能力应通过计算确定。

补偿器的选型和设计应符合要求。补偿器应采用Π形或波纹管型，不得采用填料型。补偿器的补偿能力应为管道最大热膨胀量的1.5~2.0倍。补偿器的设置应符合要求，当自然补偿不能满足要求时，在两个固定支架之间应设置1个补偿器；Π形补偿器宜设置在两个固定支架中心部位，波纹管型补偿器宜靠近固定支架处设置。

9. 防腐

钢质燃气管道应采取腐蚀控制措施，当燃气管道设置在潮湿、有腐蚀性介质的环境或穿越地板、墙体的套管内时，应采取特别加强的防腐蚀措施，暗埋的燃气管道应有涂覆防腐保护层或覆塑防腐蚀措施。沿外墙敷设的燃气管道防腐应考虑紫外线、酸雨等影响。镀锌钢管、薄壁不锈钢管、覆塑铜管和不锈钢波纹软管等管材的防腐层和覆塑层应符合相关标准的规定。引入管埋地部分的钢管应按室外埋地管道要求进行防腐。

10. 阀门

燃气管道上设置的阀门宜采用球阀且其设置部位应符合要求，可设置在燃气引入管上、调压器前、燃气表前、燃具前、放散管起点，当调压器和燃气表相近时两者之前可设置一个阀门。

阀门的结构形式应符合要求。阀门的公称尺寸和公称压力应与相连接的管道匹配。燃具前的阀门出口采用软管连接时其出口应采用管螺纹的连接方式，阀门进、出口的管螺纹应分别符合《55°密封管螺纹》（GB/T 7306—2000）、《55°非密封管螺纹》（GB/T 7307—2001）的规定。

燃气支管与灶具采用软管连接时应设置过流阀或自闭阀，且其性能应符合我国现行相关规范的有关规定。燃具前的阀门与台式灶具的水平净距不得小于20cm或不得高于灶面。

11. 调压装置

调压装置选型时应遵守相关规范规定，调压装置的进出口压力及最大、最小流量应满足使用要求；调压装置超压、欠压防护装置的性能和设置应符合设计和相关标准的规定。高层住宅分段燃气立管上的调压箱进出口压力设定应符合要求，进口压力不应大于0.4MPa；出口压力应按调压器出口至用户终端燃具间的系统阻力（≤0.8kPa）和燃具额定压力确定。

高层建筑燃气支管上设置低-低压或中-低压调压器时其进出口压力应符合要求，低-低压调压器的进口压力应小于10kPa，中-低压调压器的进口压力应小于0.2MPa；出口压力应按调压器出口至燃具间的系统阻力（≤0.4kPa）和燃具额定压力确定。

12. 燃气表

燃气表的质量和选型应满足用户进出口压力及最大、最小流量的使用要求。管道燃气用户应单独设置燃气表。

燃气表的设置应符合相关规范要求。燃气表宜靠近燃气立管。燃气表宜明设，当设置在厨房吊柜或地柜（操作柜）内时吊柜或地柜的门应向外开，柜门上的通风口或百叶窗通风的总有效面积不应小于1/3柜底面积。燃气表高位设置时，燃气表与燃气灶应错位安装，不得安装在灶具的正上方。燃气表与燃气灶水平净距不得小于30cm，表底距地面不宜小于1.4m，低位安装时表底距装饰后地面不得小于10cm。燃气表与电气设备的净距不得小于20cm。

设置在楼梯间的燃气表应具有防火性能或设置在具有防火性能的表箱内。燃气表安装部位的环境应符合产品的性能要求。商业和工业企业的燃气表宜集中布置在单独房间内，当设有专用调压室时可与调压器同室布置。工业企业燃气表保护装置的设置应符合要求，宜在燃气表前设置过滤器，使用加氧的富氧燃烧器或使用鼓风机向燃烧器供给空气时，应在燃气表后设置止回阀或泄压装置。

13. 套管

用户燃气管道穿过墙体、楼板或地板时必须加套管，套管与墙体、楼板或地板间的间隙应填实，套管与燃气管道之间的间隙应采用柔性防腐、防水材料密封。套管的公称尺寸可按《城镇燃气室内工程施工与质量验收规范》（CJJ 94—2009）的规定确定。用户燃气管道套管的设计应符合相关规范规定，燃气管道穿过住宅墙体时，其套管两端应与墙体两侧装饰面平齐；燃气管道穿过住宅楼板或平台时，其套管下方应与楼板或平台平齐且套管上方应高出装饰后地面50mm。穿越墙体、楼板或地板等处套管内的燃气管道不得有任何形式的连接接头。

14. 支架

沿墙、柱、楼板和加热设备构件上明设的燃气管道应采用管支架、管卡或吊卡固定，管支架、管卡、吊卡等固定件的安装不应妨碍管道的自由膨胀和收缩。燃气管道支架的最大间距应按《城镇燃气室内工程施工与质量验收规范》（CJJ 94—2009）的规定确定。燃气管道固定支架的设置应考虑管段因膨胀产生的推力，其不得超过固定支架所能承受的推力且支管的位移量不应超过40mm。

高层建筑燃气立管固定支架的设置应符合要求。立管底部应设固定支架。当立管高度大于60m、小于或等于120m时固定支架的设置不得少于1个。当立管高度大于120m时其固定支架的设置不得少于2个，且立管每延伸120m应再增加1个固定支架。2个固定支架之间应设伸缩补偿器。支管末端燃具前阀门处应设固定支架。

7.2.4 燃具和用气设备

1. 总体要求

民用燃具应使用低压燃气，商业燃具或用气设备宜使用低压燃气。选用燃具、用气设备时应遵守相关规范规定，铭牌上规定的燃气类别和特性应与供应的燃气一致，燃具和用气设备应有熄火保护等安全控制装置。燃气热水器和燃气供暖热水炉的选型应遵守相关规范规定，燃气热水器严禁选用直排式，燃气热水器应选用半密闭强制排气式和密闭式，燃气供暖热水炉应选用密闭式。燃具对燃气应有良好的适应性，当采用《城镇燃气分类和基本特性》（GB/T 13611—2018）规定的试验气，并在（0.5~1.5）p_n（燃具额定压力）的试验压力范围内检验时燃具应有良好的燃烧性能。燃具的设置应符合《家用燃气燃烧器具安装及验收规程》（CJJ 12—2013）和《城镇燃气室内工程施工与质量验收规范》（CJJ 94—2009）的规定。

2. 居民用户燃具和用气设备

设置燃具的厨房、阳台直接或间接自然通风外窗的开口面积应符合《住宅设计规范》（GB 50096—2011）的有关规定。燃具应安装在通风良好的厨房、阳台或其他非居住房间内，安装燃具的厨房、阳台或其他非居住房间与起居室和卧室之间应有隔断墙和隔断门。当安装灶具和热水器的厨房与起居室无隔断措施时，应设置燃气泄漏报警器和紧急切断阀，报警器与机械通风和紧急切断装置应联动，并应符合相关规范规定，燃气管道的设置应符合相关规范要求。套内使用面积小于22m^2的住宅和面积小于3.5m^2的厨房不得使用燃气作为炊事能源。敞开式厨房燃具的设置应符合相关规范要求，敞开式厨房与卧室应设置实体隔墙和门，应设置燃气泄漏报警装置和紧急切断阀。

灶具和烤箱设置应符合相关规范规定。放置灶具的灶台应采用不燃材料，采用难燃材料时应加防火隔热板。灶具与墙面的净距不得小于10cm，当墙面为可燃或难燃烧材料时应加防火隔热板；灶具的灶面边缘和烤箱的侧壁与木质家具的净距不得小于20cm，与金属燃气管道的水平净距不得小于30cm，与不锈钢波纹软管、其他覆塑的金属管、铝塑复合管的水平净距不得小于50cm。灶具与吸油烟机的竖向净距不宜小于0.8m。台式灶宜采用橡胶软管连接，橡胶软管插入式连接时应有防脱措施，橡胶软管的连接位置应低于灶面3cm以上。嵌入式灶应采用带管螺纹接头的橡胶或不锈钢波纹软管连接。

热水器设置应符合相关规范规定。有外墙的卫生间可安装密闭式热水器但不得安装其他类型热水器，热水器与相邻灶具的水平净距不应小于30cm，热水器与燃气管道应采用带管螺纹接头的不锈钢波纹软管连接。

供暖热水炉安装应符合相关规范规定。设置供暖热水炉的房间或部位必须设隔断门与起居室、卧室等生活房间隔开，设置供暖热水炉的房间应设燃气泄漏报警器和紧急切断阀，燃气管道与供暖热水炉燃气进气口应采用带管螺纹接头的不锈钢波纹软管连接，供暖热水炉不应采用15kg单瓶液化石油气钢瓶供气。

建筑高度大于100m或层数大于36层（包括设备层、避难层等）的住宅建筑其燃气安全附件的设置应符合相关规范规定，引入管主管应设置手动切断和紧急切断阀，燃气管道的设置应符合相关规范规定，应设置燃气泄漏警控制系统并应与紧急切断阀连锁且应将燃气泄漏报警传输至消防控制室集中控制。住宅和商业两用建筑，商业用户燃气安全附件的设置应符合相关规范规定。一、二类高层民用的住宅建筑宜设置燃气泄漏报警控制装置。

3. 商业和公用事业用户燃具和用气设备

燃具和用气设备应安装在通风良好的专用房间内，商业用气设备既不应安装在易燃易爆品的堆存处，也不应设置在兼作卧室的警卫室、值班室、人防工程等处。商业用气的设计应符合相关规范要求，燃具和用气设备之间及用气设备与对面墙之间的净距应满足操作和检修要求，燃具和用气设备与可燃或难燃的墙壁、地板和家具之间应采取有效的防火隔热措施，燃具和用气设备应有熄火保护装置，用气房间应设置燃气泄漏报警器，有消防控制室的建筑应引入消防控制室集中监视和控制，应设置机械送排风系统，当燃烧所需的空气由室内吸取时应满足燃烧所需的空气量，宜设烟气一氧化碳浓度检测报警器。

商业燃具和用气设备设置在地下室、半地下室（液化石油气除外）或地上密闭房间内时应遵守相关规范规定，燃气引入管应设手动快速切断阀和紧急切断阀，应设置独立的机械送排风系统，送排风系统正常工作时换气次数不应小于 6 次/h，事故通风时换气次数不应小于 12 次/h，不工作时换气次数不应小于 3 次/h。商业用户中燃气锅炉和燃气直燃型吸收式冷（温）水机组的设置应符合《燃气冷热电联供工程技术规范》（GB 51131—2016）的有关规定。当燃气用气设备设置在靠近车辆的通道时应设置护栏或车挡。

屋顶上设置燃气设备时应遵守相关规范规定，燃气设备应能适用当地气候条件，设备连接件、螺栓、螺母等应耐腐蚀，屋顶应能承受设备的荷载，操作面应有 1.8m 宽的操作距离和 1.1m 高的护栏，应有防雷和静电接地措施。用餐区域不得设置液化石油气、液化天然气和压缩天然气等气瓶装置。

用餐区域使用管道燃气的应符合相关规范要求，不得采用非金属燃气管道，燃具热负荷不得大于规定值，应通风良好且房间的换气次数符合要求，与其他用餐区域应分开布置且中间应设置实体墙隔开。

商业用气设备的设计应遵守相关规范规定，大锅灶和中餐炒菜灶应有排烟设施，大锅灶的炉膛或烟道口应设爆破门，大型用气设备的泄压装置应符合要求。

4. 工业企业用户燃具和用气设备

工业企业生产用气设备的选择应根据加热工艺要求、用气设备类型、燃气供给压力及附属设施的条件等因素，经技术比较后确定。工业企业生产用气设备的烟气余热应加以利用。工业企业生产用气设备的燃气用量应按以下三条原则确定：定型燃气加热设备应根据铭牌标定的用气量或标准热负荷计算出燃气的用气量；非定型燃气加热设备应根据热平衡确定或参照同类型用气设备的用气量确定；使用其他燃料的加热设备需要改用燃气时可根据原燃料实际消耗量采用经热值和热效率折算的用气量。

工业企业生产用气设备应符合相关规范要求，每台用气设备应有观察孔或火焰监测装置并应设自动点火装置和熄火保护装置；用气设备上应有热工检测仪表，加热工艺需要或条件允许时应设燃烧过程的自动调节装置。工业企业生产用气设备的安全设施应符合要求，燃气管道上应安装低压和超压报警装置以及紧急切断阀，烟道和封闭式炉膛均应设置泄爆装置且泄爆装置的泄压口应设在安全处，鼓风机和空气管道应设静电接地装置且接地电阻应不大于 100Ω，用气设备的燃气总阀门与燃烧器阀门之间应设置放散管。

工业企业用气车间、锅炉房以及大中型用气设备的燃气管道上应设放散管，放散管管口应高出屋脊或平屋顶 1m 以上或设置在地面上安全处，并应采取防止雨雪进入管道和放散物进入房间的措施。当建筑物位于防雷区之外时，放散管的引线应接地，接地电阻应小于 10Ω。

燃气燃烧需要带压空气和氧气时应有防止空气和氧气回到燃气管路和回火的安全措施，燃气管路上应设背压式调压器，空气和氧气管路上应设泄压阀，在燃气、空气或氧气的混气管路的最高压力不应大于 0.07MPa，使用氧气时其安装应符合有关标准的规定。

阀门设置应符合要求，各用气车间的进口和燃气设备前的燃气管道上均应单独设置阀门，阀门安装高度不宜超过 1.7m，使用中、高压燃气时用气设备前的燃气管道阀门应串接

2个；每台用气设备的燃气接管上应单独设置有启闭标记的燃气阀门；每台机械鼓风的用气设备在风管上应设置有启闭标记的燃气阀门；大型或并联装置的鼓风机其出口应设置阀门；放散管、取样管、测压管前应设置阀门。

工业生产用气设备应安装在通风良好的专用房间内，当特殊情况需要设置在地下室、半地下室或通风不良的场所时应符合我国现行相关规范的规定。

当城镇燃气管道压力不能满足用气设备要求而需要安装加压设备时应遵守相关规范规定，在城镇燃气低压和中压B供气管道上严禁直接安装加压设备，间接安装加压设备时应符合要求。加压设备前必须设低压储气罐，其容积应保证加压时不影响地区管网的压力工况，储气罐容积应按生产量较大者确定；储气罐的起升压力应小于城镇供气管道的最低压力；储气罐进出口管道上应设切断阀，加压设备应设旁通阀和出口止回阀，由城镇燃气低压管道供气时储气罐进口处的管道上应设止回阀；储气罐应设上、下限位的报警装置和储量下限位与加压设备停机和紧急切断阀连锁的自控装置。当城镇燃气供气管道压力为中压A时应有进口压力过低保护装置。

7.2.5　液化石油气用户燃具和用气设备

液化石油气钢瓶不得设置在起居室、卧室、卫生间、地下室、半地下室和高层住宅内。住宅用户使用的液化石油气钢瓶应设置在通风良好的厨房或非居住房间内，且室温不应高于45℃。住宅液化石油气钢瓶的布置应符合要求，钢瓶与燃具的净距不应小于0.5m；钢瓶与散热器的净距不应小于1m，当散热器设置隔热板时可减少到0.5m；钢瓶不得与煤、油或其他城镇燃气的燃具同时设置和使用。调压器出口与燃具连接的橡胶软管不应设置接头或三通，橡胶软管不应穿墙。

使用液化石油气或残液作燃料的锅炉房，其附属储罐设计总容积不大于10m^{3}时可设置在独立的储罐室内并应符合要求，储罐室与锅炉房之间的防火间距不应小于12m且面向锅炉房一侧的外墙应采用无门、窗洞口的防火墙，储罐室与站内其他建、构筑物之间的防火间距不应小于15m，储罐室内储罐的布置应符合相关规范规定。

住宅液化石油气钢瓶应选用15kg单瓶。液化石油气钢瓶的质量应符合《液化石油气钢瓶》（GB 5842—2006）的规定。住宅钢瓶液化石油气调压器的质量和选型应符合要求，调压器的额定流量和出口压力应与燃具匹配；调压器为2台燃具同时供气时应选择双出口调压器；使用橡胶软管连接时应选择带过电流切断或超压、欠电压的多功能调压器或阀门；调压器应符合《瓶装液化石油气调压器》（CJ 50—2008）的规定。钢瓶与灶具的连接管应采用液化石油气专用橡胶软管，其质量和接头应符合相关标准的有关规定。

7.2.6　给排气和报警器

燃气燃烧所产生的烟气应通过自然换气或机械换气排至室外，当自然换气不能满足要求时应采用机械换气。建筑内的换气设备应根据燃具类型、房屋建筑形式等条件选择，换气设备的性能及结构形式应满足给排气的需要并应符合相关标准的规定。

1. 居住用户给排气设施

灶具的给排气设施应符合要求。应采用换气扇、吸油烟机等机械换气设施，换气设施的风压（静压）和风量应符合要求，风压（静压）不得小于80Pa；风量应根据灶具的热流量确定，采用换气扇时风量不应小于 $40m^3/kW$，采用吸油烟机时风量不应小于 $30m^3/kW$。换气扇、吸油烟机等机械换气设施的设计应符合要求，换气扇排气口的位置应在室内顶棚下0.8m以内，给气口应在室内适当的位置；吸油烟机的排烟罩距灶面的安装高度应小于1m且宜取0.8~0.9m，给气口应在室内适当位置，吸油烟机的烟气可通过外墙水平排放或通过建筑竖井竖向排放，竖井应有防倒烟和串味的功能，比如变压装置或止逆装置等。

热水器和供暖热水炉的给排气设施应符合相关规范规定，半密闭强制排气式热水器机械排烟风机的出口静压不得小于80Pa，可通过外墙水平排放；半密闭自然排气式热水器和采暖炉的烟气不应通过外墙水平排放；半密闭排气式热水器和供暖热水炉的排烟管不应插入吸油烟机的排烟管。

室内装有换气扇、吸油烟机等机械换气设备时可不限制给气口的位置和大小。室内给排气设施的设计应符合《家用燃气燃烧器具安装及验收规程》（CJJ 12—2013）的规定。排气筒、排气管和给排气管距可燃材料、难燃材料的距离，建筑外墙燃具水平烟道风帽排气出口与可燃材料、难燃材料的距离，与门、窗洞口的最小净距，居住建筑烟道、给排气道的结构和性能应符合《家用燃气燃烧器具安装及验收规程》（CJJ 12—2013）的规定。户式燃气系统的排气筒、排气管应保持空气畅通且应远离室外空调进风口，排出的烟气不得回流至卧室和起居室。

2. 商业和工业用户给排气设施

商业建筑和工业建筑应有可靠的排烟设施和通风设施。商业建筑和工业建筑的用气设备设置在地下室、半地下室和地上密闭房间内时应设置防爆型独立的机械送、排风系统，且其通风量应满足要求。正常工作时换气次数不应小于6次/h，事故通风时换气次数不应小于12次/h，不工作时换气次数不应小于3次/h。当燃烧所需的空气由室内吸取时应满足燃烧所需的空气量。应满足排除房间热力设备散失的多余热量所需的空气量。

商业建筑和工业建筑的用气设备烟道结构和性能应遵守《家用燃气燃烧器具安装及验收规程》（CJJ 12—2013）的规定。商业用户排气筒、排气管的设置应符合相关规范规定。

3. 报警器的设计要求

燃气泄漏报警控制系统可燃气体探测器的选择应遵守相关规范规定。在使用人工煤气的场所宜选择一氧化碳探测器。在使用天然气的场所应选择甲烷探测器，若用气场所通风不良应选择甲烷探测器和一氧化碳探测器或两种气体的复合型探测器。在使用液化石油气的场所应选用适用于探测液化石油气的探测器。为探测因不完全燃烧产生的一氧化碳中毒必须选用一氧化碳探测器。使用容积式热水、取暖两用炉的场所宜同时选用可燃气体探测器和一氧化碳探测器或两种气体的复合型探测器。燃气泄漏报警器和不完全燃烧报警器的使用寿命对居民住宅不得低于5年，商业和工业不得低于3年。燃气泄漏报警器和不完全燃烧报警器的质量应符合《家用燃气报警器及传感器》（CJ/T 347—2010）的有关规定，其设置应符合《城镇燃气报警控制系统技术规程》（CJJ/T 146—2011）的有关规定。

7.2.7 民用建筑燃气安全技术要求

1. 城镇燃气安全技术要求

（1）燃气互换性　燃气互换性应按保证低压引射型大气式燃气燃烧器具（简称燃具）正常燃烧允许的燃气波动范围确定，燃具允许的燃气波动范围应按检测用界限气的范围确定。具有下列特性的燃气不得互换：易进入爆炸状态的；对用具有腐蚀作用的；点火温度高且不能采用电点火的。互换性指数主要有华白数 W、燃烧势 C_P、黄焰指数 I_Y。华白数 W 波动范围应控制在（±5~10）%，采用代用气时可为-20%，W 值应按相关规范规定计算。燃烧势 C_P 的波动范围应符合要求，人工煤气为（0.6~1.1）C_{Pn}；天然气为（1.0~2.0）C_{Pn}；液化石油气为（3~4）C_{Pn}，C_P 值按相关规范规定计算。黄焰指数 I_Y 的波动范围应符合要求，人工煤气 $I_Y \leqslant 0.14$，无黄焰，采用韦弗法计算；天然气 $I_Y = 0.8$ 时应无黄焰，$I_Y = 0.6$ 时应无析碳，应采用 AGA 法计算；液化石油气在 C4 时应无黄焰。城镇燃气基准气、界限气的类别和特性应按相关规范规定取值。

（2）基准气　基准气（主气源）包括焦炉气（7R-0）、干井天然气（12T-0）、液化石油气（20Y-0）。焦炉气的界限气（辅助气源）之 7R-1 为丙烷+水煤气（热值偏高）；7R-2 为丙烷+水煤气（热值偏低）；7R-3 为天然气+空气；7R-4 为液化石油气+空气。干井天然气的界限气（辅助气源）之 12T-1 为油田伴生气；12T-2 为热裂油制气；12T-3 为低热值天然气；12T-4 为液化石油气+空气；12T-5 为液化石油气+空气。液化石油气的界限气（辅助气源）之 20Y-1 为商品丁烷；20Y-2 为商品丙烷。

（3）燃气压力　燃气压力波动范围应符合规范要求，燃具前的压力在 0.75~1.5MPa 范围内时燃烧应稳定。额定供气压力的调整应合理，当代用燃气的华白数 W 的波动范围为-20%时，燃具前的额定供气压力应按修正值调整提高。当海拔大于 600m 时，燃具前的额定供气压力应按修正值调整提高。

2. 燃气管道安全技术要求

1）管材及厚度。焊接钢管和管件的壁厚不应小于 2.0mm，采用螺纹连接的镀锌钢管和管件的壁厚不应小于 3.5mm。铜管的壁厚不应小于 0.8mm。薄壁不锈钢管的壁厚不应小于 0.6mm。不锈钢波纹管的壁厚不应小于 0.2mm。铝塑复合管的壁厚应符合有关标准的规定。

2）连接方式。连接方式应遵守相关规范规定，管材和管件的连接方式应符合要求，暗封和暗埋的燃气管道不宜有接头且不应有机械接头。

3. 管道防腐技术要求

钢质管材和管件必须进行表面防腐处理，潮湿部位或暗埋时除镀锌层外还应增加喷涂防腐层。铜、不锈钢等管材和管件的防腐应符合有关标准的规定。

4. 管道性能安全技术要求

1）气密性。引入管阀门至燃具前阀门之间的管道应按相关规范规定检验气密性。

2）燃具前压力。燃具在运行工况下在大小负荷调节时，其压力应在（0.75~1.5）p_n 范围内。

3）耐用性（使用年限）。与燃具连接的软管的使用年限应与燃具相同，明设燃气管道的使用年限不应小于 30 年，暗埋和暗封燃气管道的使用年限应与建筑物相同。

5. 燃烧器具安全技术要求

1）应满足通用要求。热负荷调节比应合格，烹调、洗浴和供暖用具的热负荷调节比不应小于 1/5。

2）燃气适应性应合格。在不同工况下采用下列试验气-试验压力检验时燃具应有良好的燃烧性能：热工 0-2 气（基准气，p_n 额定压力）、不完全燃烧 1-1 气（不完全燃烧界限气，1.5p_n）、回火 2-3 气（回火界限气，0.5p_n）、脱火 3-1 气（脱火界限气，1.5p_n）、黄焰 4-1

气（黄焰界限气，$1.5p_n$）、5-1气（析碳界限气，$1.5p_n$）。1#~5#气均可作为0#气的代用气（置换气，s气）；0#~3#气可采用相关规范规定的试验气；4#气可采用C_3H_8/Air=50/50的试验气、$I_Y=0.8$；5#气可采用C_3H_8/Air=60/40的试验气、$I_Y=0.6$。

3）燃具材料及厚度符合有关标准规定，燃具整体结构的强度检验应符合有关标准规定。

4）家用燃气灶。双眼灶的热负荷应与常用锅匹配。节能型双眼灶的单眼热负荷宜取3.0~3.5kW，总热负荷宜取6.0kW。锅底热强度宜取4~7W/cm^2·h，双眼灶的热效率及节能等级应符合规范规定。

5）热水器及供暖热水炉。节能型快速式热水器出水率应符合要求，节能型快速式热水器出水率应与节水型器具匹配。节水指标和节水等级应符合要求，快速式热水器节水指标和节水、节能等级应以相关规范规定为准。

6）容积式热水器贮热量。容积式热水器贮热量应满足一次淋浴需要，其贮热时间不应小于30min，贮水容积不应小于40L。

7）多卫生间的热水流量。普通住宅设置多个卫生间时，其热水流量只按一个卫生间计算。

6. 建筑配套设备安全技术要求

1）排烟设施。换气扇和吸油烟机应满足规范要求，风压（静压）不应小于80Pa；风量应根据敞开式（直排式）燃具热负荷确定，采用换气扇时风量不应小于40m^3/kW；采用吸油烟机时风量不应小于20~30m^3/kW。

2）共用烟道。烟道的结构应为主、支并列式；支烟道的高度应为高层且应大于2.0m，其净截面面积不应小于0.015m^2；主烟道的净截面面积应在满足烟道抽力的前提下通过计算确定。支烟道出口与主烟道交汇处宜设烟气导向装置；同层有2台燃具时应分别设置支烟道和烟气导向装置，其出口高差应大于0.25m。支烟道进口与主烟道交汇处，在燃具停用时的静压值应小于零。

3）燃气和烟气监控设施。燃气浓度检测报警器应合格，天然气和液化石油气等无毒燃气应按操作下限的20%设定报警浓度。人工煤气等有毒燃气和烟气应按空气中一氧化碳浓度为0.01%设定报警浓度。燃气自动切断阀应合格，自动切断阀应为低压、脉冲关闭和现场人工开启型。报警器、切断阀和排气扇应连锁。

4）水、电设施。燃具给水应符合使用要求，给水压力应为0.5~0.35MPa。生活热水管表面应采用保温材料保温，保温材料厚度不应小于20mm，其导热系数不应大于0.045W/(cm·K)。燃具供电应符合使用要求，应使用220V±（10%）-/50Hz单相交流电源。

7.2.8 城镇燃气加臭技术

城镇燃气加臭剂是一种具有强烈气味的有机化合物或混合物，通常以很低的浓度加入燃气中使燃气有一种特殊的、令人不愉快的警示性臭味，以便在发生危险之前即被察觉。加臭量是指在单位体积燃气中加入加臭剂的数量，用mg/m^{3}表示。燃气加臭装置是指向燃气管道内注入燃气加臭剂并使其充分与燃气均匀混合的专用设备，包括控制部分、加臭部分、储存部分及相应管道。加臭点是指在燃气管道上开设的用于连接加臭剂注入喷嘴的接口位置。加臭剂传输管线是指用于加臭装置的加臭剂出口与加臭剂注入喷嘴入口之间的连接管线。加臭剂注入喷嘴是指喷射加臭剂进入燃气管道并使加臭剂气化或雾化的部件。加臭剂上料器是指向加臭剂储罐内添加加臭剂的设备。标定是指对加臭剂输出量进行检测和认定。吸收器是指用于吸收燃气加臭剂蒸气并消除臭味的容器。加臭装置控制器是指控制加臭装置运行的电子设备。自动运行指加臭装置按燃气流量信号的变化自动调整加臭装置的输出量，使燃气流量和加臭量保持恒定的比例。手动运行指加臭装置的输出量按操作者的设置量进行定量加臭。加臭精度是指单位体积燃气内加入的加臭剂量与设定加臭量的误差值占设定加臭量的百分比。止回阀是指安装在加臭剂注入喷嘴上部阻止燃气回灌到加臭设备内的单向阀。管线阀门组是指在加臭装置内部变换传输加臭剂流向和切换加臭泵的管线、阀门、压力表零部件等的组合体。

1. 燃气加臭的基本要求

（1）燃气加臭剂的性质　加臭剂在安全用量的最小范围内应具有区别于其他气味并使人能察觉是燃气泄漏的气味且气味消失缓慢。加入燃气中加臭剂的量不应对人身、管道或与其接触的材料有毒、有害；燃烧产物不应对人体呼吸有害，不应腐蚀或损坏与此经常接触的材料。加臭剂溶解于水的程度不应大于2.5%（质量分数），且不应被冷凝的碳氢化合物洗出。加臭剂应有在空气中能察觉的加臭剂含量指标。加臭剂在常温常压下储存不分解、不变质，在管道输送的温度和压力条件下不与燃气发生任何化学反应也不会促成反应。加臭剂气化后可以吸附于管道、煤气表、阀门等传输物上但不与之发生化学反应，且对燃气输配系统和燃具无腐蚀作用。常温条件下加臭剂应具有高挥发性，以保证及时发现环境中燃气的泄漏点。加臭剂不应在燃气设施和燃烧烟气中沉淀，也不应被冷凝的碳氢化合物洗出。

（2）燃气中加臭剂的最小量　无毒燃气泄漏到空气中达到爆炸下限的20%时应能察觉；有毒燃气泄漏到空气中达到对人体允许的有害浓度时应能察觉；对于含有CO有毒成分的燃气，空气中CO含量达到0.02%（体积分数）时应能察觉。加臭的浓度不宜过大。加臭剂以含硫和不含硫的有机化合物进行区分，目前国内常用的燃气加臭剂为四氢噻吩、乙硫醇等。加臭剂最小加臭量 C_n 宜按式 $C_n=100K/(0.2U_{ZG})$ 计算，其中，K 为加臭剂在空气中达到警示气味的最小浓度；U_{ZG} 为燃气泄漏在空气中达到爆炸下限的20%的体积百分数。常见的无毒燃气的加臭剂用量见表7-2-3，表中的数值为推荐值，实际工程中加臭剂的用量还应根据供货商提供的 K 值进行核实。

表7-2-3　常见的无毒燃气的加臭剂用量

燃气种类	加臭剂用量（mg/m^3）		
	四氢噻吩	硫醇	无硫加臭剂
天然气（天然气在空气中的爆炸下限为5%）	20	4～8	15～18
液化石油气（C_3 和 C_4 各占一半）	50	—	—
液化石油气与空气的混合气（液化石油气：空气=50：50；液化石油气成分为 C_3 和 C_4 各占一半）	25	—	—
煤制气	—	—	—

（3）燃气加臭量检测　应在城镇燃气管道的末端对管道内加臭剂浓度进行检测分析。加臭量的检测宜采用气体色谱分析法、臭味剂检测仪法、人工检测法。气体色谱分析法可对管网末端气体采样，通过色谱仪分析加臭剂浓度并以检验报告的形式记录数据。臭味剂检测

仪可对管网末端气体采样，通过仪器直接探测加臭剂在燃气中的比例并记录。

（4）燃气加臭剂的更换　加臭剂更换的准备工作应符合要求。应通知用户准确的更换时间和更换后加臭剂的气味特点，有条件的可让用户试闻更换后加臭剂的气味。应通知加臭剂更换区域的街道办事处、居委会、物业公司等。燃气供应单位应在更换加臭剂前对与燃气加臭系统相关的人员进行系统培训，使他们充分了解和掌握更换后加臭剂的特点和操作方式。更换燃气加臭剂时应对燃气加臭装置进行清洗和检修，必要时应进行改造。所有同液态加臭剂接触的密封件必须按照加臭剂厂商的要求更换为适应新加臭剂的密封件。

2. 加臭装置的基本技术要求

加臭装置工作环境温度宜为-30～+40℃、湿度为<85%，不应有强磁场干扰并应通风良好。加臭装置应能够保证在燃气最高流量、最大压力至最小流量、最低压力时加臭剂需求量，加臭精度应优于5%并应不间断运行。燃气加臭装置的设备部分整体全防爆设计应符合燃气门站等场所的防爆要求。加臭剂储存量小于50kg的加臭装置宜于与其他燃气设备成套组撬供应。加臭设备应全密闭且应工作无泄漏。加臭装置与加臭剂直接接触的部分应采用不锈钢等耐腐蚀的材料制造，密封材料宜采用聚四氟乙烯，不应使用橡胶、塑料等密封材料。加臭装置中的压力容器和压力管道的焊接、制造应按国家相应规定提供设计、制造和检验资料，加臭剂储罐的设计、制造应符合相关规范规定，应可常压或带压运行但必须保证全密闭无泄漏。加臭剂的注入必须通过加臭剂注入喷嘴进行。加臭装置应在加臭剂储罐或外箱体上标有危险警示标志。

加臭装置的布置应遵守相关规范规定。加臭装置现场设备安装位置选择应符合城镇总体规划和燃气厂站的要求，自然条件和周围环境许可时宜在露天设置且独立安装时应有围墙，在室内安装或在与其他设备组撬安装时设备四周应有不小于0.5m的操作、维护、检修间距，加臭装置距离居民居住区较近时必须配备有效的吸收气体加臭剂排空装置，加臭装置的基础应能够承载2倍于盛满加臭剂时设备的质量且其高度应与场站标高一致，加臭剂储存量大于500kg的加臭装置应设置加臭剂罐车通道且道路宽度不应小于3.5m。加臭装置的控制电缆、信号反馈及传输电缆的敷设应符合厂站设计和我国现行相关规范要求。加臭装置的控制器部分应安装在站区的控制室内。加臭管线的铺设应符合厂站设计，埋地敷设时宜加套管，架空敷设时应有管架或沿墙固定。加臭点应设置在气源厂、站，并尽量设在燃气成分分析仪、调压器、流量计后面的水平钢质燃气管道上，到PE管等非金属材料管件、阀门的距离不应小于30m。在较大城市管网中或城镇气源进气口较多的特大型城市应选取多套加臭装置从多个加臭点进行加臭。

燃气加臭装置（见图7-2-1）由加臭剂储罐、加臭装置控制器、加臭泵阀、管线阀门组、加臭管线、加臭剂注入喷嘴等部分组成。

（1）加臭剂储罐　加臭剂储罐的设计、制造应符合《固定式压力容器安全技术监察规程》（TSG 21—2016）规定，容积应根据供气规模选定，加臭剂充装量不应大于90%且储存时间不宜超过2年。加臭剂的储量以3～6个月用量为宜；但对供气量小于5000m^3/d的用户加臭剂储量可增多至1年或2年；对供气量大于50万m^3/d的用户加臭剂储量可缩减至2个月或1个月。距离较近（50m范围内）需多点加臭的管网系统可共用一个加臭剂储罐。

（2）加臭装置控制器及电气设备　加臭装置控制器应有储臭罐高低液位、泵排量、系统电压、流量信号等报警信号输出，并需设安全放散装置，报警信号需手动消除。加臭装置

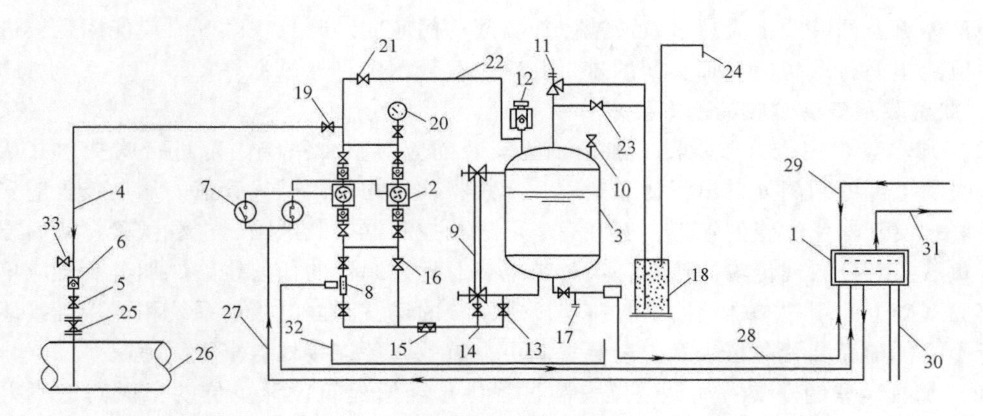

图 7-2-1　一种典型燃气加臭装置的工艺流程

1—燃气加臭装置控制器　2—燃气加臭泵　3—加臭剂储罐　4—加臭管线　5—加臭剂注入喷嘴　6—止逆阀　7—防爆开关　8—管线阀门组　9—标定液位计　10—加臭剂充装口　11—安全放散阀　12—真空阀　13—出料阀　14—标定阀　15—过滤器　16—旁通阀　17—排污口　18—吸收器　19—加臭阀　20—压力表　21—回流阀　22—回流管　23—排空阀　24—排空管　25—加臭点法兰球阀　26—燃气管道　27—控制电缆　28—信号反馈电缆　29—输入流量信号　30—供电电源　31—数据输出　32—防漏槽　33—清洗检查阀

中的电气设备应符合国家相应标准规范的规定并在产品交付时提供有关检验资料。加臭装置应具有手动运行模式和自动运行模式，加臭装置运行时必须有加臭记录，且能够接收燃气流量计提供的数字或模拟信号。多点同时加臭时应对各加臭点分别进行加臭控制，多点不同时加臭时可用一套控制系统控制加臭。加臭装置的运行监控数据应与上位机的 RTU 或 SCADA 系统进行数据传输，监控及数据采集的布线和接口设计应符合国家现行有关标准的规定，并且具有通用性和兼容性。燃气流量大于 50 万 m^3/d 的加臭设备宜采用工业计算机控制系统加臭，控制器的安装地点应设置可靠性较高的不间断电源设备及其备用设备。加臭装置在防爆现场应有紧急停机开关。燃气流量大于 50 万 m^3/d 的加臭装置应全密闭运行加臭，并配备排空气体加臭剂的吸收器。加臭剂储存量大于 500kg 的加臭装置宜采用电动上料装置，并配备车用快速上料接头。加臭剂储存量小于或等于 500kg 的加臭装置可配备全密闭的气动（或手动）上料器。

（3）加臭泵　加臭泵输出加臭剂的压力应高于被加臭的燃气管道最高输气压力，宜为燃气管道最高压力的 1.2~1.5 倍；加臭泵应易于清洗；加臭泵吸压一侧应设置止回阀。加臭阀门及管线应符合要求，加臭装置的加臭剂输送管线应设置止逆阀，加臭装置的管线阀门组应设置回流管，输送加臭剂管线阀门组的管材应采用不锈钢无缝管且最小管径应大于 ϕ6mm，加臭装置的管线连接应采用焊接或机械连接。

（4）加臭剂注入喷嘴　加臭剂注入喷嘴上部应安装截止阀和检查清洗阀；加臭剂注入喷嘴的材质应采用不锈钢，连接方式应采用绝缘法兰连接，加臭剂注入喷嘴的规格应不小于 *DN*15、*PN*1.6MPa。

（5）加臭工作间　加臭工作间和加臭剂储藏间的耐火等级不应低于《建筑设计防火规范》（GB 50016—2014）中的“二级”规定。加臭工作间的地面应采用撞击时不会产生火花的材料并应对加臭剂具有耐腐蚀性且不应渗透。加臭间应设置收液池，除加臭管线外，加臭设备中液体流通的装置不应超过收液池。加臭间的门应向外开且在敞开时应能固定，进入加臭间后应能里面打开房门。加臭间的进口处应设有警示牌且通风良好。

3. 加臭装置安装验收的基本要求

(1) 加臭装置的施工与验收　加臭装置安装前应对整个系统内部进行吹扫，并从加臭剂注入喷嘴上部的阀门处排出污物和杂质，严禁将吹扫物排入燃气管道。加臭装置应安装在通风良好、便于操作维修的地点，安装完毕后进行控制器空载试验，空载试验合格后方可断电接入负载及对外数据传输的接线，严禁带电接、拆控制器的任何线路。加臭装置应单独放置在牢固基础上并用地脚螺栓固定，应与厂站系统的避雷和静电接地系统相连接且接地电阻应小于 10Ω。加臭装置各仪表及安全装置应可靠有效，各连接处应牢固无泄漏。

(2) 加臭装置的安装　加臭装置安装过程中未经原建筑设计单位的书面同意不得擅自修改。加臭装置的安装必须由有燃气设备安装资质的单位进行。加臭装置安装位置和方向、进出料口方位等应符合设计文件的要求，若有改动必须经设计方书面同意。燃气流量大于 50 万 m^3/d 的加臭装置安装现场应有施工监理单位进行监理。加臭剂注入喷嘴和注入管的安装应遵守相关规定，应在停气降压后进行，管线燃气压力不允许超过 0.01MPa，安装时应做好消防安全措施的准备；注入管的浸入长度不应小于燃气管道直径的 60%，不拆卸的除外；设置燃气装置的注入管其排气装置应设置在最高位置并应设置在加臭间内。在安装现场的压力管道、管件及配件的焊接作业应由有相同级别有效压力容器证件的焊工进行焊接，焊接后应 100%探伤检查。装置吹扫合格后应向装置内添加加臭剂或酒精、煤油进行装置的压力强度试验，试验压力按加臭装置产品出厂标准但不能低于燃气管道最大工作压力的 1.2 倍且应保压 4h 以上，设备的低压部分应进行严密性检验、不许有泄漏，应试验三次且应遵守每次压力降至常压后再升压的规定。

(3) 加臭装置的检验与验收　加臭装置的安装应符合设计文件要求。起动运行加臭装置时控制器设置的各项控制参数应与设备实际动作的参数一致，加臭剂实际输出量与控制设定量误差在 5%内为合格。应对加臭系统进行气密性检查，保持压力无下降或无加臭剂外泄为合格。设备上各部位的阀门应开启灵活、操作方便。控制器上各开关、参数调整按键应灵敏、可靠和准确，检查报警的声光及显示指示应符合设计文件或产品说明书的要求。加臭装置整体安装后应进行系统严密性检验，可用 10kPa 以下压力氮气或压缩空气或低压燃气进行检验，保压 30min 以上不泄漏为合格。液封系统的加臭装置应用压缩气体检测液封的工作状况，并在检验中模拟超液封压力进行排空试验。有加臭剂气体吸收装置的应对其进行检验并应符合设计文件的规定。

4. 加臭装置运行维护的基本要求

(1) 加臭装置的运行与维护安全制度

1) 使用单位应按加臭装置产品使用说明书的要求结合本单位运行实际情况编写加臭装置的安全运行管理制度、设备操作、检修与维护规程。使用单位应针对加臭装置制定突发事故应急预案并定期进行预案演练。加臭装置操作应有专人进行操作和管理，操作人员应经过专业培训，每年至少培训一次。

2) 应避免长时间不带防护面具停留在含有蒸发性加臭剂的房间，必须长时间在这种房间工作时必须配带有适合的过滤器的防护面具，防护用品应及时进行性能检查并按规定定期更换。

3）加臭装置所在场所严禁烟火，应按防火要求配备足够数量的灭火器材。加臭装置应设有无纸记录仪、备用电源及报警装置。

4）加臭剂应储存在阴凉、干燥且通风好的房间，加臭剂储罐或容器不能长时间暴露在阳光下，加臭剂不允许同易燃物品共同存放。储液罐应按《固定式压力容器安全技术监察规程》（TSG 21—2016）和《压力容器监督检验规则》（TSG R7004—2013）的规定进行定期检验和管理。加臭剂的使用、储存与运输应执行我国现行的《化学危险品安全管理条例》。

（2）加臭装置的运行制度

1）应定期检查储液罐内加臭剂的储量，加臭剂的投入量应与燃气流量相匹配。控制系统及各项参数应正常，用户端加臭剂浓度应符合《城镇燃气设计规范》（GB 50028—2006）的规定并应定期抽样检测。

2）加臭泵的润滑油液位应符合运行规定。采用电动方式灌装时加料泵应符合防爆要求，起动泵前泵内的臭液不少于泵腔的2/3且严禁加料泵空转。

3）加臭剂输出量标定应在有燃气供气压力的条件下进行，用标定设备对加臭装置在最大输出量和最小输出量的工作状态进行标定、反复进行3次，再选取最大和最小输出量的中间值标定2次，标定资料与控制器设定资料必须相同。有液位报警的加臭装置应在控制器和现场设备对应设定加臭剂储量的高、低液位报警值。

4）一开一备或多开多备的加臭装置还应进行加臭设备的切换调试，应做到阀门开关严密、运转灵活，控制器切换调整应准确，资料显示应正确，应与相应传输资料、存储资料相一致。

5）加臭剂在意外泄漏时应有除味剂或分解剂等物质及时消除加臭剂造成的污染，泄漏出的液体加臭剂可用砂、活性炭及其他多功能吸附剂进行吸附并将其放入封闭的容器中按规定处理。

（3）加臭装置的维护与检修制度

1）检修和操作人员应经过专业培训，掌握维检修相关规程后方可上岗。

2）使用单位应定期对加臭装置进行维护保养，检修后应填写检修记录和维护保养记录，保养范围为过滤器部件、止回阀、截止阀、连接软管、加臭泵、加臭装置的外部密封性能、加臭装置的控制系统等。

3）加臭装置的仪表应半年校验1次，安全阀、油封、报警装置等安全装置应按规定进行校验，检测仪应每年进行1次定期校验。故障倒台应由部门负责人确认后方可安排检修，检修后需经过不少于24h的正常运行，方可转为停用状态。

4）检修人员应按规定穿戴专业防护用品，如安全防护眼镜、防护手套、防毒面具、防毒物渗透工作服。

5）加臭装置检修时现场应备有消防器材、专用除味剂或中和稀释剂。

7.3　建筑燃气供应系统施工

本节仅介绍新建、扩建、改建的城镇居民住宅、商业用户、燃气锅炉房（不含锅炉本体）、实验室、使用城镇燃气的工业企业（不含燃气设备）等用户中燃气室内管道和燃气设备安装的施工方法。燃气发电厂、制气厂、储配厂、调压站、加气站、加压站，液化石油气储存、灌瓶、气化、混气厂（站）、液化天然气、压缩天然气等厂（站）内的燃气管道的施工应遵守专门的规定。验收合格的燃气管道系统超过6个月未通气使用时应当重新进行严密性试验，试验合格后方可通气使用。

所谓“燃气室内工程”是指城镇居民、商业和工业企业用户内部的燃气工程系统，含引入管到各用户用具之间的燃气管道、用气设备及设施。燃气管道包括室内燃气管道及室外燃气管道。室内燃气管道是指从用户室内总阀门到各用户用气设备之间的燃气管道。引入管是指室外配气支管与用户室内燃气进口管总阀门之间的管道，无总阀门时从距室内地面1.0m高处起算。管道组成件是指组成管道系统的相关元件，包括管子、阀门、法兰、垫片及法兰连接用紧固件。

燃气铜管是指用于输送城镇燃气的含铜量不低于99.9%的无缝铜管。塑覆铜管是指外表面上用聚乙烯（PE）材料均匀的、连续的、无缝的包覆成环状的铜管。不锈钢波纹管是指母线呈波纹状的不锈钢管，分为外表带有防护套的不锈钢波纹管和不带防护套的不锈钢波纹管两种。

钎焊是指将熔点比母材低的钎料与母材一起加热，在母材不熔化的情况下，钎料熔化后润湿并填充母材连接处的缝隙，钎料和母材相互溶解和扩散，从而形成牢固的连接。硬钎焊是指钎料熔点大于450℃的钎焊连接。铝塑管卡压式连接是指一种由本体、夹套、橡胶密封圈（简称密封圈）及定位挡圈等构成（见图7-3-1），通过安装将夹套压紧在管材外端以实现其密封连接性能的连接。铝塑管卡套式连接是指由带锁紧螺母和丝扣管件组成的专用接头而进行管道连接的一种连接形式。

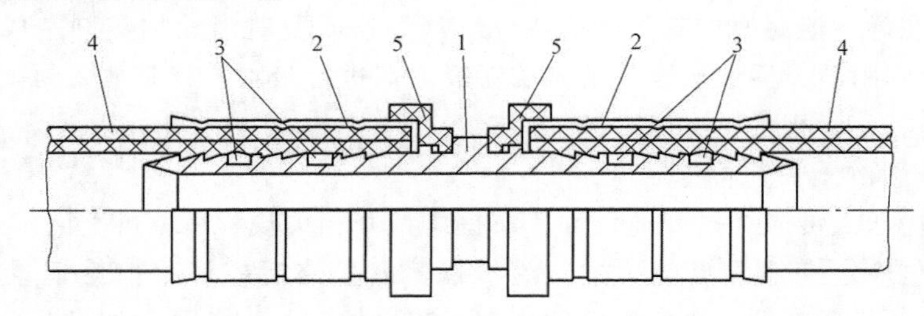

图7-3-1　卡压式管件与管材连接半剖视图

1—本体　2—夹套　3—密封圈　4—管材　5—定位挡圈

7.3.1　建筑燃气供应系统施工的宏观要求

1. 资质与资格

从事燃气室内工程施工的单位和人员应满足国家规定的相关资质及资格要求。承担城镇燃气室内工程和与燃气室内工程配套的报警系统、防爆电气系统、自动控制系统的施工单位必须具有国家建设相关行政管理部门批准的资质，并在资质的允许范围内承包工程。从事燃气钢质压力管道焊接的人员必须具有特种设备安全监察主管部门颁发的压力管道焊接操作人员资格证，且应在证书的有效期及合格范围内从事焊接工作。从事燃气铜管钎焊焊接的人员、燃气不锈钢波纹软管系统及铝塑复合管系统的安装人员应经专业技术培训合格并持相关部门签发的上岗证书方可上岗操作。

2. 材料设备管理

国家规定实行生产许可证、计量器具许可证的产品或特殊认证的产品，在安装使用前施工单位必须查验相关的文件，不符合规定要求的产品不得安装使用。燃气室内工程所用的管道组成件、设备及有关材料的额定压力、规格、性能等应符合我国现行的规定并应有出厂合格文件，燃具和计量装置必须选用经国家主管部门认可的检测机构检测合格的产品，不合格者不得选用。燃气室内工程采用的材料、设备进场时施工单位应按我国现行组织进行检查验收并填写相应记录，验收主要以外观检查和查验质量合格文件为主，当对产品本身的质量或产品合格文件有疑义时应在监理（建设）单位人员的见证下现场抽样检测。采用进口燃气设备时应由国家主管部门认可的检测机构进行检测并应按批抽查且不少于1台，产品质量应符合本国产品标准规定且不得低于合同规定要求。对工程采用的材料、设备进场抽检不合格时应加倍抽查，加倍抽查的产品仍存在不合格时判定该批产品不合格，不合格产品严禁使用。

管道组成件及设备的运输及存放应符合要求。管道组成件及设备在运输、装卸和搬动时应小心轻放，避免油污，且不得抛、摔、滚、拖。铝塑管和管件应存放在通风良好的库房或棚内，不得露天存放，应远离热源且防止阳光直射，严禁与油类或有毒物品混合堆放。管子及设备应水平堆放在平整的地面上、应避免管材及设备变形、堆置高度不宜超过2.0m，管件应原箱码堆、堆高不宜超过3箱。

3. 施工过程质量管理

城镇燃气室内工程施工必须按已审定的设计文件实施，当需要修改设计或材料代用时应经原设计单位同意。施工单位应具有质量管理体系、技术管理体系、质量保证体系，并应结合工程特点制定施工方案。质量检验中根据检验项目的重要性分为主控项目和一般项目，主控项目必须全部合格，一般项目经抽样检验应合格，采用计数检验时除有专门要求外一般项目合格点率不应低于80%且不合格点不允许存在严重缺陷。计数应遵守相关规定，直管段每20m为一个计数单位，不足20m按20m计；每一个引入管为一个计数单位；室内安装时每一个用户单元为一个计数单位；管道连接时每个焊接、丝接、法兰连接等连接口为一个计数单位。

施工过程中工序之间的工作应进行交接检验，交接双方应共同检查确认工程质量，必要时应做书面记录。施工单位对燃气室内工程应按施工技术标准控制工程质量，工程质量检验工作应由施工单位组织进行，工程质量验收应在施工单位自检合格的基础上按分项、分部（子分部）、单位（子单位）工程进行。

燃气室内工程验收单元可按相关规定划分。单位（子单位）工程划分应合理，具有独立施工合同、具备独立施工条件并能形成独立使用功能的为一个单位工程；对安装规模较大的单位工程可将其能形成独立使用功能的部分划分为若干个子单位工程。分部（子分部）工程划分应合理，分部工程的划分应按专业、设备的性质确定；当分部工程量较大或较复杂时可按楼栋号、区域、专业系统等划分为若干子分部工程。分项工程应按主要工种、施工工艺、设备类别等进行划分，分项、分部（子分部）工程的划分可参考相关规范规定。施工单位应按照相关规范的要求对工程施工质量进行检验，并真实、准确、及时地记录检验结果。记录表格应符合相关规范要求。质量检验所使用的检测设备、计量仪器应检定合格并应在有效期内。

7.3.2 室内燃气管道安装的基本要求

1. 安装准备

1）室内燃气管道系统安装前应对管道组成件进行内外部清扫并应保证其清洁。室内燃气管道安装工程在施工前应具备以下五个条件：施工图及其他技术文件齐备并经会审通过；已有施工方案且已经过技术交底；管道组成件和专用的工具齐备且能保证正常施工；燃气管道安装前的土建工程应能满足管道施工安装的要求；应对施工现场进行清理并清除垃圾、杂物。

2）燃气管道安装过程中不得在承重的梁、柱、结构缝上开孔或破坏结构的防火性能，否则应经原建筑设计单位的书面同意。当燃气管道穿越管沟、建筑物基础、外墙、承重墙、楼板时应符合以下四个要求：燃气管道必须敷设于套管中，且宜与套管同轴；穿越无防水要求的非承重墙时可使用非金属套管；套管内的管道不得设有任何形式的连接接头且应不含纵向或螺旋焊缝及无损检测合格的焊接接头；套管与燃气管道之间的间隙应采用密封性能良好的柔性防腐、防水材料填实。燃气管道穿过建筑物基础、墙、楼板时所设套管的管径不宜小于表 7-3-1 的规定，高层建筑引入管穿越建筑物基础时的套管管径应符合设计文件的规定。燃气管道的穿墙套管两端应与墙面齐平，穿楼板套管的上端应高于地面 5cm 且底部应与楼板底齐平。

表 7-3-1 燃气管道的套管直径

燃气管直径/mm	*DN*10	*DN*15	*DN*20	*DN*25	*DN*32	*DN*40
套管直径/mm	*DN*25	*DN*32	*DN*40	*DN*50	*DN*65	*DN*65
燃气管直径/mm	*DN*50	*DN*65	*DN*80	*DN*100	*DN*150	
套管直径/mm	*DN*80	*DN*100	*DN*125	*DN*150	*DN*200	

3）阀门安装应遵守相关规范规定。阀门的规格形式应符合设计要求。在安装前应对阀门逐个进行检查，引入管阀门宜进行严密性试验。阀门的安装位置应符合设计文件的规定且便于操作，室内安装高度宜为 1.5m，室外安装高度宜为 1.8m，室外阀门低位安装时应设有防护箱。在室外引入管上安装阀门时应装设在可靠的保护装置内，寒冷地区输送湿燃气时应按设计文件要求设置保温措施。对有方向性要求的阀门应严格按规定方向安装。阀门应在关闭状态下安装。

2. 引入管安装

1）在敞开式地下车库安装燃气管道时应符合设计文件的规定，设计文件无明确要求时应符合以下两条规定：应使用无缝钢管；管道的敷设位置应便于检修、不得影响车辆的正常通行且避免被碰撞；管道的连接必须采用焊接连接且其焊缝内部质量应按《无损检测　金属管道熔化焊环向对接接头射线照相检测方法》（GB/T 12605—2008）标准评定，Ⅲ级合格；焊缝外观质量应按《现场设备、工业管道焊接工程施工规范》（GB 50236—2011）标准评定，Ⅲ级合格。紧邻小区道路（甬路）、楼门过道处的地上引入管必须设有安全可靠的保护装置。

2）引入管采用地下引入时应符合要求。埋地引入管敷设的施工技术要求应符合《城镇燃气输配工程施工及验收规范》（CJJ 33—2005）的有关规定。穿越建筑物基础或管沟时，敷设在套管中的燃气管道应符合相关规范规定。埋地引入管在Ⅰ、Ⅱ区的回填土中不得含有石块，在各区（Ⅰ、Ⅱ、Ⅲ区）的回填土中不得含有各种垃圾、腐殖物等杂物，回填土应分层夯实，应保证小区甬路及绿地的平整度。引入管室内部分宜靠实体墙固定。引入管的管材应符合设计文件的规定，设计文件无规定时宜采用无缝钢管。

3）引入管采用地上引入时应符合要求。引入管升向地面的弯管应符合相关规范规定。引入管与建筑物外墙之间的净距应便于安装和维修，宜为0.10~0.15m。引入管上端弯曲处设置的清扫口应采用焊接连接，焊缝外观质量应按《现场设备、工业管道焊接工程施工规范》（GB 50236—2011）规定的Ⅲ级标准评定。引入管保温层厚度及形式应符合设计文件的规定，保温层表面应平整，凹凸偏差不宜超过±2mm，保温材料应具有阻燃性。

4）湿燃气引入管应坡向室外，且其坡度应大于或等于0.01。引入管最小覆土厚度应符合《城镇燃气设计规范》（GB 50028—2006）的规定。当室外配气支管上采取了阴极保护措施时，引入管进入建筑物前应设绝缘装置，与室内管道、设施进行有效的电绝缘，绝缘装置的形式宜采用带有内置放电间隙的绝缘接头，进入室内的管道应进行等电位连接。引入管埋地部分与室外埋地PE管相连时，其连接位置距建筑物基础不应小于0.5m，且应采用钢塑焊接转换接头。当采用法兰转换接头时，应对法兰及其紧固件的周围死角和空隙部分采用防腐胶泥填充进行过渡，进行防腐层施工前胶泥应实干，防腐层的种类和防腐等级应符合设计要求且接头（钢质部分）的防腐等级不应低于管道的防腐等级。

3. 室内燃气管道安装

（1）管道组成件　燃气室内工程使用的管道组成件应按设计文件选用，设计文件无明确规定时应符合《城镇燃气设计规范》（GB 50028—2006）的有关规定。当管道公称直径小于或等于*DN*50时，宜采用热镀锌钢管和镀锌管件；当管道公称直径大于*DN*50或设计压力等于或大于0.01MPa时，宜采用无缝钢管并应符合相关规范规定。铜管宜采用牌号为TP2的铜管及铜管件，采用暗埋形式敷设时，应采用塑覆铜管或包有绝缘保护材料的铜管；采用不锈钢管时，其厚度应不小于0.6mm。当管道公称直径小于或等于*DN*32且设计压力不大于0.1MPa时，燃气支管宜采用金属软管及专用管件，当金属软管用于暗埋形式敷设时必须具有外包覆层；当设计压力不大于0.01MPa且不受阳光直接照射时，可在计量装置后使用燃气用铝塑复合管及专用管件。管道的敷设方式在设计文件无明确规定时宜按表7-3-2确定。

表7-3-2　室内管道敷设方式

管道材料		热镀锌钢管	无缝钢管	铜管	不锈钢金属管	不锈钢金属软管	燃气用铝塑复合管	非金属软管
明设管道		应	应	可	可	可	可	可
暗设管道	暗封形式	可	可	可	可	可	可	有条件时
	暗埋形式	不得	不宜	可	可	可	可	严禁

（2）管道的连接　公称直径不大于*DN*50的镀锌钢管应采用螺纹连接，当必须采用其他的连接形式时应采取相应的措施；无缝钢管应采用焊接或法兰连接；铜管应采用承插式硬钎焊连接，不得采用对接钎焊和软钎焊；不锈钢管道宜采用卡压式或氩弧焊连接；金属软管应采用专用管件连接；燃气用铝塑复合管应采用专用的卡套式、卡压式的连接方式；非金属软管应采用专用管件连接固定。

（3）管道的切割　碳素钢管宜采用机械方法或氧-可燃气体方法切割；不锈钢管应采用机械或等离子弧切割方法，当采用砂轮切割或修磨时应使用专用砂轮片；铜管应采用机械方法切割；金属软管和燃气用铝塑复合管应采用专用切割工具。管道采用的支承形式宜按表 7-3-3 选择。燃气管道与其他管道或设施平行、交叉敷设时其最小净距应符合相关规范要求。

表 7-3-3　燃气管道采用的支承形式

公称直径/mm	砖砌墙壁	混凝土制墙板	石膏空心墙板	木结构墙	楼板
*DN*15～*DN*20	管卡	管卡	管卡	管卡	吊架
*DN*25～*DN*40	管卡	管卡	夹壁管卡	管卡	吊架
*DN*50～*DN*65	管卡、托架	管卡、托架	夹壁托架	管卡、托架	吊架
>*DN*65	托架	托架	不得依敷	托架	吊架

4. 燃气计量表安装

1）燃气计量表安装前应按相关规范规定进行检验，燃气计量表应有出厂合格证、质量保证书，标牌上应有 CMC 标志、出厂日期、表编号和制造单位，燃气计量表应有法定计量检定机构出具的检定合格证书并应在有效期内，超过有效期的燃气计量表和倒放的燃气计量表应全部进行复检，燃气计量表的性能、规格、适用压力应符合设计文件的要求。

2）燃气计量表应按设计文件和产品说明书进行安装。

3）燃气计量表与管道的连接应根据实际情况采用螺纹连接或法兰连接。

4）燃气计量表的安装位置应满足抄表、检修和安全使用的要求。室外安装的燃气计量表应装在防护箱内，安装在楼梯间（高层建筑除外）内的燃气计量表应设在防火表箱内。

5. 家用、商业用及工业企业用燃具安装

1）燃气设备安装前应按相关规范规定进行检验，应检查用气设备的产品合格证、产品安装使用说明书和质量保证书，产品外观的显见位置应有产品参数铭牌并有出厂日期，应核对性能、规格、型号、数量是否符合设计文件的要求，不具备以上检查条件的产品不得安装。家用燃具应采用低压燃气设备，商业用气设备宜采用低压燃气设备，燃烧器的额定压力应符合《城镇燃气设计规范》（GB 50028—2006）的规定。

2）家用、商业用及工业企业用的燃具安装场所应符合《城镇燃气设计规范》（GB 50028—2008）的有关规定。

3）烟道的设置及结构必须符合用气设备的要求并符合设计文件的规定，对旧有烟道应核实烟道断面及烟道抽力，不满足燃气烟气排放要求的烟道不得使用。

6. 商业用燃气锅炉和冷热水机组燃气系统安装

1）商业用室内燃气管道的最高压力应符合《城镇燃气设计规范》（GB 50028—2006）的规定。

2）商业用燃气锅炉和燃气冷热水机组的设置应符合设计文件的要求和《城镇燃气设计规范》（GB 50028—2006）的规定。

3）商业用燃气锅炉和燃气冷热水机组的烟道施工质量应符合设计文件的要求和《城镇燃气设计规范》（GB 50028—2006）的相关规定，烟道的安装应符合相关规范要求。

4）室内燃气管道不宜采用暗埋方式敷设。商业用燃气锅炉和燃气冷热水机组燃气管道宜选用无缝钢管，燃气管道的连接宜采用焊接或法兰连接。

7. 试验与验收的基本要求

1）室内燃气管道的试验应遵守相关规范规定，自引入管阀门起至燃具之间的管道的试验应符合相关规范要求，自引入管阀门起至室外配气支线之间的管线的试验应符合《城镇燃气输配工程施工及验收规范》（CJJ 33—2005）的有关规定。试验介质宜采用空气，严禁用水或可燃、助燃气体进行试验。

2）室内燃气管道试验前应具备以下三个条件：已制定试验方案并经审批；试验范围内的管道安装工程除涂漆、隔热层（含保温层）外已按设计文件全部完成，安装质量应经施工单位自检和监理（建设）单位检查确认符合相关规范的规定；待试验的燃气管道系统已与不应参与试验的系统、设备、仪表等隔断并有明显标志或记录，强度试验前安全泄放装置已拆下或隔断。

3）试验用压力计量装置应符合要求，试验用压力计应在校验的有效期内，其量程应为被测最大压力的 1.5~2 倍，弹簧压力表的精度不应低于 0.4 级；U 形压力计的最小分度值不得大于 1mm。

4）试验工作应由施工单位负责实施，并通知监理（建设）单位、燃气供应单位参加。试验时发现的缺陷应在试验压力降至大气压时进行处理，处理合格后应重新进行试验。民用燃具的试验与验收应符合《家用燃气燃烧器具安装及验收规程》（CJJ 12—2013）的有关规定。采用暗埋形式敷设燃气管道系统时，应在填充水泥覆盖层前对暗设系统进行强度试验和严密性试验，暗埋燃气管道在进行强度试验和严密性试验合格后再填充水泥覆盖层。采用不锈钢金属管道时，强度试验和严密性试验检查所用的发泡剂中氯离子含量不得大于 25×10^{-6}。铝塑复合管系统应根据工程性质和特点进行中间验收。

5）强度试验、严密性试验、工程验收均应遵守相关规范规定。

7.4 城市燃气供应系统设计

1. 基本概念

城市燃气供应系统中的“非高峰期用户”是指在低于年平均日供气量时使用燃气的用户，如燃气空调用户等，此类用户可用于调节全年用气负荷。可中断用户是指在某一特定时间段内可对其中断供气的用户，此类用户对整个管网系统可以起到削峰填谷作用，同时在事故工况下也可延长整个系统的供气时间，特定时间段包括系统事故、气源不足或供气高峰等工况。不可中断用户是指由于生产工艺制约或通过合同约定而不能停气的用户。

小时负荷系数是指年平均小时供气量与高峰小时用气量的比值，表示输配系统的设施平均利用率。日负荷系数是指规划区域的年均日负荷与高峰日负荷的比率，可说明负荷变化的程度，数值越大表明用气越均衡。集中负荷是指在管网分析时对管网布局和稳定运行有较大影响的大流量负荷，如燃气电厂、大型燃气锅炉房、大型工业负荷、大流量调压站等。分布负荷是指集中负荷以外的其他负荷。负荷曲线是指相同时间段内一个或多个用户的负荷变化曲线，包括年负荷曲线、周负荷曲线、日负荷曲线，年负荷曲线反映月负荷波动，周负荷曲线反映日负荷波动，日负荷曲线反映小时负荷波动。用气结构是指各类用户年用气量占年总用气量的百分比。负荷增长率是指当年增长用气量与上年用气量的比值。负荷密度是指供气区域的高峰小时用气量除以供气区域占地面积，是表征负荷分布密集程度的量化指标，单位为 $m^3/(h \cdot m^2)$。

最大利用时数是指假设把全年所使用的燃气总量按一年中最大小时用量连续使用所能延续的小时数，即年总供气量除以高峰小时用气量。最大利用日数是指年总供气量除以城镇高峰日用气量。气化率是指各类用户中使用燃气的用户数占总户数的百分比，如居民气化率、商业气化率等。

气源点是指城镇管道燃气的供气点，包括门站、LNG 供气站、CNG 供气站、人工煤气制气厂或储配站、液化石油气气化站或混气站等。专供调压站是指只为某个特定用户进行供气的调压站，如大型煤改气锅炉房专用调压站、燃气热电中心供气调压站、某工业用户调压站。所有非专供调压站统称为区域调压站。场站负荷率是指场站的最大小时过流量与场站设计流量的比率，该指标表明场站的利用率。调峰设施是指满足用气日常调节逐月、逐日或逐时不均匀性的设施。应急储备是指利用储气设施在用气低谷时储气，在发生紧急事故时供气的储气措施，一般以 7d 的年均日用气量为宜。燃气配套设施是指保障燃气输配系统正常运行的监控调度系统、运行维护、抢修抢险设施。

2. 设计依据及内容

城市燃气供应系统设计应以科学的燃气规划为依据，燃气规划编制应与城镇道路、轨道交通、电信、有线电视、给水、排水等市政公用工程规划相协调，并与供热、供电等能源规划统筹安排、合理规划。城镇燃气规划应遵循国家和行业的有关节能政策，合理利用能源。

城镇总体规划阶段规划文本及说明书应包括规划分期、规划原则、规划目标，城镇燃气规划年总用气量、高峰日用气量、高峰小时用气量及规划期末燃气在一次能源中的比例，城镇燃气气源种类、供应量、位置与规模，燃气供需平衡分析及调峰需求，输配管网系统压力级制、主干管网布局及管径，储气调峰方案，燃气场站布局、设计规模及用地规模，划定城镇气源和燃气储配站等城市供燃气设施的黄线范围。规划目标应包括燃气总量、用气结构、气化率、燃气供暖率、天然气门站数量及规模、调压站数量及规模、燃气主干管网里程等。

城镇详细规划阶段规划文本及说明书的主要内容除了应包括总体规划阶段内容外，还应包括燃气用户用气规律或负荷曲线，管网水力计算结果，主要场站选址及管位，对原有供气设施的利用、改造方案，项目建设进度计划及项目近期建设内容，监控及数据管理系统方案，燃气工程配套设施配置方案，规划工程量及投资估算。

7.4.1 城市用气负荷

城镇燃气用气负荷按用户类型可分为以下七类：居民生活用气、商业用气、工业生产用气、供暖通风及空调用气、燃气汽车用气、发电用气、其他用气。燃气用户发展应符合我国天然气利用政策要求并结合当地气源状况、环保政策、经济发展情况等确定。在确定用气负荷时应尽可能发展非高峰期用户、提高负荷系数、减小季节负荷差、优化年负荷曲线。宜适当选择一定数量的可中断用户，提高小时负荷系数、日负荷系数、最大利用时数和最大利用日数。

燃气规划负荷预测内容应包括各类用户的气化率；城镇燃气年用气量及用气结构并明确可中断用户和非高峰期用户的用气量；高峰月平均日用气量、高峰日用气量、高峰小时用气量；各类燃气用户的用气规律；负荷增长率、负荷密度的分布；小时负荷系数和日负荷系数；最大利用时数和最大利用日数。

燃气负荷预测方法可采用人均用气指标法、分类指标预测法、横向比较法、弹性系数法、回归分析法、增长率等。规划人均综合用气量指标见表7-4-1。

表7-4-1 规划人均综合用气量指标（不含市辖市、县）

指标分级	城市用气水平分类	人均综合用气量[（m^3/（人·年）]	
		现状	规划
一	用气水平较高城市	≥301	1000~1500
二	用气水平中上城市	201~300	601~1000
三	用气水平中等城市	101~200	301~600
四	用气水平较低城市	≤100	150~300

7.4.2 城市燃气气源

城镇燃气气源主要包括天然气、煤制天然气、液化石油气和人工煤气。多气源系统在气源选择时应考虑气源间的互换性。对于常住人口大于100万人的城市考虑供气安全因素应有两个或两个以上的气源点。上游供气方应有调节城镇逐月、逐日不均匀性的燃气设施和能力。城镇气源应具有应对紧急情况的措施，应规划适当的应急储备气量及设施，应急储备规模宜以能够保障全部城镇居民生活用气量和全部不可中断用户用气量稳定供应为原则。采用天然气作为城镇气源时，应与上游供气方协调气源来气方向、接收点数量、交接压力、高峰日供气量、季节调峰措施等，在确定城镇接收门站布局时应尽量根据用气负荷分布均衡布置。对于常住人口小于100万人的城市可只设置C类门站；对于常住人口大于等于100万人的城市宜考虑设置B类门站；对于常住人口大于1000万人的城市宜考虑设置A类门站。对于常住人口小于100万人的城市可只设置三级门站；对于常住人口大于等于100万人的城市宜考虑设置二级门站；对于常住人口大于1000万人的城市宜考虑设置一级门站。

人工煤气制气厂选址应综合考虑原料运输、负荷分布情况、场外市政条件等因素，并重点考虑气源厂对周边环境的影响。人工煤气厂应布置在盛行风向的下风侧，如果气源厂处于常年存在两个风频大体相等、风向基本相反的盛行风向地区，应按影响较严重季节的盛行风向或最小频率风向来决定布置方位。

采用液化石油气、液化天然气、压缩天然气作为气源时，应根据用气规模、供气周转周期，确定合理的储存设施建设规模。

7.4.3 城市燃气管网系统

确定城镇燃气管网中各压力级制的设计压力时应考虑充分利用上游供气的压能并结合城镇用户用气压力的需求、负荷量大小和小时调峰需求量等综合确定，应通过技术经济比较优化选择城镇燃气输配系统的压力级制。

城镇燃气输配管网布局应依据城镇总体规划，并结合相关专业规划进行，贯彻远近结合、近期为主的方针，同时应考虑供气管网的可靠性、技术经济合理性和运行管理方便的要求。城镇燃气主干网应沿城镇规划道路敷设，并减少穿跨越河流、水域、铁路及其他市政设施等。城镇燃气各级管网的布置应减少管道建成后对城镇用地的分割和限制，同时满足对管道巡视、抢修和管理的需要。对于用气压力较高、用气量大的大型燃气用户，应充分利用压能，并降低对其他用户的影响，规划专用管线。长输管道应尽量布置在城镇的外围区域。必须布置在城镇中时，应遵守《输气管道工程设计规范》（GB 50251—2015）的规定，条件许可时在地区等级划分、安全间距等方面应参考执行《城镇燃气设计规范》（GB 50028—2006）的相关规定。长输管道的末站、分输站和城镇接收站（门站）应布置在规划城区的外围。

管材的选择应根据供气规模、压力分级、当地水文地质条件、穿跨越情况等经技术经济比较后确定。燃气管网的管径应根据管网的高峰小时流量、气源点的供气压力及最低允许压力，通过水力计算确定。

高压管网应按相关规范规定布线。高压 A 管网宜布置在城市的边缘，且不应通过军事设施、易燃易爆仓库、国家重点文物保护区、飞机场、火车站、海（河）港口码头等地点。当受条件限制，管道必须通过上述地区，需经当地规划及消防部门共同协商确定合理的规划方案。高压管道宜布置在规划道路上，并应避开居民点和商业密集区。高压管道受条件限制需进入四级地区时应遵守《城镇燃气设计规范》（GB 50028—2006）的规定。对于直接供气的集中负荷应尽量缩短用户支管的长度。对于多级高压管网系统，各级管网间应有两条或以上联通干管，并宜相对均匀布置。

中压管网应按相关规范规定布线。为避免施工安装和检修过程影响交通，一般宜将中压管道敷设在道路绿化隔离带或非机动车道上。应尽量靠近调压站以减少调压站支管的长度，提高供气可靠性。连接主供气源与城镇环网的枝状干管宜采用双线布置。

对于不可中断用户应考虑双气源供气。在总体规划阶段应预留长输管线和城市高压干线的管线走廊，高压管线走廊宽度应符合表 7-4-2 的规定。走廊布局宜与城市道路、铁路、河流的绿化隔离带等相结合，以减少城市建设用地的影响。以下两种情况宜进行管网动态模拟计算，且必要时应校核事故工况：用气量相对较大、用气压力较高的集中负荷接入管网时；需要设置增压装置的用户接入管网时。

表 7-4-2　长输管线和城市高压供气干线的管线走廊宽度

管线类型	长输管线		城市高压干线	
管线级别	1	2	1	2
压力级制/MPa	10.0	4.0	4.0	2.5
高压管线走廊宽度/m	100	60	60	32

7.4.4　调峰及应急储备

燃气调峰量应根据负荷曲线和上游供气曲线确定，负荷曲线应在逐年积累、分析各类用户用气规律基础上绘制。调峰设施应根据季节、日、时调峰量大小合理选择，并按实际调峰需求一次规划、分期建设。采用天然气作气源时，城镇燃气逐月、逐日的用气不均匀性的平衡，应由供气方统筹调度解决，平衡小时用气所需调峰量宜由气源方解决，不足时由城镇燃气输配系统解决。城镇附近有建设地下储气库地质条件的，通过技术经济比较后，尽可能利用地下储气库调峰。城镇气源压力较高，应优先选用高压管道储气调峰，也可利用液化天然气或压缩天然气作为调峰气源；上述条件不具备时应根据城镇供气具体情况考虑建设储配站。

城镇燃气应考虑建设应急储备设施，储备量宜按照不少于 7d 城镇居民用户和不可中断用户的高峰月平均日用气量考虑。城镇燃气输配系统中的应急储备设施可与调峰设施合建。应急气源的规划应考虑与主供气源的互换性。燃气应急储备设施与城镇燃气管网的连接，应保证在气源出现供气事故时，满足对所有居民用户和不可中断用户的供气。

7.4.5　燃气厂（场）站和配套设施

1. 燃气厂（场）站

燃气厂（场）站的站址应符合城镇总体规划和土地利用用地规划要求。站址应具有适宜的交通、供电、给水排水、通信及工程地质条件，并应考虑拆迁条件、耕地保护、环境保护、防洪和抗震等方面的要求。根据负荷分布、站内工艺、管网规划布置、与上游气源的衔接，合理配置厂（场）站数量和占地规模。站址选择应避开城市居住区、村镇、学校、影剧院、体育馆等人员聚集场所，应避开油库、铁路枢纽站、飞机场等重要目标，应避开地震带、地基沉陷和废弃矿井等地段。结合城市燃气远景发展规划站址应留有发展余地。燃气厂（场）站与站外建、构筑物的防火间距应符合《建筑设计防火规范》（GB 50016—2014）及《城镇燃气设计规范》（GB 50028—2006）中的相关规定。

（1）天然气场站　根据接收长输管线气源压力级制不同门站可分为一级门站、二级门站和三级门站三类（见表 7-4-3）；根据接收长输管线气源流量不同门站可分为 A 类门站、B 类门站和 C 类门站三类（见表 7-4-4）。门站的规模和数量应与规划期内的供气规模相匹配，应根据门站负荷率和高峰小时用气量，确定门站总接收能力。门站和储配站布置应符合相关要求。调压站（箱）、液化天然气或压缩天然气供气站布置均应遵守相关规范规定。

表 7-4-3　天然气门站按接收气源压力级制分类

门站分类	一级门站	二级门站	三级门站
气源压力	$P \geqslant 4.0\text{MPa}$	$1.6\text{MPa} < P < 4.0\text{MPa}$	$P \leqslant 1.6\text{MPa}$

表 7-4-4　天然气门站按接收气源流量分类表

门站分类	A 类门站	B 类门站	C 类门站
气源压力	$P \geqslant 100$ 万 Nm^3/h	$20\text{Nm}^3/\text{h} < P < 100$ 万 Nm^3/h	$P \leqslant 20$ 万 Nm^3/h

（2）人工煤气厂站　气源厂的规模和工艺应根据制气原料的种类、用气负荷及各种产品的市场需求，经技术经济比较后确定。气源厂厂址的选择应符合要求，应满足气源厂对自然条件、水文地质条件、工程地质条件、防洪地震条件、外部条件（供排水、供电、消防）等要求；应有方便的交通运输条件，并根据其规模及运输方式接近铁路、公路或港口等交通干线；宜布置在所在地区全年最小频率风向的上风侧。气源厂排放的粉尘、废水、废气、灰渣、噪声等污染物对周围环境的影响应符合我国现行相关规范规定。气源厂的占地面积应根据其工艺方案及生产规模综合确定。

（3）液化石油气场站　场站的供应规模和储存规模应根据气源情况、运输距离、运输方式、用气负荷和用户类别经经济技术分析后确定。液化石油气供应基地的站址选择应满足相关要求，宜选择在所在地区全年最小频率风向的上风侧，应选择在地势平坦、开阔、不易积存液化石油气的地段。基地内铁路引入线和铁路槽车装卸线的布置应符合《Ⅲ、Ⅳ级铁路设计规范》（GB 50012—2012）的有关规定。液化石油气其他场站的选址宜结合其供应方式和供应半径，尽量靠近负荷中心，并应符合城镇总体规划市政设施用地的要求。

（4）城镇燃气汽车加气站　加气站气源的选择及加气站数量应根据其总体规划、当地资源、汽车总量、运营里程、经济发展及环保要求等因素综合确定。天然气汽车加气站分为母-子站、标准站两种形式。母站应选择在距离城市高压燃气管道较近、气量充足的地方或者结合城市高压燃气场站建设，子站建设适用于附近没有城市燃气管网或燃气管网压力较低的地区。一般1座母站可以供应3~5座子站。标准站应选择在距离城市燃气管道较近、进站压力较高、气量充足的地区建设。汽车加气站规模应符合《汽车加油加气站设计与施工规范》（GB 50156—2012）和《城镇燃气设计规范》（GB 50028—2006）的有关规定。汽车加气站站址宜选择在靠近气源及输气管线的地方，同时应处理好方便加气和不影响交通的关系。汽车加气站可考虑和汽车加油站合建，可建在公交场站、停车场内，其平面布置、与站外建（构）筑物等的防火间距应满足我国现行规范的相关要求。

2. 配套设施

燃气配套设施的布局和选址，应根据生产运行需要、服务功能定位合理确定，并与城镇燃气设施规模同步规划，与其规模相匹配。

配套设施规划应遵守相关规范规定。城镇燃气规划中应根据燃气输配系统的供气规模，提出燃气配套设施的内容。城镇燃气配套设施包括调度中心、管网运行所、抢修抢险维护中心等。城镇燃气配套设施的布局应根据其服务半径、运营需要等因素综合确定。配套设施的规模应结合生产运行管理模式及生产设施的规模确定。

7.4.6　监控调度系统

城镇燃气输配管网监控调度系统应在满足供气需求、保证供气安全前提下，通过技术经济比较，确定合理方案。城镇燃气输配管网监控调度系统包括监控和数据采集（SCADA）系统、通信系统、视频会议系统和安全防范系统等。城镇燃气输配管网监控调度系统宜采用分级结构。城镇燃气输配管网监控调度系统应设主控中心及本地站。主控中心应设在燃气企业调度中心，并宜与上游供气企业及城市公用数据库连接。本地站应设置在气源厂、门站、储配站、调压站及管网压力监测点等。城镇燃气输配管网监控调度系统中的通信系统应根据当地通信系统条件、系统的规模和特点、地理环境，经全面的技术经济比较后确定。宜优先采用城市公共数据通信网络。

7.5　城市燃气供应系统施工与维护

城镇燃气设施运行、维护和抢修应符合安全生产、保证正常供气、保障公共安全和保护环境的要求，应遵守我国现行《城镇燃气管理条例》（中华人民共和国国务院令583号）、《固定式压力容器安全技术监察规程》（TSG 21—2016）、《城镇燃气设计规范》（GB 50028—2006）、《城镇燃气输配工程施工及验收规程》（CJJ 33—2005）、《聚乙烯燃气管道工程技术规程》（CJJ 63—2008）等的规定。

7.5.1　基本概念

城镇燃气供应单位是城镇燃气供应企业和城镇燃气自管单位的统称。城镇燃气供应企业是指从事城镇燃气储存、输配、经营、管理、运行、维护的生产企业及销售企业；城镇燃气自管单位是指自行对所属用户的燃气设施进行管理、运行、维护工作的单位。

燃气设施是指用于燃气储存、输配和应用的厂站、管网、用户设施、监控及数据采集系统。用户燃气设施是指用户燃气管道、阀门、计量器具、调压设备、气瓶等。

燃气燃烧器具是指以燃气作燃料的燃烧用具的总称，简称燃具，包括燃气热水器、燃气热水炉、燃气灶具、燃气烘烤器具、燃气取暖器等。

用气设备是指以燃气作燃料进行加热或驱动的较大型燃气设备，比如工业炉、燃气锅炉、燃气直燃机、燃气热泵、燃气内燃机、燃气轮机等。

运行是指从事燃气供应的专业人员，按照工艺要求和操作规程对燃气设施进行巡视、操作、记录等常规工作。维护是指为保障燃气设施的正常运行，预防事故发生所进行的检查、维修、保养等工作。抢修是指燃气设施发生危及安全的泄漏以及引起停气、中毒、火灾、爆炸等事故时采取紧急措施的作业。

降压是指对燃气设施维护和抢修时，为了操作安全和维持部分供气，将燃气压力调节至低于正常工作压力的作业。

停气是指在燃气供应系统中，采用关闭阀门等方法切断气源，使燃气流量为零的作业。明火是指外露火焰或赤热表面。动火是指在燃气管道和设备上或其他禁火区内进行焊接、切割等产生明火的作业。

作业区是指燃气设施在运行、维修或抢修作业时，为保证操作人员正常作业所确定的区域。警戒区是指燃气设施发生事故后，已经或有可能受到影响需进行隔离控制的区域。

直接置换是指采用燃气置换燃气设施中的空气或采用空气置换燃气设施中的燃气的过程。间接置换是指采用惰性气体或水置换燃气设施中的空气后，再用燃气置换燃气设施中的惰性气体或水的过程；或采用惰性气体或水置换燃气设施中的燃气后，再用空气置换燃气设施中的惰性气体或水的过程。

吹扫是指燃气设施在投产或维修前清除其内部剩余气体和污垢物的作业。

放散是指将燃气设施内的空气、燃气或混合气体安全地排放。

防护用具是指用以隔离燃气和保障作业人员安全的防护用具，一般有工作服、工作鞋、手套、安全帽、耳塞、防毒面具和供氧面具等。

监护是指在燃气设施运行、维护、抢修作业时对作业人员进行的监视、保护；或由于其他工程施工等可能引起危及燃气设施安全而采取的监督、保护。

带压开孔是指在有压力的管道无燃气外泄的状态下，用专用机具在管道上加工出孔洞。

封堵是指从开孔处将封堵头送入管道并密封管道，从而阻止管道内介质的流动。波纹管调长器是指由波纹管及构件组成，用来调节燃气设备拆装引起的管道与设备轴向位置变化的装置。

7.5.2　城市燃气供应系统施工与维护的宏观要求

1）城镇燃气供应单位应建立、健全安全生产管理制度。城镇燃气供应单位应设立运行、维护和抢修的管理部门，并应配备专职安全管理人员；应设置并向社会公布24h报修电话，抢修人员应24h值班。运行、维护和抢修人员必须经过专业技术培训。

2）对重要的燃气设施或重要部位应设有识别标志。在对燃气设施进行运行、维护和抢修时应设置安全警示标志，标志的制作和设置应符合《城镇燃气标志标准》（CJJ/T 153—2010）的规定。

3）城镇燃气供应单位应建立燃气事故报告和统计分析制度，制定事故等级标准。燃气安全事故报告和统计分析的内容应符合相关规范要求。

4）城镇燃气供应单位应制定燃气安全事故应急预案，应急预案的编制程序、内容和要素等应符合《生产经营单位安全生产事故应急预案编制导则》（AQ/T 9002—2002）的规定；针对具体的装置、场所或设施、岗位还应编制相应的现场处置方案。应急预案应报有关部门备案，并定期进行演习，每年不得少于1次。

5）城镇燃气设施运行、维护与抢修需要切断电源时应在安全的地方切断电源。

6）进入燃气调压室、压缩机房、阀门井和检查井前应先检查有无燃气泄漏；在进入地下调压室、阀门井、检查井内作业前还应检查氧气浓度及有无有害气体，确定安全后方可进入。

7）燃气供应单位应定期对燃气设施进行安全评价，评价内容及方法应符合《燃气系统运行安全评价标准》（GB/T 50811—2012）的规定。

7.5.3 运行与维护的基本要求

城镇燃气供应单位对城镇燃气设施的运行与维护应制定下列管理制度和操作规定：安全生产管理制度；事故统计分析制度；城镇燃气管道及其附属系统、厂站的工艺管道与设备的运行、维护制度和操作规定；用户设施的检查、维护、报修制度和操作规定；日常运行中发现问题或事故处理的报告程序。严禁携带火种、非防爆型无线通信设备进入厂站内生产区，未经批准严禁在厂站内生产区从事可能产生火花性质的操作。站内防雷、防静电设施应处于正常运行状态，每年在雷电多发季节前应对防雷装置至少进行一次检测，防静电装置检测每半年不得少于一次。应定期对液化石油气、压缩天然气、液化天然气的装卸软管及防拉断阀进行检查和维护保养，软管应定期进行更换。装载液化石油气、压缩天然气、液化天然气的运输车应按要求停车入位，在连接软管前运输车必须处于制动状态，装卸作业过程中应防止运输车移动，并应设置防滑块。

进入燃气调压室、压缩机房、阀门井和检查井等场所作业时，应根据需要穿戴防护用具，系好安全带；应设专人监护，作业人员应轮换操作；维修电气设备时，应切断电源；带气进行维护检修时，应采取防爆措施，作业过程中严禁产生火花。供气高峰季节应选点检测管网高峰供气压力，分析管网的运行工况；对运行工况不良的管网应提出改造措施。

施工完毕未投入运行的燃气管道应符合要求。宜采用惰性气体或空气保压，压力不宜超过运行压力，在通气前确认无泄漏方可通气；采用燃气保压时应按相关规范规定对管道进行运行维护；对于未进行保压的管道应在通气前重新进行压力试验，试验合格后方可通气使用。仪器、仪表、安全装置的运行维护、定期校验和更换应按国家有关规定执行。安装在用户室内的公用阀门应设永久性警示标志。

运行与维护的主要内容包括管道及其附件、设备、压缩天然气设施、、液化天然气设施、监控及数据采集系统、用户设施等，相关工作应遵守规范规定。

7.5.4　抢修的基本要求

城镇燃气供应单位应制定事故抢修制度和事故上报程序。城镇燃气供应单位应根据供应规模设立抢修机构，应配备必要的抢修车辆、抢修设备、抢修器材、通信设备、防护用具、消防器材、检测仪器等装备，并保证设备处于良好状态。接到抢修报警后应迅速出动，并根据事故情况联系有关部门协作抢修。抢修作业应统一指挥，服从命令，并采取安全措施。当燃气系统发生较大事故且处理完成后，应对事故影响范围内的燃气设施进行全面安全评价，评价内容及方法应符合我国现行《燃气系统运行安全评价标准》（GB/T 50811—2012）的规定。

抢修作业应遵守相关规范规定。抢修人员进入事故现场，应立即控制气源、消灭火种、切断电源、驱散积聚的燃气。在室内应进行通风，严禁启闭电器开关及使用电话。地下管道泄漏时应采取有效措施，排除积聚在地下和构筑物空间内的燃气。燃气设施泄漏的抢修宜在降低燃气压力或切断气源后进行。抢修作业时与作业相关的控制阀门必须有专人值守，并监视其压力。当抢修中暂时无法消除漏气现象或不能切断气源时，应及时通知有关部门，并做好现场的安全防护工作。处理地下泄漏点开挖作业时应遵守相关规范规定，要注意防止一氧化碳中毒。当压缩天然气站因泄漏造成火灾时，除控制火势进行抢修作业外，还应对未着火的其他设备和容器进行隔热、降温处理。液化天然气设施泄漏着火后严禁用水灭火。

当发生中毒、火灾、爆炸等事故，危及燃气设施和周围环境的安全时，应协助公安、消防及其他有关部门进行抢救和保护好现场。当燃气设施发生火灾时应采取切断气源或降低压力等方法控制火势并应防止产生负压。燃气设施发生爆炸后应迅速控制气源和火种，防止发生次生灾害。火灾与爆炸灾情消除后应对事故范围内的管道和设备进行全面检查。

7.5.5　生产作业的基本要求

燃气设施的停气、降压、动火及通气等生产作业应建立分级审批制度。作业单位应制定作业方案和填写动火作业报告，并逐级申报；经审批后应严格按批准方案实施。紧急事故应在抢修完毕后补办手续。燃气设施停气、降压、动火及通气等生产作业必须配置相应的通信设备、防护用具、消防器材、检测仪器等。燃气设施停气、降压、动火及通气等生产作业，必须设专人负责现场指挥，并应设安全员。参加作业的操作人员应按规定穿戴防护用具。在作业中应对放散点进行监护，并采取相应安全防护措施。作业坑应根据情况和需要采取有利于操作人员上下及避险的措施。停气、降压与置换作业时宜避开用气高峰和不利气象条件。

1）置换与放散应遵守相关规范规定。燃气设施停气、动火作业前应对作业管段或设备进行置换。燃气设施宜采用间接置换法进行置换，当置换作业条件受限时也可采用直接置换法进行置换并应符合相关要求。置换与放散时应有专人负责监控压力及检测。置换作业时应根据管线情况和现场条件确定放散点数量与位置，管道末端应设置临时放散管，并在放散管上安装取样管。临时放散管的安装应符合相关要求，临时放散火炬应符合相关要求。

2）停气与降压应遵守相关规范规定。

3）运行中的燃气设施需动火作业时应有城镇燃气供应企业的技术、生产、安全等部门配合与监护。城镇燃气设施动火作业现场，应划出作业区，并应设置护栏和警示标志。城镇燃气设施动火作业区内应保持空气流通。在通风不良的空间内作业时，应采用防爆风机进行强制通风。

4）带压开孔、封堵作业应遵守相关规定。使用带压开孔、封堵设备在燃气管道上接支管或对燃气管道进行维修更换等作业时，应根据管道材质、输送介质、敷设工艺状况、运行参数等选择合适的开孔、封堵设备及不停输开孔、封堵施工工艺，并制定作业方案。作业前应对施工用管材、管件、密封材料等做复核检查，并对施工用机械设备进行调试。在不同管材、不同管径、不同运行压力的燃气管道上首次进行开孔、封堵作业时应进行模拟试验。带压开孔、封堵作业的区域应设置护栏和警示标志，开孔作业时作业区内不得有火种。钢管管件的安装与焊接应符合相关要求。带压开孔、封堵作业应按照操作规程进行并应符合相关要求。在聚乙烯管道进行开孔、封堵作业时应遵守相关规范规定，为了防止静电积聚接管作业时应将待作业管段有效接地。

5）通气作业应严格按照作业方案执行。用户停气后的通气应在有效地通知用户后进行。燃气设施置换合格恢复通气前应进行全面检查，符合运行要求后方可恢复通气。

7.5.6 液化石油气设施的运行、维护、抢修的基本要求

本节所述液化石油气设施包括液化石油气储存站、储配站、灌装站、气化站、混气站、瓶装供应站和瓶组气化站、储罐、管道及其附件，以及压缩机、烃泵、灌装设备、气化设备、混气设备和仪器仪表等，不包括低温储存基地及火车槽车、汽车槽车、槽船等液化石油气专用运输设备和站外液态液化石油气输送管道。

1）站内设施的运行、维护。储罐及附件的运行、维护应符合要求。压缩机、烃泵的运行、维护应按相关规范规定进行。液化石油气气瓶（以下简称气瓶）灌装设备的运行、维护应遵守相关规范规定。液化石油气气瓶灌装后应对其灌装质量和气密性进行逐瓶复检，合格的气瓶应贴合格标志。气化、混气装置的运行、维护应符合相关规范要求。消防系统的运行、维护应符合相关规范规定。

2）气瓶运输。运输气瓶的车辆必须符合运输危险化学品机动车辆的要求；必须办理危险化学品运输准运证和化学危险品运输驾驶证；车厢应固定并通风良好；随车应配备干粉灭火器；车辆应安装静电接地带；随车携带排气管阻火器。气瓶运输应符合要求，在运输车辆上的气瓶应直立码放且不得超过两层，运输50kg气瓶应单层码放并应固定良好且不应滚动、碰撞；气瓶装卸不得摔砸、倒卧、拉拖；气瓶运输车辆严禁携带其他易燃、易爆物品，人员严禁吸烟。

3）瓶装供应站的安全管理。瓶组供应站的运行维护应遵守相关规范规定。

4）液化石油气设施的抢修。储罐第一道液相阀门之后的液相管道及阀门出现大量泄漏时应立即将上游的液相控制阀门紧急切断，可使用消防水雾枪驱散泄漏部位及周边的液化石油气，降低现场的液化石油气浓度。储罐第一道液相阀门的阀体或法兰出现大量泄漏时必须有效控制，宜采取以下两种措施处理：在现场条件许可的情况下宜直接使用阀门、法兰抱箍或者用包扎气带包扎、注胶等方法控制泄漏，同时采取倒罐措施将事故罐的液态液化石油气转移至其他储罐；当现场条件无法直接使用抱箍、包扎气带、注胶等控制泄漏时宜采取向储罐底部注水的方法，采取该方法时应综合考虑注水的温度、压力、水量及流速，确保注入的水维持在控制泄漏的最低限度。液化石油气管道泄漏抢修时还应备有干粉灭火器等有效的消

防器材，应根据现场情况采取有效方法消除泄漏，当泄漏的液化石油气不易控制时可采用消防水枪喷冲稀释。液化石油气泄漏时必须采取有效措施防止液化石油气积聚在低洼处或其他地下设施内，应采取有效措施防止液化石油气积聚引发火灾、爆炸事故。在抢修作业中应防止液态液化石油气快速气化时造成人员冻伤事故。

7.5.7　图档资料管理的基本要求

城镇燃气供应单位的档案管理部门应收集燃气设施运行、维护和抢修资料，建立档案并对其实施动态管理；宜建立燃气管网地理信息系统。城镇燃气供应单位的档案管理部门应根据运行、维护和抢修工程的要求，提供图档资料。城镇燃气设施运行、维护和抢修管理部门应向档案管理部门提交运行、维护记录和抢修工程的资料。

燃气设施运行记录应包括巡查检查时间、地点或范围、异常情况、处理方法和记录人等，违章、险情的处理情况记录，配合城市其他施工工程对燃气管线的监护记录，燃气设施运行参数记录，气瓶充装、槽车装卸记录。燃气设施维护的资料应包括维修、检修、更新和改造计划，维修记录和重要设备的大、中修记录，管道和设备的拆除、迁移和改造工程图档资料。

抢修工程的记录应包括事故报警记录，事故发生的时间、地点和原因等，事故类别、级别，事故造成的损失和人员伤亡情况，参加抢修的人员情况，抢修工程概况及修复日期。抢修工程的资料应包括抢修任务书，动火申报批准书、抢修记录、事故报告（或鉴定资料）、抢修工程质量验收资料和图档资料。

思考题与习题

1. 建筑燃气的特点是什么？
2. 简述城市燃气管道输配的基本要求。
3. 室内燃气供应的基本要求是什么？
4. 液化石油气瓶装供应的基本要求是什么？
5. 简述燃气计量表的类型及特点。
6. 简述燃气用具的类型及特点。
7. 建筑燃气供应系统设计的宏观要求是什么？
8. 如何进行建筑燃气管道流量和水力计算？
9. 常见的燃气管道．附件及设备有哪些？
10. 常见的燃具和用气设备有哪些？
11. 常见的液化石油气用户燃具和用气设备有哪些？
12. 城市燃气给排气和报警器的作用是什么？
13. 简述民用建筑燃气安全技术条件。
14. 简述城镇燃气加臭技术的特点及基本要求。
15. 建筑燃气供应系统施工的宏观要求是什么？
16. 简述室内燃气管道安装的基本要求。
17. 简述城市燃气供应系统设计的基本要求。
18. 如何确定城市用气负荷？

19. 如何选择城市燃气气源？
20. 城市燃气管网系统布置有哪些要求？
21. 城市燃气调峰及应急储备的作用是什么？
22. 燃气厂（场）站和配套设施布置的基本要求是什么？
23. 简述城市燃气监控调度系统的基本要求。
24. 城市燃气供应系统施工与维护的基本要求是什么？
25. 如何做好城市燃气的运行与维护工作？
26. 城市燃气抢修的基本要求是什么？
27. 城市燃气生产作业应注意哪些问题？
28. 简述液化石油气设施运行、维护、抢修的基本要求。
29. 如何做好城市燃气供应图档资料管理工作？

建筑通风系统 第8章

8.1 建筑通风系统的特点

通风的作用在于将被污染的空气直接或经净化后排出室外，把新鲜空气补充进来，使室内符合卫生标准及满足生产工艺要求。通风系统对送入室内的新鲜空气通常不做或仅做简单的加热处理或净化处理，可根据需要对排风先净化或直接排出室内空间。民用建筑以及发热量小、污染轻的工业厂房通常只要求室内空气新鲜清洁，以及在一定程度上改善室内空气温度、湿度及流速，可通过开窗换气、穿堂风处理即可。

8.1.1 通风方式

常用通风方式主要有自然通风、机械通风两种方式。

(1) 自然通风　自然通风（见图8-1-1）借助风压、热压等自然压力促使空气流动。风压的产生有其特定的条件，由于室外气流会在建筑物迎风面上造成正压且在背风面上造成负压，在此压力作用下室外气流会通过建筑物上的门、窗等孔口由迎风面进入，室内空气则由背风面或侧面流出去。热压的产生也有其特定的条件，室内外温度不同会存在空气密度差异，从而形成室内外空气重力压差，继而促使密度大的向下方流动、密度小的向上方流动，形成所谓的“烟囱效应”“高楼效应”。因此，应重视自然通风的应用。为此，可进行有组织的通风，即通过计算确定门、窗的大小和方位，或通过管道有组织、有计划地获得自然通风，比如利用地洞、坑道的排气孔等。应重视利用渗透原理，即使风压、热压通过门窗渗漏出去。自然通风的特点是不需动力、效果较差。

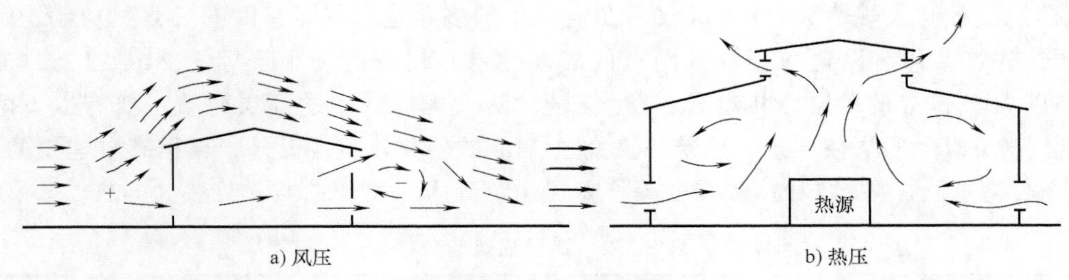

a) 风压　　b) 热压

图 8-1-1　自然通风

(2) 机械通风　机械通风通常可根据需要确定，机械通风可调节通风量和组织气流，可确定通风的范围，可对进、排风进行有效处理，其缺点是需消耗电能且设备及管道会占据一定空间、初投资较高。机械通风有局部通风和全面通风两种方式。局部通风的特点是在有害物或高温气体产生的地点把它们直接捕获、收集、排放或直接向有害物产生地送入新鲜空气，排油烟机属于前者，钢厂局部通风属于后者，局部通风所需风量小、效果较好。全面通风的特点是对整个建筑进行通风换气，其通风量可借助关系式 $L=nV$ 确定，其中，V 为房间体积。居住及公共建筑的最小换气次数见表 8-1-1。

表 8-1-1　居住及公共建筑的最小换气次数

房间名称	住宅宿舍的居室	住宅宿舍的盥洗室	住宅宿舍的浴室	住宅的厨房	食堂的厨房
换气次数(次/h)	1.0	0.5~1.0	1.0~3.0	3.0	1.0
房间名称	厨房的米/面储藏室	托幼的厕所	托幼的浴室	托幼的盥洗室	学校礼堂
换气次数(次/h)	0.5	5.0	1.5	2.0	1.5

8.1.2　建筑设计与自然通风的配合

工业与民用建筑设计中应充分利用自然通风来改善室内空气环境，以尽量减少室内环境的能耗。

1）建筑形式的选择应合理。工业厂房的总方位应合理确定，应避免有大面积的墙和窗受到西晒，厂房的主要进风面应与夏季主导风向成 60°~90°夹角。应重视建筑的高低搭配问题，建筑物密集区中的高大建筑会影响低矮建筑的正常自然通风，故各建筑物之间的有关尺寸应保持适当比例，特别是房间距。散发大量余热的车间和厂房应尽量采用单层建筑以增加进风面积。炎热地区的民居应尽可能采用穿堂风作为自然通风的主要途径。

2）进、排风口要合理。厂房的主要进风面一般应布置在夏季白天主导风向的上风侧，布置进风口时即使一侧外墙的进风口面积已满足要求，另一侧外墙也应布置适当数量的进（排）风口以确保通风效果。夏季进风口的下缘距地越低越好，适宜距地高度为 0.3~1.2m，否则会影响进风效率及进风效果。冬季进风口下缘距地高度应大于 4m，否则冷风会吹向工作地点，因此，在供暖地区最好设置上、下两排进风窗以便不同季节使用。

8.1.3　建筑防排烟

建筑防排烟主要涉及建筑分类、防火分区和防烟分区、建筑防排烟系统等问题。

1. 建筑分类

《建筑设计防火规范》（GB 50016—2014）中的多层建筑主要有以下三类：9 层及 9 层以下的居住建筑，包括设置商业服务网点的居住建筑；建筑高度小于等于 24m 的公共建筑；建筑高度大于 24m 的单层公共建筑。《建筑设计防火规范》中的高层建筑主要有以下两类：10 层及 10 层以上的居住建筑、建筑高度超过 24m 的公共建筑，另外，根据高层建筑的使用性质、火灾危险性、疏散和扑救难度等将高层建筑分为一类、二类（见表 8-1-2）。

表 8-1-2　高层建筑的分类

名称	一类	二类
居住建筑	高级住宅;19 层及 19 层以上的普通住宅	10~18 层的普通住宅

（续）

名称	一类	二类
公共建筑	医院；高级旅馆；建筑高度超过50m或24m以上部分任一楼层的建筑，面积超过1000m²的商业楼、展览楼、综合楼、电信楼、财贸金融楼；建筑高度超过50m或24m以上部分任一楼层的建筑面积超过1500m²的商住楼；中级和省级（含计划单列市）广播电视楼；网局级和省级（含计划单列市）电力调度楼；省级（含计划单列市）邮政楼、防灾指挥调度楼；藏书超过100万册的图书馆、书库；重要的办公楼、科研楼、档案楼；建筑高度超过50m的教学楼和普通的旅馆、办公楼、科研楼、档案楼等	除一类建筑以外商业楼、展览楼、综合楼、电信楼、财贸金融楼、商住楼、图书馆、书库；省级以下的邮政楼、防灾指挥调度楼、广播电视楼、电力调度楼；建筑高度不超过50m的教学楼和普通的旅馆、办公楼、科研楼、档案楼等

2. 防火分区和防火分隔

高层建筑设计时防火和防烟分区的划分极其重要。《建筑设计防火规范》（GB 50016—2014）规定，高层建筑内应采用防火墙等划分防火分区，每个防火分区允许最大建筑面积不应超过表8-1-3的规定。设有自动灭火系统的防火分区，其允许最大建筑面积可按表8-1-3增加1.00倍；局部设置自动灭火系统时增加面积可按该局部面积的1.00倍计算；一类建筑的电信楼防火分区允许最大建筑面积可按表8-1-3增加50%。防火分隔可采用防火墙，固定防火门、窗等。

表8-1-3 每个防火分区的允许最大建筑面积

建筑类别	一类建筑	二类建筑	地下室
每个防火分区建筑面积/m²	1000	1500	500

防火墙上不应开设门、窗、洞口，必须开设时应设置能自行关闭的甲级防火门、窗。管道不宜穿过防火墙，必须穿过时应采用不燃烧材料将其周围的空隙填塞密实。穿过防火墙处的管道保温材料应采用不燃烧材料。管道穿过隔墙、楼板时应采用不燃烧材料将其周围的缝隙填塞密实。

防火分隔物一般可分为固定/不可活动式、活动/可启闭式两类，固定/不可活动式是指建筑中的内外墙体、楼板、防火墙等；活动/可启闭式是指防火门、防火窗、防火卷帘、防火幕、防火水幕等。

防烟分区和挡烟垂壁应合理设计。每个防烟分区的建筑面积不宜超过500m²且防烟分区不应跨越防火分区。挡烟垂壁的结构形式应合理，常见挡烟垂壁的结构形式主要有固定式挡烟垂壁、活动式挡烟垂壁两大类。固定式挡烟垂壁就是将垂壁长期固定在顶棚面上、其下垂高度固定不变，设计时有采用吊顶下表面的突出物或钢、钢筋混凝土梁作挡烟垂壁的，其可在建筑物土建时一起制成。人们经常活动的场所或当建筑物净空较低时宜采用活动式挡烟垂壁。活动式挡烟垂壁只在发生火灾时与感烟探测器等联动而下垂到顶棚面下一定的高度或与排烟口联动，其可受消防控制中心控制自动打开排烟口的盖板以形成悬垂的挡烟板，直接把烟排除，但同时应能就地手动控制。从结构上看，活动式挡烟垂壁有转动式和起落式两种，也有采用吊顶内排烟口的盖板与火灾探测器连锁形式的。

3. 建筑防排烟系统

防排烟系统设置的目的，就是采用一定的手段或措施控制建筑物内烟气的流动，将火灾产生的烟气在着火房间和着火房间所在的防烟区就地加以排出，防止烟气扩散到疏散通道和其他防烟区中，以确保疏散和扑救用的防烟楼梯间和消防电梯内无烟。常见的防排烟方式主要有机械防排烟、自然排烟方式两大类。

（1）自然防排烟　自然防排烟是在自然力的作用下，使火灾产生的烟气不能侵入到防烟楼梯间和消防电梯内。该方式没有机械通风设备，不受电源中断的影响，简单易行，造价较低。虽然其效果受室外风向、风速、气温和所在楼层的影响较大，但如果处理得当还是能起到防排烟作用的。常用的自然防排烟方式有以下几种：靠建筑物外墙建造的全敞开的室外防烟楼梯进行；利用阳台或凹廊作为敞开前室的防烟楼梯间；利用前室开窗排烟的防烟楼梯间、不靠外墙的防烟楼梯间或虽靠外墙但不能开窗的前室的自然排烟，一般通过设排烟竖井和过风竖井实现。

（2）机械排烟　常见机械排烟方式主要有局部排烟方式和集中排烟方式两大类。采用局部排烟方式时应在每个需要排烟的部位设置独立的排烟机直接进行排烟，局部排烟方式投资高、排烟机分散、维护管理比较麻烦、费用也高，因此，其只适用于不能设置竖烟道的场合或用于对旧式建筑物的防排烟系统进行技术改造。集中机械排烟系统是由活动式或固定式挡烟垂壁、防火阀、排烟口、排烟管道、排烟机、烟气排出口及电气控制等设备组成的。

（3）机械加压防烟　机械加压防烟是在保持防烟楼梯间及其前室有足够压力使火灾期间引起的烟气不能进入楼梯间及前室的基础上提出的。这样，在火灾期间，送入楼梯间及前室一定量的空气，就会将烟气排斥在楼梯间及前室之外。这种系统较简单，但有关风量、风速必须详细计算。

4. 排烟设备的电气控制

排烟设备的电气控制主要是指对排烟口、排烟机和活动式挡烟垂壁等所组成设备进行控制，同时应对与排烟设备有关的防火门、防火阀以及通风、空调系统的联动设备等进行相应的控制。

排烟设备的控制方式应合理选择。控制系统的自动起动主要依靠布置在建筑物空间中的烟气探测系统的报警装置，这种起动方式的优点是使烟气控制系统尽可能在火灾早期起动。机械排烟控制程序见图 8-1-2~图 8-1-5。

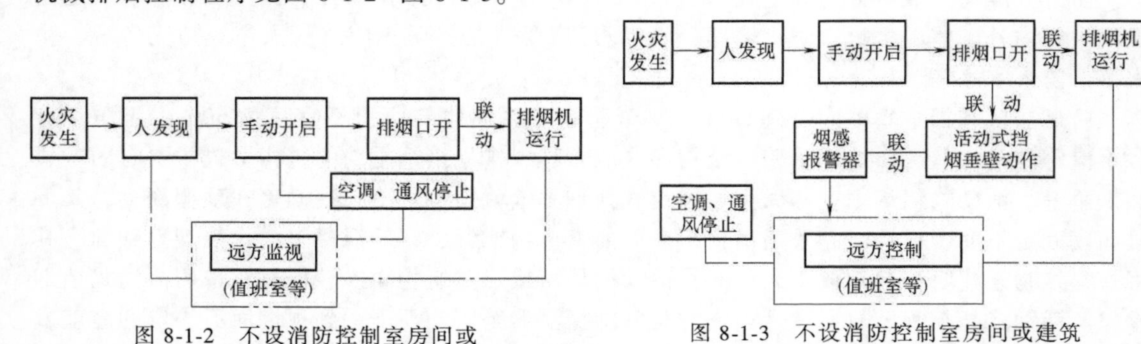

图 8-1-2　不设消防控制室房间或建筑物的机械排烟控制程序 1

图 8-1-3　不设消防控制室房间或建筑物的机械排烟控制程序 2

（1）防火阀　防火阀用于通风系统时 70℃阀门自动关闭。防火阀用于排烟系统时 280℃阀门自动关闭。防火阀可手动复位，关闭，有自锁装置。防火阀开启角度在 0°~90℃范围内可调节。易熔杆动作后输出火灾报警信号。手动关闭，打开挂钩，输出关闭电信号。防火阀

（见图 8-1-6）的特点是有自锁装置，当阀门上弹簧受高温失败后，阀门不会在高热气压作用下开启。

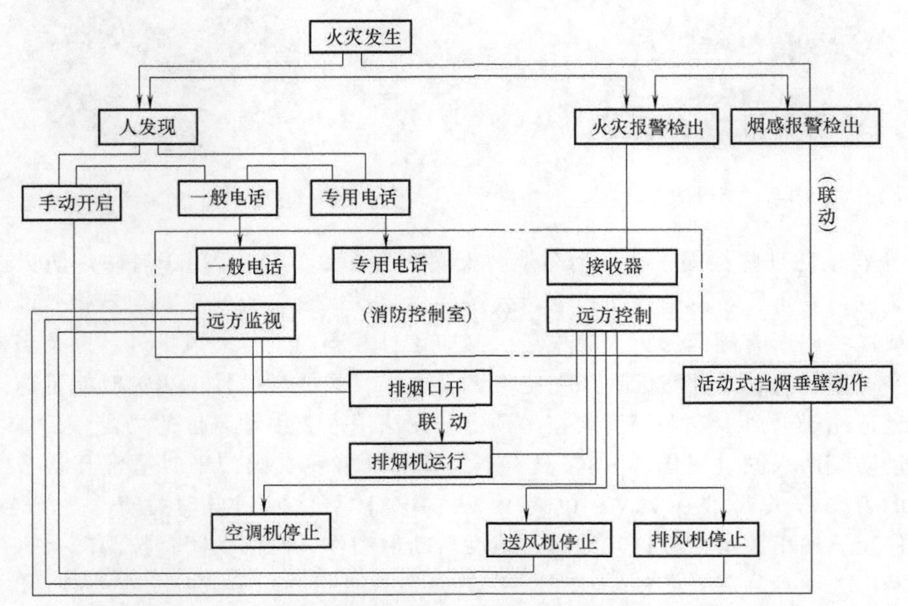

图 8-1-4　设消防控制室房间或建筑物的机械排烟控制程序 1

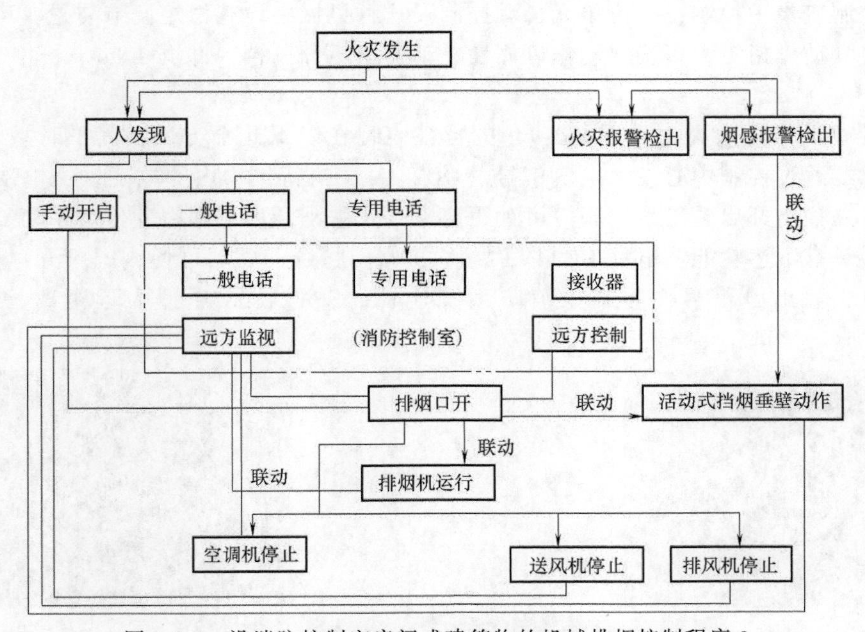

图 8-1-5　设消防控制室房间或建筑物的机械排烟控制程序 2

（2）防火调节阀　防火调节阀通常安装在空调系统的风管上，平时常开，70℃时阀门关闭，阀门叶片可在 0°~90°范围内五档调节。防火调节阀（见图 8-1-7）在温度 70℃时熔断器动作阀门关闭；可手动关闭、手动复位；可手动改变叶片开启角度；开闭后可发出一路电信号。

图 8-1-6 矩形防火阀

图 8-1-7 圆形防火调节阀

（3）全自动防烟防火阀 全自动防烟防火阀（见图 8-1-7）适用于有防烟防火要求的通风空调系统的风管上，特别适用于设有卤代烷气体自动灭火装置的重要建筑物，因灭火时释放气体前要求关闭所有阀门，灭火完毕后，又应该打开阀门进行通风排气；以及当排烟系统兼作通风空调系统时，既要考虑通风时空气调节要求，又要考虑发生火灾时能迅速排烟防火的要求，还适用于通风、空调管道装在吊顶上，无法用人工手动复位的场合。

全自动防烟防火阀（见图 8-1-8）具有下述几项功能：其阀门平时呈常开状态，由控制中心输出的 DC24V 电源（DC24V±10%、0.3A±10%）可使阀门自动关闭，并能连锁通风、空调风机停止，输出关闭信号；70℃时，温度熔断器动作，阀门关闭；按阀门上执行器的手动按钮，阀门关闭；当需要防烟防火阀再次打开时，电信号（DC24V、0.4A）可以使阀门自动复位到原先开启状态，复位扭矩>12N·m，并可连锁通风、空调风机自动起动。阀门既可中央控制室集中控制，又可单元自动控制。这种机械中设有扭矩调节装置，可根据防火阀规格调整其动作扭矩，以确保动作可靠性，动作扭矩分三档，即弱 1N·m、中 1.5N·m、强 3N·m。

（4）排烟阀 排烟阀（见图 8-1-9）的特性表现在以下几个方面：其平时呈常开状态，火灾时烟感器通过控制中心发来电气信号（DC24V），执行机构内的电磁铁通电动作，阀门自动开启，并输出开启电信号；阀门可远距离电气式手动开启；阀门动作后手动复位。

排烟阀具有下述功能：电源 DC24V±2.4V 将阀门打开；手动可使阀门打开；手动复位；阀门动作时，输出电信号，与其他消防系统连锁；FPY24/0.5B 型为远距离控制但不超过 6m。

图 8-1-8 全自动防烟防火阀

图 8-1-9 排烟阀

（5）多叶排烟口、送风口 多叶排烟口、送风口（见图 8-1-10）的特性表现在以下几个方面：平时呈常开状态，火灾时烟感器通过控制中心发来电气信号（DC24V），执行机构内的电磁铁通电动作，阀门自动开启，并输出开启电信号；阀门可远距离电气式手动开启；阀门动作后手动复位；当温度升到 280℃时，熔断器动作，阀门自动关闭。

图 8-1-10　多叶排烟口、送风口

多叶排烟口、送风口主要用于建筑物的过道或防烟前室，无窗房间的排烟系统上，安装在墙上或顶板上，用作排烟口或防烟系统的加压送风口，火灾发生时，通过电源 DC24V 或手动使阀门打开，根据系统的功能排烟或为防烟前室送风，FPKW、FPYKW 型在烟气温度达到 280℃ 时，重新将阀门关闭，隔断气流。

多叶排烟口、送风口具有下述几项功能：烟感探头发出火警信号，控制中心输出 DC24V 电源，将排烟口打开；手动使排烟口打开；手动复位；FPKW、FPYKW 型能在烟气温度达到 280℃ 时，阀门重新关闭；FPYKW 型产品为远距离控制，但不超过 6m；排烟口打开时输出电信号，可与消防系统或其他设备连锁。

8.2　建筑通风系统设计

8.2.1　基本概念

通风工程是送风、排风、除尘、气力输送以及防排烟系统工程的统称。建筑通风系统中的“风管”是指采用金属、非金属薄板或其他材料制作而成用于空气流通的管道；风道是指采用混凝土、砖等建筑材料砌筑而成用于空气流通的通道；风管配件是指风管系统中的弯管、三通、四通、各类变径及异形管、导流叶片和法兰等；风管部件是指通风、空调风管系统中的各类风口、阀门、排气罩、风帽、检查门和测定孔等；非金属风管是指采用硬聚氯乙烯、有机玻璃钢、无机玻璃钢等非金属无机材料制成的风管；复合风管是指采用不燃材料面层复合绝热材料板制成的风管。咬口是指金属薄板边缘弯曲成一定形状用于相互固定连接的构造。固定支架是指与管道固定牢固的支架形式，设置在管道上不允许有任何位移的部位的支架。防晃支架是指支吊架不随管道晃动产生位移的支架。综合管道支吊架是指两种或多种不同功能类型管道共同使用的支吊架类型。装配式管道吊挂支架系统是指符合相关标准的成品的管道支吊架及配套产品，在现场进行组合装配形成的支吊托架系统。

风管系统中在某一静压下通过风管本体结构及其接口，在单位时间内泄出或渗入的空气体积量称为漏风量。

漏光检测是指用强光源对风管的咬口、接缝、法兰及其他连接处进行透光检查，以确定孔洞、缝隙等渗漏部位及数量的方法。

8.2.2　建筑通风系统设计方法及基本要求

1. 设计的宏观要求

为防止大量热、蒸气或有害物质向人员活动区散发，防止有害物质对环境的污染，必须从总体规划、工艺、建筑和通风等方面采取有效的综合预防和治理措施。放散有害物质的生产过程和设备宜采用机械化、自动化并应采取密闭、隔离和负压操作措施，对生产过程中不可避免放散的有害物质，排放前必须采取通风净化措施，达到有关污染物排放标准的要求以及项目自身的要求。放散粉尘的生产过程宜采用湿式作业，输送粉尘物料时应采用不扬尘的运输工具，放散粉尘的工业建筑其地面清洁宜采用水冲洗措施，当工艺或建筑不允许水冲洗且防尘要求严格时宜设真空吸尘装置。大量散热的热源宜放在生产厂房外面或坡屋内，对生产厂房内的热源应采取隔热措施并宜采用远距离控制或自动控制的工艺流程设计，使操作人员远离热源。确定建筑物方位和形式时宜减少东西向的日晒，以自然通风为主的建筑物其方位还应根据主要进风面和建筑物形式按夏季最多风向布置。位于夏热冬冷或夏热冬暖地区，工艺散热量小于23W/m^{3}的厂房，当屋顶离地面平均高度小于或等于8m时宜采用屋顶隔热措施，采用通风屋顶隔热时其通风层长度不宜大于10m，空气层高度宜为20cm左右。

对于放散热或有害物质的生产设备布置应符合以下三个要求：放散不同毒性有害物质的生产设备布置在同一建筑物内时，毒性大的应与毒性小的隔开；放散热和有害气体的生产设备宜布置在厂房自然通风的天窗下部或穿堂风的下风侧；放散热和有害气体的生产设备，当布置在多层厂房内时应采取防止热或有害气体向相邻层扩散的措施。

厂房内放散热、蒸气、粉尘和有害气体的生产设备应设局部排风装置，仍不能保证室内工作环境满足卫生要求时应辅以全面通风系统。厂房内放散有害气体或烟尘无组织排放至室外不满足《大气污染物综合排放标准》（GB 16297—1996）及相关排放标准时，应对厂房封闭并采用机械通风及净化措施。设计局部排风或全面排风时宜采用自然通风，当自然通风不能满足卫生、环保或生产工艺要求时应采用机械通风或自然与机械的联合通风。

厂房新风量应按以下两个条件取最大值：厂房内无外窗的房间应设机械通风系统以保证新风供给，即应满足相关规范规定的人员所需新风量；应消除室内余热、余湿及有害物质的新风补风量。组织室内送风、排风气流时不应使含有大量热、蒸气或有害物质的空气流入没有或仅有少量热、蒸气或有害物质的人员活动区，且不应破坏局部排风系统的正常工作。进行室内送风、排风设计时宜根据污染源变化、污染物特性和污染物控制要求，采用计算机模拟的方法优化气流组织，增强污染物控制效果。

有下列五种情况之一时应单独设置排风系统：两种或两种以上的有害物质混合后能引起燃烧或爆炸时；混合后能形成毒害更大或腐蚀性的混合物、化合物时；混合后易使蒸气凝结并积聚粉尘时；散发剧毒物质的房间和设备；建筑物内设有储存易燃易爆物质的单独房间或有防火防爆要求的单独房间。

同时放散有害物质、余热和余湿时，全面通风量应按消除上述物质所需最大的空气量确定。多种有害物质同时放散于建筑物内时其全面通风量的确定应按《工业企业设计卫生标准》（GBZ 1—2010）执行。

放散入室内的有害物质数量不能确定时，全面通风量可参照类似房间的实测资料或经验数据，按换气次数确定，也可按国家现行的各相关行业标准执行。放散粉尘、有害气体的房间室内应维持负压，要求空气清洁的房间室内应维持正压，空气清洁程度要求不同或与有异味的房间有门、洞相通时应通过适当的压力控制措施使气流从较清洁的房间流向有污染的房间。厂区空气质量相当于或低于《环境空气质量标准》（GB 3095—2012）二级要求时控制室、电子设备机房、办公室等新风宜净化，净化措施包括过滤颗粒物、吸附或吸收有害气体等。建筑物的防烟、排烟设计应按《建筑设计防火规范》（GB 50016—2014）执行。

2. 自然通风设计

设计自然通风系统时应符合以下五个要求：消除工业厂房余热、余湿的通风设计应优先利用自然通风；厂房内放散的有害气体比空气轻时应优先利用自然通风；放散极毒物质的生产厂房严禁采用自然通风；无组织排放将造成室外环境空气质量不达标时不得采用自然通风；周围空气被粉尘或其他有害物质严重污染的生产厂房不宜采用自然通风。放散热量的厂房，其自然通风量应根据热压作用按相关规范规定进行计算，但应避免风压造成的不利影响。利用穿堂风进行自然通风的厂房，其迎风面与夏季最多风向宜成 60°~90°角，且不应小于 45°角。自然通风应采用阻力系数小、易于开关和维修的进排风口或窗扇，不便于人员开关或需要经常调节的进排风口或窗扇应设置机械开关装置。夏季自然通风用的进风口，其下缘距室内地面的高度不宜大于 1.2m；冬季自然通风用的进风口，当其下缘距室内地面的高度小于 4m 时应采取防止冷风吹向工作地点的措施。当热源靠近厂房的一侧外墙布置且外墙与热源之间无工作地点时，该侧外墙的进风口宜布置在热源的间断处。

利用天窗排风的厂房符合下列三种情况之一时应采用避风天窗或屋顶通风器：夏热冬冷和夏热冬暖地区室内散热量大于 $23W/m^3$ 时；其他地区室内散热量大于 $35W/m^3$ 时；不允许气流倒灌时。多跨厂房的相邻天窗或天窗两侧与建筑物邻接且处于负压区时，无挡风板的天窗可视为避风天窗。利用天窗排风的厂房符合下列两种情况之一时可不设避风天窗：利用天窗能稳定排风时；夏季室外平均风速小于或等于 1m/s 时。当建筑物一侧与较高建筑物相邻接时为了防止避风天窗或风帽倒灌，其各部分尺寸应符合图 8-2-1、图 8-2-2 和表 8-2-1 的要求，当 $Z/h>2.3$ 时建筑物的相关尺寸可不受限制。

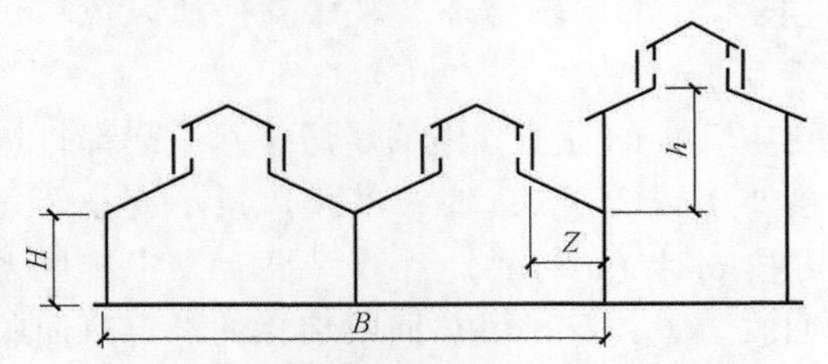

图 8-2-1　避风天窗与建筑的相关尺寸

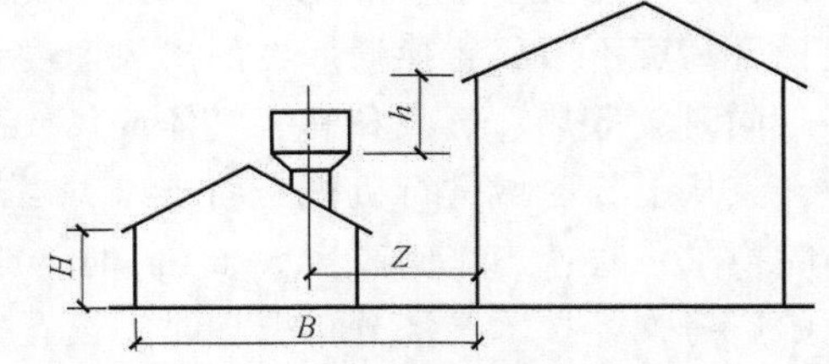

图 8-2-2　风帽与建筑物的相关尺寸

表 8-2-1　避风天窗或风帽与建筑物的相关尺寸

Z/h	0.4	0.6	0.8	1.0	1.2	1.4	1.6	1.8	2.0	2.1	2.2	2.3
$(B-Z)/H$	≤1.3	1.4	1.45	1.5	1.65	1.8	2.1	2.5	2.9	3.7	4.6	5.6

挡风板与天窗之间以及作为避风天窗的多跨厂房相邻天窗之间其端部均应封闭。当天窗较长时应设置横向隔板，其间距不应大于挡风板上缘至地坪高度的 3 倍，且不应大于 50m。在挡风板或封闭物上应设置检查门。挡风板下缘至屋面距离宜为 0.1~0.3m。

夏热冬暖或夏热冬冷地区以自然通风为主的热加工车间，进风口与排风天窗的水平距离应满足自然通风效果的要求，必要时可应用 CFD 模拟对自然通风效果进行预测。不需调节天窗窗扇开启角度的高温厂房宜采用不带窗扇的避风天窗，但应采取防雨措施。

3. 机械通风设计

设置集中供暖且有机械排风的建筑物，当采用自然补风不能满足室内卫生条件、生产工艺要求或在技术经济上不合理时宜设置机械送风系统，设置机械送风系统时应进行风量平衡及热平衡计算。每班运行不足2h的局部排风系统，当室内卫生条件和生产工艺要求许可时，可不设机械送风补偿所排出的风量。

凡属下列四种情况之一的不应采用循环空气：甲、乙类生产厂房；丙类生产厂房，如空气中含有燃烧或爆炸危险的粉尘、纤维，净化后含尘浓度仍大于或等于其爆炸下限的25%时；含有难闻气味及含有危险浓度的致病细菌或病毒的房间；对排除含尘空气的局部排风系统，净化后其含尘浓度仍大于或等于工作区允许浓度的30%的。

机械送风系统及与热风供暖合用系统的送风方式应符合相关规范规定，放散热或同时放散热、湿和有害气体的厂房，当采用上部或上下部同时全面排风时宜送至作业地带；放散粉尘或密度比空气大的气体和蒸汽，而不同时不放散热的厂房，当从下部地区排风时宜送至上部区域；当固定工作地点靠近有害物质放散源，且不可能安装有效的局部排风装置时，应直接向工作地点送风。

机械送风系统室外计算参数的选择应符合要求，计算冬季通风耗热量时应采用冬季供暖室外计算温度；计算冬季空调耗热量时应采用冬季空调室外计算温度；计算夏季消除余热通风量时应采用夏季通风室外计算温度；计算夏季空调冷负荷时应采用夏季空调室外计算参数；当室内温湿度必须全年保证时应另行确定室外计算参数。

机械送风系统进风口的位置应符合要求，应直接设在室外空气较清洁的地点；应低于排风口；进风口的下缘距室外地坪不宜小于2m，当设在绿化地带时不宜小于1m；应避免进风、排风短路。

符合下列条件时可设置置换通风：有热源或热源与污染源伴生；工作区的卫生条件要求严格；房间高度不小于2.4m；建筑、工艺许可且技术经济比较合理。厂房置换通风风口位置设置高度不限，置换通风器的出风速度不宜大于0.5m/s。

同时放散热、蒸汽和有害气体或仅放散密度比空气小的有害气体的厂房，除设局部排风外，宜从上部区域进行机械全面排风，当车间高度小于或等于6m时，其排风量不应小于每小时换气一次；当车间高度大于6m时，排风量可按$6m^3/(h\cdot m^2)$计算。设有集中排风系统的厂房，经技术经济分析合理时宜设置排风热回收装置，且排风热回收装置的额定热回收效率不应低于60%，热回收装置可为全热和显热。

当采用全面排风消除余热、余湿或其他有害物质时，应分别从建筑物内温度最高、含湿量或有害物质浓度最大的区域排风，全面排风量的分配应符合要求。当放散气体的相对密度小于等于0.75，比室内空气轻时，或虽比室内空气重但建筑内放散的显热全年均能形成稳定的上升气流时，宜从房间上部区域排出。当放散气体的相对密度大于0.75，视为比空气重时，建筑内放散的显热不足以形成稳定的上升气流而沉积在下部区域时，宜从下部区域排出总排风量的2/3，上部区域排出总排风量的1/3，且不应小于每小时换气一次。当人员活动区有害气体与空气混合后的浓度未超过卫生标准，且混合后气体的相对密度与空气密度接近时，可只设上部或下部区域排风。地面以上2m以下规定为下部区域，上、下部区域的排风量中包括该区域内的局部排风量。

建筑物全面排风系统室内吸风口的布置应符合要求，用于排除氢气与空气混合物时吸风口上缘至顶棚平面或屋顶的距离不大于0.1m；位于房间上部区域的吸风口，用于排除余热、余湿或比空气轻的有害气体时，吸风口上缘应靠近顶棚或梁底；位于房间下部区域的吸风口其下缘至地板间距不大于0.3m；因建筑构造形成的有爆炸危险气体排出的死角处应设置导流设施。

含有剧毒物质、难闻气味物质的局部排风系统，或含有浓度较高的爆炸危险性物质的局部排风系统，排出的气体应该排至建筑物空气动力阴影区和正压区外。采用燃气加热的供暖装置、热水器或炉灶等的通风要求，应符合我国现行《城镇燃气设计规范》（GB 50028—2006）的有关规定。

4. 事故通风设计

根据工艺设计要求对可能突然放散大量有毒气体、有爆炸危险气体或粉尘的场所应设置事故通风。设置事故通风系统应符合要求，放散有爆炸危险的可燃气体、粉尘或气溶胶等物质时应设置防爆通风系统或诱导式事故排风系统；具有自然通风的单层建筑物所放散的可燃气体密度小于室内空气密度时宜设置事故送风系统；事故通风宜由经常使用的通风系统和事故通风系统共同保证，但在发生事故时必须保证能提供足够的通风量。事故通风量宜根据工艺设计条件通过计算确定，但换气次数不宜小于每小时 12 次。事故排风吸风口应设在有害气体或爆炸危险性物质放散量可能最大或聚集最多的地点，对事故排风死角处应采取导流措施。

事故排风的排风口应符合相关规范规定，即不应布置在人员经常停留或经常通行的地点；排风口与机械送风系统的进风口的水平距离不应小于 20m，当水平距离不足 20m 时排风口必须高出进风口且不得小于 6m；当排气中含有可燃气体时事故通风系统排风口距可能火花溅落地点应大于 20m；排风口不得朝向室外空气动力阴影区和正压区。需要设置事故通风的工作场所，若技术上可行，宜同时设置有毒有害气体或有爆炸危险气体检测及报警装置，报警后联动开启事故通风装置。事故通风的通风机应分别在室内外便于操作的地点设置电器开关，同时设有自动检测、报警、联动控制系统（其逻辑上现场手动控制优先）。设置有事故排风的场所不具备自然进风条件时应同时设置补风系统，补风量应为排风量的 50%～80%，补风机应与事故排风机连锁。

5. 隔热降温设计

工作人员在较长时间内直接受辐射热影响的工作地点，当其辐射照度大于或等于 $350W/m^2$ 时应采取隔热措施，受辐射热影响较大的工作室应隔热。经常受辐射热影响的工作地点应根据工艺、给水和室内气象等条件，分别采用水幕、隔热水箱或隔热屏等隔热措施。工作人员经常停留的高温地面或靠近的高温壁板的表面平均温度不应高于 40℃，当采用串水地板或隔热水箱时，其排水温度不宜高于 45℃。较长时间操作的工作地点，当热环境达不到卫生要求时应设置局部送风。

当采用不带喷雾的轴流式通风机进行局部送风时，其工作地点的风速应符合要求，即轻劳动为 2～3m/s、中劳动为 3～5m/s、重劳动为 4～6m/s。当采用喷雾风扇进行局部送风时，工作地点的风速应采用 3～5m/s，雾滴直径宜小于 100μm。喷雾风扇只适用于温度高于 35℃、辐射照度大于 $1400W/m^2$，且工艺不忌细小雾滴的中、重劳动的工作地点。设置局部降温的送风系统时，工作地点的温度和平均风速应按表 8-2-2 取值。表 8-2-2 中，轻劳动时温度宜采用表中较高值，风速宜采用较低值；重劳动时温度宜采用较低值，风速宜采用较高值；中劳动时，其数据可按插入法确定。表 8-2-2 中，夏季工作地点的温度，对于夏热冬冷或夏热冬暖地区可提高 2℃；对于累年最热月平均温度小于 25℃的地区可降低 2℃；表中的热辐射照度是指 1h 内的平均值。当局部送风系统的空气需要冷却处理时，其室外计算参数应采用夏季通风室外计算温度及相对湿度。

表 8-2-2　工作地点的温度和平均风速

热辐射照度/(W/m^2)	冬季		夏季	
	温度/℃	风速/(m/s)	温度/℃	风速/(m/s)
350~700	20~25	1~2	26~31	1.5~3
701~1400	20~25	1~3	26~30	2~4
1401~2100	18~22	2~3	25~29	3~5
2101~2800	18~22	3~4	24~28	4~6

局部送风系统应符合相关要求，送风气流宜从人体的前侧上方倾斜吹到头、颈和胸部，必要时也可从上向下垂直送风；送到人体上的有效气流宽度宜采用1m，室内散热量小于23W/m^3 的轻劳动可采用0.6m；当工作人员活动范围较大时宜采用旋转送风口。特殊高温的工作小室应采取密闭、隔热措施，采用空气调节设备降温并符合《工业企业设计卫生标准》(GBZ 1—2010) 的要求。

6. 局部排风罩设计

局部排风罩设计应考虑操作者的位置、周围气流、污染物特性、释放动力等因素，吸风点的排风量应按防止粉尘或有害气体逸至室内的原则通过计算确定，有条件时可采用经同类工程验证的成功数据。局部排风罩设计宜优先采用密闭罩，密闭罩运行时应维持罩内负压。

用于除尘的密闭罩，在确定密闭罩的结构、吸风口的位置、吸风口的平均风速时，应使罩内负压均匀，以防止粉尘外逸及防止排风带走大量物料；吸风口的平均风速不宜大于规定值，即细粉料的筛分为0.6m/s、物料的粉碎为2m/s、粗颗粒物料的破碎为3m/s。

设计通风柜排风系统时应遵守相关规范规定。确定通风柜的排风量时应按有害物性质确定罩口风速（见表8-2-3)，特定工艺通风柜罩口风速应按工艺要求确定。多台通风柜合并设计为一个排风系统时，应按同时使用的通风柜总风量确定系统风量，每台通风柜的排风口宜安装调节风量用的阀门，风机宜变频调速。设有排风柜的房间应设自然进风口或机械进风装置，或采用补风型通风柜或无风管型通风柜。设有通风柜的房间，当房间有温湿度要求时应充分考虑通风冷热负荷及湿负荷。

表 8-2-3　通风柜的吸入速度

有害物性质	无毒有害物	有毒或有危险性的有害物	剧毒或有少量放散性物质
速度/(m/s)	0.25~0.375	0.4~0.5	0.5~0.6

外部吸气罩的排风量应根据罩口形式、控制距离、控制风速经计算确定。工业槽边排风应符合要求，槽宽≤0.7m 时宜采用单侧排风，槽宽>0.7m 时宜采用双侧排风；槽宽>2m、槽面无凸出部分和取放工件不频繁时，宜设置带吹风装置的槽边排风；沿槽边的排风风速应分布均匀。热源上部接受罩的断面尺寸应不小于罩口处污染气流的尺寸，并按照高悬和低悬接受罩分别设计罩口尺寸和排风量。工艺高速旋转产生的诱导污染气流宜采用接受式排风罩，排风罩的排风量应按相关经验公式确定。局部排风罩的材料应根据工艺排气的温度、磨琢性、腐蚀性等条件选择，在可能由静电引起火灾爆炸的环境中罩体应做防静电处理。

7. 风管设计

(1) 风管尺寸　风管的截面尺寸应按《通风与空调工程施工质量验收规范》(GB 50243—2016) 中的规定执行；金属风管管径应为外径或外边长，非金属风管管径应为内径或内边长；矩形风管长、短边之比不应超过10；直接选用金属或非金属管材作为风管使用时可不受上述条件限制。

(2) 风管材料　风管材料应满足风管使用条件、施工安装条件要求；风管材料的防火性能应符合《建筑设计防火规范》(GB 50016—2014) 中的相关要求；风管材料的防腐蚀性能应能抵御所接触腐蚀性介质的危害，采用表面处理等防腐蚀措施后能达到使用要求时可不受此限；需防静电的风管应采用金属材料制作。

(3) 风管壁厚　风管壁厚应根据风管材质、风管断面尺寸、风管使用条件等因素确定且不应小于《通风与空调工程施工质量验收规范》(GB 50243—2016) 中最小壁厚的要求；采用焊接连接方式时金属风管壁厚不应小于1.5mm。应通过选择合适的风管材料以及风管制作工艺控制风管漏风量，风管漏风率不宜超过限定值，即非除尘系统5%、除尘系统3%。通风、除尘、空气调节系统各环路的压力损失应进行水力平衡计算，各并联环路压力损失的相对差额不宜超过限定值，即非除尘系统15%、除尘系统10%；当通过调整管径仍无法达到上述数值时宜设置调节装置。

(4) 风管设计风速　非除尘系统风管设计风速宜按表8-2-4取值；除尘系统风管设计风速应根据气体含尘浓度、粉尘密度和粒径、气体温度、气体密度等因素确定，应以正常运转条件下管道内不发生粉尘沉降为基本原则，设计工况和通风标准工况相近时的最低风速不应低于相关规范关于除尘风管最小风速的要求。

表8-2-4　风管内的风速　(单位：m/s)

风管类别	金属及非金属风管	砖及混凝土风道
干管	6~14	4~12
支管	2~8	2~6

(5) 补偿措施　符合下列条件之一时风管应采取补偿措施：输送高温烟气的金属风管应合理布置膨胀节、柔性接头和管道支架，并选用合适的管道托座将管道对管道支架的推力控制在合理的范围内；线膨胀系数较大的非金属风管直段连续长度大于20m应设置伸缩节。当风管内可能产生沉积物、凝结水或其他液体时，风管应设置不小于0.005的坡度，并在风管的最低点和通风机的底部设排水装置。与通风机等振动设备连接的风管应装设挠性接头。

(6) 除尘系统的风管要求

1) 宜采用圆形钢制风管，风管制作过程中钢板接缝处内、外侧满焊，风管与法兰的连接处内、外侧应满焊，风管端面距法兰接口平面的距离不应小于5mm。

2) 除尘风管最小直径不应小于以下数值：细矿尘、木材粉尘为80mm；较粗粉尘、木屑为100mm；粗粉尘、粗刨花为130mm。

3) 风管宜竖向或倾斜敷设，倾斜敷设时与水平面的夹角宜大于45°，与水平面夹角小于等于45°或水平敷设的管段不宜过长并应采取防止积尘的措施。支管宜从主管的上面或侧面连接，三通的夹角宜采用15°~45°，90°连接时宜采取扩口导流措施。

4) 在容易积尘的异形管件附近应设置密闭清扫孔。

5）除尘风管支吊架的最大跨距按挠度控制确定，室外管道挠度不宜超过跨距的1/600，室内管道的挠度不宜超过跨距的1/300。

6）输送含尘浓度高、粉尘磨琢性强的含尘气体时风管易受冲刷部位应采取防磨措施。

7）各除尘支管上应设置风量调节装置及风量测定孔，风量调节装置宜设在垂直管道上。

8）风管布置应尽可能减少弯头数量，在空间允许的条件下宜加大弯管曲率半径和减小弯管角度。管道安装高度超过2.5m且现场不具备其他检查维护条件时，装有阀门、测孔、人孔、检查孔或吹扫孔等部位应设置平台和梯子。

9）除尘管道及其支吊架的布置不应妨碍生产操作及人员通行，妨碍工艺设备检修的除尘管段宜采用便于拆装的连接方式。大直径除尘管道，当有人员进入风管内部操作、检修的可能时，管道内部孔洞处应安装防踏空格栅或栏杆。

（7）防火防爆　风管设计中涉及防火、防爆的内容应遵守相关规范的规定。

8. 设备选型与配置

选择空气加热器、冷却器和通风机等设备时应满足工况参数及通风介质防腐、防毒、防疫、防爆等特性要求。选择空气加热器、空气冷却器和空气热回收装置等设备时应附加风管和设备等的漏风量，系统允许漏风量不应超过本节前述的附加风量，当计算工况与设备样本标定状态相差大时应按计算工况复核设备换热能力。

通风机宜根据管路特性曲线和风机性能曲线进行选择，其性能参数应根据以下六个因素确定：通风机的风量应在系统计算的总风量上附加风管和设备的漏风量；通风机的压力应在系统计算的压力损失上附加10%~15%；且应标明风机入口压力及风机出口压力；当计算工况与风机样本标定状态相差较大时应将风机样本标定状态下的数值换算成风机选型计算工况风量和全压，据此选择通风机；风机的选用设计工况效率不应低于风机最高效率的90%；采用定转速通风机时电动机轴功率应按工况参数计算确定，采用变频通风机时电动机轴功率应按工况参数计算确定且应在100%转速计算值上再附加15%~20%；电动机功率应按冬季或冷态运行进行附加。

通风系统风机数量宜按一台配置，最多不应大于两台，当通风系统有部分通风量需要保证时，可分拆为两台配置且单台风机风量不应小于保证风量，除工艺条件特殊要求外通风设备不宜设置备用。采用两台通风机并联或串联安装，其联合工况下的风量和风压应按通风机和管道的特性曲线确定，不同型号、不同性能的通风机不宜并联安装，串联安装的通风机设计风量应相同，变速风机并联或串联安装时应同步调速。当通风系统风量、风压调节范围较大时宜采用双速或变速风机。防爆通风设备选型及机房配置应符合相关规范规定。防毒通风机应独立设置，不应与其他系统的通风设备布置在同一通风机室内。

大型通风机宜配置检修吊装设施、操作检修平台及检修场地。通风机露天布置时，其电动机应采取防雨措施，且电动机防护等级应不低于IP54。通风机进出风口直通大气时，应设置安全防护网，传动皮带应设防护罩。

符合下列条件之一时通风设备和风管应采取保温或防冻等措施：不允许所输送空气的温度有较显著升高或降低时；所输送空气的温度相对环境温度较高或较低时；除尘风管或干式除尘器内可能有结露时；排出的气体在进入大气前可能被冷却而形成凝结物堵塞或腐蚀风管时；湿法除尘设施或湿式除尘器可能冻结时。

通风设备进出口应装设柔性接头，管道荷载不应加在通风设备上。电动机功率大于300kW的大型离心式通风机宜采用高压供电方式，中低压离心式通风机当其配用的电动机功率小于或等于75kW且供电条件允许时，可不装设仅为起动用的阀门。大型离心式通风机轴承箱和电机采用水冷却方式时，应采用循环水冷却方式。排除湿蒸汽的通风设备应在易积液部位设置水封排液口。

9. 防火与防爆设计

1）凡属下列情况之一时不应采用循环空气：甲、乙类生产厂房、库房；丙类生产厂房、库房的空气中含有爆炸危险粉尘、纤维，且其含尘浓度将大于或等于其爆炸下限的25%时；其他厂房、库房内甲、乙类火灾危险性的房间或区域。通风系统在下列情形下应单独设置：甲、乙类生产厂房、库房不同的防火分区；不同排风点不同的有害物质混合后能引起燃烧或爆炸时；厂房内甲、乙类火灾危险性的单独房间或其他有防火防爆要求的单独房间。对于生产、试验中散发燃烧或爆炸危险性物质的生产厂房或局部房间，其机械通风系统应首先采用局部通风方式。

2）排除有爆炸危险的气体、蒸气和粉尘的排风系统的风量应经计算确定并应符合相关规范要求。采用局部排风系统时，其风量应按在正常运行和事故情况下风管内这些物质的浓度不大于爆炸下限的50%计算，采用全面排风系统时，应能使室内放散的易燃易爆危险物质稀释到爆炸下限的25%以下。放散有爆炸危险物质的场所应保持负压。

3）爆炸危险区域内需安装非防爆型的仪表、电气设备时应对这些非防爆型的仪表、电气设备采取封闭措施，对封闭空间正压送风，正压送风系统的进风口应设置在清洁区，正压值不应小于50Pa。甲、乙类生产厂房、库房内有燃烧或爆炸危险性的单独房间或区域，其送风系统的进风口应与一般通风系统的进风口分设，并应设在不可能有火花溅落的安全地点，排风口应设在室外安全处。

4）净化有爆炸危险粉尘的干式除尘器和过滤器宜布置在厂房外且距厂房门、窗和外墙不应小于10.0m，也可布置在独立的建筑中且该建筑与所属厂房的防火间距不应小于10.0m。符合以下两个条件之一时可布置在厂房内的单独房间内但应满足一些特殊要求，特殊要求是指不得布置在车间休息室、会议室等经常有人或短时间有大量人员停留房间的下一层，若与上述房间贴邻布置，应采用耐火极限不小于3.00h的隔墙和1.50h的楼板与其他部位分隔，且至少应有一侧外围护结构。两个条件是有连续清灰设备；定期清灰的除尘器和过滤器，且其风量不超过15000m^3/h、集尘斗的储尘量小于60kg。

5）用于净化含有爆炸危险物质的湿式除尘器和过滤器可布置在所属生产厂房内，其泥渣处理应符合相关安全规定，且应同时满足专门的要求。用于净化有爆炸危险粉尘的除尘器、排风机应与其他普通型的排风机、除尘器分开设置，且宜按单一粉尘分组布置。粉尘遇水后能产生可燃或有爆炸危险的混合物时不得采用湿式除尘器。净化有爆炸危险粉尘和碎屑的除尘器或过滤器应布置在系统的负压段上，且应设置泄爆装置。

6）符合下列条件之一时应采用防爆型设备：直接布置在气体爆炸危险性场所时；排除有气体爆炸危险性物质的通风设备，在正常运行或事故情况下排除气体的浓度为其爆炸下限的25%及以上时；排除含有燃烧或爆炸危险的粉尘、纤维等物质的通风设备，在正常运行或事故情况下排除气体的含尘浓度为其爆炸下限的25%及以上时。

7）用于有爆炸危险厂房、仓库的送、排风系统应满足相关要求。排风设备不应布置在建筑物的地下室、半地下室内，宜设置在生产厂房之外或单独的排风机房中，此时排风机应采用防爆型，电动机可采用密闭型。当送、排设备直接设置在所服务的场所，通风机和电动机均应采用防爆型，风机和电动机之间不得采用皮带传动。送、排风设备不应设置在同一通风机房内。不应与其他非防爆系统的通风设备布置在同一机房内。送风设备若设置在通风机房内且送风干管上设置止回阀门时可采用非防爆型。

8）用于各类生产厂房、仓库中有爆炸危险物质场所的送风机房应设大于 2 次/h 换气量的送风系统，排风机房应设大于 1 次/h 换气量的排风系统。排除、输送有燃烧或爆炸危险混合物的通风设备和风管均应采取防静电接地措施，当风管法兰密封垫料或螺栓垫圈采用非金属材料时，还应采取法兰跨接的措施。有爆炸危险厂房内的排风风管严禁穿过防火墙和有爆炸危险的车间隔墙。排除有爆炸危险物质的排风系统的正压管段不得穿过其他房间。排除有爆炸危险物质的排风管上的各支管节点处不应设置调节阀，但应对两个管段结合点及各支管之间进行静压平衡计算，当工艺需要必须设置时，应设置防爆型调节阀。排除有爆炸或燃烧危险气体、蒸汽和粉尘的排风管应采用金属管道，并直接通到室外的安全处而不应暗设。

9）热媒温度高于 110℃的供热管道不应穿过输送有爆炸危险的气体、蒸汽、粉尘或气溶胶等物质的风管，也不得沿此类风管外壁敷设；当此类风管与非保温热媒管道交叉敷设时，热媒温度应至少比这些有爆炸危险物质的自燃点低 20%。当排除含有氢气或其他比空气密度小的可燃气体混合物时，局部排风系统的风管应沿气体流动方向具有上倾的坡度，且其值应不小于 0.005。直接布置在空气中含有爆炸危险物质场所内的通风系统和排除有爆炸危险物质的通风系统上的防火阀、调节阀等部件应符合在防爆场合应用的要求。在各类生产、试验及存储等场所的易于放散或积聚有燃烧和爆炸危险性气体、蒸气的地点，应设置可燃气体探测报警装置，报警浓度应不大于爆炸下限的 25%，当可燃气体探测报警时应能连锁起动事故通风系统。

10）通风系统的管道不宜穿过防火墙和不燃性楼板等防火分隔物，必须穿过时应在穿过处设防火阀，在防火阀两侧各 2m 范围内的风管及其保温材料应采用不燃材料，风管穿过处的缝隙应用防火材料封堵。排除和输送温度大于 80℃的空气或气体混合物的非保温金属风管、烟道与可燃或难燃物体之间应保持不小于 150mm 的安全距离，或采用厚度不小于 50mm 的不燃材料隔热，当管道互为上下布置时，表面温度较高者应布置在上面。可燃气体管道、可燃液体管道和电线、排水管道等不得穿过风管的内腔，可燃气体管道和可燃液体管道不应穿过与其无关的通风机房。当风管内设有电加热器时，电加热器前后各 800mm 范围内的风管和穿过设有火源等容易起火房间的风管及其保温材料均应采用不燃材料。

11）工业厂房内通风系统的防火防爆措施除应满足上述各项要求外还应符合《建筑设计防火规范》（GB 50016—2014）的要求。

8.2.3 除尘与有害气体净化设计方法及基本要求

1. 宏观要求

向大气排放的含有颗粒物及有害气体成分的气体，其颗粒物及有害物质浓度应低于现行国家、地方排放标准及所在工程建设标准的要求，不满足要求时应采取有效的净化措施。比如用氨水、氢氧化钠、碳酸钠等碱性溶液吸收废气中二氧化硫，用碱吸收法处理排烟中的氮氧化物等。宜优先采用不产生或少产生有害颗粒物、有害气体的生产工艺，对于放散粉尘的生产过程应采取抑尘、密闭防尘、机械除尘、地面清洁等综合防治措施。工艺有要求时，除尘及有害气体净化系统应与工艺设备连锁控制，并应比工艺设备提前起动、滞后停止。

除尘系统的划分应遵守相关规定。同一生产流程、同时工作的扬尘点相距不远时宜合设一个系统。同时工作但粉尘种类不同的扬尘点，当工艺允许不同粉尘混合回收或粉尘无回收价值时可合设一个系统。温湿度不同的含尘气体，当混合后可能导致风管内结露时应分设系统。除尘系统服务半径不宜过大，污染源产生的污染物宜就地捕集、就地净化。

除尘系统的排风量应按同时工作的排风点风量与间歇工作的排风点漏风量之和计算并取其中最大值，应在各间歇工作的排风点上装设与工艺设备联动的阀门，阀门关闭时的漏风量取正常排风量的15%~20%。干式除尘系统收集的粉尘应返回生产工艺系统回收或二次开发利用，当确无利用价值时应按国家固体废物相关标准处理或处置，粉尘储运过程中应防止二次扬尘。湿式除尘系统污水有条件时应直接利用，无直接利用条件时应经处理后回用，污水处理产生的污泥应返回生产工艺系统回收或二次开发利用，无利用价值时应按照国家固体废物相关标准处理或处置。除尘设备、通风机应按设计工况风量进行设备选型。

在满足安全及卫生要求且循环利用空气可取得显著节能效果时，除尘及有害气体净化系统可排风至室内，但应配备过渡季排风至室外的转换设施。

2. 除尘

除尘器的选择应根据以下七个因素并经技术经济比较后确定：含尘气体的化学成分、腐蚀性、爆炸性、温度、湿度、露点、气体量和含尘浓度；粉尘的化学成分、密度、粒径分布、腐蚀性、亲水性、磨琢度、比电阻、黏结性、纤维性和可燃性、爆炸性等；净化后气体的允许排放浓度；除尘器的压力损失和除尘效率；粉尘的回收价值及回收利用形式；除尘器的设备费、运行费、使用寿命、场地布置及外部水、电源条件等；维护管理的繁简程度。

粉尘净化系统应优先选用干法除尘，宜采用过滤除尘、静电除尘等高效除尘技术。对除尘器收集的粉尘或排出的含尘污水应根据生产条件、除尘器类型、粉尘的回收价值和便于维护管理等因素必须采取妥善的回收或处理措施，工艺允许时应纳入工艺流程回收处理。

工艺设备扬尘点较多时除尘系统宜分区域集中设置，每个除尘系统连接的排风点不宜过多，当不能完全通过调整管径等达到风系统水力平衡要求时可在风阻力小的支路上设调平衡用的阀门，风阀宜设置在垂直管路上。袋式除尘器应根据含尘气体温度、气体成分、粉尘浓度及特性、清灰方式等选择滤料，常见滤料有PPS（聚苯硫醚）、PSA芳砜纶（聚苯砜对苯二甲酰胺纤维）、芳纶（聚对苯二甲酰对苯二胺）、PTFE（聚四氟乙烯）、玻璃纤维等。当含尘气体温度高于除尘器和风机所允许的工作温度时应采取冷却降温措施。

袋式除尘器过滤风速应根据气体和粉尘的类型、清灰方式等因素确定，采用脉冲喷吹清灰方式时过滤风速不宜大于1.0m/min；采用其他清灰方式时过滤风速不宜大于0.60m/min。袋式除尘器处理含炽热颗粒物的含尘气体时在除尘器之前应设火花捕集器。袋式除尘器入口风速宜控制在3.0~6.0m/s之间，入口含尘浓度宜小于30g/m^3，当气体含尘浓度大于30g/m^{3}时宜采取预除尘措施。

在有结露可能时除尘器应采取保温、伴热、室内布置等措施。脉冲喷吹袋式除尘器宜采用离线清灰方式，除尘器面积较小、采用分室离线清灰会使得过滤风速增加30%以上时可采用在线清灰方式。应避免采用灰斗进风方式以防止灰斗内重复多次扬尘。采用静电除尘器除尘时粉尘比电阻值应为$1\times10^4\sim4\times10^{12}\Omega\cdot cm$。

3. 有害气体净化

应根据有害气体的物理及化学性质，经技术经济比较，选择吸收、吸附、冷凝等有害气体净化方法，废气净化最终产物应以回收有害物质、生成其他产品、生成无害化物质为处理目标以避免二次污染。为强化吸收过程、降低设备的投资和运行费用，吸收设备必须满足以下六个基本要求：气液之间有较大的接触面积和一定的接触时间；气液之间扰动强烈、吸收阻力低、吸收速率高；采用气液逆流操作增大吸收推动力；气体通过时阻力小；耐磨、耐腐蚀、运行安全可靠；构造简单且便于制作和检修。

吸收剂应满足以下五个基本要求：对被吸收组分有较强的溶解能力和良好的选择性；吸收剂的挥发度低；黏度低、化学稳定性好、腐蚀性小、无毒或低毒、难燃；价廉易得且易于重复使用；有利于被吸收组分的回收或处理。对 HCl、NH_3 等用水作吸收剂最经济，酸性气体为提高吸收效率常用低浓度碱液进行吸收（中和），比如用石灰或石灰石吸收二氧化硫；用碳酸钠溶液吸收硫酸雾；用氢氧化钠溶液吸收氯；用高锰酸钾溶液吸收汞蒸气；用柴油吸收有机溶剂蒸气等。

低浓度有毒有害气体宜采用吸附法净化，吸附剂宜再生后重复利用，废气吸附处理前应除去颗粒物、油雾、难脱附的气态污染物并调节气体温度、湿度、浓度和压力等满足吸附工艺操作的要求。

吸附装置应满足相关要求。为避免频繁更换吸附剂，吸附剂不再生时其连续工作时间应不少于 3 个月。固定床吸附装置吸附层的风速应根据吸附剂的材质、结构和性能确定，采用颗粒状活性炭时宜取 0.20~0.60m/s；采用活性炭纤维毡时宜取 0.10~0.15m/s；采用蜂窝状吸附剂时宜取 0.70~1.2m/s。吸附剂和气体的接触时间宜取 0.5~2.0s。

宜选用活性炭、硅胶、活性氧化铝、分子筛等作为吸附剂。活性炭可去除苯、甲苯、二甲苯、丙酮、乙醇、乙醚、甲醛、苯乙烯、氯乙烯、恶臭物质、硫化氢、氯气、硫氧化物、氮氧化物、氯仿、一氧化碳；浸渍活性炭可去除烯烃、胺、酸雾、碱雾、硫醇、二氧化硫、氟化氢、氯化氢、氨气、汞、甲醛；活性氧化铝可去除硫化氢、二氧化硫、氟化氢、烃类；浸渍活性氧化铝可去除甲醛、氯化氢、酸雾、汞；硅胶可去除氮氧化物、二氧化硫、乙炔；分子筛可去除氮氧化物、二氧化硫、硫化氢、氯仿、烃类。

吸附剂脱附可采用升温、降压、置换、吹扫和化学转化等方式，或几种方式结合使用并满足以下三个要求：脱附产物应分离并回收；采用活性炭作吸附剂时，脱附气的温度宜控制在 120℃以下；脱附气冷凝回收有机溶剂时，冷却水宜采用低温水。

4. 设备布置

当收集的粉尘允许直接纳入工艺流程时，除尘器宜布置在生产设备的上部，如胶带运输机、料仓等；当收集的粉尘不允许直接纳入工艺流程时，应设储尘斗及相应的搬运设备。除尘器宜布置在系统的负压段，布置在正压段时宜选用排尘通风机。除尘系统各排风点计算压力损失不平衡率不宜大于 10%，当通过调整管径或改变风量仍无法达到上述数值时，宜装设风量调节装置。湿式废气净化设备有冻结可能时，应采取防冻措施，严寒地区应设置在室内，寒冷地区宜设置在室内。干式除尘器的卸尘管和湿式除尘器的污水排出管必须采取防止漏风的措施。袋式除尘器布置在室内时，除尘器顶部应留出足够的空间便于滤袋的检查和更换。设备的阀门、电动机、人孔、检测孔等处应设操作平台。设备布置在屋面时，该屋面应按上人屋面要求进行设计。

5. 排气筒设计

排气筒的高度应满足国家、地方环境保护标准要求，且不应低于15m，还应高出所在厂房3.0m以上。排气筒出口风速宜为15~20m/s，永久性大型排气筒应预留后续工程排风能力。排气筒上应设置用于监测的采样孔和监测平台。排气筒排烟时应根据烟气条件设绝热层、防腐层等。条件允许时一定区域内的排风点宜合并设置排气筒。

6. 抑尘及真空清扫设计

在不影响生产和不改变物料性质时，对扬尘点宜采用水力喷雾抑尘。生产厂房内易积尘部位应根据需要设置真空清扫装置。真空清扫设备应按以下四个要求选择：最高真空度宜大于30kPa；吸气量应满足2或3个吸嘴同时工作，粉尘或物料粒径可按3.0~30mm考虑；根据清扫面积的大小和卸灰条件等因素确定设置移动式或固定式真空清扫设备；真空清扫设备应有自动保护功能。

真空清扫管网系统的设计应满足相关要求。每台生产装置和对应的料仓区域宜设置一套独立的真空清扫管网系统。应根据吸尘软管长度及其工作半径（10~15m）确定各吸尘口之间的合理距离。吸尘管应按工艺介质选定。从主管接引支管时宜采用支管接头或Y形接头，支管应从主管的侧面或上部接入并保证支管中物料流向与主管中物料流向的夹角不大于15°，支管中的物料流向与主管中的物料流向成顺流方向。管道中的弯管曲率半径不应小于4倍公称管径。

7. 粉尘与烟尘输送

粉尘输送应满足以下两个要求：条件允许时应加湿输送或搅拌制浆后输送；除尘器收集的粉尘需远距离输送时，干式输送方式宜采用机械输送或气力输送。

气力输送装置应符合相关规范规定。输送具有爆炸危险性的粉尘时，气力输送系统应采取防爆措施。气力输送设备前宜设置中间储灰仓，中间仓的容积按1~2天储灰量设计。气力输送管路易磨构件宜采取耐磨措施。对于输送量大、粉尘磨琢性强且有多台仓泵的除尘系统，宜将气力输送分为两个或两个以上的系统独立运行。管道中的弯管曲率半径不应小于8倍公称管径。

8.3 建筑通风系统施工与维护

8.3.1 金属风管及配件制作

风管的制作应依照设计图的技术要求及施工人员提出的加工样图进行，图样发生变更必须有设计或合同变更的通知书，并经施工人员确认方可。风管制作工艺宜优先选用高效、降耗、劳动强度低机械化加工方式。施工现场制作的风管除应提供主材的质量证明文件外，还要具有加工工艺、技术要求、质量控制措施的文件。净化系统风管的制作要确保制作场地的整洁、光滑、无尘，且加工区域内应满铺橡胶垫；使用的板材必须表面无腐蚀、不产尘、不积尘，一般应选用优质的镀锌钢板或冷轧板、复合钢板、铝合金板等，不得选用热轧钢板，镀锌钢板表面应无明显氧化层、针孔、麻点、起皮、起泡和镀锌层脱落等。净化系统风管制作前应使用柔软的织物擦拭板材，以除去板面的污物和油脂并确保板面干净，制作完成后应再次采用丝光布对风管内部进行擦拭、除尘，然后采用塑料布对风管端面密封。

用于检查风管制作质量的检测、计量器具应处于合格状态并在有效检定期内。工程施工人员应对委托加工的风管按照设计图或合同要求进行书面技术交底，或在加工大样图内进行系统分类、板材类型、连接形式等说明。制作金属风管的板材及型钢的种类、材质要求和特性要求应符合《优质碳素结构钢冷轧薄钢板和钢带》（GB/T 13237—2013）、《优质碳素结构钢热轧钢板和钢带》（GB/T 711—2017）、《连续热镀锌薄钢板和钢带》（GB2518）、《不锈钢冷轧钢板和钢带》（GB/T 3280—2015）、《一般工业用铝及铝合金板、带材　第 1 部分：一般要求》（GB/T 3880. 1—2012）、《热轧型钢》（GB/T 706—2016）、《热轧钢棒尺寸、外形、重量及允许偏差》（GB/T 702—2017）。

风管按其断面形状一般采用圆形、矩形，圆形风管规格有基本系列及辅助系列，圆形、矩形风管规格见表 8-3-1、表 8-3-2，圆形风管优先采用基本系列；非规则椭圆形风管参照表 8-3-2 矩形风管系列；板厚小于或等于 2mm 的金属风管应以外边长（或外径）为标注尺寸，大于 2mm 的应另行标注，风管的常用规格应优先选用基本系列。

表 8-3-1　圆形风管规格　（单位：mm）

风管直径 D					
基本系列	辅助系列	基本系列	辅助系列	基本系列	辅助系列
100	80	280	260	800	750
	90	320	300	900	850
120	110	360	340	1000	950
140	130	400	380	1120	1060
160	150	450	420	1250	1180
180	170	500	480	1400	1320
200	190	560	530	1600	1500
220	210	630	600	1800	1700
250	240	700	670	2000	1900

表 8-3-2　矩形风管规格　（单位：mm）

风管边长								
120	200	320	500	800	1250	2000	3000	4000
160	250	400	630	1000	1600	2500	3500	—

金属风管板材厚度的选用应符合相关规范规定。钢板或镀锌钢板矩形风管板材最小厚度应按照风管断面大边尺寸及系统风管类别确定，参照表 8-3-3 的规定选取。表 8-3-3 不适用于地下人防及防火隔墙的预埋管，特殊除尘系统风管的钢板厚度应符合设计要求。圆形风管应按照断面直径、系统类别及咬口形式确定，参照表 8-3-4 的规定选取。排烟系统风管采用镀锌薄钢板时厚度可参照高压系统选定，不锈钢板、铝板风管的板材最小厚度按照矩形风管大边边长 b 或圆形风管直径 D 确定，并应满足表 8-3-5、表 8-3-6 的规定。

表 8-3-3　矩形风管选用板材厚度　（单位：mm）

风管边长尺寸 b	矩形风管		除尘系统风管
	中、低压系统	高压系统	
$b \leqslant 320$	0.5	0.75	1.5
$320<b \leqslant 450$	0.6	0.75	1.5
$450<b \leqslant 630$	0.6	0.75	2.0
$630<b \leqslant 1000$	0.75	1.0	2.0
$1000<b \leqslant 1250$	1.0	1.0	2.0
$1250<b \leqslant 2000$	1.0	1.2	按设计
$2000<b \leqslant 4000$	1.2	按设计	

表 8-3-4　圆形风管选用板材厚度　（单位：mm）

最大直径 D	低压		中压		高压	
	螺旋咬口	纵向咬口	螺旋咬口	纵向咬口	螺旋咬口	纵向咬口
$D \leqslant 320$	0.50		0.50		0.50	
$320<D \leqslant 450$	0.50	0.60	0.50	0.75	0.60	0.75
$450<D \leqslant 1000$	0.60	0.75	0.60	0.75	0.60	0.75
$1000<D \leqslant 1250$	0.75	1.00	0.75	1.00	1.00	
$1250<D \leqslant 2000$	1.00	1.20	1.20		1.20	
$D>2000$	1.20	按设计				

表 8-3-5　不锈钢板风管和配件选用板材厚度　（单位：mm）

矩形风管大边长 b 或圆形风管直径 D	$100<b(D) \leqslant 500$	$560<b(D) \leqslant 1120$	$1250<b(D) \leqslant 2000$	$2500<b(D) \leqslant 4000$
不锈钢板厚度	0.5	0.75	1.0	1.2

表 8-3-6　铝板风管和配件选用板材厚度　（单位：mm）

矩形风管大边长 b 或圆形风管直径 D	$100<b(D) \leqslant 320$	$360<b(D) \leqslant 630$	$700<b(D) \leqslant 2000$	$2500<b(D) \leqslant 4000$
铝板厚度	1.0	1.5	2.0	2.5

金属风管制作应遵守相关规范规定。风管配件主要有弯管、三通、四通、各类变径管、异径管、导流叶片、来回弯、三通拉杆阀等，所用材料厚度、连接方法及制作要求应符合同类风管制作的相应规定。

质量检查应遵守相关规范规定。金属风管及配件制作完成后应按相关规范规定进行质量检查。

8.3.2　非金属和复合风管及配件制作

1. 宏观要求

（1）风管材料

1）用于通风空调风管的非金属风管材料的燃烧性能应不低于《建筑材料及制品燃烧性

能分级》（GB 8624—2012）中C级的规定，用于防排烟风管的非金属风管材料的燃烧性能应不低于A2级的规定，复合板风管板材的覆面材料必须为不燃材料且其燃烧性能应不低于A2级的规定。

2）复合板风管的表层铝箔材质应符合《铝及铝合金箔》（GB/T 3198—2010）的规定且厚度不应小于0.06mm，当铝箔层复合有增强材料时其厚度不应小于0.012mm。复合风管的复合层应粘接牢固，板材外表面单面的分层、塌凹等缺陷不得大于6‰，内部绝热材料不得裸露在外。铝箔热敏、压敏胶带和粘接剂应在使用期限内，铝箔压敏、热敏胶带的宽度不应小于50mm，铝箔厚度不应小于0.045mm，铝箔压敏密封胶带采用180°剥离强度不应低于0.52N/mm，铝箔热敏胶带熨烫面应有加热到150℃时变色的感温色点，热敏密封胶带180°剥离强度试验时剥离强度不应低于0.68N/mm。

3）粘接剂应与风管材质相匹配且应符合环保要求，复合板风管所用的粘接剂应是板材厂商认定的专用粘接剂，若另行采购品牌粘接剂则必须做粘接效果对比试验并经监理、板材厂商检查、认可后方可使用。

4）玻璃纤维复合板表面应能防止纤维脱落，风管内壁采用涂层材料时其材料应符合对人体无害的卫生规定，风管内表面层的玻璃纤维布应是无碱或中碱性材料且应符合《玻璃纤维无捻粗纱布》（GB/T 18370—2014）的规定，内表面层玻璃纤维布不得有断丝、断裂等缺陷，其导热性能与尺寸、密度偏差应符合相关规范规定。

5）玻镁复合板风管的物理力学性能应符合要求，应采用中碱或无碱玻璃纤维布生产玻镁复合板，严禁使用高碱玻璃纤维布，玻镁复合板应无分层、裂纹、变形等现象。

6）硬聚氯乙烯板材应符合《硬质聚氯乙烯板材分类、尺寸和性能　第1部分：厚度1mm以上板材》（GB/T 22789.1—2008）的规定，硬聚氯乙烯板材不应有气泡、分层、碳化、变形和裂纹等缺陷。

7）风管板材的品种、规格、性能、厚度等技术参数应符合设计规定，设计无规定时应不低于相关规范要求。

（2）矩形非金属和复合风管连接形式　可酌情采用45°粘接、榫接、槽形插接连接、工形插接连接、外套角钢法兰、C形插接法兰、“h”连接法兰等连接形式，玻镁复合板风管连接一般应采用管间榫接形式。

（3）现场风管制作条件　设计图、技术文件应齐备，应对施工图进行审核，应编制施工方案，应进行施工技术交底，风管制作应具有批准的图样以及经审查的大样图、系统图，并应有施工员书面的技术、质量、安全交底材料。加工现场应宽敞、明亮、洁净，地面平整、不潮湿，且应有可靠的防风、雨、雪的设施。作业地点要有相应加工工艺的机具、设施、安全防护装置和消防器材等，并应具有良好的照明及动力电源。工人应经过岗位培训，掌握风管制作全过程各工序制作工艺标准及要求。

（4）非金属和复合风管放样画线　放样画线时应按图样尺寸，根据板材规格的大小等具体情况，合理安排图形，尽量减少切割和粘缝，又要注意节省原材料。画线应采用红铅笔，不要用锋利的金属划针或锯条以免板材表面形成伤痕、发生折裂。矩形风管在展开画线时应注意接缝避免设在转角处，并要注意相邻管段的纵缝要交错设置。风管画线时要用角尺对板材的四边进行角方以免产生扭曲翘角现象，板材中若有裂缝下料时应避开不用。

（5）矩形风管加固　矩形风管加固可采用外框加固、点加固、纵向加固、压筋加固等形式，外框加固可采用角钢加固、直角形加固、Z 形加固、槽形加固等方式，点加固可采用扁钢内支撑、螺杆内支撑、套管内支撑等方式，纵向加固主要采用立咬口方式，压筋加固的压筋间距≤300mm。

（6）无机玻璃钢风管或玻镁风管的制作　无机玻璃钢风管或玻镁风管应由有制造资格的生产厂商按《玻镁风管》（JC/T 646—2006）标准要求制作并出具产品质量合格证和使用说明书，进场时应对品种、规格、外观等进行验收并经监理工程师签认。无机玻璃钢风管为预制成品、现场组装，应绘制系统加工图并统计出各种规格风管的数量及加工长度，还应绘制三通、异径管、弯头等各类附件的加工图并及时提交厂家加工。成品无机玻璃钢风管或玻镁风管应有标记，应标明生产企业名称、商标、生产日期、燃烧性能等级。整体型风管应采用与本体材料或防腐性能相同的材料加固，加固件应与风管成为整体。风管制作完毕后加固时其内支撑横向加固点数及外加固框、内支撑加固点纵向间距应符合相关规范规定，并应采用与风管本体相同的胶凝材料封堵。

2. 聚氨酯及酚醛复合板风管及配件制作

制作前施工准备应已齐备并符合规范要求。聚氨酯及酚醛复合板风管材料应符合设计及相关规范规定并有出厂检验合格证明，进场时应对品种、规格、外观等进行验收并经监理工程师签认。量具、工作台、压尺、切割刀、打胶枪、加长密封枪（2m）、橡胶锤、切割机、台钻、手电钻、电焊机等工具应满足使用要求。现场风管制作条件应满足相关规范要求。

3. 玻璃纤维复合板风管及配件制作

制作前施工准备应已齐备并符合规范要求。玻璃纤维复合板风管材料应符合设计及相关规范的规定并有出厂检验合格证明，进场时应对品种、规格、外观等进行验收并经监理工程师签认。量具、工作台、压尺、双刃刀、单刃刀、壁纸刀、扳手、打胶枪、切割机、台钻、手电钻等工具满足使用要求。现场风管制作条件应满足相关规范要求。施工前应已采取了措施预防制作人员接触玻璃纤维产生的刺激。

4. 玻镁复合板风管及配件制作

玻镁复合板风管也称为复合保温玻璃纤维增强氯氧镁水泥风管。制作前施工准备应已齐备并应符合相关规范要求。玻镁复合板风管材料应符合设计及相关规范规定并应有出厂检验合格证明，进场时应对品种、规格、外观等进行验收并经监理工程师签认。量具、工作台、压尺、工具刀、丝织带、切割机、手动压弯机、台钻、手电钻、角磨机等应满足使用要求。现场风管制作作业条件应满足相关规范要求。风管制作应按以下工序进行：板材放样下料→专用胶配制→风管组合粘接成型→加固及导流叶片安装→伸缩节制作。板材放样下料应遵守相关规范规定。

5. 硬聚氯乙烯板风管及配件制作

制作前施工准备应已齐备并应符合相关规范要求。风管材料应符合设计及相关规范规定并应有出厂检验合格证明，进场时应对品种、规格、外观等进行验收并经监理工程师签认。设计没有明确要求时，制作风管及配件的塑料板厚度应符合规范要求。量具、木工锯、钢丝锯、鸡尾锯、手用电动曲线锯、木工刨、电热焊枪、各类胎模、割板机、锯床、圆盘锯、电热烘箱、管式电热器、空气压缩机、砂轮机、坡口机、电动折弯机、对挤焊机等工具应满足使用要求。现场风管制作条件应满足相关规范要求。

6. 质量检查

无机玻璃钢风管或玻镁风管制作完成后应按照相关规范规定进行质量检查。

8.3.3 风阀及部件制作

风阀、风罩、风帽、风口、消声器、软接风管、过滤器及加热器应按规定进行质量验收。成品风阀及各部件应具有出厂合格证明书或质量证明文件，其表面应平整、厚度应均匀且应无明显伤痕，不得有裂纹、锈蚀等质量缺陷，型材应等型、均匀、无裂纹及严重锈蚀等情况。各种风阀、部件均应按国家有关标准设计图制作并符合设计及国家有关标准的规定。

风阀所用材料应根据不同类型选用，阀内的转动部件应采用有色金属制作以防锈蚀。风罩部件根据不同要求可选用普通钢板、镀锌钢板、不锈钢板及聚氯乙烯等材料制作。风帽材质可采用镀锌钢板、普通钢板及其他适宜的材料。风口外表面应平正并应符合相关规范规定。

消声器、消声风管、消声弯头及静压箱的制作与安装，软接风管的质量及安装，过滤器的质量及安装应符合相关规范规定。

风管内加热器制作选用的材料符合设计及相关技术文件的要求，加热管用电参数、加热量等符合设计要求，加热管与框架之间经测试应绝缘良好、接线正确并符合有关电气安全标准的规定。加热器外框尺寸应正确，与加热管连接应严密牢固。加热器成品应进行相关性能参数及安全性能的检测，检测结果应符合设计要求。

风阀进场应按相关规范规定进行质量检查。

8.3.4 支吊托架制作与安装

支吊托架形式、位置、间距、标高应符合设计、规范及相关标准的要求，支吊托架应固定在可靠的建筑结构上且不得影响结构安全。支吊托架的根部、吊杆、横担、隔振和固定件等所有配件的使用应符合其荷载额定值和应用参数的要求。支吊托架的下料宜采用机械加工，采用气焊切割口应进行打磨处理，吊架的螺孔应采用机械加工不得采用电气焊开孔或扩孔。吊杆应平直且螺纹应完整、光洁，安装后各副支吊架的受力应均匀且应无明显变形。支吊托架的焊接应由合格持证焊工施焊，管道支吊托架的焊接采用角焊缝满焊，焊缝与较薄焊接件厚度相同，且不得有漏焊、欠焊或焊接裂纹等缺陷。支吊托架的预埋件位置应正确、牢固可靠，埋入部分应除锈、除油污且不得涂漆，支吊托架的外露部分应做防腐处理。管道安装时应及时进行支吊托架的固定和调整，其位置应正确且受力均匀，可调隔振支吊架的拉伸或压缩量应按设计要求调整。管道绝热衬垫采用木质材料时应做好防腐处理，应采用木质材料浸泡沥青漆后自然风干的防腐处理方法。支吊托架等金属制品应做好除锈防腐处理并涂防锈漆一遍，其明装部分应涂面漆，有特殊要求时应按工程设计执行。

1. 风管支吊托架

风管支吊托架包括金属风管、复合风管和非金属风管的支吊托架，其制作与安装应遵守相关规定。风管支吊托架的形式和规格应按相关规范及有关标准选用，圆形风管直径大于2000mm；矩形金属风管边长大于2500mm；矩形非金属风管边长大于2000mm的超宽超重特殊风管的支吊托架应按设计规定选用。输送介质温度低于周围空气露点温度的金属风管，管道与支吊托架之间应有绝热衬垫，其厚度不应小于绝热层厚度，宽度应大于支吊托架支撑面的宽度，衬垫的表面应平整，衬垫接合面的空隙应填实。支撑保温风管的横担宜设在保温层外部，不损坏保温层。水平悬吊的风管长度超过 20m 时应设置不少于 1 个防止风管晃动的固定支架。风管或空调设备使用的可调隔振支吊架的拉伸或压缩量应按设计的要求进行调整。风管支吊托架不应设置在风口、阀门、检查门及自控机构处，离风口或插接管的距离不宜小于 200mm。

2. 水管道支吊托架

水管道支吊托架包括空调水系统的冷冻、冷却、冷凝水管道的支吊托架，制作与安装应遵守相关规定。设有补偿器（膨胀节）的管道应设置固定支架，其结构形式和固定位置应符合设计要求，并应在补偿器的预拉伸（压缩）前固定；导向支架的设置应符合所安装产品技术文件要求。支吊托架与管道应接触紧密、安装平整牢固，与设备连接处的管道应设独立支吊托架，支吊托架与管道对接焊缝的距离应大于 50mm。绝热衬垫为承压强度能满足管道质量的不燃、难燃硬质绝热材料或经防腐处理的木衬垫时其厚度不应小于绝热层厚度，宽度应大于支吊托架支承面宽度，衬垫的表面应平整，衬垫接合面的空隙应填实。

3. 制冷系统管道支吊托架

制冷系统管道支吊托架包括整体式、组装式及单元式制冷设备及管路系统的支吊托架。制冷剂管道采用铜管时铜管管道支吊托架的形式、位置、间距及管道安装标高应符合设计要求，连接制冷机的吸、排气管道应设单独支架。管径小于或等于 20mm 的铜管道，在阀门处应设置支架。

4. 部件、设备支吊托吊

部件、设备支吊托架应符合要求，防火阀直径或长边尺寸大于或等于 630mm 时宜设独立支吊托架；净化空调系统带高效过滤器的送风口应采用可分别调节高度的吊杆；过滤吸收器应设独立支架；洁净层流罩应设独立的吊杆并有防晃动的固定措施；消声器、消声弯管应设独立支吊托架；风机盘管机组应设立独立的支吊架，安装的位置、高度及坡度应正确、固定牢固；诱导器、空气幕、蒸汽加湿器应设置独立支吊架并固定牢固；变风量末端装置应设独立支吊架；安装风机的隔振钢支吊托架，其结构形式和外形尺寸应符合设计或设备技术文件的规定，焊缝应饱满、均匀；水箱、集水器、分水器、储冷罐等设备安装的支托架的尺寸、位置符合设计要求，设备与支架接触紧密，安装平整、牢固；空调系统其他部件、设备的支吊托架的选用形式要符合设计、规范及相关标准的要求，支吊托架的安装牢固，减振措施符合要求。

8.3.5　风管及部件安装

风管安装前应具备必要的施工条件：应检查施工部位的作业环境并满足作业条件；风管外观检查应合格，外表面无粉尘及管内无杂物；风管的安装坐标、标高、走向已经过技术复核并符合设计要求；核查建筑结构的预留孔洞位置，孔洞尺寸应满足套管及管道不间断保温的要求。

风管穿过需要密闭的防火、防爆的楼板或墙体时应设壁厚不小于 1.6mm 的钢制预埋管或防护套管，风管与防护套管之间应采用不燃且对人体无害的柔性材料封堵。

风管安装应符合要求，应按设计要求确定风管的规格尺寸及安装位置。风管及部件连接接口距墙面、楼板的距离应不影响操作，连接阀部件的接口严禁安装在墙内或楼板内。风管采用法兰连接时其螺母应在同一侧，法兰垫料不应凸出风管内壁且不应凸出法兰外。风管与(砖砌或混凝土）风道的连接应采取风道预埋法兰或安装连接件的形式接口，结合缝填耐火密封填料，风道接口牢固。风管与设备相连处应设置其长度为150~300mm的柔性短管，柔性短管不得扭曲，不应作为找正、找平的异径连接管。风管穿越结构变形缝处应设置柔性短管，其长度应为100~300mm，柔性短管的保温性能应符合风管系统功能要求。风管内严禁穿越和敷设各种管线。固定室外立管的拉索严禁与避雷针或避雷网相连。输送含有易燃、易爆气体或安装在易燃、易爆环境的风管系统应有良好的接地措施，通过生活区或其他辅助生产房间时不得设置接口，并具有严密不漏风措施。输送产生凝结水或含蒸汽的潮湿空气风管其底部不宜设置拼接缝，并在风管最低处设排液装置。风管测定孔应设置在不产生涡流区且便于测量和观察的部位。吊顶内的风管测定孔部位，应留出活动吊顶板或检查门。

风管连接的密封材料应根据输送介质温度选用，并符合该风管系统功能的要求，其燃烧性能应达到设计要求，设计无规定时应符合规范规定要求。密封垫片应安装牢固，密封胶涂抹平整饱满，密封填料的位置正确，密封垫料不应凸入管内或脱落。

设计无要求时法兰垫片厚度及材质应符合要求。法兰垫片厚度不应小于3mm。输送温度低于70℃的空气可用橡胶板、闭孔海绵橡胶板、密封胶带或其他闭孔弹性材料，输送温度高于70℃的空气应采用耐高温材料。防排烟系统应采用耐高温防火材料。输送含有腐蚀性介质的气体应采用耐酸橡胶板或软聚乙烯板。法兰垫片的接口形式应符合要求。采用对接接口时应在对接直缝部位涂密封胶，可采用阶梯形接口。净化空调系统风管应尽量减少接头，接头采用阶梯形或企口形并涂密封胶。

连接风管的阀部件的安装位置及方向应符合设计要求，满足使用功能要求并便于操作。防火分区隔墙两侧安装的防火阀距墙应不大于200mm且应不影响操作。

净化空调系统风管的安装应符合要求。风管系统安装前，建筑结构、门窗和地面施工应已完成，墙面抹灰工序完毕，室内无飞尘或有防尘措施，风管安装场地所用机具应保持清洁、安装人员应穿戴清洁工作服、手套和工作鞋等。经清洗干净包装密封的风管、静压箱及其部件在安装前不得拆卸，安装时拆开端口封膜后应随即连接，安装中途停顿应将端口重新封好。法兰垫料应采用不产尘、不易老化并具有一定强度和弹性的材料，厚度为5~8mm，不得采用乳胶海绵、厚纸板、石棉橡胶板、铅油麻丝及油毡纸等。垫片应尽量减少接头，不允许直缝对接连接，严禁在垫料表面涂涂料。风管与洁净室吊顶、隔墙等围护结构的接缝处应严密。

风管穿出屋面处应设有防雨装置，连接风管与屋面或墙面的交接处应有防渗水措施，设计没有明确时可按规范规定设置。主风管上不宜直接安装风口，当能保证设计要求时可用支管相连。风机盘管的送风口与回风口安装位置应符合设计要求，设计无要求时间距不小于1200mm。

金属风管、非金属风管、复合风管、软接风管、风口、风阀、静压箱、消声器、其他部件安装应遵守相关规范规定。金属风管安装完成后应按规范规定进行质量检查。

思考题与习题

1. 简述建筑通风的意义。

2. 建筑的通风方式有哪些？
3. 如何做好建筑设计与自然通风的配合工作？
4. 如何做好建筑防排烟工作？
5. 简述建筑防火设计分类情况。
6. 如何做好防火分区和防火分隔工作？
7. 简述自然防排烟的方法。
8. 简述机械排烟方式的特点。
9. 简述机械加压防烟的特点。
10. 排烟设备电气控制的基本要求是什么？
11. 简述建筑通风系统设计方法及基本要求。
12. 简述除尘与有害气体净化设计方法及基本要求。
13. 金属风管及配件制作应注意哪些问题？
14. 非金属和复合风管及配件制作应注意哪些问题？
15. 风阀及部件制作应注意哪些问题？
16. 支吊托架制作与安装应注意哪些问题？
17. 风管及部件安装应注意哪些问题？

建筑空调系统 第9章

9.1 建筑中的传热问题

建筑传热关注的是能的种类与品位问题。品位通常指能量使用的效率或转换性。热能的传递过程称为热量，是过程量。自发过程中热能可由高温物体向低温物体传递。电能是高品位能量。机械能也是高品位能量，包括动能、势能。热能属于低品位能量。传热是一个自发过程，即自然界自动发生的过程，就像水从高处流向低处一样，热能从高温物体传递到低温物体。

1. 建筑传热的热传导方式

热传导也称为导热，是指物体内部或物体之间无相对位移的情况下发生的热传递过程。

(1) 导热系数 λ　导热系数是指某物体在单位温差（1℃）条件下，单位时间（1s）内通过单位厚度（1m）的热量（J），单位是 W/(m·℃)。人们通常将导热系数 λ 小于 0.14W/(m·℃) 的材料称为保温材料，保温材料通常具有孔隙率高、密度小的特点。

(2) 平壁的稳定导热（见图 9-1-1）　稳定导热是指导热过程中温度分布不随时间变化。导热的计算公式为 $q=\lambda(t_{w1}-t_{w2})/\delta$，其中，$q$ 为热流量（W）；t_{w1}、t_{w2} 分别为壁面温度（℃）。热阻 $R=\delta/\lambda$；热流 $q=\Delta t/R$。应注意热流与电流的区别，电流公式为 $I=\Delta U/R_C$。多层平壁导热时 $q=(t_{w1}-t_{w2})/\sum R_i=\Delta t/R$。

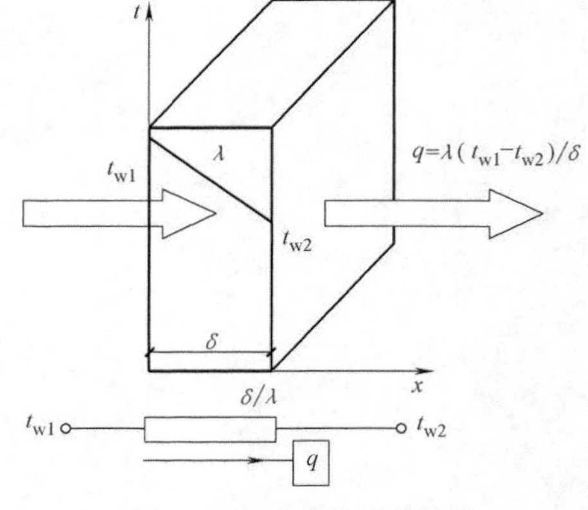

图 9-1-1　平壁的稳定导热

若某教室外墙由三层组成，内层为 $\delta_1=20$mm 的抹灰、其 $\lambda_1=0.81$W/(m·℃)；外层为 $\delta_3=30$mm 厚的瓷砖贴面、$\lambda_3=1.2$W/(m·℃)；中间是 $\delta_2=200$mm 厚的泡沫混凝土墙、$\lambda_2=0.29$W/(m·℃)，则此外墙的总导热热阻计算过程依次为 $R_1=\delta_1/\lambda_1=(0.02/0.81)$ m²·℃/W = 0.02469m²·℃/W，$R_2=\delta_2/\lambda_2=(0.2/0.29)$ m²·℃/W = 0.6897m²·℃/W，$R_3=\delta_3/\lambda_3=(0.03/1.2)$ m²·℃/W = 0.025m²·℃/W，总热阻 $R=R_1+R_2+R_3=0.739$m²·℃/W。

2. 建筑传热的对流换热方式

对流换热是指流体与固体壁面之间的热传递过程，其特点是流体有相对位移，计算式为

$q=\alpha(t_w-t_f)=\Delta t/R$，其中，$t_w$ 为壁面温度（℃）；t_f 为流体温度（℃）；α 为对流换热系数 [W/(m²·℃)]；对流换热热阻 $R=1/\alpha$。

若已知冬季室内温度 $t_n=18$℃，外墙内表面温度 $t_{w1}=10$℃，内表面的对流换热系数 α_1 为 $\alpha_1=8.7\text{W/(m}^2\cdot℃)$，则室内空气与外墙内壁面的对流换热量计算过程依次为 $t_f=t_n=18$℃，$q=\alpha(t_f-t_{w1})=8.7\times(18-10)\text{W/m}^2=69.6\text{W/m}^2$。

3. 建筑传热的辐射换热方式

辐射是指物体由于各种原因在全波长范围内向外发射电磁波能的过程，原因不同其效应也不同。热辐射是指物体因自身温度或热的原因向外发射电磁波能的过程，是在可见光和红外线波长范围内的辐射，其热效应非常明显。辐射换热是指物体与物体之间由于辐射产生热传递的过程。辐射换热是以光速来传递热能的，可通过真空进行传递，传热过程会伴有能量形式的转换，如热能→电磁波能→热能。辐射换热的计算式为 $q_{12}=C_{12}[(t_1/100)^4-(t_2/100)^4]$，其中，$q_{12}$ 为物体 1 与物体 2 之间的辐射换热量（W/m²）；C_{12} 为物体 1 与物体 2 之间的辐射系数 [W/(m²·K⁴)]；t_1 为物体 1 的绝对温度（K）；t_2 为物体 2 的绝对温度（K）。

4. 围护结构的稳定传热问题

稳定传热是指当壁两侧流体温度分布及壁面内温度分布均不随时间变化时，壁面两侧的流体在温差的作用下发生的热传递过程（见图 9-1-2）。稳定传热通常包括了热传导、对流换热、辐射换热三种基本方式，过程较复杂。工程实际中涉及的一般都是稳定传热过程。

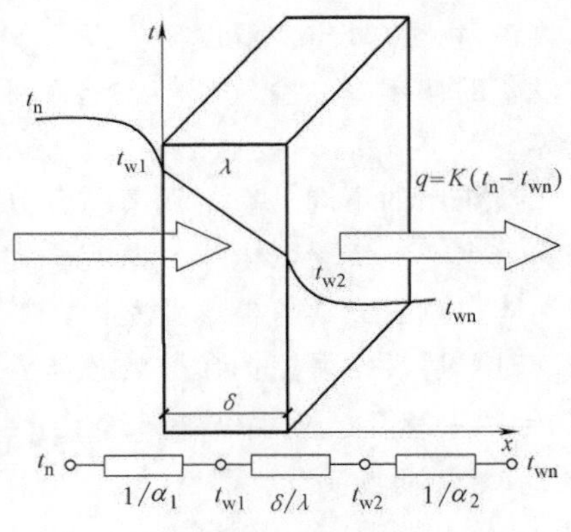

图 9-1-2　围护结构的稳定传热

通过平壁的传热计算式为 $Q=K(t_n-t_{wn})F=qF$，其中，q 为单位面积的传热量（W/m²）；Q 为通过面积 F 的传热量（W）；t_n 为室内（热流体）温度（℃）；t_{wn} 为室外（冷流体）温度（℃）；K 为传热系数 [W/(m²·℃)]；F 为传热面积（m²）。

若某教室外墙由三层组成，内层为 $\delta_1=20$mm 的抹灰，其 $\lambda_1=0.81\text{W/(m}\cdot℃)$；外层为 $\delta_3=30$mm 厚的瓷砖贴面，$\lambda_3=1.2\text{W/(m}\cdot℃)$；中间是 $\delta_2=200$mm 厚的泡沫混凝土墙，$\lambda_2=0.29\text{W/(m}\cdot℃)$。若已知冬季室内温度 $t_n=18$℃，室外气温为−12℃，达到太原当地供暖计算温度值，外墙面与空气的对流换热系数 $\alpha_2=26\text{W/(m}^2\cdot℃)$，则通过该外墙单位面积的传热量 q 计算过程依次为

$$\text{外墙的总热阻 } R=R_1+R_2+R_3=\delta_1/\lambda_1+\delta_2/\lambda_2+\delta_3/\lambda_3=0.739\text{m}^2\cdot℃/\text{W}$$

$$K=1/(1/\alpha_1+\sum R_i+1/\alpha_2)=[1/(1/8.7+0.739+1/26)]\text{W/(m}^2\cdot℃)=1.12\text{W/(m}^2\cdot℃)$$

$$q=K(t_n-t_{wn})=1.12\times[18-(-12)]\text{W/m}^2=33.62\text{W/m}^2$$

5. 建筑传热的核心问题

综上所述，热能是过程量，建筑围护结构的热能传递是自发过程。热能传递的基本方式有导热、对流、辐射三种，工程中涉及的主要是平壁导热和平壁传热过程。导热系数、传热系数、传热过程等是建筑设备工程设计中最关注的问题。常用围护结构的传热系数见表 9-1-1。

表 9-1-1　严寒地区建筑围护结构传热系数限值

维护结构类型		体形系数 $S \leqslant 0.3$ 传热系数 $K/[W/(m^2 \cdot K)]$
外窗	窗墙面积比≤0.2	≤3.2
	0.2<窗墙面积比≤0.3	≤2.9
屋面		≤0.45
外墙(包括非透明幕墙)		≤0.50
非供暖房间与供暖房间的隔墙或楼板		≤0.80

9.2　建筑空调系统概述

9.2.1　建筑空气调节的任务与作用

空气调节（Air Conditioning）的目的是使空气达到所要求的状态或使空气处于正常状态，因此，采用一定技术手段创造并保持满足一定要求的空气环境是空调工程的首要任务。空气调节控制的参数主要是温度 t、湿度 d、空气流速 v、空气压力 p、空气清洁度、空气组成、噪声等。上述干扰参数的来源主要是室外气候的变化以及人为扰动，室外气候的变化可由热辐射、室外空气温度等引发，人为扰动主要包括室内人员的活动、机械设备的运转、照明设备的使用等。空气调节的技术手段主要包括加热、冷却、加湿、减湿、过滤、通风换气等。

按作用的不同，空气调节系统分为工艺性空调和舒适性空调两大类。工艺性空调的作用是满足生产、实验、电子、医院手术、考古研究等的工作要求，如考古研究中防止氧化的保护气体空调，光学仪器工业室内参数要求见表 9-2-1。舒适性空调的作用是满足人体舒适需求。对舒适性空调室内参数的总体要求是冬季 $t=18\sim22℃$、$\varphi=40\%\sim60\%$、$v=0.2\text{m/s}$；夏季 $t=24\sim28℃$、$\varphi=40\%\sim65\%$、$v=0.3\text{m/s}$；新风量 $10\sim100\text{m}^3/(\text{h}\cdot\text{人})$、办公室 $30\text{m}^3/(\text{h}\cdot\text{人})$、商场 $10\text{m}^3/(\text{h}\cdot\text{人})$。

表 9-2-1　光学仪器工业室内参数要求

工作类别	空气温度基数及其允许波动范围/℃	空气相对湿度(%)	备注
抛光间、细磨间、镀膜间、胶合间、照明复制间、光学系统装配和调整间	(22～24)±2(夏季)	<65	室内空气有较高的净化要求
精密刻划间	20±(0.1～0.5)	<65	

空气调节的主要技术手段是将室外空气送到空气处理设备中进行冷却、加热、除湿、加湿净化（过滤）后达到所需参数要求，然后送到室内以消除室内的余热、余湿、有害物，从而得到新鲜的、所需的空气。冬季也有借助超声波加湿器、红外加热器等来改变室内局部环境的方法。

9.2.2　建筑空气调节系统的基本组成部分

空气调节系统主要由冷热源、空气处理设备、输送与输配管道、服务的室内空间等部分组成。常用冷源为制冷机组，常用热源为锅炉、换热器、热泵等。空气处理设备中通常还有净化设备及加湿、减湿、除尘、隔噪声等装置，从而确保达到要求的洁净度。输配系统主要包括风道、风机、风阀、风口、末端装置（风机盘管）等。典型的集中空调系统见图 9-2-1。

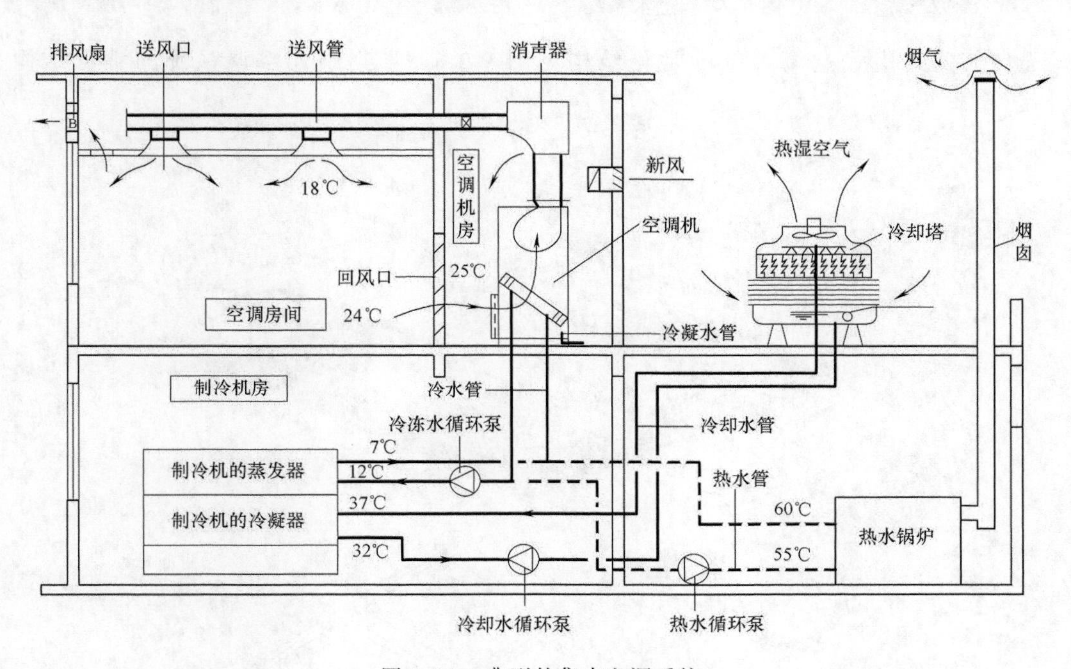

图 9-2-1　典型的集中空调系统

9.2.3　建筑空气调节系统的分类及常见形式

空调系统的分类方法多种多样。按空气处理设备集中程度的不同，空调系统分为集中式、半集中式、分散式等类型。集中式空调系统的特点是所有设备均设置在空调机房内，属于全空气型空调。半集中式空调系统的空调机房处理风（空气），然后送到各房间，再由分散在各房间的风机盘管等二次设备进行二次处理。分散式空调系统为局部式空调，柜机、分体机均属此类。按负担室内热湿负荷所用介质的不同，空调系统分为全空气系统、全水系统、空气-水系统、制冷剂系统等类型。全空气系统（见图 9-2-2）完全由处理过的空气作为承载空调负荷的介质，由于空气的比热较小，需要用较多的空气才能达到消除余热、余湿的目的，因此，该系统要求风道断面较大，或风速较高，因而会占据较多的建筑空间。全水系统（见图 9-2-3）完全由处理后的水作介质，水的比热大，因此，管道所占空间小，但这种方式只能解决空气的温度（冷热）问题，而无法解决换气问题，故不能（很少）单独使用。空气-水系统（见图 9-2-4）的特点是处理过后空气、水各担负一部分负荷，如新风+风机盘管系统，用水加热或冷却，因此，其风管可大大减小、调节温度也较方便。制冷剂系统（见图 9-2-5）为分散式，包括分体机、窗机、户式中央空调等类型。

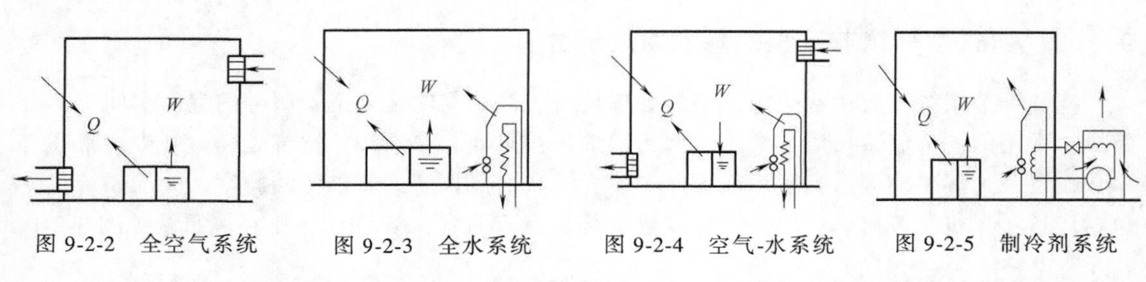

图 9-2-2　全空气系统　　图 9-2-3　全水系统　　图 9-2-4　空气-水系统　　图 9-2-5　制冷剂系统

全空气的集中式空调系统的常见结构见图 9-2-6。半集中式空调系统的常见结构见

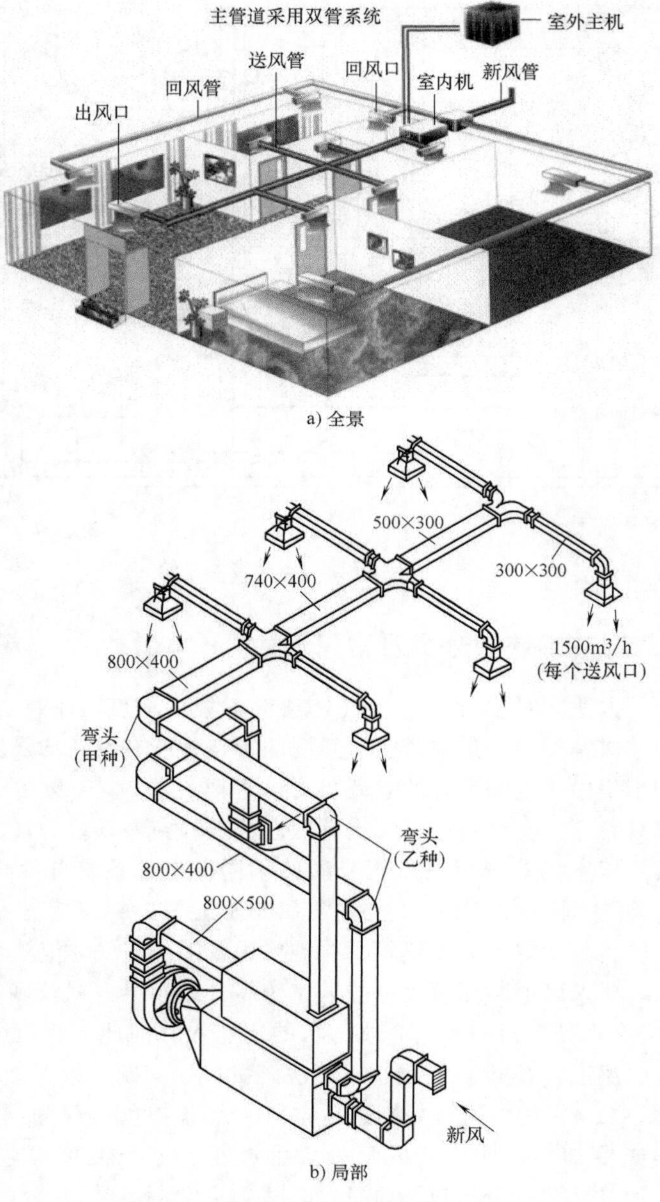

a) 全景

b) 局部

图 9-2-6　集中式空调系统的常见结构

图 9-2-7，其“风机盘管+新风机组”既有对新风的集中处理与输配，又能借设在空调房间的风机盘管之类的末端装置对室内循环空气作局部处理，兼具前两种系统的特点，故被称为半集中式系统。制冷剂系统（见图 9-2-8）多为户式中央空调，制冷剂直接进入每个房间的末端。

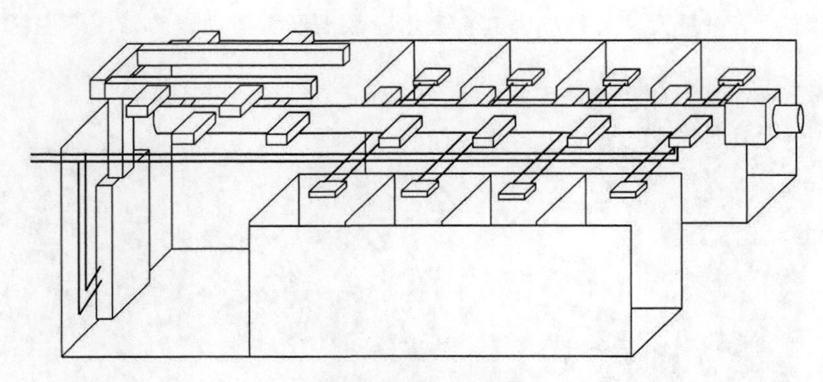

图 9-2-7　半集中式空调系统的常见结构

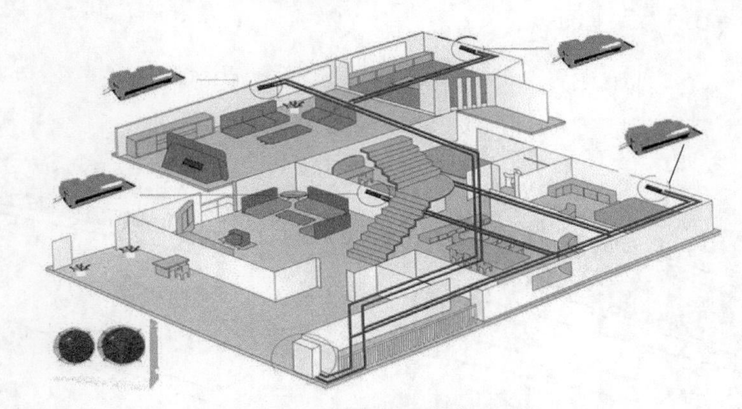

图 9-2-8　制冷剂系统典型布局

9.2.4　集中式空调系统的特点及常见形式

集中式空调系统的特点是全部由集中处理的空气负担室内空调负荷，由于空气的比热小，通常这类空调系统需要占用较大的建筑空间，但室内空气的品质有保障。该系统的空气处理设备集中设置在空调机房内集中进行空气处理、输送和分配。该系统适用于房间面积较大、层高较高的公共建筑，如超市、商场、展览大厅等。

按空气机组处理空气来源的不同，集中式空调系统分为封闭式、直流式、回风式三类。封闭式集中空调系统也称为全循环式集中空调，它所处理的空气全部来自空调房间，这种系统卫生条件差，但能耗低，通常应用于人员不长期停留的库房等工程。直流式集中空调系统也称为全新风式集中空调，它所处理的空气全部来自室外，这种系统卫生条件好，但能耗大，通常应用于室内空气不宜循环使用的工程中，如放射性实验室以及散发大量有害物的车间等。回风式集中空调系统也称为新回风混合式集中空调，它所处理的空气一部分来自空调房间、一部分来自室外，这种系统既能利用室外新风保证空调房间卫生条件要求又能利用回风减少能耗，这种空调系统在大多数民用建筑中得到广泛应用，常用于超市、商场、大餐厅、宴会厅及展览大厅、体育场馆等建筑。典型的风机盘管构造见图 9-2-9，典型的风机盘管结构见图 9-2-10。典型的风机盘管空调系统新风引入方式见图 9-2-11，该系统的优点是布置灵活、各房间可独立调节、噪声较小、占建筑空间少、运行经济，其缺点是机组分散设置、台数多时维护工作量大，另外，因其有凝水，故需经常清理以防霉菌产生。

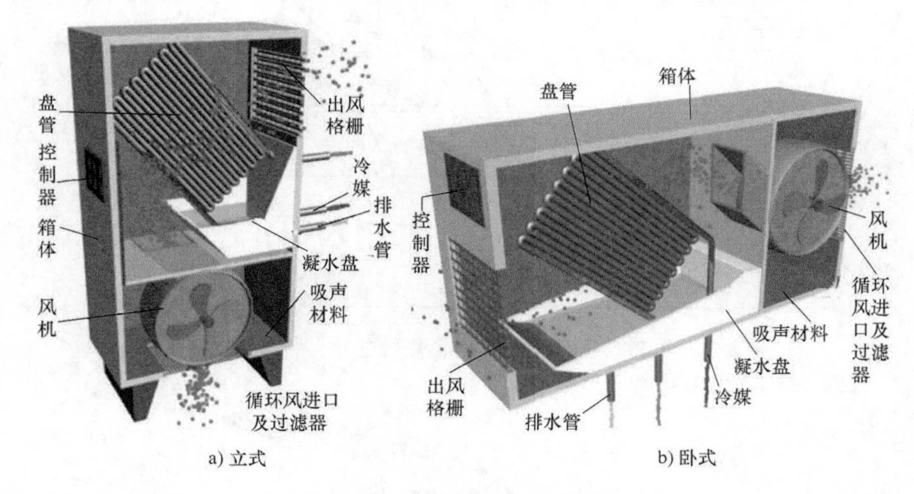

图 9-2-9　典型的风机盘管构造

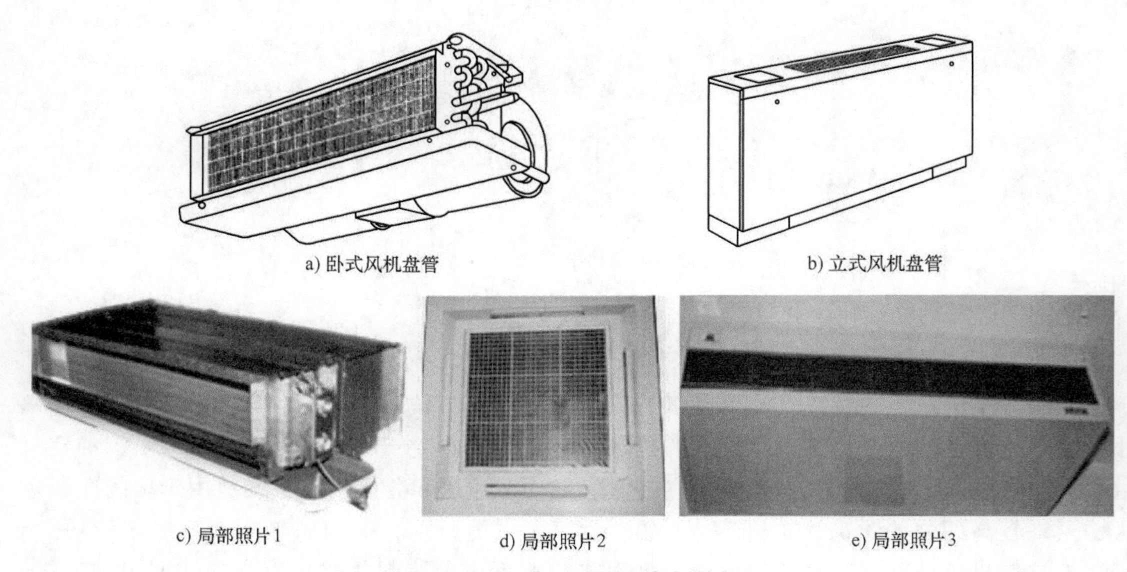

图 9-2-10　典型的风机盘管结构

9.2.5　建筑空气处理设备、管道及部件

1. 空气加热器

空气加热器（见图 9-2-12～图 9-2-14）是借助电加热器通过电阻丝发热来加热空气的设备，其特点是加热均匀、热量稳定、易于控制、耗电多，主要用于精度要求高的空调系统。

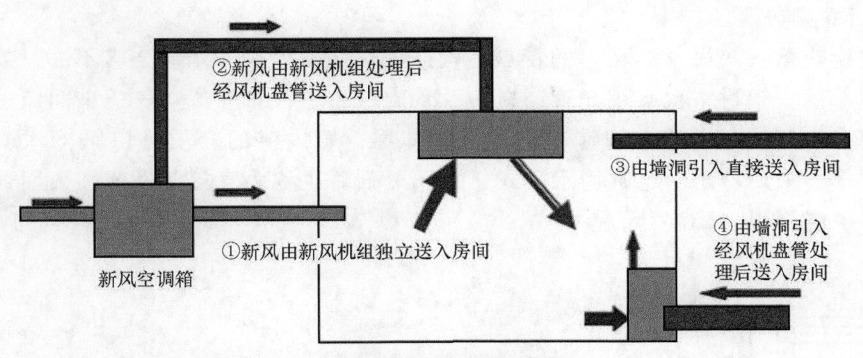

图 9-2-11　典型的风机盘管空调系统新风引入方式

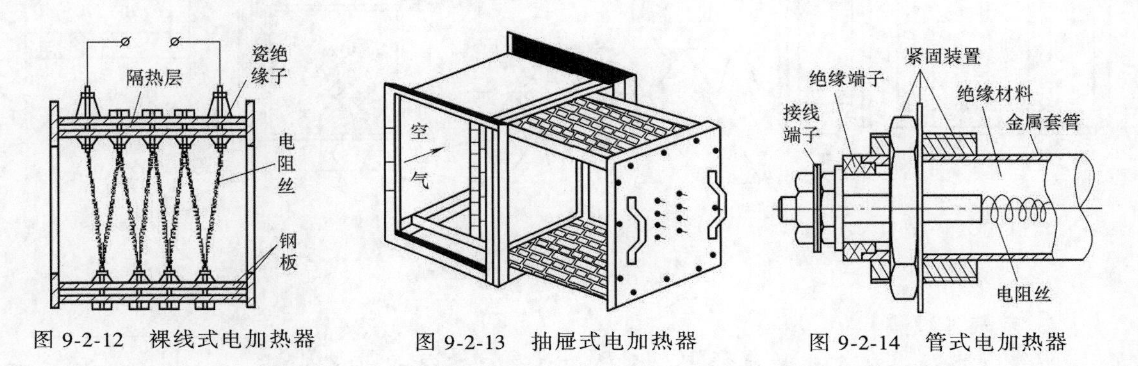

图 9-2-12　裸线式电加热器　　图 9-2-13　抽屉式电加热器　　图 9-2-14　管式电加热器

2. 喷水室

喷水室（见图 9-2-15）的特点是向流过的空气直接喷大量的水滴，使空气与水滴热湿交换。喷水室通常由喷嘴、管路、前后挡水板、水池、壳体等构件组成，喷嘴可喷出雾状水，前后挡水板的作用是减少水损失。喷水室适用于多种空气处理过程，具有一定的空气净化能力，其耗材少、易加工，但占地大、对水质要求高、水系统复杂、需定期保养。目前，喷水室主要在纺织厂、卷烟厂等以调节湿度为主的场合使用。

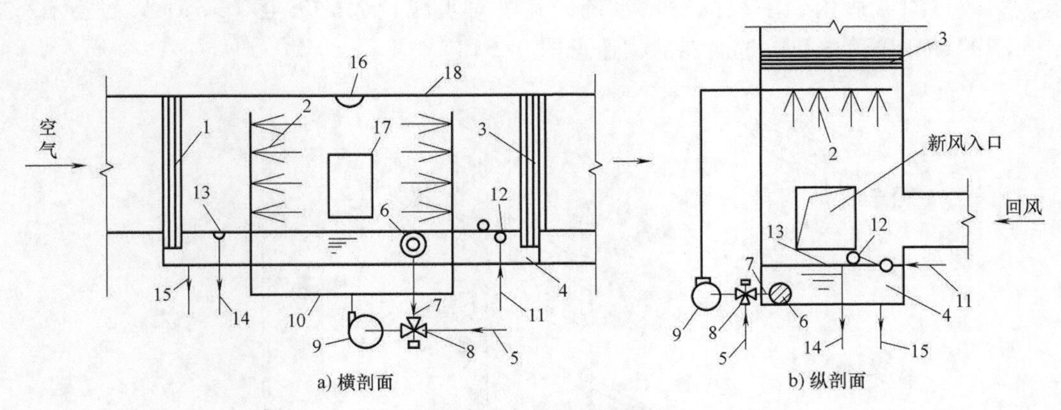

图 9-2-15　喷水室的构造

1—前挡水板　2—喷嘴与排管　3—后挡水板　4—底池　5—冷水管　6 —滤水器　7 —循环水管　8 —三通混合阀　9 —水泵　10 —给水管　11 —补水管　12 —浮球阀　13 —溢水器　14 —溢水管　15 —泄水管　16—防水灯　17 —检查门　18 —外壳

3. 表面式换热器

表面式换热器（见图 9-2-16）的特点是构造简单、占地少、水质要求不高。换热器多用肋片管、钢、铜、铝材，也有用光管制造的。管内流介质、管外流空气，中间流过热水或蒸汽为加热用，中间流过冷水、属制冷剂、为冷却用，管内流的介质可以是冷水、热水、蒸汽、制冷剂等。采用冷水时也称为水冷式，采用冷剂时也称为直接蒸发式。表面式换热器的作用是升温、纯降温、降温/除湿。

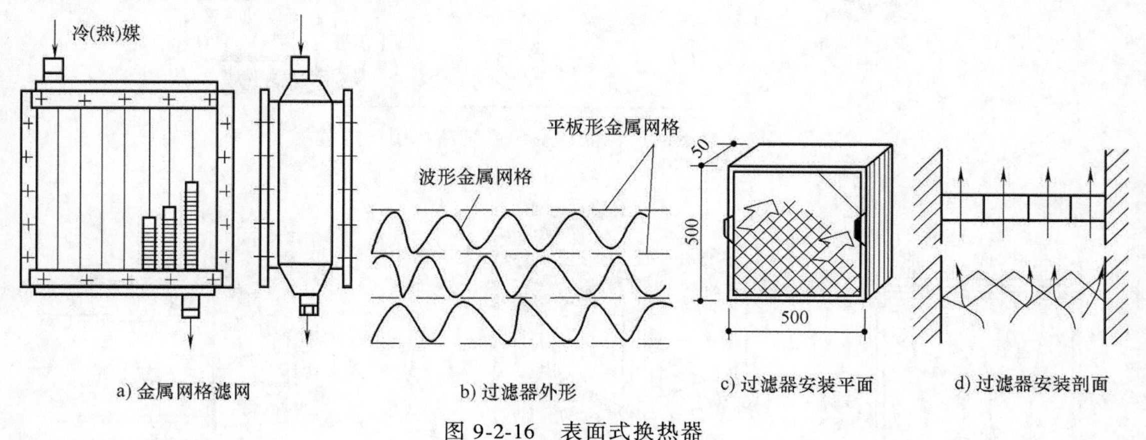

图 9-2-16　表面式换热器

4. 空气过滤器

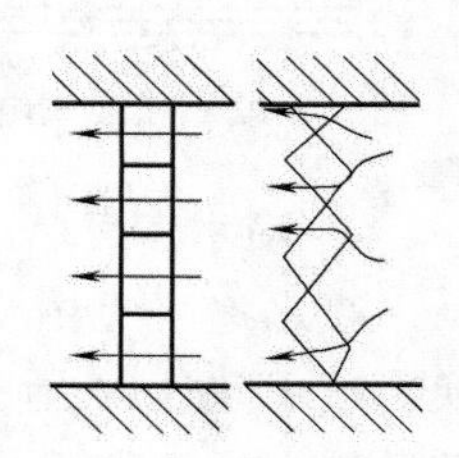

图 9-2-17　初效过滤器

空气过滤器通常有初效过滤器、中效过滤器、高效过滤器三种类型。

初效过滤器（见图 9-2-17）滤材多采用玻璃纤维、人造纤维、金属丝及粗孔聚氨酯泡沫塑料等，也有用铁屑及瓷环作为填充滤料的。金属网丝、铁屑及瓷环等类滤料可以浸油后使用，以便提高过滤效率并防止金属表面锈蚀。初效过滤器需人工清洁或更换，为减少清洗工作量、提高运行质量，可采用自动浸油式过滤器或自动卷绕式空气过滤器。初效过滤器适用于一般的空调系统，其可对尘粒较大的灰尘（>5μm）进行有效过滤。典型的自动移动式初效过滤器的构造见图 9-2-18。

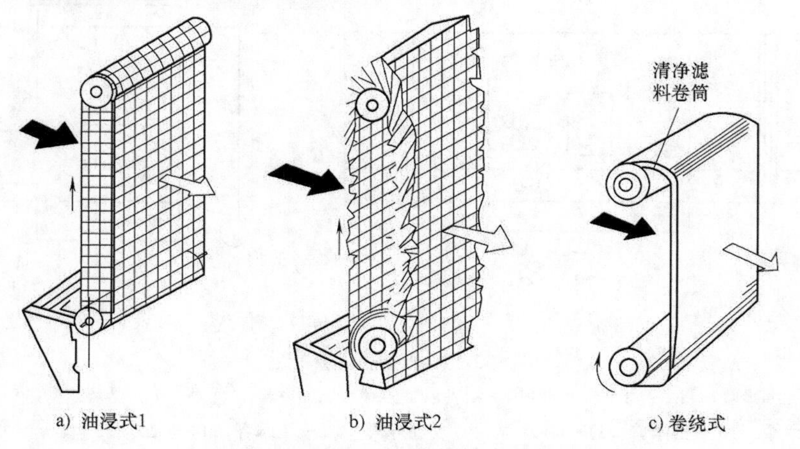

图 9-2-18　典型的自动移动式初效过滤器构造

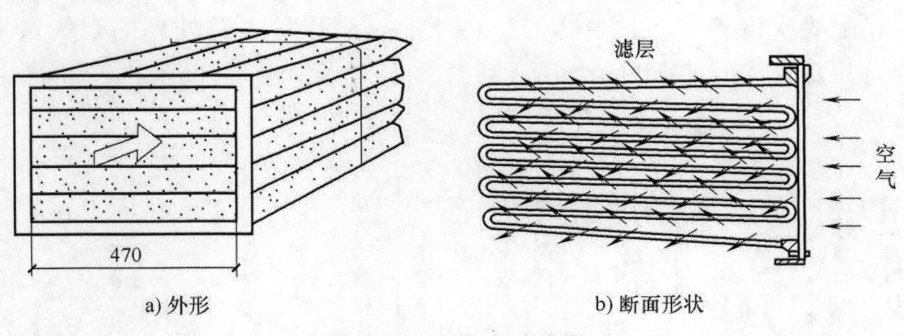

图 9-2-19　袋式过滤器

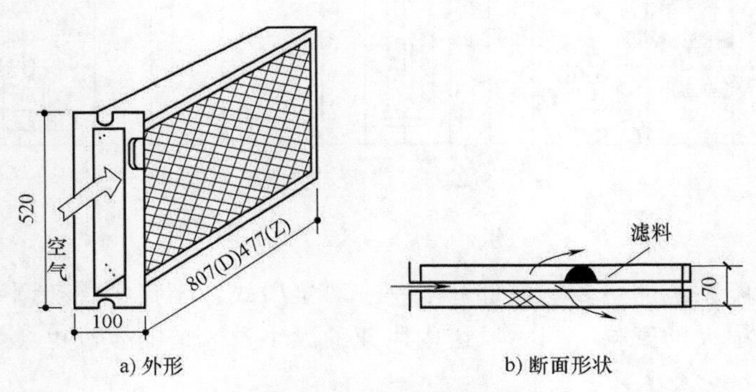

图 9-2-20　抽屉式过滤器

中效过滤器滤料主要是玻璃纤维、人造纤维合成的无纺布及中细孔聚乙烯泡沫塑料等，采用玻璃纤维时其纤维比初效过滤器所用的玻璃纤维直径小，约为 10μm，这种过滤器一般可做成袋式和抽屉式（见图 9-2-19 和图 9-2-20）。中效过滤器一般对大于 1μm 的粒子能有效过滤，因此大多数情况下用于高效过滤器的前级保护，较少用于清洁度要求较高的空调系统。

高效过滤器（见图 9-2-21 和图 9-2-22）可分为亚高效、高效及超高效过滤器。其滤料一般为超细玻璃纤维或合成纤维，纤维被加工成纸状称为滤纸。为降低气溶胶穿过滤纸的速度，应采用以 0.01m/s 计的低滤速，同时大大增加滤纸的面积，因而高效过滤器常做成折叠状。

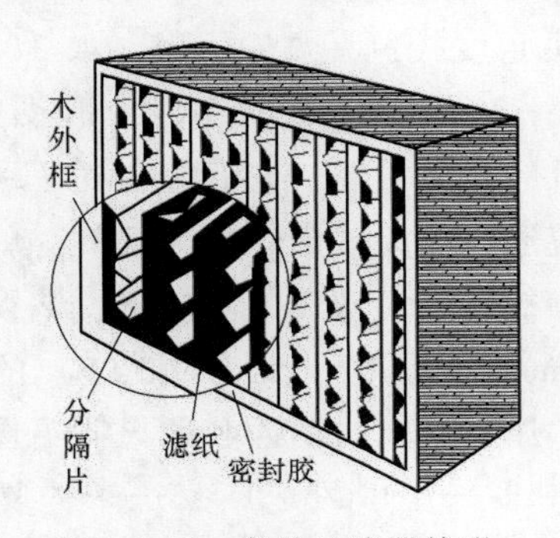

图 9-2-21　高效过滤器外形

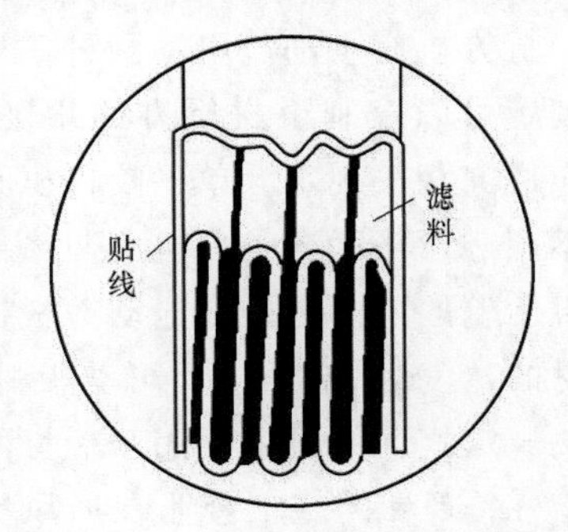

图 9-2-22　无分隔片多折式过滤器

5. 空气处理室

空气处理室的典型构造是装配式金属空调箱，其标准的分段大致有回风机段、混合段、预热段、过滤段、表冷段、喷水段、蒸汽加湿段、再热段、送风机段、能量回收段、消声段和中间段等。装配式空调箱（见图 9-2-23）的大小一般以每小时处理的空气量来标定，小型的处理空气量为几百 m^3/h，大型的为几万甚至几十万 m^3/h，目前国内产品最大处理空气量可达 $300000m^3/h$。

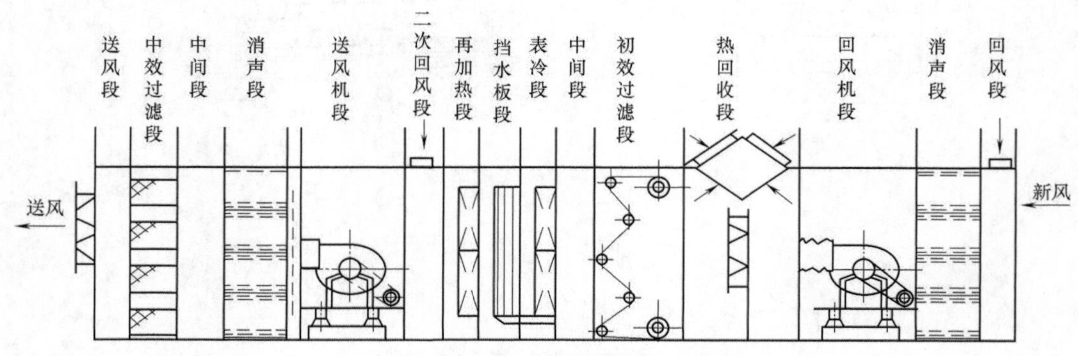

图 9-2-23　装配式空调箱

6. 风道

风道是空气输配系统的主要组成部分之一。对集中式、半集中式空调系统，风道尺寸对建筑空间的使用有很大的影响，同时风道内风速的大小及风道的敷设也会影响电力消耗和噪声水平。

（1）风道的形状与材料　风道一般为圆形或矩形，矩形风道占空间小、易于布置、美观，圆形风道强度大、省材、占空间且拐弯与三通需较长距离。风道多为薄钢板涂漆或采用镀锌薄钢板制作，板厚 $\delta=0.5\sim1.2$mm。风道截面面积越大，采用的钢板越厚。输送腐蚀性气体时应采用塑料或玻璃钢，预制石棉水泥风道的缺陷是易破损，必要时可利用地沟做砖砌风道，也可利用帆布、铝箔做软风道。风道截面面积应符合要求，圆形风道断面规格为 $\varphi=100\sim2000$mm，矩形风道断面规格为 120mm×120mm～2000mm×1250mm，风道截面面积 F、风量 L、风速 v 之间的关系为 $F=L/v$。

（2）镀锌薄钢板风道加工制作　风道加工机具主要有剪板机、咬口机、折方机、冲压机等。剪板机有手动、电动两种，咬口机有联合转角咬口机、单平咬口机、弯头联合咬口机等类型，折方机有手动、电动两种。应合理利用折方机角度控制装置（见图 9-2-24），利用该控制装置可以控制板材折方的角度。联合转角及单平咬口机（见图 9-2-25 和图 9-2-26）的使用应遵守相关规定，单平咬口机和联合转角咬口机的外形相似，它们的主要区别是成型胎轮的不同。弯头联合咬口机（见图 9-2-27）的使用应遵守相关规定，应注意其与单平及联合咬口机胎轮的不同之处。电动剪板机（见图 9-2-28）的使用应遵守相关规定，该类剪板机可剪板材的宽度为 2500mm，可剪板材的最大厚度为 6mm。冲压机（见图 9-2-29）的使用应遵守相关规定，冲压机主要用于板材配件的冲压成型。加工完成的三通和防火阀见图 9-2-30 和图 9-2-31。现在的施工企业在通风空调的安装过程中多采用由风道厂家送来的复合风道（见图 9-2-32），其特点是美观且安装方便快捷。复合式彩钢板玻璃棉风道的内部结构见图 9-2-33。制作风道时切割钢板的方法见图 9-2-34。风道的焊接方法见图 9-2-35。实际施工中，风道的下料一般都在施工场地现场下料制作，这样便于及时修改并可提高生产质量和施工效率。在通风空调系统中由于工作环境的特殊性，风道与风道的连接、法兰与法兰的连接不能用普通的橡胶垫，而应该用橡胶石棉垫（见图 9-2-36）。用镀锌钢板做的三通以及三通的连接见图 9-2-37 和图 9-2-38。用镀锌钢板做的虾米腰以及虾米腰的安装见图 9-2-39 和图 9-2-40。风管、消声器、防火阀、墙体预留洞的关系见图 9-2-41。

图 9-2-24　折方机角度控制装置

图 9-2-25　联合转角咬口机

图 9-2-26　单平咬口机

图 9-2-27　弯头联合咬口机

图 9-2-28　电动剪板机

图 9-2-29　冲压机

图 9-2-30　三通 1

图 9-2-31　防火阀

a) 样品1

b) 样品2

图 9-2-32 定制的复合风管

图 9-2-33 复合式彩钢板玻璃棉风管

图 9-2-34 切割钢板

图 9-2-35 风道的焊接

图 9-2-36 橡胶石棉垫

图 9-2-37 三通 2

图 9-2-38 三通的连接

图 9-2-39　虾米腰

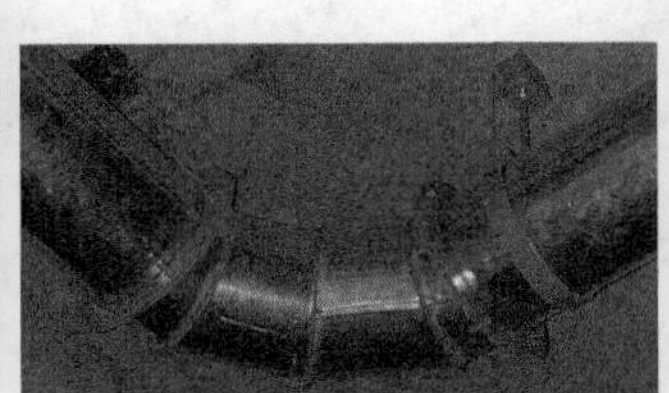

图 9-2-40　虾米腰的安装

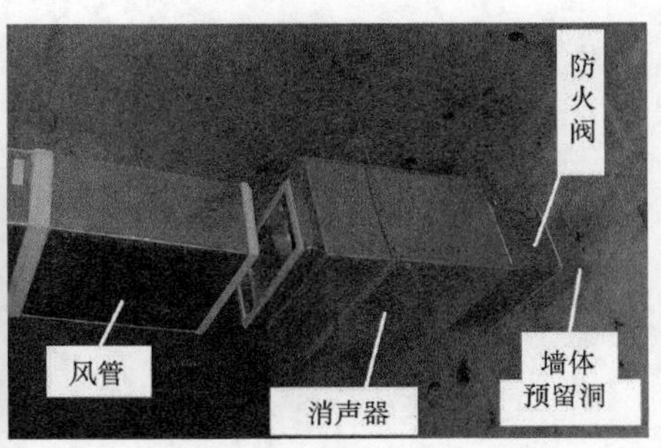

图 9-2-41　风道的组装

(3) 风道的布置与敷设　应尽量减少风道长度和不必要的拐弯。例如，机箱在地下室时，一般由主风道直上各楼层，再于各楼层内水平分配。工业建筑的风道应避免与工艺过程、工艺设备发生矛盾，民用建筑的风道应以不占用或少占用房间有效体积为宜，应充分利用建筑的剩余空间。风道在吊顶内时所需空间高度为风道+100mm。公共建筑中的竖向砖风道最好砌在墙内且应尽量做在间壁墙内以免结露。钢板风道间采用法兰连接时，为防止漏风应中间夹软衬垫，为防锈应内、外涂漆。风道通常需做保温层以防结露而破坏吊顶的顶棚等，并确保空气的输送参数恒定，保温材料可为聚苯乙烯泡沫塑料、岩棉、矿渣棉等，保温层应包括防腐层、防潮层、保护层、保温层等。

7. 水管

冷热水应通过水管从机房或热力站输送到空调箱或房里的盘管中，水管需做保温处理且通常应为闭式循环。应由水泵作为动力源，且应设有排气、泄水、膨胀水箱等装置，若采用喷水室的系统则为开式系统。典型的风冷式冷水机组见图 9-2-42。冷水机组可采用双管制、三管制、四管制。双管制给回水各一根，冬供热、夏供冷。三管制冷、热给水管各一根，可同时供冷、热，但共同使用一根回水管。四管制冷、热给回各有一根，冷、热水完全独立。通常高层建筑内不可能在每层设空调机房，故必然应留有垂直走向的风道，即需留有管井。管井内可设风管、水管以及其他公用设施所需的管线，比如电缆、电视线等，管井应设在每区的中心部位且应位于机房附近以减少分支的管路长度，管井应从下向上、不得拐弯。

8. 空调系统常用送风口

送风口的作用是将送风状态的空气均匀地送入空调房间。常用的送风口有侧送风口、散流器、孔板送风口、喷射式送风口等。侧送风口是指安装在空调房间侧墙或风道侧面上可横向送风的风口，有格栅风口、百叶风口、条缝风口等形式，其中用得最多的是活动百叶风口，活动百叶风口有单层百叶、双层百叶、三层百叶三种。常见百叶风口构造见图 9-2-43 和图 9-2-44。散流器（见图 9-2-45 和图 9-2-46）是一种安装在顶棚上的送风口，其送风气流从风口向四周呈辐射状送出，根据出流方向的不同分为平送散流器和下送散流器。平送散流器送出的气流是贴附着顶棚向四周扩散，适用于房间层高较低、恒温精度较高的场合。下送散流器送出的气流是向下扩散，适用于房间的层高较高、净化要求较高的场合。采用孔板送风口（见图 9-2-47）时送入静压箱的空气通过开有一些圆形小孔的孔板送入室内，孔板送风口的主要特点是送风均匀、气流速度衰减快，适用于要求工作区气流均匀、流速小、区域温差小和洁净度较高的场合，如高精度恒温室和平行流洁净室。喷射式送风口是一个渐缩的圆锥台形短管，其特点是风口的渐缩角很小、风口无叶片阻挡、噪声小、紊流系数小、射程长，

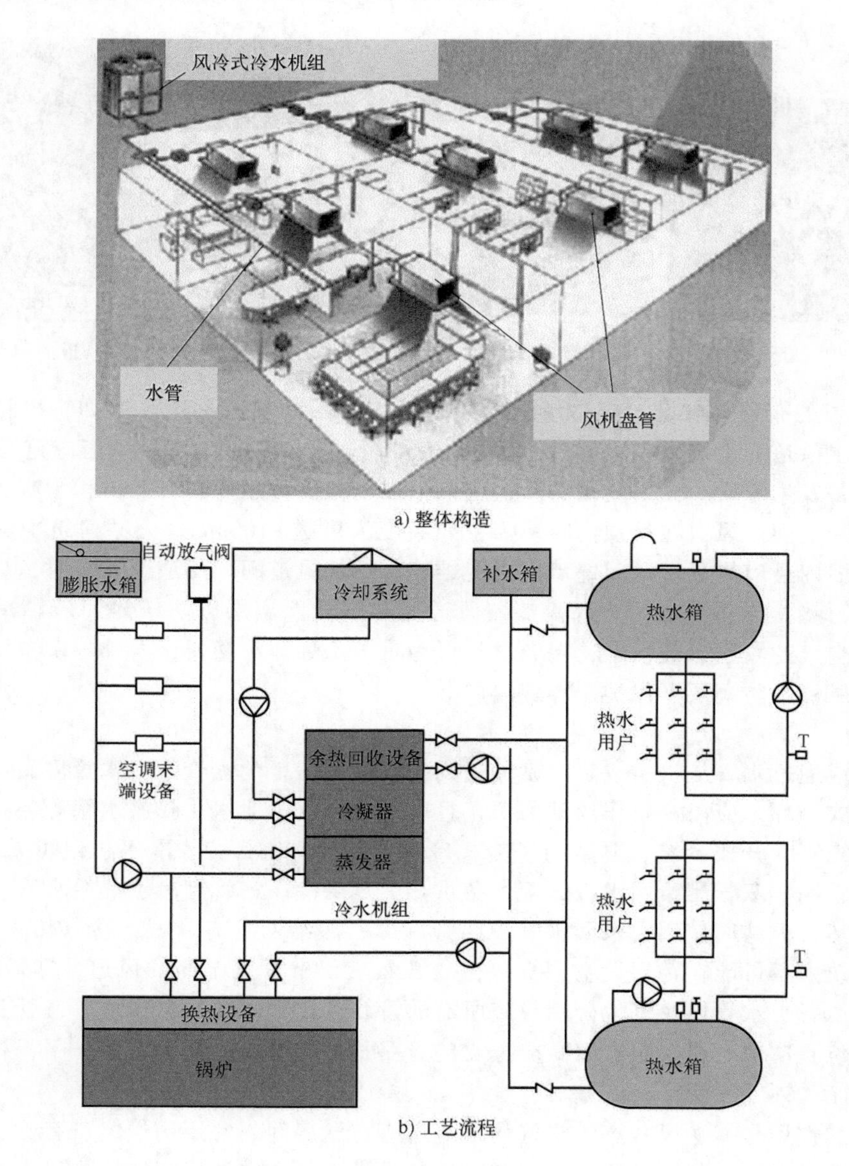

a) 整体构造

b) 工艺流程

图 9-2-42　典型的风冷式冷水机组

适用于大空间公共建筑的送风，如体育馆、影剧院等场合。为了提高送风口的灵活性，可做成既能调节风量又能调节出风方向的球形转动风口，这种风口主要用于飞机、汽车等场合。

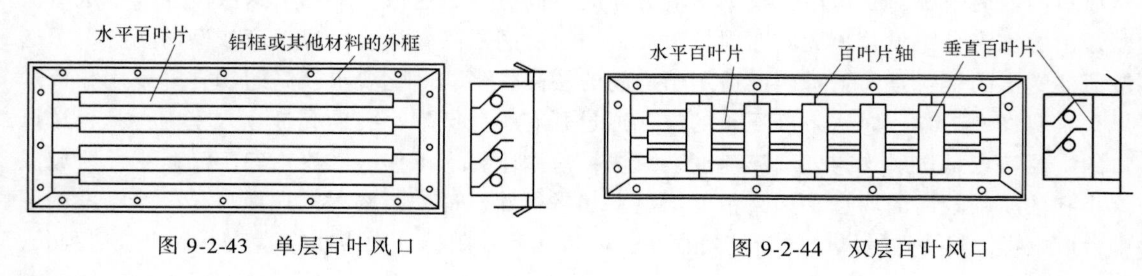

图 9-2-43　单层百叶风口

图 9-2-44　双层百叶风口

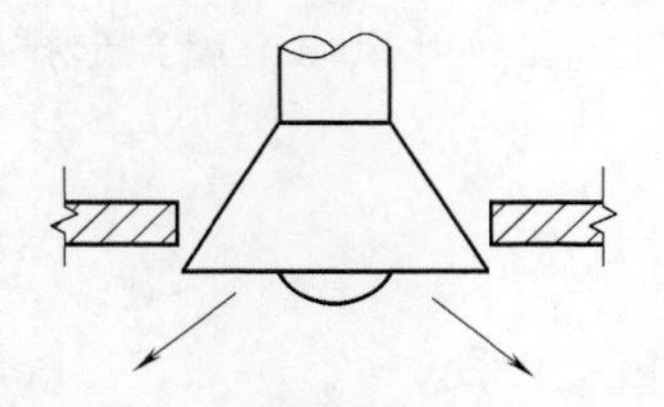

图 9-2-45　盘式散流器送风口

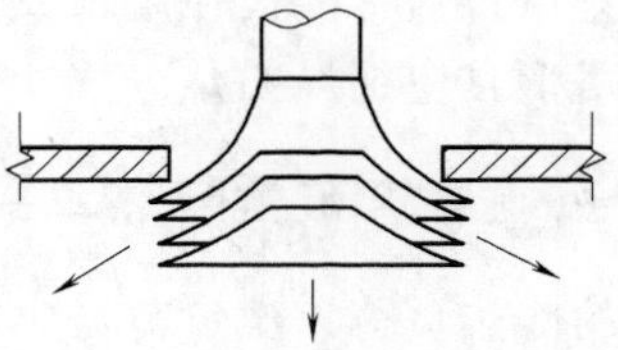

图 9-2-46　流线型散流器送风口

9. 回风口

回风口（见图 9-2-48 和图 9-2-49）由于汇流速度衰减很快、作用范围小，回风口吸风速度的大小对室内气流组织的影响很小，因此，回风口的类型较少，常用的有格栅、单层百叶、金属网格等形式，但要求能调节风量和定型生产。

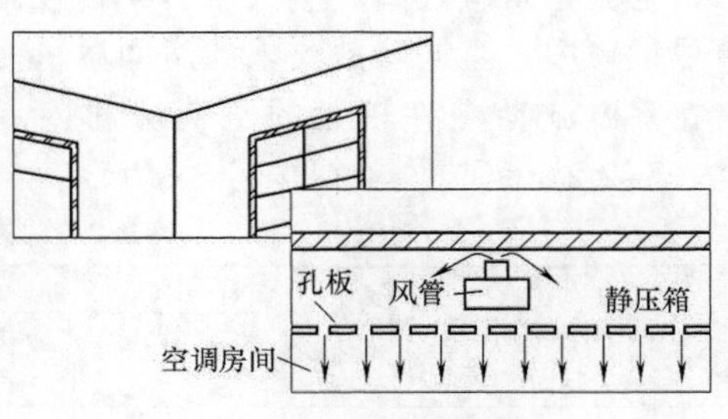

图 9-2-47　孔板送风口

10. 风阀

风阀一般装在风道或风口上，用于调节风量、关闭支风道和风口、分隔风道系统的各个部分，还可以起动风机或平衡风道系统的阻力，常用风阀有插板阀、蝶阀、多叶调节阀三种。插板阀也称为闸板阀，通过拉动其手柄改变闸板位置即可调节通过风道的风量。插板阀严密性好，故多设在风机入口或主干风道上。插板阀体积大，并可上下移动，有槽道。蝶阀只有一块阀板，转动阀板即可达到调节风量的目的，多设在分支管上或送风口前用于调节送风量。蝶阀的严密性差，不宜作关断用。多叶调节阀外形类似活动百叶，通过调节其叶片的角度来调节风量，多用于风机出口或主干风道上。

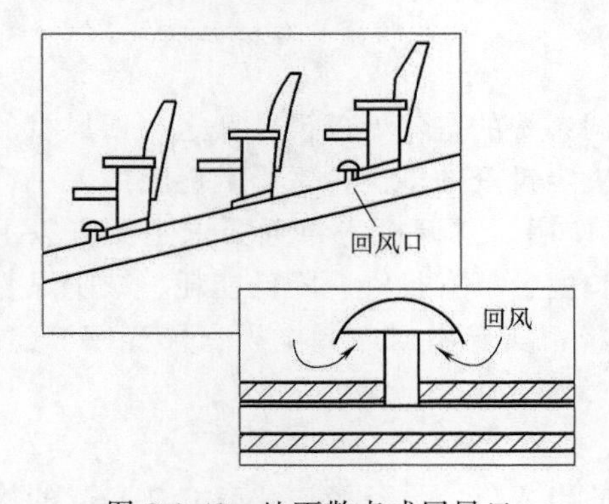

图 9-2-48　地面散点式回风口

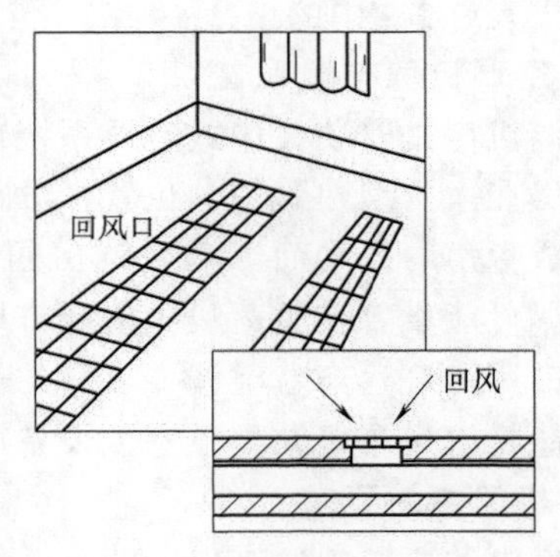

图 9-2-49　格栅式回风口

11. 新风入口和室外排风口

新风入口是指空调的新鲜空气入口，新风入口一般采用以下方式设置：在墙上设百叶窗；在屋顶上设置成百叶风塔的形式；多雨地区采用防水百叶窗；为防止鸟类进入，外加金属网。新风入口的位置应合理，通常应设置在室外较清洁的地点，且进风口处的室外空气有害物的浓度应小于室内最高许可浓度的 30%，并尽量置于排风口上风侧，并远离排风口，进风口底部距室外地面不宜小于 2m。新风入口应尽量开在背阴面，即北面，因北面夏季温度低。

室外排风口通常应设在屋顶或侧墙上，侧墙形排风口应加百叶风口，屋顶形排风口应采用百叶风塔形且应加风帽。

9.2.6 空调建筑布置与热工要求

空调的冷热负荷、湿负荷与建筑布置及围护结构有很大关系。

1. 空调建筑布置

空调建筑应远离产生大量污染物及高温高湿房间；应远离噪声源，如水泵房等；各房间要尽量集中，且同参数要求的房间尽可能相邻或上、下布置；室内温湿度波动小的房间应尽量在室温波动允许较大的空调房间内，如波动范围为 0.5℃。围护结构的最大传热系数见表 9-2-2。

表 9-2-2 围护结构的最大传热系数 [单位：W/(m²·℃)]

围护结构名称	工艺性空调			舒适性空调
	室温允许波动范围/℃			
	0.1~0.2	0.5	≥1.0	
屋盖	—	—	0.8	1.0
顶棚	0.5	0.8	0.9	1.2
外墙	—	0.8	1.0	1.5
内墙与楼板	0.7	0.9	1.2	2.0

2. 围护结构的热工要求

围护结构的热工要求主要有以下四点：空调房间的外窗面积应尽量减少，并采取遮阳措施，外窗面积一般不超过房间面积的 17%，东、西外窗最好采用外遮阳，内遮阳可采用窗帘或活动百叶窗；窗缝应有良好的密封，以防室外风渗透；房间外门门缝应严密以防室外风侵入，当门两侧温差≥7℃时应采用保温门；围护结构的最大传热系数与墙厚、材料有关，不宜大于表 9-2-2 中的值。

3. 空调机房布置

空调机房是安装集中式空调系统或半集中式空调系统的空气处理设备及送、回风机的地方。机房在大中型建筑中的位置十分重要。它既能决定投资的多少，又影响能耗的大小，还可能造成噪声、振动而影响空调房间的正常工作及使用。空调机房布置要求主要有以下三点：应尽可能设置在负荷集中的地方以缩短风管的长度、节省投资、降低能耗、减少风管对空间的占用；应远离对空调要求高的使用地点，如精密实验室、广播电视、录音棚等建筑；应尽可能将机房布置在地下室、设备层。

4. 机房内的要求

机房内的要求主要有以下四点：机房应有单独的出入口；设备旁边要有 0.7~1m 的检修与操作距离；经常调节的阀门应布置在便于操作的地方；空调箱、自动控制仪表等的操作面应有充足的光线，且最好是自然光线。

9.3 建筑空调系统设计

9.3.1 建筑空调系统设计方法及基本要求

空调工程是空气调节、空气净化与洁净室空调系统的总称；净化空调系统是指用于洁净空间的空气调节、空气净化系统。空气洁净度等级是指洁净空间单位体积空气中，以大于或等于被考虑粒径的粒子最大浓度限值进行划分的等级标准。地埋管换热器是供传热介质与岩土体换热用的，由埋于地下的密闭循环管组构成的换热器，又称为土壤热交换器，根据管路埋置方式不同分为水平地埋管换热器和竖直地埋管换热器。水环热泵机组是指小型的水或空气热泵机组一般单机制冷量小于20kW，机组制热时以水循环环路中的水为加热源，机组制冷时则以水为排热源。空态是指洁净室的设施已经建成，所有动力接通并运行，但无生产设备、材料及人员在场的状态。静态是指洁净室的设施已经建成，生产设备已经安装，并按业主及供应商同意的方式运行，但无生产人员的状态。

1. 宏观要求

工艺性空气调节应满足生产工艺对空气环境参数的要求，舒适性空气调节应满足人体舒适、健康对空气环境参数的要求。符合下列条件之一时应设计空气调节：采用供暖通风达不到生产工艺对室内空气环境参数的要求时；有利于提高劳动生产率、降低设备生命周期费用、增加经济效益时；有利于保护工作人员身体健康时；有利于提高和保证产品质量时；采用供暖通风虽能达到室内生产工艺对空气环境参数的要求但不节能、不经济时。在满足生产工艺要求的条件下宜减少空气调节区的面积和散热、散湿设备，采用局部空气调节或局部区域空气调节能满足要求时不应采用全室性空气调节。有高大空间的工业建筑仅要求下部生产工艺区域保持一定的温湿度时应采用分层式空气调节方式。空气调节区内的空气压力应满足相关要求，工艺性空气调节按工艺要求确定；辅助建筑设置的舒适性空气调节系统，空气调节区与室外的压力差或空气调节区相互之间有压差要求时其压差值宜取5~10Pa但不应大于30Pa。空气调节区宜集中布置，室内设计计算参数和使用要求相近的空气调节区宜相邻布置。工艺性空气调节区围护结构的传热系数不应大于表9-3-1规定的数值，表中内墙和楼板的有关数值仅适用于相邻空气调节区的温差大于3℃时，确定围护结构传热系数时还应符合相关规范规定。

表9-3-1 围护结构最大传热系数 K 的限值 [单位：W/(m^2·℃)]

围护结构名称		屋顶	顶棚	外墙	内墙和楼板
室温允许波动范围/℃	±(0.1~0.2)	—	0.5	—	0.7
	±0.5	—	0.8	0.8	0.9
	≥1.0或≤-1.0	0.8	0.9	1.0	1.2

当室温允许波动范围在0.5℃以内时，工艺性空气调节区围护结构的热惰性指标 D 值不应小于表9-3-2的规定。工艺性空气调节区的外墙、外墙朝向及其所在层次应符合表9-3-3的要求，室温允许波动范围小于或等于±0.5℃的空气调节区宜布置在室温允许波动范围较大的空气调节区之中，当布置在单层建筑物内时宜设通风屋顶；表9-3-3中的“北向”适用于北纬23.5°以北的地区，北纬23.5°以南的地区可相应地采用南向。空气调节建筑的外窗面积不宜过大，不同窗墙面积比的外窗传热系数应符合国家现行节能设计标准的规定；外窗玻璃的遮阳系数严寒地区宜大于0.80，非严寒地区宜小于0.65或采用外遮阳措施；室温允许波动范围大于或等于±1.0℃的空气调节区其部分窗扇应能开启。工艺性空气调节区，当室温允许波动范围大于±1.0℃时外窗宜北向；±1.0℃时不应有东、西向外窗；±0.5℃时不宜有外窗，如有外窗时应北向。

表 9-3-2　围护结构最小热惰性指标 D 的值

围护结构名称		外墙	屋顶	顶棚
室温允许波动范围/℃	±0.1~0.2	—	—	4
	±0.5	4	3	3

表 9-3-3　外墙、外墙朝向及所在层次

室温允许波动范围/℃	外墙	外墙朝向	层次
≥1.0 或≤-1.0	宜减少外墙	宜北向	宜避免在顶层
±0.5	不宜有外墙	如有外墙时，应北向	宜底层
±(0.1~0.2)	不应有外墙		宜底层

工艺性空气调节区的门和门斗应符合表 9-3-4 的要求，外门门缝应严密，当门两侧的温差大于或等于 7℃时应采用保温门。空气调节系统最小新风量应符合规范要求，空调新风的净化应满足规范要求。以消除余热、余湿为主要目的的全空气空调系统，部分时间或全部时间可利用新风作为冷源，且技术经济上合理时应采用全新风系统或可转换成全新风运行模式运行。功能复杂、规模较大的工业建筑空气调节系统的设计宜通过全年综合能耗分析和投资及运行费用等的比较进行方案优化。

表 9-3-4　门和门斗

室温允许波动范围/℃	外门和门斗	内门和门斗
≥1.0 或≤-1.0	不宜设置外门，若有经常开启的外门，应设门斗	门两侧温差大于或等于 7℃时宜设门斗
±0.5	不应有外门	内门不宜通向室温基数差大于 2.0℃或室温允许波动范围大于±2.0℃的邻室
±(0.1~0.2)	禁止有外门	内门不宜通向室温基数不同或室温允许波动范围大于±1.0℃的邻室

2. 负荷计算

空气调节的设计冷负荷应按下列三项计算：空气调节区的设计冷负荷；空气调节系统的设计冷负荷；空气调节冷源的设计冷负荷。除在方案设计或初步设计阶段可使用冷负荷指标进行必要的估算之外，施工图设计阶段应对空气调节区进行逐项逐时的冷负荷计算。空气调节区的夏季得热量计算应根据以下八项确定：通过围护结构传入的热量；通过外窗进入的太阳辐射热量；人体散热量；照明散热量；设备、器具、管道及其他内部热源的散热量；食品或物料的散热量；空气调节区为负压时渗透空气带入的热量；伴随各种散湿过程产生的潜热量。工业建筑空气调节区的夏季设计冷负荷应根据各项得热量的种类、性质及空气调节区的蓄热特性计算确定，生产工艺设备散热量、人体散热量、照明灯具散热量、通过围护结构进入的非稳态传热量、透过外窗进入的太阳辐射热量等形成的冷负荷应按非稳态传热方法计算确定，而不应将上述得热量的逐时值直接作为各相应时刻冷负荷的即时值。

计算围护结构传热量时，室外或邻室计算温度应根据不同情况确定：外窗应采用室外计算逐时温度按相关规范规定计算；外墙和屋顶采用室外计算逐时综合温度时可按式 $t_{zs}=t_{sh}+$

$\rho J/\alpha_w$ 计算；室温允许波动范围 1.0℃及以上的空气调节区其非轻型外墙的室外计算温度可采用近似室外计算日平均综合温度按式 $t_{zp}=t_{wp}\rho J_p\alpha_w$ 计算；隔墙、楼板等内围护结构，当邻室为非空气调节区时采用邻室计算平均温度按式 $t_{1s}=t_{wp}+\Delta t_{1s}$ 计算。其中，t_{zs} 为夏季空气调节室外计算逐时综合温度（℃）；t_{sh} 为夏季空气调节室外计算逐时温度（℃），按相关规范有关规定取值；ρ 为围护结构外表面对于太阳辐射热的吸收系数；J 为围护结构所在朝向的逐时太阳总辐射照度（W/m^2）；α_w 为围护结构外表面换热系数［$W/(m^2\cdot℃)$］；t_{zp} 为夏季空气调节室外计算日平均综合温度（℃）；t_{wp} 为夏季空气调节室外计算日平均温度（℃），按相关规范规定取值；J_p 为围护结构所在朝向太阳总辐射照度的日平均值（W/m^2）；t_{1s} 为邻室计算平均温度（℃）；Δt_{1s} 为邻室计算平均温度与夏季空气调节室外计算日平均温度的差值（℃），宜按表 9-3-5 取值。

表 9-3-5 温度的差值 （单位：℃）

邻室散热强度/(W/m^3)	很少，比如办公室和走廊等	<23	23~116
Δt_{1s}	0~2	3	5

外墙和屋顶传热形成的逐时冷负荷宜按式 $C_L=KF(t_{w1}-t_n)$ 计算，其中，C_L 为外墙或屋顶传热形成的逐时冷负荷（W）；K 为传热系数［$W/(m^2\cdot℃)$］；F 为传热面积（m^2）；t_n 为夏季空气调节室内设计温度（℃）；t_{w1} 为外墙或屋顶的逐时冷负荷计算温度（℃），根据建筑物的地理位置、朝向和构造、外表面颜色和粗糙程度以及空气调节区的蓄热特性按相关规范确定的 t_{zs} 值通过计算确定。当屋顶处于空气调节区之外时只计算屋顶传热进入空气调节区的辐射部分形成的冷负荷。

对于室温允许波动范围在 1.0℃及以上的空气调节区，其非轻型外墙传热形成的冷负荷可近似按式 $C_L=KF(t_{zp}-t_n)$ 计算。外窗温差传热形成的逐时冷负荷宜按式 $C_L=KF(t_{w1}-t_n)$ 计算，C_L 为外窗温差传热形成的逐时冷负荷（W）；t_{w1} 为外窗的逐时冷负荷计算温度（℃），根据建筑物的地理位置和空气调节区的蓄热特性按相关规范确定的 t_{sh} 值通过计算确定。空气调节区与邻室的夏季温差大于 3℃时宜按式 $C_L=KF(t_{1s}-t_n)$ 计算通过隔墙、楼板等内围护结构传热形成的冷负荷，其中，C_L 为内围护结构传热形成的冷负荷（W）。

工艺性空气调节区有外墙时，宜计算距外墙 2m 范围内的地面传热形成的冷负荷，工业建筑的舒适性空气调节区夏季可不计算通过地面传热形成的冷负荷。透过玻璃窗进入空气调节区的太阳辐射热量应根据当地的太阳辐射照度、外窗的构造、遮阳设施的类型及附近高大建筑或遮挡物的影响等因素通过计算确定。透过玻璃窗进入空气调节区的太阳辐射热形成的冷负荷应根据相关规范得出的太阳辐射热量，考虑外窗遮阳设施的种类、室内空气分布特点以及空气调节区的蓄热特性等因素，通过计算确定。

计算生产工艺设备、人体、照明等散热形成的冷负荷时，应根据空气调节区蓄热特性、不同使用功能和设备开启时间，分别选用适宜的设备功率系数、同时使用系数、通风隔热系数、人员群集系数，当设备散热形成的冷负荷占空气调节区冷负荷的比率较大，有条件时宜采用实测数值。当上述散热形成的冷负荷占空气调节区冷负荷的比率较小时，可不考虑空气调节区蓄热特性的影响。

空气调节区的夏季计算散湿量应根据以下六项计算确定：人体散湿量；工艺过程的散湿量；各种潮湿表面、液面或液流的散湿量；设备散湿量；食品或其他物料的散湿量；渗透空气带入的湿量。确定散湿量时应根据散湿源的种类分别选用适宜的人员群集系数、设备同时使用系数以及通风系数，有条件时应采用实测数值。

空气调节区的夏季设计冷负荷应按各项逐时冷负荷的综合最大值确定。空气调节系统的夏季设计冷负荷应根据所服务空气调节区的同时使用情况、空气调节系统的类型及调节方式，按各空气调节区逐时冷负荷的综合最大值或各空气调节区夏季冷负荷的累计值确定，并应计入各项有关的附加冷负荷。空气调节冷源夏季设计冷负荷，应根据所供冷的各空气调节系统设计冷负荷，考虑同时使用系数并计入供冷系统输送冷损失后确定。

空气调节区的冬季热负荷宜按相关规范规定计算，室外计算参数应按相关规范规定的冬季空气调节室外计算参数确定。用计算软件进行空气调节设计负荷计算时应采用由专业机构研发并经过国家级专业技术机构鉴定的空气调节设计负荷计算软件。

3. 空气调节系统

选择空气调节系统时应根据建筑物的用途、构造形式、规模、使用特点、负荷变化情况与参数要求、所在地区气象条件与能源状况等，通过技术经济比较确定。符合下列情况之一的空气调节区宜分别设置空气调节风系统：使用时间不同的空气调节区；温湿度基数和允许波动范围不同的空气调节区；空气的清洁度要求不同的空气调节区；噪声控制标准不同的空气调节区；局部区域或分层式空气调节区和全室性空气调节区；在同一时间内须分别进行供热和供冷的空气调节区。有气体爆炸危险性区域及有毒场所其空气调节风系统应符合相关要求，有气体爆炸危险性区域空调系统应符合相关规范规定；空气中含有有毒物质的场所应独立设置空气调节风系统，且应有全新风运行的技术措施。

全空气空气调节系统应采用单风道式系统，下列空气调节区宜采用全空气定风量空气调节系统：空间较大、人员较多；温湿度允许波动范围小；噪声或洁净度标准高。当各空气调节区热湿负荷变化情况相似，采用集中控制，各空气调节区温湿度波动不超过允许范围时，可集中设置共用的全空气定风量空气调节系统。需分别控制各空气调节区室内参数时，宜采用变风量或风机盘管等空气调节系统，不宜采用末端再热的全空气定风量空气调节系统。当空气调节区允许采用较大送风温差或室内散湿量较大时，应采用具有一次回风的全空气定风量空气调节系统。

多个空气调节区合用一个空气调节系统，各空气调节区负荷变化较大、低负荷运行时间较长，且需要分别调节室内温度；或者单个空气调节区，低负荷运行时间较长，在低负荷运行时相对湿度不宜过大的情况下，在经济、技术条件允许时，宜采用全空气变风量空气调节系统。当空气调节区允许温湿度波动范围小或噪声要求严格时，不宜采用变风量空气调节系统。

采用变风量空气调节系统时应符合相关规范要求，即风机应采用变速调节；应采取保证最小新风量要求的措施；空气调节区最大送风量应根据空气调节区夏季冷负荷确定，最小送风量应根据负荷变化情况、送风方式、系统稳定要求等确定；采用变风量的送风末端装置时送风口应符合相关规范规定。

全空气空气调节系统符合下列情况之一时宜设回风机：不同季节的新风量变化较大、其他排风措施不能适应风量变化要求；系统阻力较大，设置回风机经济合理。

空气调节区较多、各空气调节区要求单独调节，且建筑层高较低的建筑物，宜采用风机盘管加新风系统。经处理的新风宜直接送入室内。当空气调节区空气质量和温湿度波动范围要求严格或空气中含有较多油烟等有害物质时，不应采用风机盘管。

符合下列条件之一，经技术经济比较合理时宜采用蒸发冷却空调系统：室外空气计算湿球温度小于23℃的干燥地区；显热负荷大，但散湿量较小或无散湿量，且全年需要以降温为主的高温车间；湿度要求较高的或湿度无严格限制的生产车间。蒸发冷却空调系统设计应符合相关要求，空调系统形式应根据夏季空调室外计算湿球温度和空调区显热负荷确定；全空气蒸发冷却空调系统的送风量应根据夏季空调室外计算湿球温度和空调区送风状态点要求等经计算确定。

经技术经济比较合理时，中小型空气调节系统可采用变制冷剂流量分体式空气调节系统。该系统全年运行时宜采用热泵式机组。在同一系统中，当同时有需要分别供冷和供热的空气调节区时，宜选择热回收式机组。变制冷剂流量分体式空气调节系统不宜用于振动较大、油污蒸汽较多以及产生电磁波或高频波的场所。

当采用冰蓄冷空气调节冷源或有低温冷媒可利用时宜采用低温送风空气调节系统；对要求保持较高空气湿度或需要较大送风量的空气调节区不宜采用低温送风空气调节系统。

采用低温送风空气调节系统时应符合相关要求。空气冷却器出风温度与冷媒进口温度之间的温差不宜小于3℃，出风温度宜采用4~10℃，直接膨胀系统出风温度不应低于7℃。应计算送风机、送风管道及送风末端装置的温升，确定室内送风温度并应保证在室内温湿度条件下风口不结露。空气处理机组的选型应通过技术经济比较确定，空气冷却器的迎风面风速宜为1.5~2.3m/s，冷媒通过空气冷却器的温升宜为9~13℃。低温送风系统的空气处理机组、管道及附件、末端送风装置必须进行严密的保冷，保冷层厚度应经计算确定并应符合相关规范规定。低温送风系统的末端送风装置应符合相关规范规定。

空气调节区面积较小，有温度和（或）湿度控制需求，使用时间与其他空气调节区不一致的房间宜采用单元整体式或分体式空气调节系统。单元式空气调节系统设计应符合要求，所配备的温湿度控制系统应满足空气调节区温、湿度控制精度的要求；空气调节区需供暖时宜选用热泵型机组；有加热或再热需要且有蒸汽或热水供给时应配备空气加热器；确有必要时可配备电加热器。

下列情况应采用直流式（全新风）空气调节系统：以消除余热、余湿为目的的空调系统，室内空气焓值高于室外空气焓值，使用回风不经济时；系统服务的各空气调节区排风量大于系统送风量时；空调系统兼顾防毒、防爆目的，不得从室内回风时。空气调节系统的新风量应符合要求，应不小于人员所需新风量以及补偿排风和保持室内正压所需风量两项中的较大值；人员所需新风量应满足相关规范要求，并应根据人员的活动和工作性质以及在室内的停留时间等因素确定。

舒适性空气调节和条件允许的工艺性空气调节可用新风作冷源时，全空气调节系统应最大限度地使用新风。新风进风口的面积应适应最大新风量的需要，进风口处应装设能严密关闭的阀门，进风口位置应符合相关规范规定。空气调节系统应有排风出路，并应进行风量平衡计算，室内正压值应符合相关规范规定，人员集中或过渡季节使用大量新风的空气调节区应设置机械排风设施，且排风量应适应新风量的变化。设有机械排风时，空气调节系统宜设置热回收装置。排风热回收系统设计应符合要求，热回收装置的类型应根据处理风量、回收热量效率及排风污染物种类等选择；热回收装置宜靠近所属空调区设置，以减少排风管道冷或热损失；热回收装置的计算应考虑积尘的影响。

4. 气流组织

空气调节区的气流组织应根据以下五个方面的因素通过计算确定：工艺设备和生产过程对气流组织的要求；室内温度、相对湿度、允许风速、噪声标准和温湿度梯度等的要求；室内热、湿负荷分布情况；建筑物内部空间特点、建筑装修要求、工艺设备位置及外形尺寸；劳动卫生要求。必要时应通过计算流体动力学（CFD）数值模拟方法确定气流组织。

（1）空气调节区的送风方式及送风口的选型

1）设有吊顶时，应根据空气调节区高度与使用场所对气流的要求分别采用方形、圆形、条缝形散流器或孔板等顶送，当单位面积送风量较大且人员活动区内要求风速较小或区域温差要求严格时，应采用孔板送风。无吊顶时，应根据建筑物的特点及使用场所对气流和温湿度参数的要求，分别采用方形散流器、圆形散流器、旋流风口等顶送或双层百叶风口、喷口侧送或地板风口下送风。当工艺设备对侧送气流无阻碍且单位面积送风量不大时，可采用百叶风口或条缝形风口等侧送，侧送气流宜贴附。

2）室温允许波动范围1.0℃及以上的高大厂房，宜采用喷口送风、旋流风口送风或地板式送风。对于高大空间的空调区域，当室内温湿度梯度有严格要求时，宜采用百叶风口或条缝形风口等分层侧送；当上部温湿度无严格要求时，宜采用百叶风口、条缝形风口或喷口等分层侧送。

3）变风量空气调节系统的送风末端装置应保证在风量改变时室内气流分布不受影响，并满足空气调节区的温度、风速的基本要求。

4）电子信息系统机房，机柜或机架高度大于1.8m、设备热密度大、设备发热量大的主机房，宜采用活动地板下送风。选择低温送风口时应使送风口表面温度高于室内露点温度1~2℃。

5）采用散流器送风时应符合要求，平送贴附射流的散流器喉部风速宜采用2~5m/s且不得超过6m/s；散流器宜带能调节风量的装置；圆形或方形散流器宜均匀布置且最大长宽比不宜大于1/1.5。采用贴附侧送风时应符合要求，送风口上缘离顶棚距离较大时送风口处设置向上倾斜10°~20°的导流片；送风口内设置使射流不致左右偏斜的导流片；射流流程中无阻挡物。

6）采用孔板送风时应符合要求，孔板上部稳压层的高度应按计算确定但净高不应小于0.2m；向稳压层内送风的速度宜采用3~5m/s，除送风射流较长的以外稳压层内可不设送风分布支管，在送风口处宜装设防止送风气流直接吹向孔板的导流片或挡板；稳压层的维护结构应严密，内表面应光滑不起尘且应有良好的绝热性能。采用喷口送风时应符合要求，人员操作区宜处于回流区；喷口的安装高度应根据空气调节区高度和回流区的分布位置等因素确定；兼作热风供暖时喷口宜具有改变射流出口角度的功能。电子信息系统机房采用活动地板下送风时应符合要求，送风口宜布置在冷通道区域内，并靠近机柜进风口处；送风口宜带风量调节装置，必要时高发热区送风口设置加压风扇；地板送风口开孔率宜大于30%。

（2）分层空气调节的气流组织设计　当室内温湿度梯度有严格要求时，空气调节区宜采用单侧送风，其回风口宜布置在送风口的对面。当上部温湿度无严格要求时，空气调节区宜采用双侧送风，当空气调节区跨度小于18m时，也可采用单侧送风，且其回风口宜布置在送风口的同侧下方。侧送多股平行射流应互相搭接，采用双侧对送射流时，其射程可按相对喷口中点距离的90%计算。采用下送风时，宜采用空气调节区上部侧边回风。当高大厂房仅下部生产区有温湿度参数要求时宜减少非空气调节区向空气调节区的热转移，必要时应在非空气调节区设置送、排风装置。

（3）送风温差　空气调节系统上送风方式的夏季送风温差应根据送风口类型、安装高度、气流射程长度以及是否贴附等因素确定。在满足工艺和舒适要求的条件下宜加大送风温差。工艺性空气调节的送风温差宜按表9-3-6取值。舒适性空气调节的送风温差，当送风口高度小于或等于5m时不宜大于10℃，当送风口高度大于5m时不宜大于15℃。

表9-3-6　工艺性空气调节的送风温差

室温允许波动范围/℃	≥1.0或≤-1.0	±1.0	±0.5	±0.1~0.2
送风温差/℃	≤15	6~9	3~6	2~3

（4）空气调节区的换气次数　工艺性空气调节的换气次数不宜小于表9-3-7所列的数值；舒适性空气调节的换气次数每小时不宜小于5次，但高大空间的换气次数的换气次数应按其冷负荷通过计算确定。送风口的出口风速应根据送风方式、送风口类型、送风温度、安装高度、室内允许风速和噪声标准等因素确定，噪声标准较高时宜为2~5m/s，喷口送风可采用4~10m/s。

表9-3-7　工艺性空气调节换气次数

室温允许波动范围/℃	±1.0	±0.5	±0.1~0.2
每小时换气次数	5	8	12
附注	高大空间除外	—	工作时间不送风的除外

（5）回风口的布置方式　回风口宜靠近局部热源而不应设在射流区内和人员长时间停留的地点；采用侧送时回风口宜设在送风口的同侧下方；采用顶送时回风口宜设在房间的下部；条件允许时宜采用集中回风或走廊回风但走廊的横断面风速不宜超过2m/s且应保持走廊与非空气调节区之间的密封性。回风口的吸风速度宜按表9-3-8选用。

表9-3-8　回风口的吸风速度

回风口的位置	房间上部	房间下部	
		不靠近人经常停留的地点时	靠近人经常停留的地点时
最大吸风速度/(m/s)	≤4.0	≤3.0	≤1.5

5. 空气处理

空气的冷却应根据不同条件和要求采用不同的处理方式，如蒸发冷却，江水、湖水、地下水等天然冷源冷却。采用蒸发冷却和天然冷源等冷却方式达不到要求时应采用人工冷源冷却。被处理空气与水直接接触的空气处理装置其水质应符合卫生要求。空气冷却采用江水、湖水、地下水等天然冷源时应符合相关规范规定，即水的温度、硬度等应符合使用要求；地表水使用后宜再利用；地下水使用后应全部回灌到同一含水层且不得造成污染。

（1）空气冷却装置的选择　采用蒸发冷却时宜采用直接蒸发冷却装置、间接蒸发冷却装置或间接-直接复合式蒸发冷却装置。当夏季空调室外计算湿球温度较高或空调区显热负荷较大但无散湿量时宜采用多级间接加直接蒸发冷却器。采用江水、湖水、地下水作为冷源时宜采用喷水室，水温适宜时宜选用两级喷水室。采用人工冷源时宜采用表面冷却器或喷水室。

（2）空气冷却器的选择　空气与冷媒应逆向流动。冷媒的进口温度应比空气的出口干球温度至少低3.5℃，冷媒的温升宜采用5~10℃且其流速宜采用0.6~1.5m/s。迎风面的空气质量流速宜采用2.5~3.5kg/(m^2·s)，当迎风面的空气质量流速大于3kg/(m^2·s)时应在冷却器后设置挡水板。低温送风空调系统的空气冷却器应符合相关规范规定。冬季有冻结危险的空气冷却器应设置防冻措施。

制冷剂直接膨胀式空气冷却器的蒸发温度应比空气的出口干球温度至少低3.5℃，常温空调系统满负荷运行时蒸发温度不宜低于0℃，低负荷运行时应防止空气冷却器表面结霜。空气调节系统采用制冷剂直接膨胀式空气冷却器时不得用氨作制冷剂。采用人工冷源喷水室处理空气时水温升宜采用3~5℃，采用天然冷源喷水室处理空气时水温升应通过计算确定。在进行喷水室热工计算时应进行挡水板过水量对处理后空气参数影响的修正。

（3）空气加热器的选择　热媒宜采用热水；热水的给水温度及给回水温差应符合相关规范规定；严寒和寒冷地区新风集中处理系统或直流空气调节系统的空气处理机组一级加热器的热媒采用热水或蒸汽时应设置防冻措施。当室内温度允许波动范围不超过1.0℃时送风末端宜设置精调加热器或冷却器。两管制水系统在冬、夏季空调负荷相差较大时应分别计算冷、热盘管的换热面积，二者换热面积相差很大时宜分别设置冷、热盘管。

（4）空气调节系统的空气过滤器的设置　过滤器的设置应根据工艺要求和卫生标准及被处理空气的含尘浓度、粒径确定。宜选用低阻、高效、能清洗、难燃和容尘量大的滤料制作。当仅采用粗效空气过滤器不能满足要求时应设置中效空气过滤器，空气过滤器的阻力应按终阻力计算；宜设置过滤器阻力监测、报警装置并应具备更换条件。空气调节系统新风、回风中所含的化学有害物质不符合生产工艺及卫生要求时应对新风、回风进行净化处理。

（5）加湿措施　当工艺生产冬季有相对湿度要求时，空气调节系统应设置加湿措施。加湿装置的类型应根据工厂热源、加湿量、相对湿度允许波动范围要求等经技术经济比较确定，并应符合以下七条规定：有蒸汽源时宜采用干蒸汽加湿器；无蒸汽源且生产车间湿度控制精度要求较严格、加湿量小时，宜采用电极、电热或高压微雾等加湿器，加湿量大时宜采用淋水加湿器；无蒸汽源且生产车间湿度控制精度要求不高时，可采用高压喷雾或湿膜等加湿器；新风集中处理且工厂有低温余热可利用时，宜采用温水淋水加湿器；生产工艺对空气中化学物质有严格要求时，宜采用洁净蒸汽加湿器或补水为初级纯水的淋水加湿器；当生产车间有大量余热且湿度控制精度要求不严格时，宜采用二流体加湿器。加湿装置的给水水质应符合卫生要求及加湿器给水要求。

（6）除湿措施　被空调区的露点温度要求不大于6℃时宜采用冷却除湿加干式除湿或其他除湿方式对空气进行联合除湿处理。中、大型恒温恒湿类空气调节系统和对相对湿度有上限控制要求的空气调节系统，新风应预先单独处理或集中处理。除特殊的工艺要求外，在同一个空气处理系统中应杜绝冷却和加热、加湿和除湿相互抵消现象。重要工艺性空调的空气调节装置应按工艺要求设置备用机组。

（7）空气处理机的设置　空气处理机组宜安装在空调机房内，空调机房宜临近所服务的空调区并留有必要的维修通道和操作、检修空间，空气处理机组的设置应符合要求，即机组的风机和水泵应设置减振装置；应设置排水水封；无特殊要求时机组漏风率及噪声应满足《组合式空调机组》（GB/T 14294—2008）的有关规定。

9.3.2　建筑空调系统中的冷源与热源

1. 宏观要求

供暖空调冷热与热源形式应根据建筑物规模、用途、冷热负荷以及所在地区气象条件、能源结构、能源政策、能源价格、环保政策等情况，经技术经济比较论证确定并应符合以下十一条规定：

1）一次热源应优先采用工厂余热或区域供热，无工厂余热或区域供热的地区技术经济合理时可自建锅炉房供热。

2）有供冷需求且技术经济上可行时，应优先采用工厂余热驱动吸收式冷水机组供冷，无工厂余热的地区可采用电动压缩式冷水机组供冷。

3）燃气供应充足的地区可采用燃气锅炉、燃气热水机供热或燃气吸收式冷（温）水机组供冷、供热。

4）具有多种能源的地区的大型建筑可采用复合式能源供冷、供热。

5）夏热冬冷地区、干旱缺水地区的中、小型建筑可采用空气源热泵或土壤源热泵冷热水机组供冷、供热。

6）有天然地表水或有浅层地下水等资源可供利用且保证地下水100%回灌时，可采用水源热泵冷热水机组供冷、供热。

7）有工艺冷却水可以利用且经技术经济比较合理时，可采用热泵机组进行热回收供热。

8）当采用冬季热电联供、夏季冷电联供或全年冷热电三联供能取得较好的经济效益时，可采用冷热电三联供系统。

9）全年进行空气调节且各房间或区域负荷特性相差较大，需要长时间向建筑物同时供热和供冷时，经技术经济比较后可采用水环热泵空气调节系统供冷、供热。

10）在执行分时电价、峰谷电价差较大的地区，空气调节系统采用低谷电价时段蓄冷（热）能明显节电及节省投资时，可采用蓄冷（热）系统供冷（热）。

11）技术经济论证合理时可采用太阳能供热系统供热。

工业建筑中空气调节冷热源及设备的选择可以有以下多种方案组合：电制冷、工厂余热或区域热网（蒸汽、热水）供热；电制冷、燃煤锅炉供热；电制冷、人工煤气或天然气供热；电制冷、电热水机（炉）供热；空气源热泵、水源（地源）热泵冷（热）水机组供冷、供热；直燃型溴化锂吸收式冷（温）水机组供冷、供热；蒸汽（热水）溴化锂吸收式冷水机组供冷、城市小区蒸汽（热水）热网供热；蒸汽驱动式压缩式热泵机组区域集中供热。

工业厂房及辅助建筑除符合下列情况之一外不得采用电直接加热设备作为供暖、空调热源：远离集中供热的分散独立建筑无法利用热泵或其他方式提供热源时；供热负荷较小的建筑；无工厂余热、区域热源及气源，采用燃油、燃煤设备受环保、消防严格限制时；在电力供应充足和执行峰谷电价格的地区在夜间低谷电时段蓄热时；不能采用热水或蒸汽供暖的重要电力用房；利用可再生能源发电且发电量能满足电热供暖时。

工业建筑群同时具备下列条件且技术经济比较合理时可设集中的供冷站：整个区域供冷点相对集中，总冷负荷大；全年供冷时间长；集中供冷能满足冷媒参数需求且能适应冷负荷调节需求时。

符合下列情况之一的建筑宜采用分散设置的风冷或水冷型制冷剂直接膨胀式空气调节机组：空气调节面积较小，采用集中供冷、供热系统不经济；需设空气调节的房间布置过于分散；少数房间的使用时间和要求与集中供冷供热不同；既有建筑需增设空气调节而机房和管道难以设置。

夏季空调室外计算湿球温度较低的地区宜采用直接蒸发冷却冷水机组作为空调系统的冷源，露点温度较低的地区宜采用间接-直接蒸发冷却冷水机组作为空调系统的冷源。电动压缩式冷水机组的总装机容量应按相关规范计算的冷负荷选定，除为满足工艺要求外不另作附加。电动压缩式机组台数及单机制冷量的选择应满足空气调节负荷变化规律及部分负荷运行的调节要求，且一般不宜少于两台，当小型工程仅设一台时，应选调节性能优良的机型。选择电动压缩式机组时，其制冷剂必须符合有关环保要求，采用过渡制冷剂时，其使用年限不得超过我国禁用时间表的规定。冷水机组、水泵、空调末端装置等设备的工作压力不应大于其额定工作压力。

2. 电动压缩式冷水机组

选择水冷电动压缩式冷水机组机型时宜按表 9-3-9 内的制冷量范围，经过性能、价格综合比较后确定，名义工况出水温度为 7℃，冷却水温度为 30℃，蒸发器的污垢系数为 0.018m^2·℃/kW，冷凝器的污垢系数为 0.044m^2·℃/kW。电动压缩式冷水机组的总装机容量应根据计算的空调系统冷负荷值直接选定而不另作附加，设计条件下机组的规格不能符合计算冷负荷的要求时，所选择机组的总装机容量与计算冷负荷的比值不得超过 1.1。冷水机组的选型应采用名义工况制冷性能系数（COP）较高的产品，且同时应考虑满负荷和部分负荷因素，其性能系数（能效比）不宜低于《冷水机组能效限定值及能效等级》（GB 19577—2015）中 2 级标准的要求。

表 9-3-9　水冷式冷水机组选型范围

单机名义工况制冷量/kW	≤166	116～1054	1054～1758	≥1758
冷水机组机型	涡旋式/活塞式	螺杆式	螺杆式/离心式	离心式

电动压缩式冷水机组电动机的供电方式应符合相关规范规定，单台电动机的额定输入功率大于 1200kW 时应采用高压供电方式；单台电动机的额定输入功率大于 900kW 而小于或等于 1200kW 时宜采用高压供电方式；单台电动机的额定输入功率大于 650kW 而小于或等于 900kW 时可采用高压供电方式。以工艺用冷为主采用氨压缩制冷的工业企业可利用氨制冷机房为空调系统提供冷源，但必须符合以下两个条件：应采用水或乙二醇溶液等作为载冷剂且不得采用氨直接膨胀空气冷却送风系统；氨制冷机房及管路系统设计应符合《冷库设计规范》（GB 50072—2010）的规定。

采用氨冷水机组提供冷源时应符合相关规范要求，氨制冷机房应单独设置且与其他建筑满足防火间距要求；宜采用安全性、密封性能良好的整体式氨冷水机组；应急氨气排放管其出口应高于周围 50m 范围内最高建筑物屋脊 5m；应设置紧急泄氨装置，当发生事故时能将机组氨液排入应急泄氨装置。

3. 溴化锂吸收式机组

蒸汽、热水型溴化锂吸收式冷水机组和直燃型溴化锂吸收式冷（温）水机组的选择应根据用户具备的加热源种类和参数合理确定，各类机型的加热源种类及参数见表 9-3-10。

表 9-3-10　各类机型的加热源种类及参数

机型	加热源种类及参数
直燃机组	天然气、人工煤气、轻柴油、液化石油气
蒸汽双效机组	蒸汽额定压力（表压）0.25MPa、0.4MPa、0.6MPa、0.8MPa
热水双效机组	>140℃热水
蒸汽单效机组	废气（0.1MPa）
热水单效机组	废热（85~140℃热水）

采用溴化锂吸收式冷（温）水机组时其使用的能源种类应根据当地的资源情况合理确定，在具有多种可使用能源情况下宜按照以下顺序确定：应利用废热或工业余热；宜利用可再生能源产生的热源；采用矿物质能源的顺序宜为天然气、人工煤气、液化石油气、燃油等。溴化锂吸收式机组在名义工况下的性能参数应符合《蒸汽和热水型溴化锂吸收式冷水机组》（GB/T 18431—2014）和《直燃型溴化锂吸收式冷（温）水机组》（GB/T 18362—2008）的规定。选用直燃型溴化锂吸收式冷（温）水机组时应符合相关规范规定，应按冷负荷选型，并应校核冷、热负荷与机组供冷、供热量的匹配情况；当热负荷大于机组供热量时，不应用加大机型的方式增加供热量，当通过技术经济比较合理时，可加大高压发生器和燃烧器以增加供热量，但增加的供热量不宜大于机组原供热量的 50%。选择溴化锂吸收式机组时，应考虑机组水侧污垢及腐蚀等因素，并应对供冷（热）量进行修正。

采用供冷（温）及生活热水三用直燃机时，除应符合相关规范规定外还应符合下列要求：应完全满足冷（温）水与生活热水日负荷变化和季节负荷变化的要求，并达到实用、经济、合理的目的；应设置与机组配合的控制系统，并按冷（温）水及生活热水的负荷需求进行调节；当生活热水负荷大、波动大或使用要求高时，应另设专用热水机组供给生活热水。溴化锂吸收式机组的冷却水、补充水的水质要求，直燃型溴化锂吸收式冷（温）水机组的储油、供油系统、燃气系统等的设计，均应符合国家现行有关标准的规定。

4. 热泵

空气源热泵机组的选型应符合相关规范要求，冬季设计工况时机组的性能系数（COP）对冷热风机组不应小于 1.80、冷热水机组不应小于 2.00；应具有先进可靠的融霜控制，融霜所需时间总和不应超过运行周期的 20%；应按热泵机组夜间运行进行设备选型、隔声以及降噪设计；在冬季寒冷、潮湿地区需连续运行或对室内温度稳定性有要求的空气调节系统应按当地平衡点温度确定辅助加热装置的容量。

空气源热泵冷热水机组冬季的制热量应根据室外空气调节计算温度修正系数和融霜修正系数按式 $Q=qK_1K_2$ 进行修正，其中，Q 为机组制热量（kW）；q 为产品样本中的瞬时制热量（kW），其标准工况为室外空气干球温度 7℃、湿球温度 6℃；K_1 为使用地区室外空气调节计算干球温度的修正系数，按产品样本选取；K_2 为机组融霜修正系数，每小时融霜一次取 0.9，融霜两次取 0.8。每小时融霜次数可按所选机组融霜控制方式、冬季室外计算温度、湿度选取或向生产厂家咨询。

地埋管地源热泵系统的设计应符合相关规范规定，同时有供冷供热需求时可采用地埋管地源热泵系统，且应符合相关规范规定；当应用建筑面积在 $5000m^2$ 以上时，应进行岩土热响应试验，并利用岩土热响应试验结果进行地埋管换热器的设计；地埋管的埋管方式、规格与长度应根据冷（热）负荷、占地面积、岩土层结构、岩土体热物性和机组性能等因素确定；地埋管换热系统设计应进行全年供暖空调动态负荷计算，最小计算周期宜为1年，计算周期内地源热泵系统总释热量和总吸热量宜基本平衡；地埋管换热器的长度应分别按供冷与供热工况计算，当地埋管系统最大释热量和最大吸热量相差不大时，宜取其计算长度的较大者作为地埋管换热器的长度，当地埋管系统最大释热量和最大吸热量相差较大时，宜取其计算长度的较小者作为地埋管换热器的长度，可采用增设辅助冷（热）源或与其他冷热源系统联合运行的方式并应满足设计要求；地埋管换热器宜埋设在冻土层之下6m，宜采用水作为介质，不宜添加防冻剂。

地下水地源热泵系统的设计应符合相关规范规定，地下水的持续出水量应满足热泵机组最大水量的需求；地下水系统宜根据供冷或供热负荷调节流量；地下水宜直接进入热泵机组，进出水温差不宜小于10℃；应采取可靠的回灌措施，确保全部回灌到同一含水层，且不得对地下水资源造成污染；有生活热水供应需求时宜回收热泵机组冷凝热；应采取措施防止水系统倒空；设于水流双方向流动管道上的阀门应能双向密封。

以其他水源为热源时，热泵系统设计时应符合相关规范规定，即水源的水量、水温应满足供热或供冷需求；当水源的水质不能满足要求时，应采取有效的过滤、沉淀、灭藻、阻垢、除垢和防腐等措施，仍不满足使用需求时可设热交换器换热；以工艺循环冷却水为水源时，应首先满足工艺设备运行安全可靠，热泵机组与工艺循环水冷却塔应并联。

采用水环热泵空调系统时应遵守相关规范规定，循环水水温宜控制在15~35℃；循环水宜采用闭式冷却塔，采用开式冷却塔时应设置中间换热器；辅助热源的供热量应根据建筑物的供暖负荷、系统内区可回收的余热等，经热平衡计算确定；水环热泵空调系统宜采用变流量运行方式，机组的循环水管道上应设置与机组连锁启停的双位式电动阀；水环热泵机组应采取有效的隔振及消声措施并满足空调区噪声标准要求。

5. 蒸发冷却冷水机组

蒸发冷却冷水机组的出水温度宜符合相关规范要求，夏季干燥地区蒸发冷却出水温度在21℃以下，中等湿度地区出水温度为21~26℃。蒸发冷却冷水机组允许的最大温差应符合要求，即大温差小流量型冷水机组应小于等于10℃；小温差大流量型冷水机组应小于等于5℃。

图9-3-1为蒸发冷却冷水机组应用范围焓湿图分区，图中，t_s为室外湿球温度；t_L为室外露点温度；t_r为室内设计干球温度（℃）。根据室外气象条件选用不同形式的蒸发冷却冷水机组，在Ⅰ区应采用直接蒸发冷却冷水机组或间接蒸发冷却冷水机组；在Ⅱ区应采用间接-直接蒸发冷却冷水机组；在Ⅲ区应采用直接蒸发冷却与机械制冷联合冷水机组；在Ⅳ区应采用间接-直接蒸发冷却与机械制冷联合冷水机组；在Ⅴ区不适合选用蒸发冷却冷水机组。

蒸发冷却冷水机组采用小温差给水方式时空调末端宜并联；蒸发冷却冷水机组采用大温差给水方式时空调末端宜串联，且冷水应先流经新风机组后再流经显热末端。

6. 冷热电三联供

当采用冬季热电联供、夏季冷电联供或全年冷热电三联供能取得较好的经济效益时，可采用冷热电三联供系统。采用冷热电三联供系统时，应优化系统配置，满足能源梯级利用的要求。

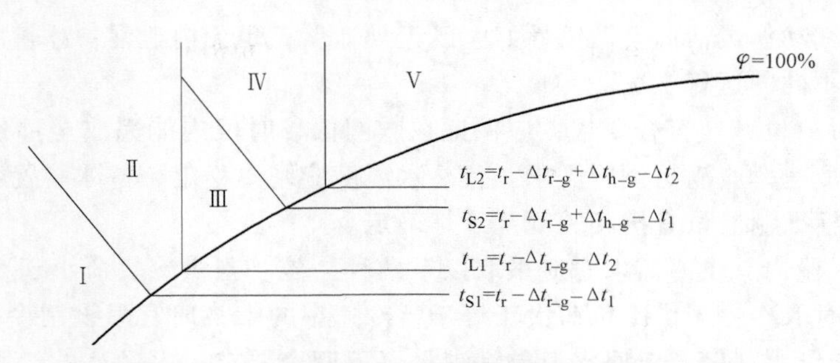

图 9-3-1 蒸发冷却冷水机组应用范围焓湿图分区

根据项目的冷热需求情况经技术经济比较后确定烟气余热利用方式，有以下三种方式：采用余热锅炉生产热水或蒸汽用于供热，采用热水或蒸汽型溴化锂吸收式冷水机组供冷；采用烟气型溴化锂吸收式冷热水机组供热、供冷；同时采用余热锅炉供热、溴化锂吸收式冷热水机组供热或供冷。

7. 蓄冷、蓄热

（1）方案选择

1）符合下列四个条件之一，且综合技术经济比较合理时宜集中蓄冷：执行峰谷电价且峰谷电价差较大的地区，空气调节冷负荷高峰与电网高峰时段重合，而采用蓄冷方式能做到错峰用电，从而节约运行费用时；空气调节冷负荷的峰谷差悬殊，使用常规制冷会导致装机容量过大，而采用蓄冷方式能降低设备初投资时；对于改造工程采取利用既有冷源、增加蓄冷装置的方式能取得较好的效益时；蓄冷装置能作为应急冷源使用时。

2）符合下列三个条件之一，且综合技术经济比较合理时宜集中蓄热：执行峰谷电价且峰谷电价差较大的地区，采用电热供暖时；利用太阳能集热技术供暖时；其他采用蓄热技术能取得较好效益的场合。

（2）蓄冷空调设计要求　蓄冷空调系统设计应符合相关规范规定。应计算一个蓄冷-释冷周期的逐时蓄冷量及空调冷负荷，制定运行策略；宜进行全年动态负荷计算及能耗分析；应根据典型日逐时空调冷负荷曲线、电网峰谷时段及电价、蓄冷空间等因素，经技术经济综合比较后确定采用全负荷蓄冷或部分负荷蓄冷。

（3）冰蓄冷

1）冰蓄冷系统载冷剂的选择应符合要求，制冷机制冰时的蒸发温度应高于该浓度下溶液的凝固点，而溶液沸点应高于系统的最高温度；物理化学性能稳定；比热大、密度小、黏度低、导热好；无公害；价格适中；载冷剂中应添加缓蚀剂和防泡沫剂。

2）当采用乙烯乙二醇水溶液作为冰蓄冷系统载冷剂时，载冷剂系统设计应符合以下八个要求：宜采用闭式系统并应配置溶液膨胀箱和补液设备；乙烯乙二醇水溶液的管道可先按冷水管道进行水力计算再加以修正后确定，25%浓度的乙烯乙二醇水溶液在管内的压力损失修正系数为 1.2~1.3，流量修正系数为 1.07~1.08；应使用耐腐蚀管道，如高牌号不锈钢、PPR 塑料管等，不应选用镀锌钢管；空气调节系统规模较小时，可采用乙烯乙二醇水溶液直接进入空气调节系统供冷，当空气调节水系统规模大、工作压力较高时，宜通过板式换热器向空气调节系统供冷；管路系统的最高处应设置自动排气阀；多台蓄冷装置并联时宜采用同程连接，不能实现时宜在每台蓄冷装置的入口处安装流量平衡阀；管路系统中所有手动和电动阀均应保证其动作灵活而且严密性好，既无外泄漏，也无内泄漏；冰蓄冷系统应能通过阀门转换以实现不同的运行工况。

3）蓄冰装置的设计应符合要求，应保证在电网低谷时段内能完成全部预定蓄冷量的蓄存，蓄冰装置释冷速率应满足供冷需求，且冷水温度应基本稳定。蓄冰装置容量与双工况制冷机的空气调节标准制冷量宜按相关规范计算确定。

4）在蓄冰时段内有供冷需求时应采取以下两种措施：当供冷负荷小于蓄冷速率的15%时可在蓄冷的同时取冷；当供冷负荷大于等于蓄冷速率的15%时宜另设制冷机供冷。

5）蓄冰系统给水温度及给回水温差宜满足以下四个要求：内融冰的给水温度不宜高于6℃，给回水温差不应小于6℃；外融冰的给水温度不宜高于5℃，给回水温差不应小于8℃；低温送风空调系统的冷水给水温度不宜高于5℃；区域供冷空调系统的冷水给回水温差不应小于9℃。

（4）共晶盐材料蓄冷　共晶盐材料蓄冷装置的选择应符合相关规范规定。蓄冷装置的蓄冷速率应保证在允许的时段内能充分蓄冷，制冷机工作温度的降低应控制在整个系统具有经济性的范围内；释冷速率与出水温度应满足空气调节系统的用冷要求；共晶盐相变材料应选用物理化学性能稳定，相变潜热量大、无毒、价格适中的材料。

（5）水蓄冷蓄热　水蓄冷蓄热系统设计应符合相关规范规定，蓄冷水温不宜低于4℃；水池容积不宜小于100m^3且水池深度应尽可能加深；开式系统应采取防止水倒灌的措施；有特殊要求时可采用蒸汽或高压过热水蓄热装置。消防水池不得兼作蓄热水池。

8. 换热装置

当由于冷热媒参数不符合系统要求，或为了降低水系统最高工作压力，或采用二次水利于系统水力平衡及运行调节，或由于原水水质不符合系统要求等原因而需设置热交换装置且技术经济上合理时，可设置热交换装置。换热器的选择应符合相关规范规定，应选择高效、结构紧凑、便于维护、使用寿命长的产品；换热器的类型、构造、材质应与换热介质理化特性及换热系统的使用要求相适应。换热器的配置应符合相关规范规定，全年使用的换热系统中换热器的台数不应少于两台；换热器的容量应根据计算换热量确定，供暖用换热器的换热面积应乘以1.1~1.2的系数，供冷用换热器的换热面积应乘以1.05~1.1的系数；供暖系统的换热器一台停止工作时剩余换热器的设计换热量应保障供热量的要求，寒冷地区不应低于设计供热量的65%，严寒地区不应低于设计供热量的70%。汽-水换热器的蒸汽凝结水应回收利用。

9. 空气调节冷热水及冷凝水系统

空气调节冷水给回水温度应按照制冷机组的能效高、循环泵的耗电输冷比低、输配冷损失小、末端需求适应性好等综合最佳，通过技术经济比较后确定。一般情况下应符合以下四个要求：常规供冷系统冷水给水温度5~9℃、给回水温差5~10℃；采用蓄冷装置的供冷系统的给水温度和给回水温差应符合相关规范规定；温湿度独立控制系统采用高温型冷水机组时给水温度应以末端设备表面不结露为原则确定，空调冷水给回水温差不应小于2℃；蒸发冷却冷水机组的给水温度和给回水温差应符合相关规范规定。

空气调节热水给回水温度应根据空气处理设备加热量要求、加热盘管或冷热盘管对热媒的需求、热媒的可得性等通过技术经济比较后确定，一般情况下应符合以下四个要求：舒适性空调系统采用冷热盘管处理空气时，给水温度为40~65℃，给回水温差不宜小于10℃；

工艺性空调系统专设加热盘管送热风时，给水温度为70～130℃，给回水温差不宜小于25℃；热源服务范围内同时有供暖系统且条件允许时，空调热水给回水温度与给暖系统给回水温度宜保持一致；采用热泵型机组供热水时，给回水温度应满足机组高能效运行的需求。

空气调节水系统宜采用闭式循环，必须采用开式系统时应设置蓄水箱，蓄水箱的蓄水量宜按系统循环水量的5%～10%确定。全年运行的空气调节系统仅要求按季节进行供冷和供热转换时，应采用两管制水系统，当厂区内一些区域需全年供冷时，宜采用冷热源同时使用的分区两管制水系统，当供冷和供热工况交替频繁或同时使用时，可采用四管制水系统。

一次水系统的设计应符合相关规范规定。除设置一台冷水机组的小型工程外，不应采用定流量一级泵系统。水温要求一致且各区域管路压力损失相差不大的中小型工程，宜采用冷源侧定流量、负荷侧变流量的一级泵系统；当单台水泵功率较大时，经技术经济比较，在确保设备适应性、控制方案和运行管理可靠的前提下，可采用冷源侧、负荷侧均变流量的一级泵系统。系统作用半径较大、设计系统阻力较高的大型工程宜采用变流量二级泵系统；当各环路的设计水温一致且设计水流阻力接近时，二级泵宜集中设置；当各环路的设计水温不一致或设计水流阻力相差较大时，宜按系统或区域分别设置二级泵。系统作用半径大、冷源设备集中设置而用户分散的大规模空调冷热水系统，当二级泵的输送距离远且各环路阻力相差较大时或水温要求不同时，可采用多级泵系统。

规模较大的工程符合下列条件之一时可按区域分别设置换热器和二次循环泵且二次水循环水泵宜变频调速控制：设计水温不一致时；为了降低水系统的最高工作压力以满足设备承压要求时；当各区域管路阻力相差较大，采用二次水系统更利于输配节能及水力平衡时；采用二次水系统能够限制水系统规模，且对运行管理、运行调节更有利时。

冷热水循环泵应按以下四条原则选用：两管制空气调节水系统宜分别设置冷水和热水循环泵，当冷水循环泵兼作冬季的热水循环泵使用时，冬、夏季水泵运行的台数及单台水泵的流量、扬程应与系统工况相吻合；一次泵的台数和流量应与冷水机组的台数及蒸发器的额定流量相对应；二次泵的台数应按系统的分区和每个分区的流量调节方式确定，每个分区不宜少于两台；空气调节热水泵台数应根据供热系统规模和运行调节方式确定且不宜少于两台，严寒及寒冷地区运行的热水泵少于三台时应设一台备用泵。

冷源侧定流量运行、负荷侧变流量运行时，空调水系统设计应符合相关规范要求。多台冷水机组和冷水泵之间通过共用集水管连接时，每台冷水机组进水或出水管道上应设置电动或气动两通阀与冷水机组和水泵连锁，冷水机组和水泵一对一配置时，水管上不需设置自动控制阀。空调末端装置应设置温控两通阀。给回水总管之间应设置压差旁通调节阀，旁通调节阀的设计流量宜取容量最大的单台冷水机组的额定流量。

冷源侧、负荷侧均变流量运行时，空调水系统设计应符合相关规范规定。一级泵应采用调速泵。在供、回水总管之间应设置旁通管和电动旁通调节阀，旁通调节阀的设计流量应取各台冷水机组允许最小流量中的最大值。应选择允许水流量变化范围大、适应冷水流量快速变化、具有出水温度精确控制功能的冷水机组。采用多台冷水机组时应选择在设计流量下蒸发器水压降相同或接近的冷水机组。

二级泵系统的设计应符合要求。应在给回水总管之间冷源侧和负荷侧分界处设平衡管，平衡管宜设置在冷源机房内，管径不宜小于总给回水管管径。采用二级泵系统且按区域分别设置二级泵时应考虑服务区域的平面布置、系统的压力分布等因素，合理确定二级泵的位置。二级泵均应采用变速泵。

水系统的竖向分区应根据设备、管道及附件的承压能力确定，两管制风机盘管水系统的管路宜按建筑物的朝向及内外区分区布置。空气调节水系统布置和选择管径时应减少并联环路之间的压力损失的相对差额，超过15%时应设置调节装置。空气调节水系统的设计补水量（小时流量）可按系统水容量的1%计算。

空气调节水系统的补水点宜设置在循环水泵的吸入口处，当补水压力低于补水点压力时应设置补水泵，空气调节补水泵应按以下三个要求选择和设定：补水泵的扬程应保证补水压力比系统静止时补水点的压力高30~50kPa；小时流量宜为补水量的5~10倍；严寒及寒冷地区空气调节热水用及冷热水合用的补水泵宜设置备用泵。设置补水泵时空气调节水系统应设补水调节水箱；水箱的调节容积应按照水源的给水能力、水处理设备的间断运行时间及补水泵稳定运行等因素确定。

闭式空气调节水系统的定压和膨胀应按以下四个要求设计：定压点宜设在循环水泵的吸入口处，且定压点最低压力应使系统最高点压力高于大气压力5kPa以上；宜采用高位膨胀水箱定压；膨胀管上不应设置阀门；系统的膨胀水量应能够回收。当给水硬度不符合相应标准时空气调节热水系统的补水宜进行水处理，并应符合设备对水质的要求。

空调水管道设计应符合相关规范规定，当空调热水管道利用自然补偿不能满足要求时应设置补偿器；坡度应符合相关规范对热水供暖管道的规定。空气调节水系统应设置排气和泄水装置。冷水机组或换热器、循环水泵、补水泵等设备的入口管道上应根据需要设置过滤器或除污器。

空气处理设备冷凝水管道应按相关规定设置。当空气调节设备的冷凝水盘位于机组的正压段时冷凝水盘的出水口宜设置水封；位于负压段时应设置水封且水封高度应大于冷凝水盘处正压或负压值。冷凝水盘的泄水支管沿水流方向坡度不宜小于0.01，冷凝水水平干管不宜过长，其坡度不应小于0.003，且不允许有积水部位。冷凝水水平干管始端应设置扫除口。冷凝水管道宜采用排水塑料管或热镀锌钢管，当凝结水管表面可能产生二次冷凝水且对使用房间可能造成影响时，管道应采取防凝露措施。冷凝水排入污水系统时应有空气隔断措施，冷凝水管不得与室内密闭雨水系统直接连接。冷凝水管管径应按冷凝水流量和管道坡度确定。

10. 空气调节冷却水系统

除使用地表水之外，水冷式冷水机组和单元式空气调节机的冷却水应循环使用。冬季或过渡季有供冷需求时，宜将冷却塔作为空气调节系统的冷源设备使用。有供热需求且技术经济比较合理时，冷凝热应回收利用。

冷水机组和水冷单元式空气调节机的冷却水水温应按以下三个要求确定：冷水机组的冷却水进口温度不宜高于33℃，冷却水进口最低温度应按冷水机组的要求确定，电动压缩式冷水机组不宜低于15.5℃，溴化锂吸收式冷水机组不宜低于24℃；冷却水系统，尤其是全年运行的冷却水系统，宜对冷却水的给水温度采取调节措施；冷却水进出口温差应按冷水机组的要求确定，电动压缩式冷水机组宜取5℃，溴化锂吸收式冷水机组宜为5~7℃。

冷却水的水质应符合《工业循环冷却水处理设计规范》（GB/T 50050—2017）及有关产品对水质的要求并采取以下四种措施：应设置稳定冷却水系统水质的有效水质控制装置；水泵或冷水机组的入口管道上应设置过滤器或除污器；当开式冷却塔不能满足制冷设备的水质

要求时宜采用闭式冷却塔或设置中间换热器；采用管壳式冷凝器的冷水机组宜设置在线清洗装置。

开式系统冷却水补水量应按系统的蒸发损失、飘逸损失、排污泄漏损失之和计算，不设集水箱的系统应在冷却塔底盘处补水，设置集水箱的系统应在集水箱处补水。间歇运行的开式冷却水系统冷却塔底盘或集水箱的有效存水容积应大于湿润冷却塔填料等部件所需水量以及停泵时靠重力流入的管道等的水容量。当冷却塔设置在多层或高层建筑的屋顶时冷却水集水箱不应设置在底层。

冷却水泵的选择应遵守相关规范规定，冷却水泵的台数和流量应与集中设置的水冷式冷水机组相对应；分散设置的水冷整体式空气调节器或小型户式冷水机组等可以合用冷却水泵；冷却水泵的扬程应能满足冷却塔的进水压力要求；运行的冷却水泵为三台以下时应设一台备用泵。

冷却塔的选用和设置应遵守相关规范规定。在夏季空气调节室外计算湿球温度条件下，冷却塔的出口水温、进出口水温差和循环水量应满足冷水机组的要求。对进口水压有要求的冷却塔的台数应与冷却水泵台数相对应。供暖室外计算温度在0℃以下的地区冬季运行的冷却塔应采取防冻措施。冷却塔设置位置应通风良好，远离高温或有害气体，并应避免飘逸水对周围环境的影响。冷却塔的噪声标准和噪声控制应符合相关规范的有关要求。冷却塔材质应符合防火要求。对于双工况制冷机组应分别复核两种工况下的冷却塔热工性能。冷却塔宜选用可风量调节型。

多台冷水机组和冷却水泵之间通过共用集管连接时，每台冷水机组入口或出口管道上宜设电动阀，电动阀宜与对应运行的冷水机组和冷却水泵连锁。多台开式冷却塔并联运行时应使各台冷却塔和水泵之间管段的压力损失大致相同，在冷却塔之间宜设平衡管或各台冷却塔底部设置公用连通水槽。进水口有水压要求的冷却塔，多台冷却水泵和冷却塔之间通过共用集管连接时应在每台冷却塔进水管上设置电动阀。

11. 制冷和供热机房

制冷或供热机房宜设置在空气调节负荷的中心并应符合以下七个要求：机房宜设置控制值班室、维修间以及卫生间；机房应有良好的通风设施，地下层机房应设置机械通风，必要时应设置事故通风；机房应预留安装洞及运输通道；机房应设电话及事故照明装置且照度不宜小于100lx，测量仪表集中处应设局部照明；机房内的地面和设备机座应采用易于清洗的面层，机房内应设置给水与排水设施以满足水系统冲洗、排污要求；机房内设置集中供暖时室内温度不宜低于16℃，当制冷机房冬季不使用时应设值班供暖；控制室或值班室等有人员停留场所宜设空气调节装置。

机房内设备布置应符合以下五个要求：机组与墙之间的净距不应小于1m，与配电柜的距离不应小于1.5m；机组与机组或其他设备之间的净距不应小于1.2m；应留有不小于蒸发器、冷凝器或低温发生器长度的维修距离；机组与其上方管道、烟道或电缆桥架的净距不应小于1m；机房主要通道的宽度不应小于1.5m。

氨制冷机房应符合相关规范要求，氨制冷机房应独立设置；机房内严禁采用明火供暖；机房应设置事故排风装置；制冷剂泄压口应高于周围50m范围内最高建筑屋脊5m，并采取防止雷击、防止雨水或杂物进入泄压管的装置；应设置紧急泄氨装置。

直燃吸收式机房应符合相关规范要求，宜单独设置机房；机房不应与人员密集场所和主要疏散口贴邻设置；机房单层面积大于 200m^2 时应设直接对外的安全出口；机房应设置泄压口，且泄压口面积应不小于机房占地面积的 10%，泄压口应避开人员密集场所和主要安全出口；机房不应设置吊顶；应合理布置烟道；机房通风应符合要求且送风系统风量应可调节。

9.4 建筑空调系统施工与维护

9.4.1 空气处理设备安装的基本要求

施工前现场坐标、预留孔洞位置核查、作业方案审批、图样会审及技术交底等技术工作已完成。组对连接部件、垫料、焊接材料、防腐材料、型钢等满足施工要求与设备材质匹配并符合相关标准要求。施工用机具应满足使用与安全要求。建筑结构的施工及楼板、墙面粉刷、涂料已完成，已安装门窗并配备锁扣，运输道路平整、畅通，场地清洁，设备基础验收合格，基础及运输道路的混凝土强度不低于设计强度的 75%。施工环境温度有要求时应满足相关规定的要求。通风与空调设备有装箱清单、设备说明书、产品质量合格证书和产品性能检测报告等随机文件，进口设备还应具有商检合格的证明文件。设备安装前应进行包括外观、设备型号、规格、方向和技术参数等项目的开箱检查，全部附属设备、零部件、材料符合要求，机壳和转子无变形或锈蚀、碰损等缺陷，转动转轮叶片时与机壳无碰擦，检查验收有文字记录。冬期施工在无供暖环境温度低于 5℃ 条件下时，水压试验后必须随即将水排放干净，以防冻坏设备。

空气处理设备安装的主要工作内容包括风机盘管和诱导器的安装、风机安装、空气处理机组安装、热回收装置安装、质量检查，工作过程中应遵守相关规范规定，限于篇幅不展开介绍。

9.4.2 冷热源与辅助设备安装的基本要求

1. 施工前准备

施工前应准备好以下五个方面的条件：设计图齐全并通过设计技术交底；机组、设备外观完好无缺且辅助材料完备；土建工程基本完工，设备进场用预留孔洞符合要求，设备基础已经完成，机房清洁；安装施工用的工具、材料、起重机具等准备齐全；施工人员熟悉待安装机组、设备的说明书，了解其性能、规格、质量等。

2. 冷热源及辅助设备

1）冷热源及辅助设备进场前应确定设备的进场路线，核实设备运输移动的高度及重量，复核设备运输水平或掉转移动时对结构承载能力的影响，确保结构梁、柱、板的承载安全。

2）冷热源及辅助设备的搬运和吊装应符合相关规范要求，安装前放置设备应用衬垫将设备垫妥以防止设备变形及受潮；设备应捆扎稳固，主要受力点应高于设备重心，以防倾倒；对于具有公共底座机组的吊装其受力点不得使机组底座产生扭曲和变形；吊索的转折处与设备接触部位应以软质材料衬垫以防设备、机体、管路、仪表、附件等受损和擦伤油漆。

3）冷热源及辅助设备的安装应符合相关规范要求。冷热源及辅助设备的安装必须符合设备说明书和技术文件的规定。整体出厂的机组在规定防锈保证期内安装时油封、气封应良好且无腐蚀，其内部不可拆洗；当超过防锈保证期有明显缺陷时，应按设备技术文件的要求对机组内部进行拆卸、清洗。对于现场组装的制冷机组，安装前应把主机零部件、附属设备和管道进行清洗。清洗后应将清洗剂和水分除净，并应检查零部件表面有无损伤及缺陷，合格后应在表面涂上一薄弱支冷冻机油。辅助设备安装前必须吹污，并保持内壁清洁。安装时位置应正确，各管口必须畅通。立式设备的不垂直度，卧式设备的不水平度，应符合有关设备技术文件规定，若无规定时不应大于 1‰。冷热源机组的安装必须采用专用制冷阀门和仪表；设备的法兰、螺纹接头等处的密封材料，应选用耐油石棉橡胶板、聚四氟乙烯膜带、甘油一氧化铝或氯丁橡胶密封液等。采用隔振设施的冷热源机组和辅助设备其隔振安装位置应正确，各个隔振器的压缩量应均匀一致，偏差不应大于 2mm。设有弹簧隔振的制冷机组应设防止机组运行时水平位移的定位装置。冷热源及辅助设备管道的焊接应符合《现场设备、工业管道焊接工程施工规范》（GB 50236—2011）的有关规定。

4）冷热源及辅助设备在施工过程中的成品保护应遵守相关规范规定。设备运至现场后要妥善保管并应有防雨、雪措施。设备安装就位后应有专人看管保护，应制定有效措施，以防止损坏、丢失零部件。机组宜布置在建筑物内，且机房要能关锁、房内要清洁，室外安装机组应具有防雷击和抵御恶劣气候条件的措施。完成安装处继续作业容易对成品造成损坏或污染时，施工要采取必要的保护措施。对安装好的管道、电气线路、设备要加强保护，不得随意拆、碰、压，以防损坏，并采取必要的防表面污染措施。穿线后的配电箱、盘及开关插座应进行封闭工作，以防污染及电缆、电线的损失。机组及配套水泵均用塑料薄膜及外固包装箱板防护，留出两端接口处供管道连接。循环水泵、空调设备等均用塑料薄膜和胶带包裹好，以防灰尘等外因影响。贵重的及易损坏的仪表零部件应尽量在调试之后进行安装，必须提前安装的，应采取妥善的保护措施，以防丢失，损坏。设备充灌的保护气体开箱检查后应无泄漏并采取保护设施，不宜过早或任意拆除以免设备受损。冬期施工时，水压试验后必须随即将水排放干净以防冻坏设备。各专业施工发生交叉“打架”现象时不得擅自拆改，需通知总包、甲方及设计协调解决之后方可更改施工。

5）冷热源及辅助设备在施工过程中的安全环保应符合要求。应成立现场施工环境卫生管理机构，加强对施工机具、工程材料、固体废弃物等综合管理。对施工噪声较大的机具应采取减振、隔声等措施降低噪声污染；作业人员需佩戴耳塞等防护用品；同时需对机具进行定期维修和保养以提高设备机械性能，降低噪声污染程度。在现场设置固体废弃物贮存点并按可回收、不可回收、特殊固体废弃物分类存放，由专业环保公司对不可回收及特殊固体废弃物进行处理。临时用电应符合《施工现场临时用电安全技术规范》（JGJ 046—2005）的规定。施工动火前应办理动火手续，做好防火措施，加强防火检查，消除不安全因素。机组搬运作业时应注意路面上的孔、洞、沟和其他障碍物。机组吊装时，进行吊装作业的人员必须是持有相应特殊工种作业证的并经培训上岗的人员，应严格按照《起重设备安装工程施工及验收规范》（GB 50278—2010）、《机械设备安装工程施工及验收通用规范》（GB 50231—2009）、《建筑工程安装职能职业技能标准》（JGJ/T 306—2016）进行机组吊装操作。

6）冷热源与辅助设备安装的主要工作内容包括电制冷式冷水机组安装、吸收式制冷机组安装、地源热泵和水环式热泵机组安装、空气源热泵机组安装、冷却塔安装、换热设备安装、蓄热蓄冷设备、软化水装置安装、水泵安装、制冷制热附属设备安装、冷热源及辅助设备质量检查，工作过程中应遵守相关规范规定，限于篇幅不展开介绍。

9.4.3 空调水系统管道与附件安装的基本要求

空调水系统管道安装前应具备必要的施工条件：应检查施工部位的作业环境并满足作业条件；管道防腐已进行完毕；管道的安装坐标、标高、走向已经过技术复核并符合设计要求；核查建筑结构的预留孔洞及预留套管位置，其尺寸应满足管道安装要求；管道穿过地下室或地下构筑物外墙时应采取防水措施并符合设计要求，对有严格防水要求的建筑物必须采用柔性防水套管。

管道穿楼板和墙体处应设置套管并符合相关规范规定，管道接口不得设置在套管内且不得将套管作为管道支撑架；管道应在套管中心，需要保温的管道应保证保温层连续不间断穿过，套管管径应大于管道保温以后外径 40~60mm；墙体内套管应与墙体两侧饰面平齐，楼板套管应高出装饰地面 20~50mm，底与楼板平齐；管道保温层与套管之间应用不燃绝热材料填塞密实。

管道穿越结构变形缝处应设置柔性短管，其长度应为 100~300mm，柔性短管的保温性能应符合管道系统功能要求，做法应遵守相关规范规定。管道弯曲应遵守相关规范规定，焊接管道、镀锌管道不得采用热煨弯；热弯的管道其弯曲半径应不小于管道外径的 3.5 倍；冷弯的管道其弯曲半径应不小于管道外径的 4 倍；采用焊接弯头其弯曲半径应不小于管道外径的 1.5 倍；采用冲压弯头进行焊接时其弯曲半径应不小于管道外径且冲压弯头外径应与管道外径相同。

空调水系统管道与附件安装的主要工作内容包括管道连接、空调水系统管道安装、阀门及附件安装、质量检查，工作过程中应遵守相关规范规定，限于篇幅不展开介绍。

9.4.4 空调制冷管道与附件安装的基本要求

制冷系统中工作压力低于 2.5MPa、温度在-20~150℃范围内、输送介质为制冷剂的管道安装前应具备必要的施工条件：建筑结构工程施工完毕，室内装修基本完成；与管道连接的设备已安装找正完毕；管道穿过结构部位的孔洞已配合预留，尺寸正确，管道的安装坐标、标高、走向已经过技术复核并符合设计要求。制冷管道所用材料应符合设计要求并符合相关规范规定，所采用的管道和焊接材料应符合设计规定并具有出厂合格证或质量鉴定文件；制冷系统的各类阀件必须采用专用产品并有出厂合格证；无缝钢管内外表面应无明显腐蚀、无裂纹、重皮及凹凸不平等缺陷。

空调制冷管道与附件安装的主要工作内容包括管道连接、制冷管道安装、阀门及附件安装、质量检查，工作过程中应遵守相关规范规定，限于篇幅不展开介绍。

9.4.5 防腐与绝热的基本要求

在通风与空调工程中设备、金属风管、制冷与空调水系统的管道及支吊架表面处理和防腐、绝热的施工中，所使用的防腐与绝热材料应为有标产品并在规定的保质期内，供应方应提供相应的质量保证资料，施工方应将其归入工程资料。当对产品性能有质疑时，应进行现场的抽样、送有资质的检测机构验证，责任方应承担相应的责任。用于空调风系统绝热材料的导热系数值不得大于 0.036W/(m·K)；用于空调水系统绝热材料的导热系数值不得大于 0.064W/(m·K)。

系统管路防腐施工时应有防火、防冻、防雨等措施且不应在低温或潮湿环境下作业，在密封空间内作业时必须有相应的通风保护。普通薄钢板在制作风管前宜预涂防锈漆一遍。

系统管路绝热工程不得采用易燃绝热材料，户内外的分界面为内墙面。风管、部件及空调设备的绝热施工应在其严密性检验合格后进行，制冷、空调水系统管道、部件及设备的绝热施工应在其强度与严密性检验合格和防腐处理结束后进行，绝热的施工应有防止污染周边环境的措施。系统管路或绝热层的外表面应按设计或通用规定在适当的位置标识系统类别与流向。绝热材料及其粘接剂的化学性能应稳定且不应对金属有腐蚀作用，使用于不锈钢风管与设备的绝热材料应符合《覆盖奥氏体不锈钢用绝热材料规范》（GB/T 17393—2008）的相关规定。系统支吊架的绝热施工应与风管或管道的要求相一致，支吊架与管道设备处无绝热层的，其支吊架也应有绝热措施。系统风管支吊架处的绝热采用木填块时其性能应与风管的绝热材料相一致，且与风管绝热材料的连接应严密，无缝隙。空调设备绝热施工不得将设备铭牌遮盖，必要时应将铭牌移至绝热层的外表面。

防腐与绝热施工的主要工作内容包括管道与设备防腐、空调水系统管道与设备绝热、空调风管系统及部件的绝热、质量检查，工作过程中应遵守相关规范规定，限于篇幅不展开介绍。

9.4.6　监测与控制系统安装的基本要求

通风与空调监控系统上层由中央监控软件、系统网络和多种DDC控制器组成，下层由现场各种传感器和执行机构组成，监控系统安装前应具备必要的施工条件，即应检查监控系统安装是否具有现场条件；图样已经过设计交底和设计会审；检查设备的外观是否完好，按照图样及设备清单熟悉设备；监控系统深化设计图、仪器仪表安装大样图等；所有仪器仪表应自检正常。

应做好所有设备的成品保护工作，避免受潮受损。监控系统的安装要考虑到系统的节能、可靠运行及可扩展性，DDC控制器的安装位置应远离电磁干扰，同时监控室应满足机房验收规范。

监控室及安装在室外的设备及管路应考虑防雷。监控系统的电气设备及桥架，开关柜的底盘，钢管都应接地，监控系统应设置单独接地体。

仪器仪表及电动阀门安装时，应考虑足够的检修空间。监控系统的布线接线应符合弱电施工规范，信号线宜采用屏蔽电缆，布线时强弱电电缆应分开敷设，线管、桥架穿越建筑物应填充防火泥，为了避免线路受损伤，伸缩缝和沉降缝处留出补偿余度。

不同的监控系统间若需要对接，需统一接口协议。

监测与控制系统安装的主要工作内容包括现场监控仪表及设备的安装、管线敷设、中央监控及管理系统安装、监测与控制系统试运行与调试，工作过程中应遵守相关规范规定，限于篇幅不展开介绍。

9.4.7　检测与试验的基本要求

通风与空调系统施工过程中检测与试验项目应包括以下十一个方面的内容：成品风管出场检验；风管严密性检验，包括漏光检验和漏风量检验；水系统阀门压力试验，包括强度试验和严密性试验；水系统管道压力试验，包括强度试验和严密性试验；冷凝水管道灌水试验；风机盘管机组水压试验；VRV 系统试验；变风量末端装置试验；通风空调辅助设备试验；制冷系统试验；通风空调设备电气检测与试验。

1）检测与试验前施工单位应编制检测与试验方案，并应制定相应的成品保护措施、职业健康安全、环境保护措施，同时报送专业监理工程师审核批准，检测与试验结束后必须提供完整的检测与试验资料和报告。参加检测与试验的人员应经专业技术培训，应认真熟悉施工图，充分了解通风与空调系统的设计使用工况。检测与试验所使用的测试仪器和仪表，性能应稳定可靠，其精度等级及最小分度值应能满足测定的要求，并应符合国家有关计量法规及检定规程的规定。施工单位应配置检测所要求的相应设备和测量装置，并进行良好的维护保养，仪器设备的处置、运输、存放、使用和维护应有仪器设备管理与维护规定。

2）检测与试验人员应根据其检测与试验范围选择和操作相关检测仪器、设备，与检测设备相关的技术资料应便于相关人员取用。检测与试验结果应符合相关规范及相关国家标准规范的要求，并应形成书面记录且应签字齐全。管道试压后应及时会同甲方或监理办理隐蔽验收或中间验收。风系统安装后必须进行严密性试验，合格后方能交付下一道工序，风管系统严密性检验以主、干管为主，在加工工艺得到保证时，低压风管系统可采用漏光法检测。水系统安装后必须按规定进行水压试验，试验合格后方能交付下一道工序。

3）检测与试验时的成品保护措施应符合相关规范规定。检测与试验时不得踩踏、攀爬管线和设备，不得破坏管线、设备外保护（保温）层。漏光测试时光源应由装置受控前后拖动，操作者不应进入风管内，以免造成管道的变形，在拖动光源的时候应避免风管内壁的划伤。风管强度试验时发现管道有异常变形应立即停止试验，缺陷修复后才能继续试验。管道试压用水要保持清洁，系统试验合格后试验用水应排入相应标高段的给水排水污废水管，并注意安全。在气温可能达到 0℃的地区试压后应完全排尽管内积水，避免局部位置因结冰而胀裂管道，应使用 0.1～0.2MPa 的压缩空气排尽管内积水。气温接近或低于 0℃时，如果必须进行水压试压，必须对试验用水进行预热，一般水温保持在 10～20℃为宜，同时在试压段安装温度计进行水温监测，试验完成后立即排尽管内积水。同一系统不同高程的管道同时进行试压时，试压压力以低位压力仪表读数为准。

4）检测与试验时的安全环保措施应符合相关规范规定。参加检测与试验的有关人员应由专业技术人员进行安全技术交底，让检测与试验人员了解项目的安全、环境管理方针和目标，了解施工作业过程中的危险源、环境因素及应采取的应急响应措施。检测试验仪器操作必须符合该仪器操作说明书的规定。漏光检测时所用电源必须为低压安全电源。起动漏风量测试装置内的风机必须从 0Hz 开始，慢慢调高转速直至达到规定试验压力。管道试压时严禁使用失灵或不准确的压力表，试压中对管道加压时应集中注意力观察压力表，防止超压，试验过程中发生泄漏时不得带压修理，缺陷消除后应重新试验，试验合格后应对清洁度较好的试压用水尽可能地重复利用，需要排放时应有组织排放。试验过程中所用完的电池要按固体废弃物的管理规定处理，不得胡乱丢弃。应避免制冷剂的泄漏，减少对大气的污染。在密闭空间或设备内焊接作业时应有良好的通排风措施并设专人监护。管道吹扫的排放口应定点排放，不得污染已安装的设备及周围环境，用蒸汽吹扫时应先进行暖管并在现场设置警戒线。

检测与试验的主要工作内容包括成品风管出场检验、风管严密性检验、水系统阀门压力试验、水系统管道压力试验、冷凝水管道灌水通水试验、风机盘管机组水压试验、VRV系统试验、变风量末端装置试验、通风空调辅助设备试验、制冷系统试验、通风空调设备电气检测与试验、质量检查，工作过程中应遵守相关规范规定，限于篇幅不展开介绍。

9.4.8 通风空调系统试运行与调试的基本要求

1）通风空调工程安装完毕、工程竣工系统投入使用前必须进行系统的测定和调整（简称调试），系统调试应包括以下三个方面的内容：设备单机试运转及调试；系统无生产负荷下的联合试运转及调试；整个分部工程系统运行的平衡和调试。

2）通风空调系统试运行与调试前应具备相应的施工条件，即通风空调工程安装完毕、现场清理干净、机房门窗齐全、可以进行封闭；经施工、监理、设计及建设单位等相关人员全面检查，施工项目全部完成，全部分项工程检验验收资料齐全，工程质量符合设计和施工质量验收规范的要求；通风空调设备运转所需用的给水、电、蒸汽、燃油燃气供应系统，压缩空气、排水、控制系统等已具备调试条件；调试所用仪表、工具已齐备。

3）系统调试所使用的测试仪器和仪表性能应稳定可靠，其精度等级及最小分度值应能满足测定的要求并应符合国家有关计量法规及检定规程的规定。通风空调工程的系统调试应由施工单位负责、监理单位监督，设计单位、建设单位应参与配合。系统调试的实施可以是具有调试资质的施工企业本身或委托给具有调试能力的其他单位。系统调试前承包单位应编制调试方案报送专业监理工程师审核批准，调试方案必须包含现场安全措施与事故应急处理方案，调试结束后必须提供完整的调试资料和报告。通风空调工程系统无生产负荷的联合试运转及调试应在制冷设备和通风空调设备单机试运转合格后进行，空调系统带冷（热）源的正常联合试运转应不少于8h，当竣工季节与设计条件相差较大时仅做不带冷（热）源试运转，通风、除尘系统的连续试运转应不少于2h。

4）净化空调系统的检测和调整还应符合以下三个要求：系统运行前必须在回风、新风的吸入口处和初、中效过滤器前设置无纺布等临时用过滤器实行对系统的保护，系统稳定后、检测前再撤去；净化空调系统的检测和调整应在系统进行全面清扫且已运行24h及以上达到稳定后进行，调试人员必须穿洁净工作服，数量应严格控制，无关人员不应进入；净化空调系统洁净室洁净度的检测应在空态或静态下进行，室内洁净度检测时人员不宜多于3人且均必须穿与洁净室洁净度等级相适应的洁净工作服并应尽量少走动。

通风空调系统试运行与调试的主要工作内容包括设备单机试运转及调试、系统联合试运转及调试、质量检验，工作过程中应遵守相关规范规定，限于篇幅不展开介绍。

思考题与习题

1. 简述热在建筑中的传递特点。
2. 建筑空气调节的任务和作用是什么？
3. 简述建筑空气调节系统的基本组成。
4. 建筑空气调节系统有哪些类型？
5. 建筑空调系统的常见应用形式有哪些？
6. 简述集中式空调系统的特点。

7. 简述建筑空气处理设备、管道及部件的类型及特点。
8. 空调建筑布置的基本要求是什么？
9. 简述建筑空调系统的设计方法及基本要求。
10. 简述建筑空调系统中冷源与热源的特征及要求。
11. 空气处理设备安装的基本要求有哪些？
12. 冷热源与辅助设备安装的基本要求有哪些？
13. 空调水系统管道与附件安装的基本要求有哪些？
14. 空调制冷管道与附件安装的基本要求有哪些？
15. 简述防腐与绝热的基本要求。
16. 监测与控制系统安装的基本要求有哪些？
17. 简述检测与试验的基本要求。
18. 简述通风空调系统试运行与调试的基本要求。

建筑电气系统 第10章

10.1 建筑电气系统概述

建筑电气系统内容比较宽泛，涉及电工的基本知识；电力系统的组成、供配电系统的主要设备及其作用；配电系统的基本形式、设备及线缆的选择原则；照明的特点与要求，常用电光源、灯具及其选用方法；建筑防雷、接地系统的安装、测试及验收方法；电气可能产生的危害及常见触电方式，安全用电的常识及急救方法；建筑电气施工图的识图等。

利用电气技术、电子技术及近现代先进技术与理论，在建筑物内外人为创造并合理保护理想的环境，充分发挥建筑物功能的一切电工、电子设备系统统称为建筑电气系统。建筑电气工程组成见图 10-1-1。

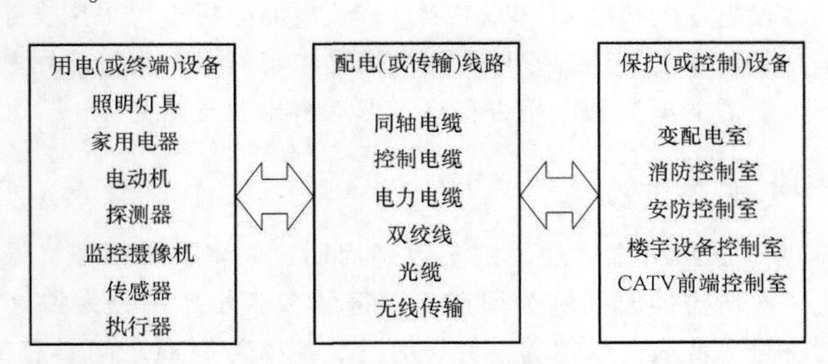

图 10-1-1 建筑电气工程组成

10.1.1 电路的组成及其基本分析方法

1）电路模型。最简单的手电筒电路模型见图 10-1-2。

2）电路状态。电路状态（见图 10-1-3）主要有通路、断路、短路三种。

3）电路中的参考方向。在简单直流电路中可以根据电源的极性判断出电压和电流的实际方向，但在复杂的直流电路中，电压和电流的实际方向往往是无法预知的，且可能是待求的；在交流电路中，电压和电流的实际方向是随着时间不断变化的。因此，要给电压、电流假设一个方向作为电路分析和计算时的参考，这些假设的方向称为参考方向或正方向。参考方向与实际方向电压 $U>0$ 或电流 $I>0$；参考方向与实际方向不一致，电压 $U<0$ 或电流 $I<0$。原则

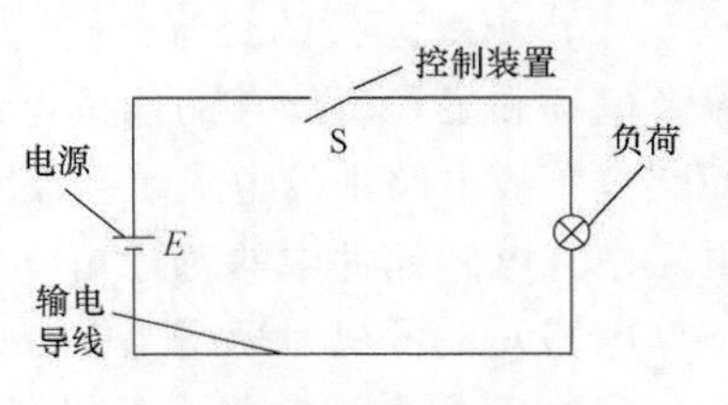

图 10-1-2 手电筒电路模型

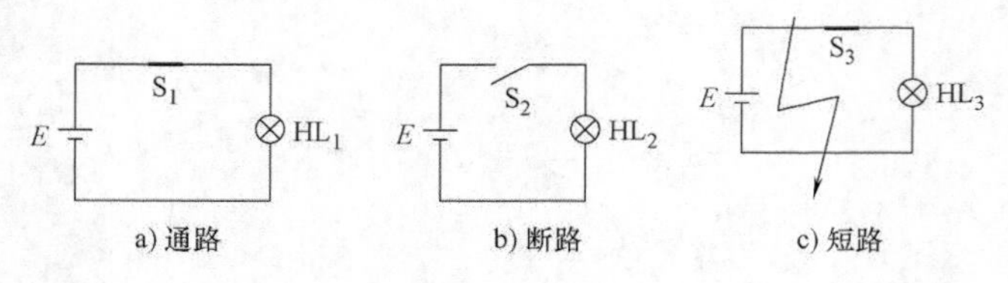

图 10-1-3　电路状态

上参考方向可以任意选择，但在分析一个电路的某元件电压与电流的关系时，为简化分析需要将它们联系起来选择，这样设定的参考方向称为关联参考方向。

4）电路的基本物理量。电路的基本物理量按其重要性依次为电流、电压、电位、功率、电能。

5）电源。电源包括电压源和电流源。

6）电动势。电路中因其他形式的能量转换为电能所引起的电位差称为电动势。电动势是描述电源性质的物理量。电源的电动势就是非静电力把正电荷从负极移到正极所做的功与该电荷量的比值。

7）直流电路分析。基尔霍夫电流定律（KCL）是指在电路中任一个节点上，在任一时刻，流入节点的电流之和等于流出节点的电流之和；基尔霍夫电压定律（KVL）是指在任何一个闭合回路中，各段电阻上的电压降的代数和等于电动势的代数和；从一点出发绕回路一周回到该点时，各段电压的代数和恒等于零。直流电路分析也可采用支路电流法，支路电流法是求解复杂电路最基本的方法，它以支路电流为求解对象，直接应用基尔霍夫定律，分别对节点和回路列出所需的电流和电压方程组，然后解出各支路电流。

10.1.2　交流电路

（1）正弦交流电　正弦交流电的关键参数是周期、频率、角频率、振幅与有效值、初相位。正弦量变化一次所需的时间称为周期，以符号 T 表示，单位为秒（s）。每秒变化的次数称为频率，以符号 f 表示，单位为赫兹（Hz）。频率与周期之间具有倒数关系，即 $f=1/T$ 或 $T=1/f$。角频率是指单位时间内电角度的变化，以符号 Ω 表示，单位为弧度/秒（rad/s）。角频率与频率和周期间存在关系式 $\Omega=2\pi f=2\pi/T$。正弦量是随时间而变化的，对于一个正弦量，所取的计时起点不同，正弦量的初始值（当 $t=0$ 时的值）就不同，达到幅值或某一特征值的时间也就不同。

（2）单一元件的交流电路　直流电路中所加电压和电路参数不变，电路中的电流、功率及电场和磁场所储存的能量也都不变化；但是在交流电路中则不然，由于所加电压随时间而交变，故电路中的电流、功率及电场和磁场储存的能量也都是随时间而变化的。所以交流电路中，电感元件中的感应电动势和电容元件中的电流均不为零，但在直流电路稳定状态下，电感元件可视为短路，电容元件可视为开路。

（3）三相交流电路　三相交流电路是指由发电机或变压器之类的三相电源供电的路网。三相交流电源是由三个同频率、同振幅和初相角依次相差 120°的电源按一定方式连接而成的，如星形联接。它在世界各国的电力系统中被广泛应用，从电能的生产、输送和分配一般采用三相交流电路。这主要基于三相交流发电机体积小、质量轻、成本低，输电线金属的消耗量较低以及三相异步电动机结构简单、价格低廉、性能良好和使用维护方便等优点。

10.1.3 建筑配电电力系统

电力系统中电能的生产、输送和分配主要涉及发电厂、电力网、电力用户三大体系。

电源的引入方式应合理选择。建筑物较小或用电设备负荷较小，而且均为单相、低压用电设备，可用电力系统的柱上变压器引入单相220V的电源。建筑物较大或用电设备的容量较大但全部为单相和三相低压用电设备时，可由电力系统的柱上变压器引入380V/220V的电源。建筑物很大或用电设备的容量很大，虽全部为单相和三相低压用电设备，但综合考虑技术因素和经济因素应由变电所引入三相高压电源经其降压后供用电设备使用，此时，在建筑物内应装置变压器、布置变电室。若建筑物内有高压用电设备时则应引入高压电源供其使用，同时还应布置变压器以满足低压用电设备的电压要求。

电压质量指标主要受电压偏移、电压波动、频率、三相电压不平衡等因素的影响。电力负荷分级及供电要求应遵守相关规定，可酌情采用一级负荷、二级负荷、三级负荷。配电系统主要由供配电系统中的主要设备、配电柜等组成。变配电所和常用高压设备的选择及布置应遵守相关规定，应遵守变配电所位置的选择原则，合理确定变配电所的主接线方式、变配电所的形式和组成方式，应重视常用高压设备的性能。配电系统的基本形式可酌情采用放射式系统、树干式系统、链式系统、混合式系统、变压器-干线式系统等。

10.1.4 建筑配电的负荷计算

(1) 综合考虑各种因素　用电设备的工作制主要有短时工作制、长期工作制、反复短时工作制等类型。用电容量的确定应遵守相关规定，应对不同工作制用电设备的额定功率*PN*或额定容量*SN*进行换算；消防设备在发生火灾时必须切断的设备应取其大者计入总设备容量；夏季制冷设备与冬季取暖设备应取其大者计入总设备容量；单相负荷应均衡分配到三相上，当单相负荷小于三相对称负荷的15%时可全部按三相负荷进行计算，若大于15%则单相负荷应换算成等效三相负荷后方能与三相负荷相加。

(2) 合理确定计算负荷　通常把一年内最高日负荷曲线中30min平均负荷的最大值称为平均最大负荷，简称最大负荷，记为计算负荷P_{30}或P_j，该值作为按发热条件选择导线、电缆和电气设备的依据时就是所要寻求的计算负荷。

(3) 计算方法

1) 需要系数法。需要系数法是把设备功率乘以需要系数及同时系数，直接求出计算负荷的方法。这种方法简便易行，广泛应用于方案估算、初步设计和变配电所的负荷计算中。但当需要系数取不准时误差较大。

2) 二项式计算法。二项式计算法考虑到了多台用电设备组中有少数大容量用电设备对负荷的影响，一般用于低压分支干线和配电箱的负荷计算。这种情况下用需要系数法计算的结果一般偏小，而用二项式计算法就比较合适。

3) 单位指标法。该方法根据目前的用电水平和装备标准确定各种不同类型建筑物的变压器装置指标。单位指标法的计算公式为$S=KF/1000$。

(4) 单相负荷计算　有相负荷时，等效三相负荷取最大相负荷的3倍，相负荷的额定工作电压为相电压，正常运行时相负荷接在相线和中性线之间，民用建筑中的大多数单相用电设备和家用电器都属于相负荷。只有线间负荷时，等效三相负荷为单台时取线间负荷的3倍；多台时取最大线间负荷的3倍加上次大线间负荷的$3^{1/2}$倍，线间负荷是指额定工作电压为线电压的单相用电负荷。

（5）合理确定无功功率补偿　应提高用电设备自然功率因数，通过合理地选择电动机和变压器的容量，尽量减少电动机与变压器的轻载运行。采用电力电容补偿时宜采用就地平衡原则，居民区的无功负荷宜在小区变电所低压侧集中补偿；照明光源宜就地补偿、就地平衡。集中安装的无功功率补偿设备应做到随其负荷和电压的变动投入或切除以防止无功负荷倒送，电容器组宜采用循环自动投切运行方式。

10.1.5　建筑配电设备及线缆的选择

高压电气设备的选择应综合考虑各种情况，可按工作电流及工作电压选择，或按断流容量选择，应重视短路热稳定校验和短路动稳定校验。

电线和电缆的选择应遵守相关规定。在具体选择导线截面时，必须综合考虑使用环境及敷设方式、电线电缆本身的发热条件、允许电压损失、导线的机械强度等因素，并按经济电流密度校验导线的截面。所谓“经济电流密度”是指从经济的角度出发，综合考虑输电线路的电能损耗和投资效益等指标，来确定导线单位面积经过的电流值。此外，电线、电缆的导线截面应不小于与保护装置配合要求的最小截面。电线、电缆的绝缘额定电压要大于线路的工作电压，并应符合线路安装方式和敷设环境的要求。

低压电气设备的选择应遵守相关规定，应考虑低压配电线路保护问题，遵守选择低压电气设备的一般要求，重视熔断器，抵押短路器刀开关、组合开关，交、直流接触器的选择。

配电线路的敷设应遵守相关规定，绝缘电缆及电缆线路的敷设、线槽布线等均应遵守相应的要求。

10.1.6　建筑电气照明系统

1）光的实质。光是属于一定波长范围内的电磁辐射，即电磁波。波长范围为380～780nm的电磁波能使人眼产生光感，这部分电磁波称为可见光。与其相邻波长短的部分称为紫外线（10～380nm），波长长的部分称为红外线（780～34000nm）。$1nm = 10^{-9}m$。不同波长的可见光在眼中产生不同的颜色感觉，按照波长由长到短的次序分别为红、橙、黄、绿、青、蓝、紫七种颜色。但各种颜色的波长并不是截然分开的，而是由一种颜色逐渐减少，另一种颜色逐渐增多的形式过渡的。全部可见光混合在一起就成为白光。光的颜色可影响人们的情绪（喜怒哀乐）、工作效率、食欲大小和精神状态，还能治疗某些疾病，这些就是光源的颜色特性。

2）光的度量。光的度量主要通过光通量、亮度、发光强度、照度四个指标衡量。

3）照明的基本要求。照明主要考虑以下四个因素：亮度与亮度分布、照明的均匀性、照明的稳定性、光源的稳定性。

10.1.7　建筑常用电光源、灯具及其使用

照明通常分正常照明、应急照明、值班照明、警卫照明、障碍照明、景观照明等类型。常见电光源主要有热辐射光源、放电光源等类型。电光源的参数主要包括额定电压、额定电

流、额定功率、光通量输出、发光效率、寿命、光谱能量分布、光源色表与显色指数等。常用电光源主要有白炽灯、卤钨灯、荧光灯、高压汞灯、高压钠灯、金属卤化物灯、氙灯、霓虹灯、LED 灯等。灯具的选择应考虑以下五个因素：光源、技术性、经济性、使用性、功能性。

灯具的种类五花八门，按光源的类型可分为白炽灯具、卤钨灯具和荧光灯具等；按光源的数目可分为普通灯具、组合花灯灯具等，组合花灯灯具通常由几个到几十个光源组合而成；按控制器结构形式的不同可分为开启式灯具、保护式灯具、密闭式灯具和防爆灯具等，该分类方法是以控制器结构的严密程度为指标的；按配光曲线可分为直射型灯具、半直射型灯具、漫射型灯具、反射型灯具、半反射型灯具等，其中反射型灯具和半反射型灯具利用顶棚作为二次发光体以使室内光线均匀、柔和、无阴影；按灯具在建筑物上安装方式的不同可分为吸顶式、嵌入顶棚式、悬挂式、墙壁式和可移动式。为适应某些特殊环境的需要还有一些特殊的照明器，主要有防潮型、防爆安全型、隔爆型、防腐蚀型等。

10.1.8　建筑电气接地系统

建筑接地方式按重要性程度依次为工作接地、保护接地、重复接地、防雷措施、防静电接地等。低压电网的接地系统可酌情采用 NT 系统、TT 系统、IT 系统。接地装置应符合要求，接地装置的组成应合理，应遵守接地体的埋设要求和接地体的连接要求。

接地电阻的测试应选择适当的天气进行。常用接地电阻测试仪为 ZC-8 型。测试前应将仪表断接卡子紧固螺栓拧开，沿被测接地装置（接地极）E 将电位探针 P 和电流探针 C 成直线彼此相距 20m 打入地下，电位、电流、电极的位置不能放反。E、P 和 C 用不小于 $25mm^2$ 铜芯线分别与仪表对应端子连接。实测接地装置的接地电阻值必须符合设计要求。

10.1.9　建筑防雷系统

雷电的产生与危害主要应关注以下六个方面的问题：雷电的形成；容易发生雷击灾害的环境；雷击的选择性；雷击的基本形式；雷暴日；雷电的危害。建筑物的防雷等级划分应遵守相关规定，我国规定有第一类防雷建筑物、第二类防雷建筑物、第三类防雷建筑物。防雷装置主要由接地装置、闪接器、引下线等组成。不同级别建筑物应采用不同的防雷措施，应酌情遵守第一类防雷建筑物保护措施、第二类防雷建筑物保护措施、第三类防雷建筑物保护措施统的相关规定。建筑物防雷系统的验收应遵守相关规范规定。

10.1.10　安全用电

电气危害主要有对系统自身的危害，对用电设备、环境和人员的危害两大类。常见的触电方式主要有单相触电、两相触电、跨步触电三种。触电急救应依次采用使触电者脱离危险及脱离电源后的救护两大措施。

防止触电的基本安全措施主要是对经常带电设备的防护，对偶然带电设备的防护，用电安全管理，检查、修理作业时的防护。

防止触电应遵守相关的安全规定，电工作业人员应经医生鉴定没有妨碍电工作业的病症，并具备用电安全、触电急救和专业知识及实践经验；电气装置应有专人负责管理，定期进行安全检验或试验，禁止安全性能不合格的电气装置投入使用；修缮建筑物时，对既有电气装置应采取适当的保护措施，必要时应将其拆除并在修缮完毕后再重新安装使用；电气装置的检查、维护以及修理应根据实际需要采用全部停电、部分停电或不停电方式，并采取相应的安全技术和组织措施。

10.2 建筑电气系统设计

本节主要介绍城镇新建、改建和扩建的住宅建筑的电气设计，住宅建筑附设的人防工程的电气设计应遵守专门的规定。民用建筑电气设计应体现以人为本的宗旨，应对电磁污染、声污染及光污染采取综合治理措施，达到环境保护相关标准的要求，确保人居环境安全。住宅建筑电气设计应采用成熟、有效的节能措施以降低电能消耗。住宅建筑电气设备应选择具有国家授权机构认证和符合国家技术标准的产品，严禁使用已被国家淘汰的产品。

所谓“住宅建筑”是指供家庭住宅使用的建筑，简称住宅，其包含与其他功能空间处于同一建筑中的住宅部分。商住楼是指底部商业营业厅与住宅组成的高层建筑。高级住宅是指建筑装修标准高和设有空气调节系统的住宅。住宅单元是指由多套住宅组成的建筑部分，该部分内的住户可通过共用楼梯和安全出口进行疏散。套是指由使用面积、住宅空间组成的基本住宅单位。

剩余电流是指同一时刻在电气装置中的电气回路给定点处的所有带电体电流值的代数和。特低电压（ELV）是指不超过相关规范规定的有关Ⅰ类电压限值的电压，其额定电压不超过交流50V。等电位连接是指为达到等电位而将多个可导电部分间的电连接。家居配线箱（HDD）是指完成每套住宅单位内数据、语音、图像等有线信息缆线的接入及匹配的设备箱。家居控制器（HC）是指完成每套住宅单位内各种数据采集、控制、管理及通信的控制器，一般应具备家庭安全防范、家庭消防、家用电器监控及信息服务等功能。家居管理系统（HMS）是指通过家居布线、住宅建筑（小区）布线对各类信息进行汇总、处理，并保存于住宅建筑（小区）管理中心单元数据库或家庭数据库，可实现信息共享，可为住宅使用者提供安全、舒适、高效、环保的生活环境。

建筑电气系统设计涉及很多专业符号，其中，ATSE为自动转换开关电器，SPS为安全防范系统，AFAS为火灾自动报警系统，BAS为建筑设备监控系统，BMS为建筑设备管理系统，TCP/IP为传输控制协议/网际协议，ISDN为综合业务数字网，PSTN为公用电话网，DDN为数字数据网，CD为建筑群配线设备，BD为建筑物配线设备，FD为楼层配线设备，TO为信息插座，TE为终端设备、SW为交换机。

10.2.1 供配电系统设计

供配电系统的设计应按负荷性质、用电容量和发展规划以及当地供电条件合理确定设计方案。供配电系统设计应符合《供配电系统设计规范》（GB 50052—2009）、《民用建筑电气设计规范》（JGJ 16—2008）的有关规定。

（1）负荷分级　住宅建筑中主要用电负荷和消防用电负荷的分级应符合表10-2-1的规定，除有特殊要求外其他未列入表10-2-1中的住宅建筑的用电负荷宜为三级。

（2）供配电系统　住宅建筑（小区）的10（6）kV供电系统宜采用环网方式。住宅建筑用电指标和电能表的选择宜符合表10-2-2的规定，除特殊情况外每套住宅应配置一块电能表、一个配电箱，电能表的安装位置除应符合下列规定外，还应符合当地供电部门的要求：独门独户的电能表可单独安装于该户附近；多层住宅建筑电能表宜集中安装在单元首层；高层住宅建筑电能表宜集中安装在每层配电间（电气竖井）内；每层少于 4 户的高层住宅建筑的电能表宜 2~3 层集中安装；采用具有自动抄收数据远传系统的电能表的，其安装位置可不做规定而由各工程设计根据实际情况确定；电能表箱安装在公共场所时，其暗装箱底距地宜为 1.5m，明装箱底距地宜为 1.8m；安装在电气竖井内的电能表箱宜明装，且箱上沿距地宜为 2.0m。

表 10-2-1　住宅建筑主要用电负荷和消防用电负荷的分级

住宅建筑	主要用电负荷名称	主要用电负荷等级	消防用电负荷等级
建筑高度超过 100m 的住宅建筑	消防设备、应急照明、障碍照明	一级*	一级*
	走道照明、值班照明，安防系统，电子信息设备机房，客梯，排污泵、生活水泵	一级	
19 层及 19 层以上且建筑高度小于 100m 的住宅建筑	消防设备、应急照明		一级
	走道照明、值班照明、障碍照明，安防系统，客梯，排污泵、生活水泵	一级	
建筑面积超过 5000m² 的地下商场或公共场所	消防设备，应急照明		一级
10~18 层的住宅建筑	消防设备，应急照明		二级
	障碍照明、走道照明、值班照明，安防系统，客梯，排污泵、生活水泵	二级	
建筑面积不超过 5000m² 的地下商场或公共场所	消防设备，应急照明		二级

注：一级*为一级负荷中的特别重要负荷。有特殊要求的用电负荷，应根据实际情况与有关部门协商确定。

表 10-2-2　住宅建筑用电指标和电能表的选择

住宅结构形式	建筑面积 S/m²	用电指标/kW	电能表/A
一、两居室住宅	$S\leqslant90$	4	5(20)
两、三居室住宅	$90<S\leqslant150$	6	10(40)
三、四居室住宅	$150<S\leqslant200$	8	15(60)
别墅、跃层住宅	$S>200$	10~12	20(80)

（3）电压选择和电能质量　当住宅建筑用电设备总容量大于等于 250kW 时，宜由 10（6）kV 高压供电；当用电设备总容量小于 250kW 时，可由 220/380V 低压供电。为降低三相低压配电系统的不对称度设计低压配电系统时，宜采取以下两种措施：单相用电设备接入 220/380V 三相系统时宜使三相负荷平衡；由地区公共低压电网供电的 220V 照明负荷其线路电流小于或等于 40A 时宜采用 220V 单相供电，大于 40A 时宜采用 220/380V 三相供电。宜采取抑制措施将住宅建筑用电单位供配电系统的谐波限定在规定范围内。

（4）负荷计算　住宅建筑方案设计阶段可采用单位指标法，初步设计及施工图设计阶段宜采用需要系数法。住宅建筑用电负荷采用需要系数法计算时需要系数的选定可根据表

10-2-3 选取，住宅建筑用电负荷需要系数值由于地区、住宅群体不同而不同可参考表 10-2-3 的数值，住宅的公用照明及公用用电负荷需要系数可按表 10-2-3 数值的 0.8 选取。

表 10-2-3　住宅建筑用电负荷需要系数

按单相配电计算时所连接的基本户数	3	4	6	8	10	12	14
按三相配电计算时所连接的基本户数	9	12	18	24	30	36	42
需要系数	0.95~1	0.90~0.95	0.75~0.80	0.66~0.70	0.58~0.65	0.50~0.60	0.48~0.55
按单相配电计算时所连接的基本户数	16	18	21	24	25~100	125~200	260~300
按三相配电计算时所连接的基本户数	48	54	63	72	75~300	375~600	780~900
需要系数	0.47~0.55	0.45~0.50	0.43~0.50	0.41~0.45	0.40~0.45	0.33~0.35	0.26~0.30

（5）无功补偿　10（6）kV 及以下无功补偿宜在配电变压器低压侧集中补偿，且功率因数不宜低于 0.9，高压侧的功率因数指标应符合当地供电部门的规定。有谐波源的住宅建筑在装设低压电容器时，宜采取措施以避免谐波污染。

10.2.2　配变电所设计

住宅建筑（小区）配变电所设计应根据住宅群特点、用电容量、所址环境、供电条件和节约电能等因素合理确定设计方案，并适当考虑发展的可能性。住宅建筑（小区）配变电所设计应符合《20kV 及以下变电所设计规范》（GB 50053—2013）、《民用建筑电气设计规范》等的规定。

（1）所址选择　住宅小区、别墅群宜集中设置独立式配变电所，当供电负荷较大（1250kVA）、供电半径较长（200m）时，也可分散设置在建筑物内或选用户外预装式变电所。高层住宅宜在非最底层的地下层设置 10（6）/0.4kV 户内变电所或预装式变电站。多层住宅宜分区设置 10（6）/0.4kV 预装式变电站。预装式变电站不宜安装在距离最近的住宅主要窗户的主视方向。

（2）配电变压器选择　配电变压器应选用节能型变压器，且其长期工作负载率不宜大于 85%。配电变压器宜选用（D，yn11）连接组标号的变压器。设置在住宅建筑中的变压器应选择干式、气体绝缘或非可燃性液体绝缘的变压器。当变压器低压侧电压为 0.4kV 时，单台变压器容量不宜大于 1250kV·A，预装式变电所变压器单台容量不宜大于 800kV·A。

10.2.3　自备应急电源设计

（1）自备应急柴油发电机组　高度超过 100m 的住宅建筑应设自备应急柴油发电机组，住宅建筑工程中自备应急低压柴油发电机组的设计应符合我国现行《民用建筑电气设计规范》的规定，设置自备应急柴油发电机组时应根据住宅建筑的特点合理进行噪声控制。

（2）应急电源装置（EPS）　应急电源装置可作为住宅建筑应急照明系统的备用电源，其连续供电时间应满足相应的消防规范要求。住宅建筑工程中应急电源装置的设计应符合我国现行《民用建筑电气设计规范》的规定。应急电源装置不宜作为消防水泵、消防电梯等电动机类负载的应急电源。

(3) 不间断电源装置（UPS） 住宅建筑允许中断供电时间为毫秒级的重要场所的应急备用电源应采用不间断电源装置。住宅建筑工程中不间断电源装置的设计应符合我国现行《民用建筑电气设计规范》的规定。

10.2.4 低压配电设计

住宅建筑低压配电系统的设计应根据住宅建筑的类别、规模、容量及可能的发展等因素综合确定。住宅建筑低压配电设计应符合《低压配电设计规范》（GB 50054—2014）、《民用建筑电气设计规范》的规定。

(1) 低压配电系统 住宅建筑低压供配电系统应考虑三相平衡，每单元（层）6~12户应设一个电源检修断路器。每套住宅应采用单相供电，且供电容量不宜超过15kW，有三相用电设备的住户其三相电源只供设备专用。每套住宅应装设短路、过负荷和过、欠电压保护电器。多层住宅建筑的低压配电系统应符合相关规范规定，照明、电力、消防及其他防灾用电负荷应分别自成配电系统；电源宜采用电缆埋地进线，进线处应设置电源进线箱，箱内应设置总开关保护电器，电源进线箱宜设在室内，设在室外时应选用室外型箱体；多层住宅的竖向配电干线宜采用三相配电系统，当多层住宅单元（门洞）数为3的整数倍时多层住宅的竖向配电干线可采用单相配电系统。高层住宅建筑的低压配电系统应符合相关规范规定，照明、电力、消防及其他防灾用电负荷应分别自成配电系统。高层住宅建筑的垂直供电干线，宜（可）根据负荷重要程度、负荷大小及分布情况采用以下三种供电方式：可采用封闭式母线槽供电的树干式配电；可采用电缆干线供电的放射式或树干式配电，当为树干式配电时宜采用电缆T接端子方式或预制分支电缆引至各层配电箱；可采用分区树干式配电。高层住宅的竖向配电干线应采用三相配电系统且每层宜采用单相供电。应急电源与正常电源之间必须采取防止并列运行的措施。

(2) 特低电压配电 住宅建筑（小区）喷水池等潮湿场所内的照明及水泵等设备应选用特低电压ELV供电。

(3) 导体 住宅建筑户内布线应选用铜芯导体。敷设在电气竖井内的封闭母线、预分支电缆、电缆、电线等供电干线可选用铜、铝或合金材质的导体。高层住宅建筑中成束敷设的缆线应选用低烟、低毒的阻燃类缆线。高度超过100m的住宅建筑应采用阻燃低烟无卤交联聚乙烯绝缘层的缆线或无烟无卤绝缘层的缆线。高层住宅建筑中用于消防设施的供电、控制缆线应采用耐火类缆线，当缆线为穿金属管、阻燃硬质塑料管在保护层不小于30mm的混凝土内暗敷，或在具有防火保护的金属线槽内明敷时，可采用非耐火类缆线。住宅建筑住户的供电系统缆线，中性导体和相导体应同材质同截面积。中性导体和保护导体截面积的选择应符合表10-2-4的规定。

表10-2-4 中性导体和保护导体截面积的选择 （单位：mm^2）

相导体的截面积 S	$S \leq 16$	$16<S \leq 35$	$35<S \leq 400$	$400<S \leq 800$	$S>800$
相应中性导体的截面积 $S(N)$	S	S	S	S	S
相应保护导体的最小截面积 $S(PE)$	S	16	$S/2$	200	$S/4$

（4）低压电器　三相四线制系统中四极开关的选用应符合相关规范规定，应保证电源转换的功能性开关电器作用于所有带电导体，且不得使这些电源并联；TN-C-S、TN-S 系统中的电源转换开关应采用切断相导体和中性导体的四极开关；正常供电电源与备用发电机之间的电源转换开关应采用四极开关；TT 系统的电源进线开关应采用四级开关；IT 系统中有中性导体时应采用四极开关。CB 级 ATSE 不宜用作消防水泵等重要消防负荷的电源自动转换电器，采用 CB 级 ATSE 为消防负荷供电时，应采用仅具短路保护的断路器组成的 ATSE，且其保护选择性应与上下级保护电器相配合。当采用 PC 级 ATSE 为消防负荷供电时，其切换开关应能保证在上下级断路器动作前可耐受故障电流。住宅建筑中的 ACB 和 MCCB 应做双重绝缘且应免维护。

（5）低压配电线路的保护　每幢住宅的电源进线或配电干线分支处断路器应具有防电气火灾的剩余电流动作保护、报警功能，并可按以下三个要求进行设计：当供电部分的电气设备正常泄漏电流小于 300mA 时，剩余电流保护断路器的动作电流 I_Z 宜为 300mA；当供电部分的电气设备正常泄漏电流大于等于 300mA 且小于 500mA 时，剩余电流保护断路器的动作电流 I_Z 宜为 500mA；当供电部分的电气设备正常泄漏电流大于等于 500mA 时，应多路配电并分别设置剩余电流保护断路器，或在总配电柜的出线回路上分别设置剩余电流保护断路器。多级装设的剩余电流动作保护器其时限和剩余电流动作值应有选择性配合。凡带消防用电设备的回路不得装设作用于切断电源的剩余电流保护断路器，应设报警式剩余电流保护断路器，照明总进线处的剩余电流保护断路器的事故报警除应在配电柜上有显示外，还应将报警信号送至有人值守的值班室。当配电线路的导线截面面积减少或其特征、安装方式及结构改变时，应在分支或被改变的线路与电源线路的连接处装设短路保护和过负荷保护电器。当配电线路的导线截面减少，或被改变处的供电侧已按规定装设短路保护和过负荷保护电器，且其工作特性已能保护位于负荷侧的线路时，在分支或被改变的线路与电源线路的连接处，可不装设短路保护和过负荷保护电器。住宅建筑的每个住户配电箱应设置同时断开相线和中性线的电源进线断路器。

10.2.5　电源布线系统设计

住宅建筑（小区）电源布线系统的设计应符合《电力工程电缆设计规范》（GB 50217—2007）和《民用建筑电气设计规范》的有关规定。住宅建筑（小区）的直敷布线、矿物绝缘电缆布线、电缆桥架布线、封闭式母线布线、线槽布线的设计应遵守《民用建筑电气设计规范》的相关规定。

（1）导管布线

1）住宅建筑户内配电线路布线可采用金属导管或塑料导管，暗敷的金属导管管壁厚度不应小于 1.5mm。潮湿地区的住宅建筑及住宅建筑内的潮湿场所配电线路布线宜采用塑料导管或采用管壁厚度不小于 2.0mm 的金属导管，明敷的金属导管应做防腐、防潮处理。

2）敷设在钢筋混凝土现浇楼板内的缆线保护导管最大外径不应大于楼板厚度的 1/3，敷设在垫层的缆线保护导管最大外径不应大于垫层厚度的 1/2，同时应满足与其建筑物、构筑物表面的外护层厚度不应小于 15mm 的要求，消防设备缆线保护导管暗敷外护层厚度不应小于 30mm。

3）当电线导管与供暖热水管同层敷设时，电线导管宜敷设在供暖热水管的下面，并应避免与供暖热水管平行敷设，其与供暖热水管相交处不应有接头。当导管布线管路较长或有两个以上转弯时，宜加装接线盒，当加装接线盒困难时，可将管径加大一级。

4）可绕金属电线保护套管布线宜用于室内顶棚内敷设。与卫生间无关的缆线暗敷导管不得进入和穿过卫生间，卫生间的配电线路导管及灯位应避开便器、浴盆等卫生洁具。

5）净高小于2.5m的地下室应采用导管布线。

（2）电缆布线

1）无铠装的电缆在室内明敷时，水平敷设至地面的距离不宜小于2.5m，竖向敷设至地面的距离不宜小于1.8m，除明敷在电气专用房间外当不能满足上述要求时应有防止机械损伤的措施。相同电压的电缆并列明敷时，电缆的净距不应小于35mm且不应小于电缆外径。

2）1kV及以下电力电缆及控制电缆与1kV以上电力电缆宜分开敷设，并列明敷设时其净距不应小于150mm；电缆进出住宅建筑物时应避开住宅建筑物入口，所穿保护管应超出建筑物散水坡200mm且应对管口实施阻水堵塞，并应在距基础3~5m处设电缆井以解决室内外高差问题。

3）预制分支电缆布线宜用于高层住宅建筑物室内低压树干式配电系统。预制分支电缆布线应防止在电缆敷设和使用过程中因电缆自重和敷设过程中的附加外力等机械应力作用而带来的损害。

（3）电气竖井布线

1）干线截面较大或数量较多时，宜明敷在专用电气竖井内，干线截面较小或数量较少时，宜暗敷于墙内。

2）电气竖井内布线适用于多层和高层住宅建筑内强电及弱电垂直干线的敷设，可采用导管、线槽、电缆、电缆桥架及封闭式母线等布线方式，电度表设于电气竖井内时，应采用导管、密闭金属线槽等封闭式布线方式。

3）电气竖井的井壁应为耐火极限不低于1h的非燃烧体，电气竖井应在每层楼设维护检修门并宜加门禁，维护检修门的耐火等级不应低于丙级并应向公共通道开启。电气竖井的面积应根据设备的数量、系统进出线的数量、设备安装、检修等因素确定，当高层住宅建筑电气竖井利用通道作为检修面积时，竖井的净宽度不宜小于0.8m，应根据主干缆线所需的最大通道，预留竖向穿越楼板和水平穿越井壁的洞口。

4）建筑高度不超过100m的高层住宅建筑，其电气竖井内应每隔2~3层在楼板处用相当于楼板耐火极限的不燃体作防火封堵；100m以上的住宅建筑，其电气竖井内应在每层楼板处用相当于楼板耐火极限的不燃体作防火封堵。

5）采用预制分支电缆、电力电缆垂直敷设时，应在主干电缆最顶端的楼板上预留吊钩。竖井内高压、低压和应急电源的电气线路之间应保持不小于0.3m的距离或采取隔离措施，且高压线路应设有明显标志。

6）电力和电信线路宜分别设置竖井，受条件限制需合用时电力与电信线路应分别布置在竖井两侧或采取隔离措施。

7）竖井内应设电气照明及单相带接地的电源插座，设在竖井内的照明开关面板应带指示灯。竖井内应敷有接地干线和接地端子。竖井内不应有与其无关的管道等通过。

（4）封闭母线布线　当高层住宅建筑采用树干式供电或用电负荷容量较大且设有电气竖井时，供电干线可采用封闭母线。住宅建筑封闭式母线不宜采用外露的跨接线实现各段母线外壳的等电位连接。住宅建筑封闭式母线应具有良好的免维护性能。封闭母线水平敷设时，其至地面的距离不应小于 2.2m；竖向敷设时，其距地面 1.8m 以下应采取防止机械损伤的措施，但敷设在配电室、电气竖井等电气专用房间内时除外。封闭母线宜考虑电磁兼容性和对其他弱电系统的影响。

（5）室外布线　当沿同一路径敷设的室外电缆小于等于 8 根且场地有条件时，宜采用电缆直接埋地敷设，在城镇较易翻修的人行道下或道路边也可采用电缆直埋敷设，在寒冷地区电缆宜埋设于冻土层以下。当沿同一路径敷设的室外电缆为 9~12 根时，宜采用电缆排管内敷设方式；当沿同一路径敷设的室外电缆数量为 13~18 根时，宜采用电缆沟的敷设方式。电缆与建筑物平行敷设时，电缆应埋设在建筑物的散水坡外；电缆进出建筑物时所穿保护管应超出建筑物散水坡 200mm，且应对管口实施阻水堵塞。各类管线相互间的水平和垂直净距宜符合表 10-2-5 和表 10-2-6 的规定。各类管线与建筑物和构筑物之间的最小水平间距宜符合表 10-2-7 的规定。

表 10-2-5　各类地下管线之间最小水平净距　（单位：m）

管线名称	给水管	排水管	燃气管			热力管	电力电缆	电信电缆	电信管道
			低压	中压	高压				
电力电缆	0.5	0.5	0.5	1.0	1.5	2.0	*①	—	—
电信电缆	1.0	1.0	0.5	1.0	1.5	1.0	0.5	—	—
电信管道	1.0	1.0	1.0	1.0	2.0	1.0	1.2	0.2	—

① 大于或等于 10kV 的电力电缆与其他任何电力电缆之间应大于 0.25m，若加套管则净距可减至 0.1m。低压燃气管的压力为小于或等于 0.005MPa、中压为 0.005~0.3MPa、高压为 0.3~0.8MPa。

表 10-2-6　各类地下管线之间最小垂直净距　（单位：m）

管线名称	给水管	排水管	燃气管	热力管	电力电缆	电信电缆	电信管道
电力电缆	0.15	0.50	0.50	0.50	0.50	—	—
电信电缆	0.20	0.50	0.50	0.15	0.50	0.25	0.25
电信管道	0.10	0.15	0.15	0.15	0.50	0.25	0.25
明沟沟底	0.50	0.50	0.50	0.50	0.50	0.50	0.50

表 10-2-7　各类地下管线与建筑物、构筑物之间最小水平间距　（单位：m）

管线类型	建筑物基础	平地上杆柱(中心)			铁路(中心)	城市道路侧石边缘	公路边缘
		通信、照明及 <10kV	≤35kV	>35kV			
电力管道	直埋 2.5 地沟 0.5	1.0	2.0	3.0	3.75	1.5	1.0
电力电缆	0.6	0.6	0.6	0.6	3.75	1.5	1.0
电信电缆	0.6	0.5	0.6	0.6	3.75	1.5	1.0
电信管道	1.5	1.0	1.0	1.0	3.75	1.5	1.0

10.2.6　电气设备设计

住宅建筑电气设备应采用效率高、能耗低、性能先进、耐用可靠的元器件，应考虑选择绿色环保材料生产制造的元器件。住宅建筑电气设备的设计应符合我国现行《民用建筑电气设计规范》的有关规定。

(1) 电梯　住宅建筑电梯的负荷分级应符合相关规范规定。住宅建筑的电梯应由专用回路供电。电梯回路断电时客梯应具有自动平层、自动打开电梯门功能，消防梯应能满足消防要求。一幢住宅楼安装的电梯小于或等于 3 台时电梯的供电容量应按其全部用电负荷确定。电梯机房内应至少设置一个单相带接地的电源插座，并应设置单相和三相检修电源。当电梯机房的自然通风不能满足电梯正常工作时，应采取机械通风、空调方式。电梯井道照明回路宜由电梯机房照明配电箱引出，井道照明宜采用双控开关控制。电梯井道照明电源宜为 36V，采用 220V 时应装设剩余电流动作保护器，且光源应加防护罩。电梯底坑应设置一个单相带接地的防护等级不低于 IP54 的电源插座，电源插座的电源可就近引接，电源插座的底边距底坑宜为 1.5～1.8m。

(2) 电动门　电动门应由就近配电箱（柜）引单独回路供电，供电回路应装有过电流保护。在电动门维护方便的操作场地应对其电源供电回路装设隔离电器和手动控制开关或按钮。用于室外的电动大门的配电线路宜装设剩余电流动作保护器。电动门的所有金属构件及附属电气设备的外露可导电部分均应可靠接地。

(3) 住宅套内配电箱

1) 每套住宅应设一个配电箱，住宅配电箱宜暗装在住户走廊或门厅内便于检修、维护的地方，箱底距地 1.8m。

2) 住户配电箱内应配有过电流保护的照明供电回路、电源插座回路、空调插座回路、电炊具及电热水器等专用电源插座回路，厨房电源插座和卫生间电源插座不应同一回路，除壁挂式空调器的电源插座回路外，其他电源插座回路均应设置剩余电流动作保护器。

3) 住户配电箱的回路（宜）应按标准配置，即三居室以下的住宅宜设置一个照明回路，三居室及以上的住宅且光源数量超过 25 个宜设置两个照明回路；厨房应设置一个电源插座回路；卫生间应设置一个电源插座回路；厨房、卫生间除外的其他功能房电源插座回路且每一回路插座数量不宜超过 10 个（组）；起居室的使用面积大于 $20m^2$ 时宜预留柜式空调插座回路；使用面积小于等于 $20m^2$ 的起居室、卧室、书房宜预留分体空调插座且每一回路分体空调插座数量不宜超过 2 个；住户配电箱配置回路数不宜小于表 10-2-8 的规定。不需空调（制冷为主、供暖为辅）地区或自筹资金建盖的自用住房其空调回路可根据需求配置。别墅住户配电箱应根据建筑面积及使用要求自行确定，但配置标准不应低于相关规范要求，回路数不宜低于表 10-2-8 中四居室的要求。村镇住宅住户配电箱的回路配置标准宜符合相关规范要求。

表 10-2-8　住户配电箱配置回路数量

回路数	柜式空调插座	分体空调插座	厨房插座	卫生间插座	电源插座	照明	合计
两居室以下	1	1	1	1	1	1	5～6
两居室	1	1～2	1	1	1	1	6
三居室	1	2	1	1	2	1～2	7～8
四居室	1	2～3	1～2	1	2	1～2	8～10
四居以上	1～2	3～4	1～2	2	2～3	1～2	10～15

(4) 电源插座

1) 住户内电热水器、柜式空调宜选用三孔 15A 电源插座，分体空调、排烟风机宜选用三孔 10A 电源插座，其他用电设备插座宜选用二、三孔 10A 电源插座。洗衣机、分体空调及电热水器宜选用带开关控制的插座，厨房、卫生间、未封闭阳台应选用防护等级不低于 IP54 的电源插座，洗衣机应选用防护等级不低于 IP55 的电源插座，卫生间吹风机、剃须刀均应选用安全型电源插座。

2) 住宅建筑户内设置的电源插座的基本配置数量不宜低于表 10-2-9 的规定，除有要求外起居室空调插座只预留一种方式，卫生间吹风、剃须插座作为可选项不列入基本配置表；表中数值不包括综合布线系统工作区所需的电源插座；厨房插座的预留量不包括电灶的使用。起居室的电源插座宜分别设置在 4 个墙面上，主卧室的电源插座宜分别设置在除进门以外的其他 3 个墙面上，次卧室的电源插座宜分别设置在没门窗的 2 个墙面上，书房的电源插座宜设置在工作区。

3) 除专门要求外住户内插座应暗装，电源插座、柜式空调插座、冰箱插座底边距地宜为 0.3~0.5m，分体式空调插座、排烟风机插座、热水器插座底边距地不宜低于 1.8m，厨房电炊插座、洗衣机插座、剃须插座底边距地宜为 1.3~1.5m。住户内所有电源插座底边距地低于 1.8m 应选用带安全门的产品。

表 10-2-9　住宅建筑户内电源插座基本配置数量

房间名称		起居室(厅)	主卧室	次卧室	厨房	卫生间	书房
插座类型及用途	二、三孔双联插座(组)	4	3	2	2	—	2
	三孔插座(柜式空调)	1	—	—	—	—	—
	三孔插座(分体空调)	1	1	1	—	—	1
	三孔插座(热水器)	—	—	—	1	1	—
	三孔插座(排气扇、排烟风机)	—	—	—	1	1	—
	三孔插座(洗衣机)	1	1	1	1	1	1
	三孔插座(电冰箱)	1	1	1	1	1	1

10.2.7 电气照明设计

住宅建筑电气照明设计应符合《建筑照明设计标准》(GB 50034—2013)、《民用建筑电气设计规范》的有关规定。

(1) 公共照明　住宅建筑设置航空障碍标志灯时，其电源应按住宅建筑中最高负荷等级要求供电。照明系统中的每一单相分支回路电流不宜超过 16A，光源数量不宜超过 25 个。应急照明的回路上不应设置插座。住宅建筑的公共走道、走廊、楼梯间应设人工照明，除火灾应急照明外均应安装节能型自熄开关或安装带指示灯、自发光装置的双控延时开关。

(2) 住户照明　城市住宅建筑照明宜选用细管径直管荧光灯或紧凑型荧光灯，村镇住宅建筑宜选用节能型光源。灯具的选择应根据具体房间的功能确定，宜采用直接照明和开启式灯具，并宜选用节能型灯具。起居室、餐厅等公共活动场所，当使用面积小于 $20m^2$ 时，其屋顶应预留一个照明电源出线口，且灯位宜居中；当使用面积大于 $20m^2$ 时，应根据公共活动场所的布局在屋顶预留一个以上的照明电源出线口。卧室、书房、卫生间、厨房的照明应预留一个电源出线口，灯位宜在屋顶居中。卫生间、浴室等潮湿且易污场所宜采用防潮易清洁的灯具，卫生间的灯具位置应避免安装在淋浴或浴缸的上方，开关宜设于卫生间门外。起居室、通道和卫生间照明开关宜选用带夜间指示灯的面板。老年人住宅卧室内照明开关宜选用带夜间指示灯的面板，卧室至卫生间的过道宜设置脚灯。

（3）照明节能 直管形荧光灯应采用节能型镇流器，使用电感式镇流器时，其能耗应符合《管形荧光灯镇流器能效限定值及能效等级》（GB 17896—2012）的规定。应充分利用自然光，宜在住宅建筑首层门厅等有自然光的公共走道、楼梯间采用光自动控制照明。住宅建筑公共照明宜采用定时开关、光电自动控制器等节电开关和照明智能控制系统等管理措施。

10.3 建筑电气系统施工与维护

10.3.1 基本概念

建筑电气系统施工中的布线系统是指由一根或几根绝缘导线、电缆或母线及其固定部分构成的组合，如果需要还可包括其机械保护部分。电气设备是指用于发电、变电、输电、配电或利用电能的设备，如电机、变压器、开关设备和控制设备、测量仪器、保护器件、布线系统和用电设备。

用电设备是指用来将电能转换成光能、热能、机械能等其他形式能量的设备。

电气装置是指相关电气设备的组合，具有为实现特定目的所需的相互协调的特性。建筑电气工程是指为实现一个或几个具体目的且特性相配合的由电气装置、布线系统和用电设备电气部分构成的组合，这种组合既能满足建筑物预期的使用功能和安全要求也能满足使用建筑物的人的安全需要。

母线槽是指导线系统形式的、通过型式试验的成套设备，该导线系统由母线构成，这些母线在走线槽或类似的壳体中，并由绝缘材料支撑或隔开，该成套设备包括三大类单元，即带分接装置或不带分接装置的母线单元；换相单元、膨胀单元、弯曲单元、馈电单元和变容单元；分接单元。

电缆梯架是指带有牢固地固定在纵向主支撑组件上的一系列横向支撑构件的电缆支撑物。电缆托盘是指带有连续底盘和侧边，没有盖子的电缆支撑物，电缆托盘可以是带孔的或是网格状的。电缆槽盒是指用于将绝缘导线、电缆完全包围起来且带有可移动盖子的底座组成的封闭外壳。

导管是指在电气安装中用来保护绝缘导线或电缆的圆形或非圆形的布线系统的一部分，导管有足够的密封性，其使绝缘导线或电缆只能从纵向引入而不能从横向引入。金属导管是指由金属材料制成的导管。塑料导管是指以聚氯乙烯或聚乙烯树脂为主要原料加入其他添加剂挤出成型的导管。

保护导体（PE）是指为电击防护等安全目的而设置的导体。中性导体（N）是指电气上与中性点连接并用于配电的导体。保护中性导体（PEN）是指兼有中性导体和保护导体功能的导体。外露可导电部分是指设备上能触及的可导电部分，它在正常状况下不带电，但在基本绝缘损坏时会带电。

景观照明泛指除体育场场地、建筑工地和道路照明等功能性照明以外所有室外公共活动空间或景物的夜间景观的照明。

剩余电流动作保护器（RCD）是指在正常运行条件下能接通、承载和分断电流以及在规定的条件下当剩余电流达到规定值时能使触头断开的机械开关电器或组合电器。

额定剩余动作电流是指制造商对剩余电流保护电器规定的额定频率下正弦剩余动作电流的有效值，在该电流值时剩余动作保护电器应在规定的条件下动作。

连锁式铠装是指由金属带采用连锁式结构的包覆层，用来给电缆线芯提供机械防护。

接闪器通常由拦截闪击的接闪杆、接闪带、接闪线、接闪网及金属屋面、金属构件等组成。

连接器件是指由一个或多个端子及绝缘和（或）附件（必要时）组成的能连接两根或多根导线的器件。

10.3.2 建筑电气系统施工与维护的基本要求

建筑电气工程施工现场的质量管理除应符合《建筑工程施工质量验收统一标准》（GB 50300—2013）的规定外还应符合以下两条规定：安装电工、焊工、起重吊装工和电力系统调试人员等应按有关要求持证上岗；安装和调试用各类计量器具应检定合格且使用时应在有效期内。

额定电压交流 50V 及以下、直流 120V 及以下的为特低压电气设备、器具和材料；额定电压交流 50V～1kV（含 1kV）、直流 120V～1.5kV（含 1.5kV）的应为低压电气设备、器具和材料；额定电压交流大于 1kV、直流大于 1.5kV 的应为高压电气设备、器具和材料。电气设备上的计量仪表和与电气保护有关的仪表应检定合格，且投入运行时应在有效期内。

建筑电气动力工程的空载试运行和建筑电气照明工程的负荷试运行应按相关规范规定执行；建筑电气动力工程的负荷试运行应依据电气设备及相关建筑设备的种类、特性编制试运行方案或作业指导书进行，并应经施工单位审查批准，试运行方案应经监理单位确认后执行。高压的电气设备和布线系统及继电保护系统的交接试验必须符合《电气装置安装工程 电气设备交接试验标准》（GB 50150—2016）的规定。

低压和特低压的电气设备和布线系统的检测或交接试验应符合相关规范规定。相关规范所规定的应与保护导体（PE）可靠连接的电气设备或布线系统不包括已采取下列间接接触防护措施的电气设备或布线系统：Ⅱ类设备；已采取电气分隔措施；采用特低电压供电；将电气设备安装在非导电场所内；设置不接地的等电位连接。相关规范所规定的电气设备或布线系统应与保护导体（PE）可靠连接均是指要求与保护接地（PE）干线直接连接，不可通过接地支线彼此相互串联连接，干线与支线的区别见图 10-3-1。

10.3.3 主要设备、材料、成品和半成品进场验收基本要求

主要设备、材料、成品和半成品进场检验应有记录，确认符合设计提供的技术参数要求和相关规范规定才能在施工中应用。实行生产许可证和强制认证的产品应有许可证编号和强制性产品认证标志，并应抽查生产许可证或强制性认证证书的认证范围及其真实性。

对主要设备、材料、成品和半成品进场验收的现场抽样检测或有异议送有资质试验室进

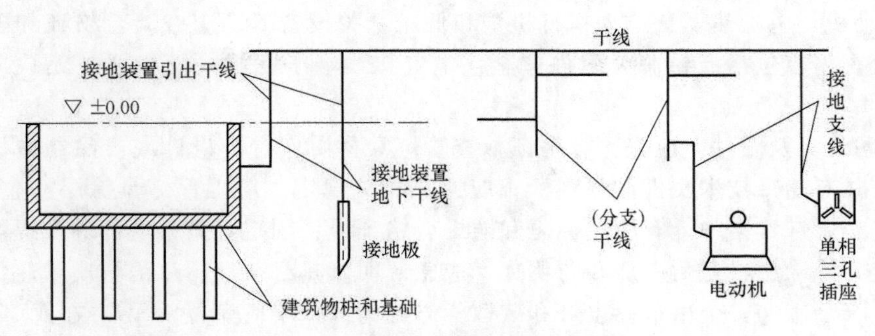

图 10-3-1　干线与支线的区别示意图

行抽样检测时应按以下数量、方法及要求进行抽样。现场抽样检测对母线槽、绝缘导线、电缆、梯架、托盘、槽盒、导管、镀锌制品等，同厂家、同批次、同型号、同规格的，每批抽查各不少于 1 件；灯具、插座、开关等电器设备，同厂家、同材质、同类型的，数量 500 个（套）及以下时各抽检 10 个（套），但各不少于 1 个（套）；500 个（套）以上时各抽检 20 个（套）。有异议送有资质试验室进行抽样检测时母线槽、绝缘导线、电缆、梯架、托盘、槽盒、导管、型钢、镀锌制品等，按同一厂家、同批次各种规格总数的 10%，且不少于 2 个规格；灯具、插座、开关等电器设备，同厂家、同材质、同类型数量 500 个（套）及以下时各抽检 2 个（套），但各不少于 1 个（套）；500 个（套）以上时各抽检 3 个（套）。由同一施工单位施工的同一建设项目的多个单位工程，当使用同一生产厂家、同材质、同批次、同类型的上述设备、材料、成品和半成品时，其抽检比例宜合并计算。试验室应出具检测报告，确认符合相关规范和相关技术标准规定，才能在施工中应用。当抽样检测结果出现不合格可扩大一倍抽样数量再次检测，仍不合格时则该设备、材料、成品或半成品不得使用。

依法定程序批准进入市场的新电气设备、器具和材料进场验收除应符合相关规范规定外还应提供安装、使用、维修和试验要求等技术文件。进口电气设备、器具和材料进场验收除应符合相关规范规定外还应提供中文的质量合格证明文件、规格、型号、性能检测报告以及中文的安装、使用、维修、试验要求和说明等技术文件；对有商检规定要求的进口电气设备还应提供商检证明。

1）变压器、箱式变电所、高压电器及电瓷制品。应查验合格证和随带技术文件，变压器应有出厂试验记录；外观检查内容包括有铭牌，附件齐全，绝缘件无缺损、裂纹，充油部分不渗漏，充气高压设备气压指示正常，涂层完整等。

2）高低压成套配电柜、蓄电池柜、不间断电源柜、应急供电电源柜、控制柜（屏、台）及动力、照明配电箱（盘）。应查验合格证和随带技术文件，不间断电源柜、应急供电电源柜有出厂试验记录；应核对产品型号、产品技术参数应符合设计要求；外观检查内容包括有铭牌，柜内元器件无损坏丢失、接线无脱落脱焊，导线的材质、规格应符合设计要求，蓄电池柜内电池壳体无碎裂、漏液，充油、充气设备无泄漏，涂层完整，无明显碰撞凹陷等。

3）柴油发电机组。应依据装箱单核对主机、附件、专用工具、备品备件和随带技术文件，查验合格证和出厂试运行记录，发电机及其控制柜有出厂试验记录；外观检查内容包括有铭牌，机身无缺件，涂层完整等。

4）电动机、电加热器、电动执行机构和低压开关设备等。应查验合格证和随带技术文件；外观检查内容包括有铭牌，附件齐全，电气接线端子完好，设备器件无缺损，涂层完整等。

5）照明灯具及附件。应查验合格证，查验灯具材质应符合设计或产品制造标准；新型气体放电灯具有随带技术文件。外观检查应遵守相关规定，应确保灯具涂层完整，无损伤，附件齐全；防爆灯具铭牌上有防爆标志和防爆合格证号；固定灯具带电部件及提供防触电保护的部位应为绝缘材料且耐燃烧和防明火；应急照明灯具必须经国家消防质量监督检验中心检测合格且有标志；安全出口标志灯和疏散标志灯的保护罩应完整、无裂纹；太阳能灯具的内部短路保护、过载保护、反向放电保护、极性反接保护等功能应齐全，符合设计要求；游泳池和类似场所灯具（水下灯及防水灯具）的防护等级符合设计要求，当对其密闭和绝缘性能有异议时，按批抽样送有资质的试验室检测；对成套灯具的绝缘电阻、内部接线等性能进行现场抽样检测，灯具的绝缘电阻值不小于2MΩ；内部接线为铜芯绝缘导线，导线截面面积不小于0.5mm^2，橡胶或聚氯乙烯（PVC）绝缘导线的绝缘层厚度不小于0.6mm。

6）开关、插座、接线盒和风扇及其附件。应查验合格证，防爆产品有防爆标志和防爆合格证号；外观检查包括开关、插座的面板及接线盒盒体完整、无碎裂、零件齐全，风扇无损坏，涂层完整，调速器等附件适配等。应对开关、插座的电气和机械性能进行现场抽样检测，不同极性带电部件间的电气间隙不小于1.5mm，爬电距离不小于2.8mm；绝缘电阻值不小于5MΩ；用自攻锁紧螺钉或自切螺钉安装的，螺钉与软塑固定件旋合长度不小于8mm，绝缘材料固定件在经受10次拧紧退出试验后，无松动或掉渣，螺钉及螺纹无损坏现象；金属间相旋合的螺钉螺母，拧紧后完全退出，反复5次仍然能正常使用。对开关、插座、接线盒及其面板等塑料材料的阻燃性能有异议时，应按批抽样送有资质的试验室检测。

7）绝缘导线、电缆。应按批查验合格证。外观检查内容包括包装完好，电缆端头应密封良好，标识应齐全等；抽检的绝缘导线或电缆绝缘层完整无损，厚度均匀；电缆无压扁、扭曲，铠装不松卷；绝缘导线、电缆外护层有明显标识和制造厂标。测量电缆的绝缘性能符合产品技术标准或产品技术文件规定，应按《电线电缆电性能试验方法　第4部分：导体直流电阻试验》（GB/T 3048.4—2007）的相关试验方法现场抽样检测导体直流电阻值，该值应符合《电缆的导体》（GB/T 3956—2008）的有关规定，当现场环境不具备试验条件或有异议时，应送有资质的试验室进行检测。对绝缘导线、电缆导电性能、绝缘性能和阻燃耐火性能有异议时，应按批抽样送有资质的试验室检测，检测项目和内容应符合产品技术标准的规定。

8）导管。应按批查验合格证。外观检查内容包括钢导管无压扁、内壁光滑；非镀锌钢导管无严重锈蚀，按制造标准油漆出厂的油漆完整；镀锌钢导管镀层覆盖完整、表面无锈斑；塑料导管及配件不碎裂、表面有阻燃标记和制造厂标。应按制造标准及设计要求现场按批抽样检测导管的管径、壁厚及均匀度。对机械连接的钢导管及其配件的电气连续性有异议时，应按《电缆管理用导管系统　第1部分：通用要求》（GB/T 20041.1—2015）的有关规定进行检验。对塑料导管及配件的阻燃性能有异议时，应按批抽样送有资质的试验室检测。

9）型钢和电焊条。应按批查验合格证和材质证明书，有异议时应按批抽样送有资质的试验室检测。外观检查内容包括型钢表面无严重锈蚀，无过度扭曲、弯折变形；电焊条包装完整，拆包抽检，焊条尾部无锈斑。

10）支架、接地扁铁、圆钢、接地极等镀锌制品。应按批查验合格证或镀锌厂出具的镀锌质量证明书。外观检查内容包括镀锌层覆盖完整、表面无锈斑，金具配件齐全，无砂眼。对镀锌质量有异议时应按批抽样送有资质的试验室检测。

11）梯架、托盘和槽盒。应查验合格证。外观检查内容包括部件齐全，表面光滑、不变形；钢制梯架、托盘和槽盒涂层完整，无锈蚀；塑料槽盒色泽均匀，无破损碎裂；对阻燃性能有异议时，按批抽样送有资质的试验室检测；铝合金梯架、托盘和槽盒涂层完整，无扭曲变形，不压扁，表面不划伤。

12）母线槽。应查验合格证和随带安装技术文件并核对，3C 型式试验报告及温升报告应与产品规格相符且报告内容齐全；技术参数应符合设计要求；导体规格应与 3C 型式试验报告中导体规格一致，当对母线的载流能力有异议时应送有资质的试验室或试验单位做极限温升试验，额定电流的温升应符合设计要求，设计无规定时温升应小于等于 70K；耐火母线的耐火性能，对用于消防设备或应急电源的耐火母线槽除通过强制性 3C 认证外，应提供由中国合格评定国家认可委员会认可的实验室出具的型式检验报告，其耐火时间应符合设计对耐火时间的要求；保护导体（PE）与外壳有可靠的连接且其截面面积应符合产品技术文件规定，当外壳兼作保护导体（PE）时 3C 型式试验报告和产品结构应符合产品技术标准的规定。外观检查内容包括防潮密封良好，各段编号标志清晰，附件齐全、无缺损，外壳无明显变形，母线螺栓搭接面平整、镀层覆盖完整、无起皮和麻面；插接母线上的静触头无缺损、表面光滑、镀层完整；对有防护等级要求的母线槽尚应检查产品防护等级与设计的符合性，并有标识。应按《电线电缆电性能试验方法　第 2 部分：金属材料电阻率试验》（GB/T 3048.2—2007）的相关试验方法现场抽样检测母线槽导体的电阻率，其值应符合《电工用铜、铝及其合金母线》（GB/T 5585—2005）的有关规定，当现场环境不具备试验条件时应送有资质的试验室进行检测。

13）电缆头部件、导线连接器及接线端子。应查验合格证及相关技术文件，铝及铝合金电缆的附件应具有与电缆导体匹配的检测报告；矿物绝缘电缆的中间连接附件的耐火等级不应低于电缆本体的耐火等级；导线连接器和接线端子的额定电压、连接容量及防护等级应满足工程需要。外观检查内容包括部件齐全，包装标识和产品标志清晰，表面无裂纹和气孔，随带的袋装涂料或填料不泄漏；铝及铝合金电缆用接线端子和接头附件的压接圆筒内表面应有抗氧化剂；矿物绝缘电缆专用终端接线端子规格应与电缆相适配；导线连接器的产品标识经久耐用、清晰明了。

14）钢制灯柱。应按批查验合格证。外观检查内容包括涂层完整，根部接线盒盒盖紧固件和内置熔断器、开关等器件齐全，盒盖密封垫片完整。钢柱内设有专用接地螺栓，地脚螺孔位置按提供的附图尺寸，允许偏差为±2mm。

15）降阻剂材料。应符合设计及国家现行技术标准，并应提供经国家相应检测机构检验检测合格的证明。

10.3.4　工序交接确认及验收的基本要求

1）变压器、箱式变电所安装程序。室内顶棚、墙体、装饰面施工应完毕，不得渗漏，室内地面的找平层应施工完成；变压器、箱式变电所的基础验收合格，且对埋入基础的导管和变压器进、出线预留孔及相关预埋件进行检查合格，才能安装变压器、箱式变电所；变压器及系统接地交接试验合格，才能通电。

2）成套配电柜、控制柜（屏、台）和动力、照明配电箱（盘）安装程序。埋设的基础型钢和柜、屏、台下的电缆沟等相关建筑物检查合格，才能安装柜、屏、台；室内外落地动力配电箱的基础及埋入基础的导管验收合格，才能安装箱体；墙上明装的动力、照明配电箱（盘）的预埋件（金属埋件、螺栓），抹灰前已预留和预埋；暗装的动力、照明配电箱的预留孔和动力、照明配线的线盒及导管等，经检查确认到位，才能安装配电箱（盘）；保护导体（PE）连接完成后，核对柜、屏、台、箱、盘内的元件规格、型号，接线正确且交接试验合格，才能投入试运行。

3）低压电动机、电加热器及电动执行机构应与机械设备完成连接，绝缘电阻测试合格，经手动操作符合工艺要求，才能接线。

4）柴油发电机组安装程序。基础验收合格，才能安装机组；地脚螺栓固定的机组经初平、螺栓孔灌浆、精平、紧固地脚螺栓、二次灌浆等机械安装程序；安放式的机组将底部垫平、垫实；油、气、水冷、风冷、烟气排放等系统和隔振防噪声设施安装完成，按设计要求配置的消防器材齐全到位，发电机静态试验、随机配电盘控制柜接线检查合格，才能空载试运行；发电机空载试运行和试验调整合格，才能负荷试运行；在规定时间内，连续无故障负荷试运行合格，才能投入备用状态。

5）不间断电源或应急电源按产品技术要求试验调整，应检查确认才能接至馈电网路。

6）低压电气动力设备试验和试运行程序。设备的外露可导电部分与保护导体（PE）连接完成，经检查合格，才能进行试验；动力成套配电（控制）柜、屏、台、箱、盘的交流工频耐压试验、保护装置的动作试验合格，才能通电；控制回路模拟动作试验合格，盘车或手动操作，电气部分与机械部分的转动或动作协调一致，经检查确认，才能空载试运行。

7）母线槽安装程序。变压器、高低压成套配电柜、穿墙套管等安装就位，经检查合格，才能安装变压器和高低压成套配电柜的母线；母线槽安装，在结构封顶、室内底层地面施工完成或已确定地面标高、场地清理、层间距离复核后，才能确定支架设置位置；与母线槽安装位置有关的管道、空调及建筑装修工程施工基本结束，确认扫尾施工不会影响已安装的母线，才能安装母线；母线槽每段母线组对接续前，绝缘电阻测试合格，绝缘电阻值不小于20MΩ，才能安装组对；母线槽的外壳保护导体（PE）连接完成，母线绝缘电阻测试和交流工频耐压试验合格，才能通电。

8）梯架、托盘和槽盒安装程序。测量定位，安装支架，经检查确认，才能安装梯架、托盘和槽盒；顶棚和墙面的喷浆、油漆或壁纸等基本完成，才能敷设配线用槽盒。

9）电缆敷设程序。电缆沟、电缆竖井内的施工临时设施、模板及建筑废料等清除，测量定位后，才能安装支架。电缆沟、电缆竖井内支架安装及电缆导管敷设结束，保护导体（PE）连接完成，梯架、托盘和槽盒安装检查合格，经检查确认；电缆敷设前绝缘测试合格，才能敷设；电缆交接试验合格，且对接线去向、相位和防火隔堵措施等检查确认，才能通电。

10）导管敷设程序。除埋入混凝土中的非镀锌钢导管外壁不作防腐处理外，其他场所的非镀锌钢导管内外壁均作防腐处理，经检查确认，才能配管；室外直埋导管的路径、沟槽深度、宽度及垫层处理经检查确认，才能埋设导管；现浇混凝土板内配管在底层钢筋绑扎完成，上层钢筋未绑扎前敷设，且检查确认，才能绑扎上层钢筋和浇捣混凝土；现浇混凝土墙体内的钢筋绑扎完成，门、窗等位置已放线，检查确认，才能在墙体内配管；被隐蔽的接线盒和导管在隐蔽前检查合格，才能隐蔽；在梁、板、柱等部位明配管的导管套管、埋件、支架等检查合格，才能配管；吊顶上的灯位及电气器具位置先放样，且与土建及各专业施工单位商定，才能在吊顶内配管。

11）绝缘导线、电缆穿管及槽盒内敷线程序。保护导体（PE）及其他焊接施工完成，经检查确认，才能穿入绝缘导线或电缆以及槽盒内敷线；与导管连接的柜、屏、台、箱、盘安装完成，管内积水及杂物清理干净，经检查确认，才能穿入绝缘导线、电缆；电缆穿管前绝缘电阻测试合格，才能穿入导管；绝缘导线、电缆交接试验合格，且对接线去向和相位等检查确认，才能通电。

12）塑料护套线直敷布线程序。在建筑施工完成，墙面、顶面装饰工程施工完成后，才能进行布线的弹线定位；确认穿梁、墙、楼板等建筑结构上的套管已确认安装到位，塑料护套线经绝缘电阻测试合格后，才能布线。

13）电缆头制作和接线程序。电缆连接位置、连接长度和绝缘测试经检查确认，才能制作电缆头。控制电缆绝缘电阻测试和校线合格，才能接线。绝缘导线、电缆交接试验和相位核对合格，才能接线。

14）照明灯具安装程序。安装灯具的预埋螺栓、吊杆和吊顶上嵌入式灯具安装专用骨架等完成，需做承载试验时应试验合格，才能安装灯具；影响灯具安装的模板、脚手架拆除，顶棚和墙面喷浆、油漆或壁纸等及地面清理工作基本完成后，才能安装灯具；导线绝缘电阻测试合格，才能灯具接线；高空安装的灯具，在地面通断电试验合格后，才能安装；照明开关、插座、风扇安装、吊扇的吊钩预埋完成，导线绝缘电阻测试应合格，顶棚和墙面的喷浆、油漆或壁纸等应基本完成，才能安装开关、插座和风扇。

15）照明系统的测试和通电试运行程序。导线绝缘电阻测试在导线接续前完成；照明箱（盘）、灯具、开关、插座的绝缘电阻测试在就位前或接线前完成；备用电源或事故照明电源做空载自动投切试验前拆除负荷，空载自动投切试验合格，才能做有载自动投切试验；电气器具及线路绝缘电阻测试合格，才能通电试验；照明全负荷试验必须在本条的1、2、4完成后进行。

16）接地装置安装程序。建筑物基础接地体施工应遵守相关规定，底板钢筋敷设完成，按设计要求作接地施工，经检查确认，才能支模或浇捣混凝土；人工接地体施工应遵守相关规定，按设计要求位置开挖沟槽，经检查确认，才能打入接地极和敷设地下接地干线；降低接地措施的施工应遵守相关规定，接地模块时应按设计位置开挖模块坑，并将地下接地干线引到模块上，经检查确认，才能相互焊接；添加降阻剂时应按设计要求开挖沟槽或钻孔垂直埋管，沟槽清理干净，检查接地体埋入位置符合要求后，才能灌注降阻剂；换土时应按设计要求开挖沟槽，沟槽清理干净后，才能在沟槽底部铺设经确认合格的低电阻率土壤，经检查铺设厚度达到设计要求后，才能安装接地装置；接地装置连接完好，防腐处理完成后，才能覆盖上层低电阻率土壤；装置隐蔽应遵守相关规定，检查验收合格才能复土回填。

17）防雷引下线安装程序。利用建筑物柱内主筋作引下线，在柱内主筋绑扎后，按设计要求施工，经检查确认，才能支模；直接从基础接地体或人工接地体暗敷埋入粉刷层内的引下线，经检查确认不外露，才能贴面砖或刷涂料等；直接从基础接地体或人工接地体引出明敷的引下线，先埋设或安装支架，经检查确认，才能敷设引下线。

18）接闪器安装应遵守相关规定，接地装置和引下线应施工完成，才能安装接闪器，且与引下线连接。

19）防雷接地系统测试应遵守相关规定，接地装置施工完成测试应合格；防雷接闪器安装完成，整个防雷接地系统连成回路，才能系统测试。

20）等电位连接程序。总等电位连接应遵守相关规定，对可作导电接地体的金属管道入户处和供总等电位连接的接地干线的位置检查确认，才能安装焊接总等电位连接端子板，按设计要求做总等电位连接；局部等电位连接应遵守相关规定，对供局部等电位连接用的连接端子位置及连接端子板截面检查确认，才能安装焊接局部等电位连接端子板，按设计要求做局部等电位连接。对特殊要求的建筑金属屏蔽网箱，网箱施工完成，经检查确认，才能与接地线连接。

21）分部（子分部）工程划分及验收应遵守相关规定。

10.4 建筑防雷系统设计与施工

住宅建筑防雷与接地的设计应符合《建筑物防雷设计规范》（GB 50057—2010）、《民用建筑电气设计规范》的有关规定。

1. 防雷

住宅建筑的防雷分类见表 10-4-1。高度超过 100m 和年预计雷击次数大于 0.3 的住宅建筑按第二类防雷建筑物做防雷措施。19 层及以上且 100m 以下和年预计雷击次数大于或等于 0.06 且小于或等于 0.3 的住宅建筑按第三类防雷建筑物做防雷措施。固定在第二、三类防雷建筑物上的节日彩灯、航空障碍标志灯及其他用电设备，应处在接闪器的保护范围内。住宅建筑屋顶设置的室外照明及用电设备的配电箱，宜安装在室内。配电箱内，应在开关的电源侧与外露可导电部分之间装设浪涌保护器。对于不装设防雷装置的住宅建筑，应在室内总配电箱装设浪涌保护器。

表 10-4-1 住宅建筑物的防雷分类

住宅建筑	防雷分类
高度超过 100m 的住宅建筑	第二类防雷建筑物
年预计雷击次数大于 0.3 的住宅建筑	
19 层及以上且 100m 以下的住宅建筑	第三类防雷建筑物
年预计雷击次数大于或等于 0.06 且小于或等于 0.3 的住宅建筑	

2. 等电位连接

住宅建筑应进行总等电位连接。设有洗浴设备的卫生间应做局部等电位连接。局部等电位连接应包括卫生间内金属给水排水管、金属浴盆、金属供暖管及建筑物钢筋网，可不包括金属地漏、扶手、浴巾架、肥皂盒等孤立金属物。设洗浴设备的卫生间地面内钢筋网宜与等电位连接线连通，当墙体为混凝土墙时，墙内钢筋网也宜与等电位连接线连通。

等电位连接线与浴盆、淋浴的连接应满足下列要求：金属搪瓷浴盆及金属管道应进行局部等电位连接；淋浴用的金属管道应进行局部等电位连接，淋浴固定管道为塑料管道，移动部分为金属软管时，金属软管可不进行等电位连接。

等电位连接线与排水管道连接应满足下列要求：洗脸盆下的金属存水弯与金属排水管道相连时应进行局部等电位连接；洗脸盆下的金属存水弯与非金属排水管道相连时则可不进行连接；金属排水干管应进行局部等电位连接。

等电位连接线与暖气片连接应满足下列要求：卫生间内暖气片的支管为金属材料时支管应进行局部等电位连接；卫生间内暖气片的支管为非金属材料时金属暖气片应进行局部等电位连接。

等电位连接线与洗脸盆金属支架连接应符合要求，洗脸盆金属支架可不进行连接。等电位连接线的截面积应符合表 10-4-2 的规定。

表 10-4-2　等电位连接线截面积要求

<table>
<tr><th>限定值</th><th colspan="2">总等电位连接线截面积</th><th>局部等电位连接线截面积</th></tr>
<tr><td rowspan="3">最小值</td><td rowspan="2">$6mm^2$ 铜</td><td>有机械保护时</td><td>$2.5mm^2$ 铜</td></tr>
<tr><td>无机械保护时</td><td>$4mm^2$ 铜</td></tr>
<tr><td>$50mm^2$ 钢铁</td><td colspan="2">$16mm^2$ 钢铁</td></tr>
<tr><td>一般值</td><td colspan="3">不小于最大 PE 线截面积的一半</td></tr>
<tr><td rowspan="2">最大值</td><td colspan="3">$25mm^2$ 铜</td></tr>
<tr><td colspan="3">$100mm^2$ 钢铁</td></tr>
</table>

3. 接地

住宅建筑各电气系统的接地宜采用共用接地网。接地网的接地电阻应符合其中电气系统最小值的要求。

住宅建筑户内下列电气装置的外露可导电部分均应可靠接地：固定家用电器、手持式及移动式家用电器；配电箱的金属外壳；缆线的金属保护导管、接线盒及终端盒；Ⅰ类照明灯具的金属外壳、当灯具距地面高度小于 2.4m 时的金属外壳。当采用金属接线盒、金属导管保护、金属开关面板、金属灯具时，交流 220V 照明配电装置的线路，宜加穿 1 根 PE 保护接地绝缘导线。电气竖井内的接地干线可选用镀锌扁钢或铜排，可兼作等电位连接干线；高层建筑竖向电缆井道内的接地干线应不大于 20m，与相近楼板钢筋做等电位连接。

思考题与习题

1. 建筑电气系统有哪些基本特点？
2. 简述电路的组成以及基本分析方法的特点。
3. 单相交流电路的特点是什么？
4. 建筑配电电力系统的特点是什么？
5. 建筑配电负荷计算的基本要求是什么？
6. 简述建筑配电设备及线缆的选择的基本要求。
7. 简述建筑电气照明系统的特点。
8. 建筑常用电光源、灯具有哪些？使用特点是什么？
9. 简述建筑电气接地系统的特点及基本要求。
10. 简述建筑防雷系统的特点及基本要求。

11. 如何做好安全用电工作？
12. 简述建筑电气系统设计的基本要求。
13. 供配电系统设计应注意哪些问题？
14. 配变电所设计应注意哪些问题？
15. 自备应急电源设计应注意哪些问题？
16. 低压配电设计应注意哪些问题？
17. 电源布线系统设计应注意哪些问题？
18. 电气设备设计应注意哪些问题？
19. 电气照明设计应注意哪些问题？
20. 简述建筑电气系统施工与维护的基本要求。
21. 简述主要设备、材料、成品和半成品进场验收的基本要求。
22. 简述建筑电气系统施工工序交接确认及验收的基本要求。
23. 如何做好建筑防雷系统设计与施工工作？

建筑智能化系统 第11章

11.1 建筑智能化系统概述

建筑智能化内容比较宽泛，涉及有线电视系统、电话通信系统、综合安防系统、公共广播系统、综合布线系统、楼宇自动化系统等。

1. 有线电视系统

有线电视系统的组成见图 11-1-1。有线电视系统主要由有线电视系统的前端部分、有线电视系统干线部分、有线电视系统传输分配部分等构成。

有线电视系统的主要设备包括接收天线、解调器、混合器、分配器、放大器、分支器、频道变换器、用户接线盒、调制器、传输线等。

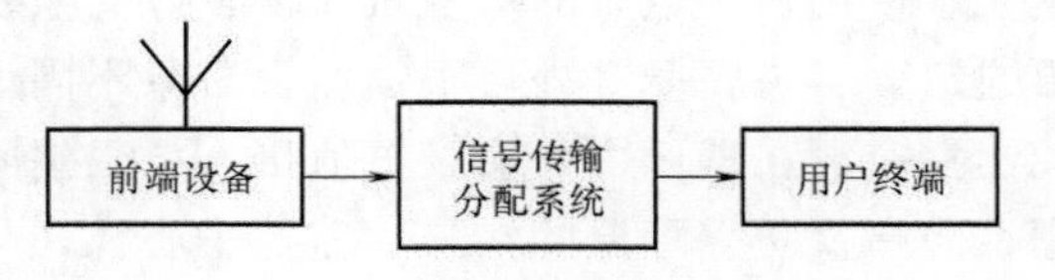

图 11-1-1 有线电视系统的组成

有线电视作为一种独立的宽带传输平台，由于采用了同轴电缆/光缆混合（HFC）网，可以进行高速数据传输，实现图像、语音和数据的混合传输，在高速数据接入方面具有较大的优势。采用有限 HFC 网络作为智能小区的信息传输网不仅在功能上完全满足要求，而且简化了小区的布线，节约了大量的人力和物力，降低了成本，除此之外还可以进行多次开发，避免了重复投资。因此，有线电视（CATV）系统在一般民用建筑和智能小区中的应用日益广泛，并将逐步向多功能、多媒体、交互式、数字化、高清晰的方向发展。

2. 电话通信系统

室内电话的连接见图 11-1-2。

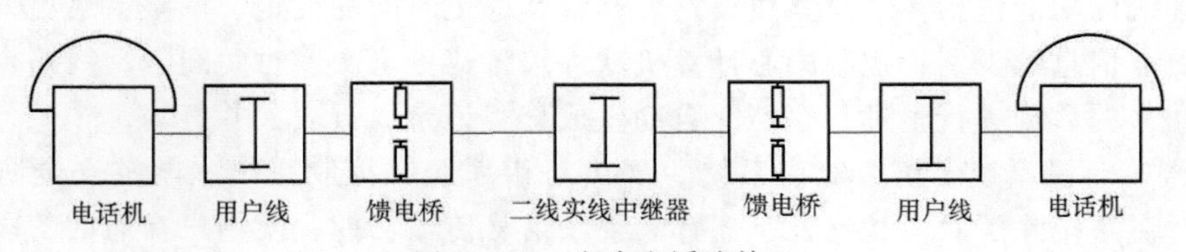

图 11-1-2 室内电话连接

(1) 建筑电话工程的进网方式 程控用户交换机（PABX）是机关团体、企事业单位内部用户进行电话交换的小型交换机，它既要满足单位内部用户之间的通信，又要能够实现内部用户和市话公用网的外部用户之间的通信。用户交换机与市话公用网相连接的方式即是程控用户交换机的进网方式。采用何种进网方式的主要依据是程控用户交换机容量的大小、话务量的多少以及接口端局的设备制式等。进网方式有全自动直拨进网方式、半自动进网方式、人工进网方式和混合进网方式等。

（2）电话交换站　电话交换站也称为总机室，用于为一个单位或几个业务关系密切单位的内部通话服务，是布置安装电话交换机及其附属、配套设备的房间。电话交换站地址的选择分两种情况来考虑：一是在单一建筑物内安装总机和全部分机；二是在由多栋单独的建筑物构成的建筑群中安装总机与分机，这时总机的选址应遵守相关原则。

（3）电缆续接设备　在用户线路中，从用户终端设备向上引出的通信软线并不是直接连接到局内的总配线架上，一般是按照一定的技术要求将通信线路分段，并用一些接口装置将分段的各种电缆和软线连接起来。这些接口装置称为电缆续接设备，如交接箱、分线箱、分线盒等。

3. 综合安防系统

（1）闭路电视监控系统　闭路电视监控系统主要由摄像、传输、控制、图像处理和显示四大系统构成。闭路电视监控的区域主要有公共通道、户外区域、重点防范区域。闭路电视监视系统摄像点的布置是否合理将直接影响整个系统的工作质量。从使用的角度来看，要求监视区域范围内的景物尽可能都进入摄像画面，减少摄像区的死角。摄像点合理的布局就是要求使用较少数量的摄像机获得较好的监视效果。办公大厦和高级宾馆或酒店的入口、主要通道、客梯轿厢等处可根据监视对象不同设置一台或多台摄像机。闭路电视监控系统中央控制室应设在禁区内，应设置值班人员卫生间，避开电梯等冲击性负荷的干扰，并应考虑防潮、防雷及防暑降温的措施。监控中心往往与消防控制中心合用一室。

（2）门禁系统　门禁系统的主要功能体现在以下两个方面：对已授权的人员凭有效的卡片、代码或特征允许其进入；对未授权人员将拒绝其入内。对某段时间内人员的进出状况、某人的进出情况，在场人员的名单等资料实时统计、查询和打印输出。门禁系统主要由三部分组成，即入口对象（人、物）识别装置；出入口控制执行机构；出入口信息处理、控制、通信装置。

（3）入侵报警系统　入侵报警系统是在探测到防范现场有入侵者时能发出警报信号的专用电子系统。入侵报警系统上用的探测器对建筑物内外的重要地点和区域进行布防，一旦探测到有非法侵入时，能及时向有关人员示警，同时记录下入侵的时间、地点，并向闭路电视系统发出信号，录下现场情况。

（4）巡更系统　巡更系统可以督促安保人员按时按路线巡逻，同时保障安保人员的安全。巡更系统的功能包括：巡逻路线设定、调整及巡更时间的设定、调整；巡更人员信息的识别；巡更点信息的识别；控制中心计算机软件编排巡更班次、时间间隔、线路走向；计算机对采集回来的数据进行整理、存档，自动生成分类记录、报表，并打印。

（5）楼宇对讲系统　访客对讲系统主要由对讲系统、控制系统、电控安全防盗门等组成。可视对讲系统除了对讲功能外，还具有视频信号传输功能，使用户在通话的同时可观察到来访者的情况，因此，系统增加了微型摄像机，安装在大门入口附近，每户终端设一部监视器。

（6）停车场管理系统　停车场管理系统由自动计费收费系统、出入口管理系统、文件服务器、车辆引导及检测装置等组成。系统分为自动收费和人工现金收费，自动收费又分为中央收费模式和出口收费模式两种。散户采用进入时由系统自动开始计费、开出时付费的方式，对于长期客户可使用磁卡进出车库通道口。另外车库安装了车辆和车位引导装置，可以自动引导车辆行驶和停放。

4. 公共广播系统

公共广播系统主要由节目设备、信号的放大和处理设备、传输线路、扬声器等组成。公共广播系统主要有基本公共广播系统、多功能公共广播系统两种类型。

5. 综合布线系统

综合布线系统是智能建筑的中枢神经系统，是建筑智能化必备的基础设施。从分散式布线到集中式综合布线，解决了过去建筑物各种布线互不兼容的问题。综合布线是一个模块化、灵活性极高的建筑内或建筑群之间的信息传输通道，是智能建筑的“信息高速公路”。它既能使语音、数据、图像设备和交换设备与其他信息管理系统彼此相连，也能使这些设备与外部通信网相连接。综合布线系统按其重要程度依次有开放性、灵活性、可扩充性、可靠性、经济性五大特点。综合布线系统见图 11-1-3 主要由建筑群子系统、干线子系统、配线子系统、工作区子系统、设备间子系统等组成。

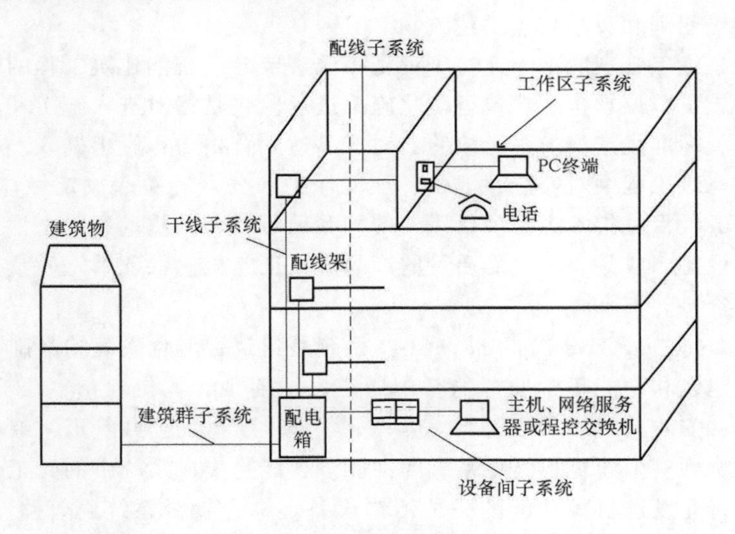

图 11-1-3　综合布线系统的组成

6. 楼宇自动化系统

设置楼宇自动化系统的目的是控制建筑物内部的各种机电设备，为建筑创造舒适的人工环境，方便人们对楼内运行的机电设备的管理，最大限度地节约能源。楼宇自动化系统中的楼宇自控系统分为新风、空调系统控制，冷冻水系统控制，供热系统控制，给水排水系统控制，灯光系统控制，电力系统监视等项目，它们形成了一个完整控制体系，是智能化大厦一个重要的也是基本的子系统。楼宇自动化系统主要由传感器、执行器、控制器、监控工作站等部分组成。楼宇自动化系统的发展经历了四个典型发展阶段：20 世纪 70 年代以 CCMS 中央监控系统为代表的第一代系统；20 世纪 80 年代以 DCS 集散控制系统为代表的第二代系统；20 世纪 90 年代以开放式集散系统为代表的第三代系统；21 世纪以来以网络集成系统为代表的第四代系统。

11.2 智能化集成系统的特点

智能化的住宅建筑（小区）宜设置智能化集成系统。住宅建筑智能化集成系统应根据使用者实际投资状况、管理需求和住宅建筑的规模，对智能化系统进行不同程度的集成。家居管理系统（HMS）包括信息设施系统、信息化应用系统、建筑设备管理系统、公共安全系统和家居智能化。家居管理系统应综合火灾自动报警、安全防范、家庭信息管理、远程多表数据采集、物业收费、停车场管理、公共设施管理、信息发布等系统，并提供综合管理信息。智能化家居管理系统应能接收公安、消防、社区发布的社会公共信息，并向管理者和住户发布。智能家居管理系统应能向公安、消防等主管部门进行报警，能将各智能化子系统的信息集成在一个软件平台上进行统一的分析和处理，共享信息资源。

带有智能化集成系统的建筑才是智能建筑。智能建筑（Intelligent Building，IB）是指利用系统集成的方法将智能型计算机技术、通信技术、信息技术与建筑艺术有机结合，通过对设备的自动监控及信息资源的优化组合所获得的投资合理、适用信息社会需要，并且具有安全、高效、舒适、便利和灵活特点的建筑物。

智能建筑工程施工管理应纳入建筑工程施工管理范畴。智能建筑工程的施工必须由具有相应资质等级的施工单位承担。建筑智能化施工进场验收是指对进入施工现场的材料、构配件、设备等按相关标准规定要求进行检验，对产品达到合格与否做出确认。施工验收中的主控项目是指智能建筑工程中对安全、卫生、环境保护和公众利益起决定性作用的检验项目。施工验收中的一般项目是指除主控项目以外的检验项目。产品质量证明文件是指可以证明用于工程的材料、设备、成品、半成品质量的产品合格证、质量保证书、质量检测报告、产品认证证明等文字资料。

综合管线（Comprehensive Pipeline，CP）系统是建筑智能化系统的基础平台，它是直接关系到各子系统建设和功能正常发挥的基础通道，主要为计算机通信、语音通信（电话）、卫星及有线电视、安防系统、一卡通、大屏幕显示提供所需的公共管道，综合管线施工质量的优劣将直接影响到整个建筑智能化系统的性能。智能化集成系统中的光工作站是指具备下行光接收机和上行光发送机等功能的一种传输设备。综合管线系统由管路（桥架、线管）、线缆及辅助材料等组成。综合布线系统的线缆施工应符合相关规范规定。施工前应将各系统的桥架、线管进行综合布置、安排，并应完成施工图设计。桥架、线管、线缆规格和型号应符合设计要求，并有产品合格证、检测报告；桥架、线管部件应齐全，表面光滑、涂层完整、无锈蚀；金属导管无裂纹、毛刺、飞边、沙眼、气泡等缺陷，壁厚均匀、管口平整；绝缘导管及配件完好、表面有阻燃标记；线缆宜进行通、断及线间的绝缘检查。

会议系统是指为完成一个完整的会议而设置的由具备讨论、表决、身份识别、收听、记录、音视频播放等功能或部分功能的设备或装置组成的系统。会议单元是指供与会人员使用的能够完成发方言、收听、表决、身份识别等会议功能的终端装置。

公共广播系统是指为公共广播覆盖区服务的所有公共广播设备、设施及公共广播覆盖区的声学环境所形成的一个有机整体。紧急广播是指为应对突发公共事件而发布的广播。业务广播是指通过公共广播系统向其服务区播送的、需要被全部或部分听众认知的日常广播，包括发布通知、新闻、信息、语声文件、寻呼、报时等。背景广播是指通过公共广播系统向其服务区播送的、旨在渲染环境气氛的广播，也包括背景音乐和各种场合的背景音响等，也包括环境模拟声。

建筑设备监控系统（Building Automation System，BAS）是指利用自动控制技术、通信技术、计算机网络技术、数据库和图形处理技术对建筑物（或建筑群）所属的各类设备（包括暖通空调、冷热源、给水排水、变配电、照明、电梯等）的运行、安全状况、能源使用状况及节能等实行综合自动监测、控制与管理（以下简称监控）的自动化控制系统。

现场控制器（Direct Digital Control，DDC）是以微处理机为基础的可编程直接数字控制器，它具有 AI、AO、DI、DO 四种输入/输出接口。对各种物理量进行测量接收传感器输出的信号，进行数字运算，逻辑分析判断处理后自动输出控制信号，动作执行调节机构。网络控制器主要负责服务器、工作站与直接式数字控制器（DDC）的通信，完成现场控制网络与 TCP/IP 网络的转换。传感器是指装设在各监视现场的各种敏感元件、变送器、触点和限位开关，用来检测现场设备的各种参数（如温度、湿度、压差、液位等），并发出信号送到现场控制器（DDC），如铂电阻温度检测器、复合湿度检测器、风道静压变送器、差压变送器。执行器是指装设在各监控现场，接受 DDC 的输出指令信号，并调节控制现场运行设备的机构，比如电动阀、电磁阀、调节阀等，包括执行机构（如电动阀上的电机）和调节机构（电动阀的阀门）。

安全管理系统（Security Management System，SMS）是指对入侵报警、视频安防监控、出入口控制等子系统进行组合或集成，实现对各子系统的有效联动、管理和（或）监控的电子系统。

智能化集成系统（Intelligent Integration System，IIS）是指将不同功能的建筑智能化系统，通过统一的信息平台实现集成，以形成具有信息汇集、资源共享及优化管理等综合功能的系统。

等电位连接是指将电气设备与外部导体做出连接，以达到相同或相近电位的电气连接器件。

机房工程（Project of Intelligent Equipment Room，PIER）是指为提供智能化系统的设备和装置等安装条件，以确保各系统安全、稳定和可靠地运行与维护建筑环境而实施的综合工程。

11.3　智能化集成系统的布设

智能化集成系统的信息设施系统应符合要求。住宅建筑综合布线系统设计应符合《综合布线系统工程设计规范》（GB 50311—2016）、《民用建筑电气设计规范》的规定。住宅建筑有线电视系统和公共广播系统的设计应符合《有线电视系统工程技术规范》（GB 50200—1994）、《民用建筑电气设计规范》的规定。

综合布线系统的施工应符合国家现行有关标准、规范的规定。材料、设备准备应符合要求，线缆、配线设备必须附有产品合格证、检测报告、安装及使用说明书等，如果是进口产品则需提供原产地证明和商检证明、配套提供的质量合格证明、检测报告及安装、使用、维护说明书的中文文本。应检查线缆、配线设备的型号、规格、数量、产地等主要技术参数、性能应符合设计要求，以及线缆、配线设备外表有无变形、缺陷、脱漆、破损、裂痕、撞击痕迹等，填写进场检验记录，并封存相关线缆、器件样品。线缆进场后，应抽检电缆的电气性能指标、光缆的光纤性能指标并记录。线缆敷设与设备安装应遵守相关规范规定，应做好施工质量控制工作、通道测试工作、自检自验工作及质量记录工作。

1. 通信接入系统

应根据住宅建筑（小区）用户信息通信业务的整体规划、需求及当地资源，将公用通信网或专用通信网的接入系统引入住宅建筑（小区）内。住宅建筑（小区）应根据管理模式，至少预留两家运营商所需的接入系统设备空间。

2. 电话交换系统

住宅建筑电话交换系统宜采用本地电信业务经营者提供的运营方式。住宅建筑电话交换系统应满足住户语音、数字及多媒体通信的需求。电话进户线宜在家居配线箱（HDD）内设置转接点。居室内宜采用 RJ45 标准信息插座式电话出线盒，室内电话线宜采用放射方式敷设。电话插座的设置数量应有一定的超前性，各户起居室、主卧室、书房均应装设电话出线盒。电话插座设置数量见表 11-3-1。城镇住宅建筑商品房三居室及以下每户必须配置 1 条进户线、3 个电话插座；四居室及以上每户配置 2 条进户线或 1 条进户线加交换机、5 或 6 个电话插座；别墅电话进户线及电话插座数量不应低于四居室以上的标准。村镇住宅建筑及自筹自建自用住宅建筑，电话进户线及电话插座数量根据需求设置。电话插座底边距地 0.3~0.5m 暗装，卫生间、厨房的电话插座底边距地 1.0~1.2m 暗装。一条外线可接几个分机应以当地电信部门的规定为准，一般不应超过 3 个。

表 11-3-1 住宅建筑电话插座设置数量 （单位：个）

级别	起居室	主卧室	次卧室	厨房	主卫生间	次卫生间	书房	进户线
两居室以下	1	1	—	—	1	—	—	1
两居室	1	1	1	—	1	—	—	1 或 2
三居室	1	1	1	—	1	—	1	1 或 2
四居室	1	1	1	—	1	1	1	2
四居以上	1	1	2	1	1	1	1	2

3. 家居控制器

智能化的住宅建筑（小区）宜设置家居控制器。家居控制器将家居报警、家用电器监控、表具数据采集及处理、访客对讲、通信接口等集中管理，便于维护、维修。固定式家居控制器应暗装在起居室内。箱底安装高度宜为 1.3~1.5m。家居控制器的网络接口协议由工程设计确定。家居报警宜包括火灾自动报警和入侵报警，设计可参照相关规范进行。家用电器的监控包括照明灯、窗帘、遮阳装置、空调、热水器、微波炉等的监视和控制。表具数据自动抄收及远传的设计、访客对讲的设计可参照相关规范进行。

11.4 信息网络系统

信息网络系统包括计算机网络系统、应用软件系统、网络安全系统。信息网络系统的资料准备、工程实施、质量控制和系统检验应符合要求。应做好施工准备工作，施工单位应根据设计文件要求完成信息网络系统的规划和配置方案，并经设计单位、建设单位、使用单位会审批准。系统安全专用产品必须具有公安部计算机管理监察部门审批颁发的计算机信息系统安全专用产品销售许可证。施工环境应符合要求，即信息网络系统机房应装修完毕；综合布线系统应施工完毕；配电系统、防雷与接地应施工完毕；楼板、抗静电地板与设备基座应满足设备的承重要求。设备及软件安装应遵守相关规范规定，数据在存储、使用和网络传输过程中应保证完整性，不得被篡改、破坏；数据在存储、使用和网络传输过程中，不应被非法用户获得；对应用系统的访问应有必要的流水记录。应做好信息网络系统施工的质量控制、系统调试、自检自验、质量记录等工作。

1. 信息网络系统的要求

住宅建筑（小区）信息网络系统的设计应与当地信息网络的现有水平及发展规划相互协调一致。信息网络进户线宜在家居配线箱（HDD）内设置 CP 点，便于系统维护、检修。居室内应采用标准 RJ45 插接式数据插座。数据插座的设置数量应有一定的超前性。城镇住宅建筑商品房三居室及以下，每户必须配置 1 条进户线和不少于 1 个数据插座，数据插座安装在起居室或书房；四居室及以上，每户宜配置 1 条进户线加交换机/集线器（SW/HUB），不少于 2 个数据插座，数据插座安装在起居室、书房或主卧室；别墅数据进户线及数据插座数量不应低于四居室及以上的标准。村镇住宅建筑及自筹自建自用住宅建筑，数据进户线及数据插座数量根据需求设置。数据插座底边距地 0.3~0.5m 暗装。

2. 综合布线系统的要求

住宅建筑的信息网络系统应使用综合布线系统，住宅建筑的电话交换系统宜使用综合布线系统。三居室及以下的住宅宜按不少于一个工作区计算，四居室及以上的住宅、别墅宜按不少于两个工作区计算。村镇住宅参照执行。每个工作区应配置一个电源插座。住宅建筑的进线间、设备间、电信间可合用，也可分别设置。19 层及以下且水平缆线长度不大于 90m 的住宅建筑，宜在一层或地下一层设置一处进线间（进线间、设备间、电信间合用），在进线间集中设置配线架。19 层以上或水平缆线长度超过 90m 的住宅建筑，宜在一层或地下一层设置进线间，在顶层或中间层设置电信间。主干及水平缆线宜采用环保及阻燃带外护套的类型。

11.5　有线电视及卫星电视接收系统

智能建筑工程中的有线电视及卫星电视接收系统的工程实施、质量控制和自检自验应遵守《有线电视系统工程技术规范》（GB 50200—1994）、《有线电视广播系统技术规范》（GY/T 106—1999）、《有线数字电视系统技术要求和测量方法》（GY/T 221—2006）、《有线电视网络工程施工及验收规范》（GY 5073—2005）和《有线电视分配网络工程安全技术规范》（GY 5078—2008）等相关标准的规定。

（1）施工准备　施工单位和人员应取得国家相关职能部门或本行业或本专业职能部门颁发的有线电视及卫星电视接收系统工程施工资格证书，有线电视及卫星电视接收系统工程施工前应具备相应的现场勘察、设计文件及图样等资料并应按照设计图施工，设备和器材的输入、输出标称阻抗、电缆的标称特性阻抗均应为 75Ω，有源设备均应通电检查，主要设备和器材，应具有国家广播电影电视总局或有资质检测机构颁发的有效认定标识，建筑物内暗管设施应符合《有线电视分配网络工程安全技术规范》（GY 5078—2008）的技术要求并施工完毕。

（2）设备安装　卫星接收天线、光工作站、放大器、分支器、分配器等的安装均应符合要求，放大箱、分支分配箱、过路箱、终端盒、缆线敷设、同轴电缆连接器、用户室内终端安装均符合要求。有线电视分配网络防雷、接地和供电项目的施工应与分配网络工程同时进行，其设备、器材应符合国家相关安全标准的规定且应具有产品合格证。有线电视分配网络工程安全应符合《有线电视分配网络工程安全技术规范》和《建筑物电子信息系统防雷技术规范》（GB 50343—2012）的规定。

（3）有线电视及卫星电视接收系统的质量控制及设置规定

1）天线系统的接地与避雷系统的接地应分开，设备接地与防雷系统接地应分开；卫星天线馈电端、阻抗匹配器、天线避雷器、高频连接器和放大器应连接牢固，并采取防雨、防腐措施；卫星接收天线应在避雷针保护范围内，天线底座接地电阻应小于4Ω；卫星接收天线应安装牢固；分支分配器与同轴电缆应连接可靠。施工用工具器具应与连接器种类相匹配。卫星接收天线及系统调试应符合要求，应做好自检自验工作，有线电视系统的检验应按《卫星数字电视接收站测量方法　系统测量》（GY/T 149—2000）和《卫星数字电视接收站测量方法　室外单元测量》（GY/T 151—2000）等进行，检测指标结果应符合设计文件要求。应做好质量记录工作。

2）城市住宅建筑应设置有线电视系统，村镇住宅建筑设置有线电视有困难时宜采用自设接收天线及前端设备系统。有线电视系统规模宜按用户终端数量分为以下四类：10000户以上为A类；2001～10000户为B类；301～2000户为C类；300户以下为D类。

3）当住宅建筑只接收当地有线电视网节目信号时，宜符合下列规定：系统接收设备宜在分配网络的中心部位，宜设在建筑物首层或地下一层；每2000个用户宜设置一个子分前端；每500个用户宜设置一个光节点，并应留有光节点光电转换设备间，用电量可按2kW计算。

4）当有线电视系统规模小（C、D类）、传输距离不超过1.5km时宜采用同轴电缆传输方式。当系统规模较大、传输距离较远时，宜采用光纤同轴电缆混合网（HFC）传输方式，也可根据需要采用光纤到最后一台放大器（FTTLA）或光纤到户（FTTH）的方式。

（4）综合有线电视信息网及HFC网络设计　系统应采用双向传输网络；双向传输系统中所有设备器件均应具有双向传输功能；双向传输分配网络宜采用星形分配、末端集中分配方式；HFC网络内任何有源设备的输出信号总功率不应超过20dBm；一个光节点覆盖的用户数宜在500以内以利于提高上行户均速率和减少干扰、噪声。

（5）用户分配系统的设计　用户分配系统宜采用分配-分支、分支-分配、集中分支分配等方式；不得将分配线路的终端直接作为用户终端；分配设备的空闲端口和分支器的输出终端，均应终接75Ω负载电阻；系统输出口宜选用双向传输用户终端盒。有线电视系统的信号传输线缆，应采用特性阻抗为75Ω的同轴电缆。同轴电缆传输距离宜按表11-5-1确定。

表11-5-1　同轴电缆传输距离

同轴电缆规格	75-5	75-7	75-9
传输距离参考值/m	300	500	800

住宅建筑有线电视系统的同轴电缆宜穿金属导管敷设。有线电视进户线宜在家居配线箱（HDD）内做分配点。居室内宜采用双向传输的电视插座。电视插座底边距地 0.3～0.5m 暗装。电视插座的设置数量应有一定的超前性。城镇三居室及以下的住宅建筑每户必须配置 1 条进户线，不少于 2 个电视插座，电视插座安装在起居室、主卧室等处；四居室及以上，每户必须配置 1 条进户线，不少于 3 个电视插座，电视插座安装在起居室、主卧室、次卧室等处；别墅进户线及电视插座数量不应低于四居室及以上的标准。村镇住宅建筑及自筹自建自用住宅建筑，每户应配置 1 条进户线，不少于 1 个电视插座。进户线的设置与当地有线电视网的系统设置和收费管理有关。设计方案应以当地管理部门审批为准。

11.6　会议系统

智能化集成系统中会议系统工程的施工、质量控制、自检自验应遵守相关规范规定。本节智能建筑中会议系统工程是指以语言扩声为主的会场，专业性很强的演出系统应遵守专门规定。会议系统工程的施工范围包括管线、控制室设备、音频扩声设备、视频显示设备、视频会议设备的安装与调试。会议系统主要重点在音视频范畴。

（1）施工准备　技术准备应符合要求，施工环境应符合要求，所需的会议室、控制室、传输室等相关房间的土建工程已经全部竣工，且符合相关规范有关规定的各项要求和开工环境；电源、接地、照明、插座以及温度、湿度等环境要求，已按设计文件的规定准备就绪，且验收合格；为会议系统各种缆线所需的预埋暗管、地槽预埋件施工完毕，孔洞等的数量、位置、尺寸均符合设计要求且验收合格，并应由建设单位提供准确的相关图样；检查会场建筑装修，房间表面各部分装修材料应与装修设计一致，并符合会议系统声场技术指标要求；控制室地线应安装完毕并引入接线端子上；检测接地电阻值，单独接地体电阻值不应大于 4Ω，联合接地体电阻值不宜大于 0.5Ω。施工现场具备进场条件，应能保证施工安全和安全用电。

（2）设备安装　机柜设置应符合要求，设备的供电与接地应符合要求，电缆管路、线槽及线缆敷设应符合要求，会议发言系统的安装应符合要求。会议发言系统通常包括三种，即采用鹅颈会议传声器、自动混音调音台组成的会议发言系统；采用动圈、电容、驻极体、PEM 原理的有线传声器，或无线传声器与调音台组成的系统；采用有线会议单元和无线会议单元与会议主机组成的会议讨论系统。扬声器、音频设备、视频设备、同声传译设备、视频会议设备的安装应符合要求。视频会议系统包括视频会议多点控制单元、会议终端、接入网关、音频扩声及视频显示等部分。

（3）工程施工的质量控制　视频会议应具有较高的语言清晰度，适当的混响时间，室内声场达到最大扩散等条件。混响时间当会场容积在 200m^3 以下时宜为 0.4～0.6s。当视频会议室还作为其他功能使用时混响时间不宜大于 0.8s。

（4）系统调试及自检自验　系统调试包括音频设备调试、视频设备调试、会议单元调试、视频会议系统调试、同声传译系统调试、中控设备调试等。自检自验包括音频扩声、同声传译及表决记录功能检验；视频、音频切换和显示系统检验；集中控制系统检验等。

11.7 广播系统

智能建筑中的广播系统包括公共广播、背景广播和应急广播系统。其工程实施、系统调试、质量控制和自检自验应遵守相关规范规定。公共广播系统根据住宅建筑（小区）使用要求可分为背景音乐广播系统和火灾应急广播系统。住宅建筑（小区）背景音乐广播系统是可选建设项目，住宅建筑火灾应急广播系统的设置应遵守相关规范规定。背景音乐广播系统的分路应根据住宅建筑（小区）类别、播音控制、广播线路路由等因素确定。当背景音乐广播系统和火灾应急广播系统合并为一套系统时，广播系统分路宜按建筑防火分区设置，当火灾发生时应强制投入火灾应急广播。室外背景音乐广播线路的敷设可采用电缆直接埋地、地下排管等敷设方式。在室外架设的公共广播馈送线宜采用控制电缆，与路灯照明线路同杆架设时公共广播线应在路灯照明线的下面。

（1）施工准备。设备规格、型号、数量应符合设计要求，产品应有合格证及国家强制产品认证“CCC”标识；有源部件均应通电检查，应确认其实际功能和技术指标与标称相符；硬件设备及材料应重点检查安全性、可靠性及电磁兼容性等项目；对不具备现场检测条件的产品可要求工厂出具检测报告；影响公共广播传输线缆及广播扬声器架设的障碍物应提前处理。

（2）设备安装　设备安装应遵守相关规范规定，包括桥架、管线敷设，广播扬声器的安装，以及其他设备安装等。机柜、机架内设备的布置应使值班人员在值班座位上能看清大部分设备的正面，能方便迅速地对各设备进行操作和调节，监视各设备的运行显示信号。控制台与机架间应有较宽的通道，与落地式广播设备的净距不宜小于1.5m，设备与设备并列布置时，间隔不宜小于1m。设备的安装应平稳、牢固。广播设备安装在装修地板的室内时，设备应固定在预埋基础型钢上，并用螺栓紧固。线缆宜敷设在地板下的线槽中。控制台或机柜、机架应有良好的接地，接地线不应与供电系统的零线直接相接。

（3）质量控制及相关指标要求　紧急广播与广播系统共用设备时，其紧急广播由消防分机控制，具有最高优先权，在火灾和突发事故发生时，应能强制切换为紧急广播并以最大音量播出。系统应能在手动或警报信号触发的10s内，向相关广播区播放警示信号（含警笛）、警报语声文件或实时指挥语声。以现场环境噪声为基准，紧急广播的信噪比应等于或大于12dB。广播系统应按设计要求分区控制，分区的划分应与消防分区的划分一致。

（4）系统调试　应做好系统调试工作，包括调试准备、设备调试。应做好自检自验工作，包括传输线路检验、绝缘电阻测定、接地电阻测量、电源试验等。应做好质量记录工作。

11.8 信息设施系统

智能化集成系统中的信息设施系统包括通信接入系统、电话交换系统、信息网络系统、综合布线系统、室内移动通信覆盖系统、卫星通信系统、有线电视系统、广播系统、会议系统、时钟系统、信息导引及发布系统、呼叫对讲系统、售验票系统和其他相关的信息通信系统。信息设施系统的资料准备、工程实施、质量控制和自检自验应遵守相关规范规定。室内移动通信覆盖系统的施工应符合《无线通信室内覆盖系统工程设计规范》(YD/T 5120—2015)、《通信电源设备安装工程施工及验收技术规范》(YDJ 31—1983) 的规定。卫星通信系统的施工应符合《国内卫星通信地球站工程设计规范》(YD 5050—2005)、《国内卫星通信小型(地)球站(VSAT)通信系统工程设计规范》(YD/T 5028—2005) 和《国内卫星通信地球站设备安装工程验收规范》(YD/T 5017—2005) 的规定。

(1) 施工准备　应做好施工准备工作，包括技术准备、设备及材料准备等。

(2) 设备安装　设备安装应遵守相关规范规定，包括电话交换系统和通信接入系统设备安装；时钟系统设备安装；信息导引及发布系统安装；呼叫对讲系统安装；售验票系统安装等。

(3) 质量控制　电话交换系统和通信接入系统的检测阶段、检测内容、检测方法及性能指标要求应符合《固定电话交换网工程验收规范》(YD 5077—2014) 等国家现行标准的要求。通信系统连接公用通信网信道的传输率、信号方式、物理接口和接口协议应符合设计要求。时钟系统的时间信息设备、母钟、子钟时间控制必须准确、同步。多媒体显示屏安装必须牢固，供电和通信传输系统必须连接可靠，确保应用要求。呼叫对讲系统应对呼叫响应及时、正确，且图像、语音清晰。售验票系统数据库管理系统的售票数据的统计和检票数据的统计应准确。售验票系统的自动通道闸机必须响应正确、运行可靠。设备、线缆标识应清晰、明确。电话交换系统安装各种业务板及业务板电缆，信号线和电源应分别引入。各设备、器件、盒、箱、线缆等的安装应符合设计要求，布局合理，排列整齐，牢固可靠，线缆连接正确，压接牢固。馈线连接头应牢固安装，接触良好并采取防雨、防腐措施。

(4) 系统调试　系统调试包括调试准备、信息设施系统调试、电话交换系统调试和测试、通信接入系统的调试和测试、时钟系统的调试和测试、信息导引及发布系统的调试和测试、呼叫对讲系统的调试和测试、验售票系统的调试和测试。各系统在调试和测试完成后应进行试运行，并应整理系统设备检验、安装、调试过程的有关资料；工程中各阶段的检验资料，比如检验批记录、系统检测记录，应对试运行情况进行记录。

(5) 自检自验　应对各系统进行检测并填写检测记录和编制检测报告，设备及软件的配置参数和配置说明应文档齐全。自检自验工作内容包括电话交换系统的检验、接入网系统的检验、时钟系统的检验、呼叫对讲系统的检验、售验票系统的检验。

11.9　信息化应用系统

1. 概述

智能化集成系统中的信息化应用系统主要指办公工作业务系统、物业运营管理系统、公共信息服务系统、智能卡应用系统、信息网络安全管理系统和其他业务功能所需要的应用系统，信息化应用系统的实施准备、系统安装(软硬件安装)、系统调试、系统自检自验应遵守相关规范规定。住宅建筑信息化应用系统宜满足《智能建筑设计标准》(GB 50314—2015) 的相关要求。

(1) 公共信息服务系统。智能化的住宅建筑(小区)宜设置公共信息服务系统。公共信息服务系统宜包括紧急求助、家政服务、电子商务、远程教育、远程医疗、保健、娱乐等，并建立数据资源库，向住宅建筑(小区)内公众提供信息检索、查询、发布和导引等服务。信息服务管理系统应具有进行各类公共服务的计费管理、电子账务和人员管理等功能。信息服务各项内容的安全性及可靠性参照国家、行业、地方主管部门有关的检测验收要求执行。

（2）智能卡应用系统　智能化的住宅建筑（小区）宜设置智能卡应用系统。住宅建筑（小区）住户智能卡应用系统宜具有出入口控制、停车场管理、电梯控制、消费管理等功能，宜增加与银行信用卡融合的功能。住宅建筑（小区）管理人员智能卡应用系统宜增加电子巡查、考勤管理等功能。智能化的住宅建筑（小区）智能卡应用系统应配置与使用功能相匹配的系列软件。

（3）信息网络安全管理系统　智能化的住宅建筑（小区）宜设置信息网络安全管理系统。信息网络安全管理系统应确保信息网络的运行保障和信息安全。

2. 系统施工

（1）施工准备　信息化应用系统的施工准备应遵守相关规范规定，包括技术准备、材料与设备等。根据设计文件要求，施工单位应完成信息化应用系统的网络规划和配置方案、系统功能和系统性能文件，并经会审批准。应具备软硬件产品的安装调试手册和技术参数文件。施工单位应完成系统施工和调试方案，并经会审批准。设备和软件必须按《智能建筑工程质量验收规范》（GB 50339—2013）的规定进行产品质量检查，应符合进场验收要求；服务器、工作站和其他设备的规格型号、数量、性能参数应符合系统功能和系统性能文件要求；操作系统、数据库、防病毒软件等基础软件的数量、版本和性能参数应符合系统功能和系统性能文件要求；应收集用户单位的业务基础数据的电子文档或数据库。综合布线系统、信息网络系统及其他相关的信息设施系统应已施工完毕。

（2）硬件和软件安装　应依据系统功能和系统性能文件进行软件定制开发；应依据网络规划和配置方案、系统功能和系统性能文件绘制系统图、网络拓扑图、设备布置接线图；服务器和工作站不应安装和运行与本系统无关的软件；软件调试和修改工作应在专用计算机上进行并进行版本控制；系统的服务端软件宜配置为开机自动运行方式；服务器和工作站上必须安装防病毒软件并应使其始终处于启用状态；操作系统、数据库、应用软件的用户密码长度不应少于8位；密码宜为大写字母、小写字母、数字、标点符号的组合；多台服务器与工作站之间或多个软件之间不得使用完全相同的用户名和密码组合；应定期对服务器和工作站进行病毒查杀和恶意软件查杀操作。

（3）质量控制　应为操作系统、数据库、防病毒软件安装最新版本的补丁程序，软件和设备在起动、运行和关闭过程中不应出现运行时错误，软件修改后应通过系统测试和回归测试，应依据网络规划和配置方案配置服务器、工作站等设备的网络地址，操作系统、数据库等基础平台软件、防病毒软件必须具有正式软件使用（授权）许可证，服务器、工作站的操作系统应设置为自动更新的运行方式，服务器、工作站上应安装防病毒软件并设置为自动更新的运行方式，应记录服务器、工作站等设备的配置参数。

（4）其他　应做好系统调试工作、自检自验和质量记录工作。

11.10　建筑设备管理系统

1. 概述

智能化住宅建筑（小区）宜设置建筑设备管理系统。住宅建筑建筑设备管理系统宜包括建筑设备监控系统、表具数据自动抄收及远传系统、物业运营管理系统等。住宅建筑建筑设备管理系统的设计应符合《民用建筑电气设计规范》(JGJ 16—2008)的有关规定。

(1) 建筑设备监控系统 建筑设备监控系统应对智能化住宅建筑（小区）中的以下内容进行监测与控制：小区给水与排水系统的监测与控制；小区公共照明系统的监测与控制；各建筑物内电梯系统的监测；小区内设有集中式供暖通风及空气调节系统的监测与控制；小区供配电系统的监测。建筑设备监控系统应对智能化住宅建筑（小区）中的蓄水池（含消防蓄水池）、污水池水位进行检测和报警。建筑设备监控系统宜对智能化住宅建筑（小区）中的饮用水蓄水池过滤设备、消毒设备的故障进行报警。DDC的电源宜由建筑设备监控中心集中供电，当住宅小区面积较大，由建筑设备监控中心集中供电距离较远时可从附近的建筑引接电源。小区建筑设备监控系统的设计应根据小区的规模及功能需求合理设置监控点，监控系统的服务功能应与小区管理模式相适应。

(2) 表具数据自动抄收及远传系统 表具数据自动抄收及远传系统宜由表具、采集模块/采集终端、传输设备、集中器、管理终端、备用电源组成。表具数据自动抄收及远传系统传输方式宜采用有线控制网络、电力线载波、无线控制网络。有线控制网络进户线应在家居配线箱（HDD）内做接线端子。应在表具附近0.3~0.5m处预留接线盒，接线盒正面不应有遮挡物。

(3) 物业运营管理系统 智能化的住宅建筑（小区）宜设置物业运营管理系统。物业运营管理系统应对住宅建筑（小区）内住户人员管理、住户房产维修、住户物业费等各项费用的查询及收取、住宅（小区）公共设施管理、住宅（小区）工程图样管理等。物业运营管理系统的功能应按国家、行业、地方主管部门有关法规及建设方的要求进行设计。

2. 系统施工

(1) 施工准备 应做好建筑设备监控系统的施工准备工作，材料、设备准备应符合要求，施工环境应符合要求，建筑设备监控系统控制室、弱电间及相关设备机房土建应已装修完毕，机房已提供可靠的电源和接地端子排，空调机组、新风机组、送排风机、冷水机组、冷却塔、换热器、水泵、管道及阀门等已安装完毕，变配电设备、高低压配电柜、动力配电箱、照明配电箱等已安装完毕，给水、排水、消防水水泵、管道及阀门等已安装完毕，电梯及自动扶梯已安装完毕。

(2) 设备安装 设备安装内容包括建筑设备监控系统的控制台、网络控制器、服务器、工作站等控制中心设备，温度、湿度、压力、空气质量等各类传感器，风阀、电动阀、电磁阀等执行器，现场控制器等设备的安装。控制中心设备的安装应符合要求，控制中心软件、现场控制器箱的安装应符合要求，室内外温湿度传感器的安装应符合要求，风管型温湿度传感器、水管温度传感器、风管型压力传感器、水管型压力与压差传感器、风压压差开关、水流开关、水流量传感器、室内空气质量传感器、风管式空气质量传感器、风阀执行器、电动阀、电磁阀的安装均应符合要求。

(3) 其他 应做好安装质量控制、系统调试、自检自验、质量记录等工作。

11.11 火灾自动报警系统

智能化集成系统中的住宅建筑火灾自动报警系统的设计应符合《火灾自动报警系统设

计规范》（GB 50116—2013）、《建筑设计防火规范》（GB 50016—2014）、《民用建筑电气设计规范》（JGJ 16—2008）等的有关规定。住宅建筑火灾自动报警系统保护对象的分级及火灾探测器设置部位见表 11-11-1。表 11-11-1 所涉及的住宅建筑应设置火灾自动报警系统。住宅建筑火灾疏散照明、疏散指示标志可采用蓄电池作备用电源，对于未采用蓄电池作备用电源的疏散照明、疏散指示标志应采用不同回路供电。住宅建筑楼梯间疏散照明采用蓄电池作备用电源时，疏散照明可采用跨楼层竖向供电，每个回路的光源数不宜超过 25 个。当 12～18 层普通住宅的消防电梯兼作客梯且两类电梯共用前室时可由一组消防双电源供电，末端双电源自动切换配电箱应设置在消防电梯机房间，由配电箱至相应设备应采用放射式供电。建筑高度超过 100m 的住宅建筑除应设置疏散照明外还应在疏散通道的地面或靠近地面的墙面上设置发光疏散指示标志。建筑高度超过 100m 的住宅建筑应设消防控制中心、应急广播系统，其他需设火灾自动报警系统的住宅建筑设置应急广播困难时应在每层消防电梯的前室、疏散通道设置声光警报装置。

表 11-11-1　住宅建筑火灾自动报警系统保护对象的分级及火灾探测器设置部位

住宅建筑	等级	火灾探测器设置部位
建筑高度超过 100m 的住宅建筑	特级	除卫生间外的其他功能用房
19 层及 19 层以上的住宅建筑	一级	消防电梯、防烟楼梯的前室及合用前室、营业厅
建筑高度超过 24m 的高级住宅建筑		卧房、书房、起居室、厨房
建筑面积超过 1000m^2 的地下商场或公共场所		营业厅、公共场所
10～18 层的住宅建筑	二级	消防电梯、防烟楼梯的前室及合用前室、营业厅
建筑高度低于 24m 的高级住宅建筑		卧房、书房、起居室、厨房
建筑面积 500～1000m^2 的地下商场或公共场所		营业厅、公共场所

智能建筑中设置的火灾自动报警系统的工程实施、质量控制、系统自检应遵守相关规范规定。

（1）施工准备　火灾自动报警系统的施工必须由具有相应资质等级的施工单位承担，火灾自动报警系统与应急指挥系统和智能化集成系统进行集成时应对外提供通信接口和通信协议并应符合相关规范规定，材料与设备准备应符合要求，火灾自动报警系统的主要设备和材料选用应符合设计要求并符合《火灾自动报警系统施工及验收规范》（GB 50166—2007）的规定，消防应急广播与广播系统共用一套系统时广播系统的设备应是通过国家认证（认可）的产品且其产品名称、型号、规格应与检验报告一致，桥架、线缆、钢管、金属软管、阻燃塑料管、防火涂料以及安装附件等应符合防火设计要求，应根据《火灾自动报警系统设计规范》（GB 50116—2013）规定对线缆的种类、电压等级进行检查。

（2）设备安装及质量控制　设备安装内容包括桥架、管线敷设，报警系统设备的安装及设备接地等。应做好质量控制工作，设备与材料必须有质量合格证明和检验报告、不合格的不得进场，探测器、模块、报警按钮等类别、型号、位置、数量、功能等应符合设计要求，火灾报警电话及火警电话插孔型号、位置、数量、功能等应符合设计要求，消防广播位置、数量、功能等应符合设计要求并应能在火灾发生时迅速切断背景音乐广播、播出火警广播，火灾报警控制器功能、型号应符合设计要求并符合《火灾自动报警系统施工及验收规范》（GB 50166—2007）的有关规定，火灾自动报警系统与消防设备的联动逻辑关系应符合设计要求，火灾自动报警系统的施工过程质量控制应符合《火灾自动报警系统施工及验收规范》（GB 50166—2007）中的规定，探测器、模块、报警按钮等安装应牢固、配件齐全，无损伤变形和破损，探测器、模块、报警按钮等导线连接应可靠压接或焊接并应有标志且外接导线应留余量，探测器安装位置应符合保护半径、保护面积要求。

（3）其他　应做好系统调试、自检自验、质量记录等工作。

11.12　安全技术防范系统

1. 系统设计

智能化集成系统中的住宅建筑安全技术防范系统的设计应符合《安全防范工程技术规范》（GB 50348—2004）、《入侵报警系统工程设计规范》（GB 50394—2007）、《视频安防监控系统工程设计规范》（GB 50395—2007）、《出入口控制系统工程设计规范》（GB 50396—2007）、《民用建筑电气设计规范》（JGJ 16—2008）等的有关规定。本节介绍的住宅建筑安全技术防范系统的设计适用于城市别墅、住宅建筑，村镇住宅、宿舍等可参照进行。

住宅建筑（小区）的安全技术防范系统宜包括周界安防系统、公共区域安防系统、家庭安防系统及监控中心。住宅建筑（小区）安全技术防范系统的配置标准宜符合表 11-12-1 的规定。

（1）周界安防系统设计　电子周界安防系统应预留与小区安全管理系统的联网接口；别墅区周界宜设视频安防监控系统。

表 11-12-1　住宅建筑（小区）安全技术防范系统配置标准

系统名称	安防设施	住宅配置标准	别墅配置标准
周界安防系统	电子周界防护系统	宜设置	应设置
公共区域的安防系统	电子巡查系统	应设置	应设置
	视频安防监控系统	可选项	
	停车库(场)管理系统		
家庭安全防范系统	访客对讲系统	应设置	应设置
	紧急求救报警装置		
	入侵报警系统	可选项	
监控中心	安全管理系统	各子系统宜联动设置	各子系统应联动设置
	可靠通信工具	必须设置	必须设置

（2）公共区域的安防系统设计　电子巡查系统应符合要求，住宅小区宜采用离线式电子巡查系统，别墅区宜采用在线式电子巡查系统；离线式电子巡查系统的信息识读器安装高度宜为 1.3~1.5m，安装方式应考虑防破坏，或选用防破坏型产品；在线式电子巡查系统的管线宜采用暗敷方式。视频安防监控系统应符合要求，住宅小区的主要出入口、主要通道、电梯轿厢、周界及重要部位宜安装监控摄像机；室外摄像机的选型及安装应采取防水、防晒、防雷等措施；视频安防监控系统应与监控中心计算机联网。住宅（小区）停车库（场）管理系统的设计应符合《民用建筑电气设计规范》）（JGJ 16—2008）的规定。

（3）家庭安全防范系统设计　访客对讲系统应符合要求，别墅宜选用访客可视对讲系统，室内分机可选用家庭控制器；主机宜安装在单元入口处防护门上或墙体内、安装高度宜为1.3~1.5m，室内分机宜安装在过厅或起居室内、安装高度宜为1.3~1.5m；访客对讲系统应与监控中心主机联网。紧急求助报警装置应符合要求，宜在起居室、主卧室或书房不少于一处安装紧急求助报警装置；紧急求助信号应同时报至监控中心；紧急求助信号的响应时间应满足规范要求。入侵报警系统应符合要求，可在住户室内、户门、阳台及外窗等处选择性地安装入侵报警探测装置；入侵报警系统应预留与小区安全管理系统的联网接口。

(4) 监控中心设计　住宅小区安防监控中心应具有自身的安防设施；监控中心应对小区内的周界安防系统、公共区域安防系统、家庭安防系统等进行监控和管理；监控中心应配置可靠的有线或无线通信工具，并留有与接警中心联网的接口；监控中心可与住宅小区管理中心合用，使用面积应根据系统的规模由工程设计人员确实，但不应小于20m^2。

(5) 应急联动系统　建筑高度超过100m的住宅建筑、居住人口超过5000人的住宅建筑（小区）宜设应急联动系统。应急联动系统宜以火灾自动报警系统、安全技术防范系统为基础。住宅建筑应急联动系统宜满足《智能建筑设计标准》(GB 50314—2015) 的相关规定。

2. 系统施工

智能建筑工程中安全防范系统的工程实施、质量控制和自检自验应遵守《智能建筑设计标准》(GB 50314—2015)、《安全防范工程技术规范》、《入侵报警系统工程设计规范》、《视频安防监控系统工程设计规范》、《出入口控制系统工程设计规范》、《民用闭路监视电视系统工程技术规范》(GB 50198—2011) 及《智能建筑工程质量验收规范》(GB 50339—2013) 等的规定。安全防范系统包括入侵报警系统、视频安防监控系统、出入口控制系统、电子巡查系统、停车库（场）管理系统、应急指挥系统、安全防范综合管理系统等。

(1) 施工准备　矩阵切换控制器、数字矩阵、网络交换机、摄像机、控制器、报警探头、存储设备、显示设备等设备应有强制性产品认证证书和“CCC”标志或入网许可证等文件资料，产品名称、型号、规格应与检验报告一致；进口设备应有国家商检部门的有关检验证明，一切随机的原始资料，自制设备的设计计算资料、图样、测试记录、验收鉴定结论等应全部清点、整理归档。

(2) 设备安装　设备安装内容包括金属线槽、钢管及线缆的敷设，视频监控系统的安装，入侵报警系统设备的安装，出入口控制系统设备的安装，停车库（场）管理系统安装，访客（可视）对讲系统安装，电子巡查管理系统安装，控制设备的安装，供电、防雷与接地系统施工等。电源系统、信号传输线路、天线馈线以及进入监控中心的架空电缆入室端均应采取防雷电过电压、过电流措施，电涌保护器接地端和防雷接地装置应做等电位连接。接地母线应铺放在地槽或电缆走道中央，并固定在架槽的外侧。母线应平整，不得有歪斜、弯曲，母线与机架或机顶的连接应牢固、端正。接地母线的表面应完整，无明显损伤和残余焊剂渣，铜带母线光滑无毛刺，绝缘线的绝缘层不得有老化、龟裂现象。

(3) 其他　应做好质量控制、系统调试、自检自验、质量记录等工作。系统的联调、联动与功能集成应符合要求，应按系统设计要求和相关设备的技术说明书对各子系统进行检查和调试，各子系统应工作正常；模拟输入报警信号后视频监控系统的联动功能应符合设计要求；视频监控系统、出入口控制系统应与火灾自动报警系统联动，联动功能应符合设计要求。

11.13　智能化集成系统的建设

智能化集成子系统包括建筑设备管理系统、火灾自动报警系统、安全技术防范系统［含安全防范综合管理系统、入侵报警系统、视频安防监控系统、出入口控制系统、电子巡查管理系统、停车库（场）管理系统］、信息设施系统（含信息网络系统、广播系统、会议系统、信息导引及发布系统）、信息化应用系统等。智能建筑工程中的智能化集成系统的实施准备、硬件和软件安装、系统调试、系统自检自验应遵守相关规范规定。

（1）施工准备　主要包括技术准备、材料与设备准备。

1）根据设计文件要求，施工单位应完成智能化集成系统的网络规划和配置方案、集成系统功能和系统性能文件，并经会审批准。子系统的通信接口和通信协议应满足集成系统功能和性能要求，物理接口宜采用 RS-232、RS-485、RS-422 或以太网接口。需要进行实时数据采集和控制的子系统应提供符合 OPC 数据访问规范的 OPC 服务器通信接口，并应提供子系统 OPC 服务器参数说明和 OPC 服务器软件的测试版等资料。需要进行历史运行记录采集的子系统应提供符合 ODBC 规范的多用户数据库访问接口，并应提供子系统数据库访问接口说明和数据库样例（含测试数据）。需要进行视频图像采集的子系统应符合要求，模拟视频矩阵应提供不少于一路模拟复合视频信号端口，该端口应能通过切换依次输出子系统的所有视频图像；模拟视频矩阵应提供通信端口及其通信协议，通信协议控制命令应包括输入/输出切换、镜头控制、云台控制、预置位控制等；数字视频系统应提供 ActiveX 控件形式的软件开发包，应包括显示实时视频、录像回放、录像检索、输入/输出切换、镜头控制、云台控制、预置位控制、拍照、录像等功能；数字视频系统的设备和软件应支持多用户同时访问。子系统的通信协议应符合要求。通信协议应包含对数据格式、同步方式、传送速度、传送步骤、检验纠错方式、身份验证方式、控制字符定义、功能等内容的说明；串口通信协议应包含对连接方式、波特率、数据位、校验位、停止位等参数的说明；以太网通信协议应包含对传输层协议、工作方式、端口号等参数的说明；通信协议应包含样例；通信接口应进行功能和性能测试。

2）施工单位应完成系统施工和调试方案，并经会审批准。设备和软件必须按《智能建筑工程质量验收规范》（GB 50339—2013）的规定进行产品质量检查，应符合进场验收要求。子系统的工程资料应符合要求，工程资料应包括系统图、网络拓扑图、原理图、平面图、设备参数表、组态监控界面文件及编辑软件；工程资料应为纸质文件和电子文档，资料内容应与工程现场安装的设备和软件一致；工程资料与通信接口的设备参数标识应一致。子系统的产品资料应包含下列内容：系统结构说明、使用手册、安装配置手册；子系统服务器、工作站软件的测试版；子系统通信接口的使用手册、安装配置手册、开发参考手册、接线说明。线缆规格和型号应符合设计要求并有产品合格证、质检报告。子系统应具备我国现行《智能建筑工程质量验收规范》规定的验收条件。

（2）硬件和软件安装　应依据网络规划和配置方案、集成系统功能和系统性能文件，绘制系统图、网络拓扑图、设备布置接线图。应依据子系统工程资料进行图形界面绘制和通信参数配置。应依据集成系统功能和系统性能文件、子系统通信接口，开发通信接口转换软件，并应按相关规范规定进行应用软件的质量检查。服务器、工作站、通信接口转换器、视频编解码器等设备安装应符合规范规定。服务器和工作站不应安装和运行与本系统无关的软件。通信接口软件调试和修改工作应在专用计算机上进行并进行版本控制。应将集成系统的服务端软件配置为开机自动运行方式。

（3）质量控制　应为操作系统、数据库、防病毒软件安装最新版本的补丁程序；软件和设备在起动、运行和关闭过程中不应出现运行时错误；通信接口软件修改后，应通过系统测试和回归测试；应根据子系统的通信接口、工程资料和设备实际运行情况对采集的子系统运行数据进行核对。应依据网络规划和配置方案，配置服务器、工作站、通信接口转换器、视频编解码器等设备的网络地址；操作系统、数据库等基础平台软件、防病毒软件必须具有正式软件使用（授权）许可证；服务器、工作站的操作系统应设置为自动更新的运行方式；服务器、工作站上应安装防病毒软件并设置为自动更新的运行方式；应记录服务器、工作站、通信接口转换器、视频编解码器等设备的配置参数。

（4）其他　应做好系统调试、自检自验、质量记录工作。

11.14　建筑智能化系统的防雷与接地设置

智能建筑工程中的防雷与接地系统的工程实施、质量控制和自检自验应遵守《建筑物防雷设计规范》（GB 50057—2010）、《建筑物电子信息系统防雷技术规范》（GB 50343—2012）、《电气装置安装工程　接地装置施工及验收规范》（GB 50169—2016）、《智能建筑设计标准》和《智能建筑工程质量验收规范》等规定。

1）做好防雷与接地系统的施工准备工作。

① 接地装置接地极铅直长度不应小于 2.5m，间距不宜小于 5m；接地极埋深不宜小于 0.6m；接地极距建筑物距离不应小于 1.5m；利用建筑基础作接地体时与基础内主筋焊接不应少于 2 根。

② 接地线安装应符合要求，利用建筑物结构主筋作接地线时与基础内主筋焊接不得少于 2 根，引至接地端子的接地线应采用线径不小于 $4mm^2$ 的多股铜线。

③ 等电位连接。安装焊接总等电位连接端子板前，应检查确认可作导电接地体的金属管道并按设计要求做总等电位连接；安装焊接辅助等电位连接端子板前，应检查确认供辅助等电位连接的接地母线并按设计要求做辅助等电位连接；建筑物总等电位连接端子板接地线应从接地装置直接引入，各区域的总等电位连接装置应相互连通；应在接地装置两处引连接导体与室内总等电位接地端子板相连接，接地装置与室内总等电位连接带的连接导体截面面积，铜质接地线不应小于 $50mm^2$，钢质接地线不应小于 $80mm^2$；等电位接地端子板之间应采用螺栓连接，铜质接地线的连接应焊接或压接，钢质地线连接应采用焊接；等电位连接网络的连接宜采用焊接、熔接或压接，连接导体与等电位接地端子板之间应采用螺栓连接，连接处应进行热搪锡处理；等电位连接带表面应无毛刺、明显伤痕、残余焊渣，安装应平整端正、连接牢固，绝缘导线的绝缘层无老化龟裂现象；等电位连接导线应使用具有黄绿相间色标的铜质绝缘导线；每个电气设备的接地应与单独的接地干线相连；不得利用蛇皮管、管道保温层的金属外皮或金属网及电缆金属护层作接地线。浪涌保护器安装应符合要求，室外安装时应有防水措施；浪涌保护器安装位置应靠近被保护设备。

④ 综合管线的防雷与接地。金属桥架与接地干线连接应不少于 2 处；非镀锌桥架间连

接板的两端跨接铜芯接地线截面积不应小于 $4mm^2$；镀锌钢管应以专用接地卡件跨接，跨接线应采用截面积不小于 $4mm^2$ 的铜芯软线，非镀锌钢管采用螺纹连接时，连接处的两端应焊接跨接地线；铠装电缆的屏蔽层在入户处应与等电位端子排连接。

2）其他。应做好质量控制、系统测试、自检自验、质量记录等工作。防雷及接地系统采用建筑物联合接地装置时，接地电阻不应大于 1Ω；防雷及接地系统采用单独接地装置时，接地电阻不应大于 4Ω；接地装置应连接牢固、可靠；钢制接地线的焊接连接应焊缝饱满并应采取防腐措施；室内明敷接地干线，沿建筑物墙壁水平敷设时距地面高度宜为 30mm，与建筑物墙壁间的间距宜为 10~15mm；接地线在穿越墙壁和楼板处应加金属套管，金属套管应与接地线连接；等电位连接线、接地线的截面积应符合设计要求。等电位连接安装完毕应进行导通性测试，等电位端子与等电位连接范围内的金属管道等金属体末端之间的电阻不应大于 3Ω。

11.15　智能化集成系统的机房工程

1. 概述

住宅建筑（小区）电子信息系统机房的设计应符合《数据中心设计规范》（GB 50174—2017）、《民用建筑电气设计规范》的有关规定。

机房分级标准、性能要求和系统配置见表 11-15-1。住宅建筑（小区）的机房工程除有特殊要求外宜按 C 级设计。

表 11-15-1　机房分级标准、性能要求和系统配置

要求等级	分级标准	性能要求	系统配置
A 级	符合下列情况之一的机房为 A 级：1. 电子信息系统运行中断将造成重大的经济损失；2. 电子信息系统运行中断将造成公共场所秩序严重混乱	A 级电子信息系统机房内的场地设施应按容错系统配置，在电子信息系统运行期间，场地设施不应因操作失误、设备故障、外电源中断、维护和检修而导致电子信息系统运行中断	系统配置：$2N$，$2(N+1)$ 具有两套或两套以上相同配置的系统，在同一时刻，至少有两套系统在工作。按容错系统配置的场地设备，至少能经受住一次严重的突发设备故障或人为操作失误事件而不影响系统的运行
B 级	符合下列情况之一的机房为 B 级：1. 电子信息系统运行中断将造成较大的经济损失；2. 电子信息系统运行中断将造成公共场所秩序混乱	B 级电子信息系统机房内的场地设备应按冗余要求配置，在系统运行期间，场地设施在冗余能力范围内，不应因设备故障而导致电子信息系统运行中断	系统配置：$N+X$（$X=1\sim N$） 系统满足基本需求外，增加了 X 个单元、X 个模块或 X 个路径。任何 X 个单元、模块或路径的故障或维护不会导致系统运行中断
C 级	不属于 A 级或 B 级机房的为 C 级机房	C 级电子信息系统机房内的场地设备应按基本需求配置，在场地设施正常运行情况下，应保证电子信息系统运行不中断	系统配置：N 系统满足基本需求，没有冗余

控制室应包括住宅建筑（小区）内的消防控制室、安全防范监控中心、建筑设备管理控制室等。住宅建筑（小区）的控制室除有特殊要求外，宜采用合建方式，便于管理、减少运营费用。控制室的供电要求应满足各系统正常运行最高负荷等级需求。

弱电间（弱电竖井）应根据设备的数量、系统出线的数量、设备安装、维修等因素考虑弱电间所需的面积。

多层住宅建筑智能化系统设备宜集中设置在一层或地下一层弱电间或电信间，多层住宅建筑弱电竖井在利用通道作为检修面积时，竖井的净宽度不宜小于0.35m。高层住宅建筑智能化系统设备的安装位置应由设计人员确定。高层住宅建筑弱电竖井在利用通道作为检修面积时，竖井的净宽度不宜小于0.6m。应根据系统进出缆线所需的最大通道，预留竖向穿越楼板、水平穿越井壁的洞口。

住宅建筑电信间的使用面积不宜小于5m^2。19层及以下且水平缆线长度不大于90m的住宅建筑宜设置一个电信间。住宅建筑的弱电间、电信间宜合用，使用面积不应小于电信间的面积要求。

2. 机房工程施工

1）应做好施工准备工作，施工环境应符合要求，即机房结构工程应施工完毕，机房内应干净整洁。

2）设备安装应遵守相关规范规定，包括机房室内装饰装修工程的施工；供配电系统工程的施工；防雷与接地系统工程的施工；综合布线系统工程的施工；安全防范系统工程的施工；空调系统工程的施工；给水排水系统工程的施工；电磁屏蔽工程的施工；消防系统工程的施工。自动灭火系统的安装还应符合以下七个要求：管道必须可靠地支撑和固定；管道、吊架和支架应涂漆均匀；管道应良好接地；喷嘴安装前应进行密封性能试验，应采用氮气或压缩空气进行吹洗；喷嘴应安装牢固，不应堵塞；控制操作装置的周围应留出适当空间，控制操作装置安装应牢固、平稳；储存容器的周围应留有适当的安装调试用空间，正面操作距离不应小于1.2m，储存容器安装应牢固。

3）应做好质量控制、系统调试、自检自验、质量记录等工作。

① 机房内的给水排水管道安装不应渗漏；给水排水管道在穿过机房时应设套管，套管内的管道不应有接头，管子和套管间应采用阻燃的材料密封；机房内的冷热管道的保温应采用阻燃材料；保温层应平整、密实，不应有裂缝、空隙；防潮层应紧贴在保温层上，密闭良好；保护层表面应光滑平整，不起尘；电气装置应安装牢固、整齐，标识明确，内外清洁；电气接线盒内不应有残留物，盖板应整齐、严密、紧贴墙面；接地装置的安装及其接地电阻值应符合设计要求，并连接正确；吊顶内电气装置应安装在便于维修处；配电装置应有明显标志并应注明容量、电压、频率等；落地式电气装置的底座与楼地面应安装牢固；机房内的电源线、信号线和通信线应分别铺设，排列整齐，捆扎固定，长度留有余量；成排安装的灯具应平直、整齐。系统调试主要包括综合布线系统的调试、安全防范系统的调试、空调系统的调试、消防系统的调试等。

② 气体灭火系统调试应每个保护区进行模拟喷气试验和备用灭火剂贮存容器切换操作试验。进行调试试验时应采取可靠的安全措施以确保人员安全和避免灭火剂误喷射。试验采用的贮存容器应为防护区实际使用的容器总数的10%且不得少于一个。模拟喷气试验宜采用自动控制模式。模拟喷气试验的结果应符合要求，试验气体能喷出被试防护区内且能从被

试防护区的每个喷嘴喷出；阀门控制应正常；声光报警器信号应正确；贮瓶间内的设备和对应防护区的灭火剂输送管道应无明显晃动和机械性损坏；进行备用灭火剂贮存容器切换操作试验时可采用手动操作并执行《气体灭火系统施工及验收规范》（GB 50263—2007）的规定。

③ 自检自验包括温度、湿度的检验，空气含尘浓度的检验，噪声的检验，供配电系统的检验，照度的检验，电磁屏蔽的检验，接地电阻的检验等。

思考题与习题

1. 简述建筑智能化系统的特点。
2. 简述智能化集成系统的特点。
3. 简述智能化集成系统的布设要求。
4. 简述信息网络系统设计及施工要求。
5. 简述有线电视及卫星电视接收系统设计及施工要求。
6. 简述会议系统设计及施工要求。
7. 简述广播系统设计及施工要求。
8. 简述信息设施系统设计及施工要求。
9. 简述信息化应用系统设计及施工要求。
10. 简述建筑设备管理系统设计及施工要求。
11. 简述火灾自动报警系统设计及施工要求。
12. 简述安全技术防范系统设计及施工要求。
13. 简述智能化集成系统设计及施工要求。
14. 简述建筑智能化系统的防雷与接地设计及施工要求。
15. 简述机房工程设计及施工要求。

参考文献

[1] 杜茂安，盛晓文，颜伟中．建筑设备工程［M］．哈尔滨：哈尔滨工业大学出版社，2016.
[2] 徐洪涛．建筑设备安装基本技能［M］．西安：西安交通大学出版社，2016.
[3] 孙岩，刘俊红．建筑设备［M］．北京：化学工业出版社，2016.
[4] 江萍．建筑设备自动化［M］．北京：中国建材工业出版社，2016.
[5] 李玉云．建筑设备自动化［M］．2版．北京：机械工业出版社，2016.
[6] 张宁，张统华．建筑设备工程［M］．徐州：中国矿业大学出版社，2016.
[7] 周业梅．建筑设备识图与施工工艺［M］．2版．北京：北京大学出版社，2015.
[8] 赵丽颖．建筑设备［M］．北京：中国轻工业出版社，2015.
[9] 王海，江东波，丁劲松．建筑设备安装［M］．合肥：安徽科学技术出版社，2015.
[10] 徐欣．建筑设备识图与施工工艺［M］．北京：机械工业出版社，2015.
[11] 鲍东杰，李静，陈颖．建筑设备工程［M］．2版．北京：中国电力出版社，2015.
[12] 董武，邓科，王强．建筑设备工程施工工艺与识图［M］．成都：西南交通大学出版社，2015.
[13] 王付全，杨师斌．建筑设备［M］．2版．北京：科学出版社，2015.
[14] 汤万龙，胡世琴．建筑设备学习指导与练习［M］．北京：化学工业出版社，2015.
[15] 逄秀峰．建筑设备与系统调适［M］．北京：中国建筑工业出版社，2015.
[16] 陈可．建筑设备监控系统检查与测控［M］．北京：化学工业出版社，2015.
[17] 蒋欣．建筑设备工程实训指导书［M］．北京：中国建筑工业出版社，2015.
[18] 邱晓慧．建筑设备安装工程预算［M］．2版．北京：中国建材工业出版社，2015.
[19] 张东放，梁吉志．建筑设备安装工程施工组织与管理［M］．2版．北京：机械工业出版社，2015.
[20] 景星蓉．建筑设备安装工程预算［M］．3版．北京：中国建筑工业出版社，2015.
[21] 李炎锋，胡世阳．建筑设备［M］．武汉：武汉大学出版社，2015.
[22] 汤万龙，胡世琴．建筑设备［M］．2版．北京：化学工业出版社，2014.
[23] 靳慧征，李斌．建筑设备基础知识与识图［M］．2版．北京：北京大学出版社，2014.
[24] 谭伟建，王芳．建筑设备工程图识读与绘制［M］．2版．北京：机械工业出版社，2014.
[25] 李春旺．建筑设备自动化［M］．2版．武汉：华中科技大学出版社，2017.
[26] 于国清．建筑设备工程 CAD 制图与识图［M］．3版．北京：机械工业出版社，2014.
[27] 徐平平，郭卫琳．建筑设备安装［M］．北京：高等教育出版社，2014.
[28] 蒋欣．建筑设备工程习题集［M］．北京：中国建筑工业出版社，2014.
[29] 段忠清，蔡晓莉．建筑设备［M］．2版．南京：南京大学出版社，2014.
[30] 鲍东杰，刘占孟．建筑设备工程［M］．3版．北京：科学出版社，2014.
[31] 张怡．建筑设备工程造价［M］．2版．重庆：重庆大学出版社，2014.
[32] 王丽．建筑设备安装［M］．2版．大连：大连理工大学出版社，2014.
[33] 李本鑫．建筑设备［M］．北京：冶金工业出版社，2014.
[34] 李通．建筑设备工程［M］．西安：西北工业大学出版社，2014.
[35] 刘玉国，刘芳．建筑设备安装工程概预算［M］．2版．北京：北京理工大学出版社，2014.
[36] 赵志曼，白国强．建筑设备工程［M］．北京：机械工业出版社，2014.